中国建筑卫生陶瓷年鉴

ALMANAC OF CHINA BUILDING CERAMICS & SANITARYWARE

（建筑陶瓷·卫生洁具 2009）

中国建筑卫生陶瓷协会 编

中国建筑工业出版社

图书在版编目（CIP）数据

中国建筑卫生陶瓷年鉴（建筑陶瓷·卫生洁具2009）/中国建筑卫生陶瓷协会编.—北京：中国建筑工业出版社，2010.11
ISBN 978-7-112-12615-6

Ⅰ.①中… Ⅱ.①中… Ⅲ.①建筑陶瓷-卫生陶瓷制品-中国-2009-年鉴 Ⅳ.①TQ174.76-54

中国版本图书馆CIP数据核字（2010）第213604号

责任编辑：李晓陶
责任设计：赵明霞
责任校对：姜小莲　王雪竹

中国建筑卫生陶瓷年鉴
ALMANAC OF CHINA BUILDING CERAMICS & SANITARYWARE
（建筑陶瓷·卫生洁具2009）
中国建筑卫生陶瓷协会　编

*

中国建筑工业出版社出版、发行（北京西郊百万庄）
各地新华书店、建筑书店经销
北京嘉泰利德公司制版
北京中科印刷有限公司印刷

*

开本：880×1230毫米　1/16　印张：22¾　插页：39　字数：888千字
2010年11月第一版　2010年11月第一次印刷
定价：**380.00**元
ISBN 978-7-112-12615-6
（19899）

《中国建筑卫生陶瓷年鉴》(建筑陶瓷·卫生洁具2009)

编委会

孙明亮　河南省长葛市科技局局长
李学如　夹江县陶瓷协会会长
杜金立　河北省陶瓷玻璃协会副秘书长
吴国良　福建省陶瓷协会副会长
吴建青　华南理工大学材料学院副院长
闫　浩　景德镇市人民政府副秘书长、瓷局局长
何　峰　中国建筑卫生陶瓷协会　副秘书长
陈晓波　中国建筑卫生陶瓷协会　色釉料原辅材料分会副秘书长
张锦华　广东省潮州市陶瓷协会　秘书长
张旗康　中国建筑卫生陶瓷协会　职业经理人俱乐部秘书长
高卫华　中国建筑卫生陶瓷协会　信息部主任
徐　波　中国建筑卫生陶瓷协会　建筑琉璃制品分会秘书长
徐结强　高安陶瓷协会秘书长
崔　刚　山东陶瓷工业协会副理事长兼秘书长
程晓勤　广东省建筑卫生陶瓷研究院院长
雷国柱　辽宁法库陶瓷工业城管委会副主任
鄢春根　景德镇陶瓷学院图书馆副馆长

BRAND PROMOTION

品 牌 推 广

目　录

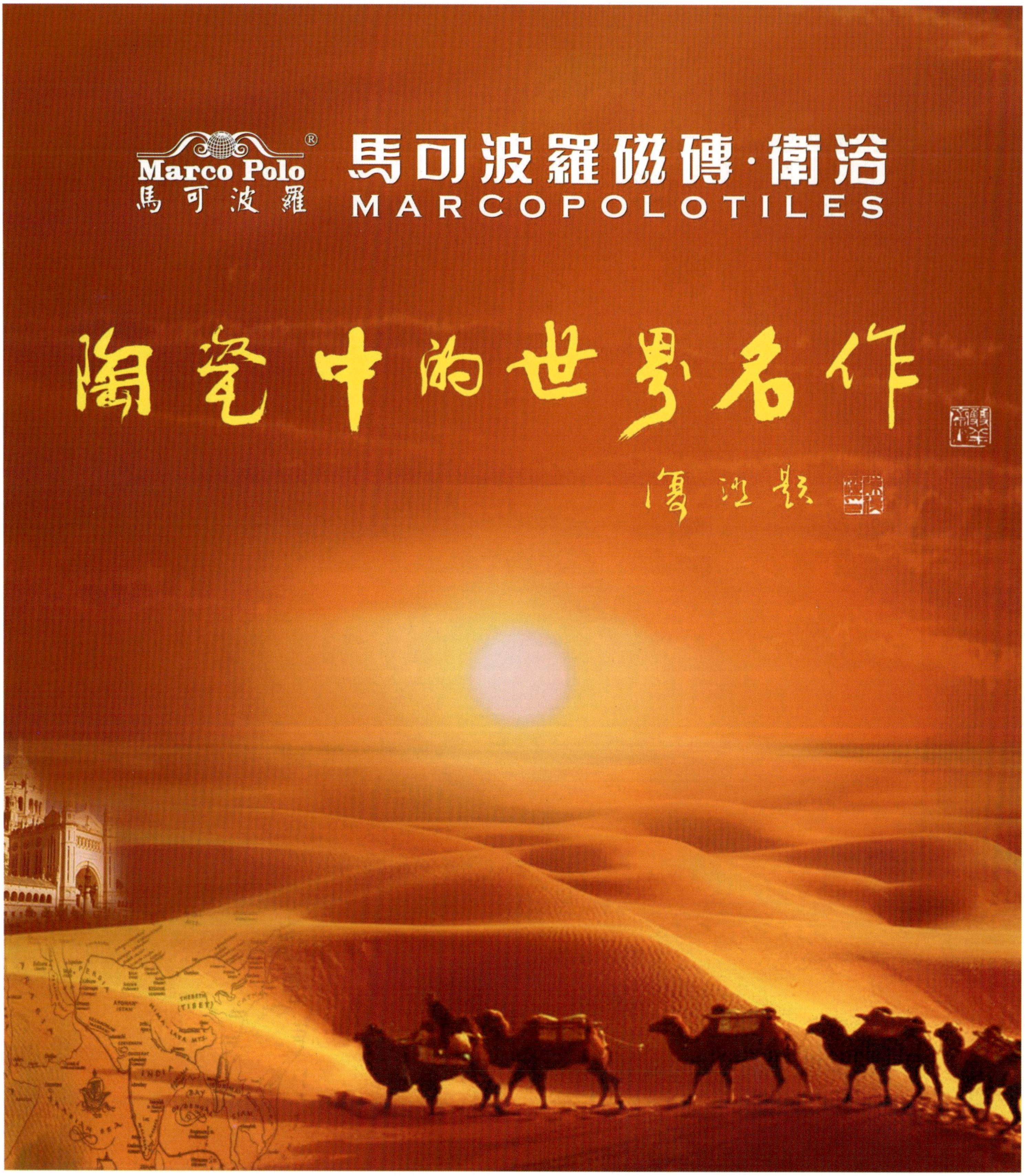

Marco Polo
馬可波羅
馬可波羅磁磚·衛浴
MARCOPOLOTILES
陶瓷中的世界名作

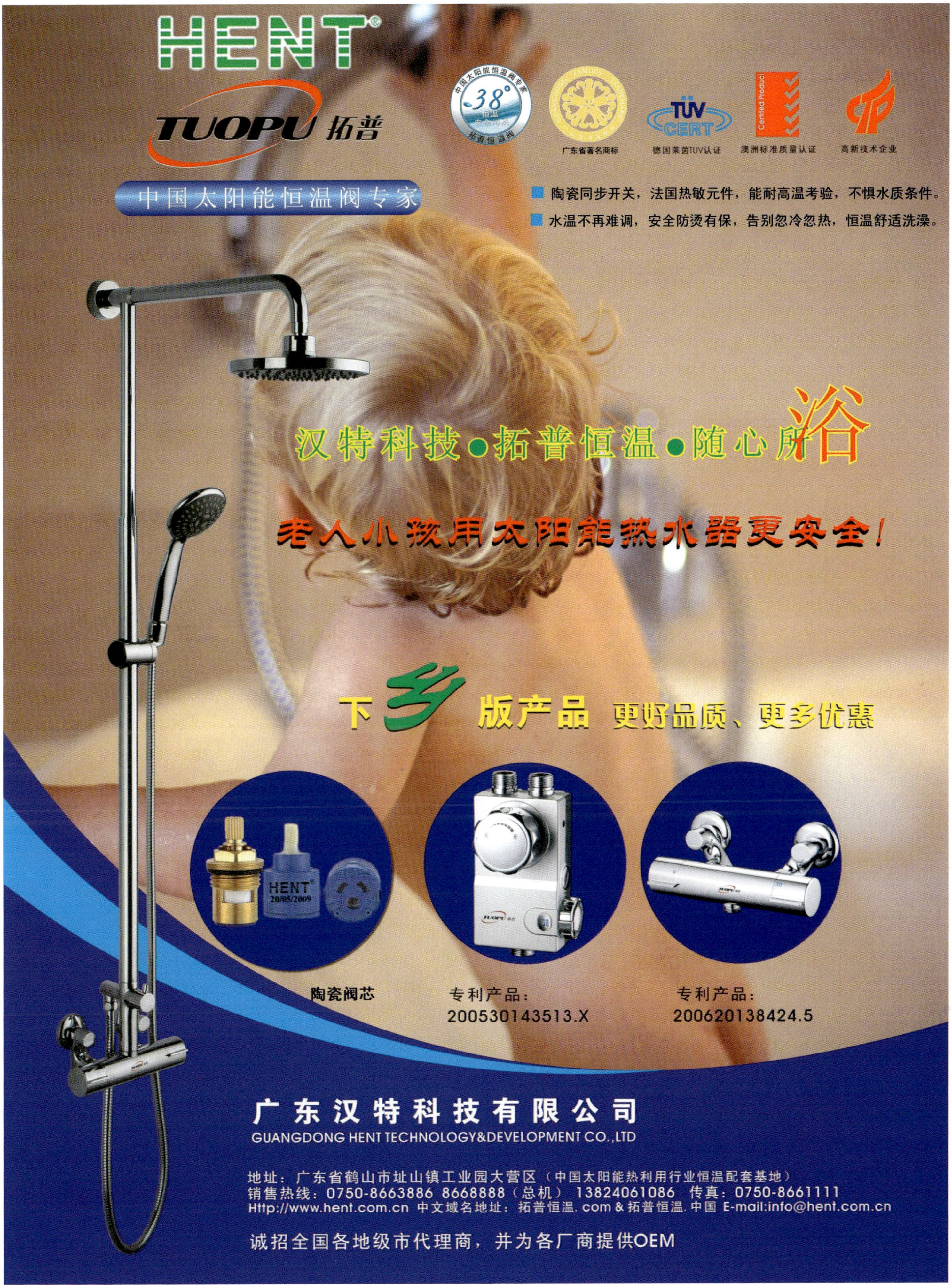
HENT®
TUOPU 拓普
中国太阳能恒温阀专家
广东省著名商标
德国莱茵TUV认证
澳洲标准质量认证
高新技术企业
陶瓷同步开关，法国热敏元件，能耐高温考验，不惧水质条件。
水温不再难调，安全防烫有保，告别忽冷忽热，恒温舒适洗澡。
汉特科技●拓普恒温●随心所浴
老人小孩用太阳能热水器更安全！
下乡版产品 更好品质、更多优惠
陶瓷阀芯
专利产品：
200530143513.X
专利产品：
200620138424.5
广东汉特科技有限公司
GUANGDONG HENT TECHNOLOGY&DEVELOPMENT CO.,LTD
地址：广东省鹤山市址山镇工业园大营区（中国太阳能热利用行业恒温配套基地）
销售热线：0750-8663886 8668888（总机） 13824061086 传真：0750-8661111
Http://www.hent.com.cn 中文域名地址：拓普恒温.com & 拓普恒温.中国 E-mail:info@hent.com.cn
诚招全国各地级市代理商，并为各厂商提供OEM

JOMOO®
更多信息，请访问九牧集团网站：WWW.JOMOO.COM.CN
好洁具·品味好生活
设计，让艺术融入生活，
浑洒出成熟内敛之情境，流露主人出众的生活品味。
The design, integrates art into the life, shows the combination of art and life, embodies maturity as well as your uncommon taste.
全国统一客服热线：400-6969-888
完美品质·洁具标准
九牧集团--全国五金制品标准化委员会厨卫五金分会秘书处单位
九牧 好洁具的标准

Contents

▲ 中美陶瓷贸易论坛

▲ 中国建筑卫生陶瓷协会会长叶向阳（左三）参观益高卫浴

▲ 8月，国家环境保护部副部长吴晓青（前右一）参观蒙娜丽莎轻质新型建材

▲ 1月8日，国家发改委副主任解振华（左二）到广东科达机电参观调研

▲ 1月8日，广西壮族自治区党委书记、人大主任郭声琨（中）考察调研新中陶

▲ 10月15日，在106届广交会上，广东省省长黄华华（中）新临“宏陶陶瓷”展位，鼓励广东宏陶陶瓷有限公司员工为应对国际金融危机、扩大出口贸易再立新功

▲ 5月22日，内蒙古自治区副主任赵双连（前排左二）考察总部基地广东兴辉陶瓷集团`

▲ 10月17日，中国陶瓷产业信息中心正式挂牌成立

▲ 全国人大常委、中科院院士姚建年（前左三）到福建华泰集团考察低碳能源型高新技术产品——陶瓷太阳能

▲ 中国建筑卫生陶瓷协会会长叶向阳（右四）等为中国厨卫城启动区开业启动

中国建筑卫生陶瓷年鉴（2009）

理事单位

（排名不分先后）

广东省开平市水口镇人民政府
广东马可波罗陶瓷有限公司
广东蒙娜丽莎陶瓷有限公司
唐山惠达陶瓷（集团）股份有限公司
唐山贺祥集团有限公司
佛山市中窑窑业发展有限公司
广东彩洲卫浴实业有限公司
九牧集团有限公司
福建华泰集团有限公司
广东汉特科技有限公司
佛山市顺德区乐华陶瓷洁具有限公司
佛山市光华陶瓷设备有限公司
广东东鹏陶瓷股份有限公司
广东四通集团有限公司
广东欧美尔工贸实业有限公司
广东梦佳陶瓷实业有限公司
佛山市新美陶瓷有限公司
佛山市陶瓷研究所&金刚企业集团
佛山市摩德娜机械有限公司
广东科达机电股份有限公司
中国陶瓷产业总部基地
广东三水大鸿制釉有限公司
广东道氏标准制釉股份有限公司
广东嘉俊陶瓷有限公司
杭州诺贝尔集团有限公司
佛山中鹏机械有限公司
潮州市澳丽泰陶瓷有限公司
潮州市牧野陶瓷制造有限公司
潮安县安彼卫浴实业有限公司
佛山钻石瓷砖有限公司
佛山市金环球陶瓷有限公司
佛山市陶尔斯陶瓷有限公司
广东金厦瓷业有限公司
唯雅妮陶瓷有限公司
潮安县恒生陶瓷有限公司
广东省潮安县南国陶瓷洁具实业有限公司
康纳陶瓷洁具有限公司
潮安县特美思瓷业有限公司
广东欧陆卫浴有限公司
潮安县植如建筑陶瓷有限公司
中山市贝斯特卫浴工业有限公司
潮州市金环制釉有限公司
德国露意莎卫浴股份有限公司
潮州市化工一厂
国家卫生陶瓷模具中心
DTO卫浴（潮州）有限公司
佛山市南海益高卫浴有限公司
佛山市奥特玛陶瓷有限公司
淄博市统一陶瓷有限公司
佛山市石湾裕龙陶瓷有限公司
广东特地陶瓷有限公司
佛山市葆威陶瓷有限公司
广东金意陶陶瓷有限公司
广东汇亚陶瓷有限公司
广东兴辉陶瓷集团有限公司
佛山欧神诺陶瓷有限公司
佛山市三水区罗曼陶瓷有限公司
佛山市简一陶瓷有限公司
广东恒洁卫浴有限公司
广东朝阳卫浴有限公司
佛山市大宇新型材料有限公司
广东一鼎科技有限公司
广东奔朗新材料股份有限公司
湖南金环颜料有限公司
康立泰无机化工有限公司
瓷海国际•佛山陶瓷交易中心
湖北黄冈市华窑中亚窑炉有限公司
佛山市华清环保工程技术有限公司
中国马赛克总部基地

第一章　2009 年全国建筑卫生陶瓷发展综述

2009 年，在世界经济形势普遍不景气的时候，中国经济独树一帜，GDP 全行业年增长超过 8%。2009 年我国建筑卫生陶瓷行业形势之好出乎意料，产销两旺，有些地区的部分企业甚至出现盲目乐观、非理性扩张的举动，有可能对以后数年建筑卫生陶瓷行业的可持续发展产生影响。

受国际金融危机影响，我国陶瓷行业于 2008 年逐步进入低潮。2009 年首季，承接上年的低迷，各陶瓷企业普遍收缩战线捂紧钱袋，作好艰难“过冬”的准备。但自二季度起，陶瓷行业开始回暖，并在出人意料的巨大需求带动下迅速进入热火朝天的状态。到了第四季度，市场需求更呈现“井喷”势态，各类陶瓷纷纷出现供不应求的局面，一些企业的订货单甚至排产到次年二季度。从年初到年终的巨大反差，为近年所罕见。

第一节　建筑卫生陶瓷产量、销量同时增长

2009 年根据对全行业 3000 多家企业的统计，平均产销率达到 96% 以上，企业利息支出大幅度减少。全行业亏损企业数量同比增加 8.14%，其中卫生洁具（卫生陶瓷、五金水暖与卫浴）亏损企业增加 17.45%，建筑陶瓷亏损企业减少 6.82%，亏损企业亏损总额同比减少 16.44%，卫生陶瓷企业亏损额降低幅度最大。2009 年建筑卫生陶瓷行业上缴各种税收近百亿元，同比增长 12.8%，利润总额同比增长 28%，卫生陶瓷企业利润增长幅度高于建筑陶瓷和五金水暖卫浴企业。2009 年全行业新产品产值率增长 8.75%，其中建筑陶瓷企业新产品产值率同比增加 33.25%，但增速比 2008 年下降 18.6%，五金水暖卫浴企业新产品产值率同比增加 11.51%，增速比 2008 年下降 29.6%，卫生陶瓷企业新产品产值率同比下降 15.60%，比 2008 年下降幅度缩减 12.8%。为了应对危机准备过“冬”，许多企业采取各种措施缩减开支，业务成本、管理费用、利息支出和财务费用等支出费用大幅度下降，有的甚至减少 20% 以上。

2009 年建筑陶瓷产量达到 64.27 亿平方米，较 2008 年增长 11.68%，除广东产区陶瓷砖产量略有减少外，其他建陶主要产区的产量都有不同程度的增长，尤其是辽宁、江西、湖北、陕西、重庆、河南、湖南、山西等新兴建陶产区产量增长都超过 50%。2009 年，中央政府启动 4 万亿人民币投入基础设施建设、房地产行业的兴旺、农村城市化进程的加快多方位地促进了建筑卫生陶瓷的消费与销售，全年全国陶瓷砖企业销售超过 2000 亿元人民币，同比增长 19.23%，企业利税总额增长 19.63%，行业大部分陶瓷砖企业效益明显好于 2008 年。

2009 年我国人均陶瓷砖表观消费量 [（年产量 - 出口 + 进口）/总人口] 近 4.4 平方米，历史上第一次人均陶瓷砖消费量全面超过西班牙、巴西、意大利等陶瓷砖生产消费大国。

2009 年全国建筑卫生陶瓷产量整体保持继续增长，全国规模以上企业卫生陶瓷产量达到 1.57 亿件，较 2008 年增长 1.80%；总产量增长幅度逐年大幅下降：最近几年我国卫生陶瓷产量增长速度 2006 年达到高峰，增长 24.22%，此后一路增速减缓下滑，2004 年增长 14.29%；2005 年 22.5%；2006 年 24.22%；2007 年 17.55%；2008 年 7.7%；2009 年仅增长 1.8%。全国多数卫生陶瓷企业 2009 年经营业绩好于 2008 年，卫生陶瓷企业利税总额同比增长 30.29%（2008 年下降 0.6%）。

受世界金融危机尤其是欧美市场需求大幅度萎缩的影响，2009 上半年五金卫浴类产品出口企业（主要集中在广东、浙江）销售出现困难，而以国内为主要市场的企业（主要集中在福建）销售业绩则快速增长，部分出口型企业调整经营策略加强开拓国内市场的力度，取得不错的销售业绩，总体上国内市场的增长弥补了出口下降的影响，下半年开始出口市场开始回暖，2009 年全国五金卫浴企业销售额增长超过 10%。

2009 年全国主要省、自治区、直辖市建筑陶瓷产量 　　**表 1－1**

排名	地区	产量（万 m^2）	增长（%）	排名	地区	产量（万 m^2）	增长（%）
	全国	642711	11.68	12	广西	5633	13.9
1	广东	179754	－3.0	13	陕西	5506	67.5
2	福建	133216	10.8	14	湖南	4195	263.4
3	山东	117630	1.6	15	新疆	4002	8.6
4	四川	68393	6.6	16	山西	3983	104.7
5	辽宁	32701	68.0	17	云南	3820	46.3
6	江西	24342	134.4	18	宁夏	2288	31.6
7	湖北	15265	61.8	19	安徽	2087	32.7
8	重庆	10592	103.9	20	贵州	1678	19.9
9	河北	10456	－6.1	21	内蒙古	1565	617.9
10	河南	6397	88.8	22	江苏	1480	6.3
11	浙江	5873	23.0	23	上海	1359	－19.1

2009 年全国主要省、自治区、直辖市卫生陶瓷产量 　　**表 1－2**

排名	地 区	产量（万件）	增长（%）	排名	地 区	产量（万件）	增长（%）
	全 国	15690	1.8	7	广 西	336	1.2
1	广 东	5881	2.4	8	山 东	336	－25.2
2	河 南	4780	3.98	9	上 海	307	90.4
3	河 北	2211	5.3	10	重 庆	174	51.3
4	湖 北	662	33.0	11	北 京	131	－17.6
5	湖 南	367	7.7	12	江 苏	76	－7.9
6	福 建	350	105.7	13	天 津	55	－43.1

第二节　建筑卫生陶瓷产品进出口

2009 年全国墙地砖出口量 6.85 亿平方米，较 2008 年 6.71 亿平方米增长 2.15%，出口额累计 28.62 亿美元，较 2008 年 27.11 亿美元增长 5.54%；2009 年墙地砖产品出口平均单价 4.18 美元/平方米，相对 2008 年平均单价 4.04 美元/平方米，同比增长 3.4%；2009 年，陶瓷砖产品近五年来第一次出口没有达到两位数增长，但仍然表现了强劲的国际竞争力及很高的性价比，并且保持了出口平均单价的继续攀升。

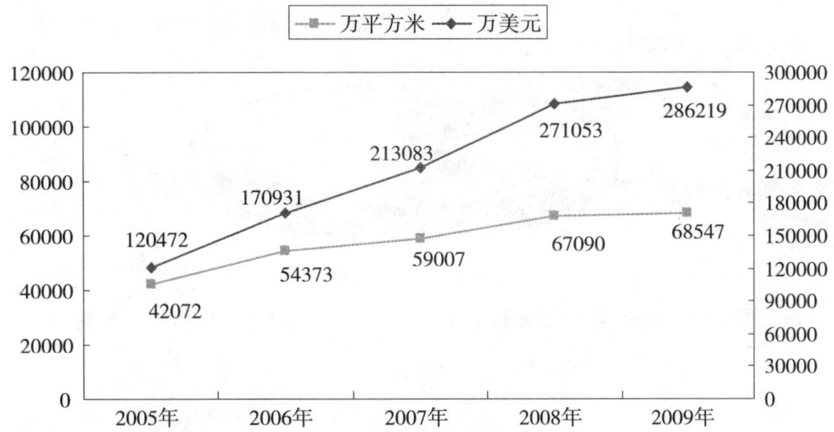

图1-1　2005~2009年建筑陶瓷砖出口量及出口额

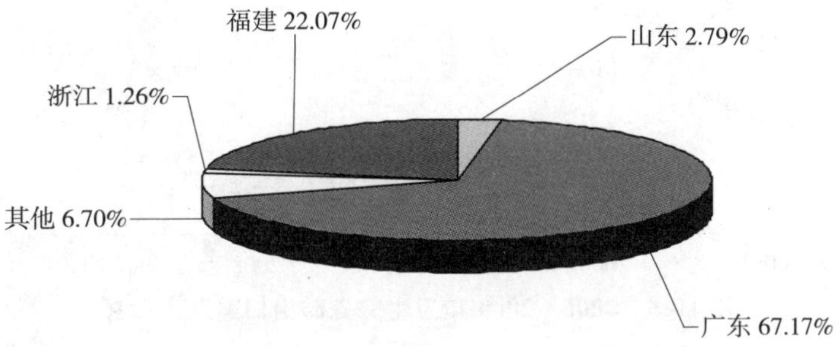

图1-2　2009年各省市建筑陶瓷出口量所占比例（万平方米）

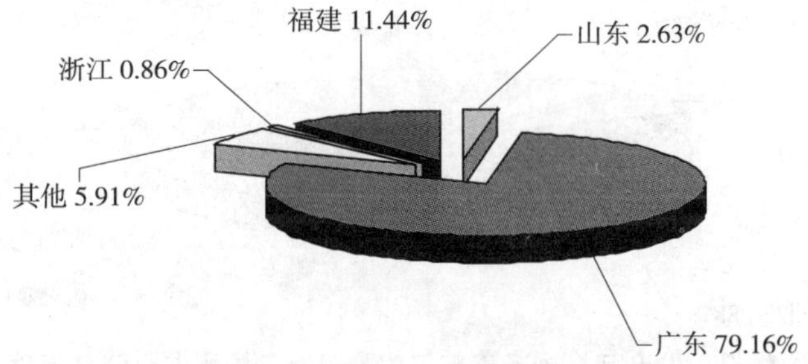

图1-3　2009年各省市建筑陶瓷出口额所占比例（万美元）

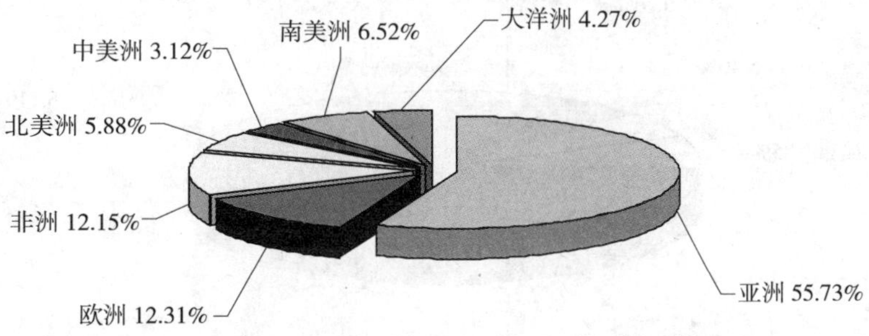

图1-4　2009年中国建筑陶瓷砖（出口额）流向各大洲所占比例

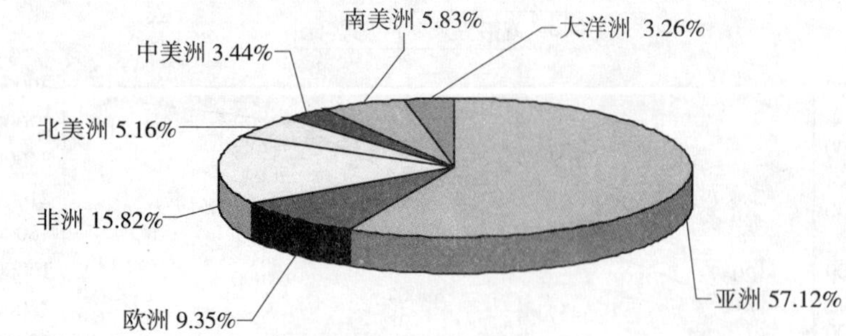

图 1-5　2009 年中国建筑陶瓷砖（出口量）流向各大洲所占比例

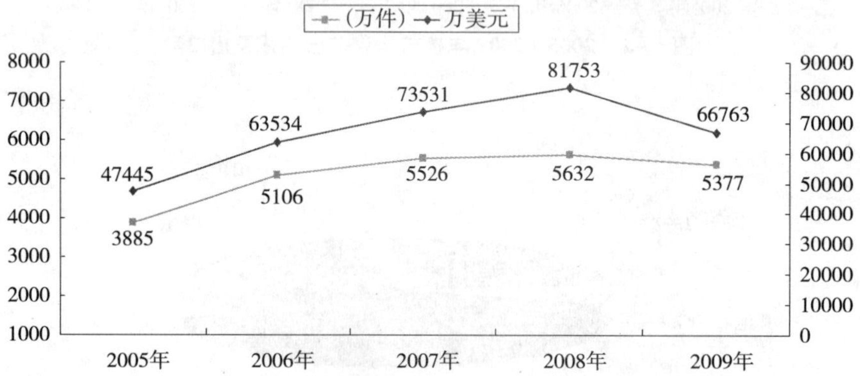

图 1-6　2005-2009 年卫生陶瓷砖出口量及出口额

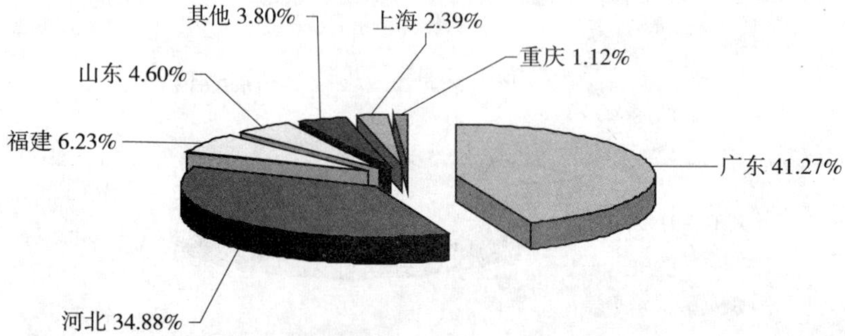

图 1-7　2009 年全国各省市卫生陶瓷出口量所占比例（万件）

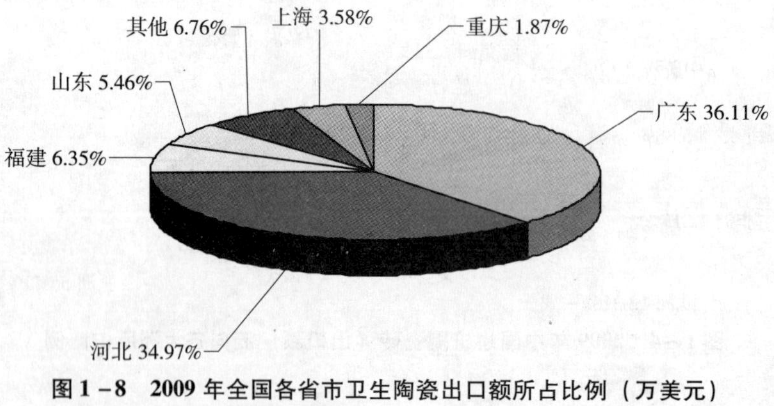

图 1-8　2009 年全国各省市卫生陶瓷出口额所占比例（万美元）

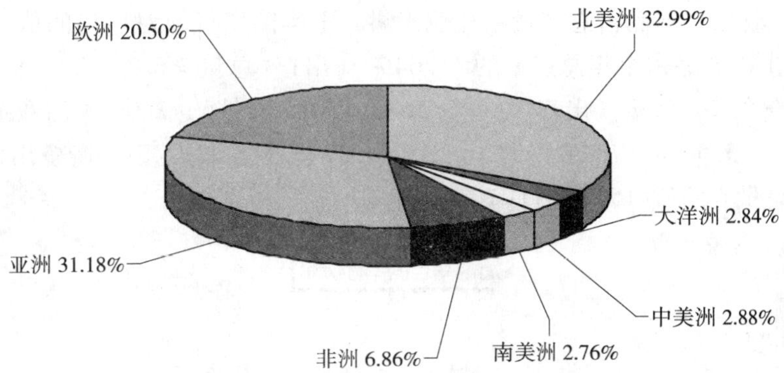

图1-9 2009年中国卫生陶瓷（出口量）流向各大洲所占比例

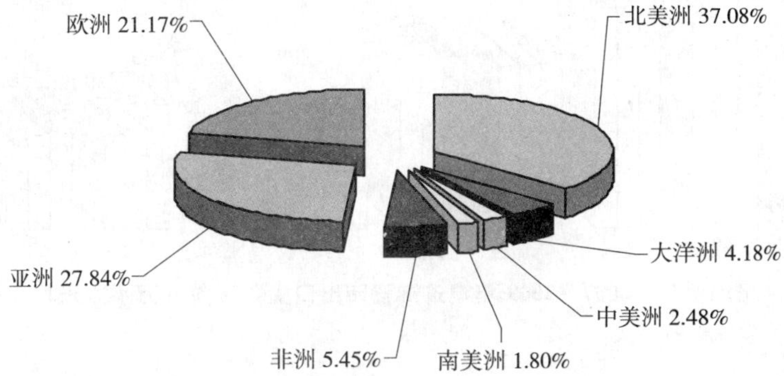

图1-10 2009年中国卫生陶瓷（出口额）流向各大洲所占比例

我国卫生陶瓷2006-2009年出口比重 **表1-3**

	2006年	2007年	2008年	2009年
年产量（万件）	12174	14311	15413	15690
出口量（万件）	5106	5526	5632	5377
出口比重（%）	41.94	38.61	36.54	34.70

受全球金融危机的影响，我国卫生陶瓷产品的出口明显受阻，2008年出口5632万件，仅增长1.9%；2009年出口5377万件；近几年第一次出现出口量下降；而且在出口量下降的同时首次出现产品出口平均单价大幅下滑，2008年我国卫生陶瓷产品出口额约8.175亿美元，增长11.2%；平均出口价格约为14.51美元/件，提高1.20美元/件，增长9.02%；2009年产品出口额约6.676亿美元；平均价格12.42美元/件，下降2.09美元/件，下降约15%。2009年卫生陶瓷产品是最近十年来行业第一次出口下降，而且是出口量、出口额、平均单价同时出现下降。由于国内经济需求的增长，产品出口比重逐年下降，近几年，我国卫生陶瓷从2006年出口比重41.94%下降到2009年的34.70%，虽然如此，我国卫生陶瓷行业仍然对产品出口有较高的依赖性。

形成2009年我国建筑陶瓷与卫生陶瓷产品出口状况大相径庭的原因是多方面的，一方面我国陶瓷砖产品的出口相对以第三世界发展中国家为主，卫生陶瓷产品出口欧美发达国家所占比例较大，2008年我国墙地砖产品出口十大目的地国家中仅一个欧美国家，总量达2772万平方米，占出口总量的4%；2009年我国墙地砖产品出口十大目的地国家中也是仅一个欧美国家，总量达2807万平方米，占出口总量的4%。而2008年我国卫生陶瓷产品出口十大目的地国家中有四个欧美国家（美国、英国、加拿大与西班牙），出口产品总量达2084万件，占出口总量的37.00%；2009年我国卫生陶瓷产品出口十大目的地国家中有五个欧美国家（美国、加拿大、英国、意大利与西班牙），出口产品总量达2233万件，占出口总量的41.53%。就出口产品占总产量的比例来讲，卫生陶瓷行业对出口的依赖度更高，2008年的数据表明：建筑陶瓷出口产品占全年总产量的11.64%（出口：总量=6.7:57.55亿平方米），卫生陶瓷出口产品占全年总产量的36.54%（出口：总量=5632:15413万件）；2009年的数据表明：建筑陶瓷出口产品占全年总产量的15.56%（出口：总量=6.85:64.27亿平方米），卫生陶瓷出口产品占全年总产量的34.70%（出口：总量=5377:15690万件）。

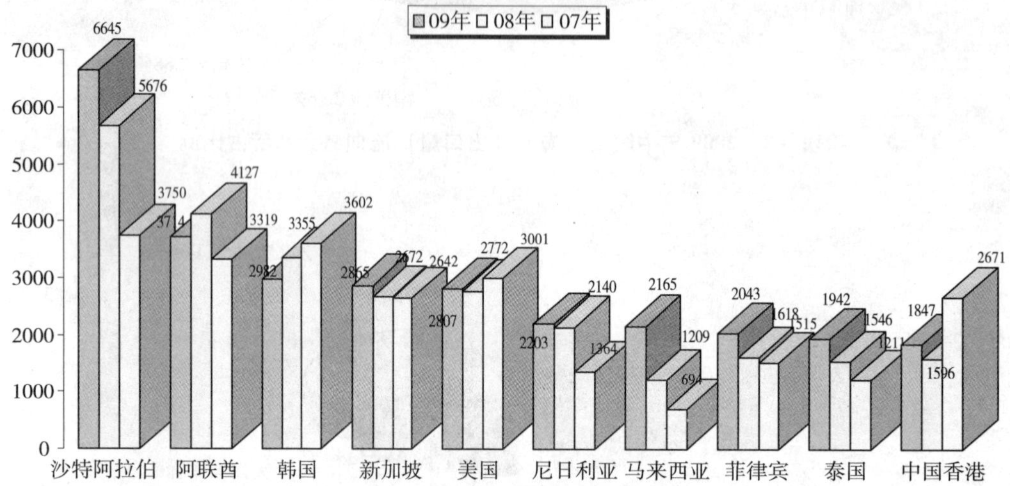

图1-11　2007-2009年建筑陶瓷砖出口主要流向（万平方米）

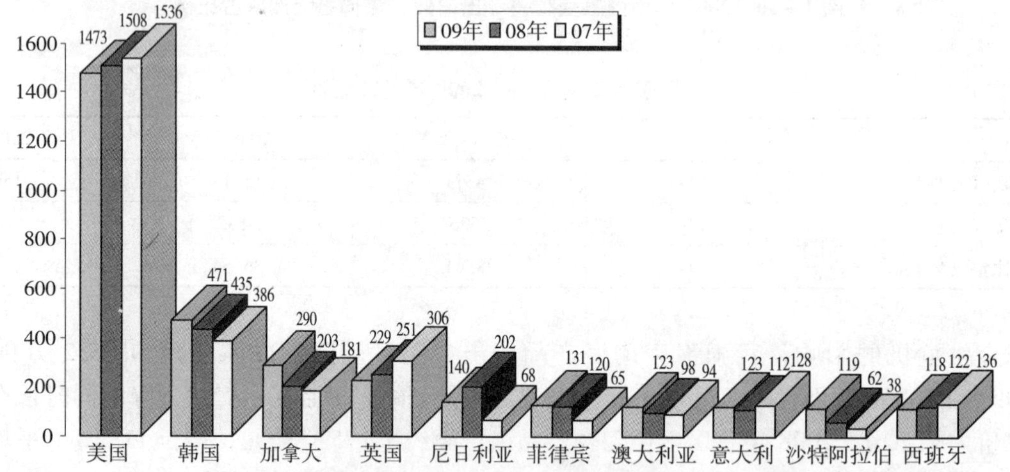

图1-12　2007-2009年卫生陶瓷砖出口主要流向（万件）

墙地砖进口量281.75万平方米，比2008年降低4.50%；进口额5266万美元，比2008年增长6.27%；卫生陶瓷累计进口30.58万件，比2008年降低21.85%；进口额累计2903万美元，比2008年降低10.08%。

2005-2009年我国建筑陶瓷进口　　表1-4

	2005年	2006年	2007年	2008年	2009年
进口量（万 m^2）	182	219	312	295	282
进口额（万美元）	2029	2785	4867	4949	5267

2005－2009年我国卫生陶瓷进口　　表1－5

	2005年	2006年	2007年	2008年	2009年
进口量（万件）	27	31	32	39	48
进口额（万美元）	1857	2400	2848	3229	2904

第三节　建筑卫生陶瓷产品质量

2009年10月份，国家质量监督检验检疫总局公布了“陶瓷砖产品质量国家监督抽查结果”，抽查结果数据显示，在对河北、山西、辽宁、福建、山东、广东、四川、陕西等8个省272家企业生产的364种陶瓷砖产品进行的监督抽查中，有97家企业的产品出现不合格，占陶瓷砖“国抽”产品的26.65%。2009年陶瓷砖产品“国抽”合格率为73.35%，对比2008年的“国抽”合格率94%，数据上明显大幅下降。显然这次国抽结果与2008年10月开始实施的《产品质量监督抽查实施规范（CCGF310－2008)》关系密切，2009年“国抽”较以往范围更广，要求更严，这次“国抽报告”也使陶瓷砖产品的质量备受关注，特别其中还有3款产品放射性核素限量不合格。

2009年4月份，国家质检总局公布“陶瓷片密封水嘴产品质量国家监督抽查结果”，共抽查了广东、福建、浙江、江苏、上海等5个省、直辖市100家企业生产的100种产品（不涉及出口产品），依据强制性国家标准GB18145－2003《陶瓷片密封水嘴》的规定，对陶瓷片密封水嘴产品的外观质量、管螺纹精度、冷热水标志、流量、密封性能、冷热疲劳试验、阀体强度、酸性盐雾试验以及标识等项目进行了检验。产品实物质量抽样合格率为82.3%。

2009年初云南省质量技术监督局公布了昆明、玉溪两地区22家陶瓷砖生产、经销企业39批次产品质量监督抽查情况通报，产品实物质量抽样合格率为79.49%。其中，抽查13家生产企业24个批次产品，产品实物质量抽样合格率为75%；抽查9家经销企业15个批次产品，产品实物质量抽样合格率为86.67%。

江西省质量技术监督局公布“2009年第二季度干压陶瓷砖产品质量省级监督抽查结果”。监督抽查共抽查了48家企业生产的50批次产品，实物质量合格44批次，抽样合格率88.0%。江西省质量技术监督局发布2009年第二季度陶瓷片密封水嘴产品质量省级监督抽查结果，共抽查了38家企业生产的40批次陶瓷片密封水嘴产品，合格27批次，抽样合格率67.5%，比去年同期产品抽样合格率下降了2.5个百分点。

广东省工商局公布的2009年第二季度对广东省陶瓷砖、石材的专项抽查结果。结果显示，内在合格率仅为65.8%，比去年下降了25%，创6年来新低。

2009年三季度，上海市、四川省、陕西省质量技术监督局分别对生产和销售的陶瓷砖产品质量进行了专项监督抽查，上海市抽查38批次产品，合格35批次，不合格3批次；四川省共抽查了25家企业生产的47个批次产品，其中40批次产品合格，7批次产品不合格；陕西省共抽查企业29家，抽取样品30批次，合格27批次，不合格3批次。2009年11月份，福州市质监局公布了专项整治中“省抽（省级抽查）”陶瓷砖产品20余批次中8批次产品不合格。

总体来讲，2009年的建筑卫生陶瓷产品的“国抽”、“省抽”数据是不稳定的，也是不乐观的，普遍比往年下降，应该说这与采用新的《产品质量监督抽查实施规范》有一定的关系，但产品质量抽查结果正面提醒行业必须不断提升产品质量，品质是品牌的核心所在。到目前为止，对于“国抽”、“省抽”不合格的建筑卫生陶瓷产品，最大的影响就是曝光、质检报告，禁售、销毁、罚款、召回等惩罚性的措施虽还没有全面出台配合使用，应该这是早晚的事，相关生产企业应引起足够的重视。

第四节 产业扩张、转移、布局与产业整治

2009年11月份佛山市禅城区陶瓷产业整治办公开通报过去两年来禅城区已有87家企业完成关迁转移，共拆除生产窑炉269条，喷雾干燥塔155个，分别占原总数的66.4%和62.5%。11月份淄博市政府出台《淄博市建筑陶瓷产业调整振兴指导意见（2009－2011）》，3年后淄博市建筑陶瓷生产能力将由目前的12亿平方米控制到7亿平方米之内，淘汰转移落后生产线200条，产能5亿平方米。全国新兴建陶产业基地不断兴起，全国形成规模的建陶产业基地在2009年进一步成长扩大成熟，2009年全国完成兴建的建筑卫生陶瓷生产线超过200条，产业基地超过30个，建筑卫生陶瓷产品制造区域化与产品销售市场区域化的特征越来越明显，墙地砖产品的区域化特征尤为突出，与老牌建陶产业基地（如淄博、闽清、晋江、佛山等）产品形成了错位经营。以佛山陶瓷为中心的建陶产业转移在2009年逐步到位，在广东省内形成了清远、肇庆、恩平、云浮等新兴建陶产业基地，在省外广西、江西、湖南、湖北、河南、河北、四川、重庆、辽宁等省区市建成了多个以佛山陶瓷产业转移为中心的建陶产业基地。全国建陶产业布局初步形成。

多年来我国卫生陶瓷产业主要集中在广东的潮州、河南的长葛与河北的唐山，2009年底这三地的卫生陶瓷产量总和仍达到国家总产量的80%以上。最近二十年来，我国卫生陶瓷企业的发展建设主要沿着这样三条途径，一是利用原有陶瓷制造的基础平行扩展到生产卫生陶瓷，比较多是从日用陶瓷制造、建筑陶瓷制造发展到卫生陶瓷生产，特别是日用陶瓷与之相类似的注浆工艺可以借鉴，潮州卫生陶瓷生产基地具有不少这种类型；从建筑陶瓷平行扩张的卫生陶瓷的情况主要发生在佛山，如东鹏陶瓷、新中源陶瓷、新明珠陶瓷等，也许这种扩张是看重了建筑陶瓷与卫生陶瓷相类似的终端渠道。二是从休闲卫浴发展到卫生陶瓷生产，由于休闲卫浴生产制造门槛较低，对资金、技术、规模等的要求都比较低，当逐步形成一定规模后，必然向卫生陶瓷方向扩张，典型的有：阿波罗、浪鲸等。三是水暖五金配件（卫生陶瓷上游配件）的生产企业向卫生陶瓷领域扩展，这方面比较典型的有福建的路达、九牧、申鹭达等。随着后两种模式的发展扩张加快，卫生陶瓷的产业格局正在悄然地发生着变化。首先开始打破我国卫生陶瓷现有产业格局的可能是福建闽南的卫浴企业，福建南安拥有中宇、辉煌、九牧、申鹭达四大中国名牌及一批中小品牌，申鹭达企业计划在未来三年建设10条卫生陶瓷隧道窑生产线；中宇卫浴已于今年成功在德国上市；福建厦门拥有路达、松霖、建霖、威迪亚、瑞尔特等为代表的出口型企业和配件型企业，路达已与和成合资生产优达卫生陶瓷。福建南安与厦门的这一批卫浴生产制造商普遍拥有良好的市场品牌、配套配件能力及终端渠道，将很快地成为卫生陶瓷生产销售的主力军。另一个将参加打破我国卫生陶瓷现有产业格局的是佛山的陶瓷企业，一方面佛山陶瓷拥有一定数量的卫生陶瓷生产制造企业，如箭牌卫浴、东鹏卫浴、益高卫浴等，本身已经拥有众多的国内卫浴知名品牌，良好的建筑卫生陶瓷生产制造基础、区域品牌的知名度与销售渠道；另一方面佛山当地的产业政策几乎是鼓励卫生陶瓷，限制建筑陶瓷，将迫使佛山的卫生陶瓷加快发展，将成为我国重要的卫生陶瓷的产业基地。估计在未来几年，卫生陶瓷产业三分天下的局面将逐步过渡到五分地盘：长葛、潮州、唐山、佛山、闽南。

第五节 科技进步与技术创新

国家层面增大科技进步的投入，大量的省部级科研项目及地方产学研项目，极大地提高了2009年建筑卫生陶瓷行业的产业水平及促进了清洁生产的发展，以节能减排减耗清洁生产为核心的2009年建筑卫生陶瓷产业整治提升取得了丰硕成果，大大改进了佛山、淄博、晋江等老牌建筑卫生陶瓷产业基地

的大环境及企业生产制造的小环境。技术创新大力推动着2009年建筑卫生陶瓷行业本身的发展与终端产品的销售，新产品层出不穷，多种造粒、布料技术支撑的抛光砖产品更上一层楼；各种仿生（石纹、布纹、皮纹、木纹、金属等）型的仿古砖产品惟妙惟肖；各种新型的半抛产品、抛釉产品成熟批量登场，全抛釉产品成为2009年瓷砖流行新产品；新一代的喷墨印花技术粉墨登场。嵌拼产品、马赛克、手工砖、瓷砖艺术绘画（喷砂、喷画等）等个性化特征突出的产品不断涌现。11月5日开始实施的国家标准《陶瓷板》（GB/T23266－2009）及7月1日开始实施的行业标准《建筑陶瓷薄板应用技术规程》（JGJ/T172－2009），表明陶瓷砖薄型化在2009年已经拉开了帷幕。

第六节　市场资源整合，合作、联盟及并购

众所周知，近几年我国建筑卫生陶瓷行业以产业转移为形式的产业扩张时刻都渗透着各种资源的整合。新中源陶瓷在全国近十个生产基地的布局基本已经完成第一阶段的基础建设而步入正常生产，箭牌卫浴在全国各地的六个生产基地也大多已投产。2009年全国各地陶瓷产业工业园遍地开花，瓷砖企业做卫浴，卫浴企业生产瓷砖，五金水暖进军卫生陶瓷，建筑卫生陶瓷行业相互渗透、资源整合，不断向着做大做强的方向发展。同时2009年建筑卫生陶瓷企业在多方面的合作联盟及并购也越来越多。

2009年在终端出现广泛的合作联盟，2月份，国内家居建材流通业的两大著名连锁品牌——红星美凯龙与居然之家联合宣布双方自2009年起结成战略合作伙伴关系，双方达成协议共同打造公平、公正的市场环境；联手抵制行业不正之风；保持信息沟通；维护联盟利益。4月份，泛家居六巨头东鹏陶瓷、欧派橱柜、大自然地板、雷士照明、红苹果家具和美的中央空调宣布建立“冠军联盟”。这是国内首个家居行业“冠军联盟”；8月份，由和成卫浴、冠军瓷砖、台玻集团、南宝漆等4家知名台资企业共同组织的“精品装修联盟”在上海宣布成立。5月份由上海团购网牵头，由亚细亚陶瓷、扬子地板、西蒙电气等9家知名建材企业联合，日前共同签订了网络团购全国战略合作协议，一个全国建材团购战略联盟成立。

2009年2月份，西班牙乐家陶瓷旗下的鹰卫浴所在公司佛山新乐卫浴有限公司出面收购了江门吉事多卫浴品牌旗下的全部资产；5月份，INAX（日本伊奈）收购“美标”亚洲太平洋部门事业的股份，交易额达1.12亿欧元，因此伊奈公司获得中国、泰国、韩国、印度尼西亚、菲律宾、越南、新加坡、印度、澳大利亚共计9个国家的事业据点以及5个国家的10个工厂（中国的4个工厂）；11月份，海鸥卫浴旗下的珠海铂欧卫浴正式接管三英洁具，佛山三英洁具作为海鸥卫浴独立事业部开始运作；漳州万佳陶瓷工业有限公司成功并购了美国陶瓷企业——西方窑业有限公司，并购后漳州万佳陶瓷工业有限公司占有其100%的股份。

9月份，亚洲最大的五金制造商——路达集团与知名卫浴集团——和成卫浴合资合作签约，共同投资成立优达（中国）有限公司，实现和成与路达在中国市场战略布局的优化与升级；11月份，中宇卫浴正式宣布与国际品牌高仪携手合作，中宇帮助高仪更好地开拓中端市场，高仪则承诺帮中宇更好地开拓海外市场。

第七节　建筑卫生陶瓷市场营销与会展

2009年我国建筑卫生陶瓷销售市场整体是国外冷与国内市场热、前期冷后期热。建筑卫生陶瓷产品营销仍然继续着区域代理制为主的全面营销模式。2009年我国建筑卫生陶瓷的促销几乎成了终端零售的主流，各种促销手段（团购、签售、抽奖等）层出不穷，各种时段（节假日、周末、开张周年等）

促销不断，几乎到了没有促销就没了零售的地步。明星代言及央视广告的范围继续扩大，通过体育娱乐明星代言品牌，快速提升品牌知名度。近几年来，大量明星代言卫生陶瓷洁具品牌，在继蒋雯丽、陈慧琳、孙俪、邓婕代言欧派、TOTO、惠达、九牧卫浴品牌之后，2008 年林志玲、温碧霞、濮存昕、陈鲁豫分别代言和成、家芯、恒洁、辉煌卫浴品牌，2009 年出现更多明星代言卫浴品牌，有于荣光、周海媚、郭晶晶、林心如、任泉、黄达妮分别代言辉映卫浴、雅特洁具（迪士卫浴）、中宇集团、比奇控股、蒙帝卡欧洁具、凯尔仕卫浴。豪华奢侈店越建越多，越建越大，营销成本高企，一、二级市场营销竞争全面化（广告、形象、产品、成本、服务、促销等），同时三、四级市场（含农村）市场的份额不断扩大，不同档次品牌产品的市场定位进一步细分，一方面大量低档产品下乡，一方面一、二级市场产品整体配套立体化。混合多极的营销模式开始出现，同时运用区域代理、分公司制、建材超市及大额直销的营销模式。泛家居联盟继续扩大。但欧美国家建筑卫生陶瓷的主流销售渠道建材超市在中国发展缓慢，2009 年 1 月翠丰集团财务年报显示百安居在中国亏损超过 5 亿元人民币，直接导致百安居在中国的大规模关店风潮，并已波及到北京，2009 年百安居的经营业绩持续下滑，2009 年 3 月宣布关闭在中国长期经营亏损的商店网店多达 18 家，同时追加 4000 万美元把剩余的店面进行全新的展示和经营模式改造。百安居在中国的“瘦身关店运动”拉开序幕，基本退出了黑龙江、吉林、陕西、安徽、温州等市场，翠丰集团的业绩报告显示，截至 2009 年 8 月 1 日，百安居中国的销售业绩同比下滑 18%，约亏损 2.37 亿元人民币。类似的上海百联集团旗下的好美家建材超市 2009 年关停门店十多家，2009 年的 3 月份好美家也是悄悄退出了北京市场，有影响力的建材超市都在收缩战线或悄然整改，东方家园退出了重庆，地方性大型建材超市东莞华美乐门店收缩为 4 家。

以“艺术与生活”为主题的首届中国（佛山）陶瓷节于 2009 年 10 月 18 – 24 日在佛山禅城区隆重举行，与之同期举行第十四届中国（佛山）国际陶瓷博览交易会暨第六届中国（佛山）国际陶瓷工业展览会、“2009 世界陶瓷高峰论坛”、“美洲采购节”、“中国（佛山）陶瓷文化艺术交流中心”开业庆典及开馆仪式、2009 年度中国优秀陶瓷经销商颁奖典礼、陶瓷行业终端营销高峰论坛等系列活动，以及瓷海国际、意美家市场、中国马赛克城等营销中心同期举行的各种活动，使首届中国陶瓷节浓缩集中了大量的会展活动，进一步增加了佛山地区陶瓷产品展竞争力。中国至今还尚未形成强势的具有国际竞争力的陶瓷产品展，在未来几年，代表中国水平及规模的陶瓷产品展的竞争将继续在上海、广州与佛山等城市间展开。

2009 年 11 月份建筑卫生陶瓷行业的第一部年鉴《中国建筑卫生陶瓷年鉴（2008·首卷）》正式出版发行，一个没有行业发展年鉴的岁月从此结束了。

第二章　2009 年中国建筑卫生陶瓷大事记

第一节　行业大事记

1 月

1 月，乐家（Roca）投资 1500 万元在南海建设中华区总部。全球最大洁具生产企业——乐家（中国）总部签约落户南海经济开发区，乐家集团公司决定成立（中国）总部，将其原来在南海、苏州、上海的中国内地子公司整合成大中华区总部，统一负责乐家品牌旗下多家子公司的研发、销售及售后服务、集团采购、兼并收购等业务。

1 月 2 日，山西省质量技术监督局发布了农药、电线电缆、焦煤、陶瓷砖 4 类产品的质量监督抽查结果，其中陶瓷砖的产品 20 个批次全部合格，抽查合格率为 100%，产品质量比较稳定。

1 月 7 日，福建晋江再叫停 6 家治污不力陶瓷厂。继去年 12 月 19 日晋江 13 家陶瓷厂拒不停产治污被强制停产后，日前又有 6 家陶瓷厂因限期已过仍不达标被强制停产。

1 月 15 日，20：10 位于云南省安宁市的云南和盛陶瓷有限公司 6 号干燥塔炉膛煤气加热装置发生爆炸，事故当场造成 7 名员工受伤，1 人抢救无效遇难，两人重伤，其余轻伤。接报告后安宁市委、市政府高度重视，市委书记、市长第一时间赶到现场指挥处置。

2 月

2 月，在国家质检总局、国家标准委发布的国家标准批准发布公告中，由淄博检验检疫局自主研制的《建筑陶瓷砖外观缺陷样照》被批准为国家标准样品。《建筑陶瓷砖外观缺陷样照》的批准发布，解决了标准中只有缺陷定义和描述的不足，统一了标准。

2 月，西班牙乐家陶瓷旗下的鹰卫浴所在公司佛山新乐卫浴有限公司出面收购了江门吉事多卫浴品牌旗下的全部资产。

2 月 12 日，中央电视台 2 套“财富故事会”栏目，讲述了题目为《刀下留痕》的故事，该故事以电视纪录片的形式，记录了艺术大师、中国刀笔书法第一人陈复澄教授与唯美结缘的过程，以及在唯美创造出复澄壁、马可波罗 · 中国印象系列产品的奇迹。

2 月 13 日，西安市质量技术监督局发布“关于陶瓷砖商品质量监督抽查结果的通报”，针对西安市场销售陶瓷砖商品质量进行监督抽查，共抽取样品 20 个批次，其中合格 19 个批次，合格率为 95.0%。检验项目是尺寸、吸水率、断裂模数、破坏强度、抗冻性等 5 项。

2 月 16 日，云南省质量技术监督局发布“关于陶瓷砖产品质量监督抽查情况通报”，质量监督抽查重点抽查了昆明、玉溪两地区 22 家陶瓷砖生产、经销企业 39 批次产品，产品实物质量抽样合格率为 79.49%。其中，抽查 13 家生产企业 24 个批次产品，产品实物质量抽样合格率为 75%；抽查 9 家经销企业 15 个批次产品，产品实物质量抽样合格率为 86.67%。主要问题是破坏强度低、规格尺寸偏差较大、断裂模数低、吸水率不符、抗釉裂性差及包装标识不规范等。

2 月 18 日，中国建筑卫生陶瓷协会与中国硅酸盐学会联合发出关于启动《中国建筑卫生陶瓷发展史》编撰工作的通知。

3月

3月10日，全国人大和全国政协召开的两会期间，全国人大代表、佛山市长陈云贤提出应把陶瓷产品纳入到“陶瓷下乡”补贴的范围内。

3月18日，沈阳市质量技术监督局法库检验基地落成，检验基地内的沈阳陶瓷质检中心和辽宁省消防质检站两个质检项目同时启动。陶瓷质检中心，主要检验陶瓷内墙砖、陶瓷外墙砖、地砖、广场砖和其他陶瓷制品等。

3月20日，清远市清新县云龙陶瓷产业基地内，“佛山禅城（清新）产业转移工业园暨全国陶瓷产业转移示范基地授牌、奠基仪式”隆重举行。“授牌、奠基仪式”由中国产业发展促进会、中共清远市委、清远市政府主办，中共清新县委、清新县政府、佛山禅城（清新）产业转移工业园管委会、清远云龙物业发展有限公司承办。中共广东省委副书记、省长黄华华，中国产业发展促进会会长刘江，中共清远市委书记陈家记，清远市市长徐萍华等有关领导出席了庆典活动并作重要讲话。中国产业发展促进会、中国陶瓷工业协会、中国建筑卫生陶瓷协会、工业和信息化部，广东省人民政府办公厅、省经贸委、省国土资源厅、省科技厅、省劳动保障厅、省建设厅、省发改委、省人事厅，佛山市政府，清远市和清新县两级人民政府的领导，以及支持佛山禅城（清新）产业转移工业园发展的合作伙伴、投资客商和新闻媒体记者等1000多人参加奠基仪式。

3月24日，北京市工商局公布流通领域室内装饰装修材料质量监测结果，涉及北京市建材市场销售的防水涂料、胶粘剂、人造板、木地板、卫生洁具、水龙头、建筑涂料、管材、腻子、陶瓷砖等10大类室内装饰装修商品。监测中卫生洁具（坐便器）4个样品不合格，主要不合格项是：冲洗能力、水封深度等；监测中水龙头19个样品不合格，主要不合格项是：盐雾试验、流量等。

4月

4月，潮州畅顺陶瓷模具公司与咸阳陶瓷研究设计院正式签订协议，在潮州市共同组建“国家卫生陶瓷模具中心生产基地及研发中心”。中心建成后将实施卫生陶瓷模具公共服务平台建设项目，项目计划总投资500万元。主要针对卫浴陶瓷生产过程中新产品器型开发、现有产品模具生产、石膏模具老化、废旧模具污染等问题进行科研攻关，进行新材料应用和产品创新、工艺创新，研究开发出具有自主知识产权的新产品新技术，并致力研究废弃模具回收利用技术。

4月1日，财政部、国家税务总局发布《关于提高轻纺电子信息等商品出口退税率的通知》，建筑陶瓷、卫生陶瓷以及部分搪瓷制品等商品出口退税率自4月1日起提高到9%。

4月13日，国家质检总局公布“陶瓷片密封水嘴产品质量国家监督抽查结果”，共抽查了广东、福建、浙江、江苏、上海等5个省、直辖市100家企业生产的100种产品（不涉及出口产品），产品实物质量抽样合格率为82.3%。抽查依据强制性国家标准GB18145－2003《陶瓷片密封水嘴》的规定，对陶瓷片密封水嘴产品的外观质量、管螺纹精度、冷热水标志、流量、密封性能、冷热疲劳试验、阀体强度、酸性盐雾试验以及标识等项目进行了检验。

4月16日，广东省经济贸易委员会根据《中华人民共和国清洁生产促进法》、《清洁生产审核暂行办法》、《广东省清洁生产联合行动实施意见》和《广东省清洁生产企业验收管理办法（暂行）》的有关规定，经相关地市经贸、科技、环保部门联合组织清洁生产专家小组现场验收，省经贸委、省科技厅、省环保局三部门联席会议评审通过，公布第七批广东省清洁生产企业名单共75家，佛山15家陶企与广州一卫浴企业榜上有名。

4月24－26日，国家认监委组织的六人专家组对设立在潮州市的国家陶瓷及水暖卫浴产品质量监督检验中心及潮州市质计所实验室审查认可/计量认证进行初次评审和复评审。经过细致的考核、评审，专家组认为国家陶瓷及水暖卫浴产品质量监督检验中心及其他实验室体系运行的有效性、人员素质、检测能力和仪器设备等方面符合有关认可、评审准则的要求，原则上同意通过实验室审查认可/计量认证评审。

4月25日，国家工商总局商标局公布了2009年4月在商标管理案件中认定的277件驰名商标、在商标异议复审、争议案件中认定的91件驰名商标以及在商标异议案件中认定的22件驰名商标，其中建陶行业有佛山石湾鹰牌陶瓷有限公司的商标“鹰牌及图”、广东能强陶瓷有限公司的商标“GRIFINE及图”、山东耿瓷集团有限公司的商标“耿瓷及图”和福建华泰集团有限公司的商标“华鸿HUAHONG及图”，共计4件商标被认定为“中国驰名商标”。此外，艺术陶瓷类企业福建省佳美集团公司的“第1010069号图形”以及陶瓷釉料企业江苏拜富色釉料有限公司的“拜富BAIFU及图”两件商标获得认定。

5月

5月，安徽省质监局组织了节水型坐便器产品省级监督抽查，在合肥、铜陵、安庆、蚌埠四地区抽取了22家流通领域企业的27组样品，合格18组，产品抽样合格率66.7%。主要质量问题有：冲洗功能不满足标准要求；防臭效果差；安全水位技术要求不达标等。

5月，邯郸峰峰矿区磁州窑陶瓷产业协会成立，该协会由区内从事陶瓷产品、原料、辅助材料、装备生产、科研、教育、内外贸易及相关的企、事业单位、社会团体、文化机构及个人组成，是实行行业服务和自律管理的非营利性经济类社会团体。陶瓷产业是峰峰矿区的传统支柱产业，目前全区陶瓷企业已发展至100余家，带动就业3万余人。成立大会审议并通过了《峰峰矿区磁州窑陶瓷产业协会章程》、《峰峰矿区磁州窑陶瓷产业协会自律公约》，选举产生了理事会和协会领导机构。

5月4日，江西省质量技术监督局公布“2009年第二季度干压陶瓷砖产品质量省级监督抽查结果”。本次监督抽查共抽查了48家企业生产的50批次产品，实物质量合格44批次，抽样合格率88.0%。抽查结果表明，江西省市场上销售的干压陶瓷砖产品实物质量状况较好，抽查的陶瓷砖其放射性核素限量指标均达到了标准规定的要求；抽查结果还显示，仍有部分产品存在一些问题：一是强度性能指标不达标。抽查的6批次不合格产品中，有2批次产品的破坏强度达不到标准规定要求，2批次产品的断裂模数指标达不到标准规定要求。二是吸水率不达标。本次抽查的6批次不合格产品中，有3批次产品的吸水率达不到标准规定要求。本次抽查的50批次产品中，有28批次产品的标识标注不符合标准规定要求，有的未标注放射性水平类别，有的未标注厚度，有的标注规格尺寸与实际不符，有的标注作废产品标准编号。

5月10日，经四川省科技厅、省财政厅、省教育厅、省国资委、省总工会等单位批准，由四川建辉陶瓷有限公司牵头，夹江县科技开发服务中心、西部瓷都夹江陶瓷协会、夹江县科技局、咸阳陶瓷研究设计院、四川新中源陶瓷有限公司、四川省新万兴瓷业有限公司、四川省米兰诺陶瓷有限公司共同组建的“四川省西部瓷都陶瓷产业技术创新联盟”正式成立。

5月18日，INAX（日本伊奈）召开的董事会上，决定从Ideal Standard International Holdings SARL处（简称为「ISI」）获得该公司旗下美标公司所负责经营亚洲太平洋部门之事业的股份。同时，签署了取得ISI及对象企业共计8个企业的股份和知识产权的合同。由此，INAX将获得中国、泰国、韩国、印度尼西亚、菲律宾、越南、新加坡、印度、澳大利亚共计9个国家的事业据点以及5个国家的10个工厂（中国的4个工厂）。至此，日本株式会社伊奈社长川本隆一正式宣布，收购“美标”亚洲太平洋部门事业的股份，交易额达1.12亿欧元。

5月23日，沈阳质量检验协会陶瓷分会正式成立。沈阳法库县人大常委会主任李利民，副县长刘连恒参加了成立仪式。会议选举产生了沈阳质量检验协会陶瓷分会会长、常务副会长、副会长和秘书长。

5月27日，江苏宜兴湖父镇召开动员大会，决定铁腕关停镇域范围内所有的琉璃瓦企业。琉璃瓦企业曾经是湖父镇产业板块的重要组成部分，据统计，该镇共有琉璃瓦生产推板窑21座、隧道窑3座，为确保此次整治工作顺利推进，该镇将成立专项整治领导小组，由镇主要领导挂帅，下设办公室，并分设若干工作指导小组负责整治协调推进工作。

5月27日，下午2时40分许，佛山市澜石塘头村一家废弃陶瓷厂发生爆炸，厂内一栋约20平方米的油泵房发生垮塌，一名工人被埋致死，两名工人受轻伤。据现场指挥介绍，事发时 3 名工人正在油泵房内使用电焊拆下连接油罐的金属管道，切开管道时由于残留的重油废渣挥发出可燃气体，遇到焊接火焰引起爆炸。

6 月

6 月，巴基斯坦海关发布 SRO. 497（I）/2009 号令，上调进口自中国的 34 类产品的关税，由目前的 10% ~35% 提高至 25% ~50% 不等，并自 6 月 14 日起实施。这些产品主要包括无绳电话机、牛皮纸及纸板、瓷砖、陶瓷厨具和餐具、电扇、空调器、冷藏柜等。

6 月，佛山市政府办公会议通过《禅城区陶瓷展厅及总部基地布局规划指引》审批，会议决定整合禅城陶瓷资源，改变目前陶瓷展厅及低档卖场遍地开花的局面。除中国陶瓷城及中国陶瓷产业总部基地、华夏陶瓷城、瓷海国际、创意产业园和国际家居博览城外，禅城今后原则上将不再批建新的独立陶瓷展厅和企业总部。同时，华艺装饰、沙岗、置地、青柯、河宕五大批发市场将于明年底前搬迁。

6 月 8 日，财政部再发通知，调高部分商品的出口退税率，其中，部分陶瓷类商品的出口退税率提高到 13%。此次提高出口退税率的陶瓷制品中，多层瓷介电容器提高到了 17%，玻璃陶瓷制玻璃器皿等，实验室、化学或其他技术用瓷器等提高到了 13%。

6 月 16 日，世界品牌实验室发布了 2009 年（第六届）《中国 500 最具价值品牌排行榜》，11 家陶瓷品牌榜上有名。在本次公布的榜单中，广东品牌占据了半壁江山，达到 6 个品牌。所有 11 家上榜品牌按顺序分别是：唐山惠达陶瓷（集团）股份有限公司旗下惠达品牌以 34. 81 亿元的品牌价值，排名 241；广东东鹏陶瓷股份有限公司旗下品牌东鹏陶瓷以 23. 53 亿元的品牌价值，排名 323；信益陶瓷（中国）有限公司旗下品牌冠军瓷砖以 23. 19 亿元的品牌价值，排名 325；广东唯美陶瓷有限公司旗下品牌马可波罗以 21. 85 亿元的品牌价值，排名 335；佛山石湾鹰牌陶瓷有限公司旗下品牌鹰牌陶瓷以 20. 48 亿元的品牌价值，排名 347；上海亚细亚陶瓷有限公司旗下品牌亚细亚以 20. 43 亿元的品牌价值，排名 349；广东新中源陶瓷有限公司旗下品牌新中源以 16. 50 亿元的品牌价值，排名 377；晋江腾达陶瓷有限公司旗下品牌腾达以 14. 07 亿元的品牌价值，排名 426；广东新明珠陶瓷集团有限公司旗下品牌冠珠陶瓷以 13. 31 亿元的品牌价值，排名 434；杭州诺贝尔集团有限公司旗下品牌亚细诺贝尔以 11. 76 亿元的品牌价值，排名 449；广东蒙娜丽莎陶瓷（集团）有限公司旗下品牌蒙娜丽莎以 11. 52 亿元的品牌价值，排名 455。

6 月 19 日，上午召开的四维控股临时股东大会审议通过了公司拟将其位于重庆本部的卫浴资产转让给重庆轻纺控股（集团）公司的议案。意味着这家 1999 年上市的“中国卫浴第一股”即将逐渐淡出卫浴主业。

6 月 22 日，由国家质检总局举办、福建省中心检验所牵头组织的专家评审会在福州举行，来自全国 13 个国家级建材相关的质检中心专家分组讨论和修订了《产品质量监督抽查实施规范（第一批）》抽查产品涉及铝合金建筑型材、水泥、建筑钢材、人造板、陶瓷砖、采暖用散热器、塑料型材、胶粘剂、涂料、聚乙烯绝缘电缆电线、塑料管道、建筑防水材料等。

6 月 23 日，民政部在人民大会堂隆重召开首批全国性行业协会商会评估授牌大会，对 80 多家评估为 3A 以上等级的行业协会商会进行了授牌。中国建筑卫生陶瓷协会被评为 3A 级全国性行业协会并荣获授牌。全国人大副委员长周铁农、全国政协副主席白立忱、民政部部长李学举、副部长姜力及国务院有关部委的负责同志也出席会议并向获评协会商会授牌。民政部部长李学举发表了重要讲话。

7 月

7 月 1 日，住房和城乡建设部发布第 240 号公告颁布《建筑陶瓷薄板应用技术规程》（JGJ/T172 – 2009）为行业标准，从而规范了建筑陶瓷薄板在建筑工程应用上的技术要求，规程 2009 年 7 月 1 日正式生效。

7 月 3 日，佛山市南海丹灶镇政府召开媒体见面会，宣布丹灶境内陶瓷生产企业已全部完成关停，并全部完成转型转产。陶瓷生产在丹灶绝迹，丹灶成为佛山首个基本完成产业整治的镇。

7月8日，广东省工商局公布了第二季度对广东省陶瓷砖、石材的专项抽查结果。结果显示，内在合格率仅为65.8%，比去年下降了25%。其中涉及安全的重要指标，如陶瓷砖的破坏强度和断裂模数，石材的放射性核弯曲强度和放射性，都是主要不合格的项目。本次抽查了佛山、河源、梅州、肇庆、清远、云浮6市34家销售企业销售的商品120批次，经检验，合格79批次，不合格41批次，内在合格率为65.8%。这次抽查的陶瓷砖和石材合格率比去年下降了25%，创下6年来新低。

7月20日，中国贸易救济信息网、中国进出口管理部门通报，从2009年7月20日至年底，中国瓷砖出口越南关税降至0%。

7月28日，佛山市对外贸易经济合作局、佛山海关发布《佛山市进出口公平贸易简报》披露，上半年，佛山产区出口瓷砖1.4亿平方米，出口总值6.9亿美元，下降15.7%。其中，出口未上釉瓷砖4亿美元，下降19.6%，出口均价5.48美元/平方米，上涨5.9%；出口釉面瓷砖2.9亿美元，下降9.6%，出口均价4.14美元/平方米，上涨6.5%。出口结束下滑走势，形成V形回升。

8月

8月11日，国家"十一五"规划重点出版图书《景德镇陶瓷史》项目论证会在景德镇陶瓷学院召开。由江西人民出版社申报的国家"十一五"重点规划项目《景德镇陶瓷史》通过项目论证，编撰工作同时启动。《景德镇陶瓷史》将全面介绍景德镇陶瓷业发展历史，其内容包括：景德镇地域与历史文化史、景德镇陶瓷生产的工艺与工艺史、景德镇陶瓷文化史、景德镇陶瓷物质文化遗产、景德镇陶瓷非物质文化遗产、景德镇陶瓷文化与中国造物思想与观念等。该书共分4册，第一册为《图像景德镇》，第二册为《五代至宋元时期的景德镇陶瓷》，第三册为《明清时期的景德镇陶瓷》，第四册为《近现代的景德镇陶瓷》。

8月14日，秘鲁国家竞争和知识产权保护署公布其倾销和补贴调查委员会2009年第138号决议，决定对从中国进口的餐具、各种陶瓷餐具散件及配件征收反倾销税案进行复审。复审调查期限45天，通知各利益相关方均可在上述期限内举证或上诉，以便最终决定是否根据秘鲁 union ychicawa s. a. 公司的申请取消现行的征收反倾销税措施。

8月24日，科技部发展计划司组织专家组对国家工业陶瓷工程技术研究中心进行现场评估验收，淄博市委常委、副市长王顶岐出席会议并陪同相关活动。

8月26日，江西省质量技术监督局发布2009年第二季度陶瓷片密封水嘴产品质量省级监督抽查结果，共抽查了38家企业生产的40批次陶瓷片密封水嘴产品，合格27批次，抽样合格率67.5%，比去年同期产品抽样合格率下降了2.5个百分点。存在的主要问题：一是阀体强度不达标。本次抽查的13批次不合格产品其阀体强度均达不到标准规定要求。阀体强度不达标会造成输水管路水压突然加大（2.5MPa）时，阀体会产生变形、爆裂和渗漏，给消费者的财产造成损失；二是密封性能差。本次抽查的13批次不合格产品中，有2批次产品的密封性能达不到标准规定要求。密封性能不合格会造成水嘴在输水管路常压（1.6MPa）下，有滴、漏现象。带来水资源的浪费和消费者不必要的损失。

8月26–29日，淄博市环保局对所有建陶企业进行拉网式检查，并组织了4次夜间突击检查。此次共检查建陶企业278家，其他企业21家，共发现违法企业47家。

9月

9月2日，上海市工商局公布了64个批次水龙头监测结果，不合格22批次，合格率仅为65.6%，有三成多产品不合格。问题水龙头主要为容易锈蚀和螺纹精度差，上蝶、亚林、吉帝、九玫4品牌水龙头被判为质量问题，百安居建材超市有限公司花木店、好美家曲阳装潢建材有限公司、建配龙建材配送有限公司等卖场因销售问题产品而被曝光。

9月5日下午，英国陶瓷研究会华夏测试有限公司与淄博市经济贸易委员会正式签订"陶瓷产品欧盟标准检测认证中心"合作协议。其标志着"陶瓷产品欧盟标准检测认证中心"落户淄博迈出了实质性一步。双方希望加快认证中心建设步伐，并以此为契机，推动国内陶瓷企业更多地了解和应用国际最先进的陶瓷生产技术，进一步提高陶瓷生产的技术标准和水平。

9月7日，“淄博陶瓷 当代国窑”地域品牌授权使用启动仪式在山东淄博陶瓷科技城举行，启动仪式揭晓了“淄博陶瓷”地理标志证明商标，颁布了“淄博陶瓷 当代国窑”地域品牌使用管理办法、“淄博陶瓷”地理标志证明商标的使用规则和淄博陶瓷五项省级地方标准。

9月8日，北京市工商局公布流通领域室内装饰装修材料质量监测结果，涉及北京市建材市场销售的防水涂料、管材管件、建筑涂料、胶粘剂、木门、腻子、强化复合木地板、墙地砖、水龙头、卫生洁具、油漆等11类室内装饰装修商品。监测中16种水龙头商品不合格，主要不合格项是：盐雾试验、流量等。

9月10日，宜春市人民政府批复同意高安市筹建江西省建筑陶瓷产业基地陶瓷产品质量监督检验中心。

9月22日，在佛山皇冠假日酒店举行的2008中国建筑装饰百强企业授牌仪式上，中国建筑装饰协会会长马挺贵代表协会，授予中国陶瓷城与中国陶瓷产业总部基地分别为“中国建筑卫生陶瓷采购基地”、“中国建筑卫生陶瓷品牌中心”荣誉称号。

10月

10月1日，国家质量监督检验检疫总局发布的新《陶瓷砖质量监督实施规范》开始正式实施。《陶瓷砖质量监督实施规范》内容包括产品分类、术语和定义、企业规模划分、检验依据、抽样、检验要求、判定原则及异议处理复检等9个方面。该规范主要是适用于国家及省级质量技术监督部门组织的陶瓷砖产品质量监督抽查，其他质量技术监督部门组织的针对特殊情况的监督抽查也可作为参考。新《规范》主要体现在两个方面：一是检验依据，二是判定原则。新的判定原则分为产品实物质量和标识质量判定。产品的强度、耐磨性能、抗釉裂性、耐污染性、放射性不合格为A类严重不合格，尺寸、标识等不合格为B类较严重不合格。只有所抽取的样品实物质量和标识质量均合格时才判定产品合格。

10月9日，印度商工部对原产于中国的瓷砖（海关编码为6908项下）作出反倾销仲裁，印度对华瓷砖作出的反倾销仲裁结果：获得反倾销税率为关税的陶企有：新中源陶瓷旗下的佛山市朗高陶瓷有限公司、佛山市圣德保陶瓷有限公司、广东佛山新中原瓷砖进出口有限公司、佛山新南悦建筑陶瓷有限公司、佛山新粤陶瓷有限公司、四川新中源瓷砖有限公司；广东宏宇陶瓷有限公司；新明珠陶瓷旗下的佛山三水新明珠建筑陶瓷有限公司、佛山市萨米特陶瓷有限公司、佛山新明珠贸易有限公司。其他中国陶企将接受反倾销税率为137（卢比/平方米）。历时一年的印度陶质釉面砖反倾销调查尘埃落定，结果与4月份的初裁基本一致，部分应诉企业获得了零税率的可喜结果，此外都适用137卢比/平方米的惩罚性关税。

10月14日，始于2008年底的东鹏陶瓷诉多家陶瓷企业洞石专利侵权一案。国家知识产权局专利复审委员会发出《无效宣告请求审查决定书》（第13991号），决定书宣告东鹏陶瓷原申请的发明专利“一种立体孔洞装饰陶瓷砖”（专利号：200620154970.8）的实用新型专利权全部无效。

10月17日，“辽宁法库陶瓷行业协会”成立，在沈阳举行了揭幕仪式。“东北瓷都”的60余家陶瓷企业、70余家陶瓷配套企业以及陶瓷研发部门成为该协会的第一批会员。“辽宁法库陶瓷行业协会”的成立标志着法库陶瓷规模又迈上了一个新台阶，法库的陶瓷从企业行为转变为行业行为，法库陶瓷从松散型配套转变为集群拓展。

10月18-24日，以“艺术与生活”为主题的首届中国（佛山）陶瓷节在佛山禅城区举行。第十四届中国（佛山）国际陶瓷博览交易会暨第六届中国（佛山）国际陶瓷工业展览会同期举行。中国（佛山）陶瓷节期间，承办单位举办了“2009世界陶瓷高峰论坛”、“美洲采购节”、“中国（佛山）陶瓷文化艺术交流中心”开业庆典及开馆仪式，以及2009年度中国优秀陶瓷经销商颁奖典礼、陶瓷行业终端营销高峰论坛等丰富多彩的系列活动，共吸引了55万人次入场参观游玩、采购，共组织了1400家来自国内外的企业参展，来自50多个国家的外商达3万之众，合同和意向成交额近25亿元。

10月20日，国家质量监督检验检疫总局公布了“陶瓷砖产品质量国家监督抽查结果”，数据显示，在对河北、山西、辽宁、福建、山东、广东、四川、陕西等8个省272家企业生产的364种陶瓷砖产品进行的监督抽查中，有97家企业的产品大面积出现不合格，其中不乏行业内诸多一线知名品牌，不合格率超过四分之一。质检总局在其官方网站发布的公告显示，大部分不合格产品存在的问题是破坏强度、吸水率等不合格。

10月21日，北京市工商局公布流通领域室内装饰装修材料质量监测结果，涉及北京市建材市场销售的防水涂料、管材管件、建筑涂料、水龙头、卫生洁具、木器漆等6类室内装饰装修商品。监测中15种水龙头商品不合格，主要不合格项是：盐雾试验、流量等，监测中1种卫生洁具商品不合格。

10月23日，淄博市政府公布了由淄博市经贸委、市建材冶金行业协会起草的《淄博市建筑陶瓷产业调整振兴指导意见（2009－2011年）》，在对淄博建陶目前现状分析的基础上，制定了未来3年发展的方向、政策措施等，其具体目标提出：3年后，淄博建陶生产能力将由目前的12亿平方米控制到7亿平方米以内。同期公布的还有由市经贸委、市陶瓷行业协会起草的《淄博市陶瓷产业调整振兴指导意见（2009－2011年）》等11个特色产业调整振兴指导意见。

10月27日，为进一步改善空气质量，确保全运会成功举行，淄博市淄川区开展了环境综合整治的专项行动。此次行动，淄川区共关停30家建陶企业，取缔318家“土小企业”。同时，对所有燃煤电厂及建陶、碳酸钙、钢铁、焦化、水泥等生产企业的二氧化硫、烟尘、粉尘、扬尘污染进行了综合治理，对不能按时完成整治任务的，将严肃追究相关责任人的责任。

10月31日，景德镇市建筑卫生陶瓷行业协会成立大会暨景德镇陶瓷竞争力论坛在景德镇市财富大厦圆形会议厅举行。市委书记许爱民致信祝贺，副市长沈薇，市建筑卫生陶瓷企业、经销商代表、业内知名人士等参加会议，沈薇致辞并与箭牌卫浴董事长谢岳荣一道为协会揭牌。景德镇市建筑卫生陶瓷行业协会由景德镇建筑卫生陶瓷企业、当地建材市场、优秀建筑卫生陶瓷产品经销商、马赛克企业、业内知名人士等近50名成员组成。景德镇陶瓷学院院长周健儿任景德镇建筑卫生陶瓷协会名誉会长；景德镇乐华陶瓷洁具有限公司董事长谢岳荣任会长；景德镇特地陶瓷有限公司董事长鲍杰军任执行会长；中国建筑卫生陶瓷协会副秘书长、华南理工大学教授尹虹任秘书长；景德镇合众锦川陶瓷材料有限公司董事长刘先锦任副秘书长。

11月

11月，漳州万佳陶瓷工业有限公司成功并购了在美国有65年历史的知名陶瓷企业——西方窑业有限公司（WESTERN POTTERY INC），并购后漳州万佳陶瓷工业有限公司占有其100%的股份，并购总投资300万美元。由于被并购公司目前在美国已有1600多个营销零售网点，并购将带动万佳陶瓷卫生洁具产品年新增出口1000万美元，在美市场份额有望稳步增加。

11月1日，海鸥卫浴旗下的珠海铂欧卫浴正式接管三英洁具，佛山三英洁具作为海鸥卫浴独立事业部开始运作。

11月4日，中午12时40分左右，重庆铜梁县庆隆乡冬笋村一试生产的陶瓷厂发生爆炸，导致1名工人在爆炸中当场死亡。

11月5日，《陶瓷板 ceramicboard》（GB/T23266－2009）正式实施。文件规定了陶瓷板的术语和定义、分类、要求、试验方法、检验规则、标志、包装、运输、贮存及使用说明，标准适用于建筑物室内外墙地面装饰用陶瓷板。

11月6日，淄博市制定的山东省地方标准《煤气发生炉技术改造规范》在济南通过专家评审。这是淄博市继2008年制定《燃气建筑陶瓷辊道窑节能技术改造规范》由国家备案并公布实施后，又一次单独制定的地方标准。该标准由山东省经济和信息化委员会、山东省质量技术监督局提出，淄博市能源监测中心具体负责组织制定。

11 月 8 日，佛山市禅城区陶瓷产业整治办公室在中国陶瓷城召开新闻发布会，公开向媒体通报两年来陶瓷产业整治情况。通报表明，至今年 10 月，已有 87 家企业完成关迁转移，共拆除生产窑炉 269 条，喷雾干燥塔 155 个，分别占原总数的 66. 4% 和 62. 5%。其中张槎、石湾镇街道全部完成专项整治目标，南庄镇余下少数企业经批准暂缓至今年底关迁。

11 月 10 日，《陕西省质量技术监督局 2009 年第三季度陶瓷墙地砖产品监督抽查公告》发布，2009 年第三季度，陕西省质量技术监督局主要对西安市、安康、宝鸡地区生产和销售的陶瓷墙地砖产品进行了定期监督抽查。共抽查企业 29 家，抽取样品 30 批次，合格 27 批次，实物质量合格率 90%。陶瓷墙地砖质量存在的主要问题是吸水率、断裂模数、尺寸偏差项目不合格。

11 月 11 - 13 日，佛山国家陶瓷及水暖卫浴产品质量监督检验中心和潮州实验室顺利通过了国家质检总局组织的验收专家组的现场验收。

11 月 13 日，巴基斯坦国家税务委员会发出公告，重新提起对产自或进口自中国的瓷砖（tiles）提起反倾销调查。目前，巴税务委员会已根据该指示开始针对产自中国或从中国进口瓷砖的反倾销调查，并通知巴基斯坦有关利益方于 15 日内提交其申诉。

11 月 18 日，广东省经信委、省科技厅公布第八批广东省清洁生产企业名单（粤经信节能〔2009〕62 号）57 家，其中通过清洁生产的佛山陶企 22 家。

11 月 18 日，中国建筑卫生陶瓷协会正式批复授予河南省长葛市为“中国中部卫浴产业基地”，这是首个国家级卫浴产业基地，这也标志着长葛市陶瓷产业提升成绩得到行业协会的高度认可。长葛目前共拥有生产企业 71 家，年产量达 3500 万件，占据国内 70% 的中低档市场份额。

11 月 20 日，位于黄埔大道的好美家建材超市张贴停业告示，这是上海百联集团旗下的好美家建材超市近期一个多月内连续四家门店停业（10 月 30 日，南京江东北路好美家停业；11 月 15 日，好美家安徽店关门；11 月 17 日，好美家宁波店停业），一年内好美家建材超市关停 10 多家门店。

11 月 23 日晚，鹰牌控股在新加坡交易所发布公告称，石湾街道拟以 5. 1671 亿元人民币收购鹰牌控股下的三家企业，这三家企业分别为：佛山石湾鹰牌陶瓷有限公司、佛山石湾鹰牌华鹏陶瓷有限公司和鹰牌陶瓷实业（河源）有限公司。这也是鹰牌控股 2006 年 5 月将其下属品牌——鹰牌卫浴以 2. 55 亿元人民币出售给西班牙乐家（ROCA）卫浴之后，于 3 年后整体打包出售。

11 月 24 日，四川省质量技术监督局发布了“2009 年第三季度陶瓷砖产品质量省级监督抽查情况”，四川省质量技术监督局于 2009 年第三季度对全省生产的各类陶瓷砖产品进行了专项抽查。共抽查了 25 家企业生产的 47 个批次产品，依据 GB/T4100 - 2006、GB6566 - 2001 和 CCGF310 - 2008 规定的项目检验，有 3 家企业生产的 7 批次产品不合格，23 家企业生产的 40 批次产品合格，抽查产品批次合格率为 85. 1%。不合格产品存在的主要问题是：吸水率、尺寸偏差、破坏强度和断裂模数不合格。

11 月 25 日上午，参加淄博市环保世纪行的市区领导及各位委员代表，听取了张店区关于 2009 年节能减排环境保护工作的情况汇报。在汇报时该负责人透露，两年来，张店共关停建陶生产线 50 条。

12 月

12 月，中国建筑卫生陶瓷协会授予河南省长葛市为“中国中部卫浴产业基地”，这标志着中国首个国家级卫浴产业基地在长葛诞生。

12 月 3 日，泰国对华陶瓷反倾销正式立案，对所有中国出口至泰国的釉面和未上釉瓷砖均进行反倾销调查。反倾销调查期为 2008 年 10 月 1 日至 2009 年 9 月 30 日。泰国对华陶瓷反倾销案的申请人为泰国陶瓷产业联盟、泰国陶瓷工业协会。根据泰国陶瓷工业协会统计，2008 年泰国从中国进口陶瓷产品为 52 亿泰铢（1 泰铢 =0. 23 元人民币），相当于 10 多亿元人民币。在此次反倾销调查中，泰国方面明确指出佛山新明珠、佛山金兆、佛山新月等 6 家企业存在倾销行为，意味着这 6 家企业必须强制应诉。佛山绝大多数出口泰国的陶瓷企业涉案，数量高达百余家。

12 月 3 日，菲律宾贸工部签署命令，将瓷砖进口保护性关税由每公斤 1. 86 比索降低为 1. 80 比索，命令于公布15日后生效。并继续免征来自日本和欧盟的瓷砖的保护性关税。

12月4日，中国建筑卫生陶瓷协会在2009年年会上，发布《关于授予第二批中国建筑陶瓷、卫生洁具行业诚信企业荣誉称号的决定》（中建陶协字（2009）第016号），授予12家陶瓷企业诚信企业荣誉称号。此次荣获诚信信用的12家建筑卫生陶瓷企业分别是：佛山市嘉俊陶瓷有限公司、广东欧文莱陶瓷有限公司、佛山高明顺成陶瓷有限公司、晋江远东陶瓷有限公司、佛山市天纬陶瓷有限公司、佛山市理想卫浴有限公司、广东希恩卫浴实业有限公司、鹤山市康立源卫浴实业有限公司、浙江清源水暖洁具有限公司、广东汉特科技有限公司、广州彩州卫浴实业有限公司、广东伟强铜业科技有限公司。这是中国建筑卫生陶瓷协会授予的第二批行业诚信企业。

12月11日，广东省外经贸厅在佛山召开泰国对华陶瓷反倾销预警会议，80多家佛山企业参加了此次会议，大部分企业明确表示了应诉意愿。法律专家提醒与会企业，存不存在倾销关键是要拿出财务数据来证明，所以企业应该提供清晰的财务数据，并如实填写相关调查问卷。

12月13日，从零时起，我国铁路货物统一运价平均每吨公里提高7厘，国家铁路货物统一运价平均每吨公里由原先的9.61分提高至10.31分。其中，运营价格由平均每吨公里6.31分提高到7.01分，铁路建设基金维持现行每吨公里3.3分的标准不变。

12月16日，上海市质量技术监督局公布2009年第三季度上海市陶瓷砖产品质量监督抽查结果，2009年第三季度，上海市质量技术监督局对本地生产和销售的陶瓷砖产品质量进行了专项监督抽查。共监督抽查38批次产品，经检验，合格有35批次，不合格3批次。在这38批次中，本市抽查8批次，合格6批次，外省市抽查30批次，合格29批次。

12月27日，福州市质监局公布清新居室建材市场专项整治中省级抽查不合格陶瓷产品及单位。本次专项整治行动共抽查陶瓷砖产品20余批次，其中8批次产品不合格。不合格项目主要是吸水性、破坏强度、断裂模数等指标达不到标准要求。

第二节　投资招商大事记

1月

1月，山东鑫源建陶有限公司从日本引进的一条琉璃瓦全自动生产线在淄博投产。

2月

2月7日，福建汉索夫公司与景德镇市政府签约投资成立景德镇汉索夫陶瓷有限公司。公司董事长吴湘江透露，项目总投资5亿元人民币，建设6条建陶生产线及1条陶瓷辊棒生产线，主要产品为仿古砖、通体外墙砖、陶瓷棍棒、陶瓷包装等。年底前将完成第一条外墙砖生产线建设并投产。其余生产线将在三年内全部建设完成。项目建成后，预计年产各类建筑陶瓷1800万平方米。

2月10日，位于福建南安市英都恒坂阀门基地的申鹭达工业园举行开工奠基仪式。申鹭达工业园项目占地380亩，计划总投资1.2亿元，建设厂房面积70000多平方米。主要建设项目分为铸造锻压、主体加工、卫生陶瓷生产、配件生产、组装包装、生活服务等五个专业功能区。分别建设相关配套设施。

2月12日，广东韶关市重点项目——新丰华夏生态建筑陶瓷工业园举行奠基典礼。工业园位于新丰县回龙镇，由新丰天恩亚太有限公司与佛山市华夏建筑陶瓷研究开发中心联合投资开发。工业园总规划面积6500亩，预计总投资将超过50亿元人民币，建设现代化建筑陶瓷生产线100条，年产量约4亿平方米。

2月18日，四川新万兴（集团）公司投资10亿元的陶瓷生产线项目，正式落户湖北蕲春经济开发区，新建高档陶瓷生产线项目8～12条。

2月25日，世界“陶机巨头”意大利萨克米集团表示，今年将在南海追加超过3000万元的投资。

2 月 25 日，高安市瑞阳陶瓷和罗纳尔陶瓷两家陶企为扩大生产规模，同时签约投资 7.7 亿元在江西省建筑陶瓷产业基地内建设 14 条大型陶瓷生产线。

3 月

3 月，位于湖北蕲春的湖北新天地瓷业有限公司一期琉璃瓦生产线正式投产。公司于 2007 年签约进驻蕲春，置地 330 亩，主要以生产西瓦、外墙砖、釉面砖为主。

3 月，东鹏陶瓷江西丰城生产基地成功投产。

3 月 4 日，总投资 4.5 亿元的阿波罗（佛山）卫浴公司奠基仪式在佛山三水大塘举行。佛山市三水区委书记宋德平、区长卢立湃出席奠基仪式。阿波罗（中国）公司总经理陈志雄表示，阿波罗项目全部建成投产后预计年产高档淋浴产品 20 万件、高档卫生陶瓷洁具 300 万件，可新增年产值 8 亿元。

3 月 20 日，新中源陶瓷河南鹤壁生产基地正式奠基。鹤壁市市长丁巍，鹤壁市山城工业区区委书记尚欣、区长胡润身与各级政府及相关部门领导；中国建筑卫生陶瓷协会、中国陶瓷工业协会、广东省建材协会、广东省陶瓷协会及佛山市陶瓷行业协会领导；新中源陶瓷企业集团高层、经销商和配套供应商；河南省、鹤壁市各大媒体和建陶行业媒体记者等出席奠基仪式。新中源陶瓷企业集团河南鹤壁投资项目计划建设 10 条现代化陶瓷生产线，专业生产墙地砖各类产品。

3 月 23 日上午，江西瑞鹏陶瓷有限公司陶瓷项目在江西高安中国建筑陶瓷产业基地举行签约仪式，项目投资 2.6 亿元，占地 300 亩，拟新建 5 条陶瓷砖生产线。

3 月 25 日下午，金贝儿陶瓷项目在江西省抚州市东乡大酒店正式签约，项目由广东佛山客商投资，计划投资 5 亿元建设 4 条陶瓷生产线。

3 月 26 日，湖南永州市宁远县华石盘工业区内，广东佛山市整体搬迁来的新美雅陶瓷厂开工奠基。新美雅陶瓷厂总投资达 2.6 亿元，规划用地 400 亩，主要生产外墙砖和仿古砖。项目分三期建设，今年完成一期工程，建成 4 条生产线。

4 月

4 月，创建于 2008 年 9 月的河北玻尔陶瓷有限公司，位于石家庄南赞皇五马山工业园区的第一条陶瓷砖生产线投产。

4 月 16 日，湖北省当阳市政府与晋江陶瓷企业家、宜昌泉州商会副会长吴全发在当阳宾馆签订 5 个亿的陶瓷项目合作协议。项目占地 500 亩，其中第一期占地 300 亩。项目分两期完成，第一期投资 2.5 亿元，建设 4 条生产线。项目计划 7 月份动工建设，2010 年 4 月投产。

4 月 20 日上午，在高安市行政服务中心三楼会议厅，江西金环陶瓷有限公司、江西赣虹陶瓷有限公司和江西太阳陶瓷有限公司三家陶瓷企业的董事长分别与高安市市长皮德艳签订了投资协议，三家企业总投资 9.3 亿元人民币，计划在江西省建筑陶瓷产业基地内建设 18 条大型陶瓷生产线。

4 月 25 日，在广东佛山皇冠假日酒店举行的陕西榆林·佛山经贸合作座谈会上双方共签下 8 大项目，总投资 46.38 亿元，其中合同项目 5 个，总投资 44.61 亿元；协议项目 3 个，总投资 1.77 亿元。其中神木佛山陶瓷工业园总投资达 30 亿元。

4 月 26 日，九牧集团卫生陶瓷项目投产启动仪式举行。九牧集团董事长林声雁向各界来宾详细介绍了九牧集团陶瓷项目的筹建情况及各项优势。项目位于南安市九牧工业园，2007 年 4 月 30 日，九牧工业园奠基，陶瓷项目进入建设阶段；2008 年 12 月 18 日，陶瓷项目梭式窑点火成功，2009 年 4 月 26 日正式投产。

4 月 27 日上午，湖南亚泰陶瓷项目签约落户岳阳新墙农业工业化园。该项目由温州亚泰陶瓷有限公司投资建设，占地面积 750 亩，项目总投资 5 亿元，新建 6 条大型生产线和 2 组（4 条）双层窑炉线。项目计划每年投产 2 条生产线。县长黎四清、县委副书记汤森林等县委，县政府、县人大领导与温州亚泰陶瓷有限公司董事长卢少虎、副董事长黄娟幼、总经理王成兰，湖北亚泰陶瓷有限公司总经理卢少龙等参加项目签约仪式。

4月30日，由晋江市美胜建材实业有限公司合资，在乌海兴建的第一条陶瓷生产线正式投产，第二条12月投产。

5月

5月，东鹏陶瓷湖南生产基地——湖南澧县新鹏陶瓷有限公司正式投产。

5月，由江西永源陶瓷有限公司投资兴建的建筑陶瓷地脚线生产线项目落户江西高安建筑陶瓷产业基地，江西永源陶瓷有限公司总投资0.5亿元人民币，规划兴建4条陶瓷地脚线生产线，项目分二期建设，其中一期投资1500万元，兴建2条地脚线生产线，计划于2009年6月底前动工建设，10月底建成投产；二期投资1000万元，兴建2条地脚线生产线，2009年底动工建设，2010年4月底建成投产。

5月，由佛山客商投资1.2亿元的江西金迅鹏实业有限公司陶瓷机械设备与模具产品项目正式签约落户江西抚州东乡，项目坐落于东乡经济开发区渊山岗工业园，占地面积50亩，项目以陶瓷机械设备与模具生产经营为主。项目全面建成投产后，可实现年产100万件建筑机械设备模具，预计年产值2亿元，创利税2000万元，安置就业人数200人左右。

5月，在南安经济开发区的九牧工业园120米长的隧道窑点火投产，九牧集团正式宣告进军卫生陶瓷项目，逆市拓展产业链，走水暖卫浴一体化道路。该陶瓷项目用地面积580亩，计划投资3.8亿元，先后将建成4条生产线，整个陶瓷项目运行后，陶瓷产品年产量将达到250万件到300万件。

5月8日，福建省泉州中泉制釉有限公司正式落户高安建陶基地。该公司将投资1亿元兴建建陶制釉企业，一期投入资金3000万元，兴建陶瓷熔块生产线，建设周期3个月，计划2009年8月投产；二期投入资金3000万元，将建立瓷砖坯体釉料及玻璃原料综合生产线，于2009年12月底开工建立，计划2010年5月建成投产。三期总投入资金4000万元，计划建立陶瓷色料生产线，2010年6月底开工建立，预计项目将于2010年12月底建成投产。

5月10日，江西承接广东产业转移大型陶瓷建设项目——江西省石湾环球陶瓷开工奠基仪式在寻乌工业园区举行，江西省石湾环球陶瓷有限公司董事长罗杰华致辞，县长谭学忠讲话，县委书记马玉福宣布奠基仪式启动，赣州市政协副主席潘其乐、县级领导、有关部门负责同志出席。江西省石湾环球陶瓷有限公司由佛山市金环球陶瓷有限公司（原佛山市石湾化工陶瓷厂）独资创办，项目选址在江西省赣州市寻乌县。项目建设规模为年产1700万平方米高级超白抛光砖和仿古砖，工程总投资4.3亿人民币，占地584亩，年产值6.8亿元人民币。

5月13日，广西梧州市在广州市举办梧州·珠三角地区工商企业对接恳谈会。由佛山市南海区新南方陶瓷有限公司在岑溪市投资3亿元的陶瓷生产项目、由广东高明吉利陶瓷有限公司在藤县投资2.8亿元的深水港码头建设项目在“对接恳谈会”上正式签约。

5月14日，江西省省长吴新雄为了解高安开展科学发展观活动的情况深入基地进行调研。宜春市市长龚建华，宜春市委常委、高安市委书记郭安、高安市市长皮德艳等领导陪同调研。

5月22日上午，“内蒙古·佛山陶瓷项目招商洽谈会”在佛山皇冠假日酒店隆重举行。由内蒙古自治区人民政府副主席赵双连率领的内蒙古招商团与佛山市政府、陶瓷企业代表进行陶瓷项目合作洽谈。洽谈会现场，呼和浩特、鄂尔多斯、包头等市与17家陶瓷、塑料、铝业企业签订了投资项目合作协议。

5月22日，江西欧雅陶瓷生产基地第一条生产线顺利点火投产。欧雅陶瓷有限公司董事长霍炳祥先生与江西欧雅陶瓷生产基地相关部门领导一道，在全体干部员工的见证下，手举火把，共同点燃了江西欧雅陶瓷基地投产的第一把火，以“燃情高安，势起欧雅”为主题的点火仪式，开始了欧雅陶瓷在江西产区的新征程。

5月27日，当阳市政府与福建省晋江晋成陶瓷有限公司签订了投资协议书。晋成陶瓷有限公司总部位于晋江磁灶镇建有4条陶瓷生产线，还在福建永春、广东南庄建有2个生产基地，这次落户当阳的项目是其第三个外地生产基地，该项目计划总投资35亿元人民币，占地500亩，厂址位于湖北省重点产业集群当阳市陶瓷工业园，共规划建设各种建筑陶瓷生产线8条，全部项目建成投产后，年产量可达

3000 万平方米，产值 4 亿元人民币。可安排 1200 余人就业。

6月

6月，湖北（当阳）大地陶瓷有限公司正式收购湖南华雄陶瓷有限公司，大地公司向华雄陶瓷注入 7000 万元资金，收购其两条生产线，成为该公司新的控股人。湖北大地预计将在完成全资收购之后，增建 6 条生产线，主要生产抛光砖、耐磨砖及瓷片。

6月，山东金刚新材料有限公司及巩义金刚陶瓷材料有限公司两大耐火材料生产基地投入批量生产，标志着金刚企业集团多元化战略发展迈入新的阶段，为金刚产品的国际化营销铺平了道路。

6月5日，诺贝尔陶瓷九江项目投产，九江城东港区项目建设 300 天行动计划启动暨诺贝尔陶瓷等 20 个项目投产、开工、签约仪式在城东港区举行。

6月6日，江西和美陶瓷有限公司在丰城精品陶瓷产业基地举行江西和美陶瓷第一期投产庆典及金祥云瓷砖全国经销商恳谈会活动。出席此次活动的领导有江西省政协副主席郑小燕、宜春市市长龚建华、丰城市市委书记冷新生及相关部门领导，还有来自华东、华中区域的经销商共 300 多人。江西和美陶瓷园区占地 1870 亩，项目总投资 17 亿元，项目总体规划在 3－5 年内分两期完成，规划建设 28 条生产线，年生产能力 6000 万平方米，主要生产瓷片和抛光砖。首期投资 8 亿元，目前第一期项目已经建成了 2 条瓷片、2 条地砖基础设施，第一条瓷片生产线于今年 4 月 26 日已经投产，日产量 1.2－1.5 万平方米；第二条生产线 6 月份投产；第三条和第四条计划在 7－9 月投产。

6月9日，湖北浠水县在佛山南庄召开招商会，佛山有 3 家企业签约投资浠水。分别为佛山威特精工建材有限公司、佛山侨航水泥制件有限公司、佛山景瓷机械设备有限公司。

6月16日，2009 安徽·宁国（佛山）新型建材暨陶瓷产业发展对接会，在广东佛山市恒安瑞士大酒店举行，近一百家安徽和佛山的企业代表参加了对接会。安徽省政府驻广州办事处主任朱丹，宣城市委常委、宁国市委书记、市人大主任孙正东，宁国市委副书记李孝云，市人大常务副主任蒋理钢、市委常委常务副市长王普、副市长蒋洋出席本次对接会，佛山市副市长邓伟根等领导应邀出席本次对接会，佛山市陶瓷协会副秘书长黄希然、杨秀兰等行业协会领导人也应邀参加会议。

7月

7月，杭州诺贝尔集团江西九江生产基地 6 条生产线已建成投产并初步形成生产规模；2009 年，与浙江省湖州市德清县政府签订协议，拟投资 5 亿人民币建设杭州诺贝尔集团德清生产基地。该项目正在积极筹建中。

7月，湖北省襄樊市南漳县人民政府与广东佛山唐颂陶瓷有限公司董事长宁佑怀在该县正式签订了总投资达 4 亿元的陶瓷生产项目协议。

7月1－3日，高安市委、市政府邀请佛山市陶瓷界企业家到井冈山开展“红色之旅”活动。宜春市委常委、高安市委书记郭安在井冈山接见佛山市陶瓷界企业家并在座谈会上发表讲话。高安市委副书记、市长皮德艳，市委常委傅仁保，副市长徐结强陪同参观。新中源陶瓷、新明珠陶瓷等企业董事长、总裁参加了“红色之旅”。

7月4日，总投资 5 亿元的广西岑溪市名爵陶瓷生产项目在岑溪市马路镇举行隆重的开工奠基仪式。岑溪市名爵陶瓷生产项目由广东新南方陶瓷有限公司投资兴建。该项目计划总投资 5 亿元。拟分三期建设：第一期于明年初投产，建设中、低档陶瓷产品生产线二条；第二期于 2011 年初投产，建设中档陶瓷产品生产线二条；第三期于 2012 年投产，建设高档陶瓷产品生产线二条。项目全部建成投产后，预计年产量可达 4000 万平方米，实现产值 5.8 亿元，实现税收 1000 多万元，可安排 1000 多个就业岗位。

7月4日，由广东佛山新中源陶瓷企业集团在辽宁法库投资的辽宁金地阳陶瓷有限公司一期工程的第一条生产线投入生产，该项目占地面积 1000 余亩，规划 8 条生产线分三期筹建，一期工程总投资 3 亿元港币，设计年产 1500 万平方米的建筑陶瓷。

7月8日，河北赞皇县人民政府与淄博市亚星建陶有限公司全瓷高档地砖生产线项目正式签约。该项目占地500亩，总投资5亿元，其中固定资产3.5亿元，流动资金1.5亿元，建设6条共3000万平方米全瓷高档地砖生产线，建设工期为2年，2009年8月进驻五马山工业园区，整个项目分2期完成。全部项目6条生产线竣工后，年可实现销售收入9亿元。

7月13日下午，总投资6.14亿元的江西省建筑陶瓷产业基地铁路专用线项目在高安市八景镇正式签约，省铁办主任熊燕斌，宜春市委常委、高安市委书记郭安，省铁办副主任刘震华，高安市市长皮德艳，市铁办主任张世川等领导出席签约仪式。高安建筑陶瓷产业基地铁路专用线为江西省地方铁路加密线，全长5.4公里，加上延伸轨道全长22公里，总投资6.14亿元，由省地方铁路集团公司和高安市分别筹资建设，建设周期为18个月。该铁路专用线直接与浙赣铁路线连接，建成后将大大降低高安建陶产品运输成本，形成基地与全国陶瓷市场的快速通道。

7月18日，景德镇乐华洁具有限公司第一条洁具隧道窑生产线顺利点火。

7月18日，辽宁法库经济开发区：沈阳博茨盖陶瓷有限公司、雅高宜必思酒店、沈阳哈哈尼陶瓷有限公司、沈阳新宏远陶瓷有限公司、沈阳鸿宇陶瓷有限公司在同天举行竣工投产庆典。沈阳博茨盖陶瓷有限公司是第一家来华投资的西班牙陶瓷企业。占地面积1500亩，计划建设30条陶瓷生产线，其中，一期工程占地500亩，建十条高档建筑陶瓷生产线，主要生产高档聚晶微粉抛光砖、钛金砖、高档微晶内墙砖、欧式仿古砖等产品。

7月30日上午，由福建客商张定生先生投资兴建的项目东泰陶瓷签约仪式在江西省抚州市东乡大酒店举行。该项目共建三条生产线，第一条生产线2010年1月底以前建成投产，第二、三条生产线在2012年6月底建成投产。项目位于东乡经济开发区渊山岗工业园，面积约100亩。

8月

8月5日上午，江西省宜春市上高工业园区江西金利源陶瓷有限公司总投资5.6亿元的抛光砖项目举行开工典礼。项目规划建设8条生产线，其中第一期2条抛光砖生产线计划在明年5月份建成投产。主要生产600mm×600mm规格的渗花砖和800mm×800mm规格的微粉抛光砖。

8月5日，新中陶与广西藤县政府签订陶瓷产业园开发合同，双方共同投资，建设15000亩的陶瓷产业园。

8月6日，高安新阳陶瓷有限公司一期工程的第一条生产线顺利点火投产。这条日产量达15万片的西瓦生产线，是目前高安产区日产量最大的西瓦生产线。高安新阳陶瓷有限公司于2008年正式落户高安太阳镇，于2009年4月份开始动工建立，公司在10月份顺利地生产出第一批产品。

8月8日，中国西部水暖卫浴制造基地在重庆市荣昌县工业园正式启动。荣昌倾力打造中国西部水暖卫浴基地，是西部地区建设规模最大、档次最高的水暖卫浴专业生产基地，项目总投资50亿元，一期规划用地面积2平方公里，主要开发各式水龙头、泵阀、厨卫、面盆、浴缸、淋浴、卫生间等器具及配套台、柜、架。基地将引进一批水暖卫浴龙头企业及配套生产企业，建设生产加工厂、产品研发中心、产品贸易展示中心，培育具有国际竞争力的自主品牌，实现年产值100亿元，交易额150亿元。基地计划分两期建设，3–5年达建设规模，实现年产值100亿元。截至2009年7月底，荣昌县已与广东开平市水暖卫浴行业商会及广东开平浙江商会签订投资协议，协议金额15亿元，现共有10多家企业落户园区。

8月8日，由湖南省望城县县委、县政府和广东省湖南商会联合主办的湖南·望城广东专题招商推介暨重大项目发布会，在广州中国大酒店举行。会上，包括铜官陶瓷产业园项目、丁字湾石材产业工业园、香港铜锣湾商业广场等6个项目的合作双方进行签约仪式，签约金额过百亿元。

8月17日上午，三家建陶配套企业落户高安陶瓷产业基地。在高安市行政服务中心三楼，高安市副市长、中国建筑陶瓷产业基地管委会书记徐结强及分管项目的乡镇领导代表先后与该三家项目投资方代表举行了项目投资签约仪式。山东淄博精若陶瓷科技有限公司代表徐宝呈与高安市副市长徐结强签约高安市精若陶瓷科技有限公司项目，该项目投资总额5000万元，主要生产陶瓷熔块、釉料及陶瓷包装物品等系列产品，计划今年9月底前动工兴建，预计在2010年10月底前建成投产；温州市瓯海强盛建材厂投资的高安市强盛釉料有限公司，项目投资额6000余万元，主要生产陶瓷釉料系列产品，整个项目将在8个月内建成投产；江西仁牌陶瓷有限公司投资建设的高安市仁牌包装有限公司，项目投资总额2000多万元，计划在土地交付以后一个月内动工兴建，建设周期为8个月。

8月18日，景德镇乐华陶瓷洁具有限公司首条釉面内墙砖生产线顺利点火，公司董事总经理谢岳荣、乐华陶瓷洁具景德镇生产基地总经理仝元东及该企业的相关人员参与了点火仪式。首条釉面内墙砖生产线生产的釉面内墙砖规格有300mm×600mm、300mm×450mm、300mm×300mm等，日产量约为16000平方米。

8月18日，河南汝阳县政府分别与福建华中陶瓷有限公司、沈阳强盛陶瓷有限公司在汝阳县正式签约建陶生产投资项目，两家陶瓷企业将投资16亿元建设16条生产线。

8月19日上午，由福建晋江一家企业在江西景德镇投资的景德镇汉索夫陶瓷有限公司举行隆重的奠基仪式。当天，景德镇市委常委、常务副市长郭安，副市长黄康明等领导出席奠基仪式并为项目奠基培土。

8月22日上午，湖北安陆陶瓷产业园招商恳谈会在佛山皇冠假日酒店召开，安陆市市长郝章新、副市长陈强、市建设局局长田晓耀、佛山市陶瓷行业协会会长戴一民、鹰牌控股有限公司总裁张孟友、新明珠陶瓷集团有限公司董事长叶德林等领导、嘉宾和企业代表出席活动。安陆陶土产业园规划总用地7.4平方公里，陶土资源丰富。

8月22日，广西梧州市陶瓷产业园藤县中和集中区项目招商恳谈会在佛山举行。期间，梧州陶瓷产业园藤县中和集中区与新明珠陶瓷集团、广东科林达陶瓷有限公司、登科陶瓷 、摩迪沙陶瓷 、金瑞宝陶瓷 、新粤丰陶瓷 、华晖化工等企业签约，协议圈地5050亩，建70条陶瓷生产线，共9个陶瓷生产项目，总投资38.5亿元。

8月23日，山东耿瓷集团在江西余干县投资8000万元的金石科技项目举行开工奠基典礼。该集团另有1.2亿元投资项目落户该县，拟建2条日产1万平方米的建筑陶瓷生产线。此外，还有8家淄博陶企与该县签订了意向性投资协议。

8月24日，在河南郑州举行的深港澳闽籍企业家访豫活动河南省情说明暨项目签约仪式上，福建（深圳）华中陶瓷有限公司与河南汝阳县签约，计划总投资8亿元分期建设8条中高档陶瓷生产线。

8月28号，由广西桂平市市长杨评防率领的考察团一行来到高安，就建陶基地建设情况进行考察，高安市委副书记漆海云、副市长徐结强陪同考察。

8月29日上午，安徽马鞍山科达机电投产典礼在A1厂房举行。投产典礼由马鞍山市副市长金庆丰主持。马鞍山市委书记郑为文、市长周春雨及马鞍山经济技术开发区管委会主任金朝等政府领导，广东科达机电股份有限公司董事长卢勤、董事总经理边程、副总经理兼马鞍山科达洁能有限公司董事长武桢、副总经理兼马鞍山科达机电有限公司总经理朱钒、华中科技大学副校长邵新宇出席了投产典礼剪彩仪式。

8月31日，首家落户高安陶瓷产业基地的专业生产陶瓷熔块的化工配套企业高安精若陶瓷科技有限公司项目正式动工建设。预计于年底投产。

8月31日，由内蒙古鄂尔多斯市陶尔斯陶瓷有限公司投资建设的陶瓷生产基地项目奠基仪式，在达拉特旗三墒梁工业园区隆重举行。陶尔斯陶瓷在达拉特旗生产基地的建设工程，分两期实施，总占地面积3000亩，年产3100万平方米高档抛光砖，总投资22亿元人民币。

9月

9月3日上午，总投资3亿元的建筑陶瓷项目在河南省鹤壁市山城区顺利签约。项目由广西鑫源陶瓷有限公司投资建设，落户石林陶瓷集聚区。计划新建三条陶瓷生产线，占地230亩，分两期建设。其中一期投资2亿元，新建2条生产线，主要生产中高档内墙砖和仿古砖，9月下旬开工建设，年底建成一条生产线，春节后试生产；二期预计明年下半年开始建设，2011年建成。

9月9日，新中陶首条瓷砖生产线顺利点火。广西壮族自治区主席马飙按动点火按钮，自治区政府秘书长王跃飞、区直有关部门负责人，梧州市委书记刘志勇、市长王海，新中陶公司董事长廖伟康、总经理庞景成，以及梧州市有关领导、藤县主要领导班子成员、新中陶公司管理层等200多人出席点火仪式。

9月10日，福建晋江企业投资的江西泓兴源陶瓷生产项目正式签约落户高安建筑陶瓷产业基地，高安市委常委、常务副市长胡江萍，副市长徐结强出席签约仪式。项目总投资1.2亿元，占地面积100亩，主要生产抛晶砖、仿古砖、高亮砖、手工艺术砖等产品。

9月20日，浙江长兴耀龙建陶有限公司在长兴破土动工兴建一条辊道窑长300米、宽3米，日生产能力达到15万片的琉璃瓦生产线。

9月20日，江苏宜兴明月建陶有限公司在辽宁法库破土动工，兴建一条辊道窑长400米、宽3米，日生产能力可达到25万片全国最大的琉璃瓦生产线。

9月20－22日，河南鹤壁市委书记郭迎光再次到广东佛山考察陶瓷产业发展情况，开展系列招商。

9月25日，“云浮（佛山）产业转移推介会”在佛山市佛山宾馆四楼会议厅举行，1400多名佛山等地的企业代表人员聆听了云浮市市长黄强对云浮产业转移“承接地”的着力“推介”，会议吸引了50.3亿元的投资落户云浮，签约项目达45个。其中佛山、云浮两市共建佛山（云浮）产业转移工业园区首期开发建设面积12.1平方公里，控制规划面积39.6平方公里，原佛山禅城（云城都杨）产业转移园土地平整和基础设施建设正在加快推进，目前已有来自佛山等地准备入园投资的企业25家。

9月25日，东鹏陶瓷签约投资7亿元建设云城区腰古镇建材基地项目。

9月27日，地处河南汝阳工业区的汝阳强盛陶瓷有限公司举行开工奠基典礼，汝阳强盛陶瓷有限公司是福建强盛陶瓷有限公司的子公司之一，规划占地面积600亩，一期工程150亩，二期工程300亩，项目总投资8亿元人民币，拟建8条陶瓷生产线，年生产墙地砖6000万平方米。

9月28日，江西金迅鹏实业有限公司陶瓷机械设备与模具产品项目在东乡工业园区开工建设。该项目总投资1.2亿元，预计可在2010年9月竣工投产。项目建成并投产达标后，可年实现主营业务收入2亿元，税收1000万元，解决就业人员200个。

10月

10月，浙江衢州市圣宝建材有限公司开始基建，公司位于浙江省衢州市柯城区航埠工业园。占地面积98.25亩。计划投资1.1亿元人民币。已经投资7000万人民币。设计2条瓷质瓦生产线。分二期建造。第一条生产线设计产量1.8万平方米/天。计划于2010年4月投产。

10月1日，江西瑞源陶瓷有限公司首期两条大型抛光砖生产线顺利点火投产，计划将在11月初正式出产品。高安市相关单位领导、各陶瓷机械化工供应商及媒体记者等出席了点火仪式。

10月16日，韶关乐华陶瓷洁具有限公司首条抛光砖生产线顺利点火，公司董事长霍新、董事总经理谢岳荣、生产厂长郁卫国及该企业的相关人员参加了点火仪式，首条生产线以生产大规格高档次抛光砖为主。

10月28日，由福建闽清客商投资5亿元动工兴建的湖北中陶实业高档陶瓷项目在蕲春县经济开发区培土奠基。项目占地500亩，分两期建设。一期工程投入2亿元，建设三条高档抛光砖生产线，2010年3月可正式投产。二期工程投资3亿元，建设两条高档抛光砖生产线和一条高档精品内墙砖生产线，将于2010年6月开工，2011年9月投产。

10月29日，由四川夹江县黄土陶瓷有限公司总投资5亿元，年产2000万平方米高档瓷砖项目正式落户眉山市丹棱县丹夹陶瓷产业集中区。

10月29日，河南省洛阳市新安县考察团（新安县副县长彭仁率队）一行到访广东佛山高明。

10 月 30 日上午，江西省建陶基地天然气门站举行隆重开工典礼。江西省投资集团副总经理、江西省天然气有限公司董事长、江西省投资燃气有限公司董事长何国群，高安市委书记皮德艳，高安市委副书记、代市长杨玉平，高安市委常委傅仁保、江西省投资燃气有限公司总经理孙秋平、武汉市燃气热力设计研究院副院长李俊、高安市天然气有限公司总经理林爱民以及高安市政府有关部门、基地管委会等主要领导，陶瓷企业代表，设计、监理、施工单位代表等嘉宾出席开工典礼。

10 月 30 日，凯丰陶瓷与四川眉山市东坡区富牛镇正式签订了熔块及陶瓷生产项目投资合同。项目总投资 6000 万元，一期投资 2000 万元兴建熔块生产线，二期投资 4000 万元兴建高档瓷砖生产线。项目占地约 120 亩。

11 月

11 月，江西太阳陶瓷有限公司收购江西新瑞景陶瓷有限公司的大部分股份成为新瑞景公司第一大股东。

11 月 5 日上午，河南华邦陶瓷有限公司、河南大华陶瓷有限公司两项目总投资 5. 6 亿元在河南鹤壁市山城区顺利签约。河南华邦陶瓷有限公司陶瓷项目总投资 4 亿元，占地 300 亩，建设 4 条陶瓷生产线，主要生产高档聚晶微粉抛光砖，分两期三年建成，一期建设 2 条生产线。河南大华陶瓷有限公司陶瓷项目总投资 1. 6 亿元，占地 200 亩，半年内建成两条特种陶瓷生产线，该项目主要生产中高铝等静压微晶瓷球及衬砖。

11 月 6 日，四川洪雅县在洪州大酒店举行了 2009 年第三季度重点招商引资项目签约仪式，该县政府分别与 10 个重点项目的业主成功签订了投资协议书，签约项目有聚晶微粉、釉料生产等 10 个项目。

11 月 10 日上午，天津客商李爱民独资建设的釉料生产、加工项目在河南鹤壁山城区顺利签约。项目总投资 5000 万元，占地 45 亩，主要生产陶瓷釉料，预计 11 月底开工建设，明年 5 月建成投产。

11 月 12 日上午，景业集团（圣·凡尔赛陶瓷）清远 700 亩新生产基地破土动工建设。该项目占地面积 700 多亩，一期建设计划投入 6 条生产线，预计 2010 年底建成投产。

11 月 12 日，广西壮族自治区岑溪市新建球陶瓷项目举行开工奠基仪式。岑溪市新建球陶瓷生产项目是由广东客商叶再有投资兴建，计划总投资 3 亿元，专业生产“建球牌”彩釉效瓷砖、麻石砖、瓷质锦砖、广场砖、卫生瓷砖、瓷质彩码砖、游泳池砖、波纹砖、玉石砖、陶瓷马克以及窑变陶瓷马克、别墅异型砖、隧道专用砖等 10 多个系列近千种花式品种，项目规划占地面积 22 公顷，厂房建筑面积 17 万平方米，计划建设陶瓷生产线 8 条。项目分两期建设，其中首期建设陶瓷生产线共 4 条，年产陶瓷 1150 万平方米，首期当中的 2 条日产陶瓷 2 万平方米生产线现已开工建设，2010 年 3 月前建成投产。二期建设陶瓷生产线共 4 条。项目全部建成投产后，预计年产陶瓷 2300 万平方米，年产值约 7 亿元，安排就业 2500 多人。

11 月 18 日，佛山 2 家陶瓷企业总投资额达 16. 4 亿元，占地面积 2200 亩，共 27 条生产线的陶瓷项目落户广西藤县中和集中区。广西梧州市人大常委会副主任黄积卓、梧州市政协副主席市吴震、藤县县长何棠、广东佛山市金舵陶瓷企业集团公司董事长罗有成、广东金瑞宝陶瓷企业董事长罗文瑞以及企业经销商、供应商共计 400 余人出席了开工剪彩庆典。

11 月 19 日，广东佛山市彩蝶陶瓷科技有限公司投资 3 亿元，在湖南茶陵建设建筑陶瓷生产项目正式签约。将在 8 个月内建成 6 条生产线，达产后年产值可达 2 亿元，年税收 600 万元以上。

11 月 22 日，广东肇庆高要市在佛山举办投资环境推介会，有 9 个项目现场签约，投资金额超过 30 亿元。佛山市委常委、常务副市长冼瑞伦等领导出席了推介会。签约项目包括佛山强辉陶瓷投资近 15 亿元的精细化工产业基地、佛山市欧陶无机材料有限公司投资的新型材料项目等。

11 月 24 日，由甘肃省白银市市委书记、市人大常委会主任袁占亭，市委副书记、市长吴仰东率队的党政代表团参观考察了佛山市陶瓷产业有关情况之后，于下午在新中源大酒店组织召开座谈招商会议。禅城区陶瓷企业、陶瓷装备制造企业负责人及相关媒体代表等近 150 人参加了本次座谈会。

11 月 25 日上午，在高安市行政服务中心 3 楼的会议厅内，5 家陶瓷企业的投资签约仪式在此举行。高安市人民政府代市长杨玉平分别与投资商代表雷世遂、王志洪、罗三生、黄正春、刘春良等人以及引资单位华林、八景、独城等乡镇负责人进行了项目的签约。高安市副市长徐结强、江西省建筑陶瓷产业基地管委会主任胡江峰、高安市招商局陈杰等相关部门领导出席了签约仪式。5 家企业将投资 13.2 亿元进行 22 条陶瓷生产线的建设。

11 月 25 日，"2009 广东江门恩平市温泉欢乐节"重大项目签约、奠基，隆重举行新生产基地奠基礼。佳美施陶瓷计划在沙湖镇蒲桥工业园投资 6 亿元人民币，前期建设 8 条陶瓷生产线。佳美施陶瓷恩平生产基地名为恩平市佳鸿陶瓷有限公司，占地 680 亩，主要生产瓷片、抛光砖等产品，耗资 2 亿的一期工程预计明年 3 月底建成投产。全部竣工后，预计能实现年产值过 10 亿元。

11 月 25 日下午，恩平市百强陶瓷有限公司举行第一期工程落成剪彩暨第二期工程启动仪式。百强陶瓷有限公司 2007 年 10 月进驻恩平市沙湖镇，是一家民营企业，已建成投产 7 条陶瓷生产线。为进一步扩大生产规模，公司启动第二期工程建设。预计第二期工程建成投产后，公司总投资将达到 6 亿元，年产值将达 8 亿元，年产生税收将达 1000 多万元，提供就业岗位 2000 多个。

11 月 25 日下午，恩平市新锦成陶瓷有限公司举行竣工剪彩仪式。新锦成陶瓷有限公司分 3 期建设。首期工程投资 2.4 亿元，已于 2008 年 1 月 26 日和 8 月 1 日建成 4 条生产线投产；第二期工程投资 3 亿元，建成 4 条生产线，2 条生产线已投产，另 2 条于当日建成竣工剪彩投产；第三期工程计划投资 1 亿元，建设 2 条抛光砖生产线，于 2010 年底建成投产。

11 月 25 日下午，恩平市俊怡新型陶瓷企业有限公司举行奠基典礼。俊怡新型陶瓷企业有限公司在恩平市沙湖镇总投资 15 亿元人民币，规划建设用地 2000 亩，计划上 3 条内墙砖生产线，6 条抛光砖生产线，1 条小地砖生产线，1 条仿古砖生产线和现代化的产品后期加工中心。预计建成后全年产能约 6300 万平方米内墙砖，年均销售额超过 30 亿元，分 3 期进行投产，投资周期 2 年零 8 个月。

11 月 28 日，广西桂平市委书记麦承标、市长杨评防率招商团队到佛山市，举行桂平承接广东产业转移投资推介会，吸引了佛山市陶瓷、纺织服装、家具等行业的 30 家企业、50 多位客商参会。会上有 4 个项目签订了投资意向，投资额达 11.6 亿元。

12 月

12 月，佛山市正大陶瓷有限公司在肇庆市德庆县佛山产业转移园签约 600 亩生产基地。

12 月 4 日，广东省和重庆市两地政府签订了《关于加强两省市全面合作的协议》。涉及合作项目 273 个，投资贸易总金额 505 亿元，现场签约项目 40 个，金额 285 亿元。

12 月 6 日，由江西瑞明陶瓷有限公司投资 1.5 亿元的抛光砖建筑陶瓷生产项目一期工程签约落户宜丰工业园。项目投资 1.5 亿元，预计于 2010 年 6 月竣工。项目达产达标后，预计可实现年主营业务收入 2.8 亿元，年税收 1700 万元。

12 月 19 日，佛山汇德邦陶瓷有限公司高明小洞工业园举行奠基仪式。这标志着由政府规划的高明小洞工业园陶瓷生产基地正式进入实际操作流程，汇德邦陶瓷成为进驻高明陶瓷生产基地的第一家企业。汇德邦陶瓷公司计划投资 6 个亿，工业园占地 600 亩，规划 8 条生产线，其中两条抛光砖生产线、两条釉面砖生产线和四条仿古砖生产线。一期投资 1.1 亿，规划用地 120 亩，两条生产线，2010 年 8 月份正式试产。

12 月 25 日，河南汝阳县埠乡的国邦陶瓷项目开工建设。项目由新加坡兆璟财团等 6 家企业共同投资兴建。国邦陶瓷项目占地 600 亩，计划总投资 8 亿元，建设 8 条目前国内领先的大型中高档抛光砖生产线。项目建设周期 3 年，一期投资 2 亿元，建设 2 条抛光砖生产线，预计 2010 年 6 月份投产。

12 月 26 日，德州市乐华陶瓷洁具有限公司首条梭式窑生产线顺利点火，公司副总经理曹以燎及该企业相关人员参加了点火仪式，德州市委书记雷建国，市长吴翠云及各县委书记和重要部门领导人及重点企业负责人均到场参观了首条生产线投产。首条生产线以生产箭牌洁具及实木柜为主。

12 月 28 日，总投资 11.2 亿元的景德镇赛德陶瓷有限公司举行开工奠基仪式。预计于 2010 年 6 月完成一期建设并投产。建成后，将是一个集研发、生产为一体的建筑陶瓷装饰材料生产基地。

第三节　会展大事记

1 月

1 月 4 日，由佛山市华夏建筑陶瓷研究开发中心推出的“窑炉管屏余热利用节能技术与混法除尘脱硫系统”技术推介会在华夏研发中心召开。该项技术的内容包括：管屏管道技术、窑炉稳定密封系统、管屏热风自动控制系统、管屏热风管道保温防腐技术。

1 月 4 日，创建陶瓷文化艺术国际中心专家座谈会在景德镇举行。座谈会力图把交流中心打造成一个陶瓷文化艺术的大观园，一个具有国际水准的学术、艺术交流平台，一个以瓷博会为代表的国际一流会展中心，一个展示古陶瓷、艺术陶瓷等景德镇经典瓷器的窗口，一个整合景德镇乃至全国陶瓷特色文化内涵的大旅游景点。

1 月 12 日，主题为“当前经济形势下，高安陶瓷产业发展的探讨”的高安市陶瓷行业协会 2008 年年会在高安市行政服务中心举行。高安市陶瓷行业协会常务副会长胡毅恒对协会半年来的工作进行总结。佛山市陶瓷行业协会秘书长尹虹做关于“盘点 2008 中国陶瓷，展望 2009 陶瓷发展趋势”的发言，高安市陶瓷行业协会秘书长徐结强作了“高安陶瓷产业做大做强路径图”的专题发言。

1 月 11 - 12 日，中国建筑材料联合会四届四次会长全体会议在天津召开。会长全体会议的中心议题是研讨建材工业经济形势和应对措施。会议对 2009 年中国建材联合会工作进行了全面部署。与会代表认为，2009 年是建材行业转变经济发展方式，保持平稳增长的关键一年。

2 月

2 月 2 日下午，由南安协进建材有限公司与泉州电视台联合举办的“面对危机赢未来协进高峰论坛”在泉州电视台演播大厅举行，三百多行业人士参会，围绕中国建筑陶瓷业如何应对国际金融危机带来的负面影响，寻找化解危机的最佳方法，以迎接 2009 年的挑战和机遇。国家发展和改革委员会知名专家王小广博士在论坛上深刻剖析了中国当前宏观经济发展特别是房地产市场的具体走势，解读了国家近期出台的各项宏观经济政策。

2 月 10 日，高安市召开全市经济工作会议。市长皮德艳在全市经济工作会议上提出，2009 年政府要进一步加快一批重大基础设施的建设，全力配合做好沪昆线高安段建设各项前期准备工作，全力支持建陶基地铁路专用线建设，以及高胡一级公路实现双向通车，大力推进川气东输二期工程高安段建设。质监部门要负责年内争取到国家建筑陶瓷检验检测中心入住基地；年内实现基地集中供气，兴建高水平的陶瓷研发中心，争取设立海关商检作业区，加快“水港”建设。二是要按生态化园区来建设。加大园区绿化、美化、亮化力度，同时积极包装废水、废气、废料循环利用项目，争取基地列入国家或省级循环经济试点园区。重点抓好节能减排工作，对工业园区、建陶基地企业要建立节能减排档案，实施 24 小时监控，防止企业偷排漏排。

2 月 10 - 24 日，西班牙巴伦西亚国际建筑陶瓷及卫生洁具展在西班牙巴伦西亚国际展览中心举行。该展会是世界著名的专业建陶卫浴展之一，始创于 1983 年，由西班牙 FeriaValencia 国际贸易展览公司主办，每年举办一届，至今已成功举办了 25 届。展出内容：陶瓷产品类、陶瓷建筑材料、石瓦、砌砖及石材、玻璃器皿，浴室和厨房设备，连接件和阀门，陶器原料、瓷器和着色剂，原料，地板和墙面瓷砖材料、工具及设备，陶瓷机械及设备。受金融危机影响，部分欧洲参展企业撤展，由于中国陶企基础良好、实力雄厚，借助机遇主动出击，参展数量达 50 多家，为历届之最，包括马可波罗、诺贝尔、宏陶、威尔斯等品牌。

2月20日下午，由宜春市经贸委、高安市人民政府、江西中远国际货运有限公司主办，高安市陶瓷行业协会、《陶瓷信息》报社、江西省建筑陶瓷产业基地管委会承办的第二届高安论坛暨高安陶瓷水运物流拓航峰会，在高安市行政服务中心举行。

2月20日，国内家居建材流通业两大著名连锁品牌——红星美凯龙与居然之家联合召开新闻发布会，宣布双方自2009年起结成战略合作伙伴关系。双方达成协议的主要内容包括：共同打造公平、公正的市场环境；联手抵制行业不正之风；保持信息沟通；维护联盟利益。

2月25日，百余位国内陶瓷界精英齐聚南海狮山参加技术革新研讨会，意大利陶瓷机械设备制造协会主席Pietro Cassani在会上介绍了最新的节能环保陶瓷制作工艺流程。

3月

3月3－5日，2009印度陶瓷工业展览会在印度古吉拉特邦艾哈迈达巴德（karnavati Club）国际会议中心举行，来自中国、意大利、西班牙、英国、印度等地的陶瓷机械制造商携带了他们最新的设计和技术参加了本届陶瓷工业展。来自中国的参展企业有：佛山市恒力泰机械有限公司、科达机电、摩德娜机械、金利顺机械、奥肯机械、中鹏机械、一鼎科技、亚洲陶机、奥克罗拉、中材高新、海源机械、华星环保、划云陶瓷印花设计、博晖机电、劲刚模具、成柏城磨具、正弘氧化铝制品、新景泰机械、硕丰机械、华意陶瓷颜料、丰霖釉料、永恒特陶、爱陶机电、特高特等32家。从展览效果来看，本届展会比前两届展会都要好，人气旺盛、专业观众较多，咨询、洽谈活跃。科达抛光机、恒力泰压机、摩德娜窑炉、一鼎干法磨边机在印度陶瓷行业都有良好的市场。

3月3日，中国建筑装饰协会厨卫工程委员会春季工作会议。会上，中国建筑装饰协会厨卫工程委员会秘书长田万良还公布了首批全国厨卫行业AAA级信用等级企业名单。

3月4日，13届佛山春季陶交会主办方召开新闻发布会，正式向外界公布：本届陶交会将由中国陶瓷工业协会、中国建筑卫生陶瓷协会、佛山市人民政府主办，佛山市禅城区人民政府、佛山市陶瓷行业协会协办，佛山华夏陶瓷博览城有限公司与佛山中国陶瓷城发展有限公司共同承办。瓷海国际佛山陶瓷交易中心作为支持单位，时间为4月16至20日举行。陶交会分为三个展馆，即佛山市国际会议展览中心、中国陶瓷城与中国陶瓷产业总部基地，总体展示面积近30万平方米。开幕式将在华夏陶瓷博览城举行。至此，从2007年开始承办佛山陶瓷会展活动的专业公司佛山市佛亚展览有限公司正式退出佛山陶瓷会展活动。

3月4－7日，中国国际建筑装饰及材料博览会（简称：Build + Decor）在北京新国际展览中心举行，展会集合多个优良建材贸易展览会，以10万平方米的展览面积，6000多个标准展位，而被视为北方最具规模和影响力的国际建筑装饰和建材盛会。

3月10－14日，德国法兰克福国际卫生洁具、供暖及空调博览会在德国法兰克福展览中心举行，由全球著名的法兰克福国际展览有限公司主办，每两年一届，是当今世界上在供暖、制冷及卫生洁具产品领域中 最重要、最具影响力的专业展会之一，参展的中国企业有：广东新粤陶瓷（派拉素卫浴）、益高卫浴、阿波罗卫浴、万斯敦卫浴、唐山惠达陶瓷（集团）股份有限公司、华艺集团、澳斯曼洁具有限公司、蒙娜丽莎卫浴、佛山市高明粤华卫生洁具、佛山英皇卫浴、高第卫浴等共有一百多家，以浙江、上海、福建及广东的企业居多。广东潮安县古巷陶瓷协会会长苏锡波带领南国瓷业、牧野瓷业、唯雅妮卫浴、豪曼等企业组成中国潮州参观团，赶赴参观学习。

3月13－14日，中国硅酸盐学会陶瓷分会学术年会在武汉理工大学召开。年会围绕着“金融危机形势下中国陶瓷工业面临的挑战与机遇 ”、“最新的陶瓷技术创新成果 ”、“中国陶瓷工业节能减排、清洁生产、科学发展、可持续发展的策略和动力” 以及“金融危机下陶瓷行业的应对之道” 等主题，探讨陶瓷工业可持续发展的策略和动力，为陶瓷工业可持续发展提出新的发展思路。周健儿、高力明、张旗康等知名专家教授及企业高层在年会上作了学术报告。

3月15－18日，中国（北京）国际建筑陶瓷及厨房、卫浴设施展览会（CTKB中国陶瓷卫浴展）

在北京中国国际展览中心新馆举办。展会由中国国际贸易促进委员会、中国建筑装饰协会、中国国际展览中心集团公司共同主办。展会规模为100000平方米，设置展位5000个，展品涉及橱柜、卫浴、厨卫配件、厨卫电器、浴室柜、淋浴房、瓷砖等。

3月15日，由中国建筑卫生陶瓷协会主办、金盛国际家居广场承办的陶瓷“创新发展 合作共赢——2009行业合作发展论坛”在武汉东湖宾馆隆重举办。中国建筑卫生陶瓷协会名誉会长丁卫东先生、中国建筑卫生陶瓷协会副秘书长夏高生、佛山陶瓷协会秘书长尹虹博士出席论坛。

3月16日，2008中国陶瓷行业英雄榜评选结果正式揭晓并举行颁奖仪式。评选由《陶瓷信息》报主办，搜狐·焦点家居网、中国陶瓷网协办，中国建筑卫生陶瓷协会支持。评选活动自2008年11月启动，共有130多家企业报名，角逐六大类60个奖项。参与平面及网络投票80725人次，涵盖了广东、江西、福建、山东、浙江、河北等主要陶瓷产区及主要建陶卫浴企业。

3月18－21日，2009中国广州国际陶瓷展览会在中国进出口商品交易会琶洲展馆举行。展会由中国对外贸易中心（集团）主办，中国对外贸易广州展览公司承办，广东省潮州市人民政府，湖南省商务厅，广西壮族自治区商务厅，福建省德化县，香港陶瓷商会等单位协办。

3月22日，中国建材联合会四届六次理事会在厦门召开，来自全国各地的200多位代表参会。中国建筑材料联合会副会长孙向远在会上作了工作报告。大会通过无记名投票方式选举增补联合会秘书长孙铁石为专职副会长兼秘书长，增补北京金隅集团董事长蒋卫平、云南建材协会会长马列等6人为副会长。投票选举前，叶向阳副会长就“关于增补中国建筑材料联合会第四届理事会专职副会长、副会长”向大会作了说明。大会还增补了部分常务理事、理事。中国建材联合会财务总监祁绍平作了联合会2008年度会费收支情况报告。大会决定授予111名“全国建材行业改革开放30年代表人物”，获此荣誉的建筑卫生陶瓷行业相关人士有：唐山惠达陶瓷（集团）股份有限公司董事长王惠文、广东东鹏陶瓷股份有限公司董事长何新明、广东省建筑材料协会会长吴一岳、广东新明珠陶瓷集团有限公司董事长总裁叶德林、广东科达机电股份有限公司董事总经理边程、广东佛山欧神诺陶瓷股份有限公司董事长鲍杰军、福建华泰集团有限公司董事长吴国良、辉煌水暖集团有限公司董事长总经理王建业、山东耿瓷集团有限公司董事长王兴农等。大会举行了隆重的颁奖仪式，陈国庆副会长宣读了获奖名单，张人为等领导颁发奖章和荣誉证书。中国建材联合会副会长徐永模宣布了2008年度“中国建筑材料联合会·中国硅酸盐学会建筑材料科学技术奖”获奖项目，张人为等领导为获奖代表颁发了证书。获奖的35个项目包括技术发明类1项、基础研究类1项和科技进步类33项。

3月23日，2009中亚国际出口商品交易会推介会同时在佛山、淄博两地隆重举行，伊宁、佛山、淄博各级领导和500多家企业代表参加推介会。推介会上，在相关领导、代表与大众媒体的共同见证下，中国陶瓷城与中亚国际陶瓷城进行缔结友好城的签约仪式，双城正式建立为定位一致、优势互补的友好战略同盟关系。

3月28日，中国陶瓷行业第五届新锐榜在南国桃园举行。“年度产品”、“年度人物”、“年度社会责任奖”等98个奖项新鲜出炉。建筑卫生陶瓷白皮书《2008年建筑陶瓷行业发展报告》也在庆典上发布。

3月31日－4月3日，“第十届中国国际建筑陶瓷及卫浴科技精品展览会”在上海新国际博览中心举行。展会由中国建筑卫生陶瓷协会、意大利博洛尼亚展览集团与上海博华国际展览有限公司联合主办，同期举办第十七届中国国际建筑装饰展览会。参加此次展览会的建筑卫生陶瓷及相关企业近200家，其中马赛克企业出现强劲上升趋势，达到参展单位总数的40%，而瓷砖类企业略降，比例为30%～40%，石材及其他产品和色釉料约各占10%，总体展示面积约30000平方米，相对去年约下降了20%左右。

3月31日，中国建筑卫生陶瓷协会装饰艺术陶瓷专业委员会在上海浦东新国际会展中心宣布成立。会议选举中国世界民族文化交流促进会会长马小玫为名誉理事长，缪斌为理事长，夏高生为秘书长。其宗旨是：弘扬创新中华民族陶瓷卫浴之文化，促进传统产业现代化、陶瓷艺术市场化、陶瓷产业时尚化和陶瓷创新国际化。

4月

4月2日，“世纪金陶杯”首届建筑瓷砖设计大奖赛结果揭晓。

4月3日，由中国建筑卫生陶瓷协会、意大利博洛尼亚展览集团与上海博华国际展览有限公司联合主办的“第十届中国国际建筑陶瓷及卫浴科技精品展览会”落下帷幕。本届展会共接待来自海内外的买家观众共27992人次；其中海外买家1779人次，分别来自96个国家及地区。同期举办的活动“2009中国国际建筑及室内设计节”奉献了17场高端论坛，2场重量级的设计界颁奖大典等，到场的6000多位设计师与展会现场的千余位厂商共同打造了设计建材一站式的高端贸易平台。

4月10日，由中国建筑装饰协会厨卫工程委员会主办，国家建筑卫生陶瓷质量监督检验中心协办，全国逾百家卫生洁具及陶瓷砖相关企业和社会公众参与的“全国卫生洁具及陶瓷砖测评活动”正式拉开帷幕。

4月15日，第9届广州厨卫设备、建材及家用五金展览会（简称广州厨卫展）与第105届广交会同期举办，展馆位于广州国际会议展览中心琶洲展馆·中洲中心。展会面积达36000平方米，吸引了来自佛山、潮州、宁波、开平、台州、平湖、萧山、温州、长葛、唐山等地近200家以出口为主的企业参展。

4月16日，第13届佛山（国际）陶瓷博览交易会开幕。由于受金融危机影响，三大展馆的客流量比往届都有所缩水。

4月20日，佛山市陶瓷行业协会召开常务理事会议，会议听取了协会向各理事单位的工作报告，重审了组织架构，增补了新的协会领导，并就协会在行业新形势下进一步发挥职能，促进佛山陶瓷产业健康发展提出了诸多建设性意见。会议由佛山市陶瓷行业协会会长戴一民主持，宣布了佛山陶瓷行业协会全新的组织架构，协会将下设办公室、建筑陶瓷专业委员会、卫浴陶瓷专业委员会、陶瓷化工色釉料专业委员会、陶瓷装备制造专业委员会、陶瓷专业技术委员会、艺术陶瓷专业委员会、马赛克专业委员会、知识产权专业委员会、招商服务办公室、媒体专业委员会。

5月

5月16日，河南长葛市卫生陶瓷行业金融管理技术理事会成立大会在市科技局五楼会议室召开。长葛市陶瓷提升办工作人员及长葛产区23家主要陶瓷骨干企业负责人参加了会议。会议通过了理事会章程，选举长葛远东陶瓷有限公司总经理胡辉担任理事会会长，长葛市太平蓝鲸陶瓷有限公司总经理王永军、长葛美霖陶瓷有限公司总经理李根富担任副会长，市科技局副局长张建民担任秘书长，理事会下设10家常任理事单位，24家理事单位。

5月17－19日，2009法兰克福（迪拜）国际厨房卫浴展览会在阿联酋迪拜世界贸易中心举行。中东（迪拜）国际厨房卫浴博览会（ISH Kitchen & Bath Middle East）是法兰克福ISH品牌展全球系列的一个站点，其余还有ISH北京、芝加哥、法兰克福等系列展。本届展会分为：“厨房设计”和“卫浴体验”两大主题，展出面积8000平方米，其中中国参展企业42家。

5月22日，第11届德国慕尼黑国际陶瓷工业博览会（ceramitec2009）新闻发布会在广州花园酒店举行。ceramitec展为陶瓷工业各种领先的供应商和陶瓷工业的各个门类——从原材料到备料、塑形、燃烧过程直到包装提供展示的场所。

5月23～24日，为期两天的中国建筑卫生陶瓷协会建筑琉璃制品分会首届一次理事会议，在厦门鼓浪屿别墅酒店召开。来自广东、山东、福建、江西、四川、湖南、内蒙古、江苏、浙江、陕西等地的琉璃制品生产企业代表和琉璃制品分会的会员、理事、理事长单位以及相关的科研院校的专家教授、嘉宾共计80余人参加了会议。会议由建筑琉璃制品行业的领军企业晋江市美胜建材实业有限公司承办、乌海市海美新陶瓷科技有限公司协办。会议由中国建筑卫生陶瓷协会副会长、建筑琉璃制品分会常务理事长、福建晋江美胜建材实业有限公司董事长吴声团主持。并在会上宣布了“中国建筑琉璃网”开通；闫开放副会长宣布了4位新增选的副理事长，他们分别是佛山金牛陶瓷有限公司董事长李平、长兴县耀龙建陶有限公司董事长徐建中、景德镇卡地克陶瓷有限公司董事长刘桂生、晋江前兴陶瓷有限公司总经理吴金针。

5月25－28日，第14届中国国际厨房、卫浴设施展览会上海新国际博览中心举行。该展会是亚洲最大的厨卫展会，迄今为止已举办了13届，受金融危机影响，厨卫产品外贸环境发生了重大变化，国外市场规模急剧萎缩，庞大的国内消费市场受到了国内外厨卫企业的更多关注，来自意大利、西班牙、瑞典、英国、法国、德国、美国、日本、中国以及中国香港地区和台湾地区等国家及地区的厂商展出了厨房浴室成套家具、设备及其配套用品，各类龙头、洁具，各类热水器，供水和污水处理技术及装备，水泵、阀门、软管、接头、配件、工具等上万种产品。

6月

6月1－4日，第23届中国国际陶瓷工业展览会在中国进出口交易会（琶洲）展馆举行。本届展会参展客商总数为468家。展览分为窑炉窑具、耐火材料区，陶瓷机械区，国际展团区，陶瓷色釉料、原辅材料及零配件区等四个馆。受全球金融危机影响，本届展会的展览净面积由上届的近6万平方米缩减为近5万平方米。本届展会共有来自意大利、英国、德国、西班牙、日本、印度等19个国家和地区的过百家国外参展商，占参展商总数的23%，其中意大利和英国的参展商最多。

6月3日，“国际水暖卫浴战略发展论坛”在鹰潭市花园国际酒店举行。论坛由鹰潭市人民政府、中国建筑卫生陶瓷协会卫浴配件分会、中国建筑卫生陶瓷协会外商企业家联谊会、中国建筑卫生陶瓷协会淋浴房分会主办，鹰潭市月湖区人民政府承办，中国建筑卫生陶瓷协会高级顾问陈丁荣主持会议。

6月5日，英国陶瓷行业清洁生产技术和能力研讨会在中国陶瓷城举行。研讨会旨在促进中英企业家在陶瓷行业清洁生产技术和能力领域上进行交流与合作，并展示英国陶瓷行业先进的清洁生产技术和能力，以及如何运用这些技术为中国企业提高收益，并且将其建立在环境友好的前提之上。

6月18－20日，2009北京第十四届国际建筑建材及城市建设展览会在北京中国国际展览中心举办。该展会由中华人民共和国住房和城乡建设部主办，中国建筑文化中心承办，该展会是唯一由建设部主办的国际建筑行业展览会。重点展示、研讨我国城市建设发展之路，力邀国际、国内金融投资业、地产开发业、产品供应商等著名企业共聚一堂，推动城市建设产业链的合作。展品范围：厨卫设备及五金配件、室内装饰材料、外围护墙体、屋面材料、建筑门窗、幕墙及五金配件、玻璃产品、小区配套设备、建筑配套设备、智能化产品。

6月23日，佛山市新石湾美术陶瓷厂有限公司举行了新闻发布会，《新中国历任总理》陶艺巨作正式亮相。

6月24日下午，由新文化报主办的“第二届吉林省陶瓷卫浴论坛暨家装行业精英”在吉林省新文化报社举行。

6月28日，由国务院发展研究中心信息中心、中国建筑卫生陶瓷协会联合主办的“第三届中国（淄川）建陶卫浴洽交会”在山东淄博召开。并同期举行了“中国陶瓷行业大评选颁奖典礼”。

7月

7月8－11日，第十一届广州建博会在琶洲展馆举行。展会秉持“为建筑装饰行业的从业者提供一个完整的解决方案”的理念，展会启用21个展馆，展出总面积达到21万平方米，共设展位约12000个，参展商将超过2500家。展会中，卫陶展区特别开设了“2009中国（广州）国际卫浴时尚生活馆”，时尚的卫浴及建筑陶瓷展品不但引人注目，而且引入了节能环保的理念。

7月30日，佛山市三水区环保局对陶瓷行业污染整治进行了表彰，授予新明珠、博德、华纳、宏源4家陶企为“陶瓷污染深化综合整治先进企业”称号。按照佛山市政府对陶瓷产业整治提升规划，经过一年的有计划整治，至7月份佛山三水区共有21家建陶企业完成深化整治，并通过验收。

8月

8月8日，佛山市陶瓷行业协会、中国房地产采购联盟、瓷海国际交易中心和房商网共同主办了2009中国房商陶瓷采购直通车论坛暨开发商赴陶瓷品牌企业考察活动。论坛主题是“发现房地产的陶瓷竞争力”。

8月10日，佛山市禅城区政府及佛山市陶瓷行业协会携承办方在佛山瑞士大酒店召开新闻发布会，公开宣布首届中国（佛山）陶瓷节各项内容及筹备方案。重点指出的是，作为秋季重要陶瓷交易会展活动——“秋季陶交会”及“陶瓷工业展”将合二为一。

8月13－16日在重庆市联合举办了“重庆—佛山经贸合作暨名优产品展销会”系列经贸活动，共同推动两地经贸合作发展。由市长陈云贤担任团长的佛山市党政代表团与由佛山市经贸局局长李坚担任团长的佛山市经贸代表团参加了主题为“推动区域合作、促进共赢发展”的两地经贸活动。在禅城区经贸局与佛山市陶瓷行业协会的推动下，佛山知名陶企与重庆签约大规模投资协议。

8月18日上午，萍乡市陶瓷研发检测中心暨龙发科技大楼奠基典礼在湘东陶瓷产业基地举行，萍乡市人大常委会主任黎德廉，市委常委、副市长周敏，市人大副主任王开贵，市政协副主席李久龙，湖南大学校长助理韩绍昌，武汉理工大学学科建设处处长、教授、博导吴建锋等出席仪式。黎德廉宣布奠基仪式开始。

8月19日，首届中国西部（白银·平川）陶瓷峰会暨平川陶瓷文化节在甘肃省白银市平川区隆重举行。会议期间举行了签约仪式，共有14个项目，其中8个投资类项目、4个陶瓷项目、共6条陶瓷生产线。

9月

9月4－7日，2009新疆中亚国际出口商品交易会在新疆伊犁哈萨克自治州首府伊宁市举行。开幕式当天客流量达1.2万人次，交易会期间共实现贸易成交总额5340万元。

9月6－7日，中国建材流通市场G100领袖论坛及中国建材行业TOP100颁奖典礼在山东淄博国际会展中心举行。商务部部长助理房爱卿、国家质检总局副局长蒲长城等国家部委相关负责人参加。此次论坛由著名经济学家郎咸平主讲，中国建筑材料流通协会会长孟国强、国家统计局总经济师姚景源等也作了精彩演讲。

9月6日，第9届中国（淄博）国际陶瓷博览会暨世界陶瓷采购大会·第8届中国（淄博）新材料技术论坛暨国际科技成果招商洽谈会，在淄博国际会展中心启幕。第9届陶博会共有1500余家陶瓷及相关企业参展，展览面积突破30万平方米。展出产品包括建筑陶瓷（内墙砖、外墙砖、仿古砖、地砖、广场砖、抛光砖、陶瓷马赛克、玻璃马赛克等）、卫浴陶瓷、高科技陶瓷、日用陶瓷、工业陶瓷、工艺美术陶瓷、玻璃琉璃、树脂工艺品、建筑材料、红木家具等。

9月7－9日，第五届中国（淄博）陶瓷代理、经销商峰会在淄博中国财富陶瓷城召开。第五届中国（淄博）陶瓷代理、经销商峰会由中国建筑卫生陶瓷协会、淄博市陶瓷协会、淄川区人民政府主办，淄川区双杨镇人民政府、中国财富陶瓷城承办。

9月19日，“同喜仿古砖”杯第三届（中南）陶瓷博览会在湖南岳阳经济开发区中南陶瓷城开幕。岳阳市工商联合会主席刘晓英致辞，岳阳市原政协主席张治雄宣布第三届（中南）陶瓷博览会开幕。此次陶博会吸引了百余家企业参展。

9月21日，第7届中国建筑装饰百强企业评价新闻发布暨建筑装饰百强企业（佛山）峰会在佛山皇冠假日酒店召开，主题为“合作共赢”的峰会由中国建筑装饰协会、中华建筑报社主办，中国陶瓷城、中国陶瓷产业总部基地联合承办，广东东鹏陶瓷股份有限公司、佛山市简一陶瓷有限公司、广东博德精工建材有限公司、佛山金意陶陶瓷有限公司、广东新润成陶瓷有限公司、南安市均利石材贸易有限公司等企业协办。

9月22日，中国建筑装饰百强企业（佛山）峰会发布由中国建筑装饰协会厨卫工程委员会主办，国家建筑卫生陶质量监督检验中心支持、搜狐焦点全程跟踪报道的“全国建筑卫生洁具产品测评活动”于近日落下帷幕。

9月22日，中国建筑卫生陶瓷行业全国十大城乡品牌评选活动在长沙揭晓，来自湖南、湖北、江西、广东等地的10家获奖企业接受了颁奖。同时，建陶行业首次三四级市场营销论坛举行，来自全国各地的建陶企业代表、经销商及各界代表300余人参加了此次颁奖盛典及论坛。

9月25日上午，中国建筑卫生陶瓷行业首部年鉴——《中国建筑卫生陶瓷年鉴（2008）》稿件终审会议召开。主编尹虹以及常务主编刘小明分别向与会人员通报了行业首部年鉴的总体编撰指导思想与框架构造，并逐章逐节对年鉴内容进行了介绍和说明。中国建筑卫生陶瓷协会会长叶向阳在发言中首先肯定了编撰年鉴的意义和价值。年鉴已迈出了关键的非常可喜的一步，他相信在全行业的鼎力支持下，年鉴一定会越办越好，为促进中国建筑卫生陶瓷行业科学发展作出更大的贡献。

9月29日－10月3日，2009意大利博洛尼亚国际建筑卫浴陶瓷展览会在意大利博洛尼亚展览馆举行。由于受金融危机的影响，今年博洛尼亚展展出面积与去年相比有所缩水，鹰牌陶瓷仍是唯一参展的中国陶企。

10月

10月15－17日，由工业和信息化部、辽宁省政府主办，中国中小企业国际合作协会、沈阳市政府等承办的“2009中国（法库）国际陶瓷博览交易会”，在辽宁法库举行。展会期间，吸引了来自辽宁、山东、广东、福建及日本、韩国等地20余万人参会参展。

10月18日，第十届广州厨卫设备、建材及家用五金展（简称广州厨卫展）谢幕。

10月18－22日，2009年中国景德镇国际陶瓷博览会圆满召开。本届瓷博会一改往年场馆分散的局面，集中在景德镇中国陶瓷博物馆举行。吸引了来自世界19个国家和地区的600多家参展企业（其中海外陶瓷企业19家）、22个采购团组和1000多名陶瓷专业采购商。期间开展了经贸洽谈会、高技术陶瓷国际论坛、国际陶瓷文化创意高峰论坛、首届“唐英杯”陶瓷创意设计大赛、全国古玩艺术品交流大会、全国青花玲珑暨青花日用陶瓷器型与装饰设计大赛、第二届景德镇近现代国际艺术陶瓷拍卖会、千年窑火传递暨“瓷业三圣”公祭活动、瓷文化旅游节、中国收藏十大陶瓷名品评选暨中国收藏2009艺术瓷高峰论坛等10余项活动。

10月18－24日，以“艺术与生活”为主题的首届中国（佛山）陶瓷节在佛山禅城区举行。与中国（佛山）陶瓷节同期举办了中国（佛山）国际陶瓷及卫浴博览交易会暨第六届中国（佛山）国际陶瓷工业展览会、第三届美洲采购节、中国马赛克展、陶瓷时尚周等盛会。中国（佛山）陶瓷节期间共吸引了55万人次入场参观游玩、采购，有1400多家来自国内外的企业参展，其中来自50多个国家的外商达3万之众，合同意向成交额近25亿元。“中国（佛山）陶瓷文化艺术交流中心”开业庆典及挂牌仪式、2009年度中国优秀陶瓷经销商评选、“决胜终端·渠道为王”论坛等活动也同期举行。

10月18日，2009世界陶瓷高峰论坛在佛山举行。出席本次论坛的嘉宾有中国、英国、西班牙、意大利、日本、澳大利亚、印尼、印度等国内外陶瓷行业的代表等。论坛汇聚了世界多国陶瓷行业巨头，是世界陶瓷行业的一次巅峰论剑，无疑加强了世界陶瓷行业与中国陶瓷行业的进一步了解与合作，为中外陶瓷行业搭建了全新的交流与合作的平台。

10月19日，由中国知识产权培训中心主办的陶瓷专利图片展在景德镇陶瓷学院湘湖校区图书馆开幕。中国知识产权培训中心副主任燕冲、江西省知识产权局副局长马林英、景德镇陶瓷学院副院长江伟辉、图书馆馆长郑乃章以及江西高校图工委副秘书长甘安龙等出席了开幕式，郑乃章馆长主持开幕仪式。

10月19－20日，全国主要陶瓷产区城市人大工作联席会第十六次会议在山东省淄博市召开。会议围绕“加强和改进调查研究工作，不断提高审议和监督质量”的议题进行了研讨。邯郸市、德化县、醴陵市、景德镇市、唐山市、潮州市、淄博市等陶瓷产区城市人大代表参加了会议。山东省人大常委会副主任崔曰臣，山东淄博市委书记、市人大常委会主任刘慧晏出席会议并讲话。

10月20－23日，第十一届德国慕尼黑展（CERAMITEC 2009）在德国慕尼黑新国际博览中心举行。展会（CERAMITEC 2009）由慕尼黑国际博览会公司（MMG）主办，是全球最大展出陶瓷机械、陶瓷产品生产线、原材料以及粉末冶金技术为主的国际性博览会之一，该展会目前每三年举办一届。广东科达机电、福建海源自动化机械设备有限公司、摩德娜机械有限公司等中国参展企业亮相CERAMITEC 2009展会。

10月26日，由高安市人民政府和中国硅酸盐学会陶瓷分会机械装备专业委员会主办，《陶瓷信息》报和高安市陶瓷行业协会承办的“探索新思路 开创新格局——建陶行业节能减排、绿色生产技术论坛”在高安瑞雪宾馆4楼多功能会议厅隆重召开。景德镇陶瓷学院院长、中国硅酸盐学会陶瓷分会副理事长周健儿、中共高安市委常委傅仁保，广东省民盟常务副主委、华南理工大学教授、博导李竞先，江西省陶瓷工艺美术职业技术学院院长陈华龙、中国硅酸盐学会陶瓷分会副秘书长吴大选、广东科达机电副总经理吴木海、杭州诺贝尔陶瓷集团公司常务副总经理王德良、陕西咸阳陶瓷设计研究院常务副院长李转、华夏建陶研发中心常务副总经理程小勤等领导和嘉宾，以及来自高安及周边地区的陶瓷企业的负责人和生产管理、技术等部门的负责人和媒体记者共150余人参加了此次论坛。

10月29日，“2009年中国陶瓷工业合作与发展高层论坛暨全国性建材科技期刊《陶瓷》杂志创刊35周年庆典”在咸阳国贸大酒店举行。来自全国各产区的瓷砖、卫浴企业，陶瓷机械和色釉料及化工原料企业负责人300余人出席会议。

10月31日，2009中国陶瓷琉璃艺术大奖赛在陶琉之都山东省淄博市博山区开幕。来自全国22个省市的981件陶琉作品参加了评比，最终《陶艺·痕迹》、《釉下五彩瓶·非主流》等83件精美陶琉作品分别获得金、银、铜奖。

11月

11月7日，2009中国产学研合作促进会年会暨第三届中国产学研合作（滨海）高峰论坛，在天津滨海高新区召开。在本次会议上，举行了首届中国产学研合作创新奖与促进奖颁奖仪式，华夏建筑陶瓷研究开发中心副总经理程晓勤荣获“中国产学研合作创新奖”。中国产学研合作创新奖与促进奖由科技部批准设立，是我国产学研合作方面的首个全国性奖项，是面向国内在促进产学研合作及创新方面作出突出贡献的单位及个人的荣誉奖，每年评选一次，首届共有68个单位和31位个人获得中国产学研合作创新奖、50个单位和50位个人获得中国产学研合作促进奖。

11月9日上午，2009（第三届）中国商标节在青岛国际会展中心隆重开幕，海内外3000名企业家齐聚青岛会展中心。在本届商标节中，新中源陶瓷获得中国最具竞争力商品商标，新明珠陶瓷荣获中国商标战略创新奖，新明珠陶瓷董事长叶德林被授予“中国商标战略创新领军人物”荣誉称号。荣获“2009消费者最喜爱的绿色商标”有建陶行业的马可波罗、诺贝尔、蒙娜丽莎、冠军等4件商标，卫生洁具行业的TOTO、科勒、东鹏、九牧、美标等5件商标以及地理标志产品类的“景德镇陶瓷”，共计10件商标获得了此项殊荣。

11月9日，2009广东省（佛山）中小企业信息化培训暨首届佛山陶瓷产业信息化论坛在佛山中国陶瓷城五楼大会议室举行。活动由广东省中小企业局、佛山市禅城区经贸局、佛山市禅城区中小企业局共同主办，广东省中小在线信息服务有限公司、陶城报、中国陶瓷城协办。广东省中小企业局以及佛山市禅城区经贸局、中小企业局的领导和企业代表、媒体记者等近百人出席了本次培训和论坛活动。

11月13日，《硅酸盐辞典》建筑卫生陶瓷和日用陶瓷编审组第一次会议在萍乡七星大酒店举行。与会代表对《硅酸盐辞典》修订办法（讨论稿）进行了认真讨论，并就建筑卫生陶瓷和日用陶瓷的修订与增补工作进行了细致的讨论和分工。会议决定《硅酸盐辞典》建筑卫生陶瓷和日用陶瓷编审组由景德镇陶瓷学院院长周健儿教授总负责，具体内容分7个小组去完成修订和增补工作。景德镇陶瓷学院材料学院教授朱小平等4人负责日用陶瓷板块内容；咸阳陶瓷研究设计院副院长兼总工苑克兴等6人负责建筑卫生陶瓷板块内容；陕西科技大学材料学院教授朱振峰等 2 人负责色釉料及原辅材料板块内容；景德镇陶瓷学院古陶瓷研究所所长吴隽等 4 人负责古陶瓷板块内容；景德镇陶瓷学院机电学院教授张柏清等 3 人负责陶瓷机械与装备板块内容；华南理工大学教授曾令可等 3 人负责窑炉热工板块内容；武汉理工大学材料学院教授吴建锋等 5 人负责工业陶瓷板块内容。

11 月 14 日，由中国硅酸盐学会主办，湘东区人民政府、武汉理工大学承办的中国硅酸盐学会陶瓷分会工业陶瓷专业委员会成立大会举行。在成立大会上，宣读了第一届工业陶瓷专业委员会的成员名单。武汉理工大学教授吴建锋当选为第一届工业陶瓷专业委员会主任委员，中国科学院上海硅酸盐研究所所长助理黄政仁等 9 人当选为副主任委员，河南东大高温节能材料有限公司董事长樊国栋等 19 人当选为常务理事。成立大会之后，与会专家、企业负责人还进行了高技术陶瓷、新能源的进展以及工业陶瓷的现状与发展等方面的学术交流。

11 月 17 日下午，省部产学研合作陶瓷清洁生产创新联盟，佛山市陶瓷产业科技创新联盟组织的“陶瓷清洁生产产学研创新联盟”座谈会在佛山市华夏建筑陶瓷研究开发中心隆重召开。会议主要课题是学习国家推动产业技术创新战略联盟华夏陶瓷网建设相关精神，及研究组织 2010 年重大产学研合作项目。

11 月 22 日，湖北襄樊天丽国际第二届陶瓷文化艺术节举行。

11 月 24－25 日，由中国建筑装饰协会主办的“2009 中国室内空间环境艺术设计高峰论坛”及“2009 中国室内空间环境艺术设计大赛颁奖典礼暨 2010 亚太空间设计师协会北京年会宣贯会”隆重召开。全国各地千余设计师齐聚北京人民大会堂及拉斐特城堡，共同分享设计前辈及业内精英关于室内空间环境艺术设计的经验及体会。意大利蜜蜂瓷砖是本次大赛的全程协办单位。

11 月 25 日，“2009 广东江门恩平市温泉欢乐节”暨重大项目签约、奠基、竣工庆典活动举行。

11 月 30 日－12 月 10 日，江西景德镇市在北京举办为期十一天的“辉煌六十年——景德镇陶瓷成就成果展”，通过陶瓷艺术精品全景展示景德镇独特的瓷器文化。展览在北京国家大剧院举行，展出面积达 2400 平方米。

12 月

12 月 3－5 日，一年一次的中国建筑卫生陶瓷协会 2009 年年会在东莞召开。年会上，发布《关于授予第二批中国建筑陶瓷、卫生洁具行业诚信企业荣誉称号的决定》（中建陶协字（2009）第 016 号），授予 12 家陶瓷企业诚信企业荣誉称号。

12 月 16 日，佛山市陶瓷学会理事会第十二届换届选举会员代表大会暨广东材料发展论坛在佛山召开。大会听取了学会第十一届理事会工作及财务情况报告，并选举产生了新一届理事会成员及会员单位，其中佛山市陶瓷研究所所长冯斌当选第十二届理事会理事长；会上还对佛山市陶瓷行业有重要贡献的先进科技工作者进行了表彰。

12 月 21 日，主题为“扭转逆势·扩大出口”的第三届中国墙地砖出口高峰论坛在佛山市瓷海国际商务中心成功举行。佛山出入境检验检疫局陶瓷科、佛山市外经贸局综合信息科及有关出口企业老板和老总等 150 多人出席了此次会议。

第四节　营销大事记

1 月

1 月 3 日，主题为“励精图治、再创辉煌”的新南悦陶瓷 2009 年会在佛山新南悦陶瓷营销中心召开。

1 月 3－6 日，特地陶瓷 2009 年全国经销商年会在重庆召开，来自全国各地的特地经销商齐聚一堂。

1月10日，箭牌卫浴·瓷砖第八届经销商年会在佛山财神大酒店隆重召开。年会的主题为“构建上品空间，提升品牌价值”，来自全国各地的箭牌卫浴，箭牌瓷砖五百余位经销商及公司高层领导汇聚一堂，共同回顾了2008年箭牌发展状况，探讨分析行业发展趋势，共商2009年的营销大计。

1月16日，位于佛山市南庄镇石南大道的广东新中源陶瓷有限公司派拉素卫浴的营销中心，搬迁到其位于广东清远的生产基地。

2月

2月20日，国内家居、建材流通业两大著名连锁品牌——红星美凯龙与居然之家联合召开新闻发布会，宣布双方自2009年起结成战略合作伙伴关系。双方达成协议共同打造公平、公正的市场环境；联手抵制行业不正之风；保持信息沟通；维护联盟利益。

2月23日，加西亚瓷砖“财智新时代·联合高峰会”经销商年会召开。

2月24日，广东兴辉陶瓷集团公司成立揭牌仪式暨2009年全国经销商“财智新时代，联合高峰会”分别在兴辉陶瓷集团总部大楼和华夏新中源大酒店举行。

3月

3月，新中源陶瓷启动“感恩中国”大团购，以“感恩中国，真情回馈，五星级团购服务”软硬件强势升级，在全国108个城市全面展开。

3月7日，福州喜盈门瓷砖卫浴节隆重开幕，同时“益高杯·我家我设计”卫浴空间设计大赛亦举行启动仪式。

3月10日，佛山市裕景陶瓷有限公司十周年庆典，裕景陶瓷2009新展厅落成暨新产品推介会召开。

3月15日，南昌新中源陶瓷江西最大规模实景样板体验馆——5000平方米的新中源豪华五星级旗舰店开业。公司负责人、家装公司、室内设计师、新闻媒体及其广大业主等500余人给予了共同关注。

3月27日，佛山市尊道建材有限公司在瓷海国际举行媒体发布会。尊道已成功应用自主研发的“净荷技术”，生产出区别于以往瓷片、抛光砖、仿古砖、马赛克之后的“第五种砖”。

3月30日，简一陶瓷春季大理石新品推介会暨订货会在佛山假日皇冠大酒店成功召开。

4月

4月10日，总建筑面积达6000平方米的英皇卫浴营销中心（英皇享受馆）开业。

4月15日，马可波罗岩筑·简道3G石代新品全国发布会暨首届“马可波罗”杯设计巨匠作品展启程礼在北京正式启动。

4月18日，益高（EAGO）卫浴张家港旗舰店正式进驻张家港市最大的建材市场九洲装饰城。

4月23日，泛家居六巨头东鹏陶瓷、欧派橱柜、大自然地板、雷士照明、红苹果家具和美的中央空调在北京人民大会堂召开新闻发布会，宣布建立冠军联盟。

4月25日，澳翔陶瓷北京旗舰店开业庆典暨澳翔陶瓷2009华北经销商峰会召开。以“风云际会，绽放中国”为主题的澳翔陶瓷北京旗舰店开业，精心装饰的近千平方米展厅、齐全前卫的产品吸引了不少路人前来参观。

4月25日，天津市宝坻东鹏陶瓷旗舰店开业。广东东鹏陶瓷股份有限公司曾海东总监，佛山东鹏洁具股份有限公司汤江朋经理，天津东鹏陶瓷营销中心徐培植总经理，天津市宝坻东鹏陶瓷旗舰店杨威总经理，兄弟单位及相关人士出席并参加了开业典礼仪式。

5月

5月，由上海团购网牵头，由亚细亚陶瓷、扬子地板、西蒙电气等9家知名建材企业联合，共同签订了网络团购全国战略合作协议，成立全国团购战略联盟。

5月10日，“强强联手，共赢天下——欧雅企业与南京大朗建材有限公司战略合作”签约仪式在佛山市欧雅企业总部举行，欧雅企业与南京大朗建材有限公司签订了10年的合作协议，建立陶瓷行业厂家与商家的战略合作。

5月29日，昆明大商汇马可波罗至尊殿，开启马可波罗2009年新品“3G地心岩”发布之旅。

6月

6月，金达雅陶瓷2009年全国经销商联谊会暨新产品发布会举行。

6月3日，“巅峰艺术、创造领航”——蒙娜丽莎文化艺术馆暨轻质新型建材馆开幕庆典在佛山市蒙娜丽莎集团总部隆重举行。原建设部副部长、中国建筑学会会长、中国房地产协会理事长宋春华，原国家建材局局长、中国建材联合会会长张人为，中国轻工联合会副会长、中国工艺美术协会理事长杨自鹏，中国工程院院士、西安建筑科技大学校长徐德龙，中国质量万里行促进会副会长李迎丰，北京居然之家建材有限公司总裁汪林朋，环境保护部环境发展中心处处长张小丹和佛山市人大常委会副主任徐海祥等出席并剪彩。开馆后，该馆成为世界首个专门收藏展览有关蒙娜丽莎的艺术馆。

6月13－16日，“博鳌·21世纪房地产论坛”在三亚举行。东鹏陶瓷、欧派橱柜、大自然木地板、雷士照明、红苹果家具和美的中央空调等六大品牌组成的“冠军联盟”高调亮相，对话地产大鳄。

6月25－26日，为期两天的2009强辉陶瓷山东省高峰论坛落下帷幕。来自山东各地的陶瓷经销商齐聚一堂，共同参加了此次的集中培训。

6月28日，山东临沂市罗庄区与香港豪德集团投资建设的临沂最大的陶瓷建材市场——临沂豪德光彩贸易广场临沂豪德陶瓷建材城奠基，双方合作投资30亿元倾力打造中国北方最大陶瓷建材批零集散地。该项目总占地约2200亩，规划建筑面积约150万平方米，主要经营建陶、卫浴、洁具、日用陶瓷、铝合金等陶瓷建材类产品。其中，首期豪德陶瓷建材城投资约6亿元人民币，规划建筑面积约30万平方米、占地460亩，建有近2000套独立产权式商铺，设有大型电子交易大厅、产品展示中心、电子商务办公区、大型仓储园区、信息中心等专业配套设施。

7月

7月，荣高精致大理石“五光石色”系列诞生。同月，荣高企业正式进驻佛山中国陶瓷产业总部基地。

7月17日，马可波罗“岩筑·简道3G地心岩”发布会暨首届“马可波罗”杯（宁波）设计巨匠作品展启程礼在宁波盛大开幕。

7月19日，欧神诺陶瓷铂金新品启动之旅在佛山宾馆举行。

7月28日，“聚力拓新天·雄心创未来”——金意陶陶瓷第八届英雄会暨全国经销商年中会在“中国瓷都”景德镇召开，来自全国各地精英代理商二百余位相聚一堂，共同盘点和回顾2009上半年金意陶的战绩，并为下半年的总体发展和市场开拓出谋划策。

8月

8月，由和成卫浴、冠军瓷砖、台玻集团、南宝漆等4家知名台资企业共同组织的“精品装修联盟”，在上海宣布成立。联盟将致力于整合彼此资源，为两岸连锁企业及开店创业者，提供类似团购价格的一次性购足设计装修配套服务。

8月20日，位于佛山乐从、面积达5500平方米的新中陶营销中心正式投入使用。

8月26日，主题为“形成配套优势，实现跨越增长”的2009箭牌第三届VIP总经销高峰论坛在千年瓷都景德镇举行，来自全国各地的130余位箭牌VIP经销商参加论坛，公司董事总经理谢岳荣及箭牌事业部总经理方春等公司高层出席会议，景德镇市委书记许爱民等政府领导亲临会议现场指导工作。

8月28日，蒙娜丽莎瓷砖北京中心在闽龙陶瓷基地开业。

9月

9月，淄博狮王陶瓷第三届经销商峰会在青岛举行，淄博狮王陶瓷与来自全国各地的经销商们齐聚一堂，共同分享在过去的一年里所取得的成绩和探讨未来的经销战略。

9月8日，全国大型卫浴展厅——厦门路达总部展厅正式揭幕。展厅占地面积为3700平方米，是集展示、展览、休闲、交流为一体的专业卫浴大型展示中心。

9月12日，广东冠星集团罗马利奥陶瓷有限公司“皇家石材”新品上市发布会在佛山西樵山大酒店举行。

10月

10月14－16日，格莱斯陶瓷2009华东区域经销商峰会在江苏南京召开。

10月20日，浙江比奇控股集团与台湾影视明星林心如成功签约，聘请林心如女士为“比奇卫浴”产品形象代言人。

10月20日上午，欧乐佳佛山营销中心举行揭幕典礼。中国建筑卫生陶瓷协会副秘书长、佛山市陶瓷行业协会秘书长尹虹博士，潮州陶瓷行业协会秘书长张锦华，欧乐佳卫浴总裁黄礼辉先生等出席了本次揭幕典礼。

10月22日，卓远健康石材上市新闻发布会暨“卓越营销”战略合作峰会在佛山皇冠假日酒店举行。

10月31日24:00，由中国陶瓷网携手陶瓷信息报主办的“2009最受消费者喜爱的十大瓷砖品牌”网络投票活动截止投票。至此，“2009最受消费者喜爱的十大瓷砖品牌”出台，东鹏、马可波罗、诺贝尔、新中源、冠珠、大将军、威尔斯、长安、神韵、裕成陶瓷荣膺十甲。

11月

11月2日，广东新中源集团与江西省南昌商业储运总公司打造的南昌国际商贸博览中心项目签约仪式在南昌泰耐克国际大酒店举行。南昌市副市长刘家富、市长助理高鹰群，南昌市人民政府副秘书长辛利杰、南昌西湖区区长周智安、高安市市长杨玉平、广东新中源集团董事局主席霍炽昌、总裁霍镰泉等领导以及南昌市相关部门嘉宾，以及经销商代表共百余人出席签约仪式。在仪式上，广东新中源集团董事局主席霍炽昌和南昌商业储运总公司董事长陈奎辉共同签署了战略合作。签约开发的项目位于南昌市洛阳路，总占地面积约100亩，总建筑面积达15万平方米，将由新中源集团斥资进行开发建设，旨在依托江西省及南昌市得天独厚的地理优势，良好的投资环境，凭借新中源集团强大的产业优势及雄厚的资本实力，进一步整合南昌市商贸物流资源，在南昌建立一个集家居建材产品研发、信息发布、创意设计、商品展示于一体的“国际商贸博览中心”，并力求打造成为中国最专业的建材交易平台之一。

11月15日，中宇卫浴在北京钓鱼台国宾馆举行“巅峰合作、享誉全球”中宇卫浴郭晶晶品牌代言签约仪式暨中宇高仪全球战略合作签约仪式新闻发布会。中宇卫浴正式签约形象代言人郭晶晶，并正式宣布与国际品牌高仪携手合作，中宇帮助高仪更好地开拓中端市场，高仪则承诺帮中宇更好地开拓海外市场。

11月18日，箭牌瓷砖新品推介会在箭牌总部展厅隆重举行。会上，箭牌卫浴·瓷砖董事长、董事总经理、事业部总经理等领导全部到场，箭牌全国各地的优秀经销商与会。

11月18日，云南玉溪特地陶瓷蝶舞倾城创意馆华美开业，特地陶瓷董事总经理李强现场授予玉溪特地陶瓷蝶舞倾城创意馆“全国5A级创意馆”荣誉。当晚，300多名当地嘉宾、设计师在玉溪中玉大酒店参加了“寻找设计师的魔杖——著名设计大师吴宗敏教授主题演讲暨玉溪特地设计师沙龙”活动。

11月21日，中国建筑陶瓷博物馆华中分馆在南国大武汉马可波罗至尊殿正式开馆。中国建筑卫生陶瓷协会会长叶向阳、武汉装饰协会秘书长郭伟、南国大武汉总裁王昌文及广东马可波罗陶瓷有限公司总经理龚志云、中国建筑陶瓷博物馆馆长陈复澄等行业、企业、艺术装饰界人士出席了开幕仪式。

12月

12月，蒙娜丽莎文艺复兴馆落户佛山意美家，将服务从郊区送到消费者家门口，进一步提升品牌服务。

12月7日，2009年哈尔滨路易摩登体验馆开业典礼暨全国经销商精英峰会在哈尔滨举行。

12月7－10日，主题为“虎啸全球、领浴2010”九牧集团2010年全球经销商年会在西安召开。九牧营销总裁王永奇表示九牧集团 2010 年将启动上市计划，预计 2014 年在国内 A 股上市，同时制定了 2016 年“100 个亿”的销售目标。

12 月 17 日，中国厨卫城启动区在浙江绍兴开业，绍兴县县长孙荣耀、绍兴县委常委马芳妹、中国建筑卫生陶瓷协会会长叶向阳、中国五金制品协会秘书长石僧兰等政府和行业协会领导、众知名厨卫生产企业代表、全国各地厨卫经销商代表应邀出席。

12 月 19 日，以“同心共赢·辉煌 09”为主题的惠万家陶瓷 2009 年经销商峰会在西樵山云影琼楼大酒店召开。全国各地经销商及惠万家品牌全体营销人员欢聚一堂，共贺佳绩，共谋发展。

12 月 21 日，主题为“扭转逆势·扩大出口”的第三届中国墙地砖出口高峰论坛在佛山市瓷海国际商务中心成功举行。

12 月 23 日，佛山国际水暖卫浴城盛大奠基。佛山国际水暖卫浴城的发展商为佛山市联祥水暖阀门总部基地发展有限公司，由佛山市富盛房地产代理有限公司策划代理。佛山国际水暖卫浴城总投资达 6 亿元，占地 26 万平方米，总建筑面积超过 30 万平方米，由 4 栋高层商务综合楼和 40 余栋两层专业市场组成，铺位数达至 1500 多个。佛山国际水暖卫浴城位于佛山南庄的中轴线上，北临季华一路，东靠佛山一环出入口，季华路、佛开高速、广明高速、禅西大道立体环绕，临近南庄货运码头。

第五节　企业大事记

1 月

1 月，国家发改委副主任解振华在省市区各级领导陪同下到广东科达机电考察指导，并对广东科达机电煤气炉项目给予高度关注及认可。

1 月，大鸿制釉获佛山市及三水区纳税超 1000 万企业的殊荣。并荣获 2009 年度纳税大户的美誉；历年连续荣获省市国家税务局颁发“模范纳税户”及“光荣纳税户”称号。

1 月，统一陶瓷被山东省技术监督局授予“山东名牌”。

1 月 12 日，江西省首届优秀农民工和农民工工作先进集体表彰大会在南昌举行。会议对全省 46 名优秀农民工、抚州市劳动和社会保障局等 21 个农民工工作先进集体进行了表彰。副省长熊盛文为获奖者景德镇特地陶瓷员工柴剑斌颁奖。

1 月 13 - 20 日，湖南天欣陶瓷集团董事长王五星作为湖南陶瓷行业唯一的省人大代表出席湖南省第十一届第二次人大会议。会议期间，王五星的《加强规范陶瓷市场，全力推进陶瓷产区发展》议案，以贴近行业、切合实际而受到省委书记、省人大常委会主任张春贤、省长周强的高度评价。

1 月 16 日，浙江台州科莱蒂特厨卫器材有限公司生产的阀门（$DN \leqslant 50$ 的球阀、闸阀、截止阀和止回阀）荣获国家质量监督检验检疫总局颁发的《特种设备制造许可证—压力管道》证书。

1 月 19 日，全国人大常委会原副委员长李铁映视察唯美公司，对企业将中国传统文化元素融入产品研发，赋予建筑陶瓷以新的艺术内涵的创新给予高度赞赏。

1 月 20 日，“比奇卫浴”研发部门获“简易折叠式淋浴房”的发明专利、实用新型专利和外观设计专利。该产品具有占地空间小、方便实用、节水节能、便于随车携带等优点。

2 月

2 月 16 日，湖南天欣陶瓷集团旗下的配套产业——岳阳市富强混凝土公司，被湖南省发展和改革委员会、湖南省经济委员会、湖南省科技厅、湖南省信息产业厅确认为全省第三批利用信息技术改造和提升传统产业“试点单位”。

2 月 18 日，佛山高明顺成陶瓷有限公司的实用新型专利“一种带防伪标识的瓷砖”和“一种抗菌防污瓷砖”经国家知识产权局审核，获实用新型专利证书。

3月

3月，摩德娜出口印度第一条整厂微粉砖设备在ANTIQU投入运行成功。这条生产线，摩德娜运用了诸多新的技术，比如高效的MHP粉料配送系统；MRD－H5多层快速干燥窑；窑炉的MDR节能系统；神笔料车等。

3月，统一陶瓷获“首届世界建筑陶瓷砖设计大奖赛优秀入围奖”。

3月，“佛山南海金刚新材料有限公司”通过ISO14001环境管理体系认证。

3月，东鹏陶瓷获广东省“版权兴业示范基地”称号。

3月2日，福建省经济贸易委员会授予路达（厦门）工业有限公司“2009－2011年度福建省百家重点工业企业”称号。

3月18日“特地陶瓷设计应用研究中心”揭牌仪式在景德镇陶瓷学院国家工程中心大楼举行。景德镇陶瓷学院院长秦锡麟，佛山欧瑞特集团董事长、景德镇陶瓷学院客座教授鲍杰军为设计中心揭牌。

3月28日，国家质监总局、国标委联合发布国家标准《广场用陶瓷砖》（GB/T23458－2009），2010年1月1日起实施。国家标准《广场用陶瓷砖》负责起草单位：咸阳陶瓷研究设计院、广东宏陶陶瓷有限公司、广东佛山市技术监督标准与编码所。

3月28日，由大鸿制釉有限公司通过国标委批准立项起草编制的《陶瓷釉料性能测试方法》（GB/T 23460.1－2009）国家标准发布，2010年1月1日起实施。

3月29日，中共中央政治局委员、广东省委书记汪洋，广东省委副书记、省长黄华华及省、市各级领导一行，在佛山市委书记林元和、市长陈云贤等市领导的陪同下，到位于佛山市禅城区石湾镇的中国陶瓷城展开实地考察工作。

4月

4月，佛山市陶瓷研究所与金刚企业集团研制的陶瓷刀具、陶瓷手表、手链及工业耐磨件等晶石陶瓷产品正式投入量产，开创了国内高科技陶瓷在民用领域应用的新篇章。

4月，“希恩、CAE、SIELO”被广东省对外贸易经济合作厅认定为2009－2011年度重点培育和发展的广东省出口名牌。

4月，诺贝尔瓷砖以23.29%的首选率，荣登“2009年度中国房地产开发企业500强建材采购首选品牌榜”瓷砖行业榜首。

4月，经过“比奇卫浴”三家生产公司（浙江比奇厨卫设备公司、杭州博杰卫浴公司、杭州比奇洁具公司）研发人员的攻关，成功研制出新型亚克力板材卫浴产品，成为国内第一家采用“挤塑”亚克力板材生产卫浴产品的公司。与传统材料相比较，在光洁度、平整度、耐磨性、质感等方面有大幅提高。

4月11日，浙江省地方标准《燃气管道铜制阀门质量要求》DB33/T730－2009通过省质监局审核，并批准发布，4月11日正式实施。台州科莱蒂特厨卫器材有限公司参加该标准编写工作。

4月，统一陶瓷被山东省科技厅认定为“高新技术企业”。

4月，上海司米克陶瓷股份有限公司被上海闵行区环保局和发改委评为“2008年度闵行区循环经济试点单位”。

4月10日　由金意陶代理商广州嘉悦贸易有限公司承办的“尊雅风范，陶冶人生——金意陶2009全国高尔夫邀请赛”第1场比赛在广州花都区九龙湖高尔夫球场举行。

4月20日，广东宏陶陶瓷有限公司“陶瓷抛光废渣循环利用新技术”科研项目，在佛山市科技局的组织和主持下通过科技成果鉴定。宏陶公司成功地对抛光砖生产过程产生的抛光固体废料全部回收循环再用，实现抛光废渣的零排放，项目技术达到国内领先水平。

4月20日，科达机电总经理边程获邀参加了温家宝总理在广州主持召开的广东部分企业座谈会。

4月25日，广东朝阳卫浴有限公司旗下的“朝阳”牌注册商标被国家工商管理总局认定为“中国驰名商标”，这是朝阳卫浴继获得“中国名牌产品”荣誉后的又一殊荣。

5月

5月，汇亚瓷片第二条生产线在河源基地顺利投产，并于7月21日在汇亚总部营销大楼落成“汇亚瓷片精典区”，革新了瓷片花色、生产工艺、展示文化。

5月，唐山惠达陶瓷（集团）股份有限公司的惠达洁具相继进入上海世博会世博村酒店式公寓和世博特钢演艺大舞台工程，成为最早进入上海世博会的洁具品牌之一。这是惠达洁具继去年成功进入北京2008奥运工程之后，再次进入国家重点工程项目。

5月，唐山惠达陶瓷集团顺利通过由河北省科学技术厅、河北省知识产权局等10部委组成的工作指导委员会审定，被评为河北省知识产权优势培育单位。

5月，“5·12”汶川大地震一周年之际，《家装家居》杂志社的家居行业第一份慈善白皮书——《2008中国家居行业慈善报告》正式发布，评选出2008年家居行业慈善企业、慈善企业家、慈善公益项目各10个，唐山惠达陶瓷（集团）股份有限公司董事长王惠文被报告评为“2008年家居行业十大慈善企业家”。

5月，佛山市陶瓷研究所与金刚企业集团正式推出GF95超高温辊棒产品，产品适用于宽体窑、高转速和大负荷辊道窑。

5月，由摩德娜独立研发，具有自主知识产权的MRD－IG系列4层干燥器，在浙江瑞高公司投产成功。

5月6日，佛山市高明区举行2008年度二氧化硫专项治理表彰大会，高明贝斯特陶瓷有限公司、高明顺成陶瓷有限公司荣获一等奖，高明区新粤丰陶瓷有限公司荣获二等奖。此次奖项一等奖奖金6万元，二等奖4万元。

5月10日，第三届“东鹏杯”全国设计大奖赛暨东鹏梦之家产品应用设计大赛颁奖典礼在有五百年薪火相传的佛山市南风古灶举行，金奖与纳福娜至尊奖分别由冯文轩和田浩两位设计师获得。

5月13日，2009年上海建材行业技术革新奖评奖揭晓，上海斯米克陶瓷股份有限公司三个项目获奖。其中织纹布料玻化砖的研发项目获二等奖，环保低成本玻化白砖研制和绿色生态玻化砖的研制项目获三等奖。

5月14日，广东一鼎科技有限公司三项主要产品通过市级科技成果鉴定。其中，全自动瓷砖包装生产线、压带式节能干法磨边生产线居国内领先水平，瓷质抛光砖表面光泽处理机居国内先进水平 。

5月15日，简一陶瓷大理石通过了省级科技成果鉴定。鉴定委员会从简一大理石产品技术创新程度、技术难度、主要技术指标、创造的经济价值、推动行业进步的作用等多方面进行了综合评定。

5月16日，凌晨1时40分左右，晋江磁灶镇井边村，鸿华陶瓷有限公司工人宿舍楼发生火灾。消防紧急出动，近4个小时扑灭了大火，先后救出15名工人（包括3名孩童），疏散被困楼顶的工人23人。火灾导致12名工人不同程度烧伤，其中3人重伤。

5月17日，中共中央政治局常委、全国政协主席贾庆林视察路达（厦门）工业有限公司，对路达集团良好的企业文化建设、科技创新的发展理念表示赞赏。

6月

6月，广东一鼎科技有限公司的发明专利“建筑装饰板材表面防污剂的制膜方法”获得佛山市禅城区第三届专利奖金奖。

6月，东鹏陶瓷第六次荣登“中国500最具价值品牌”榜，品牌价值23.53亿，位列建陶行业首位。

6月，马可波罗连续6年入围中国最具品牌价值500强，品牌价值21.85亿。

6月，摩德娜独立研发的XPERT 600自动检选包装线在广东爱和陶有限公司首次运行。该检选线具有自动化程度高，操作简单，经济实用，运行费用低等特点。

6月10日，湖南天欣集团旗下的子公司——湖南天欣置业有限公司，被湖南省工商行政管理局和岳阳市工商行政管理局，双双评选为省、市两级2008年度“守合同重信用单位”光荣称号。

6月16日，广东新明珠集团旗下的冠珠和萨米特两家公司通过了广东省清洁生产企业专家组的验收。

6月19日下午，中共中央政治局常委、国务院总理温家宝在河北省委书记张云川，省委常委、唐山市委书记赵勇等陪同下，视察了唐山惠达陶瓷（集团）股份有限公司，并发表重要讲话。

6月24日，广东省“全省发展装备制造业工作现场会”在佛山召开。会前，广东省省长黄华华、副省长佟星、佛山市市委书记林元和等省市领导及“全省发展装备制造业工作现场会”的全体参会代表一行150余人莅临广东科达机电股份有限公司考察指导。

6月29日，以广东一鼎科技有限公司为依托单位的佛山市建筑陶瓷机械装备工程技术研究开发中心通过了专家论证。

6月30日，全国人大民族委员会副主任委员陆兵，在梧州市委书记、市人大常委会主任刘志勇的陪同下到新中陶调研，梧州市政协主席梁家智，市委副书记、常务副市长全桂寿，市委常委、秘书长黄振饶及藤县领导班子陪同调研。

7月

7月，金刚棍棒成立“佛山市金刚文化传播有限公司”及“佛山市陶瓷研究所检测有限公司”，打造陶瓷行业技术、检测、信息综合型科研服务基地。

7月底，由湖北黄冈华窑中亚窑炉有限公司为景德镇乐华陶瓷洁具有限公司设计、承建并调试的宽断面、高节能、大产量隧道窑工程项目正式点火。该窑炉长148米，宽3.66米，年产量140万卫生洁具标准件，是目前窑长最长，产量最大的隧道窑工程项目。

7月10日，佛山市科学技术局、佛山市发展和改革局、佛山市经济贸易局联合发文，同意广东一鼎科技有限公司组建市级工程中心——“佛山市建筑陶瓷机械装备工程技术研究开发中心”。

7月30日，企业报《唯美人》获“第三届中国企业传媒奖”一等奖。

8月

8月，佛山市欧陶无机材料有限公司在新疆伊宁注册成立伊犁新欧中亚商贸有限公司。

8月，广东彩洲卫浴实业有限公司获得中国建筑卫生陶瓷协会颁发的“AAA企业信用等级证书”。

8月，金刚牌商标在墨西哥、欧盟、土耳其、美国等国家和中国台湾地区成功注册。

8月，佛山市正大陶瓷有限公司推出新品牌“吉祥鸟陶瓷”，其产品价格定位为中档，主要面向全国的三四线城市，重点覆盖湖南、江西、湖北等中南地区。

8月，广东科达机电董事总经理边程荣列2009福布斯中国上市公司最佳CEO榜第48位。

8月，佛山高明顺成陶瓷有限公司连续七年被广东省佛山市工商行政管理局评为“守合同重信用企业”。

8月，新中源湖北宝加利基地生产线按计划顺利投产，产品涵盖了抛光砖、内墙砖、仿古砖三大类别。

8月9-11日，由中国农工民主党内蒙古自治区委员会、佛山市特地陶瓷有限公司、居然之家主办，四子王旗人大常委会、呼和浩特蒙苗建材承办的大型环保活动——“美丽的草原我的家”2009特地绿垦基地内蒙古采风活动在内蒙古四子王旗举行。

8月22日，由大鸿制釉自主研发的“瓷砖用皮纹效果印刷釉及其生产工艺产业化”项目通过了由佛山市科技局组织并主持的科技成果鉴定。11月又被评为“2009年度广东省高新技术产品”。

8月23日，湖南天欣集团公司董事长王五星被湖南省纪委聘为“湖南省优化经济发展环境信息监督员”，全省共聘任50名，岳阳仅2名。

8月25日，湖南省科技厅公布了“湖南省高新技术企业”名单，湖南天欣集团旗下子公司湖南天欣陶瓷有限公司榜上有名。

9月

9月，希望陶瓷机械设备有限公司制造的中国首创的数码彩喷印花机在杭州诺贝尔顺利投产。

9月，在淄博市纪念建国60周年影响淄博企业家评选活动中，统一陶瓷董事长袁国梁当选影响淄博“十大功勋企业家”。

9月，辉煌水暖集团荣获“2006－2008年度福建最佳信用企业”、“福建企业集团100强”称号。

9月，由景德镇市瓷局重点推荐的景德镇特地陶瓷有限公司申报的“大规格超薄建筑陶瓷”项目获得“2009江西省重大产业化项目”专家评审材料组第一名。

9月8日，亚洲最大的五金制造商路达集团与“全球十大卫浴集团”和成卫浴合资签约成立优达（中国）公司。

9月9日，路达集团举行百路达（厦门）工业有限公司正式奠基开工典礼，与国际知名有色金属集团合作，结合世界环保节能大势，研发生产环保高科技合金和高新节能建材，为人与社会、自然的和谐发展贡献一份力量。首期规划的卫生陶瓷生产基地有3条窑，年产300万件卫生陶瓷。百路达项目将于2011年正式投产，预计项目投产后5年可累计实现产值100亿元人民币。

9月11日，2009年广东东莞市科学技术奖颁奖大会上，马可波罗陶瓷董事长黄建平被授予“科技进步市长奖”。

9月15日，中亚窑炉正式与南美秘鲁TECNOSANITARIA S. A公司签订106米隧道窑窑炉设备合同。自从公司于2005年顺利取得出口权后，系列产品成功出口到越南、印度、马来西亚、叙利亚、安哥拉等国，这次又成功进军南美市场。

9月17日，唐山惠达陶瓷（集团）股份有限公司出口卫生陶瓷（HDC236坐便器、HDC303坐便器、HD11洗面器）一次性通过国家质检总局组织的出口免验资格审查，成为全国卫生陶瓷行业和唐山市首家获此资格的企业。

9月19日，“辉煌六十年——中华人民共和国成立60周年成就展”在北京展览馆开幕。广东蒙娜丽莎陶瓷公司大规格超薄建筑陶瓷板也现身在此次成就展厅工业展区中，入选“建国六十周年成就展”的建材企业仅有四家单位，蒙娜丽莎公司是唯一入选“建国六十周年成就展”的建筑陶瓷企业。

9月19日，全国第一家非公企业党建展览馆——东莞非公企业党建展览馆在唯美陶瓷公司建成开馆。

9月20日，益高卫浴“锐洁”系列智能坐便器喜获中国十大创新卫浴产品大奖。

9月21－22日，由中国建筑装饰协会、中华建筑报社主办，中国陶瓷城、中国陶瓷产业总部基地联合承办的“2008年度第7届中国建筑装饰百强企业评价新闻发布暨建筑装饰百强企业（佛山）峰会”在佛山召开。

10月

10月，箭牌携手SOHO中国基金会，通过捐赠陶瓷洁具、五金龙头、瓷砖等产品，在甘肃天水共建儿童美德工程——天水学校卫生间，项目所需产品全部已经运送到目的地。

10月，“彩洲”品牌被评为“中国十大卫浴龙头品牌”。

10月，年度“管理中国”总评选揭晓，马可波罗陶瓷有限公司获“中国企业管理特殊贡献奖”，成为建材行业首次入选企业。

10月中旬，占地628亩投资6.5亿元的惠达科技园新立项目——洁具有限公司和时尚家具有限公司破土动工，标志着唐山惠达陶瓷（集团）股份有限公司在厨卫领域的技术创新与规模的突破。

10月12日，路达（厦门）工业有限公司荣获“全国有色金属标准化技术委员会技术标准优秀奖”。

10月12日，题为“接轨国际、质耀未来”——江西太阳陶瓷有限公司与西班牙意达加釉料公司战略合作签约仪式暨“钢琴砖”诞生说明会在佛山宾馆举行。

10月13日，广东兴辉陶瓷集团“块立方布料技术”新品上市新闻发布会在中国陶瓷产业总部基地兴辉陶瓷公司举行。

10 月 13 日，“佛山可诺陶瓷、台湾鉦翰陶瓷：轻质节能（保温隔热）外墙砖全球首场新闻发布会”在佛山召开。

10 月 15 日，唐山惠达陶瓷（集团）股份有限公司被环境保护部发展中心评为“中国环境标志突出贡献奖”，并在北京接受表彰。

10 月 18 – 22 日，首届中国（佛山）创意陶瓷展暨世博会举行，简一大理石、简一羊皮砖、简一皮阁砖亮相这届创意陶瓷展，简一大理石以独特的仿石材质、领先的技术与大气非凡的视觉效果引来市民的关注和热议。

10 月 18 日，佛山市奥特玛陶瓷有限公司（美国独资企业）开业庆典。

10 月 26 日，湖南省科技厅决定将“湖南省建筑陶瓷工程技术研究中心”列入 2009 年度省级工程技术研究中心组建计划，并批准在湖南天欣陶瓷有限公司组建成立。

10 月 28 日，湖北帝豪陶瓷有限公司为进一步节约能源，减少生产污染物的排放，公司与当阳市中燃城市燃气有限公司举行了天然气工程签约仪式。当阳市委常委、副市长黄智华出席了签约仪式。

10 月 28 日，由佛山市科学技术局组织并主持，在佛山石湾鹰牌陶瓷有限公司组织召开了“三维立体挤压布料技术生产瓷质砖的研制——侏罗纪印象系列”和“液晶玉材料生产玉质感半透明陶瓷砖的研制”科技成果鉴定会。

10 月 30 日，鄂州市中冠陶瓷有限公司窑炉节能改造项目获国家财政奖励。国家发改委发文件下达资金资助计划 550 万元。

11 月

11 月，广东彩洲卫浴通过中国质量认证中心的“中国节水产品认证”。

11 月，乌干达副总统布凯尼亚一行 7 人到广东科达机电参观考察。

11 月，全国建材联合会工作会议在广东科达机电召开。

11 月，大鸿制釉荣获“广东省清洁生产企业”。

11 月，佛山钻石瓷砖有限公司被广东省质量协会、广东省用户委员会评为“广东省用户满意企业”。钻石牌陶瓷墙地砖也被评为“广东省用户满意产品”。

11 月，佛山高明顺成陶瓷有限公司正式成为“广东省清洁生产企业”，是佛山市高明区第一家通过清洁生产验收的陶瓷企业。

11 月 7 日，湖南天欣陶瓷有限公司被省委宣传部、省经委、省建设厅、省总工会、共青团湖南省委和省质监局联合评为“湖南省 2009 年质量月活动优秀企业”。

11 月 10 日，广东一鼎科技有限公司荣获“国家高新技术企业”称号。

11 月 13 日，由广东省企业联合会和广东省企业家协会联合主办的“广东企业创新纪录”颁奖大会在珠岛宾馆召开，东鹏陶瓷荣获“2009 广东省自主创新标杆企业”，同时获“广东省企业创新纪录十大首创技术奖”。

11 月 17 日，华南理工大学在大学城中心酒店大厅举行“巨幅陶瓷壁饰《印象华园》”捐赠仪式，该陶瓷壁画是广东唯美集团马可波罗瓷砖总裁黄建平、常务副总裁谢悦增向母校 57 华诞献上的一份特别的生日礼物！

11 月 18 日，箭牌瓷砖新品推介会在箭牌总部展厅举行。箭牌卫浴、瓷砖董事长、董事总经理、事业部总经理等领导全部到场，箭牌全国各地的优秀经销商共同参加新品推介会。

11 月 18 日，云南玉溪特地陶瓷蝶舞倾城创意馆华美开业，特地陶瓷董事总经理李强现场授予玉溪特地陶瓷蝶舞倾城创意馆“全国 5A 级创意馆”荣誉。

11 月 30 日，由人力资源和社会保障部、中华全国总工会、中华全国工商业联合会共同举办的第三届全国就业与社会保障先进民营企业表彰大会在北京人民大会堂召开。中共中央政治局委员、国务院副总理张德江授予唯美陶瓷“全国就业与社会保障先进民营企业”荣誉称号。

12 月

12 月，广东一鼎科技有限公司的全自动瓷砖包装生产线、完全干式磨边生产线获选为“广东省高新技术产品”。

12 月，《东鹏风采》创刊十周年，成为宣传企业文化和展现品牌风采的重要阵地。

12 月，蒙娜丽莎文艺复兴馆落户佛山意美家，将服务从郊区送到消费者家门口，品牌服务进一步提升。

12 月，开平市迪丽奇卫浴实业有限公司新厂正式建设落成，项目总投资 1 亿元人民币，占地 80000 平方米。

12 月，广东彩洲卫浴通过马来西亚 SIRIM QAS 标准产品认证。

12 月，广东科达机电“大规格陶瓷薄板生产设备技术改造项目”获批国家发改委 2009 年资源节约和环境保护第二批备选项目，获批资金 510 万。

12 月，广东朝阳卫浴有限公司再获实用新型专利 2 项，外观设计专利 1 项认证。至此，广东朝阳卫浴有限公司已累计获得包括发明专利、实用新型专利在内的 100 多项专利技术。

12 月，广东汉特科技有限公司成功自主研制造“TOUPU”牌“冷热水同步开关恒温混水器”，产品获得 PCT 国际专利，享有 126 个国家专利技术保护。

12 月，由广东省企业联合会和广东省企业家协会共同颁发，佛山高明顺成陶瓷有限公司荣获“2009 年度广东省诚信示范企业”。

12 月，杭州诺贝尔集团入选“全国民企 500 强企业”榜单排名全国民企第 421 位。

12 月 1 日，浙江比奇控股集团荣膺“世界杰出华商协会”副会长会员单位，董事长倪文校先生成为该协会副会长。

12 月 4 日，经过广东省科学技术厅从企业合法拥有的专利和科技成果、新产品技术、年科技开发费用、科技人员学历等方面的严格审查和评审，佛山高明顺成陶瓷有限公司被评为“广东省民营科技企业”。

12 月 4－6 日，简一陶瓷参加广州材料酒店展。简一大理石赢得众多国内外顶级设计师的青睐，并成为此次展会中高端酒店及商业建筑业主、工程采购代表们选购精品装饰材料的首选。

12 月 4 日，由佛山市欧陶无机材料有限公司参加起草的建材行业标准：《建筑卫生陶瓷用添加剂解胶剂》（JC/T 1097－2009）由工业和信息化部正式发布。

12 月 5 日，统一陶瓷荣获“新中国 60 年山东百家领袖品牌”荣誉称号。

12 月 8 日，唐山惠达陶瓷（集团）股份有限公司赞助的惠达·东亚论坛启动仪式，在北京长富宫饭店举行。

12 月 9 日，中国建筑卫生陶瓷协会副会长兼秘书长缪斌、副秘书长夏高生等一行到景德镇金意陶参观指导。

12 月，由摩德娜提供整厂设备的挤出地砖生产线在 VIETNAMESE CERAMICS 正式投产。该项目是中国公司首次在国外承接此类生产线。

12 月，湖北黄冈市华窑中亚窑炉有限责任公司研究开发的“冗余集散控制节能型组装式卫生瓷隧道窑”项目荣获科技部 2009 年科技型中小企业技术创新基金项目。

12 月 19 日，人力资源和社会保障部博士后管理司领导在广东省人事厅、佛山人事局、禅城区人事局领导陪同下，到金意陶调研并指导博士后工作站的筹备与建立。

12 月 20 日，比奇集团被杭州市萧山区人民政府评为“文明单位”；同时，被萧山区爱国卫生办公室评为“全区卫生先进单位”。

12 月 24 日，奥特玛陶瓷举行“陶醉奥特玛·舞动瓷旋宫——奥特玛圣诞狂欢晚会”。

12 月 25 日，由浙江台州科莱蒂特厨卫器材有限公司生产的油气锻造加热改中频恒温加热项目荣获年度中国卫生陶瓷协会颁发的《科技进奖》。

12月28日，统一陶瓷被批准为“山东省防静电陶瓷工程技术研究中心”。

12月31日，广东朝阳卫浴有限公司顺利通过了国家级高新技术企业专家组的审查，获得了“国家级高新技术企业”的认定。

12月底，陶尔斯陶瓷所在的鼎龙集团内刊《企业人文，鼎龙专刊》编辑成册。

12月底，汇亚陶瓷被认定2010年广州亚运会亚运城运动员村项目建设选用品牌，该项目于2010年9月1日经亚组委成功验收并交付使用。

12月底，杭州诺贝尔集团有限公司2009年荣获“省工业行业龙头骨干企业”、“全国企事业知识产权试点企业”。董事长骆水根荣获“浙江省杰出民营企业家”、“浙江省建材行业功勋企业家”。

第六节　协会工作大事记

1月，中国建筑卫生陶瓷协会卫浴配件分会分别在广东省开平市和福建省南安市设立工作站并正式开展工作。贴近了生产产区，为更好地为企业服务提供组织保障。

2月，中国建筑卫生陶瓷协会通过中国建筑卫生陶瓷网、《CTS》杂志组织发布2010年组团参加2010米兰展的信息，并获得近40家中国知名卫浴企业的响应，全部独立特装和全新的展台设计。

2月11日，中国建筑卫生陶瓷协会装饰艺术陶瓷专业委员会联合“中国建筑卫生陶瓷网”、《CTS》杂志社举办了“最贴近行业的30位创新设计大师”网上评选，有70多位关注本行业的设计大师参与评选角逐，最终王传顺等30位优秀的设计大师被评选为“最贴近行业的创新设计大师”，并为他们颁发荣誉证书，拉近了行业与设计界的关系。

2月23日，中国建筑卫生陶瓷协会会长叶向阳在泉州部分陶瓷企业考察调研。

2月29日，中国建筑卫生陶瓷协会装饰艺术陶瓷专业委员会、外商企业家联谊会联合中国室内设计学会等单位，策划、组织了行业首届世纪“金陶杯”（COCA）建筑瓷砖设计大奖赛，并在“中国建筑卫生陶瓷网”、《中国建筑卫生陶瓷》杂志发布公告，向全行业征集作品。

3月，中国当代艺术网建立，中国琉璃制品网、中国建筑卫生陶瓷行业外商企业家联谊会网相继建立，并首次实现了与中国建筑卫生陶瓷网等24家联盟网站的链接，开启了建筑装饰艺术、外商联谊活动、陶瓷艺术未来网上发展的新平台。

4月1日，中国建筑卫生陶瓷协会申报的税号为69071000、69079000、69081000、69101000、69109000等5种商品，经国务院批准、财政部国家税务总局发布出口退税率从原来的5%提高到9%。建材行业共申报了49个税号的商品，本次只调整了14个税号的商品。

4月2日，首届世纪“金陶杯”建筑瓷砖设计大奖赛结果揭晓，参加的来自大学、企业和设计院的120多件作品，经过评委公开、公平、公正的评选，从入围奖30件中评选出三件金奖，这是被公认为行业最高水平、最干净、最公开透明的一次评选，来自世界级的13位评委对参赛的作品给予很高的评价，兑现了协会“杭州创新宣言”的承诺，开启了行业的瓷砖产业创新之路。入围和获奖作品在上海展W3馆搭建专门展台，免费向公众展示。

4月3日，经过一年筹备的中国建筑卫生陶瓷协会装饰艺术陶瓷专业委员会在上海成立，缪斌当选为理事长，夏高生当选为秘书长，近50位来自企业、设计院的相关人士成为专委会的首批理事和会员。

5月，为了解国际金融危机对我国卫浴及淋浴房行业的影响，中国建筑卫生陶瓷协会卫浴配件分会王巍秘书长、淋浴房分会邓贵智秘书长和外联部田润勇主任对我国广东开平、福建南安、浙江温州、玉环、平湖等主要产区进行了调研。

5月19日，中国建筑卫生陶瓷协会在北京市九华山庄组织召开了《中国建筑卫生陶瓷史》编委会第一次工作会。叶向阳会长首先向与会代表致辞。缪斌秘书长在会上详细介绍了启动编撰《中国建筑卫生陶瓷史》的背景、前期准备工作以及设想和要求。会上各位专家学者对《中国建筑卫生陶瓷史》的编写原则、编写方法、编写断代及章节分类等具体问题进行了认真详细的讨论，对编写大纲提出了修改意见和建议。此次会议标志着《中国建筑卫生陶瓷史》的编辑工作正式启动。

5 月 23－24 日，中国建筑卫生陶瓷协会建筑琉璃制品分会第一次理事会在厦门鼓浪屿召开。会议新增选了四位副理事长：佛山金牛陶瓷有限公司董事长李平、长兴县耀龙建陶有限公司董事长徐建中、景德镇卡地克陶瓷有限公司董事长刘桂生、晋江前兴陶瓷有限公司总经理。与会代表达成共识，一致认为：制定建筑琉璃制品国家标准，能够促进技术进步，引领行业发展。

5 月 26 日，主题为“交流 合作 创新 共赢”的“2009 中国卫浴行业交流会”在上海新国际博览中心附近的蓝海博龙大酒店举行。“2009 中国卫浴行业交流会”由中国建筑装饰协会厨卫工程委员会与中国建筑卫生陶瓷协会装饰艺术陶瓷专业委员会主办，福建省水暖卫浴协会、佛山陶瓷行业协会、平湖市卫浴行业协会和台州路桥区洁具行业协会协办，中洁网与中国建筑卫生陶瓷网共同承办。

6 月，CTS《中国建筑卫生陶瓷》杂志进行全新的升级改版和定位，站在行业、国际的高度，加大了对独家企业、时尚、艺术、创新、跨行业的合作与交流，第一时间将采访的第一手信息在行业进行发布，专访了 10 位国内有影响企业家，如路达总裁陈雅雅、和成董事长邱士楷、新明珠董事长叶德林、惠达总经理王彦庆、金意陶董事长何乾等，16 位国际设计大师、艺术家，尤其是跨国际对百年企业唯宝、伊奈、杜拉维特总裁的专访的文章发布，引起了行业的极大反响。CTS 开创的中国房地产市场领先指标数据，对行业的发展及市场定位提供重要的依据。CTS 跨时空所发布的“台湾世界瓷砖论坛”、“从博洛尼亚展看行业变化”、“意大利陶瓷行业景气指数”、“西班牙陶瓷行业形势变化”、“中国建筑卫生陶瓷的进出口分析报告”、“行业十大热点问题和思考”、“厦门创新论坛”、“协会年会与论坛”、“环保低碳搜索”及每期独家发布的幽默漫画和陶编瓷语、牛年牛语等第一手相关咨询信息和文章，和不断扩大的发行量，引领了行业的方向，成为公认的权威性、时尚性、导向性、艺术性、实用性的行业期刊。

6 月 2－4 日，中国建筑卫生陶瓷协会卫浴配件分会、淋浴房分会副理事长会议在江西省鹰潭市召开。就应对金融危机及水暖卫浴行业的发展进行了研讨。

6 月 3 日，应鹰潭市人民政府邀请，中国建筑卫生陶瓷行业外商企业家联谊会与卫浴配件分会在鹰潭举办了“国际水暖卫浴战略发展论坛”，来自高仪、唯宝、乐家、TOTO、成霖等国际品牌和国内知名品牌的 CEO 参加了论坛，并就怎样打造生态、环保、创新的鹰潭国际水暖产业基地进行交流，对行业和鹰潭国际卫浴基地的建设发展提供借鉴。

6 月 8 日，中国建筑卫生陶瓷行业外商企业家联谊会在上海召开第三次理事会，推荐并选举杜拉维特中国总经理朗格先生为代理主席，会议发布 W3 世界卫浴大奖赛公告和组织策划德国、奥地利设计大奖（IF 奖和红点奖）中国上海展事宜。

6 月 23 日，中国建筑卫生陶瓷协会被民政部授予 3A 级全国性行业协会，在人民大会堂由中华人民共和国民政部隆重授牌。

6 月 26 日，中国建筑卫生陶瓷协会副会长会议在福建厦门鼓浪屿召开。

7 月 9 日，中国建筑卫生陶瓷协会正式成立《中国建筑卫生陶瓷年鉴》编辑部，在佛山市中国陶瓷总部产业基地召开了第一次工作会议。会议决定《中国建筑卫生陶瓷年鉴（2008 首卷）》于 2009 年 9 月底正式出版，今后每年出版一部。

8 月 8 日，中国西部水暖卫浴制造基地在重庆荣昌县工业园正式启动，中国建筑卫生陶瓷协会缪斌秘书长出席了启动仪式。中国西部水暖卫浴基地将建成西部地区建设规模最大、档次最高的水暖卫浴专业生产基地，完善水暖卫浴各个产业链条的建设，将形成一个水暖卫浴产业集群。

8 月 27 日，中国建筑卫生陶瓷协会装饰艺术陶瓷专业委员会、外商企业家联谊会联合中国室内设计分会等单位就举办2010年W3世界卫浴大奖赛发布公告，并在《CTS》杂志、“中国建筑卫生陶瓷网”等相关媒体发布信息，向全行业和相关设计大学发出通知，得到行业的积极响应和一致好评。6所设计大学、27家企业、47位室内设计师报送作品参加大赛，开启中国卫浴设计创新先河。

9月4－7日，中国建筑卫生陶瓷协会与新疆伊宁市政府共同举办的“2009新疆伊宁·中亚国际陶瓷出口交易会”。在新疆伊宁中亚国际陶瓷城举行，这次盛会以陶瓷出口交易会为支点，搭建中国优良陶瓷产品面向中亚市场的出口交易平台，把中亚国际陶瓷城打造成为中亚市场陶瓷专业出口基地。

9月6日，中国建筑卫生陶瓷协会秘书长缪斌、副秘书长何峰、建筑琉璃制品分会秘书长徐波一行3人在山东考察建筑琉璃制品企业。分别考察了山东金马琉璃瓦有限公司和山东鑫源建陶有限公司，并希望两公司加强环保生产，抓好质量管理，不断创新产品。推动建筑琉璃制品行业的科技进步和健康发展。

9月7－8日，中国建筑卫生陶瓷协会副会长兼秘书长缪斌、副秘书长何峰等出席了在中国财富陶瓷城举办的“中国（淄博）第五届陶瓷代理、经销商峰会”，同期财富二期高端精品展厅隆重开业。

9月16日，中国建筑卫生陶瓷协会副会长兼秘书长缪斌、副秘书长何峰等一行3人出席了“第十二届唐山中国陶瓷博览会”，缪斌副会长为开幕式剪彩。

9月22日，由中国建筑卫生陶瓷协会和《陶瓷信息》报社共同举办的“全国十大城乡品牌”盛典在湖南长沙揭晓，来自湖南、湖北、江西、广东等地区的10家企业荣获殊荣。江西金牛陶瓷经过层层角逐，最终摘得大奖，成为琉璃瓦制品行业中唯一获奖的企业。

10月15－17日，中国建筑卫生陶瓷协会副会长兼秘书长缪斌、副秘书长何峰等到沈阳出席了协会与沈阳法库县人民政府共同主办的“2009中国（法库）国际陶瓷博览交易会”。同期还举办了“投资项目签约暨成果发布会”何峰副秘书长在会上致词。

10月18－22日，第14届中国（佛山）国际陶瓷及卫浴博览交易会暨第六届（佛山）国际陶瓷工业展览会在佛山举行，中国建筑卫生陶瓷协会秘书长缪斌出席了开幕式，并在会上致词。同期举办了中国陶瓷城七周年庆典和中国陶瓷产业总部基地一周年庆典。第3届“美洲采购节”及“中美陶瓷高峰论坛”也在此期间举行。

10月23日，中国建筑卫生陶瓷协会会长叶向阳，秘书长缪斌及副秘书长何峰等到河南长葛市考察调研河南部分重点卫生陶瓷企业。协会领导对河南长葛市陶瓷产业的发展，并把长葛建成全国卫生陶瓷产业基地提出了高要求及希望。

10月，中国建筑卫生陶瓷协会正式命名浙江绍兴新空间厨卫城为“中国厨卫城”，在这里搭建起一个供国内外用户参观、采购的厨卫商贸平台，全力打造成名副其实的“中国厨卫城”。

11月3－7日，中国建筑卫生陶瓷协会会长叶向阳、副会长兼秘书长缪斌、副秘书长何峰等率陶瓷行业专家一行15人赴台湾出席“世界陶瓷论坛”。

11月，海关总署组织专家评审，通过了由中国建筑卫生陶瓷协会负责制定的“铜阀门加工贸易单耗标准”和“铜质淋浴器加工贸易单耗标准”。

12月3－4日，中国建筑卫生陶瓷协会年会在广东东莞市召开。卫浴配件分会及淋浴房分会年会也同时召开。

12月4日，中国建筑卫生陶瓷行业第二批企业信用等级评价结果揭晓。第二批共有13家企业通过信用等级评价。分别或AAA和AA信用优秀等级。由商务部统一编号的铜牌和证书颁发仪式与中国建筑卫生陶瓷协会年会同期举行。

12月4日，《中国建筑卫生陶瓷年鉴（2008）》首发式与中国建筑卫生陶瓷协会年会同期举行。尹虹副秘书长对《中国建筑卫生陶瓷年鉴（2008）》作了详细的介绍，由《中国建筑卫生陶瓷年鉴》编辑部对会员单位参会代表赠书。

12月5日，《中国建筑卫生陶瓷年鉴》编辑部在广东东莞召开会议。在总结《中国建筑卫生陶瓷年鉴（2008）》编辑出版工作的基础上，为进一步完善和提升2009年年鉴的编辑质量，并扩充新内容，将全面启动《中国建筑卫生陶瓷年鉴（2009）》编辑工作。

12月17日，中国建筑卫生陶瓷协会装饰艺术陶瓷专业委员会受上海世博全球华人设计大奖赛组委会委托，组建了迎世博纪念品全球华人设计大奖赛陶瓷专项组委会，并开展对全中国的建筑陶瓷、日用艺术陶瓷参与世博纪念品的征集工作，全国六大陶瓷产区240多件陶瓷参赛作品参加了这次大赛，在组委会设定总计18件获奖作品中，陶瓷创新作品包揽五项大奖，并获一等奖一项、二等奖一项、三等奖三项，这次陶瓷旅游纪念品的创新也为上海世博会增添了陶瓷纪念品魅力，震撼了所有评委。

2009年度“中国建筑卫生陶瓷网”中英版及时发布协会活动和行业的动态信息数14万条，公布行业的相关权威数据十几次，解答相关行业消费者上千人咨询，组织发布协会重大活动、公告评选、重大展览广告信息数千条，成为行业对外交流的窗口，并公认为行业最具代表性专业网站。

2009年《中国建筑卫生陶瓷CTS》杂志分别在意大利、美国等重大国际展会租借专柜向全球客户发行，同时建立CTS网络杂志。

第三章　政策、法规与标准

第一节　概述

2009年节能减排工作安排

2009年7月19日国务院办公厅印发《2009年节能减排工作安排》。《安排》指出，节能目标进度仍落后于时间进度。“十一五”前三年，全国单位GDP能耗累计下降10.1%，二氧化硫、化学需氧量排放总量累计分别下降8.95%和6.61%，但“十一五”节能目标完成进度仍落后于时间进度。今年是实现节能减排目标具有决定性意义的一年，要确保节能减排目标完成进度与“十一五”规划实施进度同步。

《安排》要求，加强目标责任考核。对省级政府去年节能减排目标完成情况进行现场评价考核，评价考核结果向社会公告，落实奖惩措施，实行严格的问责制。

根据《安排》，通过实施十大重点节能工程，今年要形成7500万吨标准煤的节能能力；实施“节能产品惠民工程”，对能效等级1级或2级以上高效节能空调、冰箱等10大类产品，通过财政补贴加大推广力度；推广节能灯1.2亿只；支持在北京、上海等13个城市开展节能与新能源汽车示范试点。全国36个大城市基本实现污水全部收集处理；新增燃煤电厂烟气脱硫设施5000万千瓦以上。

《安排》新增了两个行业的产能淘汰计划，即2009年要淘汰焦炭产能600万吨、铁合金70万吨。

国家标准《能源管理体系要求》

2009年11月1日开始实施的GB/T23331－2009《能源管理体系要求》标准，为企业提供了系统、科学、标准的能源管理模式，其中包括能源方针、能源目标和指标、能源因素、能源管理基准与标杆、能源管理方案、产品和过程设计控制、设备设施配置与控制、能源采购控制、生产和服务提供过程的控制、应急准备和相应、监视测量与评价等内容。企业为加强能源管理、节约能源、降低成本、提高能源管理水平，应积极采用该标准。

淄博市建筑陶瓷产业调整振兴指导意见（2009－2011年）

淄博市经贸委与市建材冶金行业协会共同发布的《淄博市建筑陶瓷产业调整振兴指导意见（2009－2011年）》对淄博市建陶产业提出了具体目标：

1. 生产能力由目前的12亿平方米控制到7亿平方米以内，淘汰转移落后生产线200条、产能5亿平方米。

2. 高档建陶产品比重达到50%以上。

3. 年产值10亿元以上的企业达到8－10家，拥有中国名牌3个、中国驰名商标2个，国家级工程研发中心1个、省级研发中心3个、市级研发中心5个。

4. 建陶生产企业50%以上通过清洁生产审核，60%以上通过ISO14001、ISO9000、ISO18001体系认证，能耗指标达到国家和省、市标准。

5. 建陶企业生产主要污染物全部达标排放。

产品质量监督抽查实施规范

国家质量监督检验检疫总局发布陶瓷砖与卫生陶瓷的《产品质量监督抽查实施规范》，自 2010 年 8 月 1 日开始实施，全面替代 2008 年版的《产品质量监督抽查实施规范》。所有的建筑卫生陶瓷企业都应该熟悉了解国家的产品质量监督抽查实施规范。

第二节　产业转移与提升发展

一、国家发展改革委：《鄱阳湖生态经济区规划》

鄱阳湖生态经济区规划（摘要）

国家发展改革委

充分发挥鄱阳湖生态经济区龙头作用，以长江、浙赣铁路和京九铁路为依托，以沿江、沿线城市为支撑，形成“干”字形区域发展格局，引领带动周边地区和革命老区加快发展。

以省会城市为核心，区域其他 5 个中心城市为重点，加快构建鄱阳湖城市群，形成以点带轴、以轴促面的城镇集群发展模式。

南昌：全面提升中心城区的高端要素集聚、科技创新、文化引领和综合服务功能。强化昌北经济开发区、高新技术开发区和出口加工区的引领作用，重点发展汽车、航空、医药食品、电子信息、新型材料等产业，全面提升先进制造业基地水平；加快发展金融、商贸、物流、会展、旅游、服务外包等现代服务业，建设区域性商贸物流、金融、旅游集散中心，全国重要的服务外包示范基地。加快形成南昌一小时经济圈，联动发展新建、安义、进贤、余干、南昌县城和丰城、樟树、高安市区。

九江：进一步发挥通江达海的区位优势，加快临港产业开发，积极发展商贸旅游业，建成赣北区域中心城市、现代化港口旅游城市、区域性物流枢纽和长江沿岸重要工业基地。以九江城区为中心，联动发展瑞昌、沙河、湖口、彭泽沿江城镇板块以及德安、共青、永修、星子、都昌南部城镇板块。

景德镇：依托千年瓷都的产业基础和品牌优势，积极推进资源枯竭城市转型，大力发展功能陶瓷、结构陶瓷、生物陶瓷、工艺陶瓷和精品建筑陶瓷，培育陶瓷文化创意产业，建设世界瓷都、赣东北工业重镇和文化生态旅游城市。以景德镇城区为中心，联动发展浮梁、鄱阳、万年县城和乐平市区，形成以景德镇为中心的赣东北城镇群。

鹰潭：发挥铜产业基础、交通枢纽、旅游资源优势，建设世界铜都、赣东北物流中心和道教文化旅游城市；依托中心城区，向东逐步与贵溪城区连接成片，向南逐步建成宝山片区，进一步建设余江县城。

新余：着力发展光伏、钢铁和旅游产业，建设光伏产业基地、特种钢材制造基地和赣西区域中心城市；以主城区为依托，重点建设下村、罗坊工业基地。

抚州：大力发展特色农产品加工、医药轻纺和文化产业，创建工业新城和文化生态旅游名城；以新城区为依托，联动建设东乡县城，加快融入南昌一小时经济圈。

进一步加强各中心城市的协调互动，开展工业园区和产业基地共建，加强上下游产业的配套协作，推进市场体系、基础设施、体制机制对接，打造鄱阳湖城市群。积极推动鄱阳湖城市群与省内其他城市的联动发展，推广生态经济区成熟的经验和做法，增强辐射带动作用，形成优势互补、各展所长、协同发展的新格局。

二、淄博市经贸委：淄博市建筑陶瓷产业调整振兴指导意见（2009－2011年）

淄博市建筑陶瓷产业调整振兴指导意见（2009－2011年）

淄博市经贸委

为贯彻落实科学发展观，推进产业持续优化升级，促进我市建筑陶瓷（以下简称建陶）产业健康平稳发展，根据国家和省有关文件精神，结合我市实际，制定本指导意见。

（一）发展现状

我市陶瓷生产历史悠久，源远流长。20世纪80年代以前，主要以日用陶瓷为主，从80年代初开始，我市开始引进国外的建陶生产线，建陶生产进入了规模化、产业化和现代化的新阶段。经过二十多年的快速发展，我市建陶业已经发展成为基础比较雄厚，体系比较完备，水平相对较高，市场涵盖面广，吸纳就业能力强，极具区域特色的优势产业，是我市支柱产业——建材产业的主要组成部分，在国内同行业中占据重要位置。

2008年，全市建陶行业实际产量10.11亿平方米，占全国总产量的18.3%，完成工业总产值386亿元，实现销售收入370亿元，利税59.4亿元，生产规模和实际产量均仅次于广东佛山，居全国第二位，被中国轻工业联合会和中国陶瓷工业协会命名为“中国陶瓷名城”，南定镇被命名为“中国陶瓷名镇”。东岳实业总公司、山东耿瓷集团、淄博城东集团等一批龙头企业规模大、装备先进，在国内建陶业居重要位置。培育出了皇冠、耿瓷、斯格米、米开朗、狮王、薄斯美等一批知名品牌，共同构建了淄博建陶这一区域品牌，形成了产业链完善的建陶产业集群区，涵盖了从原料制备、陶瓷机械、陶瓷色釉料、陶瓷配件到科研开发、生产加工、质量检测、物流等多个环节，产业体系比较健全。拥有山东理工大学、山东美术陶瓷学校、山东工陶院、山东硅酸盐研究设计院等国家级、省级陶瓷高等院校和科研单位，拥有国家（北方）陶瓷产品质量监督检验中心、山东省建筑卫生陶瓷检测站等检测机构，形成了较为完备的建陶产品质量监督及检测体系。拥有中国陶瓷科技城、中国财富陶瓷城、淄川建材批发城等三个大型建陶批发市场，聚集了淄博当地及全国各地的名优产品，是北方最大的建陶、卫生洁具及辅助材料供销集散地，市场覆盖了东北、华北、华东及西部地区。陶瓷会展经济初具规模，每年一届的陶瓷博览会已成为极具影响力的国内外知名展会。同时，我市还是全国各类陶瓷生产经营管理和专业技术人才最为集中的地区之一，多年的快速发展和产业的集聚效应，培养了一大批陶瓷管理、营销、策划、技术人才和熟练工人，整个产业从业人员达10万人以上。

但是，我市建陶工业发展方式仍较粗放，制约因素日益凸显，实施结构调整、产业优化升级已势在必行、迫在眉睫。一是能源、原材料面临枯竭，无法支撑建陶产业的可持续发展。目前，我市建陶生产所需的长石、石英、黏土等原材料和煤炭等燃料95%以上靠外地购进，采购、运输成本高，而且供需矛盾突出，生产和发展受到严重制约。二是环保压力大。每年大量的二氧化碳、粉尘烟尘、二氧化硫、氮氧化物及工业含酚废水的排放，对环境造成了严重破坏，治污减排刻不容缓。三是节能降耗任务艰巨。2008年全市建陶工业总产值占全市规模以上工业总产值的7.2%，而综合能耗却占全市规模以上工业企业耗能的13.3%。四是企业自主创新能力有待加强，部分企业没有自己的研发机构，缺乏自主开发能力，仅仅抄袭模仿。五是行业自律缺失，竞争无序，影响了整个行业的健康有序发展。

（二）指导思想和发展目标

1. 指导思想

以科学发展观为指导，以转变经济发展方式为根本，以产业调整优化升级为主线，以保护环境、节约能源为关键，坚持“在发展中调整、在调整中优化”，通过推进建陶产业的调整提升，不断优化产业结构，努力提高自主创新能力，大力发展循环经济，促进建陶产业链由加工、生产、制造等低端环节向设计、研发、会展、营销、装备和文化等高端环节跃升，促进我市建陶产业健康平稳发展。

2. 发展目标

密切联系我市实际，全面实施建陶产业调整升级工程，以完善产业体系，提升产业竞争力为总抓手，以建立完备的产业链条为导向，紧紧围绕影响建陶产业发展的各个环节，进一步制定完善发展规划，策划一批发展项目，力争经过3年努力，形成涵盖会展—研发—原料辅料—建陶装备及配件—建陶产品生产—物流等各环节有机衔接、相互配套、融合发展的现代建陶产业链。具体指标是：

（1）生产能力由目前的12亿平方米控制到7亿平方米以内，淘汰转移落后生产线200条、产能5亿平方米。

（2）高档建陶产品比重达到50%以上。

（3）年产值10亿元以上的企业达到8–10家，拥有中国名牌3个、中国驰名商标2个，国家级工程研发中心1个、省级研发中心3个、市级研发中心5个。

（4）建陶生产企业50%以上通过清洁生产审核，60%以上通过ISO14001、ISO9000、ISO18001体系认证，能耗指标达到国家和省、市标准。

（5）建陶企业生产主要污染物全部达标排放。

（三）调整优化升级的重点

1. 严控总量，加大淘汰落后力度。提高产业准入标准，严格控制新建、扩建一般性建陶生产线，确保生产能力严格控制在7亿平方米以内；适度发展高新技术陶瓷、高端及多功能建筑陶瓷；鼓励企业进行技术改造，推广应用节能环保新工艺、新技术，提高产品质量档次，降低能耗成本。对资源能源消耗高、环境污染重、技术工艺落后、产品质量低劣、安全生产不到位的企业，坚决淘汰关闭或调整转移。

2. 改造提升，发展壮大骨干企业。通过改造提升，着力扶持壮大山东耿瓷集团、淄博东岳实业总公司、淄博城东集团、山东皇冠陶瓷有限公司、淄博统一陶瓷有限公司等一批骨干龙头企业，提高综合竞争实力，创建自主品牌，加快转变发展方式。鼓励符合条件的企业通过上市、联合、重组、兼并等方式做大做强，提高产业集中度，推进企业规范化、标准化、规模化发展。加快企业走出去步伐，实施对外扩张，努力抢占各类资源，开拓国内外市场。

3. 完善创新体系，提高自主创新能力。加大技术创新投入，制定实施对创新人员的激励措施，提高企业自主创新能力。鼓励企业建立研发机构，力争使大中型建陶企业普遍建立起企业技术中心或工程技术研发中心；同时，支持山东工陶院、硅苑科技、山东理工大学等公共创新平台建设，广泛开展产学研合作，加紧研究开发一批共性基础技术、关键技术和核心技术，提高产业集群的自主创新能力和竞争力。适当增加政府资金投入，引导更多社会资金投入，加大研究开发和新工艺、新设备、新能源的推广力度，以技术进步推动我市建陶产业的可持续发展。

4. 开展品牌经营，实施名牌带动战略。积极鼓励、扶持和推动建陶企业争创中国名牌和中国驰名商标。注重对淄博陶瓷区域品牌的保护、开发和提升，支持建陶企业开展品牌经营和品牌输出。

5. 推广清洁生产，大力发展循环经济。全面强制推行清洁生产，加强环保治理和监管，积极开展ISO14001环境管理体系认证，到2011年，全市50%以上企业通过清洁生产审核。按照“减量化、再利用、再循环”的原则，积极发展循环经济，从源头上减少工业废弃物的产生。规划建设和扶持发展若干个建陶废物处理中心，将建陶废物加工成可再利用的产品或作无害化处理，达到资源能源低消耗、经济高产出、污染低排放乃至零排放的目标。大力推广使用天然气等清洁能源，严格实行工业废水治理后循环回用，努力实现污水“零排放”。

（四）政策措施

1. 制定并严格执行建陶企业市场准入标准。在国家、省节能环保及清洁生产标准的基础上，制定《淄博市建陶行业市场准入条件》和《淄博市建陶企业清洁生产要求及评价指标体系》，对我市建陶行业生产、管理、运输环节等作出详细规定。加大土地、环保、节能、安全、税务、质监、劳动、公安等部门的执法力度，积极开展联合执法，不断规范企业行为和市场经济秩序。建立违法排污举报奖励制度，鼓励社会力量监督企业排污行为。明确建陶行业准入管理工作机构，负责建陶企业准入的审核和监督管理工作。

2. 制定相应政策引导机制。发挥市场在优化资源配置方面的作用，通过财政、税收、差别水电价等经济手段，引导和推动企业结构升级，确保节能降耗和环境保护等各项指标的完成。

3. 建立健全组织领导机构。成立淄博市建陶行业布局优化产业升级领导小组，由市政府分管领导任组长，经贸、环保、质监、税务、安监、规划、交通、经济合作、建材冶金协会等部门和单位负责人为成员，负责全市建陶行业优化升级的组织领导和工作协调。领导小组办公室设在市经贸委，负责督促落实各项日常工作，调度进展情况，协调解决遇到的困难和问题，为企业技术改造、向外转移等搭建平台，并负责对各有关区县、乡镇和部门的工作进行检查考核。建材冶金行业协会配合市经贸委开展相关工作。各重点区县也要成立相应机构负责此项工作，全面推动我市建筑陶瓷产业结构调整。各级各部门要加强沟通配合，建立联动机制，对按照政策应当淘汰、关停的企业，严格依法实施淘汰关停。

4. 加强行业管理和行业自律。在节能减排、淘汰落后、结构调整等方面要充分发挥行业管理部门的作用，严格执行国家产业政策规划。制定出台《淄博市建陶行业自律意见》，严格行业自律，避免恶性竞争。做好《建陶企业清洁生产评价指标体系》的宣贯和实施工作，促进行业健康协调可持续发展。

三、罗庄区政府办公室：关于创建山东省优质陶瓷产品生产基地的意见

关于创建山东省优质陶瓷产品生产基地的意见

罗庄区政府办公室

为进一步优化我区产业结构，加快陶瓷产业升级步伐，提高陶瓷产品的质量水平和市场竞争力，根据省、市创建优质产品基地的部署要求，现就我区创建省优质陶瓷产品生产基地工作，提出如下意见：

（一）创建省优质陶瓷产品生产基地的意义

创建山东省优质陶瓷产品生产基地，是加快我区产业集群发展的重要突破口，是推进我区经济平稳较快发展、打造区域品牌的重要举措，是开展好“投引资突破年”活动，应对当前金融危机的有效手段，对于深入实施质量兴区战略，推动全区工业结构目标和发展方式转变，加快区域经济和社会发展，具有十分重要的意义。

（二）工作目标

到2010年底，争创山东省名牌产品3－5个，著名商标3－5个，驰名商标1－2个；通过ISO9000质量体系认证的企业达到30家，通过ISO14001环境体系认证的企业10家，发展体系认证齐全的骨干企业20家，抛光地板瓷砖企业全部通过3C认证；产业集群主导产品配备满意率达到90%以上，产品合格率100%；全部陶瓷生产企业的粉尘、废气、废水排放达到GB16297－1996标准；争取2011年获得“山东省优质陶瓷产品生产基地”称号。

（三）工作要求

1. 认真贯彻《中华人民共和国产品质量法》、《中华人民共和国标准化法》、《中华人民共和国计量

法》、《中华人民共和国认证认可条例》以及《特种设备安全监察条例》等产品质量的法律、法规和规章，把提高产品质量放在突出的位置，严格执行国家标准、行业标准和地方标准，积极采用国际标准，严格按现行技术标准组织生产和进行检验，不断提高企业标准化生产水平。

2. 加强质量管理。企业必须配备必要的生产、科研、管理检测设备，建立并严格执行设备维修保养和定期检定制度，加强对计量标准器具和工作计量器具的管理，加强对生产现场工艺流程的管理，保证生产的产品质量达到标准要求，保证设备达到行业要求的完好率指标。

3. 实施清洁生产。不得建设、使用直接燃煤的锅炉或热风炉，原料及煤场采取全封闭措施；窑炉废气不经干燥塔排放的要配备脱硫措施；厂区道路及原料堆放地要进行地面硬化处理；逐步关停淘汰一批能耗高、工艺装备落后且无能力改造的企业。

4. 各负其责，形成工作合力。质监部门要发挥牵头单位作用，有计划有步骤地开展优质产品基地申报及培育工作。要抓好名牌产品的培育、推荐和管理工作，鼓励引导陶瓷生产企业进行产品质量体系认证；督促企业加强并完善标准化、计量基础工作，帮助企业推行科学的质量管理方法，提升管理水平，增加硬件投入，提升检验检测能力。制订并实施创建优质陶瓷产品生产基地的实施方案，加大监督抽查力度，督促不合格企业全面整改。积极开展陶瓷专项打假工作，整顿市场经济秩序，为企业创造公平的竞争环境。经贸部门要抓好全区生产企业的技术改造、产品研发和产品结构调整，节能减排达到国家和省里提出的要求，引导走质量效益型发展道路，扩大销售渠道和规模。科技部门要积极引导辖区内陶瓷生产企业大力发展高新技术产业，应用高新技术改造传统产业，提高产品质量和档次。进一步加大科技投入力度，为提高产品质量，推广新工艺、新技术、新材料提供支持，加速科技成果转化步伐。工商部门要加强市场监督管理和行政执法，依法查处商标侵权、假冒、伪冒及其他违法行为，指导企业争创“驰名”、“著名”商标和“重合同、守信用”先进单位，加强质量信用体系建设，加大打假治劣力度，营造诚信环境。各街道办事处、工业园区要针对各自实际情况，认真分解目标，全面部署任务，制订切实有效的工作计划并组织实施。

（四）工作措施

1. 实行分类管理制度。将企业分为 A、B、C 三类进行管理，利用半年左右的时间，指导、督促企业进行类别提升。获得国家、省名牌产品称号、已通过 ISO9000 质量体系认证、ISO14000 环境体系认证的企业，为 A 类；有完整的质量管理体系，按照标准组织生产，各项制度基本齐全，厂内岗位质量责任明确，各项记录完善，全年能正常生产，能开展生产全过程的质量管理，产品质量稳定，标识规范，连续 3 次检查无质量问题，3 个月内无举报、投诉的企业，划分为 B 类；质量管理体系不完整，有关管理制度不能有效运行，质量关键点及原材料进货无有效措施控制，无检验等相关记录，标识不规范，季节性生产，以及在检查中发现有产品质量不合格等违法行为的企业，划分为 C 类。对 A 类企业，除法律法规规定的监督检查或投诉外，免于巡查；对 B 类企业，除法律法规规定的检查外，每季度进行一次巡查；对 C 类企业以及环保不达标、质量不合格、伪造厂名厂址、伪造质量认证的企业要作为监管的重点对象，不定时进行检查，发现违法行为依法进行查处，限期整改，对整改不力或技术整改后仍达不到规定要求，将依法采取必要措施，直至关停取缔，确保 2010 年底前消除 C 类企业。

2. 推进技术进步。引导企业加大科技研发投入，加快各类科技创新平台建设，依靠技术进步、采用新技术、新工艺、新设备、新材料提高产品质量水平。根据市场要求，开发具有国内外先进水平的产品。在生产过程中，企业要力求以最少的劳动耗费，生产出符合产品标准要求满足市场需要的产品，做到高产、优质、低耗，杜绝污染。

3. 开展陶瓷企业环境综合整治和治理“三废”工作，积极引导和鼓励推行 ISO14000 环境体系认证，依法取缔污染排放不达标的企业；逐步关停淘汰一批能耗高、工艺装备落后且无能力改造的企业。

4. 支持企业采用标准化、信息化等先进技术提升企业技术和管理水平，提高企业核心竞争力，努力形成一批在全省、全国同行业中规模较大、管理科学、效益显著的标杆式企业。加强对中小企业负责人和企业管理人员的质量管理培训教育，积极引导企业开展全面质量管理活动。

5. 积极实施名牌战略，引导企业牢固树立品牌意识，充分发挥龙头企业带动效应，从产品品牌发展为集群品牌，以品牌占领市场，以品牌做大企业，以品牌提高市场竞争力。鼓励企业争创山东名牌和省长、市长质量奖，陶瓷生产骨干企业优先参加区长质量奖评选，对获得区级以上质量奖项的陶瓷企业，在区创新改造专项资金中给予一定奖励。

6. 严格质量监督。按照国家强制生产标准和有关规范，定期对陶瓷产品进行抽检，发现不合格的情况，要立案查处。充分发挥新闻媒体的舆论监督、社会监督作用，对产品质量不合格以及拒检的企业进行通报。

7. 实行质量例会和质量事故逐级报告制度。每季度召开一次质量例会，及时掌握产品质量动态，提供质量信息，分析质量状况，发现质量问题，研究制定解决措施。

（五）组织保障

1. 为深入开展好优质产品基地创建工作，区政府将创建“优质陶瓷产品生产基地”工作纳入国民经济和社会发展规划，并制订年度工作计划和中长期规划。各级各部门要按照职责分工，各司其职，认真落实好监管责任，做好各项工作的督促落实，确保按期完成创建工作目标。

2. 调整充实陶瓷产业升级工作领导小组、陶瓷产业升级工作办公室，进一步完善组织机构，明确工作职能，紧紧围绕陶瓷产业升级重点工作，按照创建省陶瓷优质产品基地对质量管理工作和产品质量目标的要求，提出陶瓷产品质量提升和整改的措施。各职能部门要认真做好陶瓷企业相关管理体系的认证和达标工作，使质保体系更科学、规范、适用。

3. 陶瓷产业升级工作领导小组具体负责协调全区陶瓷优质产品基地创建工作的领导，陶瓷产业升级办公室具体负责制定和组织陶瓷优质产品生产基地的规划，组织申报创建陶瓷优质产品生产基地，协调解决创建工作中遇到的实际问题。

二○○九年九月二十三日

第三节 节能减排与清洁生产

一、国务院办公厅：2009 年节能减排工作安排

2009 年节能减排工作安排

国办发〔2009〕48 号

国务院办公厅

“十一五”前三年，各地区、各部门认真落实党中央、国务院的部署，把节能减排作为促进科学发展的重要抓手，作为扩内需、保增长、调结构的重要内容，工作力度不断加大，节能减排取得积极进展。全国单位 GDP 能耗逐年逐季降低，2006 年下降 1.79%，2007 年下降 4.04%，2008 年下降 4.59%，三年累计下降 10.1%，节能约 2.9 亿吨标准煤。全国二氧化硫、化学需氧量（COD）排放总量不断降低，2007 年分别下降 4.66% 和 3.14%，2008 年分别下降 5.95% 和 4.42%，“十一五”前三年累计分别下降 8.95% 和 6.61%。

虽然节能减排取得积极进展，特别是今年以来产业结构发生了一些积极变化，但结构不合理的问题仍然突出，第三产业比重偏低，高耗能工业增速较快。国际金融危机对我国影响加剧，给节能减排工作带来新的问题和挑战。有的地方出现盲目上高耗能、高排放项目的苗头，有的地方擅自出台高耗能行业

电价优惠政策；一些企业效益回落，影响节能减排重点工程实施。工作层面也还存在着认识不到位、激励政策不完善、机制不健全、监管不到位、基础工作薄弱等问题。从目前进展情况看，“十一五”节能目标完成进度仍落后于时间进度，形势严峻，任务艰巨。

2009 年是实现“十一五”节能减排目标具有决定性意义的一年，各地区、各部门要进一步统一思想，充分认识节能减排工作的重要性和艰巨性，增强紧迫感和责任感，以科学发展观为指导，在保持经济平稳较快增长中坚持节能减排不动摇，继续把节能减排作为调整经济结构、转变发展方式的重要抓手，作为应对国际金融危机，扩内需、保增长、调结构的重要内容，作为减缓和适应全球气候变化、促进人类可持续发展的重要举措，全面落实各项节能减排政策措施，进一步加大工作力度，务求取得更大成效，确保节能减排目标完成进度与“十一五”规划实施进度同步。

（一）加强目标责任考核。组织相关部门和专家对省级政府 2008 年节能减排目标完成情况进行现场评价考核，评价考核结果向社会公告，落实奖惩措施，实行严格的问责制。组织各地节能主管部门开展千家企业节能目标责任评价考核，审核汇总考核结果，向社会公告并做好考核结果的运用。发布 2008 年全国和各地区单位 GDP 能耗、主要污染物排放及工业增加值用水量指标公报，以及 2009 年上半年全国单位 GDP 能耗和主要污染物排放量指标公报。抓好军队资源节约统计与考评工作。

（二）推动重点工程实施。继续加大中央预算内投资、新增中央投资、中央财政专项资金和国外优惠贷款对节能减排的支持力度，重点支持十大重点节能工程建设、循环经济发展、淘汰落后产能、城镇污水处理设施及配套管网建设、重点流域水污染治理，以及节能环保能力建设。2009 年，通过实施十大重点节能工程，形成 7500 万吨标准煤的节能能力；实施“节能产品惠民工程”，对能效等级 1 级或 2 级以上高效节能空调、冰箱等 10 大类产品，通过财政补贴方式加大推广力度；推广节能灯 1.2 亿只；支持在北京、上海、重庆等 13 个城市开展节能与新能源汽车示范试点。新增城市污水日处理能力 1000 万立方米，全国 36 个大城市基本实现污水全部收集处理；新增燃煤电厂烟气脱硫设施 5000 万千瓦以上，新增钢铁企业烧结机烟气脱硫设施 20 台（套）。

（三）严控高耗能、高排放行业盲目扩张。组织修订《产业结构调整目录》。在抓紧组织实施钢铁、汽车、造船、石化、轻工、纺织、有色金属、装备制造、电子信息、物流等重点产业调整振兴规划过程中，严格执行国家产业政策和项目审核管理规定，强化用地审查、节能评估审查、环境影响评价，从严控制高耗能、高排放行业盲目扩张。继续推动外商投资产业结构优化升级。加大信息技术在传统产业中的应用力度，对高耗能、高排放行业进行改造和提升。加大淘汰落后产能的力度，2009 年“上大压小”关停小火电机组 1500 万千瓦，淘汰落后炼铁产能 1000 万吨、炼钢 600 万吨、水泥 5000 万吨、造纸 50 万吨、铁合金 70 万吨、焦炭 600 万吨。完善淘汰落后产能退出机制，公告淘汰落后产能企业名单，推广大型企业兼并重组落后企业等有效做法，落实好差别电价政策和淘汰落后产能企业职工安置政策措施。发布节能设备指导目录、落后高耗能设备淘汰目录等，推动淘汰落后高耗能设备。落实节能发电调度办法，抓紧出台配套政策。大力促进服务业和高技术产业发展，提高其在国民经济中的比重。

（四）加快技术开发和推广。围绕能源、资源、环境等领域，建设和完善若干国家工程中心、国家工程实验室和国家重点实验室，在高效发电、重污染行业清洁生产、建筑节能等方面组织科研攻关，攻克一批节能减排关键和共性技术。编制工业、通信业清洁生产技术指南和重点节能技术推广专项规划。支持大型先进压水堆及高温气冷堆核电站重大科技专项。加大新技术、新产品产业化的实施力度，推动电动汽车产业化，做好“金太阳”太阳能发电、大型超超临界发电、有机废水循环利用等技术的规模化推广应用。制定半导体照明（LED）产业发展意见。推进浅层地热能开发利用。加快风能资源的评估与开发。发布农业机械节能减排技术。出台关于推行合同能源管理加快节能服务产业发展的意见，鼓励专业节能公司采用合同能源管理方式，为中小企业、公共机构实施节能改造。启动污泥处理处置示范工作。积极推进环保产业发展，继续开展烟气脱硫特许经营试点，规范城镇污水和垃圾处理特许经营，鼓励排污单位委托专业化公司承担污染治理或设施运营。发布当前国家鼓励发展的环保设备（产品）目录，编制环保装备示范工程规划。广泛开展节能减排国际合作，切实加强双边、区域和多边在节能、新能源和低碳技术研发等方面的交流，积极引进国际先进技术和管理经验。

（五）着力抓好重点领域节能减排。继续大力推进千家企业节能行动，发布能源利用状况公告，开展节能管理师试点，形成2000万吨标准煤的节能能力。制定发布钢铁、建材、电子信息、军工和中小企业节能减排指导意见，深入开展重点耗能行业能效水平对标活动。扩大强制性能效标识实施范围，制定发布电风扇、微波炉、通风机、工业锅炉等6种产品能效标识实施规则。组织开展5万个锅炉房节能管理达标活动。2009年底施工阶段执行节能强制性标准比例提高到90%以上；全面开展北方采暖地区既有居住建筑节能改造，2009年改造6000万平方米；继续推进供热按用热量计量收费；扩大可再生能源建筑应用示范规模，出台推动太阳能光电技术在建筑领域应用的实施意见，实施好新建经济适用房、廉租房、新农村农房可再生能源建筑规模化应用项目。大力发展公共交通，优化道路运输组织管理；严格执行汽车燃料消耗量限值标准，实施落后车辆淘汰制度，完善报废汽车回收机制；加快发展水路运输，推进船型标准化；加快电气化铁路建设；优化航线航路，启动机场节电工程，研究建立民航业节能减排激励约束机制；建立交通运输行业节能减排监测考核体系。安排财政资金70亿元，鼓励汽车、家电“以旧换新”。推进节约型机关、学校、科技场馆、文化场馆、医院、体育场馆等“六个100示范工程”建设，研究建立公共机构节能考核制度。开展大型公共建筑能耗统计、审计和公示工作。继续安排中央投资支持农村沼气建设；实施农村清洁工程，加大“以奖促治”工作力度，解决一批村镇存在的突出环境问题。推进零售业节能降耗。

（六）大力发展循环经济。做好循环经济促进法贯彻实施工作。组织编制重点行业和重点领域循环经济发展规划，印发省市循环经济发展规划编制指南。建立循环经济发展专项资金，支持循环经济技术研发、示范推广、能力建设等。深化循环经济示范试点，开展“循环经济专家行”活动。加快实施汽车零部件再制造试点，出台促进汽车零部件再制造产业发展意见，建立汽车零部件再制造产品标识制度。组织编制实施再生金属利用规划、重大机电装备再制造产业发展规划。加快国家生态示范工业园区建设。研究建立循环经济评价指标体系和统计制度。发展矿产资源领域循环经济，推进矿产资源综合利用，加快脱硫石膏、磷石膏、农作物秸秆等资源化重点工程建设。启动第三批禁止使用实心黏土砖和第三批“禁止现场搅拌砂浆”工作。制定重点电子信息产品污染物管理目录，推动废弃电器电子产品回收利用。加快第二批再生资源回收体系建设试点，支持建设一批统一规范的社区回收站点、专业化分拣中心和区域集散市场。推进城镇污水处理再生利用。启动餐厨垃圾无害化处理试点。促进灾区建筑废弃物资源化利用。进一步加大“限塑”和秸秆综合利用工作力度。落实国务院办公厅关于治理商品过度包装的有关文件精神，抓紧制定治理商品过度包装的相关标准和政策。推动机电产品包装节材代木。推进循环农业促进行动，重点抓好10个循环农业地市建设，以及农垦制糖业、天然橡胶业的循环产业建设。

（七）完善相关经济政策。继续推进资源性产品价格改革，落实成品油价格和税费改革方案。完善天然气价格形成机制。实行鼓励余热余压发电的上网和价格政策。继续推进电价改革，完善需求侧电价管理制度。继续实行促进节约用水的水价制度，鼓励使用再生水。完善老旧汽车报废更新补偿制度。出台农村老旧渡船拆解改造补偿制度。研究调整车辆购置税政策。推进环保收费改革，提高收缴率。研究建立污染物减排激励机制。修订高污染、高环境风险产品名录，继续控制高耗能、高排放和资源性产品出口。继续实施促进节能减排的政府采购政策，完善清单动态管理制度、公示制度和执行政策的奖惩制度。完善矿产资源有偿使用制度改革。逐步建立生态环境补偿机制。进一步扩大用于节能减排的企业债券发行规模，研究开展污水处理项目收益债券试点、环境污染责任保险试点。金融机构继续加大对节能减排重大项目的信贷支持。推进有条件的地区开展排污权有偿使用和交易试点工作。

（八）加快法规和标准建设。完善节能减排法律法规体系，加快节约能源法和循环经济促进法配套法规建设。落实好民用建筑节能条例、公共机构节能条例。研究起草排污许可证条例。尽快出台固定资产投资项目节能评估和审查办法、城镇排水和污水处理条例。修订重点用能单位节能管理办法、能效标识管理办法、节能产品认证管理办法，组织制订、修订电炉钢冶炼和氧化铝、尿素等高耗能产品能耗限额强制性国家标准，以及水源热泵机组、小功率电机、容积式空气压缩机、通风机、工业锅炉等用能产品强制性能效标准。进一步完善并严格执行电石、热轧带肋钢筋等高耗能和易造成环境污染产品的市场准入条件。制订电力企业节能降耗主要指标监管评价标准。

（九）强化节能减排监管。加强对各地区节能减排工作的监督检查，督促各项节能减排优惠政策的落实，坚决制止和纠正擅自出台对高耗能行业实行优惠电价、违规乱上高耗能和高排放项目等行为。加强节能减排执法检查，严肃查处严重浪费能源资源、严重破坏环境、违反能源利用状况报告制度、私自排污等问题。开展能效标识、能源计量器具配备、能源计量数据及使用、高耗能特种设备等专项检查。深入开展环保执法专项行动，重点做好电力、钢铁、建材、造纸等12个高耗能、高排放行业排放总量控制和排污许可制度执行情况的监督检查。加强职工节能减排义务监督员队伍建设，强化对义务监督员的培训。发布电力企业节能减排情况通报。

（十）加强监管能力建设。加快节能减排统计、监测和考核体系建设。加强资源环境、循环经济基础研究，建立体现资源节约型、环境友好型社会建设的中国资源环境统计指标体系。抓紧组建国家节能中心，健全省级节能监察机构和节能技术服务中心。结合第二次全国经济普查，组织实施第二、三产业用能单位能耗调查和主要耗能行业重点耗能设备普查。继续推进污染源普查工作，加强环境质量监测、污染源自动监控、信息传输与统计等能力建设。进一步完善城镇污水处理管理信息系统，启动建设全国城镇生活垃圾处理管理信息系统。建设电力行业节能减排监管信息平台。

（十一）开展规划编制等重大问题研究。编制节能环保产业发展规划，加快培育新的经济增长点。开展“十二五”节能专项规划前期研究，研究节能重大问题，重点做好节能目标预测。对节能中长期专项规划实施情况进行评估。开展“十二五”污染物排放总量控制计划前期研究，重点对实施总量控制的污染物及排放指标等开展专题研究。做好“十二五”城镇污水、垃圾处理设施建设规划的前期研究，重点是目标、技术路线、政策机制等，特别是对垃圾处理技术路线、污泥无害化处理做专题研究，为制订“十二五”规划纲要做好前期准备。

（十二）加大宣传教育工作力度。继续广泛深入开展“节能减排全民行动”，以节油节电和全民节能为重点，深入开展节能减排宣传教育，普及节能环保知识，积极倡导节约型的生产方式、消费模式和生活习惯。做好2009年全国节能宣传周、中国城市无车日、世界水日、中国水周、全国城市节水宣传周、“六·五”环境日的宣传活动。各地区要对节能减排作出突出贡献的单位和个人予以表彰，在全社会进行广泛宣传。开展“汽车节能环保驾驶”活动，大力宣传节能环保驾驶理念。新闻媒体要加大节能减排报道力度，宣传先进经验，曝光反面典型，发挥舆论的引导和监督作用。

发展改革委要加强节能减排综合协调，环境保护部要做好减排协调工作，指导、督促、检查各地区、各部门落实国务院节能减排综合性工作方案和本工作安排的各项工作，及时向国务院报告节能减排进展情况，提出意见和建议。

二〇〇九年七月十九日

二、工业和信息化部：关于加强工业和通信业清洁生产促进工作的通知

关于加强工业和通信业清洁生产促进工作的通知

工信部节［2009］461号

各省、自治区、直辖市工业和信息化主管部门，有关中央企业：

为深入贯彻落实科学发展观，全面实施《中华人民共和国清洁生产促进法》，推动工业和通信业节能、降耗、减排、增效，加快工业结构调整和工业经济发展方式转型，现就加强工业和通信业清洁生产促进工作通知如下：

（一）充分认识新时期加强工业和通信业清洁生产促进工作的重要意义

党的十七大明确提出，必须把建设资源节约型、环境友好型社会放在工业化、现代化发展战略的突出位置。前进中面临的突出问题之一是经济增长的资源环境代价过大。要求建设科学合理的能源资源利用体系，提高资源利用效率。我国工业污染防治除了要注重传统的末端治理外，更要加强源头削减、全过程控制。源头预防和末端治理并举是工业污染防治的有效途径。清洁生产体现的是预防为主、全过程控制的思想，是通过加强和改进产品研发设计、原材料及能源选择使用、工艺过程、回收再利用、企业管理等环节控制，提高资源、能源使用效率，减少或者避免污染物的产生和排放，提高企业效益的措施。其本质是减少资源、能源消耗，从源头避免和削减污染物的产生，减少环境污染的重要措施。

工业是资源、能源消耗和污染物排放的重点领域，资源、能源消耗约占全国总量的70%，化学需氧量（COD）、二氧化硫（SO_2）排放量分别占35%和86%。做好工业和通信业清洁生产促进工作，降低能源资源消耗，减少污染物排放，既是节能减排工作的重要任务，也是促进产业升级、技术进步、管理创新的重要措施，是转变工业发展方式的根本途径，是我国走新型工业化道路、实现可持续发展的必然要求。

《清洁生产促进法》实施以来，国家和地方陆续出台了一系列促进清洁生产的政策措施，取得了明显成效。但是，从企业审核数量、政府引导力度、中高费方案中的项目实施情况等方面看，与《清洁生产促进法》的要求还有很大差距。2003年至2008年底，全国仅10965家工业企业开展了清洁生产审核，占全国规模以上工业企业总量的3.25%；实施中高费方案中的项目数量只占方案提出项目的25%；地方政府累计安排4.8亿元财政资金支持清洁生产，仅占企业清洁生产投资总额的1.8%。

为更好地实施《清洁生产促进法》，切实转变工业和通信业发展方式，必须进一步提高对工业领域推行清洁生产重大意义的认识，加大工作力度，创新工作模式，加快推进工业和通信业实施清洁生产。

（二）突出重点，加大清洁生产促进工作力度

1. 制定清洁生产推行规划。地方工业和信息化主管部门（以下简称“地方主管部门”）应结合本地产业结构，重点流域、重点区域污染防治要求，资源能源消耗、污染物排放等实际情况，突出能源资源消耗高、污染排放量大的重点工业行业、工业园区需要，以加快结构调整、促进产业升级、实现节能减排为目标，制定清洁生产推行规划。加强与有关部门的沟通衔接，将清洁生产工作纳入地方经济社会发展规划。中央企业要制定符合本单位实际情况、有针对性的清洁生产推行规划，纳入企业发展规划，组织集团内企业全面实施清洁生产。各地和中央企业要在2010年底前完成规划编制工作。

2. 开展清洁生产审核工作。地方主管部门要结合节能减排任务要求、地区行业特点，按轻重缓急，制定清洁生产审核年度计划。加大对重点行业、重点企业和工业园区的宣传培训力度，鼓励企业自愿开展清洁生产审核。配合环境保护部门筛选和公布强制性清洁生产审核企业名单，加强对强制性审核企业开展清洁生产审核的指导。中央企业要在确保完成强制性清洁生产审核的同时，积极主动开展自愿性清洁生产审核。

3. 建立清洁生产审核评估制度。清洁生产审核评估是确保审核质量的重要措施。地方主管部门要建立清洁生产审核评估制度，制定清洁生产审核评估办法，组织专家或委托相关机构对审核过程、报告质量、方案实施情况进行系统评估，公布通过清洁生产审核评估的企业名单，引导和推动审核工作有针对性、高质量地开展。

4. 切实实施清洁生产中高费项目。实施中高费项目是清洁生产工作的重点，直接关系到清洁生产的效果。各地主管部门要根据审核情况，建立项目储备库，跟踪项目实施情况。对通过审核评估企业的中高费项目要优先纳入区域、重点行业治理规划，在地方技术改造和节能减排项目中予以重点支持。地方主管部门要鼓励并采取措施支持企业实施提标改造。

5. 开发推广先进清洁生产技术。依靠科技创新，提升技术水平，是清洁生产工作的关键。地方主管部门要组织提出本地区清洁生产的重大技术和关键技术需求，加强与有关部门沟通协调，将其纳入地方科技发展规划予以支持。要加强先进技术的应用示范，积极组织开展后评估，公示评估结果，引导先进技术的推广。对国家清洁生产技术导向目录或清洁生产推行方案中公布的先进适用清洁生产技术，要加大宣传推广力度，引导、支持企业在清洁生产技术改造中优先采用。

6. 加强支撑体系建设。要充分发挥已有清洁生产咨询服务机构的作用，为清洁生产审核、方案实施、后评估等提供技术支撑服务。地方主管部门要支持各类清洁生产服务机构与节能机构的联合与协作，为企业开展清洁生产提供高效、专业化的服务。建立咨询机构业绩考评机制，促进咨询服务质量的提高。要建立和完善清洁生产信息系统，向社会提供清洁生产技术和方法、可再生利用的废物供求以及清洁生产政策等方面的信息和服务。

（三）采取措施，促进各项工作落实

1. 加强组织领导。地方主管部门、中央企业要依法加强对清洁生产工作的组织协调和指导，建立责任明确、分级负责、共同推进的管理体系。要加强对清洁生产审核项目实施情况等监督检查。

2. 加强政策支持和引导。地方主管部门要加强与地方有关部门的协调配合，积极落实清洁生产促进政策，建立清洁生产专项资金，加大地方财政对清洁生产的支持力度。加强与银行等金融机构的沟通和衔接，将企业清洁生产中高费项目列入绿色信贷支持计划，对通过清洁生产审核评估的企业优先发放贷款。对自愿审核、实施清洁生产方案并取得显著效果的企业，在当地主要媒体和地方主管部门网站公布名单，予以表彰。工业和信息化部在会同有关部门安排中央投资技术改造项目时，将优先支持通过审核评估的中高费清洁生产项目；对已通过省级主管部门清洁生产审核评估的中小企业节能减排项目，中小企业发展专项资金将优先支持。

3. 建立信息报送和通报制度。地方主管部门和中央企业要按照《工业和信息化部办公厅关于报送工业和通信业清洁生产工作情况的通知》（工信厅节函［2009］224 号）要求，做好信息报送工作；按本通知要求编制并及时向我部报送清洁生产推行规划；每年 12 月底前，向我部报送当年清洁生产工作总结。工业和信息化部将定期通报地方和中央企业开展清洁生产工作的情况。

二〇〇九年九月十四日

三、广东省清洁生产审核及验收办法

广东省清洁生产审核及验收办法

粤经贸法规［2009］35 号

广东省经济贸易委员会　广东省科学技术厅　广东省环境保护局

第一章　总则

第一条　为了推进我省清洁生产工作，规范清洁生产审核行为和验收程序，根据《中华人民共和国清洁生产促进法》和《清洁生产审核暂行办法》的规定，制定本办法。

第二条　本办法所称清洁生产审核是指按照一定程序，对生产和服务过程进行调查和诊断，找出能耗高、物耗高、污染重的原因，提出减少有毒有害物料的使用、产生，降低能耗、物耗以及废物产生的方案，进而选定技术经济及环境可行的清洁生产方案的过程。

本办法所称清洁生产审核验收，是指依据相应的标准对企业开展清洁生产审核过程、绩效和审核报告进行全面检查、核实和评定。

第三条　本办法适用于广东省行政区域内所有从事生产和服务活动的单位以及从事相关管理活动的部门。国家另有规定的，从其规定。

第四条　省经济贸易行政主管部门（以下简称省经贸部门）会同省环境保护、科学技术等行政主管部门，组织、协调、指导和监督全省的清洁生产审核及验收工作。

各地级以上市经济贸易行政主管部门（以下简称市经贸部门）会同环境保护、科学技术等有关部门督促落实本辖区内企业的清洁生产审核及验收工作。

第五条　清洁生产审核验收不得向企业收取任何费用，所需费用由省财政统一安排解决。

第二章　清洁生产审核

第六条　清洁生产审核分为自愿性审核和强制性审核。鼓励企业自愿组织实施清洁生产审核。

第七条　自愿实施清洁生产审核的企业可向所在地市经贸部门提出申请并制定审核计划。审核计划包括审核时间、人员安排、申请验收时间、是否选择清洁生产咨询服务机构等。

第八条　市经贸部门应在年底前向省经贸部门报告本地企业自愿开展清洁生产审核的进展情况和下一年度计划。

省经贸部门每年不定期发布自愿实施清洁生产审核企业名单，接受社会各界监督。

第九条　有下列情况之一的企业，应当实施强制性清洁生产审核：

（一）污染物排放超过国家和地方排放标准，或者污染物排放总量超过地方人民政府核定的排放总量控制指标的污染严重企业；

（二）使用有毒有害原料进行生产或者在生产中排放有毒有害物质的企业。

有毒有害原料或者物质主要指《危险货物品名表》（GB12268）、《危险化学品名录》、《国家危险废物名录》和《剧毒化学品目录》中剧毒、强腐蚀性、强刺激性、放射性（不包括核电设施和军工核设施）、致癌、致畸等物质。

第十条　清洁生产审核程序原则上包括审核准备，预审核，审核，方案的产生、筛选和确定，编制清洁生产审核报告等。

第十一条　清洁生产审核以企业为主体。企业的清洁生产审核工作可以由企业自行组织开展，也可以委托符合本办法规定条件的清洁生产咨询服务机构协助完成。

鼓励企业自行组织开展审核工作。

第十二条　自愿实施清洁生产审核的企业自行组织开展清洁生产审核的，应具有高级职称并经国家或广东省培训合格的清洁生产审核师。

强制性清洁生产审核的企业自行组织开展清洁生产审核的，应具有 5 名以上经国家或广东省培训合格的清洁生产审核师，其中至少有 1 名具有高级职称以及相应工作经验。

第三章　自愿清洁生产审核验收

第十三条　自愿清洁生产审核验收是指在鼓励企业自愿开展清洁生产审核、制定清洁生产审核报告的基础上，由相关部门按照相应的标准和程序，对企业开展清洁生产审核过程、绩效和清洁生产审核报告进行全面检查、核实、评定的过程。

省经贸部门负责全省自愿实施清洁生产审核企业验收的指导及组织管理工作。

各市经贸部门负责本辖区企业自愿实施清洁生产审核企业验收的材料收集、核实及现场验收组织管理工作。

第十四条　审核验收依照国家发展改革部门颁布的行业清洁生产评价指标体系执行；没有颁布行业清洁生产评价指标体系的行业，按照国家环境保护部门颁布的行业清洁生产标准执行；国家尚未公布指标体系和行业标准的行业，应在污染物排放达标的基础上，参照国内同行业先进水平执行。

第十五条　自愿清洁生产审核验收合格应达到以下要求：

（一）执行《中华人民共和国清洁生产促进法》和相关规定；

（二）符合国家和广东省相关产业政策，没有使用国家明令淘汰的落后生产工艺装备，没有生产国家明令淘汰的落后产品；

（三）在投资、技改、生产过程、产品包装、综合利用等方面采用国家和广东省公布的清洁生产工艺和技术，或开发清洁产品、研发清洁生产新技术和新工艺；

（四）各类污染物排放达标；

（五）制定完整的清洁生产审核报告；

（六）实施清洁生产审核方案取得一定的绩效；

（七）有健全的清洁生产工作机构，建立了清洁生产规章制度、激励机制和持续清洁生产工作计划。

第十六条　企业申请自愿清洁生产审核验收应提交以下材料：

（一）广东省企业自愿清洁生产审核验收申请表（附件 1，一式六份）；

（二）清洁生产审核报告（一式六份及电子版本）；

（三）清洁生产审核人员名单及资质证明材料（复印件）；

（四）当地县级以上环保部门出具的污染物排放监测报告（复印件）；

（五）其他相关材料。

第十七条　企业将自愿清洁生产审核验收所需材料提交给所在地市经贸部门，市经贸部门收到材料后会同同级有关部门在一个月内对材料进行核实。

经核实符合条件的企业，由市经贸部门组织进行现场验收。

第十八条　市经贸部门现场验收前应将验收计划报省经贸部门，由省经贸部门在省清洁生产行业专家库中随机选取专家组成验收专家组参与现场验收。

专家组由环保、能源及相关行业的专家组成，专家库内不能涵盖的行业，由省、市经贸部门协商确定。验收专家组一般不少于 3 人。

第十九条　现场验收程序包括：

（一）听取企业汇报清洁生产审核过程、取得成果、存在问题、持续清洁生产计划；

（二）专家组查阅、核实清洁生产相关材料，包括企业清洁生产审核过程是否规范，数据是否准确，分析核算是否合理，员工对清洁生产的认识程度；

（三）考察生产现场管理状况、设备情况、工艺流程、水及能源监测计量设备、节能措施、污染治理设施是否有效可行。

第二十条　根据审核报告和现场验收情况，专家组按照《广东省企业自愿清洁生产审核验收考核表》（附件 2）对企业清洁生产审核评定、打分，并形成专家组现场验收意见，报企业所在地市经贸部门。

第二十一条　自愿清洁生产审核企业验收评分 60 分以上为合格，评分 80 分以上为良好。

第二十二条　自愿清洁生产审核验收评分为良好的企业，由市经贸部门从评分之日起 20 个工作日内将企业清洁生产审核报告、《广东省企业自愿清洁生产审核验收考核表》及专家现场验收意见上报省经贸部门，省经贸部门会同省有关部门对上报材料进行审核，并实地抽查。对审核通过的企业，予以公示，经公示没有异议的，由省经贸部门会同省有关部门授予“广东省清洁生产企业”的称号，颁发匾牌、证书，并向社会公布。

自愿清洁生产审核验收评分为合格的企业，由所在地市经贸部门会同有关部门授予“××市清洁生产企业”称号，颁发匾牌、证书，并向社会公布。

第二十三条　“广东省清洁生产企业”证书的有效期为两年。在有效期内变更企业名称的，经批准重新核发“广东省清洁生产企业”证书。

第二十四条　广东省清洁生产企业可以在证书有效期届满前 30 日向所在地市经贸部门提出换证申请，并提交以下材料：

（一）《广东省清洁生产企业换证申请表》（附件 7）；

（二）新一轮的清洁生产审核报告；

（三）当地县级以上环保部门出具的污染物排放监测报告。

市经贸部门会环保、科技部门对企业提交的材料进行核实，出具意见后报省经贸部门。省经贸部门应会同省有关部门对企业的换证申请进行审查，对符合条件的企业予以办理换证手续。逾期不递交换证申请的企业，“广东省清洁生产企业”称号自动取消，并予以公告。

市清洁生产企业的换证程序参照省清洁生产企业换证的程序执行。

第四章　强制性清洁生产审核评估与验收

第二十五条　强制性清洁生产审核企业的评估与验收工作由省环境保护行政主。

管部门（以下简称省环保部门）组织实施。强制性清洁生产审核企业完成清洁生产审核后，应将审核结果报告所在地县级以上环保部门，同时抄报省环保部门和经贸部门。

第二十六条　强制性清洁生产审核评估是指按照一定程序对企业清洁生产审核过程的规范性，审核报告的真实性，以及清洁生产方案的科学性、合理性、有效性等进行评估。申请强制性清洁生产审核评估的企业应提交以下材料：

（一）重点企业清洁生产审核评估申请表（附件3）；

（二）强制性清洁生产企业审核绩效表（附件4）；

（三）清洁生产审核报告书（送审稿及电子版）；

（四）清洁生产审核后的环境监测报告；

（五）咨询服务机构资质证明及参加审核人员的技术资质证明材料复印件；上述材料按顺序装订成册，一式七份。

第二十七条　申请评估企业应在上报清洁生产审核报告一个月内提出评估申请，向当地环保部门提交有关材料。当地环保部门对申请企业的条件、提交的材料进行形式审查合格后，将材料逐级上报省环保部门。省环保部门收到材料后会同地级以上市环保部门组织清洁生产专家组，采取材料审查、现场检查、询问答辩、现场评分等方式进行审核评估。专家组根据现场考察结果以及报告书质量，对企业清洁生产审核工作进行评定，按照《广东省强制清洁生产审核企业验收评分表》（附件5）进行打分，并形成评估意见。

根据评估意见的要求，企业对清洁生产审核报告进行修改完善，形成《清洁生产审核报告书（实施稿）》并附《重点企业清洁生产审核实施稿报批表》（附件6）、专家评估意见、修改清单等装订成册（一式三份附电子版）报送省环保部门。

第二十八条　评估结果分为“通过”和“不通过”两种。有下列情况之一的，评估不通过：

（一）审核重点设置错误或清洁生产目标设置不合理；

（二）没有对本次审核范围做全面的清洁生产潜力分析；

（三）数据存在重大错误，包括相关数据与环境统计数据偏差较大情况；

（四）企业没有按国家规定淘汰明令禁止的生产技术、工艺、设备以及产品；

（五）在清洁生产审核过程中弄虚作假；

（六）法律、法规、规章等规范性文件规定的其他情况。

省环保部门根据报告书修改完善的情况，对于通过清洁生产审核评估的企业，每半年公布一次。

第二十九条　强制性清洁生产审核验收是指企业通过清洁生产审核评估后，对清洁生产中/高费方案实施情况和效果进行验证，并作出结论性意见。申请强制性清洁生产审核验收应具备以下条件：

（一）通过清洁生产审核评估后按照评估意见所规定的验收时间，综合考虑当地政府、环保部门时限要求提出验收申请（一般不超过两年）。

（二）通过清洁生产审核评估之后，继续实施清洁生产中/高费方案，建设项目竣工环保验收合格3个月后，稳定达到国家或地方的污染物排放标准、核定的主要污染物总量控制指标、污染物减排指标。

第三十条　申请验收企业需提交验收申请，连同清洁生产审核验收工作报告、环境监测报告、清洁生产审核报告（实施稿）、清洁生产审核评估意见装订成册一式七份报送省环保部门组织验收。

验收采取材料审查、现场考察等方式，对企业清洁生产方案的实施效果进行评估并验证，提出验收意见。

第三十一条　强制性清洁生产审核验收结果分为“通过”和“不通过”两种。

有下列情况之一的，验收不通过：

（一）对各清洁生产方案的经济和环境绩效没有进行详实统计和测算，无法证明企业通过清洁生产审核达到了预期的清洁生产目标。无法证明自清洁生产中/高费方案实施后，企业稳定达到国家或地方的污染物排放标准、核定的主要污染物总量控制指标、污染物减排指标；企业达不到相关行业清洁生产标准的三级或三级以上指标的要求。企业生产现场存在明显跑、冒、滴、漏等现象。

（二）企业在方案实施过程中弄虚作假，虚报环境和经济效益的，包括相关数据与环境统计数据偏差较大情况。

对于通过清洁生产审核验收的企业，省环保部门每半年公布一次。

第三十二条　承担强制性清洁生产审核的相关机构和专家要执行回避制度，不得对其曾经提供过清洁生产审核的企业进行评估、验收。

第五章　清洁生产咨询服务机构管理

第三十三条　清洁生产咨询服务机构是指符合相关规定要求，具备相应的技术力量，协助企业开展清洁生产审核，提供咨询及技术服务的中介机构。

第三十四条　对符合本办法第三十五条规定的清洁生产咨询服务机构予以公告，推荐为企业提供清洁生产咨询及技术服务。

第三十五条　申请公告的清洁生产咨询服务机构应符合以下基本条件：

（一）具有独立法人资格，具备为企业清洁生产审核提供公平、公正、高效率服务的能力；

（二）具有健全的内部管理规章制度，有固定的工作场所和相应工作条件，具备完善的信息管理系统；

（三）具有2名以上高级职称、5名以上中级职称并经国家或广东省培训合格的清洁生产审核师；清洁生产审核咨询服务的项目负责人应从事清洁生产审核咨询服务2年以上，或从事相关工作3年以上；

（四）熟悉相关法律、法规及技术规范、标准；

（五）没有触犯法律、违规操作等不良纪录；

（六）其他法律法规规定条件。

第三十六条　申请公告的清洁生产咨询服务机构应提交以下材料：

（一）清洁生产咨询服务机构申请报告；

（二）工商营业执照复印件或法定代表人身份证明文件复印件；

（三）单位基本情况及人员构成；

（四）从业人员技术职称、资格证书及与申请单位签订的劳动合同复印件；

（五）从事清洁生产相关工作的业绩和成果。

第三十七条　省经贸部门会同省环保部门、省科技部门对申报材料进行审查，对符合条件的清洁生产咨询服务机构予以公告。

省经贸部门对清洁生产咨询服务机构实施动态管理，并委托广东省清洁生产中心负责咨询服务机构的日常联系工作。

第六章　鼓励措施

第三十八条　建立清洁生产表彰奖励制度。对清洁生产企业和清洁生产工作中成效显著的单位给予奖励。奖励资金由省经贸部门同省财政部门报省政府同意后，由省财政部门统一下发。

第三十九条　县、市人民政府应根据当地财政实际，对清洁生产审核、验收提供资金支持。

第四十条　在省节能专项资金中对清洁生产示范项目予以支持。

各级财政部门、环保部门对符合规定的清洁生产项目在排污费使用上给予优先安排。

第四十一条　获得省、市清洁生产称号企业的清洁生产中/高费方案可优先申报。

省节能环保重大专项，可优先推荐申报国家节能环保重大专项。

第四十二条 企业开展清洁生产审核和培训的费用，允许列入企业经营成本或相关费用科目。

第七章 监督管理

第四十三条 各地有关部门应当加强对通过清洁生产审核验收企业的监督检查。

任何单位和个人有权向有关部门举报、揭发在企业清洁生产审核中的弄虚作假行为。

第四十四条 通过自愿清洁生产审核验收企业有以下行为的，由经贸部门会同有关部门撤销“××市清洁生产企业”称号或“广东省清洁生产企业”称号，并予以公告：

（一）在清洁生产审核验收中弄虚作假的；

（二）污染物超标排放的；

（三）使用国家明令淘汰的主要工艺和设备的；

（四）能耗水耗等指标严重超标的；

（五）其他不符合自愿清洁生产审核验收条件的。

第四十五条 强制性清洁生产审核的企业拒不开展清洁生产审核、不申请评估、验收或评估、验收“不通过”的，由省环保部门根据实际情况给予公开曝光，要求其重新进行清洁生产审核、评估和验收，依法进行处罚。

第四十六条 列入公告的清洁生产咨询服务机构有下列行为之一的，由省经贸部门责令限期改正；拒不改正的，从公告中予以除名：

（一）公告后两年内没有开展清洁生产审核咨询服务；

（二）指派不具备清洁生产审核资格的人员作为项目咨询负责人；

（三）因人员变动导致清洁生产审核师人员不足，对审核咨询服务造成影响；

（四）扰乱咨询市场秩序，以不正当手段获利，违反相关法律法规，或通过降价、地方限制等不良手段进行恶性竞争；

（五）泄露企业商业秘密；

（六）在为企业提供清洁生产审核咨询服务过程中，强行推销产品，或强行拉取赞助。

第八章 附则

第四十七条 本办法自发布之日起执行。原《关于印发〈广东省清洁生产企业验收管理办法（暂行）〉的通知》（粤经贸资源〔2003〕234 号）同时废止。

四、广东省经贸委：广东省节能奖励试行办法

广东省节能奖励试行办法

广东省经济贸易委员会

第一章 总则

第一条 为调动全社会开展节能工作的积极性和创造性，确保完成我省“十一五”节能约束性目标，根据《节约能源法》、《国务院关于印发节能减排综合性工作方案的通知》（国发〔2007〕15 号）、《国务院批转节能减排统计监测及考核实施方案和办法的通知》（国发〔2007〕36 号）等有关法律、政策规定，制定本办法。

第二条 节能奖励表彰活动每年开展一次，由省经贸委会同有关部门负责组织实施。

第三条 节能奖励的推荐、评选工作坚持公开、公正、公平、择优的原则。

第二章 奖项设置和奖励对象

第四条 设立三个节能奖项：节能先进地区、节能先进单位和节能先进个人。

第五条　节能奖励的对象和范围：

（一）节能考核结果为超额完成等级或完成等级、节能考核评分位居前 5 名的地级以上市政府（以下简称“市政府”）；

（二）节能考核结果为超额完成等级或完成等级的国家、省监管重点耗能企业；在建筑节能、交通节能、公共机构节能及节能管理服务等方面取得重大节能成效的单位；

（三）在节能工作中作出突出贡献和取得重大节能效益的个人。

第三章　评选条件和奖励形式

第六条　对节能考核结果为超额完成等级或完成等级、考核评分位居前五名的地级以上市政府，省政府授予节能先进地区奖，予以通报表彰并各奖励一次性奖金 40 万元。

第七条　考核结果为完成等级以上的国家、省监管企业，或者节能成效突出的其他单位，省政府授予节能先进单位奖，予以通报表彰并各奖励一次性奖金 5 万元。

全省每年度表彰奖励节能先进单位 180 家左右，其中，表彰省千家重点耗能企业 100 家左右（具体根据年度节能考核结果确定），表彰建筑、交通运输、公共机构等用能企业（机构）30 家左右，表彰节能管理服务单位 50 家左右。

第八条　对在节能工作中作出突出贡献和取得重大节能效益的个人，省政府授予节能先进个人奖，予以通报表彰，并每人一次性奖励 5000 元。

第九条　申请评为节能先进个人的，必须认真贯彻执行节能法律法规，热爱节能工作，有较强的责任感和事业心，从事节能工作（节能岗位）3 年以上，且具备下列条件之一：

（一）在节能管理中，对推动节能工作产生直接的作用和成效，被市级以上节能主管部门认可；

（二）在节能技术研究中，承担主要研发工作或作为研究开发负责人，成果已被采用并产生明显节能效益；

（三）在节能技术、产品推广应用中，创造性开展工作，使节能新技术和新产品在本企业、行业、区域中的普及率明显提高；

（四）在重点节能技术改造项目中，担任项目建设主要负责人，项目运行实现节能目标，且节能量占企业当年节能量的 20% 以上；

（五）在工程设计、项目管理等工作中，严格执行国家节能政策和设计规范，提供有针对性、节能效果明显的设计方案，使能源消耗量减少 30% 以上；

（六）在岗位节能方面，积极学习节能知识，钻研节能技术，探索节能办法，提出节能效果明显的方法和建议，或者创造性地使用节能技术，在本职岗位取得年节能 10% 以上效益；

（七）检举揭发严重浪费能源行为，并经市以上节能行政主管部门查证属实。

第十条　节能先进个人的名额分为企业人员和企业以外人员。全省每年度表彰节能先进个人 280 名左右，其中企业人员应占 50% 以上。企业人员中企业能源管理负责人和能源管理、技术人员不少于 70%，企业法定代表人不得超过 30%。企业以外人员中专业技术人员、科及科以下人员不少于 70%，厅级以上干部不参与评奖。

各市节能先进个人名额根据各市节能考核结果排名，结合各市地区生产总值占全省生产总值的比重等因素确定；省有关部门节能先进个人名额综合考虑部门节能工作措施、工作成效等因素确定。

第十一条　节能奖励资金及相关经费从省财政安排的节能专项资金中列支。

第四章　评选的组织实施

第十二条　节能先进地区奖、工业领域（国家和省监管的重点耗能企业）的节能先进单位奖的评选，由省经贸委根据上年度节能目标责任评价考核结果，提出建议名单及方案报省政府审定。

第十三条　节能先进个人奖以及建筑、交通运输、公共机构、节能管理服务等领域节能先进单位奖的评选程序：

（一）具备评选条件的单位、个人，属地级以上市、县（市、区）单位的，按程序逐级向地级以上市节能行政主管部门申报，属省直单位的，可直接向省主管部门申报，申报时一并提交鉴定报告等证明材料；

（二）地级以上市节能行政主管部门、省有关部门对符合条件的单位、个人提出推荐意见连同申报材料报省经贸委；

（三）省经贸委对申报材料进行资格审查后，会同省委党廉办和省人事厅、发展改革委、科技厅、财政厅、建设厅、交通厅、农业厅、水利厅、统计局、质监局、林业局、南方电监局等部门以及有关方面专家，组成评审委员会进行评审，提出候选名单，并在省经贸委网站及其他新闻媒体上公示；

（四）经公示5日内无异议的，由省经贸委提出建议名单及方案报省政府审定。

第十四条　参加评选的单位和个人应对其所提供材料的真实性负责。

第十五条　对弄虚作假或者采取不正当手段获得奖项的单位或者个人，撤销其奖项，追缴奖牌、证书和奖金，并由省经贸委给予通报批评，5年内不得参与该奖项的评选。

第五章　附则

第十六条　各地级以上市政府、重点耗能企业据此制定本地区、本单位的节能奖励办法。

第十七条　本办法由省经贸委负责解释。

第十八条　本办法自发布之日起施行。

二〇〇九年一月十三日

五、广东省经贸委：2009年广东省节能监察行动计划

2009年广东省节能监察行动计划

粤经贸环资〔2009〕118号

广东省经济贸易委员会

2008年，我省首次开展节能监察工作，对30家重点耗能企业依法开展了节能监督检查，有效地推进了企业节能工作的开展。2009年是我省实现“十一五”节能目标关键的一年，全省单位GDP能耗预期下降3.7%以上，是“十一五”以来预期目标最高、任务最为艰巨的一年。我省节能任务非常艰巨，形势非常严峻，国际金融危机使我省节能工作又面临着许多新情况、新问题。要做好今年的节能工作，确保实现既定的节能目标，需要花费更大的力气，采取更加有效的措施，切实加大工作力度，狠抓各项工作的落实。充分发挥各级节能主管部门的作用，加强节能监督检查，依法推进节能工作，是做好今年节能工作的重要手段。为此，我委特制订本行动计划。

一、指导思想

深入贯彻落实科学发展观，坚持节约资源的基本国策，落实国家关于节能工作的相关部署，把深入开展学习实践活动作为促进节能工作上新台阶的契机，把节能作为促发展的重要抓手，加大监察执法力度，依法推进节能，确保实现全省单位GDP能耗下降3.7%以上的预期目标。

二、基本原则

（一）重点突出、全面推进。优先把节能目标完成不理想、节能措施不落实、能源利用效率低的重点耗能企业列为节能监察对象。同时结合全省节能工作部署，逐步扩大节能监察对象，提高节能监察覆盖率，全面推进节能监察工作。

（二）省市联动、加强协作。充分发挥各级节能主管部门的作用，坚持省市联动，把节能监察任务予以分解落实，加强沟通协作，形成工作合力。

（三）依法监察、规范操作。严格按照《节约能源法》、《广东省节约能源条例》的相关规定开展节能监督检查，做到有法可依、有法必依、执法必严、违法必究。同时，要规范执法程序，保证执法结果的公正性和合法性。

（四）教育为主、惩防并举。坚持重在教育，不断增强企业节能法律意识，督促企业做好节能工作。对执法过程中发现节能存在问题的企业，要依法作出相应处理。

三、总体目标

对100家以上企业开展节能监察活动，并根据工作情况开展省节能专项资金项目进展、公共机构节能、淘汰落后和能耗限额、项目节能评估和审查落实情况等四项专项监察活动。

其中，到2009年底，对100家以上企业完成节能监察行动，国家和省监管重点耗能企业的现场节能监察覆盖率达到70%以上，其中，2008年底已成立节能监察机构的地区，现场节能监察覆盖率达到100%，其他地区达到60%以上。

四、主要任务

（一）百家企业节能监察行动

1. 监察内容

（1）节能目标责任制落实情况；
（2）能源管理岗位的设置情况；
（3）能源利用状况报告制度执行情况；
（4）是否存在向本单位职工无偿提供能源或能源消费实行包费制的情况；
（5）其他相关情况。

2. 监察对象

根据企业能源利用状况报告报送情况，并结合以下原则确定节能监察对象：
（1）对于2008年已经完成现场节能监察的企业，根据整改的情况决定是否进行新的现场监察；
（2）对于尚未开展现场节能监察的国家和省监管重点耗能企业，考虑地区、行业等因素进行选择；
（3）珠海、河源、惠州、东莞、湛江、茂名、肇庆、揭阳等已经单设节能监察（监测）机构并有财政经费支持的地区，对所有省监管企业实施现场节能监察；
（4）尚未成立节能监察机构的地区，按照优先顺序选择省、市监管重点耗能企业开展节能监察。

3. 监察任务分解

根据各地省千家企业数量以及节能监察机构设置情况，把100家以上节能监察任务分解落实到省以及各市（附后）。节能监察任务的确定原则如下：
（1）省千家企业数量越多的地方，其节能监察的任务相对较重；
（2）已单设节能监察（监测）机构并有财政经费支持的地区，在同等条件下，节能监察任务相对较重；
（3）25家国家监管重点耗能企业的节能监察任务由省节能监察中心负责；
（4）省监管重点耗能企业的节能监察任务首先由各地节能主管部门负责。省监管企业较多的地区，节能监察任务由省、市分担。各市节能主管部门根据省下达的节能监察任务，于今年3月底前提出节能监察对象名单报我委备案。我委根据各地上报名单，确定省节能监察中心对省监管企业的节能监察对象；
（5）市监管重点耗能企业的节能监察工作原则上由各市组织实施，对于浪费能源严重、影响较大的企业，省可直接开展节能监察。

（二）节能专项监察

1. 开展省节能专项资金项目进展专项监察

对省节能专项资金支持的节能技改项目进行跟踪，采取先书面调查，后现场抽查验证的方式。计划于今年6月节能宣传周期间开展。

2. 开展公共机构节能专项监察

联合有关部门，对公共机构夏季空调温度控制执行情况、节能产品使用情况及节能计划制定实施情况进行检查。计划于今年6月节能宣传周期间开展。

3. 开展淘汰落后和能耗限额专项监察

对高耗能行业淘汰落后用能设备和生产工艺执行情况、执行能耗限额或限额标准的情况进行专项监察，此项监察将采取书面监察与现场抽查相结合的方式。计划于今年7月开展。

4. 开展项目节能评估和审查落实情况专项监察

对项目的设计部门是否遵守节能法律、法规、节能标准、限额，对建设过程中遵守节能法律、法规、节能标准情况，对企业（项目）是否使用国家明令淘汰落后工艺和设备进行检查。计划于今年8月开展。

五、保障措施

（一）加强节能监察培训

我委将举办节能监察执法专项培训，对各市节能主管部门、节能监察机构人员进行培训，提高各市节能执法人员的执法水平。对参加培训的人员进行考核，考核合格者由我委发给培训合格证。

（二）加强节能监察能力建设

继续支持各地加强节能监察能力建设，帮助各地提高节能监测分析、监督管理等能力以及提高节能监察工作效率。对单设节能监察（监测）机构并有财政经费支持的地区，省将争取给这些市各配备一辆节能监察车。

（三）加强节能舆论监督

各地要定期举行新闻通报会，将节能监察情况及时向社会公布，对违法用能单位和行为予以曝光，充分发挥社会舆论的监督作用，动员全社会力量共同监督重点用能单位贯彻节能法律法规的情况。

（四）建立节能监察工作定期通报制度

我委将建立节能监察工作进展情况定期通报制度。各市应将节能监察情况于今年7月15日、明年1月15日前报我委。我委将对各地节能监察工作情况每半年通报一次，并将通报结果抄送当地市政府。

（五）建立节能执法奖惩制度

对节能执法工作成效突出的单位和个人，按照《广东省节能奖励试行办法》的有关规定予以表彰奖励；对节能监察工作进展缓慢或不落实的地区予以通报批评，并适当减少省节能专项资金以及省发展循环经济工作经费的支持力度。

（六）加强节能监察指导

我委将尽快制定出台《广东省节能监察管理试行办法》，规范各地的节能监察工作。同时，将加强对各地节能执法工作的指导，及时协调解决执法过程中出现的问题，及时总结推广各地好的节能监察经验做法。

二○○九年二月十一日

六、南庄镇党政办：南庄镇2009年污染减排工作方案

南庄镇2009年污染减排工作方案

南庄镇党政办

2008年，通过大力推进陶瓷产业综合整治，我镇污染减排工作成效明显。2009年，我镇将在2008年所取得成果的基础上坚持以陶瓷产业调整为核心、以生活污水处理为主线开展2009年污染减排工作。

一、明确分工，落实责任

污染物减排工作是一项系统工程，涉及方方面面，需各级各相关部门大力协作和积极配合，进一步明确分工，健全工作责任制，加强协调联动，齐抓共管，扎实推进污染减排工作。

二、主要污染物减排工作措施

（一）二氧化硫削减工作措施及任务分工

1. 继续推进陶瓷整治，以持续实现二氧化硫削减（镇陶瓷整治办牵头负责）；
2. 督促优化提升类陶瓷企业上马窑炉脱硫治理设施（镇陶瓷整治办、镇环监所）；
3. 对不符合要求或超标排放的喷雾塔继续实行深化治理，确保喷雾塔各项指标达到排放要求（镇环监所）；
4. 加强监督，督促能源消耗大的行业（不锈钢及带锅炉企业）上马一批脱硫设施，实现二氧化硫削减（镇环监所）。

（二）COD削减工作措施及任务分工

1. 协调做好南庄污水处理厂及配套管网建设相关工作（镇市政办、镇国土所、镇规划办、镇拆迁办）；
（1）镇市政办
①争取上级下放捆绑水费征收的污水处理费以统筹用于镇内污水处理设施的建设及运行；
②跟进污水处理厂及配套管网建设进度。
（2）镇国土所
协调做好南庄污水处理厂相关土地征收工作。
（3）镇拆迁办
配合做好污水处理厂纳污管网相关拆迁工作。
2. 积极开展生活污水处理，推动大型聚居点（住宅小区、员工村、公寓楼、学校、大型餐饮项目）自行建设小型污水处理装置；对居住分散的农村，推动其采取氧化塘小规模就地集中生态处理生活污水，并逐步推动农村排水系统雨污分流、统一规范排污管网（各村委会、镇环监所、镇规划办、镇市政办）；
（1）各村委会
①对村内各村民小组生活污水处理及排放情况、河涌水质情况以及村内管网分布情况进行摸底，形成材料和档案；

②制定员工村、公寓楼污水处理方案并报镇规划办和镇市政办；

③制定新建生活区、工业区的管网规划，报镇规划办和镇市政办；

④制定旧的生活区、工业区管网的改造方案或计划，报镇规划办和镇市政办；

⑤制定保留村前鱼塘和预留足够空地建造污水处理设施（小型污水处理装置或氧化塘等）的方案，报镇环监所。

（2）镇环监所

①指导和协助各村对生活污水处理的调查；

②协调和监督各村生活污水处理工作的开展；

③对各村生活污水处理设施建设进行技术指导；

④加强对大型饮食娱乐城、房地产等污水排放量大的项目的管理力度，促使其配套治理设施。

（3）镇规划办

①对集中居住区（尤其是新建房地产项目、学校及其他大中型项目）统一规划配套污水收集管网及预处理设施（含小型污水处理装置或氧化塘等）；

②监督和协助各村做好污水管网规划工作，做好镇内污水管网规划与区污水管网规划的衔接工作。

（4）镇市政办

对各村管网规划进行技术把关，监督和协助各村按要求做好管网施工建设，确保各村管网建设符合市政要求，并与市政管网衔接。

3. 在强化陶瓷废水循环利用管理，确保废水零排放的同时，积极引导镇内部分企业对生产废水实施零排放。（镇环监所）

三、大力推行清洁生产（镇陶瓷整治办、镇经发办、镇环监所）

（一）抓典型以点带面推动行业实施清洁生产一方面在陶瓷行业内首先监督和协助清洁生产基础较好的一到两家企业完成全方位的治理和实现清洁生产，并组织其他企业到先进企业参观学习，进而在全镇陶瓷行业内推广其经验，实现以点带面推动的效果；另一方面计划组织优化提升类陶瓷企业到华东一带陶瓷清洁生产示范外资企业参观学习，以吸收先进理念，进一步推动清洁生产的实施。

（二）搭建平台，提供技术服务力助企业实施清洁生产

计划一方面组织清洁生产技术单位（包括节能技术单位、污染治理技术单位、清洁生产审核中介机构）与企业座谈，为技术供求双方搭建平台，提供沟通合作服务基础；另一方面不定期印发不同企业的先进做法和经验给各企业以供其取长补短。

（三）出台清洁生产奖励政策

制定政策，对限期内通过清洁生产的优化提升类陶瓷企业实施奖励。

四、全面推广陶瓷行业窑炉尾气深化治理及窑炉余热回用技术（镇经发办、镇环监所）

进一步在陶瓷行业中推广窑炉尾气治理、窑炉余热回用、陶瓷生产燃料替代等节能减排技术，大力推广脱硫效果好的工程的成功经验，确保二氧化硫进一步减排，扩大节能技术在陶瓷企业中的应用面。

五、优化能源结构，加大节能降耗力度（镇经发办）

积极引进和推广使用天然气、电、轻柴油等清洁能源，开展替代石油的相关能源技术在窑炉应用的试点工作，从源头实现二氧化硫减排。

六、加强在线监控系统建设，严格数据审核（镇环监所）

协助区环保局进一步扩展污染源在线监控网络，督促我镇重点控制企业落实烟气处理前、后的在线

监测系统安装工作，并与上级环保部门联网，确保实际削减量得到上级确认。

七、完善污染减排台账（镇环监所、工商局城南分局、南庄供电所、水业集团南庄分公司、镇劳动保障管理所）

积极做好污染减排台账管理，协助做好相关支撑证明材料，确保关闭项目的减排成效得到核查组认可。

八、严格限制“双高”项目准入（工商局南庄分局、各村委会、镇经济发展办、镇环监所）

（一）严格控制“双高”（即高能耗、高污染）项目审批，坚决限制使用非清洁能源及 COD（即化学需氧量）排放量大的工业项目的引入，各村委会是第一道关，必需负起责任按照有关规定坚决执行，镇环监所按照有关政策予以坚决落实；

（二）实行区域限批。对超过总量控制指标及不按产业准入规定引入污染物排放量大的项目的村，暂停审批新增污染物排放总量的建设项目；

（三）工商局南庄分局联合环保部门，对节能减排工作较差且环境影响评价审批和环保“三同时”验收手续不完善的企业实施严格管理。

九、强化对违法排污企业的联合执法力度（镇环监所牵头，各单位积极配合）

继续对违法排污企业采取强制措施，积极建立大环保工作机制，联合相关职能部门不定期开展联合执法，坚决打击非法排污企业。

十、分类管理，增强日常环境监管力度（镇环监所）

加强日常环境监管力度，将环境监察制度化，对全镇企业进行分类，确定管辖范围的重点和一般污染源名录，对重点污染源及其污染防治设施检查每月不少于 1 次，对一般污染源及其治理设施检查每个季度不少于 1 次。

十一、加强宣传（镇宣教办）

及时跟进减排工作，对减排计划、减排成效及重点行业、重点企业和各职能部门的减排措施等进行宣传报道。由镇宣教办牵头组织协调新闻媒体，加强宣传发动，充分发挥全社会力量参与污染减排工作，营造浓厚的社会氛围；另外，加强我镇产业结构调整成效和环境质量改善方面的宣传，彻底转变我镇环境形象，重塑岭南水乡声誉。

2009 年 1 月 12

七、闽清县政府办：闽清县推进陶瓷企业生产工作方案

闽清县推进陶瓷企业生产工作方案

闽清县政府办

为改善全县城乡环境，全面提升城乡建设与管理水平，进一步强化陶瓷业环境综合管理，巩固和发展我县创建省级文明卫生县城和农村家园清洁行动以及公路沿线“五乱”治理成果，经县委、县政府研究，决定在全县开展陶瓷业清洁生产专项整治行动，现制定工作方案如下：

一、指导思想

以科学发展观为指导，紧紧围绕建设“工业发展年”目标，按照“注重规划、完善配套、加强管理、重点突破，整体推进”的工作思路和“属地管理、分级负责”的工作原则，突出整治重点内容，集中力量整治重点行业，以点带面，先易后难，有序推进，切实解决陶瓷业脏、乱、差问题，为广大人民群众创造一个整洁、优美、文明、舒适、和谐的生产生活环境。

二、整治工作目标和任务

通过推进陶瓷企业清洁生产工作，增强企业社会责任感和环保意识，进一步提升我县陶瓷企业可持续发展能力，达到“节能、降耗、减排、增效”目标，使全县经济、社会、生态环境保持良性协调发展，实现企业、政府、社会共赢。主要任务是：规范矿山开采，完善相关设施，抓好原材料、燃料、成品进出厂清洁运输关，减少公路扬尘；抓好厂容厂貌治理关，建设完善相应设施，整体提升企业管理水平和对外形象；抓好能源关，大力推广煤改天然气工程，促进企业安全清洁生产；抓好除尘关，用好布袋和水雾除尘设施，减少颗粒污染物排放；抓好陶瓷废弃物处理关，减少陶瓷废弃物对生态环境的影响。

三、责任分工

推进陶瓷企业清洁生产工作是开展以建陶和电瓷业为重点的环境综合整治，包括原辅材料开采、运输、厂容厂貌、环境污染、改燃技改等几个方面，各有关单位的具体工作责任分工如下：

（一）企业

1. 矿山开采企业要完善相关道路安全设施，车辆进出入矿山应合理设置洗车槽，并督促运输企业适量装载，严格实行密闭运输。

2. 出厂和进厂运输车辆要加盖密封，防止运煤、运土、产品运输车辆沿路洒落、滴漏现象，确保厂区和周边环境清洁。

3. 所有陶瓷企业应在矿石装卸台周边合理配备冲洗车辆的高压水枪及相应的排水设施，出厂的车辆必须对车厢、轮胎进行清扫或清洗，防止黏土带出厂区并洒落在路上形成公路扬尘。

4. 厂区和进厂道路路面要进行全面硬化，并做好厂区进出口与公路主干道水泥路的铺设，合理规划建设厂区内的空地并进行绿化。

5. 推广使用天然气等清洁能源。

6. 进一步完善建陶业含酚废水和车间废水循环系统，做到废水不外排。做好排污口规范化建设，完善清污分流。

7. 建陶企业喷雾干燥塔布袋除尘和水雾除尘设施正常运行，及时更换受损布袋，确保达标排放。完善车间粉尘、废渣收集，确保生产流程清洁。

8. 炉渣、废弃瓷砖要定点堆放，不能随处丢弃，按照“减量化和再利用”原则进行综合利用。煤焦油等危废物要进行集中收集，运送有相关资质的单位处置。

9. 原辅材料、产品、废料等规范堆场，并建造遮雨棚。

（二）县环保局

1. 查处建陶业违法排放废气、废水、固废及噪声扰民的行为。

2. 督促企业规范原辅材料、产品、废料等堆场，并建造遮雨棚。

3. 督促脱硫工程试点企业保持设施正常运行，巩固二氧化硫减排成果。

4. 加强监管，确保建陶业含酚废水和车间废水循环系统和喷雾干燥塔布袋除尘设施稳定运行，督促企业及时更换受损布袋，确保达标排放。

5. 督促企业做好排污口规范化建设，完善清污分流。

6. 引导企业对煤焦油进行集中收集，运送有处置资质的单位处置。

7. 配合县经贸局做好引进新技术、新设备对建陶业废砖等废料进行加工，集中处理，提高利用率。

8. 配合县经贸局大力推进建陶企业煤改气工作，确保年底前完成规模以上电瓷企业和 10 家建陶企业改燃技改。

（三）县经贸局

1. 筹划建陶业原材料集中加工、运输中心建设。
2. 引进新技术、新设备加工企业，对建陶业废料进行集中加工处理。
3. 大力推进煤改气工作，确保年底前完成规模以上电瓷企业和10家建陶企业改燃技改。

（四）县公路局、交通局

1. 督促企业做好厂区出入口与公路衔接部分的道路硬化。
2. 查处运输原辅材料车辆违章超载以及滴漏污染道路等问题。

（五）县国土局

规范建陶业原料瓷土、矿石、黏土等开采活动。

（六）县委宣传部

组织县电视台、梅城报等部门做好推进企业清洁生产的宣传、报道工作。

（七）县建设局

1. 依据城市建设规划，进一步明确功能定位，完善厂区布局和规划，督促企业做好厂区围墙建设。
2. 引导企业积极做好生产生活垃圾集中收集、及时清运和生活污水处理工作。
3. 引导企业加快厂区道路硬化建设，减少扬尘污染。
4. 加强管理，严禁陶瓷企业在沿江（沿溪）两岸倾倒垃圾。

（八）县林业局

督促指导建陶企业开展厂区绿化工作。

（九）县水利局

加强河道管理，禁止在沿江（沿溪）两岸倾倒建陶企业废砖、废渣等固体废物。

（十）县发改局

1. 严格企业准入制度，严格执行国家产业政策，认真实施项目备案、核准制度。
2. 负责将全县清洁生产规划纳入“十二五”规划编制内容，会同有关部门组织开展企业清洁生产审核上报工作。
3. 积极为使用清洁生产技术的企业提供信息和项目申报服务，多方为企业争取项目资金扶持。

（十一）县安监局

监督陶瓷企业的安全生产，对煤气发生炉和生产中产生的含酚废水、煤焦油等危险废物的集中处置进行监督。

（十二）县交通管理大队

配合县交通局、公路局查处运输原辅材料车辆违规超载行为，督促企业运输车辆加盖密封，防止运煤、运土车辆沿路洒落、滴漏现象。

（十三）乡镇

1. 实行乡镇推进企业清洁生产属地管理职责。

2. 负责推进辖区内企业改燃步伐，督促企业建立清洁生产机制；监督新建、扩建、改建项目的清洁生产和“三同时”的实施。

3. 负责组织辖区内企业清洁生产及安全生产工作的日常检查。

4. 负责管理辖区内企业集中区、开发区和工业园区的卫生保洁工作并建立长效管理机制。

5. 负责建立辖区内企业完善的清洁生产资料，并进行归档和备案。

四、整治时间安排

（一）宣传动员阶段（5 月下旬召开动员部署大会）

1. 各有关部门要充分利用宣传栏等多形式、多渠道开展推进陶瓷企业清洁生产工作宣传活动，宣传环境综合整治的法律法规。

2. 宣传动员期间，各有关部门要根据县委、县政府的总体要求，制定本单位的具体工作方案。

3. 新闻媒体要充分利用宣传阵地，对推进工作进行全程跟踪报道，开设专题、开辟专栏、公益广告，及时报道进展情况，营造浓烈的整治氛围。同时，对整治完成好的给予表扬，差的予以曝光，充分发挥舆论监督作用。

（二）开展整治阶段（5 月下旬至 10 月底）

各乡镇和各有关部门要依据县委、县政府部署的推进陶瓷企业清洁生产工作总体要求和承担的职责，全面组织开展推进陶瓷企业清洁生产工作。

（三）检查整改阶段（11 月）

县推进陶瓷企业清洁生产工作领导小组对全县建陶业清洁生产各项整治工作进行检查，对落实不到位，整治效果没有明显改观或尚未进行整治的，责令其限期补缺，确保按时按质完成整治任务。

（四）总结表彰阶段（12 月）

各有关部门要组织对前段整治工作进行自查、回顾，及时进行查漏补缺，制定并落实相关日常管理措施，县政府将组织对企业清洁生产整治各项工作进行检查验收、总结表彰。

五、保障措施

（一）加强领导，强化责任。为开展好推进陶瓷企业清洁生产工作，县政府专门成立了工作领导小组，各乡镇也要成立相应的工作机构，负责牵头组织开展好各自辖区内推进陶瓷企业清洁生产工作。各有关部门和乡镇要按照职责分工，分别制定工作方案，把每项工作细化、量化，切实将综合整治工作落到实处。要形成主要领导亲自抓、负总责，分管领导具体抓落实，多部门联动的工作机制，切实把推进陶瓷企业清洁生产工作纳入目标管理考核体系严格考核。

（二）协调联动，形成合力。为确保推进陶瓷企业清洁生产工作顺利开展，各有关部门要牢固树立全局观念和大局意识，既要按职责分工，各司其职，又要密切配合，通力合作，形成工作合力。年底，县政府将对全县企业清洁生产工作进行总结表彰。

（三）强化管理，加强监督。领导小组每月召开一次例会，了解整治工作进展情况，安排下阶段整治任务。加大监控力度，加强日常巡查，抽调组建一支以县环保局为主的监察巡查小组，负责长期监督抓落实。对擅自不正常使用污染防治设施和偷排、漏排超标污染物的企业，实行高限处罚并责令停产治理；对发现的问题及时通知相关单位限期整改，对进展迟缓的单位下发督办通知，限期完成。由领导小组办公室负责，在每月 25 日将巡查情况报县政府督查室适时予以通报。

（四）创新机制，确保长效。在新闻媒体公布我县推进陶瓷企业清洁生产工作进度，对进度缓慢的企业及时曝光。推进陶瓷企业清洁生产工作结束后，各相关部门要按照职能分工，健全长效管理制度，创新工作机制，加强日常管理，防止反弹。

二〇一〇年五月二十六日

第四节　产品质量监督抽查实施规范

一、产品质量监督抽查实施规范（卫生陶瓷）CCGF 213.2－2010

产品质量监督抽查实施规范（卫生陶瓷）

国家质量监督检验检疫总局

2010－07－13 发；2010－08－01 实施

一、范围

本规范适用于卫生陶瓷产品质量国家监督抽查，针对特殊情况的专项国家监督抽查、省级质量技术监督部门组织的监督抽查可参照执行。监督抽查产品范围包括坐便器、蹲便器、小便器、洗面器。本规范内容包括产品分类、术语和定义、企业规模划分、检验依据、抽样、检验要求、判定原则、异议处理复检及附则。

注：针对特殊情况的专项国家监督抽查是指应急工作需要而进行的或者由于某种特殊情况（或原因）仅需要对部分项目进行抽样检验的专项监督抽查。

二、产品分类

（一）产品分类及代码

产品分类及代码　　**表 3－1**

产品分类	一级分类	二级分类	三级分类
分类代码	2	213	213.2
分类名称	日用消费品	其他日用消费	卫生陶瓷

（二）产品种类

1. 卫生陶瓷产品按吸水率分为瓷质卫生陶瓷（吸水率≤0.5%）和陶质卫生陶瓷（8.0% ≤吸水率＜15.0%）。

2. 卫生陶瓷按用途分为坐便器、洗面器、蹲便器、小便器、净身器、洗涤槽、水箱、小件卫生陶瓷、浴缸、淋浴盆等 10 类。

3. 本规范只涉及包括坐便器、蹲便器、带整体存水弯小便器在内的便器类产品和洗面器产品。便器类为瓷质产品，洗面器包括瓷质产品和陶质产品。

4. 便器按用水量分为普通型和节水型。

5. 坐便器按类型分为挂箱式、坐箱式（常称分体式）、连体式（常称单体式）、冲洗阀式；蹲便器分为挂箱式、冲洗阀式；小便器分为冲洗阀式、挂箱式。

6. 按安装方式分为壁挂式、落地式。

三、术语和定义

下列术语和定义适用于本规范。

1. 坐便器：配备冲水装置的坐便器。除冲洗阀式坐便器外，应为装配状态；冲洗阀式坐便器应提供所配备冲洗阀及安装使用说明。

2. 蹲便器：配备冲水装置的蹲便器及安装使用说明。

3. 小便器：配备冲水装置的小便器及安装使用说明。

四、企业规模划分

根据卫生陶瓷产品行业的实际情况，生产企业规模以卫生陶瓷产品年销售额为标准划分为大、中、小型企业。

企业规模划分　　**表 3－2**

企业规模	大型企业	中型企业	小型企业
销售额（万元）	≥30000	≥3000 且 <30000	<3000

五、检验依据

凡是注日期的文件，其随后所有的修改单（不包括勘误的内容）或修订版不适用于本规范。凡是不注日期的引用文件，其最新版本适用于本规范。

GB 6952－2005　卫生陶瓷；

JC 987　便器水箱配件；

JC/T 931　机械式便器冲洗阀；

经备案现行有效的企业标准及产品明示质量要求。

六、抽样

（一）抽样型号或规格

同用途卫生陶瓷产品。由坐便器、蹲便器、小便器和洗面器中选择一种型号产品作为该次监督抽查的产品。

（二）抽样方法、基数及数量

1. 抽样方法

生产领域抽样方法：在生产领域监督抽查的样品必须在受检单位生产线末（终）端或成品仓库并经受检单位检验合格的产品中随机抽取。

流通领域抽样方法：在流通领域监督抽查的样品必须在受检单位仓库或柜台内的待销产品中随机抽取。

2. 抽样基数

在生产领域和流通领域抽样时，以同类同型号同批次的卫生陶瓷产品组批。

生产领域，抽样基数不少于 50 套（个）。

流通领域，抽样基数满足抽样数量即可。

3. 抽样数量

（1）便器类产品抽样数量

生产企业抽样时，每个企业仅抽取一个型号两套（个）样品，一套（个）为检验A样，一套（个）为备样；抽取与被抽样品相配套的冲水装置一套（检验B样），按标准要求抽取同批次同型号产品的试样六片（C样）用于吸水率试验，其中三片用于检验样，三片为复检样；

流通领域抽样时，每个企业仅抽取一个型号便器的三套样品，两个为检验样，一个为备样。

（2）洗面器产品抽样数量

每个企业仅抽取一个型号的洗面器产品的三个样品，两个为检验样，一个为备样。

（三）样品处置

1. 抽取的样品在抽样现场立即封样，封样单上由抽样人员、受检单位代表分别签字。

2. 抽样人员封样时，应当有防拆封措施，以保证样品的真实性。各种防拆封措施由承检单位自行确定，并告知受检单位。承检单位接收样品时，应仔细查验，以保证样品的真实性。

3. 抽样人员应将所抽检验样寄、送承检单位或请受检单位协助将所抽样品按时寄、送承检单位。需要受检单位协助将所抽样品寄、送往承检单位的，应在抽样单上注明，并将规定的寄送样截止日期告知受检单位。备样封存在受检单位待用，当检验样在运输过程中破损时、产品吸水率和抗裂性检验不合格由受检企业确认后提出异议时，启用备样。

（四）抽样单

应按有关规定填写抽样单，并记录被抽查产品及企业相关信息。同时记录被抽查企业上一年度生产的被抽产品类的销售总额，以万元计；若企业上一年度未生产，则记录本年度实际销售额，并加以注明。

注：记录的“产品销售总额”中的产品是指计划抽查的产品，如计划抽查“坐便器”，应记录被抽查企业的所有坐便器销售总额；计划抽查蹲便器，应记录对应的被抽查企业的蹲便器年销售总额；以此类推。

抽样人员必须在抽样现场确认并记录在抽样单中的信息：

——抽便器类产品时，确认所抽样品的用水量标识；

——确认产品执行的技术标准。对于明示执行标准为GB/T6952－1999的产品，因其为已废止的标准，所以在抽样单执行标准一栏仍填写GB6952－2005，并在备注栏内注明明示标准GB/T6952－1999。

—— 确认小便器、洗面器产品的分类质量标识：瓷质/非瓷质。

七、检验要求

（一）检验项目及重要程度分类

检验项目及重要程度分类见表3－3～表3－6。

坐便器产品检验项目及重要程度分类 　　表3－3

序号	检验项目	依据法律法规或标准	强制性/推荐性	检测方法	重要程度或不合格程度分类	
					A类[a]	B类[b]
1	水封深度	GB6952－2005 中 5.3.2.3	强制性	GB6952－2005	●	
2	水封表面面积	GB6952－2005 中 5.3.2.4	强制性	GB6952－2005	●	
3	吸水率	GB6952－2005 中 5.4	推荐性	GB6952－2005		●
4	便器用水量	GB6952－2005 中 6.1.1	强制性	GB6952－2005	●	
5	洗净功能	GB6952－2005 中 6.1.2.1	推荐性	GB6952－2005		●
6	固体排放功能	GB6952－2005 中 6.1.2.2	推荐性	GB6952－2005		●
7	污水置换功能	GB6952－2005 中 6.1.2.3	推荐性	GB6952－2005		●

续表

序号	检验项目	依据法律法规或标准	强制性/推荐性	检测方法	重要程度或不合格程度分类	
					A 类 a	B 类 b
8	坐便器水封回复	GB6952 - 2005 中 6.1.2.4	强制性	GB6952 - 2005	●	
9	便器配套要求	GB6952 - 2005 中 7.1.1	强制性	GB6952 - 2005	●	
10	管道输送特性	GB6952 - 2005 中 6.1.2.5	推荐性	GB6952 - 2005		●
11	安全水位技术要求	GB6952 - 2005 中 7.1.4	推荐性	GB6952 - 2005		●
12	进水阀 CL 标记	JC 987	强制性	JC 987	●	
13	安装相对位置	JC 987	强制性	JC 987	●	
14	防虹吸功能	GB6952 - 2005 中 7.1.3	强制性	JC 987 JC/T931	●	
15	进水阀密封性	JC 987	强制性	JC 987	●	
16	排水阀密封	JC 987	强制性	JC 987	●	
17	进水阀耐压性	JC987	推荐性	JC 987		●

a 极重要质量项目
b 重要质量项目

备注	1. 第 1 - 9 项是所有坐便器必检项目； 2. 坐便器用水量标识为节水型坐便器时应增加第 10 项检测； 3. 对于配套重力式冲水装置的坐便器应增加第 11 - 17 项检验项目，其中第 14 项按 JC 987 规定检验； 4. 对于配套冲洗阀的坐便器，应按增加第 14 项检验项目，按 JC/T931 的规定检验

蹲便器产品检验项目及重要程度分类 **表 3 - 4**

序号	检验项目	依据法律法规或标准	强制性/推荐性	检测方法	重要程度或不合格程度分类	
					A 类[a]	B 类[b]
1	水封深度	GB6952 - 2005 中 5.3.2.3	强制性	GB6952 - 2005	●	
2	吸水率	GB6952 - 2005 中 5.4	推荐性	GB6952 - 2005		●
3	用水量	GB6952 - 2005 中 6.1.1	强制性	GB6952 - 2005	●	
4	洗净功能	GB6952 - 2005 中 6.1.4.1	推荐性	GB6952 - 2005		●
5	排放功能	GB6952 - 2005 中 6.1.4.2	推荐性	GB6952 - 2005		●
6	防溅功能	GB6952 - 2005 中 6.1.4.3	推荐性	GB6952 - 2005		●
7	便器配套要求	GB6952 - 2005 中 7.1.1	强制性	GB6952 - 2005	●	
8	安全水位技术要求	GB6952 - 2005 中 7.1.4	推荐性	GB6952 - 2005		●
9	进水阀 CL 标记	JC 987	强制性	JC 987	●	
10	安装相对位置	JC 987	强制性	JC 987	●	
11	防虹吸功能	GB6952 - 2005 中 7.1.3	强制性	JC 987 JC/T 931	●	
12	进水阀密封性	JC 987	强制性	JC 987	●	
13	排水阀密封	JC 987	强制性	JC 987	●	
14	进水阀耐压性	JC987	推荐性	JC 987		●

a 极重要质量项目
b 重要质量项目

备注	1. 第 1 - 7 项是所有蹲便器必检项目； 2. 对于配套重力式冲水装置的蹲便器应增加第 8 - 14 项检验项目，其中第 11 项按 JC 987 规定检验； 3. 对于配套冲洗阀的蹲便器，应按增加第 11 项检验项目，按 JC/T931 的规定检验； 4. 对于不带整体存水弯的蹲便器产品，检测时应配备水封不小于 50 ㎜的 P 型下水弯管

小便器产品检验项目及重要程度分类 **表 3－5**

序号	检验项目	依据法律法规或标准	强制性/推荐性	检测方法	重要程度或不合格程度分类	
					A 类[a]	B 类[b]
1	水封深度	GB6952－2005 中 5.3.2.3	强制性	GB6952－2005	●	
2	吸水率	GB6952－2005 中 5.4	推荐性	GB6952－2005		●
3	用水量	GB6952－2005 中 6.1.1	强制性	GB6952－2005	●	
4	洗净功能	GB6952－2005 中 6.1.3.1	推荐性	GB6952－2005		●
5	污水置换功能	GB6952－2005 中 6.1.3.2	推荐性	GB6952－2005		●
6	便器配套要求	GB6952－2005 中 7.1.1	强制性	GB6952－2005	●	
7	防虹吸功能	GB6952－2005 中 7.1.3	强制性	JC/T931	●	

a 极重要质量项目
b 重要质量项目

备注	只用于带整体存水弯的小便器产品

洗面器产品检验项目及重要程度分类 **表 3－6**

序号	检验项目	依据法律法规或标准	强制性/推荐性	检测方法	重要程度或不合格程度分类	
					A 类[a]	B 类[b]
1	吸水率	GB6952－2005 中 5.4	推荐性	GB6952－2005		●
2	抗裂性	GB6952－2005 中 5.5	推荐性	GB6952－2005		●
3	溢流功能	GB6952－2005 中 6.2	推荐性	GB6952－2005	●	

a 极重要质量项目
b 重要质量项目

备注	

注：极重要质量项目是指直接涉及人体健康、使用安全的指标；重要质量项目是指产品涉及环保、能效、关键性能或特征值的指标。

（二）检验应注意的问题

1. 若被检产品明示的质量要求高于本规范中检验项目依据的标准要求时，应按被检产品明示的质量要求判定；若被检产品明示的质量要求低于本规范中检验项目依据的国家或行业强制性标准要求时，应按国家或行业强制性标准要求判定；若被检产品明示的质量要求缺少本规范中的检验项目（主要是产品通用重要特征值）时，应按本规范中检验项目依据的标准要求进行检验并判定。

2. 检验流程

（1）便器类产品

Ⅰ　生产企业检验样：一套带冲水装置的便器（A 样）、一套冲水装置（B 样）和两组试片（C 样）。

检验流程 1：

A 样：水封深度——坐便器水封表面面积——配套要求——便器用水量——重力式冲水装置安全水位技术要求和安装相对位置——坐便器水封回复——洗净功能——固体物排放功能（除小便器）——污水置换功能（除蹲便器）——节水型坐便器管道输送功能/蹲便器防溅污性。

B 样：进水阀密封性——进水阀耐压性——进水阀 CL 线标记——防虹吸功能——排水阀密封。

C 样：取一组（三片）进行吸水率检验。若不合格，取另一组进行复验，以复验结果为准。

Ⅱ　流通领域检验样：两套带冲水装置的便器（A、B 样）。

检验流程 2：

A 样：同检验流程 1。

B 样：冲水装置用于进水阀密封性——进水阀耐压性——进水阀 CL 线标记——防虹吸功能——排水阀密封；按标准要求在该陶瓷件上敲取两组试片，取一组（三片）进行吸水率检验。若不合格，取另一组进行复验，以复验结果为准。

（2）洗面器产品

两个检验样（A、B 样）。

检验流程：

A 样：溢流功能。

B 样：按标准要求敲取两组试片，保留 B 样残留物。一组用于吸水率检验，一组用于抗裂性检验。若不合格，由保留的 B 样残留物上再敲取一组进行复验，以复验结果为准。

3. 其他说明

（1）若所抽便器类产品无用水量质量标识，按 GB6952－2005 规定的普通型要求进行检验；洗面器产品无分类标识，按 GB6952－2005 规定的瓷质产品进行检验；

（2）对没配套的便器类产品，不再进行除吸水率、水封、水封表面面积外的其他项目检验。

八、判定原则

（一）判定原则有关说明

1. 若所抽便器类产品无用水量质量标识，按 GB6952－2005 规定的普通型要求进行判定；

2. 若盆类产品无分类标识，按 GB6952－2005 规定的瓷质产品进行判定；

3. 若进水阀无 CL 标识，该项及防虹吸功能、安全水位技术要求、安装相对位置均按不合格判定；

4. 对没配套冲水装置的便器类产品除吸水率、水封深度、坐便器水封表面面积按检验结果判定外，其他项目均按不合格判定。

（二）综合判定

1. 合格判定

结论：所抽产品经检验，所检项目均符合 GB 6952－2005 和 JC 987－2005（或 JC/T931－2003）要求的，判定为被抽查产品合格。

2. 不合格判定

所检项目中任一项或一项以上不合格，判定为被抽查产品不合格。并应说明是属于“严重不合格”或“一般不合格”。当产品存在 A 类项目不合格时，属于严重不合格；当产品仅有 B 类项目不合格时，属于一般不合格。

结论：所抽产品经检验，所检××等 n 项符合 GB 6952－2005 和 JC 987－2005（或 JC/T931－2003）要求，所检××等 n 项不符合 GB 6952－2005 要求，所检××等 n 项不符合 JC 987－2005（或 JC/T931－2003）要求，判定为不合格；属于严重不合格/一般不合格。

九、异议处理复检

对判定不合格产品进行复检时，按以下方式进行：

（一）核查不合格项目相关证据，能够以记录（纸质记录或电子记录或影像记录）或与不合格项目相关联的其他质量数据等检验证据证明。

（二）需对不合格项目复检时，吸水率、抗裂性、进水阀耐压性三项应启用备样复检，其他均应在原样上复检。当复检结果仍不合格，维持原检验结果不变。当复检结果合格，以复检结果为准。

（三）不进行复检情况：

1. 对于没有配套的便器类产品不进行复检。

2. 法律法规规定的其他不复检的情况。

十、附则

本规范代替 CCGF 213.2—2008 版。

本规范编写单位：国家建筑卫生陶瓷质量监督检验中心（刘幼红）、国家日用陶瓷质量监督检验中心（李硕）、国家建筑装饰装修材料质量监督检验中心（赵有源）。

本规范由国家质量监督检验检疫总局产品质量监督司管理。

二、产品质量监督抽查实施规范（陶瓷砖）CCGF 310－2010

产品质量监督抽查实施规范（陶瓷砖）

国家质量监督检验检疫总局

2010－07－13 发布；2010－08－01 实施

陶瓷砖产品质量监督抽查实施规范

一、范围

本规范适用于陶瓷砖产品质量国家监督抽查，针对特殊情况的专项国家监督抽查、省级质量技术监督部门组织的监督抽查可参照执行。本规范内容包括产品分类、术语和定义、企业规模划分、检验依据、抽样、检验要求、判定原则、异议处理复检及附则。

注：针对特殊情况的专项国家监督抽查是指应急工作需要而进行的或者由于某种特殊情况（或原因）仅需要对部分项目进行抽样检验的专项国家监督抽查。

二、产品分类

（一）产品分类及代码

产品分类及代码 **表 3－7**

产品分类	一级分类	二级分类	三级分类
分类代码	3	10	/
分类名称	建筑和装饰装修材料	陶瓷砖	/

（二）产品种类

1. 按成型方法分为挤压陶瓷砖和干压陶瓷砖；

2. 按吸水率分为瓷质砖、炻瓷砖、细炻砖、炻质砖和陶质砖；

3. 按用途分为室内外墙砖和室内外地砖；

4. 按施釉分为有釉砖和无釉砖。

三、术语和定义

下列术语和定义适用于本规范。

陶瓷砖是由黏土和其他无机非金属原料制造的用于覆盖墙面和地面的薄板制品，属建材产品。

四、企业规模划分

根据陶瓷砖产品行业的实际情况，生产企业规模以陶瓷砖产品年销售额为标准划分为大、中、小型企业，具体见表 3－8。

企业规模划分 **表 3－8**

企业规模	大型企业	中型企业	小型企业
销售额（万元）	≥50000	≥5000 且 <50000	<5000

五、检验依据

1. GB/T 4100－2006 陶瓷砖；
2. GB/T 3810. 1～16－2006 陶瓷砖试验方法；
3. GB 6566－2001 建筑材料放射性核素限量；
4. GB/T10111－2008 随机数的产生及其在产品质量抽样检验中的应用程序；
5. 经备案现行有效的企业标准及产品明示质量要求；
6. 相关的法律法规、部门规章和规定。

六、抽样

（一）抽样型号或规格

抽查的型号或规格由抽样人员按 GB 10111－2008《利用随机数骰子进行随机抽样的方法》确定（专项抽查除外）。

（二）抽样方法、基数及数量

在生产企业的成品库、生产线末端或市场，随机抽取经被抽查企业检验合格或以任何方式表明合格的产品。

按 GB10111－2008《利用随机数骰子进行随机抽样的方法》和 GB/T 3810. 1－2006 陶瓷砖试验方法第 1 部分：《抽样和接收条件》抽取样品。

在生产领域抽样时，抽样基数不少于 50 件（箱）；

在流通领域抽样时，抽样基数应不少于抽取样品量。

抽样数量根据抽查方案确定的检验项目所需要的检验用样加备检用样来确定，按本规范全项检验 700mm 以下规格陶瓷砖最少抽样数量为 20 块、700mm 以上规格陶瓷砖最少抽样数量为 12 块，备用检验样品至少 10 块。

（三）样品处置

1. 抽取的样品在抽样现场立即封样，封样单上由抽样人员、受检单位代表分别签字。

2. 抽样人员封样时，应当有防拆封措施，以保证样品的真实性。各种防拆封措施由承检单位自行确定，并告知受检单位。承检单位接收样品时，应仔细查验，以保证样品的真实性。

3. 抽样人员应将检验样品寄、送承检单位或请受检单位协助将检验样品寄、送往承检单位。需要受检单位协助将检验样品寄、送往承检单位的，应在抽样单上注明，并将规定的寄送样截止日期告知受检单位。寄送样品时应防止剧烈碰撞损坏样品。

4. 备样应妥善保管。当受检单位或者样品经过确认的生产企业对检验结果提出异议，复检需要启用备样时，备样保管单位应按时将所封备样寄送至承检单位。

（四）抽样单

1. 应按有关规定填写抽样单，并记录被抽查产品及企业相关信息。同时记录被抽查企业上一年度生产的被抽查陶瓷砖产品销售总额，以万元计；若企业上一年度未生产，则记录本年度实际销售额，并加以注明。

2. 如有以下情况时，应在备注栏中说明。

（1）贴牌生产或委托加工应说明，并附协议或证明；

（2）产品工作尺寸：长、宽、厚。

七、检验要求

（一）检验项目及重要程度分类

检验项目及重要程度分类 表 3－9

序号	检验项目	依据法律法规或标准	强制性/推荐性	检测方法	重要程度分类	
					A 类[a]	B 类[b]
1	尺寸	GB/T 4100－2006	推荐性	GB/T 3810. 2－2006		●
2	吸水率	GB/T 4100－2006	推荐性	GB/T 3810. 3－2006		●
3	断裂模数和破坏强度	GB/T 4100－2006	推荐性	GB/T 3810. 4－2006		●
4	无釉砖耐磨深度	GB/T 4100－2006	推荐性	GB/T 3810. 6－2006		●
5	抗釉裂性	GB/T 4100－2006	推荐性	GB/T 3810. 11－2006		●
6	耐化学腐蚀性	GB/T 4100－2006	推荐性	GB/T 3810. 13－2006		●
7	耐污染性	GB/T 4100－2006	推荐性	GB/T 3810. 14－2006		●
8	放射性核素	GB 6566－2001	强制性	GB 6566－2001	●	
备注	1. 无釉砖耐磨深度仅适用于无釉地砖； 2. 抗釉裂性、耐污染性仅适用于有釉陶瓷砖； 3. 无釉砖耐化学腐蚀性不考核； 4. [a] 极重要质量项目，[b] 重要质量项目					

注：极重要质量项目（A 类）是指直接涉及人体健康、使用安全的指标；重要质量项目（B 类）是指产品涉及环保、能效、关键性能或特征值的指标。

（二）检验应注意的问题

若被检产品明示的质量要求高于本规范中检验项目依据的标准要求且检验方法一致时，应按被检产品明示的质量要求判定。若被检产品明示的质量要求低于本规范中检验项目依据的国家或行业强制性标准要求时，应按国家或行业强制性标准要求判定；若被检产品明示的质量要求缺少本规范中的检验项目时，应按本规范中检验项目依据的标准要求进行检验并判定。

GB 6566－2001《建筑材料放射性核素限量》为强制性国家标准，按产品包装上所标识的等级进行判定，如果包装上未作标识，则按照 A 类进行判定。

八、判定原则

陶瓷砖的产品质量单项合格判定细则见表 3－10。

陶瓷砖的产品质量单项合格判定细则表　　表 3-10

序号	项目名称	样本大小	判定细则
1	尺寸	10	Ac=0，Re=1
2	吸水率	5	平均值和单值符合标准要求，Ac=0，Re=1
3	破坏强度	7	平均值符合标准要求
4	断裂模数	7	平均值和单值符合标准要求，Ac=0，Re=1
5	无釉砖耐磨深度	5	Ac=0，Re=1
6	抗釉裂性	5	Ac=0，Re=1
7	耐化学腐蚀性	5	Ac=0，Re=1
8	耐污染性	5	Ac=0，Re=1
9	放射性核素	3.0kg	按产品明示等级判定

经检验，检验项目全部合格，判定为被抽查产品合格；检验项目中任一项或一项以上不合格，判定为被抽查产品不合格。当产品存在 A 类不合格时，属于严重不合格；当产品仅有 B 类不合格时，属于一般不合格。

九、异议处理复检

对判定不合格产品进行复检时，按以下方式进行：

（一）核查不合格项目相关证据，能够以记录（纸质记录或电子记录或影像记录）或与不合格项目相关联的其他质量数据等检验证据证明，并得到被检方认可的，作出维持原检验结论的复检结论。

（二）需对不合格项目复检时，可以在原样上进行的，应采用原样检验。不可以在原样上进行的，可采用备用样检验。当复检结论仍不合格，维持原检验结论不变。当复检结论合格，以复检结论为准。

十、附则

本规范代替 CCGF　310-2008 版。

本规范编写单位：国家建筑装修材料质量监督检验中心（靳立新）、福建省中心检验所（朱一军）。

本规范由国家质量监督检验检疫总局产品质量监督司管理。

第五节　建筑卫生陶瓷新标准

1. 2009 年 1 月 1 日开始实施国家标准（GB/T 21944.1-2008）《碳化硅特种制品 反应烧结碳化硅窑具，第 1 部分：方梁》；国家标准（GB/T 21944.3-2008）《碳化硅特种制品 反应烧结碳化硅窑具，第 3 部分：辊棒》；

2. 2009 年 12 月 1 日开始实施国家标准（GB/T 21944.2-2009）《碳化硅特种制品 反应烧结碳化硅窑具 第 2 部分：异型梁》；国家标准（GB/T 21944.4-2009）《碳化硅特种制品 反应烧结碳化硅窑具 第 4 部分：烧嘴套》；

3. 2009 年 4 月 1 日开始实施国家标准（GB/T 13891-2008）《建筑饰面材料镜向光泽度测定方法》；国家标准（GB/T 13095-2008）《整体浴室》；国家标准（GB/T 12954.1-2008）《建筑胶粘剂试验方法 第 1 部分：陶瓷砖胶粘剂试验方法》；国家标准（GB/T 12956-2008）《卫生间配套设备》；

4. 国家标准（GB/T 23458-2009）《广场用陶瓷砖》2009-03-25 发布，2010-01-01 实施；

5. 国家标准（GB/T 23460.1-2009）《陶瓷釉料性能测试方法 第 1 部分：高温流动性测》2009-

03－25 发布，2010－01－01 实施；

6. 国家标准（GB/T 23447－2009）《卫生洁具：淋浴用花洒》2009－03－25 发布，2010－01－01 实施；

7. 国家标准（GB/T 23448－2009）《卫生洁具用软管》2009－03－25 发布，2010－01－01 实施；

8. 国家标准（GB/T 23266－2009）《陶瓷板》2009－03－09 发布，2009－11－05 实施；

9. 国家标准（GB/T 23459－2009）《陶瓷工业梭式、隧道窑热平衡、热效率测定与计算方法》2009－03－28 发布，2010－01－01 实施；

10. 行业标准（JC/T 1095－2009）《轻质陶瓷砖》2009－12－04 发布，2010－06－01 实施；

11. 行业标准（JC/T 1094－2009）《陶瓷用硅酸锆》2009－12－04 发布，2010－06－01 实施；

12. 行业标准（JC/T 1097－2009）《建筑卫生陶瓷用添加剂 解胶剂》2009－12－04 发布，2010－06－01 实施；

13. 行业标准（HDB/JC 009－－2009）“铜质水嘴加工贸易单耗标准”。

第六节 建筑卫生陶瓷分类及术语

建筑卫生陶瓷分类及术语（标准报批稿）

（一）范围

本标准规定了建筑卫生陶瓷的分类、术语和定义。

本标准适用于建筑卫生陶瓷的设计、生产、质量检验、贸易、科学研究、教学等领域。

（二）规范性引用文件

下列文件对于本文件的应用是必不可少的。凡是注日期的引用文件，仅所注日期的版本适用于本文件。凡是不注日期的引用文件，其最新版本（包括所有的修改单）适用于本文件。

GB/T 3810.2 陶瓷砖试验方法 第 2 部分：尺寸和表面质量的检验；

GB/T 4100 陶瓷砖；

GB 6952 卫生陶瓷。

（三）分类

建筑卫生陶瓷分为建筑陶瓷和卫生陶瓷两大类。

建筑陶瓷分为陶瓷砖（包括各类室内、室外、墙面、地面用陶瓷砖、陶瓷板、陶瓷马赛克、防静电陶瓷砖、广场砖）、建筑琉璃制品、微晶玻璃陶瓷复合砖、陶瓷烧结透水砖、建筑幕墙用陶瓷板等。

1. 建筑陶瓷的分类

（1）按成型方法分类

挤压砖（板、瓦、块）

干压砖（板、瓦、块）

用其他方法成型的砖（板、瓦、块）

（2）按吸水率（E）分类

低吸水率砖（板、瓦、块）

中吸水率砖（板、瓦、块）

高吸水率砖（板、瓦、块）
（3）按用途分类
内墙砖（板、块）
外墙砖（板、块）
地砖（板、块）
天花板砖（板、块）
阶梯砖（板、块）
游泳池砖
广场砖
配件砖
屋面瓦
其他用途砖（板、块）

2. 卫生陶瓷的分类

（1）按材料性质分类
瓷质卫生陶瓷
炻质卫生陶瓷
陶质卫生陶瓷
（2）按品种分类
坐便器
洗面器
小便器
蹲便器
净身器
洗涤槽
水箱
小件卫生陶瓷

（四）产品术语和定义

1. 建筑陶瓷 building ceramic，architectural ceramic

由黏土、长石和石英为主要原料，经成型、烧成等工艺处理，用于装饰、构建与保护建筑物、构筑物的板状或块状陶瓷制品。

（1）陶瓷砖 ceramic tile
由黏土、长石和石英为主要原料制造的用于覆盖墙面和地面的板状或块状建筑陶瓷制品。
（2）瓷质砖（板）porcelain tile，porcelain board
吸水率（E）不超过0.5%的陶瓷砖（板）。
（3）炻瓷砖 stoneware porcelain tile
吸水率（E）大于0.5%，不超过3%的陶瓷砖。
（4）细炻砖 fine stoneware tile
吸水率（E）大于3%，不超过6%的陶瓷砖。
（5）炻质砖 stoneware tile
吸水率（E）大于6%，不超过10%的陶瓷砖。

（6）陶质砖（板）fine earthenware tile，fine earthenware board

吸水率（E）大于10%的陶瓷砖（板）。

（7）挤出砖 extruded tile

将可塑性坯料以挤压方式成型生产的陶瓷砖。

（8）干压砖（压制砖）dry – pressed tile，powered – pressed tile，dust – pressed tile

将混合好的粉料经压制成型的陶瓷砖。

（9）内墙砖 interior wall tile

用于装饰与保护建筑物内墙的陶瓷砖。

（10）外墙砖 exterior wall tile

用于装饰与保护建筑物外墙的陶瓷砖。

（11）室内地砖 indoor floor tile

用于装饰与保护建筑物内部地面的陶瓷砖。

（12）室外地砖 outdoor ground tile

用于装饰与保护室外构筑物地面的陶瓷砖。

（13）有釉砖 glazed tile

正面施釉的陶瓷砖。

（14）无釉砖 unglazed tile

不施釉的陶瓷砖。

（15）平面装饰砖 pattern tile

正面呈现平面花纹图案的陶瓷砖。

（16）立体装饰砖 stereoscopic tile

正面呈凹凸纹样的陶瓷砖。

（17）马赛克（陶瓷锦砖）ceramic mosaic，mosaic ceramic tile

用于装饰与保护建筑物地面及墙面的由多块小砖（表面面积不大于55cm^2）拼贴成联使用的陶瓷砖。

（18）广场砖 plaza pave stone

用于铺砌广场及道路的陶瓷砖。

（19）陶瓷配件 trimmers

用于铺砌建筑物墙脚、拐角等特殊装修部位的陶瓷件。

（20）抛光砖 polished tile

经过机械研磨、抛光，表面呈镜面光泽的陶瓷砖。

（21）劈离砖 split tile

由挤出法成型为两块背面相连的砖坯，经烧成后敲击分离而成的陶瓷砖。

（22）透水砖 water – permeable brick

含有大量通透性空隙且具有较大水渗透性能的陶瓷砖。

（23）低吸水率砖 low water absorption tile

吸水率不大于3%的陶瓷砖（$E \leq 3\%$）。

（24）中吸水率砖 middle water absorption tile

吸水率大于3%但小于10%的陶瓷砖（$3\% < E \leq 10\%$）。

（25）高吸水率砖 high water absorption tile

吸水率大于10%的陶瓷砖（$E > 10\%$）。

（26）陶瓷板 ceramic board

由黏土和其他无机非金属材料经成形、高温烧成等生产工艺制成的板状陶瓷制品。

（27）炻质板 stoneware board

吸水率（E）大于0.5%，不超过10%的陶瓷板。

2. 建筑琉璃制品 building terra－cotta

吸水率不大于12%的瓦类、脊瓦类、饰件类有釉陶瓷制品。

3. 微晶玻璃陶瓷复合砖 glass－ceramics & ceramic combined tile

将微晶玻璃熔块粒施于陶瓷坯体表面，经高温烧结和晶化处理，使微晶玻璃面层和陶瓷基体复合而成的建筑装饰面材料。

4. 卫生陶瓷 ceramic sanitary ware，china sanitary ware

由黏土、长石和石英为主要原料，经混练、成型、高温烧制而成用做卫生设施的有釉陶瓷制品。

（1）瓷质卫生陶瓷 vitreous sanitary ware

吸水率≤0.5%的有釉陶瓷制品。

（2）炻质卫生陶瓷 stoneware sanitary ware

0.5%＜吸水率≤8.0%的有釉陶瓷制品。

（3）陶质卫生陶瓷 earthen sanitary ware

8.0%＜吸水率≤15.0%的有釉陶瓷制品。

（4）洁具 fixture

带有配件，具备使用功能的卫生陶瓷。

（5）洁具配件 fittings

与卫生陶瓷配套使用的部件。如水箱配件、冲洗阀、坐圈和盖、水嘴、软管及排水配件等。

（6）便器 wc pan

用于承纳并冲走人体排泄物的卫生陶瓷。按排泄口部位，有下排污、侧排污和后排污之分。

1）蹲便器 squatting pan

使用时以人体取蹲式为特点的便器。分为无遮挡和有遮挡；其结构有存水弯和无存水弯。

①挂箱式蹲便器 wall－hang cistern squatting pan

水箱挂装在墙面上的蹲便器。

②冲洗阀式蹲便器 flushing valve squatting pan

借冲洗阀水的冲力直接将污物排出的蹲便器。

2）节水型蹲便器 water－saving squatting pan

用水量不大于8L的蹲便器。

3）坐便器 pedestal pan，sitting wc pan

使用时以人体取坐式为特点的便器。按冲洗方式分有冲落式、虹吸式等。

①冲落式坐便器 wash－down pedestal pan

借冲洗水的冲力直接将污物排出的便器。其主要特点是在冲水排污过程中在坐便器排污通道中只形成正压，没有负压。

②虹吸式坐便器 siphon pedestal pan

主要借冲洗水在排水道所形成的虹吸作用将污物排出的便器。冲洗时正压对排污起配合作用。

4）节水型坐便器 water－saving pedestal pan

用水量不大于6L的坐便器。

（7）连体式坐便器 one - piece pedestal pan
与水箱为一体的坐便器。
（8）分体式坐便器 seated cistern pedestal pan
冲水装置与陶瓷便器分离的坐便器。
（9）落地式坐便器 floor - type pedestal pan
安放在地面上的坐便器。
（10）壁挂式坐便器 wall - hang pedestal pan
挂装在墙面上的坐便器。
（11）挂箱式坐便器 wall - hang cistern pedestal pan
水箱挂装在墙面上的坐便器。
（12）水箱 cistern，tank
与便器配套，用以盛装冲洗水的容器。
（13）壁挂式水箱 wall - hang cistern
挂装于墙壁上的水箱。
（14）坐箱式水箱 seated cistern
安放在陶瓷便器上的水箱。
（15）隐藏式水箱 hidden cistern
安装在隐蔽工程内部的水箱。
（16）小便器 urinal
专供小便使用的卫生陶瓷。
1）壁挂式小便器 wall - hang urinal
挂装于墙壁上的小便器。
2）落地式小便器 floor - standing urinal
落地式安装的小便器。
3）节水型小便器 water - saving urinal
用水量不大于 3L 的小便器。
（17）洗面器 lavatory
供洗脸、洗手用的卫生陶瓷。有悬挂式、立柱式和台式。
1）壁挂式洗面器 wall - hang lavatory
安装于墙面或托架上的洗面器。
2）立柱式洗面器 pedestal lavatory
下方带有承重立柱的洗面器。
3）台式洗面器 vanity lavatory
与台板组合在一起的洗面器。
4）柜式洗面器 cupboard lavatory
与柜组合在一起的洗面器。
（18）净身器 bidet
带有喷洗的供水系统和排水系统，洗涤人体排泄器官的卫生陶瓷。
1）落地式净身器 floor - type bidet
安放在地面的净身器。
2）壁挂式净身器 wall - hang bidet
挂装于墙壁上的净身器。

（19）洗手盆 hand – rinse basin

专供洗手用的有釉陶瓷质卫生设备。

（20）洗涤槽 sink

承纳洗涤用水，用以洗涤物件的槽形有釉陶瓷质卫生设备。

（21）存水弯 trap

具有水封功能的有釉陶瓷质排污管道。

（22）小件卫生陶瓷 sanitary assembly articles

供卫生间配套的有釉陶瓷质器件。

（23）冲水装置 flushing device

连接在供水管道和便器之间的以水为介质实现便器冲洗排污功能的开关装置。

（24）重力冲水装置 flush tank，gravity – type tank

能储存一定量的水，开启时依靠水的自重产生冲洗作用的冲水装置。

（25）压力冲水装置 pressurized flushing device

利用供水水压形成冲水压力的装置。

（五）产品部位术语和定义

（1）坯体 body

构成制品的陶瓷质主体。

（2）釉 glaze

经配制加工后，施于坯体表面经熔融后形成的玻璃层或玻璃与晶体混合层起遮盖或装饰作用的物料。

（3）底釉 engobed glaze

施于陶瓷坯体与釉料之间，起遮盖或装饰作用，烧成后不完全玻化或玻化的釉料。

（4）正面 front surface

铺贴后可看到的表面。

（5）背面 back surface

砖体铺贴或安装时其与墙面或地面相连接的表面。

（6）侧面 side surface

与正面和背面相连接的表面。

（7）抛光面 polished surface

陶瓷砖烧制后经机械研磨、抛光使砖产生镜面光泽的表面。

（8）正面边 front side edge

正面与侧面所交接的棱边。

（9）正面角 front side angle

相邻两正面边的夹角。

（10）间隔凸缘 spacer lug

带有凸缘的砖，便于使沿直线铺贴的两块砖之间的接缝宽度不超过规定的要求（为施工而特意制造的）。

（11）可见面 visual surface

设定卫生设备安装后，容易看见的表面。

（12）洗净面 washable surface

卫生设备使用时，在设计上水能冲洗到的可见面。

（13）隐蔽面 concealed surface

卫生设备可见面以外的表面。
(14) 安装面 mounting surface
卫生设备与墙、地或其他配件接触的部位。
(15) 遮挡 fender
蹲便器前部高出的部位。
(16) 圈 rim
便器上部的空心边圈。
(17) 排污道 trap way
便器内污物排出的通道。
(18) 隐蔽溢水道 concealed spillway
与溢水孔相连的溢水暗道。
(19) 进水口 water inlet
冲洗水的进入口。
(20) 排水口 outlet
卫生器的去水口。
(21) 排污口 sewage draining exit
便器的污物排出口。
(22) 承口 upward socket
存水弯上与便器排污口相连的内径扩大的端部。
(23) 插口 downward socket
存水弯插入配套件承口内的部位。
(24) 溢水孔 overflow hole
为控制最高水位而设置的与隐蔽溢水道相连的孔眼。
(25) 泄水孔 spilled water hole
与隐蔽溢水道和排水口相连、泄出溢流水的孔眼。
(26) 安装孔 installing hole
卫生设备上用于固定本身或安装配件的孔眼。
(27) 安装孔平面 installing hole surface
保证配套件能正常安装的平面。
(28) 布水眼 rim hole
分配冲洗水的孔眼。
(39) 喷射孔 jet hole
在坐便器水封下，喷射道的出水孔。
(30) 溢流水位 flood level
当洁具排水口关闭或堵塞时，洁具内发生溢流时的水位。
(31) 临界水位（C/L）critical level
冲水装置因重力作用或负压作用而流回至供水管道内的最低水位。
(32) 挡水堰 weir
便器排水道内控制水位的部位。

(六) 缺陷术语和定义

(1) 变形　deform

制品呈现不符合设计规定的形状。
(2) 坯裂 split
出现在坯体上的裂纹。
(3) 釉裂 crazing
仅在釉层上出现微细裂纹，坯体并未开裂。
(4) 裂纹 crack
坯、釉开裂而形成的纹状缺陷。
(5) 风裂 dunt
产品在窑炉冷却阶段和冷却后产生的裂纹。
(6) 缺釉 glaze - peels
坯体釉层局部无釉。
(7) 缩釉 crawling
釉层聚集卷缩致使坯体局部无釉。
(8) 釉泡 glaze bubble
釉面出现的开口或闭口气泡。
(9) 波纹 waviness ripple
釉面呈波浪纹样。
(10) 釉缕 excess glaze
釉面突起的釉条或釉滴。
(11) 桔釉 orange - peel
釉面似橘皮状，光泽较差。
(12) 釉粘 glaze sticking
有釉制品在烧成时相互粘接或与窑具粘连而造成的缺陷。
(13) 针孔 pin prick
釉面上呈现的针刺状小孔（也称毛孔）。
(14) 棕眼 pin hole
穿透釉面的小孔眼。
(15) 斑点 speck
制品表面呈现的异色污点。
(16) 剥边 edge peeling
产品边缘出现条状或小块状剥落。
(17) 磕碰 chip
产品因碰击致使局部残缺。
(18) 夹层 lamination
坯体内部出现层状裂纹或分离。
(19) 色差 color difference
同件或同套产品正面呈现的色泽差异。
(20) 色斑 discolourtion
产品表面呈现不应有的异色斑点。
(21) 坯粉 body refuse
产品烧成后粘附在正面的粉料屑。
(22) 落脏 burr

产品烧成后粘附在正面的异物。

（23）花斑 color spot

产品正面呈现的块状异色斑。

（24）烟熏 smoked glaze

在烧成过程中因烟气的影响使产品正面呈现灰、褐色或使釉面部分乃至全部失光。

（25）坯泡 blister

釉下坯体凸起的空心泡。

（26）坑包 projection

尺寸不大于 6mm 的凹凸面。

（27）麻点 pit

产品正面呈现的凹陷小坑。

（28）溶洞 fusion hole

易熔物熔融使产品正面形成的孔洞。

（29）漏抛 omission from polishing

产品的应抛光部位局部未抛光。

（30）抛痕 polished trace

产品的抛光面出现磨具擦划的痕迹。

（31）中心弯曲 center curvature

产品正面的中心部位上凸或下凹。

（32）边缘弯曲 edge curvature

产品的边缘部位上凸或下凹。

（33）侧面弯曲 side curvature

产品的侧面外凸或内凹。

（34）翘曲 warping

产品的一个平面点偏离由另三个角所组成的平面。

（35）楔形 wedging

产品正面平行边的长度不一致。

（36）角度偏差 angle deviation

产品的角度偏离设计规定的程度。

（37）孔眼圆度 aperture circularity

孔眼最大半径与最小半径之差。

（38）孔隙 porosity

陶瓷坯体中存在的孤立或连续的空洞。

（七）功能名称术语和定义

（1）冲洗功能 washing function

用规定水量将便器内污物排出并将便器冲洗干净以及污水更换的能力。

（2）水封功能 water seal resistance

便器内储存一定量水，封闭上下通道以达到隔臭的功能。

（3）水封回复 trap seal restoration

便器冲水过程中，供水重新填充到存水弯排污管道，达到水封深度的能力。

（4）抗菌功能 antibacterial

陶瓷表面所具有的阻止细菌在表面生长的能力。

（5）便器用水量 water consumption

便器在一个冲水周期所用的水量。

（八）其他术语和定义

（1）名义尺寸 nominal size

用于统称产品规格的尺寸。

（2）工作尺寸（W）work size，manufacturing size

按制造结果确定的尺寸。

（3）实际尺寸（又名产品尺寸）actual size

按照 GB/T 3810.2 中规定的方法测得的尺寸。

（4）配合尺寸（C）coordinating size

产品与产品间相互连接的尺寸，即工作尺寸与相邻产品间隔连接宽度之和。

（5）尺寸描述 description of size

（6）模数尺寸 modular size

模数尺寸包括尺寸为 M（1M = 100 mm）、2M、3M 和 5M 以及它们的倍数或分数为基数的砖，不包括表面积小于 9 000mm^2 的砖。

（7）非模数尺寸 non - modular size

不以模数 M 为基数的尺寸。

（8）公差 tolerance

规定的实际测量尺寸偏离设计尺寸的允许范围。

（9）背纹 back side pattern

产品背面凸起或凹陷的图纹。

（10）吸水率（E）water absorption

干燥的单位质量的产品达到水饱和时所吸收的水的质量，用质量百分数表示。

（11）产品类别 product group

由特定的工艺（如干压或挤压）生产，且吸水率在预定范围内的产品。

（12）产品系列 family in a product group

性能检相同的一类产品。

（13）铺贴衬材 mounted tile underlay

为了便于铺贴，粘贴在砖背面的板状、网状或其他类似形状的辅助材料。

（14）表贴 face - mounted underlay

在砖表面粘贴铺贴衬材。施工完成后应取掉该衬材。

（15）背贴 back - mounted underlay

在砖背面粘贴铺贴衬材。施工时应嵌埋该衬材。

（16）线路 interval adjacent rows within sheet

一联砖内行间的空隙。

（17）联长 edge length of sheet

每联砖的边长。

（18）标准面 pottery square

产品正面边长为 50mm 的正方形面。

（19）冲水周期 flush cycle

启动冲洗装置完成一次冲水并准备好进行第二次冲水的完整过程。

（20）水封 seal water

便器内储存的用于封闭上下通道以达到隔臭功能的一定量水。

（21）水封深度 seal height

从水封水表面到水道入口最高点的垂直距离。

（22）水封表面面积 water surface area

坐便器中的水处于静止状态时水的表面面积。

（23）排污口安装距 sewage draining exit installing size

下排式便器排污口中心至完成墙的距离；后排式便器排污口中心至完成地面的距离。

（24）建筑卫生陶瓷产品综合能耗

comprehensive energy consumption of building and sanitary ceramics

建筑卫生陶瓷生产全部过程中，用于生产实际消耗的各种能源总量。包括生产系统、辅助生产系统和附属生产系统的各种能源消耗量和损失量，不包括基建、技改等项目建设消耗的、生产界区内回收用的和向外输出的能源量。

（25）建筑卫生陶瓷单位产品综合能耗

comprehensive energy consumption per unit product of building and sanitary ceramics

以单位合格品产量表示的建筑卫生陶瓷产品综合能耗，其中包括生产直接消耗的能源总量，以及分摊到该产品辅助生产系统、附属生产系统能耗量和体系内的能源损失量等间接消耗的能源量。

（26）建筑卫生陶瓷生产界区 production area of building and sanitary ceramics

从原料、釉料、煤、油、气等原材料和能源，经计量进入工序开始，到成品建筑卫生陶瓷计量入库和辅助生产系统、附属生产系统的整个建筑卫生陶瓷产品生产过程。由生产系统工艺装置、辅助生产系统和附属生产系统设施三部分用能组成。

（27）弹性限度 springiness limit

从陶瓷板试样背面施压，测得压力棒刚接触试样到试样断裂时压力棒的行程距离。

第四章　建筑卫生陶瓷生产制造

第一节　概述

2009 年是中国经济发展极不寻常的一年，建筑卫生陶瓷行业发展也是极不寻常的一年，在世界经济形势普遍不景气的时候，我国建筑卫生陶瓷产业全面爆发，产销两旺。2009 年不仅是行业疯狂发展的一年，而且是大力整治的一年，，必将对以后数年的发展产生较大的影响。

2009 年，由于中央政府启动 4 万亿人民币投入基础建设、房地产行业的兴旺、农村城市化进程的加快，全国建筑卫生陶瓷行业产能继续扩大，产量进一步增长。消费与销售也是全线飘红，一片兴旺。

2009 年建筑卫生陶瓷产业整治力度不减，产业扩张不断加大，产业转移逐步到位，产业布局基本形成。2009 年我国建筑卫生陶瓷的产能继续增加，建成或在建的建陶卫浴企业达到空前的水平，陶瓷砖人均达到世界第一的水平，人均陶瓷砖表观消费量［（年产量 - 出口 + 进口）/总人口］近 4.4 平方米，历史上第一次人均陶瓷砖消费量全面超过西班牙、巴西、意大利等陶瓷砖生产消费大国。建筑陶瓷、卫生陶瓷产量都分别达到历史最高水平。

巨大的国内需求直接推动了建筑卫生陶瓷生产制造的发展，同时也带动了整个上游制造业的发展，陶瓷机械装备、化工色釉料、原辅材料也是一片兴旺。

第二节　产业格局

过去我们常用“三山两江一海”（佛山、博山、唐山、晋江、夹江、上海）来描述中国建筑卫生陶瓷的产业格局，事实上近年来随着产业扩张、转移、再布局，中国建筑卫生陶瓷的产业格局正在发生着巨大的变化。尽管如此，2009 年中国建筑陶瓷广东、福建、山东、四川四省的产量仍然高达 49.90 亿平方米，占全国总产量 77.64%，但 2008 年广东、福建、山东、四川四省的产量占全国总产量 84.37%，整体比重下降 8%；2009 年中国卫生陶瓷主要集中在广东、河南、河北三省，三省的总产量高达 1.29 亿件，占全国总产量的 82.04%，而 2008 年广东、河南、河北三省的卫生陶瓷总产量为 1.24 亿件，占全国总产量的 80.51%，整体比重增加 1.90%。

建筑陶瓷传统产区产量比重的不断下降，以及内蒙（617.9%）、湖南（263.4）、江西（134.4%）、山西（104.2%）、重庆（103.9%）、河南（88.8%）、辽宁（68.0%）、陕西（67.5%）、湖北（61.8%）等九省区 2009 年的建陶产量增长超过 50%，都说明中国建筑陶瓷的旧产业格局正在开始被打破，新的产业格局雏形正在逐步形成，然而新的产业体系尚未全面构成，换句话说就是发展的新产业格局打破了旧的产业格局，显露了建陶产业新格局的一些发展方向，但距稳定的建陶产业新格局的形成还有相当的一段距离。

最近四年我国建陶产业的发展明显具有以下几个特点：其一是扩张，产量增长近 50% 是直接的佐证。其二是产业转移，佛山陶瓷产业转移是我国建陶发展史上最大的一次产业转移，佛山陶企在全国各地建厂圈地 4 万多亩。其三是整治提升，以节能减排环境保护为实质的整治提升，2009 年 11 月佛山市禅城区陶瓷产业整治办公室通报过去两年来禅城区已有 87 家企业完成关迁转移，共拆除生产窑炉 269 条，喷雾干燥塔 155 个，分别占原总数的 66.4% 和 62.5%；淄博市政府出台《淄博市建筑陶瓷产业调整振兴指导意见（2009～2011）》，3 年后淄博市建筑陶瓷生产能力将由目前的 12 亿平方米控制到 7 亿平方米之内，淘汰转移落后生产线 200 条、产能 5 亿平方米；福建晋江产区也已经明显感到这方面的压力。其四是再布局，从表象上看几乎就是遍地开花，新兴建陶产区如雨后春笋，广东的恩平、云浮，江西的高安、景德镇、丰城，湖北的当阳、蕲春，湖南的岳阳、临湘、衡阳、茶陵，辽宁的法库、建平，陕西的咸阳、宝鸡，河北的高邑，内蒙的鄂尔多斯，山西的阳城，河南的鹤壁、内黄，云南的易门，新疆的米泉，等等。这次建陶产业格局的发展变化特点都是以生产制造区域化、市场销售区域化为表征，以成本最小化、利益最大化为实质。全国建陶产区由原来的几个增加到几十个，佛山陶瓷一枝独秀的时代即将结束，并伴随着三大产区的规模逐渐减小，随着佛山陶瓷的大规模转移，佛山陶瓷的概念越来越宽，越来越模糊，并逐渐淡化，全国建陶产区进入了群雄纷争的后佛山陶瓷时代。由于物流成本的比重增加，建陶产品市场区域化的特征越来越明显，并直接导致了生产制造区域化。由于建陶产业集群性的特征，但过于集群又易导致环保与能耗的压力，新的建陶产业格局将全面表现出大范围的相对分散，小区域的有限集中（也许一地集中 100～150 条生产线是一个比较合理的规模）。以佛山陶瓷产业转移为中心的建陶产业转移已近尾声，我国建陶产业新格局的构建才刚刚开始，我国的新建陶产业体系正在逐步形成，后佛山陶瓷时代已经开始，各个新兴建陶产区的强弱优劣竞争正在全面展开，这其中最明显的是以“中国建筑陶瓷生产基地”（江西高安市陶瓷工业园）为中心并拥有数百条生产线的江西产区，如何在有限的区域范围内消化全部产能或走向全国、走向世界；还有鄂尔多斯、包头等地的内蒙建陶产业基地形成，将对淄博陶瓷北上、法库陶瓷西行增加多少竞争；如果陕西、山西建陶产业全面崛起，鄂尔多斯建陶又会面临怎样的挑战，这些新兴建陶产区将在相关区域市场的竞争中逐步完善新的建陶产业格局与产业体系，在竞争过程中，各个建陶产区将完成自身的产业定位及相应的产业体系。随着建陶产业格局的逐步形成完善，市场区域化的特征越来越明显，一方面没有层次差异定位的平行多品牌策略凸显市场保护管理难度，另一方面各区域形成不尽相同的叫得响的地区名牌，市场新格局的变化正在不断影响着建陶产品的销售，区域经销商代理体系结合自建渠道的分公司制、大额直销的混合型营销模式正在为更多的建陶企业采用。在建陶产业进一步发展的过程中，新兴建陶产区彼此将在原材料优势、能源优势、相关区域优势等方面的竞争中逐步完善新的建陶产业格局与产业体系，各个建陶产区将完成自身的产业定位，我国建陶产业的可持续发展也将步入一个新的阶段。

多年来我国卫生陶瓷产业主要集中在广东的潮州、河南的长葛与河北的唐山，2009 年广东、河南、河北三省的卫生陶瓷产量占全国总产量的 82.04%，较 2008 年的 80.51%，整体比重增幅 1.90%。尽管如此，卫生陶瓷的产业格局也在悄然地发生着变化，2009 年福建产区卫生陶瓷产量增长 105.7%，上海增长 90.4%，重庆 51.5%，湖北 33.0%，相对全国 1.8% 的增长，明显是大幅度增长。目前福建闽南地区（以厦门、南安为主）凭借建筑陶瓷、五金水暖、休闲卫浴以及原有的卫生陶瓷的基础，大举进军卫生陶瓷领域，路达、松霖、中宇、辉煌、九牧、申鹭达都已开始或正在开始卫生陶瓷的生产制造，估计 2～3 年时间将进入中国卫生陶瓷四强省份。

第三节　机械装备

一、概述

近几年来，建筑卫生陶瓷机械装备持续保持增长，其重要原因是：1. 下游陶瓷行业需求旺盛带来的需求。2004～2009 年，国内陶瓷砖产量由 29.6 亿平方米增至 64.27 平方米，5 年内年平均增长超过

20%。2. 产业转移带来的结构性额外需求。佛山陶瓷转移，淄博陶瓷转移，全国建陶产业再布局，新兴陶瓷工业产业园不断涌现，陶瓷机械装备构性额外需求增长。3. 陶瓷行业产业升级带来的机会。以节能减排为核心的产业升级必定促进陶瓷机械装备产品的更新换代，促进创新装备的国产化和研制开发，为科技含量高的产品、开发能力强的陶瓷机械生产企业提供了巨大的市场机会，带来产业结构的调整优化、升级进步。4. 国际市场竞争带来的机会。随着我国陶瓷机械行业近年来的快速发展，技术水平已经接近或达到国际先进水平，而相对较低的价格，使中国陶瓷机械装备在国际市场上具有较大的竞争优势，国际市场份额，特别在东南亚、南亚、中东等地区的比例越来越大。

2009 年我国陶瓷机械装备产业全面爆发，产销两旺。2009 年中国陶瓷机械行业研发销售新产品创历史最好水平，直接推动国内外陶瓷产业技术进步。金融危机后，在 2009 年一季度的销售曾经出现了一定程度的下滑，但自二季度后陶瓷机械市场呈现"井喷"势态，出现了供不应求的局面，大部分企业的订货单已经排产到 2010 年二季度。2009 年国内建筑陶瓷机械市场较 2008 年增长 45% 以上。2006－2009 年，国内建筑陶瓷机械市场容量大约由 65 亿元增至 100 亿元以上，三年年均增长率约 18%。2009 年，国内建筑陶瓷机械市场按产品划分市场份额大致为：原料设备约 30 亿元，成型设备约 20 亿元，烧成设备约 35 亿元，深加工设备约 15 亿元。

佛山陶瓷机械装备行业拥有大小企业近 200 家，2009 年产值近百亿元，占我国现代建陶装备约 80% 的份额，主要分布在佛山市禅城区、南海区、顺德区、三水区、高明区，成为各级政府重点扶持发展的优势产业。其中南庄镇就吸引了一鼎科技、科利德、大同机械、兴达球磨机等 50 多家陶瓷机械企业落户，开创了从建陶重镇向陶瓷机械发展的新局面。

二、2009 年陶瓷机械装备产品发展

1. 压砖机

2009 年 5 月，在第 23 届国际陶瓷工业展上，国内主要压机装备生产厂家科达机电、恒力泰、福建海源、捷成工都分别推出了自己的新产品，大多具有结构新颖、制造精度高、宽台面、压制速度快、生产效率高、节能、可靠性高、参数调整方便、工艺适应广泛等优势。捷成工重点推介了自主创新的 JCY3850 压砖机；福建海源推出 HP1590、HP2190、HP2590、HP3290、HP4290 等 5 种吨位的 90 系列全新压砖机；8 月，科达机电股份有限公司的"MODULO6800 全自动液压压砖机"通过新产品科技成果鉴定；11 月，恒力泰的 YP3500、YP2500 两款压砖机双双通过省级科技鉴定。恒力泰的 YP2500 和 YP3000 两种超宽体节能型压机，专为生产大规格内墙砖、釉面地砖、仿古砖而开发，采用了多项成熟的新技术，节能效果显著，压制砖坯的生产效率可提高 50%。

2. 球磨机

球磨机继续向着更大吨位的方向发展，100 吨球磨机逐步得到广泛应用。以往业界一般认为 100 吨级球磨机技术不成熟，但至 2009 年 100 吨球磨机经受了生产实践考验，已得到愈来愈多陶企的认可。2009 年浩丰公司推出了新型节能球磨机，其中包括 100 吨级的节能球磨机，已获国家专利授权。球磨机节电启动器得到了广泛的应用，大将军陶瓷与广州珠峰电气联手实施球磨机节能技术的改造，佛山冠菱公司也推出了球磨机专用软启动节能控制器新产品。

3. 抛光机

2009 年在南庄、小塘等地陶企搬迁的旧址上，新建了近百家专业抛光砖厂（俗称私抛厂），增加上百条抛光线，对抛光生产线的需求颇旺，科信达、为科达、捷成工等抛光线生产厂家带来了大量订单。2009 年科利得推出的旋风定厚机，一举淘汰了"变形刀"，取代了"八爪鱼"，以更快、更平、更高效率的优势成为有效对付砖坯的利器。2009 年科达机电和楼兰陶瓷成功合作，共同攻克了高档釉面仿古

砖表面全抛光工艺难题，科达机电开发的新一代 DPYX800/48A 全自动釉面抛光线因其表面光泽度高达 90 度以上的抛光效果和日产量按全抛釉面砖计可达到 5000 平方米/日以上的高效率为高档仿古砖生产企业青睐，也为釉面砖抛光线的批量销售打开了市场大门，2009 年创造了 18 台的销售业绩，推进了我国全抛釉、半抛釉产品的发展，为仿古砖的创新升级开拓了新的前景。

4. 印花机

2009 年，多家公司推出的陶瓷喷墨印花技术成为最引人注目的亮点。2009 年 9 月，希望陶瓷机械设备有限公司制造的数码彩喷印花机在杭州诺贝尔顺利投产。亚洲陶瓷机械实业有限公司与意大利 Newtech 公司联手，向国内陶瓷厂家推广这种世界先进的技术与装备。佛山金牌亚洲陶瓷捷足先登，率先引进了 NEWTECH 的数码喷墨陶瓷印花机。

5. 窑炉

2009 年的辊道窑呈现越建越长、越建越宽的趋向，超大窑炉的超高产量，已成为建陶生产“中国模式”的突出标志。在第 23 届国际陶瓷工业展上，国内的中窑、摩德娜、中鹏、乐陶及意大利的萨克米等窑炉公司都推出了新一代宽体辊道窑，内宽可达 3.2 米或以上，产品产量比普通的辊道窑大三分之一，单位产品能耗降低 25% 以上，窑炉长度都在 300 米以下。诸多窑炉公司利用全新设计工艺、保温材料、传动装置和烧成装备，设计采用了长短焰烧嘴配合（亦称 A、B 多列烧嘴）使用，配置分火器，对助燃风各公司都进行了改进。为使风量平衡及稳定，采用了多级分开供风，保证了火焰燃烧过程中的稳定和各区域的温度不受干扰。为提高燃烧效率，普遍使用了助燃风预热技术，预热温度设计一般都在 150～280℃之间。预热的方法不完全相同，有的是利用辊道窑热风抽出风作为风源；有的是助燃风通过冷却带加热；有的是通过高温区窑钢架顶部风管。在宽断面辊道窑窑体设计方面，各窑炉公司采取的方法不相同，有的仍然是按传统的吊顶平顶设计，有的采用平顶加拱顶的砌筑方式，目的是改善辊道窑上部通道空间烟气的流量和传热，达到截面温差减小的目的；有的改变窑底结构形式，即辊棒下通道由原来的矩形结构改为弧形结构；有的公司则将辊道窑的辊上高度和辊下高度进行了较大的调整，目的是为了调整通道内的流速，以改善对流传热和传质。

6. 陶瓷棍棒

随着宽体辊道窑的发展，陶瓷棍棒亦朝着更长、更粗、更高强度的方向发展。5 月份佛山市陶瓷研究所 & 金刚企业集团正式推出 GF95 超高温辊棒产品，产品适用于宽体、高转速和大负荷辊道窑。2009 年三英公司成功研制出国内首支弧形陶瓷辊棒并推向市场。这种弧型陶瓷辊棒中间略粗两头略细，可有效解决传统辊棒因长期使用出现变形而带来的窑炉困扰。由山东金鹏集团起草的《反应烧结碳化硅窑具辊棒》等两项国家标准，经国家标准化委员会批准于 2009 年 1 月 1 日起在全国正式实施。

7. 干燥器

干燥器从单层、双层向多层化发展。多层干燥器可节省占地和投资，缩短干燥周期，提高干燥效率。摩德娜继 5 层干燥器取得成功之后，2009 年又推出一种专用于以湿法工艺生产大规格陶板的 4 层干燥器。该干燥器采用了新型的蒸煮技术，可大幅度降低热量消耗，大幅度提高干燥效率和干燥成品率。近几年以湿法工艺生产的大规模外墙壁挂式陶土板作为绿色环保生态建材正在国内外蓬勃兴起，摩德娜的这种 4 层干燥器正好可以出色解决这类产品的干燥难题。2009 年中鹏窑炉也推出了 3 层快速干燥窑新产品。科达机电股份有限公司的“五层快速干燥器”2009 年 8 月通过新产品科技成果鉴定。

8. 包装机

2009 年全自动打包机受到使用陶企及制造企业的普遍重视。一鼎科技、科达、金利顺、美嘉、新景泰等诸多企业均已研制了全自动或半自动包装设备。这个在20世纪90年代大量引进国外生产线当中被抛弃的环节，如今开始受到企业的重视，技术更加成熟，自动化程度非常高，使用操作便捷，大大降低了企业的用工成本，将一线员工从繁重的体力劳动中解放出来，提高了我国陶瓷行业的整体水平。广东一鼎科技有限公司自主研发的全自动瓷砖包装生产线，2009年5月通过佛山市科技局组织的科技成果鉴定。

9. 其他

湖南湘潭炜达机电推出的全自动压瓦机和自动切瓦机，为生产较低吸水率的琉璃建筑制品提供了完整的压制设备。捷成工与点石机械等多家布料设备研发推出的双驱动滚筒多功能线条布料系统等新的布料系统，拓宽了抛光砖的装饰范围。7月份由广东科达机电股份有限公司承担的“NewPower清洁燃煤气化系统”项目通过鉴定。4月份博精机械研制的捡砖机组在佛山陶企应用成功，提高了生产效率。该捡砖机可大量节省捡砖工的手工操作，其运行速度与窑炉出砖同步，同时配置了智能辨色系统可进行全自动的产品分色。

三、2009年陶瓷机械装备发展态势

2009年各行各业都推崇低碳经济，陶机行业亦积极研发节能减排的最新设备，引领陶瓷行业进入新的低碳时代。其中的佼佼者当推广东科达机电，早在几年前就已开始了低碳项目的推广。继江西丰城斯米克新型煤气项目和在湖南的第一套商业化新型烧煤系统点火投产顺利产气之后，2009年8月安徽马鞍山科达厂区又告正式投产。该厂区重金投入的几个新项目均属于节能减排的低碳项目，包括大规格薄板技术、墙材项目、清洁煤气等几个项目的综合经营，科达机电有望在马鞍山打造一个上百亿甚至几百亿的“清洁环保公司”，为陶瓷行业的低碳经济作出更大的贡献。科达机电2009年报显示，全年实现营业收入14.26亿元，同比增长22.92%；实现营业利润1.85亿元，同比增长58.79%；归属于母公司净利润1.8亿元，同比增长20.71%；全面摊薄每股收益为0.40元。

6月份在陈村举行的第二届节能环保展上，佛山有10多家陶机企业盛装亮相。其中科达机电展出了清洁燃煤系统和利用陶瓷废渣生产高档透水砖的成套工艺技术设备；华夏建陶研发中心展出了窑炉管屏节能技术、窑炉温度均匀器、陶瓷窑炉富氧燃烧技术、高档建筑陶瓷宽断面辊道窑及配套设备；除铁专家新概念磁电展出了水煤浆除硫以及生活污水和工业污水处理技术设备。

由于陶瓷企业的用工成本不断推高，从事繁重体力劳动的劳动力普遍短缺，因而对于生产线的自动化程度提出了愈来愈高的要求。2009年众多陶机企业都致力于瓷砖自动包装线的研发、改进和完善。其中广东一鼎科技自主研发成功的瓷砖全自动包装生产线是其中颇为成功且颇受市场接受的品种。据悉2009年一鼎科技在研发自动包装线方面有重大突破，新一代机型将于2010年推出。

2009年3月，国家科技部、财政部、国家税务总局三部局正式发文认定科达机电和佛山市科达石材机械有限公司获“国家级高新技术企业”称号。5月份，广东省经贸委公布了50家广东省装备制造业骨干企业名单。广东科达机电股份有限公司、佛山市恒力泰机械有限公司作为“专用设备制造业”入选。

建陶行业的快速发展，以及世界建陶制造中心地位形成，有力地推动了我国陶瓷机械装备的创新发展。原材料制备→成型→烧成→后期冷加工等设备，无论是产品质量，抑或是技术含量，中国陶瓷机械装备都进入了世界先进水平。从单机设计制造到整线工程的设计整合，中国陶瓷机械无疑是世界陶瓷技术装备的一支重要力量。

中国陶瓷机械装备在占领了国内绝对陶机市场份额之后，近年来频频出击国际市场，并以卓越的性价比赢得了国际市场占有率。尤其是在亚洲新兴陶瓷产区，中国陶瓷机械更是凭借地缘政治、经济、文化等优势迅速抢占了亚洲市场的桥头堡。目前亚洲本土市场虽然还没有形成规模和实力相当的陶瓷机械装备企业与中国陶瓷机械装备抗衡，但是中国陶瓷技术装备仍然面临廉价销售、企业竞争力逐渐减弱的危险。

在国际市场上，中国陶瓷机械首先面临的是意大利、西班牙、法国、德国等欧洲陶瓷机械泰山压顶的打压；其次是印度企业在迅速复制“中国模式”，对中国新技术新设备紧追不放，要求中国陶瓷机械企业提供的技术服务越来越高，而产品售价却越来越低；最后是某些国内陶瓷机械装备企业将价格战战火烧到亚洲市场。

国内有些陶机企业为了占有市场，不计成本将国内创新技术提供给国际客户，但是，却将产品价格一降再降。陶瓷技术装备虽然不是高尖技术，但也需要企业投入大量的人力、物力、财力研发新技术新装备，完善和提升服务也需要支付必要成本。利润的萎缩对于市场的巩固和拓展显得越来越不利。

与中国陶瓷机械形成鲜明对比的是，欧洲陶瓷机械供应商不仅没有降价销售，而是积极谋求与有质量意识、有可持续发展理念、有品牌意识的亚洲（中国）优秀陶瓷机械供应商达成合作的共识，将“服务打包”给中国陶瓷机械企业，通过就近服务来降低运营成本，以高附加值牢牢掌控优势客户资源。

毫无疑问，中国装备的工艺技术与欧洲装备还存在一定的差距，在喷墨、印花、布料等装饰技术的研发上还需要下更大的功夫。这从另一方面说我国的装饰工艺技术还有很大的发展空间。

在全球经济一体化日益凸显的态势下，企业要参与世界经济的竞争，通过创新而拥有国际先进技术固然重要，但是，以促进行业共同发展为目的，积极参与国际性的行业性事务，与国际陶业同行展开广泛的技术交流和探讨，重视与陶瓷生产企业的联合开发，提升新产品的研发力度，传播先进的文化和技术，并以整机性能稳定、技术先进、质量可靠、高性价比等服务全球陶瓷市场，谋求共赢，谋求可持续发展，才是我国陶瓷机械装备企业发展的方向。

伴随中国经济持续快速发展，预计未来三年内中国陶瓷机械行业将保持稳定的增长，年复合增长率估计在 10% 左右，市场总量有望达到 150 亿元。

第四节　化工色釉料

中国是全球最大的陶瓷色釉料生产国、消费国和出口国，拥有色釉料及各种原辅材料企业 2000 多家。其中专业研发产品、销售和技术服务的科工贸一体化企业约 500 家，上规模的知名品牌企业有 50 多家。伴随着陶瓷产业迅速发展的佛山、潮州两大色釉料产区，占全国产销值的 70% 以上，是目前世界上最大的陶瓷色釉料生产和出口基地。

2009 年，国内各地大上陶瓷生产线，以及东南亚、西亚、中东、非洲陶瓷产业的蓬勃发展，进一步推动了我国色釉料行业的发展。

目前，传统色釉料、高温包裹色料，以及不透水熔块、不透水化妆土、辊印色料已经进入成熟稳定的发展阶段。向下游陶瓷产业延伸应用设计服务，稳定品质，降低成本开发新产品是目前国内化工色釉料产业发展的主流。

一、2009 年全国色釉料产品发展态势

道氏制釉主推防滑釉、全抛釉、黄金金属釉，黄金金属釉为该公司在金属釉领域的重大突破，产品呈现出黄金的光泽及质感，打破了以往金属釉在颜色及质感上产生偏暗色及类金属产品的传统，在颜色及质感上都完全可比拟金属。新推出“抛金系列”之“炫光系列”、“极光系列”，展示了金属与陶瓷结合抛光钢板纹理清晰的炫目光泽。华山色料的名种金、银、铜、铁质感金属釉产品，把金属的传统概念向前推进了一大步。

佛山瑭虹制釉有限公司推出的瑭虹全抛釉，可生产釉下彩抛釉砖，全抛釉、半抛釉产品成为仿古砖创新的亮点。佛山三水远然制釉推出防污耐磨全抛釉，莫氏硬度达到 6 ~ 7 度，防污耐磨莹润的装饰质

感，丰富的图案装饰效果，大大促进了全抛釉产品的发展。

大宇制釉拥有自己的矿山及色釉料生产基地，成立了佛山市装饰工程技术研究开发中心，设立了网版制作及设计中心、大宇制釉研究中心、大宇制釉技术服务部等营销服务网络，布局全国各地，近年来销售网络遍布欧洲（意大利、西班牙、德国等）、非洲（埃及、尼日利亚等）、亚洲（越南、孟加拉、沙特阿拉伯）等国家和地区。

大鸿制釉推出的皮纹釉仿古砖系列，在瓷砖的生产工艺上突破了过去需要立体模具产生皮纹褶皱效果的局限，改为使用丝网印刷就能产生皮革的质感，替代了过去依赖模具雕刻的工序，大大地简化了生产工艺及降低成本，使皮纹釉瓷砖具有复古、典雅、时尚的家居装饰风格。大鸿制釉公司“瓷砖用皮纹印刷釉及其生产工艺产业化项目”通过佛山市科技局组织主持的科技成果鉴定，达到国际先进水平。同时，该公司承担的主导制定 GB/T23460·1－2009《陶瓷釉料性能测试方法第一部分：高温流动性测试熔流法》，获得佛山市政府的奖励和资助。

康立泰釉料公司推出的金碧墙砖系列，营造金碧辉煌的装饰效果，迎合了中东、东南亚等地客商对金饰产品情有独钟的特殊需要。康立泰釉中彩仿古砖系列，釉面下的裂纹线条酷似天然石材，装饰效果极佳。

淄博金玉园经贸有限公司开发的红色雨点釉，填补了国内外的空白。用红色雨点釉装饰的器皿呈现出均匀放射状结晶点，立体感强，已入选外交部选用礼品名录，成为赠送外国友人的国家礼品。

佛山明可丽尔陶瓷科技有限公司自立研制、自主产权的发光釉取得重大突破，成功开发出发光陶瓷和发光玻璃釉料及其相关产品，在2009年佛山第13届陶博会以及佛山首届陶瓷节上受到众多客户和媒体的关注并获好评，其节能环保、蓄光发光、抑制细菌产生等功能得到充分肯定，这标志着发光瓷板将以新型陶瓷材料进入市场，对我国陶瓷市场地位的提升有着积极的促进作用。

二、2009年色釉料规模企业发展态势

目前国内不少知名色釉料企业都拥有国际先进实验设备的研发中心，设有色料研发室、釉料研发室、新产品应用研发室以及小型辊道窑墙地砖生产线，专门从事新工艺、新技术、新产品的开发。不仅为客户提供完善的售前售后服务，还可为客户提供最新研究产品的使用技术及培训服务，也可为客户制定合理的工艺流程、解决方案（如釉料调试、坯体配方、网版设计、新产品开发等服务）及交钥匙工程服务。

道氏制釉致力于陶瓷色釉料产品专业化、系列化生产，推动中国陶瓷色釉料行业标准化。并成为中国首个陶瓷原料标准化示范基地，行业优势明显，主要生产高档色料，标准化成口釉料。其中高档仿金属釉销量国内第一，招聘博士生、研究生等一流的人才研发新产品，与意大利著名设计公司紧密合作。与东鹏、马可波罗、新明珠、新中源、金意陶、楼兰等数十个国内最著名的陶瓷生产厂家建立了长期稳定的合作关系。

广东万兴无机颜料有限公司是规模较大色釉名企业，去年色釉产量达到6000吨，熔块、釉料产量逾20000吨，金水金膏产量达5000公斤，年产值达3亿元。其色釉料产品横跨建筑卫生陶瓷、日用陶瓷、艺术陶瓷三大领域，并不断地将新科技应用到色料生产中，目前主要产品包括色釉用料AP、包裹色料、坯用色料、玻璃色料、釉上色料、贵金属颜料等品种，其营销网络遍布国内各地陶瓷产区，并在亚洲、欧洲、北美等地区的许多国家设立了万兴分公司，开拓100多个国家的国际市场效果显著。

正大制釉推出高温包裹色料，坯釉用色料、辊筒色料以及高白熔块、不透水熔块等中高档陶瓷原料，利用江西萍乡的陶瓷生产基地，开发的陶瓷墙地砖产品示范效应，年产各种色料6000多吨，釉料60000多吨，销售产值达2.6亿元。除了佛山销售总部之外，还设立了四川分公司、山东分公司、华东分公司、河北分公司等，并通过“正大制釉”商标品牌提升实力，主动在国外注册商标产品，热销欧洲、亚洲、美洲、非洲等20多个国家地区。

江苏拜富色釉料有限公司专业生产各种陶瓷釉用色料，坯用色料，陶瓷釉上、釉中、釉下用颜料，各种陶瓷溶块和釉料，陶瓷、玻璃用釉上、釉中、釉下贴花纸等。其中无铅、无锌溶块产品曾经填补了国内外日用陶瓷的空白。该公司 2009 年主推产品有坯体色料，成品釉、化妆土，半乳浊无光釉，釉用色料，钴、锡、铬等原材料系列，熔块釉、印刷釉，熔块釉超细炻瓷器釉下彩绘颜料，超细精陶釉下彩料，超细三度烧料及高温快烧颜料，窑变釉系列，微晶型光泽窑变釉，熔块釉（日用陶）透明熔块釉、熔块颜色釉。

近年来，一些具有原料优势的产区都加强了色釉料的研制与生产。如湖南湘潭金环颜料有限公司是国内最大的生产、经营硒镉系列颜料的民营企业，是首批投产高温包裹系列颜料厂家之一，同时也生产锆系颜料、钴系颜料等无机颜料，广泛应用于陶瓷、搪瓷、玻璃、塑料、油漆、涂料等行业着色，年生产高档颜料能力近 3000 吨，销往国内外市场。

上海阳铠陶瓷有限公司主要产品有熔块、色釉料、渗花原料、陶瓷成釉和陶瓷添加剂五大板块，2009 年以开发抛晶釉为主，致力于辊筒印刷釉与滚筒印釉的研发。

河南科海制釉推出的高品质全系列釉料产品，河北铬盐化工有限公司推出的铬绿、铬盐等产品，广西平南矿冶原料有限公司、宝丽西石矿原料有限公司生产的各种精加工的高岭土、膨润土、长石、石英、方解石、滑石等陶瓷原料，以及专门生产陶瓷釉用 CMC（羧甲纤维素及钠盐）和 MC（甲基纤维素及钠盐）、坯体增强剂的广东江门量子高科集团等，继续保持了稳定发展的势头。

第五节　产品质量监督

一、陶瓷砖国家监督抽查质量报告

2009 年第 2 批产品质量国家监督抽查质量公告

国家质量监督检验检疫总局

根据《中华人民共和国产品质量法》、《国务院关于加强食品等产品安全监督管理的特别规定》和《产品质量国家监督抽查管理办法》的规定，现将 2009 年第 2 批产品质量国家监督抽查结果予以公布。

本次对食品、日用消费品、建筑和装饰装修材料、工业生产资料、农业生产资料等 30 类产品质量进行了国家监督抽查。其中，食品共抽查了 7 类，包括：啤酒，豆制品，碳酸饮料，果蔬汁饮料，婴幼儿米粉，冷冻饮品，膨化食品；日用消费品共抽查了 6 类，包括：胶鞋，家用卫生杀虫用品，电风扇，电源适配器，压力锅，食品用塑料容器；建筑和装饰装修材料共抽查了 4 类，包括：新型墙体材料，陶瓷砖，锁具及建筑五金，门、窗框用硬聚氯乙烯（PVC）型材；工业生产资料共抽查了 10 类，包括：安全帽，安全网，电钻、电锤，三相异步电动机，砂轮，铣床、钻床，安全阀，电动食品加工设备，漏电保护器，聚氯乙烯绝缘电缆电线；农业生产资料共抽查了 3 类，包括：脱粒机，低速汽车，旋耕机。

针对本次产品质量国家监督抽查中发现的质量问题，质检总局已责成相关省（自治区、直辖市）质量技术监督部门按照《中华人民共和国产品质量法》、《国务院关于加强食品等产品安全监督管理的特别规定》和《产品质量国家监督抽查管理办法》等法律法规，对本次抽查中不合格的产品及其生产企业依法处理。

特此公告。

附件：28. 陶瓷砖产品质量国家监督抽查结果

二〇〇九年九月二十九日

附件 28：

陶瓷砖产品质量国家监督抽查结果

本次对河北、山西、辽宁、福建、山东、广东、四川、陕西等 8 个省 272 家企业生产的 364 种陶瓷砖产品进行了监督抽查。

本次抽查依据推荐性国家标准 GB/T4100－2006《陶瓷砖》和强制性国家标准 GB6566－2001《建筑材料放射性核素限量》的规定，对陶瓷砖产品的尺寸、吸水率、破坏强度、断裂模数、有釉砖抗釉裂性、放射性等 6 个项目进行了检验。

经检验，本次抽查陶瓷砖产品的有釉砖抗釉裂性全部合格。

抽查中发现有 97 种产品不合格，存在的主要质量问题：

一、本次抽查中有 36 种产品破坏强度、15 种产品断裂模数不合格。破坏强度与断裂模数不合格，产品在使用中容易开裂、破碎。

二、本次抽查中有 37 种产品吸水率不合格。主要是陶瓷砖烧制温度低，时间短，开口气孔较多，在使用中吸收水分，引起坯体吸湿膨胀，容易产生裂纹或剥落。

三、本次抽查中有 3 种产品放射性核素限量不合格。

陶瓷砖产品质量国家监督抽查产品及其企业名单

序号	序号	企业名称	产品名称	商标	规格型号（mm）	生产日期（批号）	抽查结果	主要不合格项目
1	1	高邑县双环陶瓷厂	陶瓷砖	凯美达	599×399×9.0	2009－03	合格	
2	2	高邑县红宝石瓷业有限公司	陶瓷砖	奥迪斯堡	600×600×9.4	2009－03－23	合格	
3	3	石家庄恒力陶瓷有限公司	陶瓷砖	佛尔福特	450×300×10	2009－04	合格	
4	4	高邑新恒盛建陶有限公司	陶瓷砖	美诺雅	600×600×8.5	2009－04	合格	
5	5	高邑新恒盛建陶有限公司	陶瓷砖	美诺亚	600×600×9.8	2009－04	合格	
6	10	阳城县金方圆陶瓷有限公司	陶瓷砖	秦勇	450×300×10	2009－04－14	合格	
7	11	阳城县华冠陶瓷有限公司	陶瓷砖	华冠	450×300×9.4	2009－04－10	合格	
8	12	阳城县龙飞陶瓷有限公司	陶瓷砖	百乐	450×300×9.9	2009－04－15	合格	
9	13	阳城县时代陶瓷有限责任公司	陶瓷砖	冠誉	329.5×249.5×8.2	2009－04－14	合格	
10	16	沈阳鑫凯陶瓷有限公司	陶瓷砖	拓奥普	600×600×9.8	2009	合格	
11	17	沈阳新东方陶瓷有限公司	陶瓷砖	新世源	600×600×10	2009－04	合格	
12	18	沈阳新大地陶瓷有限公司	陶瓷砖	博奕	300×300×8.6	2009－03	合格	
13	19	沈阳新大地陶瓷有限公司	陶瓷砖	博奕	400×250×7.7	2009－03	合格	

续表

序号	序号	企业名称	产品名称	商标	规格型号（mm）	生产日期（批号）	抽查结果	主要不合格项目
14	20	沈阳新大地陶瓷有限公司	陶瓷砖	乐辉	330×250×7.7	2009-03	合格	
15	21	沈阳万顺达陶瓷有限公司	陶瓷砖	欧美亚	450×300×9.3	2009-04	合格	
16	22	沈阳佳得宝陶瓷有限公司	陶瓷砖	福美特	450×330×10.2	2009-04	合格	
17	23	沈阳市强力陶瓷有限公司	陶瓷砖	强力	330×250×7.6	2009-04	合格	
18	24	兴发陶瓷有限公司	陶瓷砖	帝佳妮	330×250×7.8	2009-04-01	合格	
19	25	沈阳隆盛陶瓷有限公司	陶瓷砖	恒久隆盛	600×600×9.6	2009-04	合格	
20	26	沈阳天强陶瓷有限公司	陶瓷砖	天强	450×300×10.10	2009-04	合格	
21	27	沈阳强盛陶瓷有限公司	陶瓷砖	强盛	450×300×9.8	2009-03	合格	
22	28	沈阳王者陶瓷公司	金点瓷砖	金点	450×300×10.2	2009-04-10	合格	
23	29	沈阳王者陶瓷公司	千百惠瓷砖	千百惠	450×300×10.2	2009-04-10	合格	
24	30	沈阳日日顺陶瓷有限公司	陶瓷砖	日日顺	330×250×8.2	2009-03	合格	
25	31	沈阳冠盛陶瓷有限公司	陶瓷砖	沃尔玛	600×600×9	2009-04	合格	
26	32	沈阳飞奥美陶瓷有限公司	陶瓷砖	鸿冠	450×300×9.6	2009-04	合格	
27	33	沈阳沈龙瓷业有限公司	陶瓷砖	沈龙	600×600×9	2009-04	合格	
28	34	沈阳日日顺陶瓷有限公司	陶瓷砖	日日顺	450×300×9.7	2009-03	合格	
29	39	福建省晋江市燕山建陶有限公司	通体砖	三燕	60×200×6.5	2008-10	合格	
30	40	福建省晋江市丹豪陶瓷有限公司龟山分公司	通体砖	丹豪	60×200×6.5	2009-03	合格	
31	41	晋江恒达陶瓷有限公司	炻瓷砖	恒达	45×145×6.6	2009-03-28	合格	
32	42	晋江恒达陶瓷有限公司	炻瓷砖	恒达	60×200×6.6	2009-04-08	合格	
33	43	晋江腾达陶瓷有限公司	腾达瓷砖	腾达	45×145×6.8	2009-04-08	合格	
34	44	晋江腾达陶瓷有限公司	腾达瓷砖	腾达	60×240×7.0	2009-04-08	合格	
35	45	福建晋江市祥达陶瓷有限公司	通体砖	祥达	45×195×6.8	2009-02	合格	
36	46	晋江市品质陶瓷建材有限公司	通体砖	国星	45×145×6.5	2009-02-15	合格	
37	47	晋江市品质陶瓷建材有限公司	通体砖	美墙	45×145×6.5	2009-04-08	合格	
38	48	福建省晋江市闽南建筑陶瓷有限公司	零点陶瓷	零点	45×144×6.4	2009-04-03	合格	
39	49	福建省晋江市矿建釉面砖厂	通体砖	美胜	45×195×6.5	2009-04-09	合格	

续表

序号	序号	企业名称	产品名称	商标	规格型号（mm）	生产日期（批号）	抽查结果	主要不合格项目
40	50	福建省晋江市内坑鸿基建材厂	鹏程陶瓷	鹏程	45×195×6.5	2009-03	合格	
41	51	福建省晋江豪万陶瓷有限公司	通体砖	豪萬	45×145×6.5	2009-04	合格	
42	52	南安协进建材有限公司	通体砖	协进	45×145×6.5	2009-04-10	合格	
43	53	福建省南安市鹰山陶瓷有限公司	通体砖	鹰山	45×145×6.7	2009-02	合格	
44	54	福建省南安市鹰山陶瓷有限公司	通体砖	鹰山	60×240×6.7	2009-03	合格	
45	55	晋江前兴陶瓷有限公司	通体砖	高迪	60×200×6.8	2009-03	合格	
46	56	晋江前兴陶瓷有限公司	通体砖	阔兴	45×145×6.8	2008-09	合格	
47	57	福建省晋江晋成陶瓷有限公司	劈开砖	晋成	59.8×238.5×7.7	2009-04-09	合格	
48	58	福建省晋江诚达陶瓷厂	劈开砖	广达	60×240×7.0	2009-04-07	合格	
49	59	福建省晋江诚达陶瓷厂	通体砖	广达	60×200×6.5	2009-04	合格	
50	60	福建省晋江市碧圣建材有限公司	通体砖	碧聖	45×145×6.5	2009-04-09	合格	
51	61	晋江鑫圣亚陶瓷实业有限公司	通体砖	鑫霸	45×145×6.5	2009-03	合格	
52	62	福建省晋江豪山建材有限公司	通体砖	豪山	45×145×6.8	2009-04-11	合格	
53	63	福建省晋江豪山建材有限公司	通体砖	豪山	45×145×7.0	2009-04-11	合格	
54	64	福建省晋江协隆陶瓷有限公司	协盛瓷砖	协盛	60×240×6.9	2009-03-24	合格	
55	65	福建省晋江协隆陶瓷有限公司	协盛瓷砖	协盛	45×195×6.9	2009-03-31	合格	
56	66	福建省晋江市磁灶永兴建材厂	通体砖	奥成	45×145×6.2	2009-01	合格	
57	67	福建日日升（闽清）外墙砖有限公司	陶瓷砖	日日升	100×200×7.0	2009-03	合格	
58	68	福建省闽清新东方陶瓷有限公司	陶瓷砖	春山	300×450×9.0	2009-04	合格	
59	69	福建省闽清金陶瓷业有限公司	陶瓷砖	雅丹	300×450×9.5	2009-04	合格	
60	70	福州中陶实业有限公司	陶瓷砖	帝豪之春	300×450×8.5	2009-04-16	合格	
61	71	福建省闽清金陶瓷业有限公司	陶瓷砖	圣亚诺	300×450×9.5	2009-04	合格	
62	72	福建省闽清三得利陶瓷有限公司	陶瓷砖	华尔顿	300×450×9.3	2009-04-17	合格	

续表

序号	序号	企业名称	产品名称	商标	规格型号（mm）	生产日期（批号）	抽查结果	主要不合格项目
63	73	福州中陶实业有限公司	陶瓷砖	奥福宝	300×450×8.5	2009-04-16	合格	
64	74	福建省闽清双兴陶瓷有限公司	陶瓷砖	法拉顿	300×450×9.2	2009-04-14	合格	
65	75	福建省闽清新东方陶瓷有限公司	陶瓷砖	欧莱斯宝	300×300×8.8	2009-04	合格	
66	76	福建省闽清飞天陶瓷有限公司	飞天外墙砖	飞天	60×240×6.2	2008-10	合格	
67	77	福建省闽清豪业陶瓷有限公司	陶瓷砖	精艺瓷	165×165×8.8	2008-08-24	合格	
68	78	福建省闽清豪业陶瓷有限公司	陶瓷砖	花开富贵	164×164×8.5	2009-04-11	合格	
69	79	福建省闽清旭日陶瓷有限公司	陶瓷砖	旭日	200×200×6.5	2009-04-17	合格	
70	128	临沂六合建筑陶瓷有限公司	陶瓷砖	天王	600×600×9.7	2009-04-10	合格	
71	129	临沂六合建筑陶瓷有限公司	陶瓷砖	世冠	600×600×9.6	2009-04-10	合格	
72	130	佛山市欣峰经贸有限公司	内墙砖	金牌	600×300×10	2009-04-10	合格	
73	131	佛山市欣峰经贸有限公司	陶瓷砖	国标	300×300×10	2009-04-10	合格	
74	132	佛山市欣峰经贸有限公司	内墙砖	国标	450×300×9.5	200904-10	合格	
75	133	临沂嘉诚陶瓷有限公司	复古砖	科诺威	600×600×10.1	2009-04-01	合格	
76	134	临沂嘉诚陶瓷有限公司	抛光砖	科诺威	600×600×10.2	2009-03-30	合格	
77	135	山东江泉实业股份有限公司江兴建筑陶瓷厂	耐磨砖	天地	600×600×9.7	2009-04-10	合格	
78	136	山东江泉实业股份有限公司江兴建筑陶瓷厂	抛光砖	天地	600×600×9.7	2009-01	合格	
79	137	山东福地陶瓷有限公司	抛光砖	福地	600×600×9.9	2009-03-06	合格	
80	138	临沂市玫尔美陶瓷有限责任公司	陶瓷砖	万力	600×600×9.0	2009-04-11	合格	
81	139	佛山市金曼迪陶瓷有限公司	内墙砖	金曼迪	450×300×9.5	2009-04-11	合格	
82	140	临沂宏达瓷业有限公司	抛光砖	罗利亚	600×600×9.6	2009-04-03	合格	
83	141	临沂宏达瓷业有限公司	内墙砖	罗利亚	450×300×9.7	2009-04-02	合格	
84	142	临沂双福建陶有限公司	内墙砖	金飞碟	450×300×10.1	2009-04-11	合格	
85	143	临沂沂州建陶有限公司	抛光砖	福牌	600×600×9.5	2009-04-10	合格	
86	144	临沂沂州建陶有限公司	抛光砖	剑牌	600×600×9.5	2009-04-10	合格	
87	145	临沂帝成建陶有限公司	陶瓷砖	帝成	600×600×9.5	2009-04-10	合格	

续表

序号	序号	企业名称	产品名称	商标	规格型号（mm）	生产日期（批号）	抽查结果	主要不合格项目
88	146	临沂三联陶瓷有限公司	内强砖	金皇冠	450×300×10.0	2009-04-08	合格	
89	147	佛山市欧丽丹陶瓷有限公司	内墙砖	欧丽丹	450×300×9.7	2009-04-08	合格	
90	148	临沂佳宝陶瓷有限公司	内墙砖	宇佳	450×300×9.7	2009-04-07	合格	
91	149	临沂佳宝陶瓷有限公司	内墙砖	卡贝尔	600×300×10.4	2009-04-07	合格	
92	150	临沂佳贝特建陶有限公司	内墙砖	佳贝特	450×300×9.7	2009-04-09	合格	
93	151	临沂佳美陶瓷有限公司	陶瓷砖	中原明珠	300×300×9.2	2009-04-08	合格	
94	152	临沂佳美陶瓷有限公司	内墙砖	世纪贵冠	450×300×10.2	2009-04-08	合格	
95	153	临沂亚太陶瓷有限公司	陶瓷砖	雅典娜	600×600×9.6	2009-04-07	合格	
96	154	山东中北陶瓷有限公司	内墙砖	雅格布	300×450×9.6	2009-03-07	合格	
97	155	山东中北陶瓷有限公司	陶瓷砖	汉瓷	300×300×9.8	2009-04-16	合格	
98	156	淄博城东建陶有限公司	抛光砖	亿好家	600×600×10.0	2009-04-15	合格	
99	157	淄博城东建陶有限公司	抛光砖	福惠	600×600×10.0	2009-04-15	合格	
100	158	淄博城东建陶有限公司	抛光砖	旭东	600×600×10.0	2009-04-15	合格	
101	159	淄博华瑞诺建筑陶瓷有限公司	仿古砖	瑞诺	600×600×10	2009-04-15	合格	
102	160	淄博华瑞诺建筑陶瓷有限公司	陶瓷砖	瑞诺	300×300×9.6	2009-04-15	合格	
103	161	淄博华瑞诺建筑陶瓷有限公司	内墙砖	锋尚	450×300×10	2009-04-15	合格	
104	162	淄博华联盛建陶有限公司	内墙砖	瑞诺	600×300×10	2009-04-16	合格	
105	163	淄博鲁宏沃尔森陶瓷有限公司	内墙砖	领航者	450×300×9.3	2009-04-15	合格	
106	164	淄博鲁宏沃尔森陶瓷有限公司	陶瓷砖	领航者	300×300×9.5	2009-04-17	合格	
107	165	淄博福来特建筑陶瓷有限公司	陶瓷砖	神州一陶	300×300×10.5	2008-07-22	合格	
108	166	淄博福来特建筑陶瓷有限公司	内墙砖	金杯陶	450×300×9.5	2009-04-12	合格	
109	167	淄博春天陶瓷有限公司	抛光砖	金翰	600×600×10.5	2009-04-17	合格	
110	168	淄博春天陶瓷有限公司	抛光砖	创越	800×800×11.5	2009-04-17	合格	
111	169	淄博英德茂陶瓷有限公司	陶瓷砖	红雷	600×600×9.3	2009-04-15	合格	
112	170	淄博欧嘉陶瓷有限公司	抛光砖	欧嘉	600×600×9.5	2009-02-02	合格	
113	171	淄博新博陶瓷有限公司	抛光砖	佳怡居	800×800×10.9	2009-04-10	合格	
114	172	淄博新博陶瓷有限公司	抛光砖	博艺	600×600×9.9	2009-04-10	合格	
115	173	淄博宏图建筑陶瓷有限公司	内墙砖	时代一陶	450×300×10	2009-04-13	合格	

续表

序号	序号	企业名称	产品名称	商标	规格型号（mm）	生产日期（批号）	抽查结果	主要不合格项目
116	174	淄博宏图建筑陶瓷有限公司	陶瓷砖	格瑞特	300×300×10	2009－04－14	合格	
117	175	淄博市淄川新丽泰建陶有限公司	抛光砖	国鳌	600×600×9.2	2009－04－17	合格	
118	176	淄川区杨寨鑫成建材厂	陶瓷砖	鑫成	400×200×7.2	2009－04－18	合格	
119	177	佛山市雅特隆陶瓷有限公司	陶瓷砖	福泓	300×300×7.6	2009－04－18	合格	
120	178	淄博常鑫建筑陶瓷有限公司	抛光砖	金喜顺	800×800×11.2	2009－03－28	合格	
121	179	淄博常鑫建筑陶瓷有限公司	仿古砖	福耐特	600×600×9.7	2009－04－14	合格	
122	180	山东东鹏陶瓷有限公司	抛光砖	东鹏	600×600×10	2009－03－09	合格	
123	181	山东沃德赛陶瓷有限公司	抛光砖	嘉粤	600×600×9.5	2009－04－19	合格	
124	182	淄博金卡陶瓷有限公司	内墙砖	金卡	450×300×9.8	2009－3－16	合格	
125	183	山东亚细亚陶瓷有限公司	内墙砖	亚细亚	600×300×10.5	2009－04－20	合格	
126	184	山东亚细亚陶瓷有限公司	陶瓷砖	亚细亚	300×300×9.0	2009－04－20	合格	
127	185	淄博双颖陶瓷有限公司	内墙砖	东陶	450×300×9.7	2009－04－21	合格	
128	186	淄博盛德陶瓷有限公司	陶瓷砖	惠尔佳	300×300×8.0	2009－04－22	合格	
129	187	淄博盛德陶瓷有限公司	内墙砖	惠尔佳	400×250×7.8	2009－04	合格	
130	188	淄博舜元建陶有限公司	抛光砖	舜元	600×600×9.6	2009－04	合格	
131	189	淄博雍大陶瓷有限公司	耐磨砖	雍大	600×600×9.1	2009－04－21	合格	
132	190	淄博国源陶瓷有限公司	耐磨砖	利欧	600×600×9.0	2009－04	合格	
133	191	山东耿瓷集团有限公司	抛光砖	耿瓷	600×600×9.5	2009－04－22	合格	
134	192	山东齐都陶瓷有限公司	抛光砖	齐都	800×800×10.5	2009－04－22	合格	
135	193	山东玉玺陶瓷有限公司	抛光砖	玉玺	600×600×9.5	2009－04－22	合格	
136	194	山东米开朗陶瓷有限公司	抛光砖	米开朗	600×600×10	2009－04－22	合格	
137	195	山东隆邦陶瓷有限公司	内墙砖	绿川	450×300×9.7	2009－04－23	合格	
138	196	山东隆邦陶瓷有限公司	陶瓷砖	隆邦	300×300×9.0	2009－04－22	合格	
139	197	淄博远航建陶有限公司	陶瓷砖	依耐特	600×600×10	2009－04－23	合格	
140	198	山东国润陶瓷有限公司	抛光砖	国润	600×600×10.0	2009－04－23	合格	
141	199	山东国润陶瓷有限公司	内墙砖	国润	300×450×9.8	2009－04－23	合格	
142	216	佛山金意陶陶瓷有限公司	瓷质砖	KITO	330×330×9.5	2009－03－07	合格	
143	217	佛山市金环球陶瓷有限公司	瓷质砖	环球	299×299×8	0810	合格	

续表

序号	序号	企业名称	产品名称	商标	规格型号（mm）	生产日期（批号）	抽查结果	主要不合格项目
144	218	珠海市斗门区旭日陶瓷有限公司	外墙砖	白兔	45×95×6.5	2009-03-20	合格	
145	219	广东金牌陶瓷有限公司	釉面砖	金牌亚洲	300×450×9.7	JBS37062	合格	
146	220	佛山市上元博辉陶瓷有限公司	釉面砖	上元	300×450×9.5	V45A111	合格	
147	221	佛山市禅城区新辉雅建筑陶瓷有限公司	釉面砖	辉雅	300×450×9.5	A45A00	合格	
148	222	广东东鹏陶瓷股份有限公司	釉面砖	东鹏陶瓷	300×450×10	2009-03-24	合格	
149	223	佛山石湾鹰牌陶瓷有限公司	釉面内墙砖	鹰牌陶瓷	300×450×10	S1P1-60E	合格	
150	224	佛山市奥翔陶瓷有限公司	瓷质抛光砖	OSS	600×600×9.7	2009-03-14	合格	
151	225	佛山市新华陶瓷业有限公司	抛光砖	新里程	600×600×9.5	2009-04-08	合格	
152	226	佛山金意陶陶瓷有限公司	瓷质砖	KITO	600×600×10	2008-11-04	合格	
153	227	佛山市名典装饰有限公司	瓷质砖	名典瓷砖	600×600×9.8	0052398	合格	
154	228	佛山市三水宏源陶瓷企业有限公司	抛光砖	Trend	600×600×9.5	TPA0600-3	合格	
155	229	佛山石湾鹰牌陶瓷有限公司	瓷质砖	华鹏	800×800×11.2	EOMA-A6QH	合格	
156	230	广东东鹏陶瓷股份有限公司	瓷质砖	东鹏陶瓷	800×800×11.5	2008-06-29	合格	
157	231	佛山市新华陶瓷业有限公司	抛光砖	展鹏	800×800×10.5	2009-03-24	合格	
158	232	佛山欧神诺陶瓷股份有限公司	完全玻化石	欧神诺	800×800×10.5	2009-04-11	合格	
159	233	佛山市特地陶瓷有限公司	完全玻化石	特地陶瓷	800×800×10.5	2009-04-10	合格	
160	234	广东宏威陶瓷实业有限公司	抛光砖	威尔斯	800×800×10.1	9C09	合格	
161	235	佛山市南海威廉顿陶瓷有限公司	炻质砖	威廉顿陶瓷	300×300×8.5	2008-11-28	合格	
162	236	佛山市高明王者陶瓷有限公司	内墙砖	王者	300×450×9.5	2009-04-02	合格	
163	237	佛山市高明贝斯特陶瓷有限公司	内墙砖	百特	300×450×9.5	2009-04-15	合格	

续表

序号	序号	企业名称	产品名称	商标	规格型号（mm）	生产日期（批号）	抽查结果	主要不合格项目
164	238	佛山市高明美陶陶瓷有限公司	内墙砖	美陶	300×450×9.5	2009-03-15	合格	
165	239	佛山高明顺成陶瓷有限公司	内墙砖	顺辉	300×450×9.5	2009-03-09	合格	
166	240	广东协进陶瓷有限公司	釉面砖	协进陶瓷	300×450×9.5	090409AP	合格	
167	241	佛山市萨米特陶瓷有限公司	釉面内墙砖	萨米特	300×450×9.8	2008-12-07	合格	
168	242	佛山市家乐宝瓷砖有限公司	陶质砖	家乐陶	300×450×10.4	2009-03-18	合格	
169	243	高要市陶一郎陶瓷有限公司	陶质砖	陶一郎	300×300×9.7	08K27	合格	
170	244	佛山市加西亚瓷砖有限公司	陶质砖	加西亚	300×450×10.4	2009-04-15	合格	
171	245	广东新明珠陶瓷集团有限公司	陶质砖	冠珠	300×450×9.8	GQYT43215	合格	
172	246	广东协进陶瓷有限公司	内墙陶质砖	卡诺尔瓷砖	300×600×10.0	090318CN	合格	
173	247	佛山市新南悦建筑陶瓷有限公司	陶质砖	新南悦	300×450×9.5	2009-02-23	合格	
174	248	广东宏威陶瓷实业有限公司	釉面砖	ITTO	300×450×10	2009-C-31	合格	
175	249	广东新中源陶瓷有限公司	陶质砖	新中源	300×450×10	2009-03-25	合格	
176	250	佛山市禅城区格莱斯陶瓷有限公司	釉面内墙砖	格莱斯	300×600×9.8	2009-03-12	合格	
177	251	高要市陶一郎陶瓷有限公司	陶质砖	红蜘蛛瓷砖	300×600×10.5	08L09	合格	
178	252	广东蒙娜丽莎陶瓷有限公司	陶质砖	蒙娜丽莎	300×450×9.0	2009-04-15	合格	
179	253	广东俊怡陶瓷企业有限公司	陶质砖	威迪斯	300×600×10.5	2009-03-25	合格	
180	254	广东欧雅陶瓷有限公司	陶质砖	奥米茄陶瓷	300×450×9.5	2009-04-15	合格	
181	255	佛山市利华陶瓷有限公司	釉面内墙砖	利华陶瓷	300×450×10	2009-03-11	合格	
182	256	高要市将军陶瓷有限公司南庄分公司	陶质砖	大将军陶瓷	300×450×9.5	2009-03-22	合格	
183	257	广东俊怡陶瓷企业有限公司	陶质砖	威登堡	300×450×9.5	2009-04-11	合格	
184	258	广东宏陶陶瓷实业有限公司	釉面砖	宏陶精工	300×600×10.5	09C02	合格	

续表

序号	序号	企业名称	产品名称	商标	规格型号（mm）	生产日期（批号）	抽查结果	主要不合格项目
185	259	广东萨米特陶瓷有限公司	陶质砖	萨米特	300×600×9.8	2009-04-01	合格	
186	260	佛山市溶洲建筑陶瓷二厂有限公司	瓷质外墙砖	溶洲	59×239×7.3	67913F	合格	
187	261	佛山市溶洲建筑陶瓷二厂有限公司	炻瓷外墙砖	石湾	45×95×7	B90084W	合格	
188	262	广东汇亚陶瓷有限公司	抛光砖	汇亚	800×800×11	2009-04-06	合格	
189	263	广东新润成陶瓷有限公司	抛光砖	裕成	800×800×10.2	2009-03-29	合格	
190	264	广东恒福陶瓷有限公司	抛光砖	恒福	800×800×11	2009-04-02	合格	
191	265	广东新润成陶瓷有限公司	抛光砖	新润成	600×600×9.2	2008-06-28	合格	
192	266	佛山市阳光陶瓷有限公司	瓷质砖	维罗	600×600×9.7	2008-11-12	合格	
193	267	哈伊马角（高要）陶瓷有限公司	抛光砖	R. A. K	600×600×10	2009-04-17	合格	
194	268	佛山市三水威特精工建材有限公司	抛光砖	康图	600×600×9.4	2009-04-13	合格	
195	269	广东欧文莱陶瓷有限公司	瓷质仿古砖	欧文莱陶瓷	600×600×9.5	2009-03-31	合格	
196	270	广东金科陶瓷有限公司	金科精工石	金科	600×600×10	2009-04-10	合格	
197	271	佛山市南海升华陶瓷有限公司	抛光砖	升华陶瓷	600×600×9.7	2008-12-09	合格	
198	272	广东利家居陶瓷有限公司	抛光砖	利家居	600×600×10	2008-07-17	合格	
199	273	广东唯美陶瓷有限公司	仿古砖	马可波罗	600×600×10.2	0904D88	合格	
200	274	广东能强陶瓷有限公司	仿古砖	能强	600×600×10	2009-04-14	合格	
201	275	广东博德精工建材有限公司	仿古砖	BODE	600×600×9.5	2009-04-13	合格	
202	276	广东宏宇陶瓷有限公司	仿古砖	宏宇陶瓷	600×600×10	9D01	合格	
203	277	广东兴辉陶瓷集团有限公司	抛光砖	兴辉	600×600×10.2	2009-04-05	合格	
204	278	佛山市三水新华雄陶瓷有限公司	仿古砖	金钻陶瓷	600×600×9.4	2009-01-10	合格	
205	279	广东强辉陶瓷有限公司	抛光砖	强辉	600×600×10.0	2009-04-06	合格	
206	280	广东博德精工建材有限公司	抛光砖	BODE	600×600×9.8	2009-03-06	合格	
207	281	佛山市维多利陶瓷有限公司	抛光砖	维多利	600×600×9.3	2008-09-26	合格	

续表

序号	序号	企业名称	产品名称	商标	规格型号（mm）	生产日期（批号）	抽查结果	主要不合格项目
208	282	佛山市三水威特精工建材有限公司	抛光砖	威俊	600×600×9.4	LES6514	合格	
209	283	广东骏仕陶瓷有限公司	抛光砖	骏仕	600×600×9.8	2008-09-15	合格	
210	284	佛山市南海冠星王陶瓷有限公司	瓷质砖	罗马利奥	600×600×10	2009-04-11	合格	
211	285	佛山市尊利陶瓷有限公司	抛光砖	尊利陶瓷	600×600×9.8	2008-10-08	合格	
212	286	佛山市莱利陶瓷有限公司	抛光砖	Q	600×600×9.4	2009-04	合格	
213	287	佛山市圣凡尔赛陶瓷有限公司	仿古砖	圣．凡尔赛	600×600×9.8	2009-04-16	合格	
214	288	佛山市金舵陶瓷有限公司	抛光砖	金舵	600×600×9.4	2009-04-12	合格	
215	289	佛山市嘉俊陶瓷有限公司	抛光砖	嘉俊	600×600×10	220902	合格	
216	290	佛山市天纬陶瓷有限公司	抛光砖	天纬	600×600×9.4	2009-03-19	合格	
217	296	夹江县凯风陶瓷有限公司	瓷质砖	君悦	600×600×9.5	2009-03-28	合格	
218	297	夹江县鑫鹏陶瓷厂	瓷质砖	福伦多	599×599×9.2	2009-03-16	合格	
219	298	四川新中源陶瓷有限公司	巴丹瓷砖	巴丹	450×300×9.5	2009-04-10	合格	
220	299	四川省亿佛瓷业有限公司	陶瓷砖	丹瑞	600×600×9.5	2009-04-07	合格	
221	300	四川省亿佛瓷业有限公司	陶瓷砖	亿丹	600×600×9.0	2009-04-15	合格	
222	301	四川马边建云实业有限公司夹江陶瓷分公司	瓷质砖	骏驰	600×600×9.5	2009-04-02	合格	
223	302	夹江县荣华陶瓷有限公司	陶瓷砖	荣华	598×598×9	2009-03-22	合格	
224	303	四川新中源陶瓷有限公司	陶仙坊瓷质仿古砖	陶仙坊	600×600×10	2009-04-10	合格	
225	304	四川省丹棱县恒发陶瓷厂	陶瓷砖	博亚	329×249×7.4	2009	合格	
226	305	夹江县金海瓷业有限责任公司	干压陶瓷砖	美斯泰	329×249×7.2	2009-03-20	合格	
227	306	四川省丹棱县凌云陶瓷厂	釉面砖	凌云	299×199×5.6	2009-04-15	合格	
228	307	夹江县华宏瓷业有限公司	凯尔陶瓷砖	凯尔	329×250.6×8	2008-03-22	合格	

续表

序号	序号	企业名称	产品名称	商标	规格型号（mm）	生产日期（批号）	抽查结果	主要不合格项目
229	308	四川省新万兴瓷业有限公司	陶瓷砖	凯丽达	450×300×9.2	2009-03-20	合格	
230	309	四川华雄陶瓷有限公司	陶瓷砖	双兔	300×450×9.5	2009-04-06	合格	
231	310	四川建辉陶瓷有限公司	干压陶瓷砖	建辉	450×300×9.5	2009-04-03	合格	
232	311	夹江县东方瓷业有限责任公司	陶瓷砖	雅格喜	245×105×7.0	2009-04-08	合格	
233	312	夹江县益胜陶瓷厂	陶瓷砖	益胜	329×249×7.3	2009-04-14	合格	
234	313	四川省丹棱县强华瓷业有限责任公司	陶瓷砖	博尔亚	450×330×9.5	2009-03-07	合格	
235	314	夹江县康新陶瓷厂	陶瓷砖	康新	249×110×6	2009-04-08	合格	
236	315	夹江县栋梁陶瓷厂	高级外墙砖	栋梁	246×106×6.8	2009-04-09	合格	
237	316	四川省米兰诺陶瓷有限公司	瓷质抛光砖	米兰诺	800×800×10.5	2009-04-12	合格	
238	317	四川省丹棱县强华瓷业有限责任公司	陶瓷砖	圣弗尔	450×300×9.5	2009-04-14	合格	
239	318	夹江县华益瓷业有限责任公司	陶瓷砖	美斯特	449.8×299.8×9	2009-04-10	合格	
240	319	夹江县富园陶瓷厂	陶瓷砖	维美达	450×300×9.5	2009-04-18	合格	
241	320	四川省丹棱县华盛建筑陶瓷有限公司	陶瓷砖	精美	329×249×7.4	2009-04-15	合格	
242	321	四川盛峰陶瓷有限公司	抛光砖	福布斯	800×800×11	2009-03-13	合格	
243	322	四川华雄陶瓷有限公司	陶瓷砖	戈尔达	300×450×9.5	2009-04-08	合格	
244	323	四川省远大瓷业有限公司	陶瓷砖	树功	329×249×7	2009-04-11	合格	
245	324	四川威尼陶瓷有限公司	炻质釉面砖	威尼	299×299×8.5	2009-03-15	合格	
246	325	四川威尼陶瓷有限公司	陶质釉面砖	荣华	249.8×329.5×8.2	2009-01	合格	
247	326	乐山市沙湾中盛陶瓷有限公司	陶瓷砖	中盛	800×800×10.5	2009-04-14	合格	
248	327	四川新中源陶瓷有限公司	天伟瓷砖	天伟	800×800×11	2009-04-04	合格	
249	328	四川科达陶瓷有限公司	瓷质抛光砖	钧瓷	800×800×11	2009-03-20	合格	
250	329	四川省井研佳泉瓷业有限公司	陶瓷砖	全星	600×600×10	2009-04-17	合格	
251	330	四川省华鹏陶瓷有限公司	陶瓷砖	欧纳米	598×598×9.5	2009-04-09	合格	
252	331	威远县美家居陶瓷厂	陶瓷砖	奥迪澜	450×300×9.4	2009-04-19	合格	
253	332	四川省新万兴瓷业有限公司	陶瓷砖	万茂	145×45×6.8	2009-04-01	合格	
254	333	四川省威远金凤凰陶瓷有限责任公司	陶瓷砖	凤凰	301×200×7.5	2009-04-05	合格	

续表

序号	序号	企业名称	产品名称	商标	规格型号（mm）	生产日期（批号）	抽查结果	主要不合格项目
255	334	广东佛山（威远）麦氏陶瓷有限责任公司	陶瓷砖	麦氏	300×450×9.5	2009-04-15	合格	
256	335	四川白塔新联兴陶瓷集团有限责任公司	陶瓷砖	白塔	600×600×9	2009-04-19	合格	
257	346	陕西中特陶瓷有限公司	陶瓷砖	贝斯克	199×299×6.8	2009-04-08	合格	
258	347	陕西锦泰陶瓷有限公司	陶瓷砖	爱格斯	300×300×8.1	2009-04-08	合格	
259	348	陕西奇安雁塔陶瓷有限公司	陶瓷砖	大雁塔	599×599×9.9	2009-04-11	合格	
260	349	陕西奇安雁塔陶瓷有限公司	陶瓷砖	大雁塔	280×140×7.4	2009-03	合格	
261	350	咸阳太阳陶瓷有限公司	陶瓷砖	九阳	600×600×9.4	2009-04-11	合格	
262	351	陕西新奇陶瓷有限公司	陶瓷砖	海贝尼斯	280×140×7.2	2009-04-12	合格	
263	352	咸阳康美特陶瓷有限公司	陶瓷砖	神剑	599×599×9.9	2009-04-05	合格	
264	353	咸阳华达陶瓷有限责任公司	陶瓷砖	华亨	600×600×9.6	2009-04-10	合格	
265	354	咸阳中阳陶瓷有限公司	陶瓷砖	淘金石	600×600×9.0	2009-04-10	合格	
266	355	咸阳赛博陶瓷有限公司	陶瓷砖	芭堤雅	450×300×9.1	2009-04-09	合格	
267	356	三原西源陶瓷有限公司	陶瓷砖	幸福漫步	600×600×9.5	2009-04-12	合格	
268	6	高邑县恒泰建筑陶瓷厂	陶瓷砖	讯丰	600×600×9	2009-04	不合格	吸水率
269	7	高邑县五羊陶瓷有限责任公司	陶瓷砖	梦特丽娜	200×300×7.2	2009-04	不合格	尺寸
270	8	河北高邑金正陶瓷厂	陶瓷砖	三金	600×600×9.8	2009-04	不合格	尺寸，破坏强度
271	9	高邑县京华陶瓷有限公司	陶瓷砖	金奥麟	450×300×9.6	2009-04	不合格	断裂模数
272	14	阳城县大自然陶瓷有限责任公司	陶瓷砖	三晋	329.5×249.5×8.0	2009-04-15	不合格	破坏强度
273	15	阳城福龙陶瓷有限公司	陶瓷砖	洁特	271×135×7.4	2009-04-15	不合格	吸水率
274	35	沈阳浩松陶瓷有限公司	陶瓷砖	中庆	600×600×9.5	2009-04-12	不合格	吸水率
275	36	沈阳大君瓷业有限公司	陶瓷砖	大君	600×600×8.5	2009-03	不合格	吸水率，破坏强度
276	37	沈阳金美达陶瓷有限公司	陶瓷砖	金美达	130×260×7.3	2009-03	不合格	吸水率
277	38	沈阳日日升陶瓷有限公司	抛光砖	日日升	600×600×9.5	2009-03	不合格	尺寸
278	80	福建省晋江市德铭陶瓷有限公司	雅坊陶瓷	雅坊	300×300×9.5	2009-04	不合格	吸水率
279	81	晋江广厦陶瓷建材有限公司	通体砖	广厦	45×145×4.5	2009-03	不合格	尺寸

续表

序号	序号	企业名称	产品名称	商标	规格型号（mm）	生产日期（批号）	抽查结果	主要不合格项目
280	82	福建省晋江市丹豪陶瓷有限公司龟山分公司	通体砖	丹豪	45×145×6.5	2009-03	不合格	尺寸，吸水率
281	83	福建南鹰陶瓷有限公司	南鹰陶瓷	南鹰	100×100×6.6	2008-11	不合格	破坏强度
282	84	福建晋江市祥达陶瓷有限公司	通体砖	闽陶	45×145×6.6	2009-01	不合格	吸水率
283	85	福建省晋江市永源建材有限公司	玻化石	联兴	60×200×7.8	2009-04-09	不合格	尺寸，吸水率
284	86	福建省晋江市永源建材有限公司	通体砖	联胜	45×145×6.5	2008-04	不合格	吸水率
285	87	福建省晋江万利瓷业有限公司	通体砖	万利	45×196×6.5	2009-04-09	不合格	尺寸，吸水率
286	88	福建省晋江万利瓷业有限公司	通体砖	圣得利	45×145×6.5	2009-03	不合格	吸水率
287	89	福建省晋江磁灶钱埔泉盛建材厂	方块砖	国邦	100×100×7.0	2009-03	不合格	吸水率
288	90	南安市一条龙陶瓷建材有限公司	通体文化砖	一条龙	100×200×6.0	2008-09	不合格	尺寸
289	91	福建省晋江市内坑鸿新建材有限公司	方块砖	鸿新	100×100×6.9	2009-03	不合格	尺寸，吸水率，破坏强度
290	92	福建省南安市协辉陶瓷有限公司	协辉文化石	协辉	100×200×5.5	2009-03	不合格	尺寸，吸水率
291	93	福建省晋江市远方陶瓷有限公司	远方陶瓷	远方	45×145×6.0	2009-03-12	不合格	尺寸
292	94	福建华泰集团有限公司	华鸿精韵石	华鸿	300×300×8.0	2008-10	不合格	尺寸
293	95	福建华泰集团有限公司	华鸿瓷砖	华鸿	150×150×8.0	2008-6	不合格	吸水率
294	96	晋江市树林陶瓷实业有限公司	通体砖	泰宝山	45×195×6.3	2009-03	不合格	吸水率
295	97	晋江市树林陶瓷实业有限公司	通体文化砖	金虎	100×200×9.5	2009-04	不合格	破坏强度
296	98	福建省晋江市碧圣建材有限公司	方砖	碧聖	100×100×6.8	2009-01	不合格	破坏强度
297	99	晋江市德顺陶瓷建材有限公司	抛晶砖	亚仕帝	300×300×9.1	2009-04	不合格	吸水率
298	100	晋江远东陶瓷有限公司	方块砖	信源	100×100×6.5	2009-03	不合格	吸水率
299	101	晋江远东陶瓷有限公司	信源陶瓷	信源	45×145×7.0	2009-03	不合格	吸水率
300	102	福建省晋江市小虎陶瓷有限公司	通体砖	小虎	45×145×6.7	2009-04	不合格	吸水率
301	103	福建省晋江市内坑社仔顺兴陶瓷建材厂	朗高艺术砖	朗高 CLCT	80×240×6.3	2009-04-12	不合格	尺寸，吸水率，破坏强度

续表

序号	序号	企业名称	产品名称	商标	规格型号（mm）	生产日期（批号）	抽查结果	主要不合格项目
302	104	福建省晋江七彩陶瓷有限公司	七彩瓷砖	七彩	45×145×6.8	2009-04	不合格	尺寸
303	105	晋江协顺陶瓷有限公司	协顺陶瓷	协顺	60×240×6.8	2009-04	不合格	吸水率
304	106	晋江协顺陶瓷有限公司	豪鑫瓷砖	豪鑫	100×200×9.2	2009-04	不合格	尺寸，破坏强度
305	107	福建省南安市九洲瓷业有限公司	通体砖	九洲龙	45×145×6.5	2009-03	不合格	吸水率
306	108	福建省南安市九洲瓷业有限公司	通体砖	恒鹰	45×145×6.5	2009-03	不合格	吸水率
307	109	晋江市仙梅建陶有限公司	通体砖	好莱坞	60×200×6.8	2009-03	不合格	吸水率
308	110	晋江市仙梅建陶有限公司	仙梅瓷砖	仙梅	100×200×8.5	2008-04	不合格	尺寸，破坏强度
309	111	福建南鹰陶瓷有限公司	通体砖	宝顿	45×145×6.8	2008-11	不合格	吸水率
310	112	福建省闽清红叶陶瓷建材有限公司	陶瓷砖	尚好	250×400×7.5	2009-04	不合格	破坏强度
311	113	福建省闽清环宇陶瓷公司白樟分公司	陶瓷砖	奥珂玛	300×450×8.8	2008-04	不合格	破坏强度
312	114	福建省闽清环宇陶瓷有限公司白樟分公司	陶瓷砖	环宇	300×450×7.8	2008-04	不合格	尺寸
313	115	福建省闽清发达实业有限公司	陶瓷砖	斯诺珂	250×330×7.5	2009-04	不合格	破坏强度
314	116	福建省闽清恒源贸易有限公司	陶瓷砖	东方明珠	250×330×7.8	2009-04-16	不合格	破坏强度
315	117	福建省闽清红叶陶瓷建材有限公司	陶瓷砖	卡丽尔	250×330×7.5	2009-04	不合格	破坏强度
316	118	福建省闽清欧尚陶瓷有限公司	陶瓷砖	鑫钻仕	250×330×7.9	2009-04-16	不合格	破坏强度
317	119	福建省闽清金城陶瓷有限公司	陶瓷砖	优派	250×330×7.6	2009-04	不合格	破坏强度
318	120	福建省闽清金城陶瓷有限公司	陶瓷砖	南骏	250×330×7.6	2009-04-16	不合格	破坏强度
319	121	福建省闽清中菱陶瓷有限公司	陶瓷砖	中菱	250×330×7.5	2009-04	不合格	破坏强度
320	122	福建省闽清欧尚陶瓷有限公司	陶瓷砖	景陶	250×330×7.9	2009-04-16	不合格	破坏强度
321	123	福建省闽清嘉丽陶瓷有限公司	陶瓷砖	嘉丽斯顿	250×330×7.8	2009-04	不合格	破坏强度
322	124	福建省闽清大世界陶瓷实业有限公司	陶瓷砖	大世界	100×200×6.0	2009-04	不合格	尺寸

续表

序号	序号	企业名称	产品名称	商标	规格型号（mm）	生产日期（批号）	抽查结果	主要不合格项目
323	125	福建省闽清中亚陶瓷有限公司	陶瓷砖		150×150×7.0	2009－04	不合格	破坏强度
324	126	福建省闽清中亚陶瓷有限公司	陶瓷砖	星航	100×200×6.1	2009－02	不合格	尺寸，破坏强度
325	127	福建省闽清县溪西陶瓷厂	陶瓷砖		150×150×4.5	2009－04	不合格	尺寸
326	200	临沂朗宇建陶有限公司	内墙砖	圣好佳	330×250×7.8	2009－04－09	不合格	破坏强度，断裂模数
327	201	淄博京鹰建陶有限公司	陶瓷砖	京鹰	600×600×9.8	2009－03	不合格	吸水率
328	202	淄博双岳建陶厂	内墙砖	臻永泰	330×250×8.2	2009－04－17	不合格	破坏强度，断裂模数
329	203	淄博双岳建陶厂	内墙砖	法依思嘉	300×200×6.8	2009－04－17	不合格	断裂模数
330	204	淄博市淄川新丽泰建陶有限公司	抛光砖	锦寓	800×800×10	2009－03－27	不合格	断裂模数
331	205	淄博强赛特陶瓷有限公司	仿古砖	雪域	600×600×10	2009－03－20	不合格	吸水率
332	206	淄博强赛特陶瓷有限公司	仿古砖	狮王	600×600×9.8	2009－04－16	不合格	吸水率
333	207	淄博永邦建陶有限公司	内墙砖	齐泰	400×250×8	2009－04－19	不合格	破坏强度，断裂模数
334	208	山东东鹏陶瓷有限公司	超市砖	东鹏	200×200×12	2009－04－10	不合格	吸水率
335	209	山东沃德赛陶瓷有限公司	抛光砖	沃德赛	800×800×10.5	2009－04－19	不合格	断裂模数
336	210	淄博统一陶瓷有限公司	仿古砖	瓦伦蒂诺	600×600×10.3	28159	不合格	吸水率
337	211	淄博统一陶瓷有限公司	防静陶瓷砖	电盾	600×600×10	28149	不合格	吸水率
338	212	淄博金卡陶瓷有限公司	仿古砖	金卡	600×600×9.8	2009－04－04	不合格	尺寸
339	213	淄博双颖陶瓷有限公司	仿古砖	百家居	600×600×10.4	2008－10－27	不合格	尺寸
340	214	淄博新中联陶瓷有限公司	陶瓷砖	金帆	300×300×7.7	2009－04－21	不合格	破坏强度
341	215	淄博雍大陶瓷有限公司	抛光砖	腾易达	600×600×9.5	2009－04－20	不合格	吸水率
342	291	广东博华陶瓷有限公司	瓷质抛光砖	博华陶瓷	600×600×9.8	0046298A	不合格	放射性核素限量
343	292	广东博华陶瓷有限公司	抛光砖	BOHUA	800×800×11.2	0046228A	不合格	放射性核素限量
344	293	广东家美陶瓷有限公司	陶质砖	L&D	330×330×9.0	0903B1A	不合格	放射性核素限量
345	294	佛山市南海金巴利玻化砖有限公司	抛光砖	金巴利	600×600×9.0	G6180	不合格	尺寸
346	295	佛山市顺德区三彩陶瓷有限公司	抛光砖	帅联	600×600×9.6	2009－02－14	不合格	尺寸
347	336	四川夹江宏发瓷业有限公司	陶瓷砖	福来登	199×299×6.2	2009－04－09	不合格	尺寸

续表

序号	序号	企业名称	产品名称	商标	规格型号（mm）	生产日期（批号）	抽查结果	主要不合格项目
348	337	夹江县华益瓷业有限责任公司	陶瓷砖	华益	299.8×299.8×7.8	2009-03-19	不合格	尺寸
349	338	四川省丹棱县富彩瓷业有限公司	陶瓷砖	欣盛	329×249×7.4	2009-04-13	不合格	破坏强度，断裂模数
350	339	夹江县华宏瓷业有限公司	科宇瓷砖	科宇	450×300×9.5	2009-04-8	不合格	断裂模数
351	340	乐山市方大瓷业发展有限公司	陶瓷砖	时凯	99×99×6.3	2009-04-17	不合格	尺寸，破坏强度
352	341	四川省丹棱县荣建瓷业有限公司	陶质砖	圣陶石	295×195×6.0	2009-04-15	不合格	破坏强度，断裂模数
353	342	夹江县华宸瓷业有限公司	外墙砖	宏阳	99×99×6.5	2009-01-06	不合格	吸水率
354	343	四川省丹棱县富彩瓷业有限公司	陶瓷砖	富力莱	329×249×7.4	2009-04-13	不合格	破坏强度，断裂模数
355	344	四川省夹江县海鸥瓷厂	外墙砖	海鸥	99×99×6.8	2009-03-16	不合格	尺寸，破坏强度
356	345	四川省井研县欧鹏瓷业有限公司	陶瓷砖	欧鹏	99×99×6.5	2009-04-17	不合格	尺寸
357	357	宝鸡市申博陶瓷有限公司	陶瓷砖	西得利	299×299×8.0	2009-03-15	不合格	尺寸，破坏强度
358	358	宝鸡市申博陶瓷有限公司	陶瓷砖	西得利	300×200×5.5	2009-03-20	不合格	尺寸，破坏强度，断裂模数
359	359	千阳县玺宝陶瓷有限责任公司	陶瓷砖	玺宝	299×299×7.5	2009-01	不合格	破坏强度
360	360	千阳县玺宝陶瓷有限责任公司	陶瓷砖	玺宝	328×248×7.8	2009-01	不合格	尺寸，破坏强度，断裂模数
361	361	陕西千禾陶瓷有限公司	内墙砖	福莱佳	249×329×7.0	2009-04-07	不合格	尺寸，断裂模数
362	362	宝鸡市景铃陶瓷有限责任公司	陶瓷砖	景铃	602×602×8.5	2009	不合格	尺寸，吸水率
363	363	咸阳罗美亚陶瓷有限公司	陶瓷砖	罗美亚	330×250×7.4	2009-04-11	不合格	断裂模数
364	364	陕西新奇陶瓷有限公司	陶瓷砖	舒居安	255×112×7.2	2009-04-10	不合格	吸水率

注：按行政区域排序。

二、江西省2009年第2季度干压陶瓷砖质量省级监督抽查结果

2009年第2季度干压陶瓷砖产品质量省级监督抽查结果

江西省质量技术监督局

2009年5月4日

干压陶瓷砖是由黏土和其他无机非金属原料，经干压、挤压或其他成型方法成型、烧结等工艺生产的板状或块状陶瓷制品，广泛用于家庭、办公、营业等场所的装饰装修，其质量的好坏，直接影响人们的身体健康和装修的质量。为整顿和规范市场经济秩序，保护消费者的合法权益，江西省质量技术监督

局于2009年第2季度对干压陶瓷砖产品进行了省级产品质量监督抽查，现将结果公布如下：

本次监督抽查共抽查了48家企业生产的50批次产品，实物质量合格44批次，抽样合格率88.0%。抽查结果表明，目前我省市场上销售的干压陶瓷砖产品实物质量状况较好，本次抽查的陶瓷砖其放射性核素限量指标均达到了标准规定的要求；抽查结果还显示，仍有部分产品存在一些问题：一是强度性能指标不达标。本次抽查的6批次不合格产品中，有2批次产品的破坏强度达不到标准规定要求，2批次产品的断裂模数指标达不到标准规定要求。强度性能指标不达标易造成产品达不到应有的承重能力，在使用中产生开裂、破碎或表面缺陷等现象，影响产品的使用寿命和使用性能；二是吸水率不达标。本次抽查的6批次不合格产品中，有3批次产品的吸水率达不到标准规定要求。吸水率不达标，将影响消费者的正常使用；三是产品标识问题多。本次抽查的50批次产品中，有28批次产品的标识标注不符合标准规定要求，有的未标注放射性水平类别，有的未标注厚度，有的标注规格尺寸与实际不符，有的标注作废产品标准编号。

对本次监督抽查不合格的产品，我局将依法处理。

附：部分不合格干压陶瓷砖产品企业名单

序号	受检企业名称	标称生产企业名称	商标	等级	规格型号	生产日期或编号	主要不合格项目
1	新建县廷亮装饰材料经营部	江西省高安市恒辉建陶厂	恒辉	合格品	800×130 A类	/	标志、断裂模数
2	新建县赵氏装饰分店	江西上高博德斯陶瓷有限公司	多尔康	合格品	200×300×7 A类	/	标志、破坏强度
3	赵仁付（进贤县民和商场15栋9－10号）	高安宏基陶瓷有限公司	宏基	合格品	600×130 A类 BⅢ类	/	标志、断裂模数、破坏强度

三、上海市2009年第3季度陶瓷砖产品质量监督抽查结果

2009年第3季度上海市陶瓷砖产品质量监督抽查结果

上海市质量技术监督局

2009年12月21日

陶瓷砖是人们常用的装饰装修材料，是指由黏土和其他无机非金属原料，经成型、烧结等工艺生产的，用于装饰和保护建筑物墙面及地面的板状或块状陶瓷制品。

2009年3季度，本市质量技术监督局对本市生产和销售的陶瓷砖产品质量进行了专项监督抽查。本次共监督抽查38批次产品，经检验，合格有35批次，不合格3批次。在这38批次中，本市抽查8批次，合格6批次，外省市30批次，合格29批次。

本次监督依据GB 6566－2001《建筑材料放射性核素限量》、GB/T 4100－2006《陶瓷砖》以及经备案现行有效的企业标准及产品明示质量要求，对尺寸、吸水率、断裂模数和破坏强度、无釉砖耐磨深度、抗釉裂性、放射性核素、标识等7个项目进行了检验。

抽查发现的主要质量问题如下：

1. 厚度：厚度偏差主要取决于企业的质量监控特别是成品验收和出厂检验等环节出现偏差，这种情况同时也反映出陶瓷砖企业在成品检验这个环节上缺乏有效的控制。本次抽查中该项目有2批次不合格。

2. 吸水率：陶瓷砖的吸水率过低主要体现了陶瓷砖在烧制过程中温度过高，烧制时间过长，反映了部分企业生产工艺监控环节的疏漏，以致在使用未经明示吸水率的陶瓷砖产品时，由于吸水率过低而使吸收水分不足，产生空鼓现象，粘贴不牢固。本次抽查中该项目有1批次不合格。

2009年3季度上海市陶瓷砖监督抽查合格产品

受检产品	商标	规格型号	生产日期/批号	生产企业（标称）	受检企业
长谷瓷砖	图案	333×333×8（mm）	09.06.05/	上海长谷陶瓷有限公司	上海长谷陶瓷有限公司
地砖	伊派	300×300×8.5（mm）	09.06.12 BTC3002MB	金兴陶瓷（上海）有限公司	金兴陶瓷（上海）有限公司
釉面砖	美家辉	300×450（mm）	090413TA4335－1	佛山市美之宝陶瓷有限公司	上海市浦东新区三林镇瑞宏陶瓷经营部
红蜘蛛瓷砖	Red spider	300×300（mm）	09G05RD 34105	高要市陶一郎陶瓷有限公司	上海恒大建材市场管理股份有限公司
冠军瓷砖	图案	43502/（300×450×9）mm	2007.12 0062507	信益陶瓷（中国）有限公司	上海市百安居建材超市有限公司沪太店
兴辉陶瓷	图案	300×300×10.4（mm）	2009.03.20	佛山市兴辉陶瓷有限公司	上海乐陶实业有限公司
精品内墙砖	利家居	300mm×450mm	2009.5.14LJB42002A	广东利家居陶瓷有限公司	上海城大陶瓷市场经营管理有限公司
威爾斯玉灵壁釉面砖	图案	Z－1A45078 300×450×10.0（mm）	/09E04	广东宏威陶瓷实业有限公司	上海城大陶瓷市场经营管理有限公司
QHTC强辉精品内墙砖	QHTC强辉	300×450×10（mm）	/ HA48016	广东强辉陶瓷有限公司	上海城大陶瓷市场经营管理有限公司
新世域墙砖	图案	250×330（mm）	2009.5.25HC32200	佛山市汇诚建材有限公司	百安居（中国）家居有限公司上海梅陇店
骏仕陶瓷高级釉面砖	图案	45022 300mm×450mm×10mm	2009年6月17日J30	广东骏仕陶瓷有限公司	上海家饰佳商业经营管理有限公司
蒙娜丽莎瓷砖	图案	30－45DJ 252 2300×450×9.5（mm）	2009.7.11410	广东蒙娜丽莎陶瓷有限公司	上海家饰佳商业经营管理有限公司
远方陶瓷	图案	300×450×9.7（mm）	/（4563）824	福建省晋江市远方陶瓷有限公司	上海平敖陶瓷商行
冠珠陶瓷	图案	300×300×9.3（mm）	2009.7.9GDRMYAF 32018	广东新明珠陶瓷集团有限公司	上海闵行七宝久鑫陶瓷经营部
陶质砖	图案	W25631 250×330×8.5（mm）	2009.0632962V	杭州诺贝尔集团有限公司	上海红星美凯龙家居市场经营管理有限公司
嘉俊陶瓷	图案	JMA3002 300×300×9.5（mm）	/710903	佛山市嘉俊陶瓷有限公司	上海红星美凯龙家居市场经营管理有限公司
金意陶·陶瓷	KITO	330mm×330mm	2009.8.1H18	佛山金意陶陶瓷有限公司	上海好饰家建材园艺超市有限公司徐汇店
奥米茄陶瓷	图案	300mm×300mm×9.5mm	09.03OMD4568	广东欧雅陶瓷有限公司	上海好饰家建材园艺超市有限公司徐汇店
地爬壁	汇德邦陶瓷	300mm×300mm×8.5mm	2008.10.30YL30220	佛山汇德邦陶瓷有限公司	百安居（中国）家居有限公司上海梅陇店
特地负离子釉面砖	特地陶瓷	300×450（mm）	/0810B1	佛山特地陶瓷有限公司	百安居（中国）家居有限公司上海梅陇店

续表

受检产品	商标	规格型号	生产日期/批号	生产企业（标称）	受检企业
高级内墙砖	升华陶瓷	300mm×300mm×（10.0±0.3）mm	2008.3.20 SA34000	佛山南海升华陶瓷有限公司	上海九百家居装饰商城有限公司
百和陶瓷	百和	450×300×10（mm）	/BY1－43058 E1024	佛山市和美陶瓷有限公司	上海九百家居装饰商城有限公司大华店
格莱斯陶瓷	图案	300mm×300mm	2009.3.21 LDMYAF 32928	佛山市禅城区格莱斯陶瓷有限公司	上海金盛家居市场经营管理有限公司
博德仿古砖	15 世纪 . com	300/300	/CYM28210	广东博德精工建材有限公司	上海金盛家居市场经营管理有限公司
L&D 陶瓷	L&D	45cm×31.6cm	2008.10L45808	广东家美陶瓷有限公司	上海百安居建材超市有限公司
釉面地砖	OCEANO 欧神诺	300×300（mm）	/Y0907U1 YD905D	佛山欧神诺陶瓷股份有限公司	上海华德美居超市有限公司
东鹏陶瓷地爬壁彩釉砖	图案	300×300（mm）	2009.8.15LP30358	广东东鹏陶瓷股份有限公司	上海华德美居超市有限公司
斯米克釉面砖	CIMIC	VWH002N 25×33（cm）	09.07.30 P550Y097	上海斯米克建筑陶瓷股份有限公司	上海斯米克建筑陶瓷股份有限公司
斯米克玻化砖	CIMIC	U00730KPPA 30×30（cm）	09.08.27/	上海斯米克建筑陶瓷股份有限公司	上海斯米克建筑陶瓷股份有限公司
现代瓷砖	图案	M33079 330×250×8.5（mm）	/04060112	台湾应氏集团现代建筑材料有限公司	上海好来福家居市场经营管理有限公司
曼联瓷砖	MANLADY	600×600（mm）	/0054149	上海康尼特实业有限公司	上海康尼特实业有限公司
皇冠陶瓷	图案	CL35038 250mm×330mm	/OF0062 1381	山东皇冠陶瓷股份有限公司	上海美颂建材销售有限公司
顺辉陶瓷	顺辉	300×300×9.0（mm）	2008.03.06/	佛山高明顺成陶瓷有限公司	上海好美家天山装潢建材有限公司
高级陶质釉面砖	协和（图案）	250×330（mm）	2008 年 9 月 6 日/	中外合资浙江协和陶瓷有限公司	上海好美家天山装潢建材有限公司
干压瓷质砖（BⅠa 类 有釉）	亚细亚	600×600×10（mm）	/SK6000/ZJZL24	上海亚细亚陶瓷有限公司	上海亚细亚陶瓷有限公司

注：排名不分先后

2009 年 3 季度上海市陶瓷砖监督抽查不合格产品

受检产品	商标	规格型号	生产日期/批号	生产企业（标称）	受检企业	不合格项目
九凌牌金属瓷砖	图案	300×300×9（mm）	08.08.02	上海宏基特种陶瓷有限公司	上海宏基特种陶瓷有限公司	厚度
瑞诺瓷砖	瑞诺图案	R60213（600×600×10）mm	32369	佛山市瑞陶建材有限公司	上海市百安居建材超市有限公司沪太店	厚度
曼联瓷砖	图案	300×300（mm）	0620138	上海康尼特实业有限公司	上海家饰佳商业经营管理有限公司	吸水率

上海市质量技术监督局

2009 年 12 月 21 日

四、江西省 2009 年第 2 季度陶瓷片密封水嘴产品质量省级监督抽查结果

2009 年第 2 季度陶瓷片密封水嘴产品质量省级监督抽查结果

江西省质量技术监督局

2009－08－26

陶瓷片密封水嘴是一种新型节水洁具，其密封件是由精密加工的陶瓷制成，具有是节水、硬度高、密封性能好、使用方便快捷、使用寿命长等特点。为整顿和规范市场经济秩序，保护消费者的合法权益，江西省质量技术监督局于 2009 年第 2 季度对陶瓷片密封水嘴产品进行了省级产品质量监督抽查，现将结果公布如下：

本次监督抽查共抽查了 38 家企业生产的 40 批次产品，合格 27 批次，抽样合格率 67.5%，比去年同期产品抽样合格率下降了 2.5 个百分点。抽查结果表明，目前我省市场上销售的陶瓷片密封水嘴产品质量状况仍不容乐观，主要是由于有部分企业为追求利润，降低成本，使用一些质次价低的原材料，出厂时也不按要求进行检验，致使产品质量无法得到保障。存在的主要问题：一是阀体强度不达标。本次抽查的 13 批次不合格产品其阀体强度均达不到标准规定要求。阀体强度不达标会造成输水管路水压突然加大（2.5MPa）时，阀体会产生变形、爆裂和渗漏，给消费者的财产造成损失；二是密封性能差。本次抽查的 13 批次不合格产品中，有 2 批次产品的密封性能达不到标准规定要求。密封性能不密封会造成水嘴在输水管路常压（1.6MPa）下，有滴、漏现象。带来水资源的浪费和消费者不必要的损失。

对本次抽查不合格的产品，我局将依法进行处理。

附：部分不合格陶瓷片密封水嘴产品企业名单

序号	受检企业名称	标称生产企业名称	商标	产品名称	规格型号	生产日期或编号	主要不合格项目
1	江西联信大市场日升建材店	华东阀门洁具有限公司	宏福达	/	DDP15	/	阀体强度
2	江西兴海实业有限公司	南安市三好卫浴洁具厂	荣驰	/	DDP15	/	阀体强度
3	江西联信大市场立信水暖批发部	澳力斯洁具有限公司	澳力斯	/	DDP15	/	阀体强度
4	江西联信大市场宏泰水暖洁具批发部	福建亿富隆水暖洁具厂	亿富隆	/	DDP15	/	阀体强度、密封试验
5	博欧洁具	台州市锦泰厨卫有限公司	BOOU	/	1038D（DDP15）	/	阀体强度、密封试验
6	江西联信大市场全家福水暖器材批发部	南安市九牧王电子设备有限公司	YOTOY	/	TO－98540（DDP15）	9－Jan	阀体强度
7	翔雁水暖批发部	福建南安市江艺水暖洁具厂	江城	/	DDP15	/	阀体强度
8	江西联信大市场康家洁具销售部	南安市仑苍牧野洁具厂	YXREN	/	48（DDP15）	/	阀体强度
9	江西联信大市场金涛水暖洁具经营部	南安市鑫源川卫浴洁具厂	鑫源川	/	204B（DDXY15）	/	阀体强度

续表

序号	受检企业名称	标称生产企业名称	商标	产品名称	规格型号	生产日期或编号	主要不合格项目
10	江西联信大市场联鑫水暖洁具批发行	韶龙水暖洁具厂	韶龙	/	DDP15	/	阀体强度
11	江西联信大市场家得利卫浴经营部	新华水暖建材厂	Jefa	/	JF－801（DDP15）	/	阀体强度
12	江西联信大市场宏辉水暖器材批发部	温州市申光卫浴有限公司	华雕	/	DDP15	/	阀体强度

五、四川省2009年第3季度陶瓷砖产品质量省级监督抽查情况

2009年第3季度陶瓷砖产品质量省级监督抽查情况

四川省质量技术监督局

2009－11－24

陶瓷砖按成型方式不同，分为干压陶瓷砖、挤压陶瓷砖。根据吸水率高低将陶瓷砖分为5类：瓷质砖、炻瓷砖、细炻砖、炻质砖、陶质砖。四川省质量技术监督局于2009年第3季度对我省生产的各类陶瓷砖产品进行了专项抽查。共抽查了25家企业生产的47个批次产品，依据GB/T4100－2006、GB6566－2001和CCGF310－2008规定的项目检验，有3家企业生产的7批次产品不合格，23家企业生产的40批次产品合格，抽查产品批次合格率为85.1%。不合格产品存在的主要问题是：吸水率、尺寸偏差、破坏强度和断裂模数不合格。

四川省质量技术监督局

二〇〇九年十一月二十四日

2009年第3季度陶瓷砖产品质量省级监督抽查（专项）合格产品及生产企业统计表

序号	样品名称	生产单位	规格型号	商标	样品等级	检验依据	检验结论
1	内墙砖	四川省威远金凤凰陶瓷有限责任公司	200×300×7（mm）BⅢ类	白塔	合格品	CCGF310－2008、GB/T4100－2006、GB6566－2001	合格
2	陶质砖	四川省丹棱县爱华陶瓷厂	198×298×6.8（mm），BⅢ类	咪奇	合格品		合格
3	钧瓷瓷质玻化砖	四川科达陶瓷有限公司	800×800×11（mm），BⅠa类	钧瓷	合格品		合格
4	陶瓷砖	四川科达陶瓷有限公司	600×600×9（mm），BⅢ类	威斯诺	合格品		合格
5	仿古砖	四川省丹棱县华天瓷业有限公司	598×598×11.0（mm），BⅢ类	凯源莱	合格品		合格
6	仿古砖	四川省丹棱县华天瓷业有限公司	598×598×11.0（mm），BⅢ类	涌金	合格品		合格
7	百富外墙砖	四川省方正瓷业有限公司	45×45×5.6（mm）BⅠa类 uGL	百富	合格品		合格
8	百富外墙砖	四川省方正瓷业有限公司	45×95×6.8（mm）BⅠb类 uGL	百富	合格品		合格

续表

序号	样品名称	生产单位	规格型号	商标	样品等级	检验依据	检验结论
9	百富外墙砖	四川省方正瓷业有限公司	45×145×6.8（mm）B Ⅰb类 uGL	百富	合格品		合格
10	戈尔达陶瓷砖	夹江县汇丰陶瓷有限公司	250×330×7.4（mm）B Ⅲ类 GL	戈尔达	合格品		合格
11	陶瓷砖	四川省丹棱县强华瓷业有限责任公司	300×450×9.5（mm）B Ⅲ类 GL	顺意	合格品		合格
12	外墙砖	四川省威远博瑞陶瓷有限责任公司	45×45×6.0（mm）BⅡa类	花都	合格品		合格
13	抛光砖	四川省亿佛瓷业有限公司	600×600×9.5（mm）B Ⅰa类 UGL	丹瑞	合格品		合格
14	陶质砖	眉山市百度瓷业有限责任公司	298×298×8.3（mm）B Ⅲ类 GL	莱维帝	合格品		合格
15	美斯特瓷砖	夹江县华益瓷业有限责任公司	300×450×9.5（mm）B Ⅲ类 GL	美斯特	合格品		合格
16	英士利瓷砖	夹江县华益瓷业有限责任公司	300×450×9.5（mm）B Ⅲ类 GL	英仕利	合格品	CCGF310－2008、GB/T4100－2006、GB6566－2001	合格
17	美斯特瓷砖	夹江县华益瓷业有限责任公司	300×300×9.0（mm）B Ⅲ类 GL	美斯特	合格品		合格
18	陶瓷砖	四川威尼陶瓷有限公司	300×450×9.3（mm）B Ⅲ类 GL	威尼	合格品		合格
19	陶瓷砖	四川威尼陶瓷有限公司	300×450×9.0（mm）B Ⅲ类 GL	康地	合格品		合格
20	陶质砖	夹江县奥斯堡广东陶瓷有限公司	600×600×9.5（mm）B Ⅲ类 GL	圣利安	合格品		合格
21	陶质砖	四川省新万兴瓷业有限公司	330×330×8.5（mm）B Ⅲ类 GL	万茂	合格品		合格
22	陶质砖	四川省新万兴瓷业有限公司	300×300×8.8（mm）B Ⅲ类 GL	明智	合格品		合格
23	陶质砖	四川省新万兴瓷业有限公司	300×600×10.0（mm）BⅢ类 GL	万茂	合格品		合格
24	内墙砖	四川省丹棱华盛建筑陶瓷有限公司	250×330×7.4（mm）B Ⅲ类 GL	豪益	合格品		合格
25	内墙砖	四川省丹棱华盛建筑陶瓷有限公司	250×330×7.4（mm）B Ⅲ类 GL	华盛	合格品		合格
26	陶瓷砖	夹江县荣华陶瓷有限公司	600×600×9（mm）BⅢ类 GL	耘陶	合格品	CCGF310－2008、GB/T4100－2006、GB6566－2001	合格
27	陶瓷砖	夹江县荣华陶瓷有限公司	300×450×9.0（mm）B Ⅲ类 GL	荣华	合格品		合格
28	陶瓷砖	夹江县荣华陶瓷有限公司	600×600×9（mm）BⅢ类 GL	荣华	合格品		合格

续表

序号	样品名称	生产单位	规格型号	商标	样品等级	检验依据	检验结论
29	陶瓷砖	丹棱县宏都陶瓷厂	799×118×7.9（mm）BⅢ类 GL	宏都	合格品	CCGF310－2008、GB/T4100－2006、GB6566－2001	合格
30	陶瓷砖	夹江县益胜陶瓷厂	249×329×7.4（mm）BⅢ类 GL	益胜	合格品	CCGF310－2008、GB/T4100－2006、GB6566－2001	合格
31	陶瓷砖	四川新中源陶瓷有限公司	250×330×7.4（mm）BⅢ类 GL	巴丹	合格品	CCGF310－2008、GB/T4100－2006、GB6566－2001	合格
32	陶瓷砖	四川新中源陶瓷有限公司	300×450×9.5（mm）BⅢ类 GL	天伟	合格品	CCGF310－2008、GB/T4100－2006、GB6566－2001	合格
33	陶质砖	四川省新万兴瓷业有限公司	300×450×9.2（mm）BⅢ类 GL	凯利达	合格品	CCGF310－2008、GB/T4100－2006、GB6566－2001	合格
34	内墙砖	四川省丹棱华盛建筑陶瓷有限公司	250×330×7.4（mm）BⅢ类 GL	精华	合格品	CCGF310－2008、GB/T4100－2006、GB6566－2001	合格
35	陶瓷砖	四川省丹棱县银和瓷业有限公司	300×450×9.5（mm）	米兰诺	合格品	CCGF310－2008、GB/T4100－2006、GB6566－2001	合格
36	陶瓷砖	四川省丹棱县银和瓷业有限公司	300×450×9.5（mm）	格尔	合格品	CCGF310－2008、GB/T4100－2006、GB6566－2001	合格
37	内墙砖	四川建辉陶瓷有限公司	300×450×9.5（mm）BⅢ类 GL	建辉	优等品	CCGF310－2008、GB/T4100－2006、GB6566－2001	合格
38	内墙砖	四川建辉陶瓷有限公司	300×450×9.5（mm）BⅢ类 GL	欧罗兰	优等品	CCGF310－2008、GB/T4100－2006、GB6566－2001	合格
39	内墙砖	四川建辉陶瓷有限公司	300×450×9.5（mm）BⅢ类 GL	宇嘉	优等品	CCGF310－2008、GB/T4100－2006、GB6566－2001	合格
40	瓷质砖	四川省米兰诺陶瓷有限公司	600×600×10.0（mm）BⅢ类 UGL	米兰诺	合格品	CCGF310－2008、GB/T4100－2006、GB6566－2001	合格

2009 年第 3 季度陶瓷砖产品质量省级监督抽查（专项）不合格产品及生产企业统计表

序号	样品名称	标注生产单位	规格型号	标注商标	样品等级	检验依据	检验结论	不合格项目
1	外墙瓷砖	夹江县建中陶瓷厂	45×95×6.5（mm）BⅡb 类 GL	三彩	合格品	CCGF310－2008、GB/T4100－2006、GB6566－2001	不合格	吸水率
2	外墙瓷砖	夹江县建中陶瓷厂	73×73×6.5（mm）BⅡb 类 GL	三彩	合格品	CCGF310－2008、GB/T4100－2006、GB6566－2001	不合格	吸水率
3	外墙瓷砖	夹江县建中陶瓷厂	98×98×6.5（mm）BⅡb 类 GL	三彩	合格品	CCGF310－2008、GB/T4100－2006、GB6566－2001	不合格	吸水率
4	宏乐牌瓷砖	四川夹江宏发瓷业有限公司	200×300×6.5（mm）BⅢ类 GL	宏乐	合格品	CCGF310－2008、GB/T4100－2006、GB6566－2001	不合格	尺寸偏差、破坏强度
5	莱佛帝陶瓷	四川夹江宏发瓷业有限公司	250×330×8.0（mm）BⅢ类 GL	莱佛帝	合格品	CCGF310－2008、GB/T4100－2006、GB6566－2001	不合格	破坏强度
6	莱佛帝瓷砖	四川夹江宏发瓷业有限公司	250×330×8.0（mm）BⅢ类 GL	莱佛帝	合格品	CCGF310－2008、GB/T4100－2006、GB6566－2001	不合格	破坏强度
7	陶瓷砖	四川省丹棱县金星陶瓷厂	250×330×8.0（mm）BⅢ类 GL	予皓石	合格品	CCGF310－2008、GB/T4100－2006、GB6566－2001	不合格	破坏强度、断裂模数

六、陕西省2009年第3季度陶瓷墙地砖产品监督抽查公告

2009年第3季度陶瓷墙地砖产品监督抽查公告

陕西省质量技术监督局

2009－11－10

为了维护消费者的合法权益，促进行业健康发展，2009年第3季度，陕西省质量技术监督局主要对西安市、安康、宝鸡地区生产和销售的陶瓷墙地砖产品进行了定期监督抽查。共抽查企业29家，抽取样品30批次，合格27批次，实物质量合格率90%。

本次监督抽查检验和判定依据为CCGF310－2008《产品质量监督抽查实施规范 陶瓷砖》。对陶瓷墙地砖的尺寸偏差、吸水率、破坏强度、断裂模数、无釉砖耐磨损体积、光泽度和放射性核素限量等项目进行了检验。

陶瓷墙地砖质量存在的主要问题是吸水率、断裂模数、尺寸偏差项目不合格。在所检的3个实物质量不合格样品中，吸水率不合格1个，断裂模数不合格1个，尺寸偏差不合格2个。断裂模数不合格会导致瓷砖易破裂，无法使用；尺寸偏差不合格会造成瓷砖在铺贴后出现翘角、棱台、空鼓等现象，影响使用和美观；吸水率不合格说明瓷砖材质达不到要求。

针对抽查中发现的主要质量问题，陕西省质量技术监督局已责成各市质量技术监督部门严格按照产品质量法等有关法律法规的规定，对抽查中产品质量不合格的企业依法进行处理，督促企业限期整改。对抽查中质量较好的产品及其企业进行公告，曝光质量较差的产品和企业，引导消费者正确选购。我局将继续对以上产品质量进行跟踪抽查，促进行业整体质量水平的不断提高，为消费者创造放心满意的消费环境。

陶瓷墙地砖产品质量监督抽查部分质量较好的产品及其企业名单

抽查企业名称	标称的生产企业名称	商标	型号
西安市未央区睿豪建材经销部	杭州市诺贝尔集团有限公司	诺贝尔	155×155×8.0 mm
信益陶瓷有限公司西安分公司	信益陶瓷（中国）有限公司	冠军	98.5×400×8.3mm
陕西东鹏建材有限公司	广东东鹏陶瓷股份有限公司	东鹏	300×450 mm
西安市未央区福城陶瓷销售部	广东欧雅陶瓷有限公司	欧美	300×450×9.5 mm
西安市未央区现代建材商行	广东蒙娜丽莎陶瓷有限公司	蒙娜丽莎	300×450×9.5 mm

注：排名不分前后

陶瓷墙地砖产品质量监督抽查部分质量较差的产品及其企业名单

抽查企业名称	标称的生产企业名称	商标	型号	不合格项	生产日期
宝鸡市万宝隆陶瓷有限公司	宝鸡市万宝隆陶瓷有限公司	万宝隆	130×260mmBⅡb类	尺寸偏差标识	2009.7.7

第六节　企业社会责任

企业作为一种经济组织，在经营过程中有很多利益相关者，比如股东、债权人、员工、客户、消费者、供应商、经销商、社区等，同时，企业的经营活动对国家和社会的整体利益构成影响，整体利益关乎国家和社会的可持续发展，主要体现在：与自然环境的和谐相处，以及对自然资源的合理、科学利用。企业对利益相关者所承担的责任就是社会责任（Corporate social responsibility，简称CSR）。从发展趋势看，企业社会责任战略才是决定企业未来最关键的因素。

2009年10月20日，建筑陶瓷行业爆发了史上最严重的一次“质量门”事件。国家质量监督检验检疫总局公布了《陶瓷砖产品质量国家监督抽查结果》。结果显示，全国8个省市共有97家企业的产品大面积出现不合格，其中包括一些知名品牌。这一事件再一次提醒企业：履行社会责任，首先是要能为消费者提供放心的产品，离开了这个基础，履行任何社会责任都无从谈起。

2009年11月25日，国务院常务会议决定到2020年我国控制温室气体排放的行动目标。会议决定，到2020年我国单位国内生产总值二氧化碳排放比2005年下降40%～45%，作为约束性指标纳入国民经济和社会发展中长期规划，并制定相应的国内统计、监测、考核办法。12月7日至8日，全球瞩目的哥本哈根世界气候大会召开，这次大会警示全球企业组织必须将践行低碳经济作为当前最主要的社会责任。

在建筑卫生陶瓷行业，2007年发轫于佛山的陶瓷产业整治提升行动迅速影响到全国。2008年，山东淄博也展开大规模的整治行动。到2009年整治行动波及临沂、晋江、闽清等传统产区。几大传统产区面临节能减排，及燃料和电力紧缺的严峻形势，都纷纷以能耗和清洁生产等标准法规来清理行业门户，规范企业发展。

一、清洁生产

2007年开始，佛山市禅城区纳入专项整治范围的115家建筑陶瓷生产企业中90家的生产环节将实施关闭或向外迁移，保留下来的25家企业按照省级清洁生产标准实现改造提升。到2009年11月，东鹏、强辉等18家企业已获得广东省清洁生产企业认证。全区共有103个生产窑炉和68个喷雾塔保留并全部完成清洁生产改造。据不完全统计，企业清洁生产改造直接投入资金已达2.17亿元。

佛山陶瓷生产企业整治提升的一个门槛就是广东省清洁生产验收。根据《中华人民共和国生产促进法》、《清洁生产审核暂行办法》、《广东省清洁生产联合行动实施意见》和《广东省清洁生产审核及验收办法》等有关规定，经佛山市经贸、科技、环保等部门联合初审，省清洁生产专家小组现场验收，广东省经济和信息化委员会、广东省科学技术厅和广东省环保厅联合评审通过的企业，被认定为广东省清洁生产企业。截止到2009年底佛山市五区共同近50家陶瓷生产企业通过了广东省清洁生产验收。

近三年来，新明珠集团在环保方面的投入资金超过3亿元，企业环保综合治理水平达到行业内领先水平，并得到了国家、省、市、区等各级领导的普遍认可。2009年6月18日，继2007年6月三水新明珠工业园获得“广东省清洁生产企业”认定之后，新明珠陶瓷集团旗下企业佛山市冠珠陶瓷有限公司和佛山市萨米特（格莱斯）陶瓷有限公司通过广东省清洁生产先进企业水平。

近两年，新润成陶瓷共投资3000多万元，对废水、废渣、废气等污染物进行治理及循环利用。其中包括引进先进的硝烟除尘设备，建立大型湿法脱硫除尘沉降箱；对所有喷雾塔、窑炉、排放的粉尘和二氧化硫进行全面的根治，建立8980立方米的污水处理池，对污水全部进行净化处理，然后再作为车间生产用水循环利用。2009年，成为佛山南海区率先完成整治提升的陶瓷企业。

二、低碳经济

低碳经济模式的确立需要一个持续的探索过程。当低碳经济模式还没有确立的时候，它与效率经济是一对矛盾。而只有社会使命感强的企业才会愿意牺牲眼前利益，持续投入对低碳经济模式的探索。

2009年6月27日，佛山欧神诺陶瓷股份有限公司完成的“利用江河疏浚泥沙及陶瓷工业固废生产环保建材”项目，在佛山市三水区欧神诺总部召开了科技成果鉴定会。“利用江河疏浚泥沙及陶瓷工业固废生产环保建材”项目采用江河疏浚泥沙和陶瓷废渣为原料，利用低品质原料及陶瓷废渣资源化综合利用技术、疏浚泥无害化处理技术、釉层复合装饰技术生产具有良好装饰效果的瓷质仿古砖，减少了天然矿物原料的消耗，在国内外具有领先水平和行业示范意义。

比起以前的轻质陶瓷砖项目，欧神诺此环保建材项目侧重于行业基础研究，这意味着欧神诺及其名下子公司的技术研究工作进入了新的境界。

三、社会责任报告

西方发达国家最先提出企业社会责任的概念和理念。20 世纪八九十年代开始出现年度企业员工报告、环境报告，以后逐渐发展到现在的企业年度社会责任报告。国内房地产龙头企业万科在 2007 发布了首份年度社会责任报告——《绿皮书》。联想、阿里巴巴的首份报告是在 2008 年发布。国内 A 股上市公司也是在 2008 年被证监会强制要求发布社会责任报告。同时，由第三方专业机构对这些企业的社会责任报告进行监测、评价，并每年发布《A 股上市公司社会责任报告蓝皮书》。专业机构监测的关键数据是：年度纳税总额、年度利润总额、年度分红政策、雇员总数、道德采购与反贿赂、质量管理体系论证、年度环保投入、年度企业碳减排量、年度社会公益捐赠总额，等等。

2010 年 2 月 26 日，上海斯米克建筑陶瓷股份有限公司（斯米克 002162）发布了《2009 年度社会责任报告》，这是继 2008 年首次对外发布社会责任报告后，发布的第二份企业社会责任报告。该报告回顾了斯米克作为一家上市的公众企业上一年在从事企业经营管理活动的过程中，对国家和社会的全面发展、自然环境和资源，以及股东、债权人、职工、客户、消费者、供应商、社区等利益相关方所作的努力。

在保护投资者利益方面，该《报告》公开披露了 2009 年公司向投资者发放现金股利的数额。而在保护职工权益保护方面，《报告》认为，公司“在规定的时间内做到百分之百地签署劳动合同”，以及“按月足额地提取工会经费”。为活跃职工生活，创办了《CIMIC 生活家》内刊。2009 年底公司还创办了内部培训机构——斯米克管理学院。在供应商、客户和消费者权益保护保护方面，公司内部建立了“受理、查证、处理、反馈、跟踪、整改”的闭环系统，分别建立《质量反馈系统》、《客户回访系统》、《Voice of customers 反馈系统》。公司注重维护供应商的产品利益和技术开发利益，充分尊重并维护供应商的商标权、专利权等合法权益，保护其商业机密。

在环境保护与可持续性发展方面，（斯米克 002162）对日常经营产生的废水、废气、废物，购建了专门的处理设施，通过强化废弃物管理，提高资源利用效率，促进资源回收和可再生资源利用。公司子公司江西斯米克陶瓷有限公司使用当地矿务局提供的温室气体煤层气（煤层甲烷）替代天然气用于生产所需的燃气，不仅减少能耗、减少温室气体排放，而且起到将有毒气体转化用于生产的变废为宝作用，降低了当地煤矿开采事故的发生。

值得注意的是，《报告》还自我反省公司 2009 年在履行社会责任方面存在的问题，并提出了整改计划。

广州海鸥卫浴用品股份有限公司（海鸥卫浴 002084）2010 年 3 月 29 日发布《2009 年度社会责任报告》。该《报告》显示，海鸥卫浴重视环保设施建设，大力推行清洁生产：2009 年公司投入几十万元用于改造与升级现有的污染防治设施，提高工艺管理水平，单位产品能量消耗比 2008 年降低了 10.65%，废水回用率达到 60 % 以上，确保污染物达标排放与促进污染减排。2009 年公司顺利通过清洁生产专家验收，并获得“广州市清洁生产优秀企业”、“广东省清洁生产企业”等称号。

2009 年公司再增投近十万元委托有资质的单位运营废水在线监控系统，实现全天候的检测与监控。2009 年公司排放废水的各项指标均满足国家与地方的污染减排要求，废水污染物排放浓度优于广东省水污染物排放限值（DB44/26 - 2001）二级标准的要求。公司环保自律获得地方政府、各相关方的认可，获得 2009 年度“番禺区表面处理行业环保自律先进单位”。

海鸥卫浴还积极推动废物分类管理及资源化回收，2009 年度实现废物回收综合利用效益近九百万元。

四、纳税义务

忠实履行纳税人的业务是企业承担社会责任最集中、最鲜明的体现。2005 年至 2008 年，杭州诺贝尔集团有限公司纳税总额分别达到 1.05 亿、1.45 亿、2.02 亿、2.66 亿（不含省外销售分公司上交国家税金），连续四年在中国建筑陶瓷行业纳税榜上位居第一。

2009 年 3 月 19 日，在杭州市余杭区工业强区暨招商引资大会上，诺贝尔集团因金融危机下 2008 年的出色表现，荣膺“突出贡献奖”、“实缴税金 20 强”、“社会责任建设先进企业”等大奖。

2009 年，面对国际金融危机的继续考验，诺贝尔集团从“危机”中寻找“生机”，公司依然超额完成了年度生产经营目标，取得了比较满意的经济效益和社会效益。全年瓷砖销量比 2008 年增长 22.55%，上交税收 2.42 亿元，继续担当行业的纳税大户。

3 月 19 日，在杭州市余杭区工业强区暨招商引资大会上，诺贝尔集团荣膺“突出贡献奖”、“实缴税金 20 强”、“社会责任建设先进企业”等大奖。

上市公司斯米克陶瓷连续多年为上海市闵行区的纳税大户之一。2009 年度斯米克陶瓷缴纳税款 0.9 亿元。

2009 年度纳税大户光荣榜共有 42 家陶瓷及陶机企业荣列。其中佛山科勒有限公司与广东科达机电股份有限公司纳税超 5000 万元。广东蒙娜丽莎陶瓷有限公司、佛山欧神诺陶瓷股份有限公司、广东新润成陶瓷有限公司、广东博德精工建材有限公司等四家企业纳税超 3000 万元企业中；36 家陶瓷、陶机及色釉料企业纳税超 1000 万元企业中。

在这份榜单里面，建筑陶瓷企业仍占据绝对优势，2009 年 42 家纳税超千万的企业里，占了 32 家，卫浴企业也有 5 家上榜，陶瓷机械企业有 4 家，另外，色釉料企业有大鸿制釉唯一一家进入榜单。从佛山五区分布来看，南海区最多，共有 15 家上榜，其次是禅城，合计 12 家，三水也有 11 家，此外顺德还有 4 家陶企，高明则没有一家陶企 2009 年纳税超 1000 万元。

第五章　专利、科研项目、技术进步

第一节　2009 年中国建筑卫生陶瓷专利概况分析

一、专利概况

针对 2009 年国家知识产权局公开（公告）的建筑卫生陶瓷专利，检索使用如下关键词：砖、屋面瓦、琉璃瓦、壁画、壁挂、管、栏杆、路灯、桌、凳、台、花盆、花坛、灯柱、便器、壶、便壶、浴盆、浴缸、浴房、洗面器、洗手盆、洗脸器、洗面盆、洗脸盆、净身器、洗涤槽、水箱、毛巾碟、皂盒、手纸盒、衣帽钩、水嘴、水龙头、冲洗阀、淋浴喷头、排水管、痰盂、便壶、陶瓷、陶、瓷、建筑陶瓷、卫生陶瓷、园林陶瓷，把与建筑卫生陶瓷有关的陶瓷机械和色釉料没有列入这次分析范围。采用中国知识产权网（http：//www. cnipr. com/）的高级检索平台，通过对关键词的逻辑组合进行检索，得到 2009 年国家知识产权局公开（公告）的建筑卫生陶瓷专利 1417 件。

二、专利类型分析

2009 年建筑卫生陶瓷专利的专利类型构成见图 5－1。

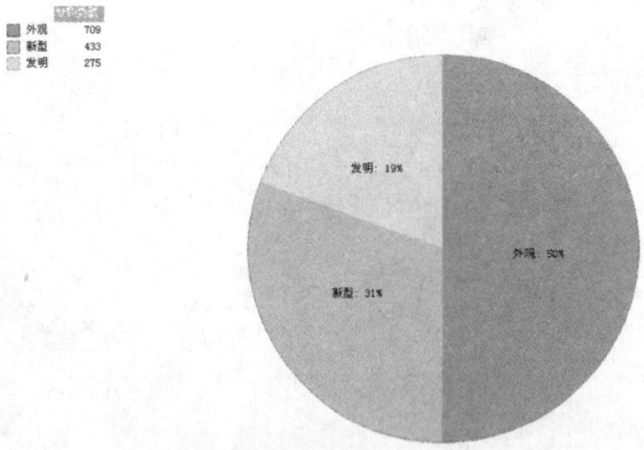

图 5－1　专利类型分析

从图 5－1 中可以看出，我国 2009 年建筑卫生陶瓷专利类型构成为外观设计专利 709 件，占总数的 50%；实用新型专利 433 件，占总数的 31%；发明专利 275 件，仅占 19%。可见，2009 年我国建筑卫生陶瓷行业总体研发趋势是注重产品的外观设计，再就是实用新型，而技术含量高的发明专利仅仅只占 19 个百分点。这一现状基本与我国现今建筑卫生陶瓷行业的生产状况相吻合，大多数企业还是处在跟风模仿的经营状态，在具有自主知识产权的建筑卫生陶瓷核心技术的开发能力方面还有待提高。

三、省市专利占有量前十强分析

2009 年，国家知识产权局公开（公告）的 1417 件建筑卫生陶瓷专利，广东省拥有 446 件，位居榜首；江苏以 296 件专利的占有量获得亚军；浙江有 136 件，位居第三名；福建 70 件处于第四位；第五位的是山东，拥有67件专利；第六位的是上海，拥有57件专利；河南和四川并列第七位，拥有36件专利；第八位的是北京，拥有35件专利；江西以26件专利的占有量进入了前十强，见图5-2。

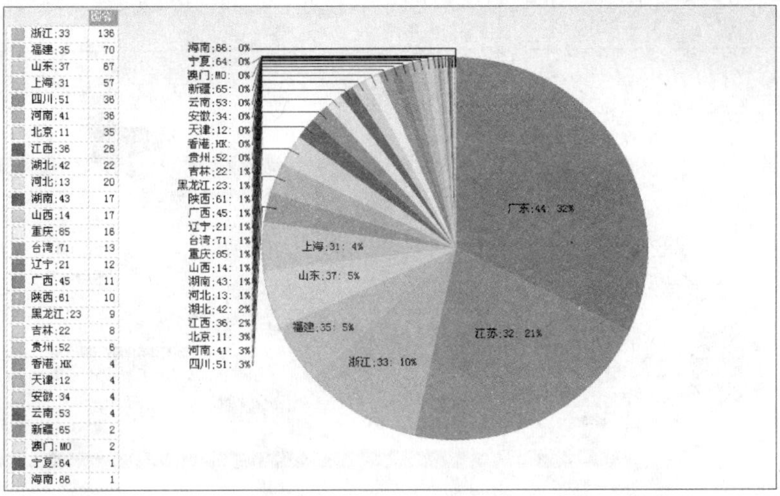

图5-2　各省分布状况

从图5-2可以看出，广东是我国建筑卫生陶瓷行业当之无愧的领头羊。这些年来广东建陶在国内可以说是一枝独秀，在国际舞台上广东建陶也能代表中国建陶的形象，成功的法宝就是广东建陶企业敢于开拓、勇于创新，重视知识产权战略的实施。

四、发明与实用新型专利IPC构成分析

从IPC（国际专利分类号）构成来看，2009年的建筑卫生陶瓷的发明与实用新型专利，IPC的8个部都有。排前10位的是C04B（石灰；氧化镁；矿渣；水泥；其组合物，例如砂浆、混凝土或类似的建筑材料；人造石；陶瓷；耐火材料；天然石的处理）、B28D（加工石头或类似石头的材料）、B28B（黏土或其他陶瓷成分、熔渣或含有水泥材料的混合物，例如灰浆的成型）、F16K（阀；龙头；旋塞；致动浮子；通风或充气装置）、G01N（借助于测定材料的化学或物理性质来测试或分析材料）、A47J（厨房用具；咖啡磨；香料磨；饮料制备装置）、B24B（用于磨削或抛光的机床、装置或工艺；磨具磨损表面的修理或调节；磨削，抛光剂或研磨剂的进给）、A47G（家庭用具或餐桌用具）、E04F（建筑物的装修工程，例如，楼梯，楼面）及E03D。图5-3是IPC构成分析图。

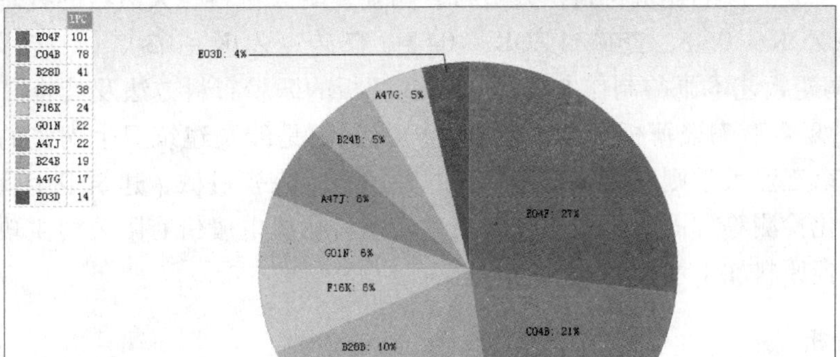

图5-3　发明与实用新型专利IPC构成分析

五、申请人研究领域分析

图 5－4 是排名前十位的申请人研究领域分析图。

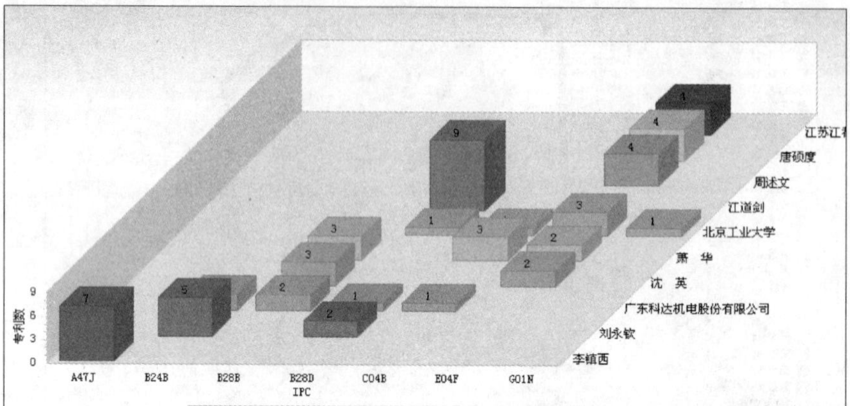

	A47J	B24B	B28B	B28D	C04B	E04F	G01N
李镇西	7						
刘永钦		5		2			
广东科达机电股份有限公司		2	2	1	1		
沈 英			3			2	
萧 华			3		3	2	
北京工业大学				1	1	3	1

图 5－4 IPC 申请人构成

从图 5－4 中可以看出，李镇西主要研究领域是厨房用具、咖啡磨、香料磨、饮料制备装置的卫生陶瓷，如专利《一种自动供水的净化陶瓷储水器》；刘永钦、江道剑的研究领域涉及用于磨削或抛光的机床、装置或工艺、磨具磨损表面的修理或调节、磨削，抛光剂或研磨剂的进给的建筑卫生陶瓷机械，如刘永钦的专利《一种异形瓷砖或石材抛光装置》、《一种水刀切割机》、《一种沙阀》、《一种马赛克的生产装置》、《一种瓷砖或者石材的异形加工装置》、《一种异形瓷砖或石材抛光方法及装置》，江道剑的专利《单轨瓷砖切割机》、《单轨支架瓷砖切割机》、《单轨托板瓷砖切割机》、《双轨瓷砖切割机》、《手动瓷砖切割机专用尺》、《手动瓷砖切割机专用手柄》、《手动瓷砖切割机专用刀片组件》、《双轨瓷砖切割机》、《单轨搁架瓷砖切割机》、《手动瓷砖切割机》等都属建筑卫生陶瓷机械方面的；沈英的研究对象涉及黏土或其他陶瓷成分、熔渣或含有水泥材料的混合物，例如灰浆的成型的建筑卫生陶瓷成型技术及成型工艺创新，如专利《一种陶瓷砖的自然砂岩板式表面加工工艺》、《一种陶瓷砖的自然片岩板式表面加工工艺》、《超薄陶板的加工方法》；萧华的主要研究方向在石灰、氧化镁、矿渣、水泥、其组合物，例如砂浆、混凝土或类似的建筑材料，人造石、陶瓷、耐火材料、天然石的处理等，如其专利瓷砖（ZQK－05）、瓷砖（ZQK－06）、瓷砖（ZQK－04）、瓷砖（ZQK－03）、瓷砖（ZQK－01）、瓷砖（ZQK－02）、《一种陶瓷板艺术画的制作方法》、《陶瓷薄板的微粉布料方法及其装置》、《陶瓷薄板的布料方法及其装置》、《复合型陶瓷薄板及其制备方法》等，都是涉及建筑卫生陶瓷的外观设计和成型方法等方面的专利；北京工业大学则在建筑工程装修、建筑卫生陶瓷机械、建筑卫生陶瓷原料加工和成型技术、建筑卫生套理化检测等方面的研究均有涉及；广东科达机电股份有限公司主攻方向是建筑卫生陶瓷机械和建筑卫生陶瓷原料加工和成型技术的改进。

六、申请类型分析

2009 年的 1417 件建筑卫生陶瓷专利中，国内申请 1401 件，国外申请 16 件。这也说明我国建筑卫生陶瓷已进入了世界强国之列，在建筑卫生陶瓷领域国外企业很难再依靠专利战略来抢占中国市场了，因为我国建筑卫生陶瓷行业拥有了大量的先进技术，掌握了具有自主知识产权的核心技术。见图 5－5。

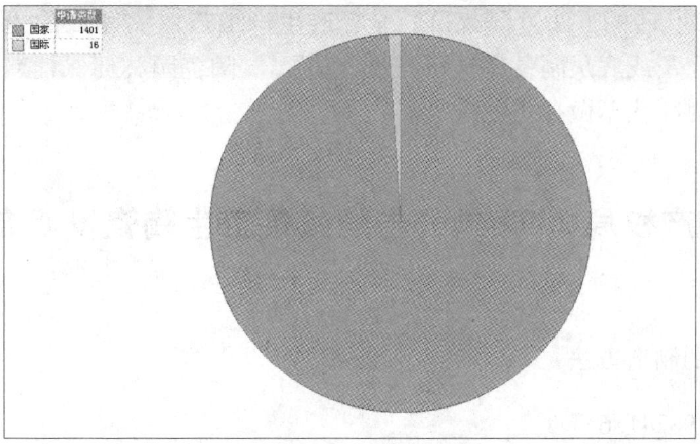

图 5-5　申请类型分析

七、法律状态分析

2009 年我国建筑卫生陶瓷专利其法律状态为：授权 1059 件，占总量的 78%；公开 285 件，占总量的 21%；无效专利 9 件，占总量的 1%，见图 5-6。

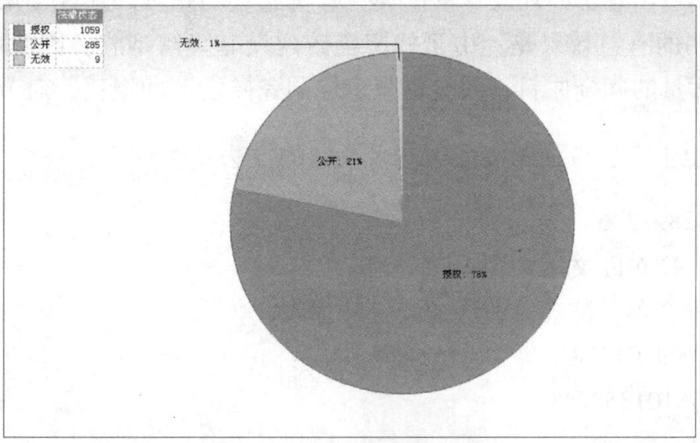

图 5-6　专利法律状态分析

八、综合分析

我国 2009 年建筑卫生陶瓷行业在实施知识产权战略方面较往年又上了一个台阶，研发领域广泛，主攻方向明确。从专利的分析研究得知，2009 年我国建筑卫生陶瓷行业，在新产品开发和技术创新方面呈现如下特点：

（1）建筑卫生陶瓷的研发重点在 IPC 的 C04B、B28D、B28B、F16K、G01N、A47J、B24B、A47G、E04F 几类。

（2）技术研发的主攻方向定位在节能降耗、减排。具有代表性的专利有《一种框架楼节能建筑墙砖》、《陶瓷薄板的微粉布料方法及其装置》、《陶瓷薄板的布料方法及其装置》、《超薄陶板的加工方法》等。

（3）注重了新型能源利用的研发。具有代表性的专利有《太阳能陶瓷套装灯具》、《陶瓷太阳能房顶》、《太阳能与风能为能源的窑炉及烘干设施》、《太阳能风能陶瓷烧成制度可控窑炉》、《风能太阳能超大型至小型搪玻璃设备与器件烧成窑炉》等。

（4）注重了废物利用以及建筑卫生陶瓷在环保领域利用的研发。具有代表性的专利有《利用建筑卫生陶瓷冷加工废渣生产多孔砖的方法》、《煤矸石全瓷砖生产工艺》、《水膜除尘陶瓷砖》、《一种抗菌防污瓷砖》、《用二次垃圾飞灰或底灰制备建筑陶瓷及方法》、《陶瓷园林环保桶》、《陶瓷卫生洁具纳米分相自洁釉》、《曝气式即时净化型微孔陶瓷净水器》等。

第二节 国家知识产权局 2009 年公告的建筑卫生陶瓷发明专利申请

1. 名称：蜂窝瓷砖的制造方法

申请号：CN200810198241.6
申请（专利权）人：林智勇
发明（设计）人：林智勇
公开（公告）日：2009.01.21
公开（公告）号：CN101348373
申请日：2008.09.01

摘要：蜂窝瓷砖由陶瓷材料制造的蜂窝凸坯与蜂窝凹坯相嵌后经烧结而成。蜂窝瓷砖的制造方法是：利用模具及压力机制造出蜂窝凸坯及蜂窝凹坯，蜂窝凸坯与蜂窝凹坯经干燥后再相嵌组合，于砖面施釉后烧结而成。本发明的有益效果是：由于蜂窝瓷砖内设有蜂窝型腔，因此可以减少 15% 到 30% 的陶瓷材料，不但节省了大量的陶瓷原料，同时也减少烧制瓷砖能源的损耗，对节能减排有利。

2. 名称：利用建筑卫生陶瓷冷加工废渣生产多孔砖的方法

申请号：CN200810028972.6
申请（专利权）人：广东欧文莱陶瓷有限公司
发明（设计）人：麦文英；陈青霞；汪加武；叶建明
公开（公告）日：2009.01.28
公开（公告）号：CN101353248
申请日：2008.06.23

摘要：本发明公开了一种利用建筑卫生陶瓷冷加工废渣生产多孔砖的方法，其特征在于，它是将建筑卫生陶瓷制品冷加工产生的液体与固体混合废弃物经过脱水、均化，从而获得固体废渣；按一定比例要求添加的黏土、长石（或含长石的岩石）、碳酸盐矿物，放入球磨机中加工成适合细度的浆料，再次经过脱水，掺入颗粒状的废瓷坯，然后采用塑性成型或者半干压成型的方法，获得需要的板状或者是块状的坯体，再经过高温煅烧，使坯体变成具有一定强度的多孔的煅烧制品。本发明方法具有废物利用、符合环保要求的优点。

3. 名称：建筑陶瓷涂料板材及其制备方法

申请号：CN200810040721.X
申请（专利权）人：上海金力泰化工股份有限公司
发明（设计）人：郭家振；王仲群；潘军辉
公开（公告）日：2009.02.11
公开（公告）号：CN101363270
申请日：2008.07.18

摘要：一种建筑装饰用陶瓷涂料板材，包括基材；该基材上具有喷砂表面处理层，该喷砂表面处理层上具有陶瓷涂膜层。可用于所述基材的材料包括铝、钢、玻璃、无机预制板；所述的陶瓷涂膜层是由 AL_2O_3 溶胶和可以水解的硅氧烷经熟化缩聚而成的无机树脂构成。其制备方法包括基材的前处理、涂料的熟化、涂装和固化步骤，其中可采用超声波进行涂料的熟化。本发明的材料具有良好的装饰性，是完全不燃的，用于室内装饰更安全，硬度高，具有良好的抗刮伤性；户外使用时耐候性更久，可长达30年以上，而且能消除静电并具有自清洁性。另外，与氟碳涂料相比，本发明所述的陶瓷涂料具有更好的耐紫外线性能，耐酸雨性能卓越，涂膜可始终保持鲜艳的外观。

4. 名称：一种减小建筑陶瓷辊道窑横截面温差的方法

申请号：CN200810079557. 3
申请（专利权）人：河北科技大学
发明（设计）人：刘群山
公开（公告）日：2009. 02. 18
公开（公告）号：CN101367656
申请日：2008. 10. 13
摘要：本发明公开了一种利用呼吸式换热器来减小建筑陶瓷辊道窑横截面温差的方法。呼吸式换热器利用炉气余热加热助燃空气，提高助燃空气温度；成对安装在窑炉两外侧的呼吸式换热器对炉气产生呼吸作用，引起炉气流动方向的反复变化，增加了炉气的搅动。助燃空气温度的提高与增大炉气的搅动共同作用，实现减小建筑陶瓷辊道窑横截面温差的目的。助燃空气温度的提高还可减少窑内热量的消耗，节约能源，降低成本；该方法消除了炉内高温区，避免了氮氧化物的产生，有利于环保。

5. 名称：一种带防伪标识的瓷砖

申请号：CN200820047850. 7
申请（专利权）人：佛山高明顺成陶瓷有限公司；佛山市高明贝斯特陶瓷有限公司；佛山市高明王者陶瓷有限公司
发明（设计）人：刘建新
公开（公告）日：2009. 02. 18
公开（公告）号：CN201195929
申请日：2008. 05. 15
摘要：本实用新型涉及一种带防伪标识的瓷砖，包括表面带有毛细孔与细微裂纹的瓷砖本体，其特点在于所述瓷砖本体的表面设有至少一可用紫外灯照射观看到的荧光防伪标识块层，该荧光防伪标识块层由印涂于瓷砖本体表面上的荧光油墨渗透入瓷砖本体的毛细孔与细微裂纹中形成。这使消费者在购买瓷砖时，可用紫外线灯对瓷砖表面进行照射，即可辨出瓷砖是否是正品；不仅有效地维护生产厂家和消费者的利益，而且该荧光防伪标识块层还具有牢固性好，不易擦掉，防伪效果佳，工艺简单、加工容易等特点。同时也有效地解决了现有瓷砖因不具防伪功能或者防伪效果差而令厂家和消费者的利益蒙受损失的问题。本防伪技术可以广泛地应用各种规格的瓷砖或者陶瓷产品上。

6. 名称：一种陶瓷面砖转角条结构及施工方法

申请号：CN200810120048. 0
申请（专利权）人：浙江勤业建工集团有限公司；王贵祥
发明（设计）人：王贵祥
公开（公告）日：2009. 02. 25
公开（公告）号：CN101372861

申请日：2008.07.16

摘要：本发明涉及一种陶瓷面砖转角条结构及施工方法，包括阳角条，所述的阳角条包括第一阳角边、第二阳角边、阳角弧线和固定边，第一阳角边的一端与第二阳角边的一端呈角度连接，第一阳角边的另一端与第二阳角边的另一端通过阳角弧线光滑连接。本发明有益的效果是：1. 面砖转角铺贴时，无需切角，施工方便；2. 阳角为圆弧，使用更安全；3. 阳角转角处接缝严密、牢固、实用且美观。

7. 名称：利用湖泊污泥制备环保陶瓷清水砖的方法

申请号：CN200810197034.9

申请（专利权）人：武汉理工大学；中博建设集团有限公司

发明（设计）人：吴建锋；李炎成；徐晓虹；雷宜欣；冷光辉；柯治良

公开（公告）日：2009.02.25

公开（公告）号：CN101372414

申请日：2008.09.19

摘要：本发明涉及陶瓷清水砖的制备方法。利用湖泊污泥制备环保陶瓷清水砖的方法，其特征在于它包括如下步骤：1）坯料制备：将湖泊污泥脱水成泥饼，再干燥至含水量小于5wt%，然后破碎至粒径为1毫米或1毫米以下，得颗粒状湖泊污泥；将助熔剂、熟料分别破碎至1~1.5毫米；按重量百分比为：颗粒状湖泊污泥70%~80%，粉煤灰5%~10%，助熔剂5%~10%，熟料10%，选取颗粒状湖泊污泥、粉煤灰、助熔剂和熟料；然后将颗粒状湖泊污泥、粉煤灰、助熔剂和熟料加水混合搅拌，用真空练泥机练泥，并切成泥饼，陈化24小时后，得坯料；2）釉浆的制备；3）塑压成型；4）干燥；5）施釉；6）烧成；得环保陶瓷清水砖。本发明制备的清水砖具有规整度高、强度高、可以直接用于墙体砌筑而不需要外装饰的特点。

8. 名称：制造瓷砖的方法

申请号：CN200780004297.7

申请（专利权）人：萨克米伊莫拉机械合作社合作公司

发明（设计）人：彼得罗·里沃拉；亚里山德罗·科奎奥；E. P. 托马斯尼；G. M. 雷韦尔；P. 彼德罗尼；G. 潘达罗瑟

公开（公告）日：2009.03.04

公开（公告）号：CN101378885

申请日：2007.01.19

摘要：一种通过将陶瓷粉末压在配有等压冲头的模具的空腔中制造瓷砖的方法，在连续工作中，该冲头的膜放置在包含在相邻和不连通室中的油上，其特征在于，它包含如下操作：在均匀分布在瓷砖的每个区域中的多个点n上检测压制粉末的密度，该多个点对应于冲头的室；进行在每个区域中的所有点上获取的密度读数的平均值计算；将读取值与所需最佳密度值相比较；如果室中密度的平均值超过，或分别地，低于最佳密度值，则从冲头的每个等压室中除去油，或分别地将油加入冲头的每个等压室中。

9. 名称：一种用在陶瓷砖生产线上的防爆膜装置

申请号：CN200810198352.7

申请（专利权）人：广东宏陶陶瓷有限公司

发明（设计）人：唐祥国

公开（公告）日：2009.03.04

公开（公告）号：CN101377268

申请日：2008. 09. 05

摘要：本发明涉及一种可实现安全不间断生产地用在陶瓷砖生产线上的防爆膜装置。包括有煤气总管及焊接在煤气总管出口处的短管，短管的管口上封盖有防爆膜，还包括有弯管、盖板、重锤臂、重锤，所述的短管由两个支管通过各自一端的法兰相互连接构成，在该两法兰的连接处装有阀门，其中一支管的另一端管口的法兰上盖设有防爆膜，且弯管一端的法兰与该法兰配合连接，弯管的另一端管口设有盖板，该端管口的一侧设有支架，重锤臂的一端通过铰链与支架连接，另一端与重锤连接，重锤臂与盖板之间通过活动销连接。本发明采用上述技术方案后，保证了生产的持续性，从而解决了生产事故和设备事故的发生，避免了因事故造成生产的损失。

10. 名称：多功能胶凝材料

申请号：CN200810201247. 4
申请（专利权）人：上海交通大学
发明（设计）人：陈兵
公开（公告）日：2009. 03. 11
公开（公告）号：CN101381220
申请日：2008. 10. 16

摘要：本发明公开一种建筑材料技术领域的多功能胶凝材料，包含一价磷酸二氢盐粉末、金属氧化物粉末和硅酸盐粉末，各组分质量百分比如下：一价磷酸二氢盐粉末 15% ~45%，金属氧化物粉末 5% ~15%，硅酸盐粉末 40% ~80%。本发明性能结构与陶瓷相近，具有高强，低孔隙率、高抗渗、耐高温和适用性广等特性。本发明主要通过一价的磷酸二氢盐与微溶性的金属氧化物和硅酸盐发生化学反应形成化学键而实现的，该胶凝材料具有良好的生物相容性，无毒无污染，可广泛用于建筑工程、废弃物固化处理和生物工程。

11. 名称：玻陶水磨石建筑装饰板材的生产方法

申请号：CN200810167259. X
申请（专利权）人：褚凤民
发明（设计）人：褚凤民
公开（公告）日：2009. 03. 11
公开（公告）号：CN101381234
申请日：2008. 10. 17

摘要：本发明涉及建筑装饰板材的生产方法，尤其是一种玻陶水磨石的建筑装饰板材的生产方法。它由如下步骤制得：生产预成型镶嵌材料，镶嵌材料选用陶瓷、玻璃、微晶玻璃、玻化陶瓷其中之一或两者及其以上组合为原料，加工成粉质体后用成型方法制成镶嵌材料所需的坯体，预成型材料的尺寸厚度小于最终产品坯体的厚度，长、宽平面尺寸小于最终产品坯体尺寸；将玻化陶瓷制成基质料粉体，通过与镶嵌材料混合制成坯体；采用陶瓷的干燥方法对坯体进行干燥；采用玻璃或陶瓷烧成工艺将干燥成品坯体进行烧成；对干燥成品坯体进行研磨抛光并加工成定尺成品。本发明与现有技术相比可以得到有立体感且图案色彩丰富的组合产品，并具有良好的耐污、耐候、耐磨和耐火性。

12. 名称：利用黄河泥沙制备环保陶瓷清水砖的方法

申请号：CN200810197323. 9
申请（专利权）人：武汉理工大学
发明（设计）人：徐晓虹；邓大侃；吴建锋；李坤；刘强

公开（公告）日：2009. 03. 18
公开（公告）号：CN101386521
申请日：2008. 10. 21
摘要：本发明属于建筑材料技术领域。利用黄河泥沙制备环保陶瓷清水砖的方法，其特征在于它包括如下步骤：1）坯料制备：将黄河泥沙从河床中挖出，堆放10年以上，成为黄河沉积泥沙；按重量百分比为：黄河沉积泥沙60%～80%，粉煤灰5%～10%，煤矸石5%～10%，助熔剂5%～10%，熟料5%～10%；选取，备用；加水混合搅拌，水的加入量为黄河沉积泥沙、粉煤灰、煤矸石、助熔剂和熟料总重量的20%～22%；用真空炼泥机炼泥，并切成泥饼，陈化3天后，得坯料，备用；2）釉料制备；3）成型；4）施釉；5）干燥；6）烧成，得含水率为6wt%～8wt%的环保陶瓷清水砖。本发明制备的清水砖具有规整度高、强度高、装饰性强的特点，可以直接用于墙体砌筑而不需要外装饰。

13. 名称：一种利用冶金钢渣生产陶瓷砖的方法

申请号：CN200810218656. 5
申请（专利权）人：佛山欧神诺陶瓷股份有限公司
发明（设计）人：唐奇；卢斌
公开（公告）日：2009. 03. 18
公开（公告）号：CN101386528
申请日：2008. 10. 27
摘要：本发明公开了一种利用冶金钢渣生产陶瓷砖的方法，采用冶金炼钢后的废渣加以处理破碎，根据配方性能要求加入黏土、滑石、石英等材料经湿法球磨、浆料喷雾制粉后采用干压成型方法成型，成型后的坯体经过干燥进入辊道窑烧成，烧成后制品经过磨边、抛光、分选、包装为成品。本发明可以在装修中广泛应用，具有环保、高强、耐腐蚀、装饰效果好等特点，且其提供的生产方法简单可行，有利于工业化生产。

14. 名称：金色的复合陶瓷砖及其制备方法

申请号：CN200710030269. 4
申请（专利权）人：冯健生
发明（设计）人：冯健生
公开（公告）日：2009. 03. 25
公开（公告）号：CN101391903
申请日>：2007. 09. 18
摘要：本发明公开了一种金色的复合陶瓷砖及其制备方法，所述复合陶瓷砖由陶瓷砖与有机涂膜结合制备，该涂膜中含有至少一种铜锌合金粉。该制备方法包括以下步骤：（1）选取陶瓷砖；（2）在陶瓷砖上至少施涂一次涂料，该涂料含有至少一种铜锌合金粉；（3）使沉积在陶瓷砖的液态涂料干燥，或使沉积在陶瓷砖的粉末涂料熔融冷却或熔融固化。本发明所述的复合陶瓷砖，具有黄金或近似黄金色彩，美观，具有很强的装饰美感，可用于建筑装饰领域，且其制备方法简单，易于产业化。

15. 名称：一种瓷砖码垛装置

申请号：CN200810198721. 2
申请（专利权）人：广东科达机电股份有限公司
发明（设计）人：张友军；卿上军
公开（公告）日：2009. 04. 01

公开（公告）号：CN101397089

申请日：2008.09.24

摘要：本发明属于陶瓷制造技术领域，公开了一种瓷砖码垛装置。其包括立架，还包括用于支撑瓷砖的托盘、将托盘从水平方向翻转至垂直方向的翻转装置、将托盘在垂直方向进行旋转的旋转装置，所述托盘底部设置有用于支撑的支撑座，所述支撑座与立架的上部横梁活动连接，所述支撑座与翻转装置及旋转装置的输出端均活动连接。本发明提供的是一种使用机械装置来取代人工码垛瓷砖的瓷砖码垛装置，该瓷砖码垛装置能有效地提高生产效率，同时能将工人从繁重的体力劳动中解放出来。

16. 名称：一种大规格陶瓷砖网板印花用胶辊印油

申请号：CN200810169821.2

申请（专利权）人：淄博宜龙化工有限公司

发明（设计）人：李政民；郑良柱；王宜亮

公开（公告）日：2009.04.01

公开（公告）号：CN101397217

申请日：2008.09.28

摘要：本发明属于陶瓷行业的印油范畴，特别涉及一种大规格陶瓷砖网板印花用胶辊印油。它由以下各组分按重量组成的混合物：丙三醇45～60，聚醚多元醇30～45，高分子聚合物7～18，引发剂0.2～5；性状是：色泽无色或微黄色半透明体；黏度110～130MPa·S；20℃密度1.040～1.060；pH值6～8；冰点－30℃。高分子聚合物是指丙烯酸，丙烯酰胺或聚乙二醇。引发剂是指过氧化钠，过氧化胺或过氧化钾。可适用于不同规格的各种大规格、大幅面陶瓷墙地砖的印花需求；比重、稠稀度可调。具备优良的悬浮、分散性能，放置不分层，有保湿、润滑、透网、爽网、抗静电等性能，有较强的适用性。该胶辊印油配制的印花釉浆具有流动性好，黏度低，应用方便，增加了色剂对坯体的粘结力，印出的图案光亮、清晰。

17. 名称：一种陶瓷墙地砖网板印花用乳膏印油

申请号：CN200810169823.1

申请（专利权）人：淄博宜龙化工有限公司

发明（设计）人：郑良柱；王宜亮

公开（公告）日：2009.04.08

公开（公告）号：CN101402529

申请日：2008.09.28

摘要：本发明涉及一种陶瓷墙地砖网板印花用乳膏印油，是由以下各组分按重量组成的混合物：乙二醇20～35，丙三醇20～35，山梨醇30～45，纤维素1～7，高分子聚合物2～8，激发剂0.2～1.0；外观乳白色膏状，无不良气味；黏度4800～5200MPa·S；20℃密度1.040～1.050；pH值6～8；360目水溶性残留物≤0.2%；冰点－10℃。产品灼烧灰分低，无残渣；稳定性好，悬浮力好，不分层；比重、黏度可调；用本乳膏印油配置的印花釉浆，贮存后正常上线使用，不会出现色差、针孔；可适用于不同建陶厂生产的各种高、中低档陶瓷墙地砖的印花需求；本发明乳膏配置的印花釉浆具有一定的流动性，且有保湿、润滑、爽网等性能，增加了印花釉浆对坯体的粘结力；烧出的成品墙地砖表面平整光滑，无凹凸、针孔等瑕疵，图案清晰光亮。

18. 名称：安全型电热恒温式药浴与磁疗浴缸

申请号：CN200810235080.3

申请（专利权）人：郭建国；毛星原；周春祥
发明（设计）人：郭建国；毛星原；周春祥
公开（公告）日：2009.04.08
公开（公告）号：CN101401767
申请日：2008.11.07
摘要：安全型电热恒温式药浴与磁疗浴缸，由浴缸与加热装置组成。加热装置结构如下：在浴缸底部设有恒温水槽，恒温水槽与循环水泵循环管道构成的循环系统连通；其中的循环恒温水与浴缸中的洗浴水彼此隔离并进行热交换；加热装置中还设有陶瓷电热元件热水器，热水器的密封外壳中充满绝缘硅油，同时设有浸泡在绝缘硅油的陶瓷电热元件；热水器的密封外壳设置在恒温水槽循环系统内部，恒温循环水通过陶瓷电热元件热水器的密封外壳与绝缘硅油进行热交换。本发明克服了传统浴缸的循环洗浴水容易遭受污染，以及封闭的水管道不易清洗等不足，能够提供安全舒适的洗浴环境和节能的加热方式。优化方案还增加了磁疗功能。

19. 名称：一种多孔陶瓷板纵列的密封连接方法

申请号：CN200710113221.X
申请（专利权）人：曹树梁
发明（设计）人：曹树梁；许建华；蔡滨；王启春；石延岭；许建丽；谷胜利；杨玉国；修大鹏
公开（公告）日：2009.04.15
公开（公告）号：CN101408343
申请日：2007.10.12
摘要：一种多孔陶瓷板纵列的密封连接方法是以普通陶瓷原料采用真空挤制法制造基体为普通陶瓷的多孔陶瓷板素坯在其表面覆盖黑瓷泥浆，烧制成为黑瓷复合多孔陶瓷板，或以普通陶瓷原料与黑瓷原料混合制造整体黑色的多孔陶瓷板，以陶瓷材料、无机材料、有机材料、金属材料制造∪形承插接口、∪形过渡承插接口、汇集端口，以密封连接剂将其组合为多孔陶瓷板纵列，通道中的流体被形成∪形的三组平行平面中的密封连接剂所密封，使上述各部件形成方便、经济、可靠的密封和连接，多孔陶瓷板纵列可用于太阳能收集、远红外线辐射、建筑暖气散热。

20. 名称：抽水马桶下水阀漏水实验机

申请号：CN200710157679.5
申请（专利权）人：边可绥
发明（设计）人：边可绥
公开（公告）日：2009.04.29
公开（公告）号：CN101419113
申请日：2007.10.25
摘要：本发明是向生产陶瓷卫生洁具，抽水马桶的厂家提供一种新型设备，抽水马桶下水阀漏水实验机，其特征是；实验设备简单，实验全过程完全自动化，节约水资源，循环使用。有益的效果是；经北京TOTO公司使用证明，可以提高工作效率20倍以上，每次可同时检测16个阀门，自动化程度高，可以节省很多人力资源。

21. 名称：陶瓷卫生洁具纳米分相自洁釉

申请号：CN200810180510.6
申请（专利权）人：河北理工大学

CCIH
China Ceramics Industry Headquarters
中国陶瓷产业总部基地
陶瓷总部 · 商贸天下
中国陶瓷产业总部基地项目鸟瞰图
Airscape of China Ceramics Industry Headquarters
季华西路 West Jihua Road
紫洞路 Zidong Road
Global Purchasing Center
Ceramics Economy Headquarters
Core Base For Brands
全球采购中心 | 陶瓷经济总部 | 名牌核心基地
中国陶瓷产业总部基地
与全球商户 开启商赢未来
CHINA CERAMICS INDUSTRY HEADQUARTERS
WIN THE FUTURE WITH GLOBAL RESOURCES
CCIH
就等着您
waiting for you
发展商:佛山中国陶瓷城发展有限公司 项目地址:广东省佛山市季华西路68号(禅城区季华西路与南庄镇紫洞路交汇处) 招商热线/Hotline : 0757-82780618 网站/Http: //www.ccih.cn
Developer: Foshan China Ceramics City Development Ltd. Address of Project: No.68, West Jihua Road, Foshan, Guangdong, China (Crossing of West Jihua Road and Zidong Road, Chancheng District)
(本广告为要约邀请，一切数据均以政府最终批准之图则及法律文件为准。)

HEGII®
恒洁卫浴
中国卫浴 恒洁品质
涤荡我身，自由我心
clear my body ,free my heart

欧美尔卫浴代言人 著名艺术家张铁林

大鴻制釉
T&H GLAZE
品质 服务 创新
Quality Service Innovation
广东省名牌产品
Guangdong Provincial Famous Brand Product
中国陶瓷行业名牌
China Ceramic Top Brand Product
创造前所未有
Unprecedented Creation
主要产品：陶瓷色釉料、熔块、色料、混合矿合粉、干粒、印刷釉、硅酸锆、三度烧色料
MAIN PRODUCTS：CERAMIC GLAZES;Colo'stains;Ccmposed Glazes;Dry Partical;Printing Glazes;Zirconivm silicate;On-Claze Color;
中国制釉集团
CHINA GLAZE GROUP
廣東三水大鴻制釉有限公司
GUANGDONG SANSHUI T&H GLAZE CO.,LTD.
TEL:+86-757-87279999 87293010
上海大鴻制釉有限公司
SHANGHAI T&H GLAZE CO.,LTD.
TEL：+86-21-64975566
山東大鴻制釉有限公司
SHANDONG T&H GLAZE CO.,LTD.
TEL：+86-533-6258888
印尼中國制釉股份有限公司
PT CHINA GLAZE INDONESIA
TEL:+62-267-440938
E-Mail:LowenTing@china-glaze.co.id
廣東大鴻佛山營業部
TEL:+86-757-83386999
廣東大鴻夾江分公司
TEL:+86-833-5654177
廣東大鴻廈門分公司
TEL:+86-592-7271751
http://www.china-glaze.com.cn
E-mail:service@china-glaze.com.cn

TaiTaO
泰陶卫浴
SANITARY WARE
自洁皇
潮州市澳丽泰陶瓷有限公司
CHAOZHOU AOLITAI CERAMICS CO.,LTD.
TEL：0768-6853999 FAX：0768-6851999
http://www.taitaocn.com
地址：潮州市潮安县凤塘镇浮岗工业区泰陶大厦
CQM
GREEN
UPC
泰陶®
TAITAO
选择自洁皇的六大理由
Six reasons for choosing TAITAO Cleaning Sovereign
Cleaning Sovereign
Traditional
"自洁皇"座便器
以往座便器
"自洁皇"小便器
以往小便器
"自洁皇"洗脸盆
以往洗脸盆
超平滑
Super smooth
易清洗
Easy cleaning
抗菌
Antibacterial
晶质细致
crystalloid particularity tightness
光洁度好
Good light tolerance
玻璃感柔和
Best mild vitreous feel

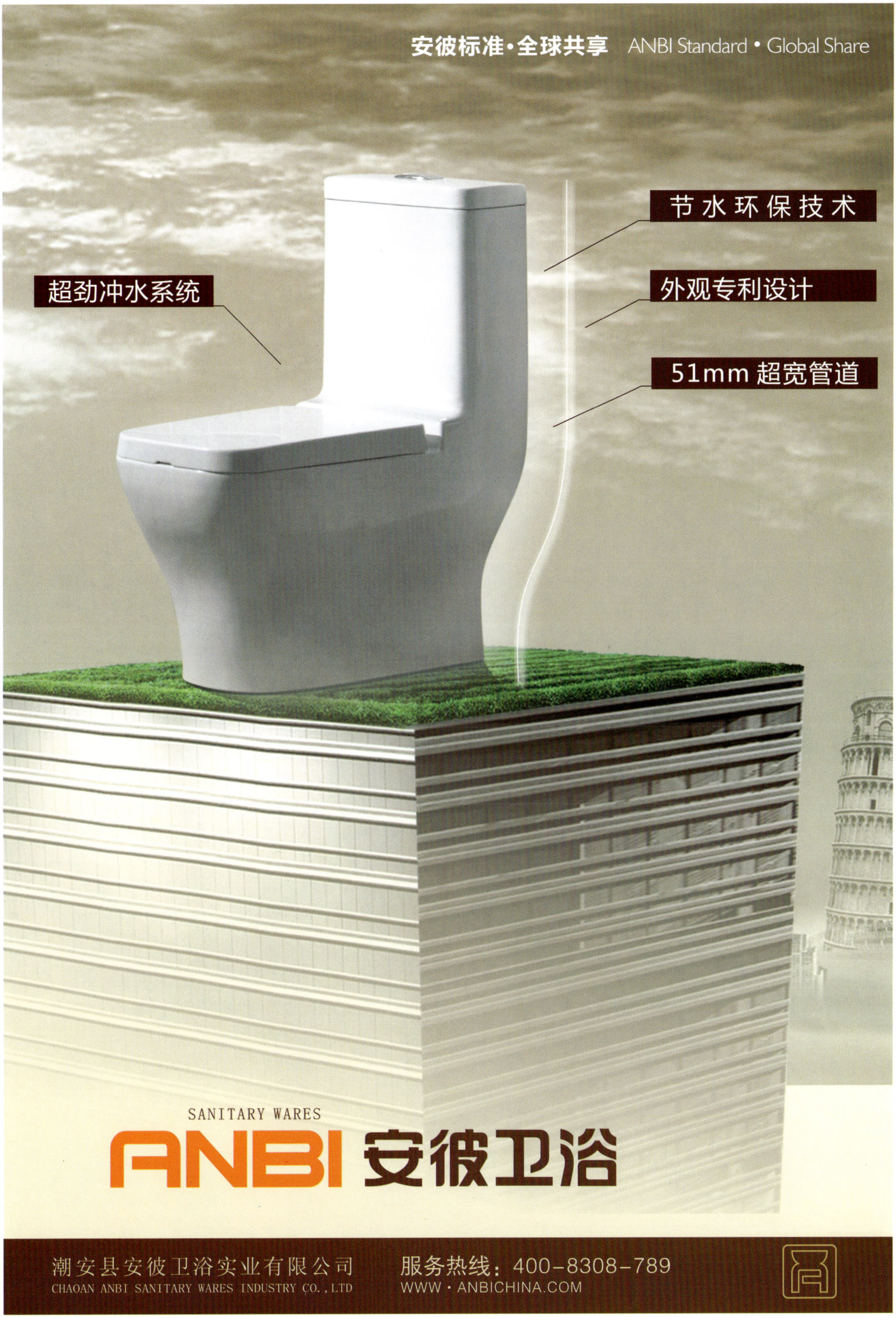

安彼标准·全球共享 ANBI Standard • Global Share
节水环保技术
超劲冲水系统
外观专利设计
51mm 超宽管道
SANITARY WARES
ANBI 安彼卫浴
潮安县安彼卫浴实业有限公司
CHAOAN ANBI SANITARY WARES INDUSTRY CO.,LTD
服务热线：400-8308-789
WWW·ANBICHINA.COM

真诚服务每一天
Sincere Service Everyday

KONNA®
World of bathrooms
康纳卫浴
中国用水器具、用水效率
强制性国家标准制定单位
珍惜水资源·共创新家园
酷冲式
双孔洗涮
KN2158-3
WaterMark
R
CHINA
澳 洲 品 质 ， 康 纳 造
Australia quality, KONNA manufacturing
康纳陶瓷洁具有限公司
KONNA SANITARY WARES CO.,LTD
Add: 广东省潮安县古二工业区
Tel: +86-768-6837868
Http://www.konna.cn
Fax: +86-768-6838089
E-mail:konna@vip.163.com

laoisa®
CREATE THE FASHION SANITARY WARE SPACE
德国·露意莎卫浴
GERMAN · LAOISA
laoisa
Laoisa 露意莎是德国露意莎股份有限公司在中国注册
（上海伯朗卫浴设备有限公司）旗下的驰名品牌。
Laoisa 传承了欧洲简约风格的发展理念，产品的设计始终站在卫浴潮流的前沿。
2005年推出了全新的缔造时尚卫浴空间的新概念，揭开 Laoisa 发展的新篇章。
2010年 Laoisa 与全国各地各级代理商开始专卖店深度拓展计划，进一步赢占国内市场。
FASHION
SIMPLE
LUXURY
INTROVERTED
PUBLICIZES
监制
德國露意莎衛浴股份有限公司
German Laoisa Sanitary Ware Shares Co.,Ltd
授權
上海伯朗卫浴設備有限公司
Shanghai Bolang Sanitary Ware Device Co.,Ltd
Global Toll-Free Hotline:
全球免费服务热线
800-830-2206
Http://www.laoisa.com

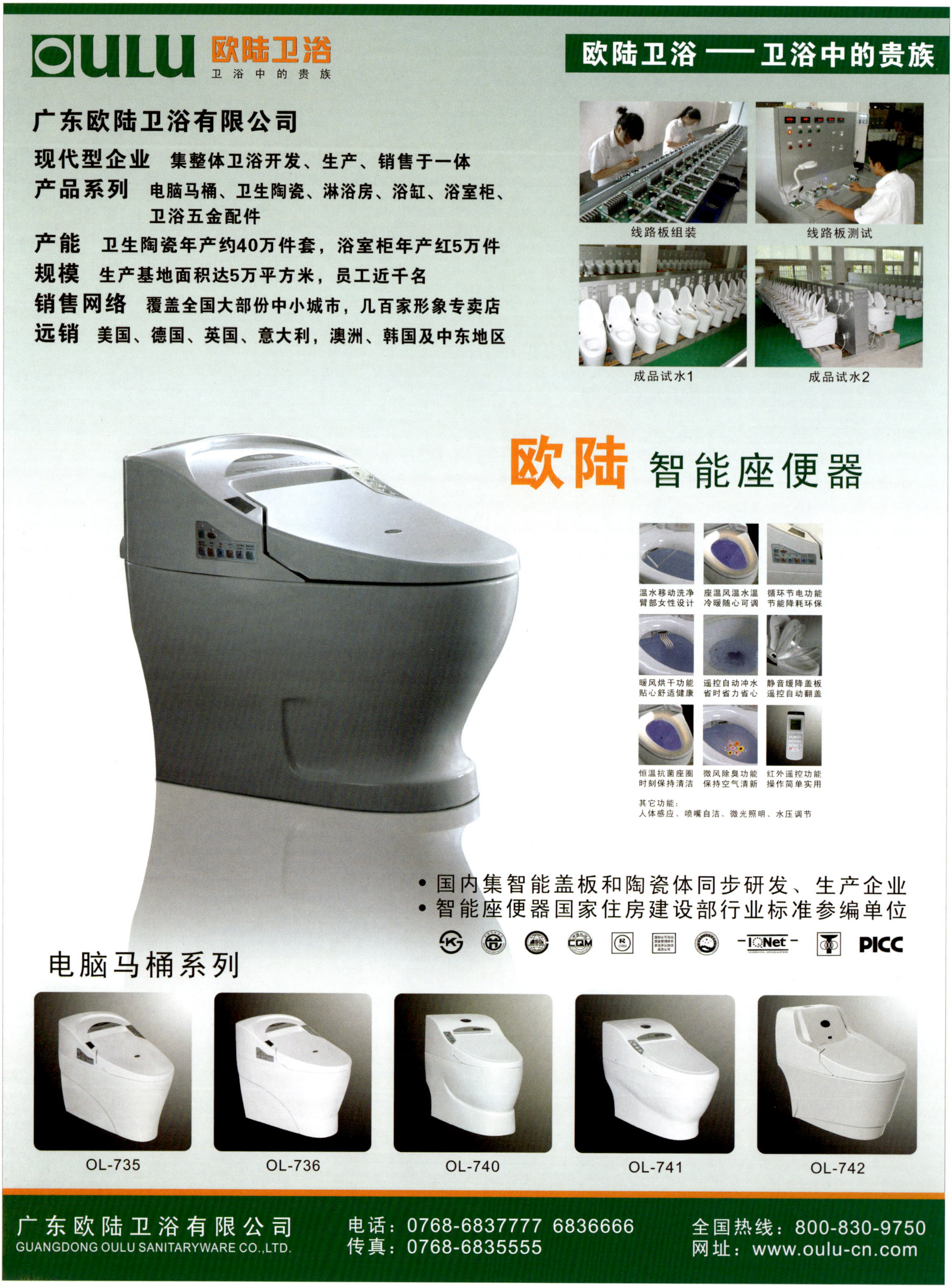
OULU 欧陆卫浴
卫浴中的贵族
欧陆卫浴 —— 卫浴中的贵族
广东欧陆卫浴有限公司
现代型企业 集整体卫浴开发、生产、销售于一体
产品系列 电脑马桶、卫生陶瓷、淋浴房、浴缸、浴室柜、卫浴五金配件
产能 卫生陶瓷年产约40万件套，浴室柜年产红5万件
规模 生产基地面积达5万平方米，员工近千名
销售网络 覆盖全国大部份中小城市，几百家形象专卖店
远销 美国、德国、英国、意大利，澳洲、韩国及中东地区
线路板组装
线路板测试
成品试水1
成品试水2
欧陆 智能座便器
温水移动洗净 臂部女性设计
座温风温水温 冷暖随心可调
循环节电功能 节能降耗环保
暖风烘干功能 贴心舒适健康
遥控自动冲水 省时省力省心
静音缓降盖板 遥控自动翻盖
恒温抗菌座圈 时刻保持清洁
微风除臭功能 保持空气清新
红外遥控功能 操作简单实用
其它功能：
人体感应、喷嘴自洁、微光照明、水压调节
• 国内集智能盖板和陶瓷体同步研发、生产企业
• 智能座便器国家住房建设部行业标准参编单位
CQM
IQNet
PICC
电脑马桶系列
OL-735
OL-736
OL-740
OL-741
OL-742
广东欧陆卫浴有限公司
GUANGDONG OULU SANITARYWARE CO.,LTD.
电话：0768-6837777 6836666
传真：0768-6835555
全国热线：800-830-9750
网址：www.oulu-cn.com

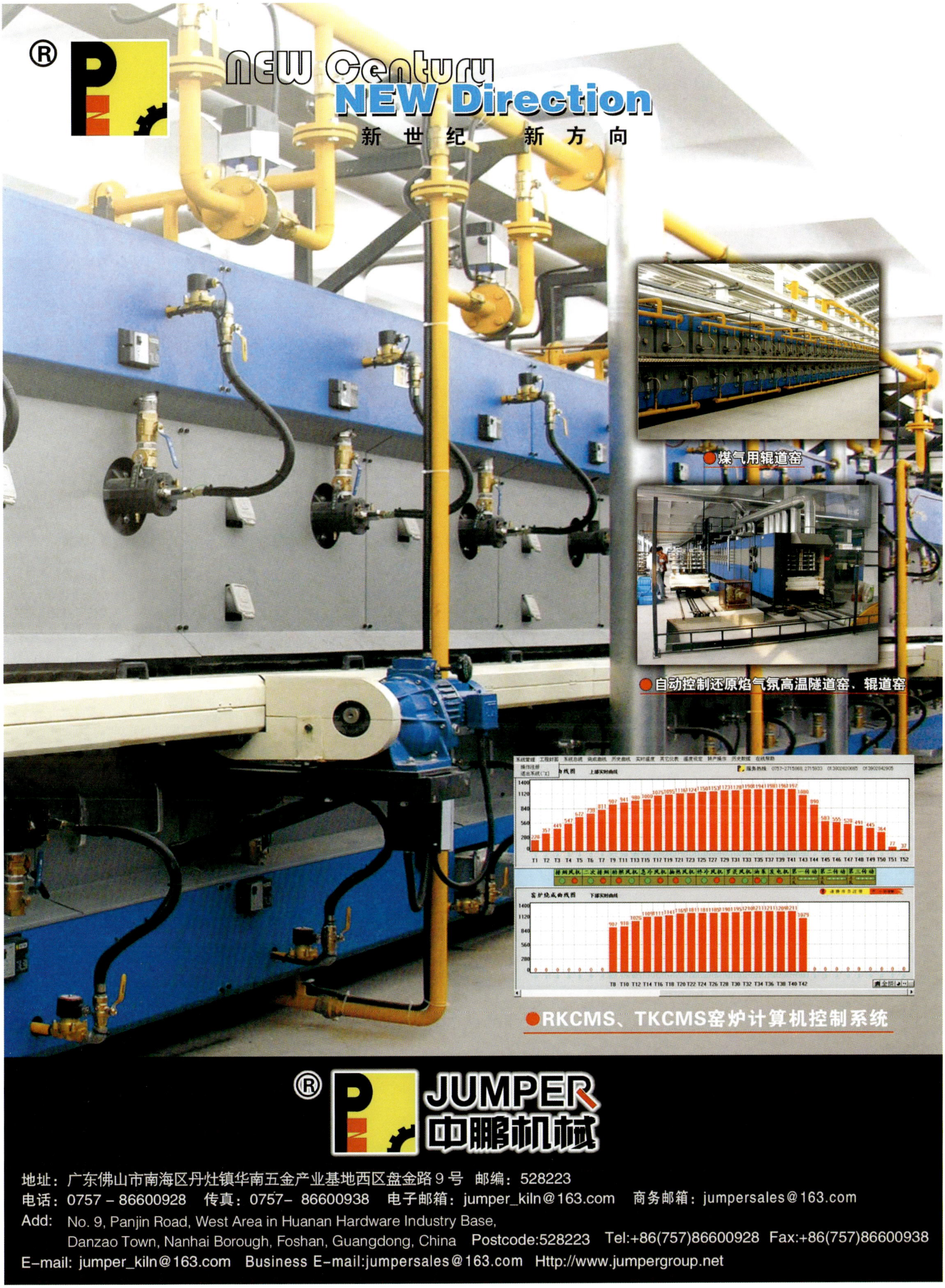
NEW Century
NEW Direction
新 世 纪 新 方 向
煤气用辊道窑
自动控制还原焰气氛高温隧道窑、辊道窑
RKCMS、TKCMS窑炉计算机控制系统
JUMPER
中鹏机械
地址：广东佛山市南海区丹灶镇华南五金产业基地西区盘金路9号 邮编：528223
电话：0757－86600928 传真：0757－86600938 电子邮箱：jumper_kiln@163.com 商务邮箱：jumpersales@163.com
Add: No. 9, Panjin Road, West Area in Huanan Hardware Industry Base,
Danzao Town, Nanhai Borough, Foshan, Guangdong, China Postcode:528223 Tel:+86(757)86600928 Fax:+86(757)86600938
E-mail: jumper_kiln@163.com Business E-mail:jumpersales@163.com Http://www.jumpergroup.net

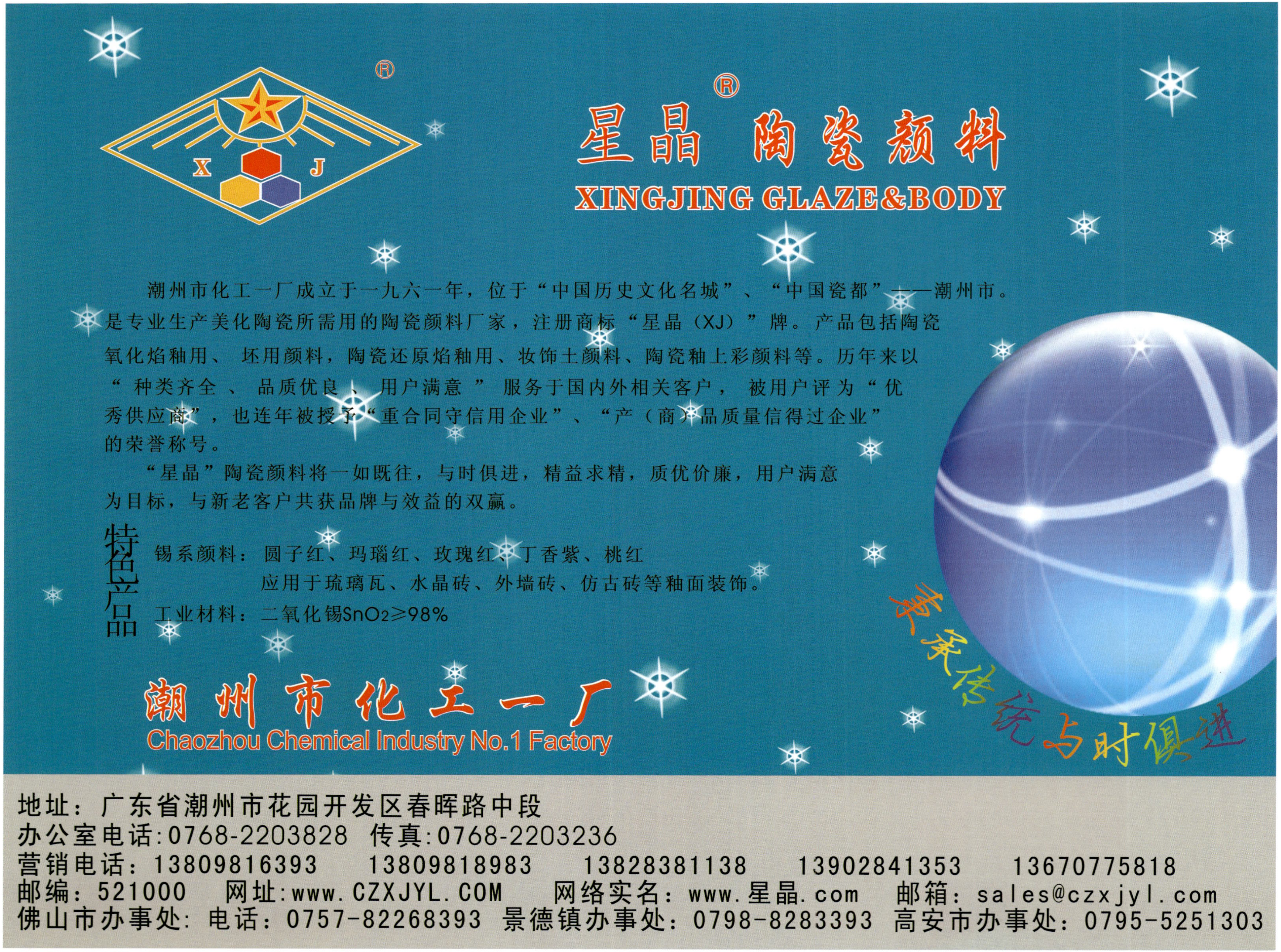
星晶® 陶瓷颜料
XINGJING GLAZE&BODY
潮州市化工一厂成立于一九六一年，位于“中国历史文化名城”、“中国瓷都”——潮州市。是专业生产美化陶瓷所需用的陶瓷颜料厂家，注册商标“星晶（XJ）”牌。产品包括陶瓷氧化焰釉用、坯用颜料，陶瓷还原焰釉用、妆饰土颜料、陶瓷釉上彩颜料等。历年来以“种类齐全、品质优良、用户满意”服务于国内外相关客户，被用户评为“优秀供应商”，也连年被授予“重合同守信用企业”、“产（商）品质量信得过企业”的荣誉称号。
“星晶”陶瓷颜料将一如既往，与时俱进，精益求精，质优价廉，用户满意为目标，与新老客户共获品牌与效益的双赢。
特色产品
锡系颜料：圆子红、玛瑙红、玫瑰红、丁香紫、桃红
应用于琉璃瓦、水晶砖、外墙砖、仿古砖等釉面装饰。
工业材料：二氧化锡SnO2≥98%
潮州市化工一厂
Chaozhou Chemical Industry No.1 Factory
秉承传统与时俱进
地址：广东省潮州市花园开发区春晖路中段
办公室电话:0768-2203828 传真:0768-2203236
营销电话：13809816393 13809818983 13828381138 13902841353 13670775818
邮编：521000 网址:www.CZXJYL.COM 网络实名：www.星晶.com 邮箱：sales@czxjyl.com
佛山市办事处：电话：0757-82268393 景德镇办事处：0798-8283393 高安市办事处：0795-5251303

发明（设计）人：张文丽；金建国
公开（公告）日：2009.04.29
公开（公告）号：CN101417893
申请日：2008.11.28
摘要：本发明涉及卫生陶瓷釉，尤其是一种陶瓷卫生洁具纳米分相自洁釉。该釉的原料组成（wt%）是：釉石英25～34，釉长石20～40，苏州土3～4，白矸子2～3，煅烧ZnO 3～4，骨瓷粉0～4，锂瓷石0～6，烧滑石2～4，18～26石灰石，工业氧化钛1～5；其化学组成（wt%）是：SiO_2：59.22～63.16；Al_2O3：7.22～10.15，TiO_2：3.23～4.82，CaO：12.85～15.98，MgO：1.26～2.28，ZnO：3.31～4.52，K_2O：3.36～6.07，Na_2O：0.86～1.26，$P<_2O_5$：0～0.68。本发明在不改变陶瓷卫生洁具工艺过程的基本工艺条件的前提下，通过设计新的釉料组成得到具有纳米级分相结构和纳米级 TiO_2 团簇，并在釉的纵向表面形成纳米级突起，使釉面具有超亲水性，从而产生良好的自洁性能。具有成本低、自洁效果好的优点。

22. 名称：陶瓷外墙砖纳米分相自洁釉

申请号：CN200810180509.3
申请（专利权）人：河北理工大学
发明（设计）人：张文丽；金建国
公开（公告）日：2009.04.29
公开（公告）号：CN101417892
申请日：2008.11.28
摘要：本发明涉及陶瓷釉，尤其是一种陶瓷外墙砖纳米分相自洁釉。其原料组成（wt%）：釉石英26～32，釉长石0～3，苏州土3～4，高钛高炉渣30～46，FT818熔块20～38；其化学成分组成（wt%）：SiO_2：54.22～63.16，Al_2O_3 >：8.22～11.18，Fe_2O_3：0.24～0.36，TiO_2：3.16～4.69，CaO：10.11～13.24，MgO：4.28～5.90，ZnO：3.30～5.61，BaO：0.20～0.40，K_2O：1.41～2.35，Na_2O：0.52～0.97，Li_2O：0.20～0.39，B_2O_3：0.45～1.76，ZrO_2：0.41～1.72。本发明釉料烧成后，釉表面形成纳米级突起并形成纳米级的 TiO_2 团簇，具有良好的超亲水性；光催化效率高；釉面抗污效果好，具备自洁功能；尤其利用高钛废渣为主要原料实现了废物利用，降低了成本。

23. 名称：抽水马桶下水阀漏水实验机

申请号：CN200710157679.5
申请（专利权）人：边可绥
发明（设计）人：边可绥
公开（公告）日：2009.04.29
公开（公告）号：CN101419113
申请日：2007.10.25
摘要：本发明是向生产陶瓷卫生洁具，抽水马桶的厂家提供一种新型设备，抽水马桶下水阀漏水实验机，其特征是；实验设备简单，实验全过程完全自动化，节约水资源，循环使用。有益的效果是；经北京TOTO公司使用证明，可以提高工作效率20倍以上，每次可同时检测16个阀门，自动化程度高，可以节省很多人力资源。

24. 名称：一种陶瓷抛光砖及其制造方法

申请号：CN200810198373.9

申请（专利权）人：况学成；赵营刚

发明（设计）人：况学成；赵营刚

公开（公告）日：2009.05.06

公开（公告）号：CN101423382

申请日：2008.09.08

摘要：本发明公开了一种陶瓷抛光砖，以镁质黏土作为主要塑性原料，且主要以 $SiO_2-MgO-CaO-Al_2O_3$ 四元相为配方体系，其中 SiO_2 为65%～85%、MgO 为5%～20%、CaO 为3%～15%、Al_2O_3 为3%～15%、KNa_2O 为0%～3%、$Fe_2O_3+TiO_2$ 为0%～2%。还公开了一种陶瓷抛光砖的制造方法。本发明以镁质黏土作为塑性原料，拓宽了原料来源，而且由于加入滑石和石英，因而具有白度高、强度高、硬度高、耐磨性好等特点，而且烧成温度范围宽、收缩小、产品比重低，降低了生产成本，物美价廉，提升了产品的竞争力，对陶瓷抛光砖行业的发展具有极大的推动作用。

25. 名称：一种低温烧成陶瓷辊棒及其制备方法

申请号：CN200810197922.0

申请（专利权）人：武汉科技大学

发明（设计）人：李远兵；黄凯；吴清顺；李亚伟；赵雷；程文庸；金胜利；李淑静；桑绍柏

公开（公告）日：2009.05.06

公开（公告）号：CN101423383

申请日：2008.11.27

摘要：本发明涉及一种低温烧成陶瓷辊棒及其制备方法。所采用的技术方案是：先将40wt%～60wt%的莫来石、10wt%～20wt%的刚玉或特级矾土、10wt%～15wt%的黏土、8wt%～15wt%的 Al_2O_3 微粉、1wt%～5wt%的硅微粉、1wt%～3wt%的 SiO_2 细粉和2wt%～4wt%的羧甲基纤维素混合8～12小时，外加5wt%～10wt%的结合剂和6wt%～10wt%的水，陈腐24～36小时，然后在挤泥机中塑性挤出，等静压成型，干燥后在600～1200℃的条件下烧成，保温2.5～3.5小时。本发明制得的低温烧成陶瓷辊棒只用600～1200℃烘烤后就可投入在墙地砖、日用瓷、卫生洁具和铁氧体材料的生产中使用，这样不仅降低了辊棒的切割强度即降低了切割成本，同时还能够节省劳动力，减少对窑炉的伤害以及减少能源消耗。

26. 名称：一种陶瓷透水砖及其制造方法

申请号：CN200810219227.X

申请（专利权）人：邱陶辉

发明（设计）人：邱陶辉

公开（公告）日：2009.05.06

公开（公告）号：CN101423376

申请日：2008.11.19

摘要：本发明提供一种陶瓷透水砖及其制造方法，其组成按重量百分比为：废陶瓷粉75%～85%，废玻璃粉2%～5%，低温黏土10%～20%，石灰石2%～5%，糊精2%～4%，钠长石0%～6%，水2%～5%。其制备工艺步骤包括：（1）将废陶瓷、废玻璃、低温黏土、石灰石粉碎并过筛；（2）配料；（3）将糊精加入水中并加热；（4）将废陶瓷颗粒和糊精水混合；（5）加入其余粉料、搅拌；（6）将混合物浆料加入模具中，用压机压制成形；（7）干燥；（8）在1100～1200℃的温度烧成，时间为5～6小时；（9）检验。应用本发明的透水砖，具有烧制时间短，工艺方法简单，生产成本较低，且产品透水性能好、强度高，废物利用率高、又解决了废瓷利用问题，保护环境、节约天然资源等优点；可广泛应用于广场、公园、人行道、停车场等公共场所的路面铺设。

27. 名称：太阳能房顶热水容器

申请号：CN200710114029.2
申请（专利权）人：曹树梁
发明（设计）人：曹树梁；许建华；蔡 滨；王启春；石延岭；许建丽；谷胜利；杨玉国；修大鹏
公开（公告）日：2009.05.13
公开（公告）号：CN101430138
申请日：2007.11.07
摘要："太阳能房顶热水容器"是用无机非金属材料制造，以达到制造安装成本低、使用寿命长、不老化、不腐蚀、不会污染水质的目的，太阳能房顶热水容器可以设置在建筑物房顶上或房顶相邻的部位，房顶上太阳能集热器中的流体流经或流入该容器。该容器由水泥管和封头或带封头的水泥管或两个以上并上下相互连通的陶瓷水缸或两个以上并上下相互连通的陶瓷坛与保温材料、外墙壁组成。太阳能房顶热水容器是用作常规的房顶太阳能热水器系统的热水容器或用作由陶瓷太阳板组成的陶瓷太阳能房顶的热水容器。

28. 名称：一种保温隔热复合墙面陶瓷砖及其制作工艺

申请号：CN200810046590.6
申请（专利权）人：罗寅；刘浪
发明（设计）人：罗寅；刘浪；张湘君
公开（公告）日：2009.05.13
公开（公告）号：CN101429805
申请日：2008.11.18
摘要：本发明涉及一种外墙保温隔热复合墙面陶瓷砖及其制作工艺，该保温隔热复合墙面陶瓷砖由复合材料板、耐碱玻纤网格布、超薄瓷砖组成。本发明的有益效果是：施工简单，操作便捷，节约劳动成本并加快了效率，同时减少了高空作业的风险。

29. 名称：轻质泡沫陶瓷建筑板材及其制备方法

申请号：CN200710186440.0
申请（专利权）人：瑞景投资控股有限公司
发明（设计）人：施纯伟
公开（公告）日：2009.05.20
公开（公告）号：CN101434475
申请日：2007.11.14
摘要：本发明属于建筑材料技术领域，公开一种轻质泡沫陶瓷建筑板材及其制备方法。这种轻质泡沫陶瓷建筑板材，由包括质量百分含量为40%～60%的粉煤灰、30%～50%的瓷土、5%～10%的发泡材料、0%～5%的长石以及0%～1%的锂云母石经粉碎、造粒、压坯成型及煅烧制成。本发明的陶瓷建筑板材大量使用粉煤灰为原料，成本低廉，制备过程中原材料被超细研磨，各组分混合均匀，再通过粉体造粒技术重组发泡基体组织结构，使产品可形成均匀泡沫状并提升韧性；成品板材中具有均匀獨立闭口微孔形成的瓷化泡沫结构，微孔的大小和产品密度可根据产品具体用途加以调节，可作为墙体、地面、隔音、防火、漂浮等多方面的用途；产品可锯切加工，可作为木板材的替代品。

30. 名称：陶瓷砖布料、预压与推坯一体化机构

申请号：CN200810219628.5
申请（专利权）人：吕其安
发明（设计）人：吕其安
公开（公告）日：2009.05.20
公开（公告）号：CN101434089
申请日：2008.12.03
摘要：本发明涉及一种生产陶瓷砖的布料、压型机构。其在主机架上安装有第一驱动装置和第二驱动装置，两侧安装有第一导向装置、第二导向装置、第三导向装置；所述承粉平台机构由第一驱动装置驱动，沿第三导向装置前后运动；所述过渡底板装置安装在在主机架装置上；所述封闭推坯机构由第二驱动装置驱动，沿第二导向装置前后运动；所述容坯装置安装在封闭推坯机构上。本发明实施后可使终端布料不再受到压砖机中有限空间的限制，因此可以更多层次、更自由地直接布出高仿真度的纹理图案；可使粉料布好的纹理图案不会在推送过程中发生任何变化；缩短了陶瓷砖压型的生产周期，也简化了布料设备、降低了设备的制造成本与维护成本。

31. 名称：水膜除尘陶瓷砖

申请号：CN200810235480.4
申请（专利权）人：陈伯根
发明（设计）人：陈伯根
公开（公告）日：2009.05.20
公开（公告）号：CN101433793
申请日：2008.11.24
摘要：本发明涉及一种水膜除尘陶瓷砖，所述水膜除尘陶瓷砖一侧面设有从上至下的“Ω”形固定头，另一侧面设有从上至下的“Ω”形槽，或两侧面为从上至下的“Ω”形固定头，或两侧面设有从上至下的“Ω”形槽，“Ω”形固定头截面小于“Ω”形槽截面，所述水膜除尘陶瓷砖的上、下两端面为台阶端面，堆砌时，水膜除尘陶瓷砖间经“Ω”形固定头与“Ω”形凹槽相互锁紧，接触密封面大，密封效果好，塔体结构稳定，安全性能好。

32. 名称：一种陶瓷釉面砖表面防滑剂及其制备方法

申请号：CN200810219866.6
申请（专利权）人：江门市道氏标准制釉股份有限公司
发明（设计）人：荣继华
公开（公告）日：2009.06.03
公开（公告）号：CN101445393
申请日：2008.12.07
摘要：本发明公开了一种陶瓷釉面砖表面防滑剂及其制备方法，其由溶剂和分散在溶剂中的颗粒以及溶解在溶剂中的分散剂和助剂组成，以重量百分比为：溶剂：60%～99.8%，颗粒：0.1%～39%，分散剂：0.01%～10%，助剂：0.01%～10%；本产品使用简单、不影响砖面的装饰效果、坚久耐用，由于砖体表面的纹路和坑洼结构是在烧结过程中形成的，所以其不易磨损，防滑效果长期有效。

33. 名称：用于烧制陶瓷物品的隧道式窑

申请号：CN200780023450.0

申请（专利权）人：阿尔乔姆·茹里耶维奇·柴卡
发明（设计）人：阿尔乔姆·茹里耶维奇·柴卡
公开（公告）日：2009. 07. 08
公开（公告）号：CN101479552
申请日：2007. 05. 02
摘要：本发明涉及用于烧制天然材料的工艺及其物品制造，可用于生产建筑陶瓷单元，尤其是砖。本发明用于烧制陶瓷物品的隧道式窑包括带有陶瓷物品预热段、烧制段和冷却段的加工通道。所述加工通道由侧壁、主拱形炉顶和附加拱形炉顶限定。隧道式窑的气体分配（通风）系统至少包括吸入管线、通风机和进给管线，其中，吸入管线连接窑的内拱形空间和通风机，进给管线连接通风机与加工通道的冷却段和/或烧制段与所述加工通道的冷却段之间的空间。所述发明使稳定最终产品的质量特性成为可能，以确保更合理的温度工作条件，并通过使用内拱形空间热量来减少燃料消耗。另外，从所述内拱形空间向加工通道供应热气，使补偿在窑门打开之后出现的热量损失成为可能。

34. 名称：一种双控水嘴

申请号：CN200810049011. 3
申请（专利权）人：阎金波
发明（设计）人：阎金波
公开（公告）日：2009. 07. 08
公开（公告）号：CN101476631
申请日：2008. 01. 03
摘要：本发明涉及一种双控水嘴。基于采用新的陶瓷阀芯结构，使之成为双控全封闭水嘴。进一步采用全封闭换向阀，使之成为双头双控全封闭水嘴。只需转动外磁环，就能实现水嘴的开闭和水温调节。只需转动换向外磁环，就能实现水流上喷还是下流，同时还能调节水量。由于阀体全部采用全封闭结构，不会产生水嘴外漏。使用起来不但节水，而且可靠。

35. 名称：防静电陶瓷砖用防静电粉

申请号：CN200910014123. X
申请（专利权）人：山东瓦伦蒂诺陶瓷有限公司
发明（设计）人：邱贻忠
公开（公告）日：2009. 07. 08
公开（公告）号：CN101475364
申请日：2009. 02. 02
摘要：本发明涉及一种防静电陶瓷砖用防静电粉，用于生产防静电陶瓷砖，属于建筑陶瓷技术领域，其配料质量百分组成为：氧化锡 60% ~80%、氧化锌 10% ~39% 和氧化锑 0. 2% ~10%。可方便地制作防静电陶瓷砖，以消除静电，促进人体健康，保护高精密仪器的使用。

36. 名称：银系纳米陶瓷釉水抗菌添加剂制备方法和使用方法

申请号：CN200810001102. X
申请（专利权）人：泉州斯达纳米科技发展有限公司
发明（设计）人：许绿丝
公开（公告）日：2009. 07. 22
公开（公告）号：CN101486593

申请日：2008.01.15

摘要：本发明涉及一种陶瓷制造领域的抗菌添加剂的制备方法，特别是一种银系纳米陶瓷釉水抗菌添加剂的制备方法，本发明还涉及这种添加剂的使用方法。本发明的制备方法是将5份氯化锌溶解在20份水中，然后加入0.1～1份硝酸银，搅拌均匀；加入0.5～1份硫酸氧钛及1～5份饱和硝酸银溶液；用草酸溶液将上述溶液置换形成草酸金属盐络合物；将上述草酸金属盐络合物洗涤至pH=5～6；在窑中以420～600℃焙烧6个小时。采用本发明所述方法制备的添加剂，应用后能防止大多数性病、接触性皮肤病等其他疾病的传染，在陶瓷卫生洁具以及医用陶瓷方面存在广泛的用途。

37. 名称：米粒装饰陶瓷砖及其装饰颗粒以及装饰颗粒的制造工艺与设备

申请号：CN200910037653.6
申请（专利权）人：何新明
发明（设计）人：钟礼雄；钟保民；曾德朝；徐登翔
公开（公告）日：2009.07.29
公开（公告）号：CN101492309
申请日：2009.03.06

摘要：一种米粒装饰陶瓷砖及其装饰颗粒以及装饰颗粒的制造工艺与设备，米粒装饰陶瓷砖的装饰面设置有预制的米粒状装饰颗粒，米粒状装饰颗粒嵌入装饰面，在装饰面还设置有装饰纹理；装饰颗粒是规整的米粒状装饰颗粒；装饰颗粒制造工艺包括有备料、填料、挤压成型、颗粒脱模，以及收集步骤；装饰颗粒制造设备设置有布料斗、送料带、挤压装置、振荡器和收集器，送料带至少设置有凹穴，挤压装置设置有凸块，米粒状凹穴与凸块同步啮合，挤压粉料形成米粒状装饰颗粒收集于收集器。具有颗粒规整、变化丰富、工艺简单、制造的米粒装饰陶瓷砖更自然、更逼近于天然石材表面米粒颗粒装饰效果的特点。

38. 名称：透明熔块及其制备方法、透光晶粒、无洞洞石和瓷质砖

申请号：CN200910003066.5
申请（专利权）人：霍镰泉
发明（设计）人：霍镰泉
公开（公告）日：2009.07.29
公开（公告）号：CN101492281
申请日：2009.01.09

摘要：本发明公开一种透明熔块，包括如下组分：钠长石粉：50～70份、烧滑石：10～14份、碳酸钡：6～10份、氧化锌：0～3份、方解石：6～8份、硼酸：6～12份；其中，各组分以重量计。本发明所提供的透明熔块，其透光性好，利用此透明熔块再可以制备出透光晶粒，透光晶粒的透光性良好，利用包含此透光晶粒的原料制备的无洞洞石瓷质砖，其在视觉上有孔洞而实际上无孔洞，形成视觉上有孔洞而实际上无孔洞的部分就是透光晶粒；并且视觉上有孔洞而实际上无孔洞的部分的存在，使得无洞洞石瓷质砖纹理效果丰富，立体颗粒感强。本发明还提供一种透明熔块的制备方法、透光晶粒、无洞洞石和无洞洞石瓷质砖，属于建筑陶瓷领域。

39. 名称：基于MEMS技术微型动态压力传感器及其制造方法

申请号：CN200810019520.1
申请（专利权）人：昆山双桥传感器测控技术有限公司
发明（设计）人：王景伟；王文襄；石桥；邱丽；丰金妹

公开（公告）日：2009. 07. 29
公开（公告）号：CN101493367
申请日：2008. 01. 21
摘要：一种基于 MEMS 技术微型动态压力传感器及其制造方法，压力传感器由硅敏感元件和作为传感器壳体的不锈钢管组成，硅敏感元件受压面设有惠斯通电桥结构而内部设有真空压力参考腔，硅敏感元件背压面通过陶瓷棒固定于不锈钢管内，硅敏感元件受压面与传感器壳体上引压口的内边缘齐平封装，惠斯通电桥结构上应变电阻通过金丝内引线连接到绝缘棒上外引线，硅敏感元件背压面固定于陶瓷棒端面，陶瓷棒上设有多条便于固定金丝内引线与外引线的花键槽，金丝内引线与外引线在花键槽中连接，本发明具有良好动态特性和微型化，可广泛应用于空气动力学、爆破力学、智能建筑、水利电力设计、石油化工等流体力学测试领域。

40. 名称：一种表面具有立体砂岩效果陶瓷砖的生产工艺

申请号：CN200810220436. 6
申请（专利权）人：萧华
发明（设计）人：刘一军；谢志军；赵存河；李万平；吴耀驹
公开（公告）日：2009. 08. 05
公开（公告）号：CN101497539
申请日：2008. 12. 25
摘要：本发明公开一种表面具有立体砂岩效果陶瓷砖的生产工艺，该工艺的具体步骤为：步骤一：按比例配色粉料，送入表面浮凸的带有斜纹理的压机模具压制，然后干燥；步骤二：先后通过第一釉柜施底色釉料、第二釉柜施面色釉料，其中第一釉柜和第二釉柜上的喷嘴均错位布置；步骤三：施釉后印上一款花釉的类石材的图案进行印花；步骤四：印完花后，先后通过第一打点柜和第二打点柜打闪光粒子和打点；步骤五：经以上生产工序后入窑烧成，成品砖即成为一款具有表面具有立体砂岩效果的陶瓷砖。本发明通过把釉料以仿干粒的效果施在砖面上，终烧成后可达到类砂岩的效果，可有效节约生产成本，且颜色更加丰富自然。

41. 名称：一种装饰陶瓷砖及其装饰颗粒以及装饰颗粒的制造工艺与设备

申请号：CN200910037678. 6
申请（专利权）人：何新明
发明（设计）人：曾德朝；王毅；钟保民
公开（公告）日：2009. 08. 05
公开（公告）号：CN101498166
申请日：2009. 03. 06
摘要：一种装饰陶瓷砖及其装饰颗粒以及装饰颗粒的制造工艺与设备，装饰陶瓷砖的装饰面设置有预制的米粒状装饰颗粒，米粒状装饰颗粒嵌入装饰面并在装饰面中呈随机分布状态设置；在装饰面还设置有装饰纹理，米粒状装饰颗粒随机分布于装饰面的部分或全部装饰纹理中；装饰颗粒制造工艺包括有可塑泥料制备、挤制、切割、烘干及过筛；装饰颗粒制造设备包括真空练泥机、挤出模具、切割装置、送料带、干燥设备和过筛装置，挤出模具安装于真空练泥机的出口；挤出模具设置有一个或一个以上米粒状通孔；切割装置由刚性丝线、支撑架和传动电机组成。具有颗粒规整、变化丰富、工艺简单，制造的装饰陶瓷砖更自然、更逼真于天然石材表面颗粒装饰效果的特点。

42. 名称：一种利用盐碱地淀积土生产建筑用陶瓷内墙砖及其生产工艺

申请号：CN200810209677. 0

申请（专利权）人：东北林业大学；祖元刚
发明（设计）人：祖元刚；祖纯林；孙国勇；杨磊；祖柏实；黄金明；孙志强；孙文峰；黄路明
公开（公告）日：2009.08.12
公开（公告）号：CN101503289
申请日：2008.12.12

摘要：一种利用盐碱地淀积土生产建筑用陶瓷内墙砖及其生产工艺，以盐碱地淀积土为主要原料，该陶瓷内墙砖的组成及质量百分比含量为：淀积土 40～48、硅灰石 12～15、高岭岩 18～22、透辉石 12～15、吉林土 3～7、滑石 3～9。采用本发明组合物制备的陶瓷内墙砖机械强度大、热稳定性好、吸水率低，各项技术指标均符合国家标准，为综合开发治理盐碱地开辟了一条新的途径。

43. 名称：可调堵塞器用水嘴

申请号：CN200810305926.6
申请（专利权）人：贵州航天凯山石油仪器有限公司
发明（设计）人：陈勇；庞云伟；冯贵洪；林涛；王文青；黄超军
公开（公告）日：2009.08.12
公开（公告）号：CN101503954
申请日：2008.12.03

摘要：本发明公开了一种可调堵塞器用水嘴，构造包括陶瓷水嘴（1）、金属护套（2）和端盖（3），陶瓷水嘴（1）的侧面设有出水口（4），在金属护套（2）的侧面设有出水口（5），陶瓷水嘴（1）设在金属护套（2）内，且出水口（4）对齐出水口（5）；在陶瓷水嘴（1）和金属护套（2）的一端设有端盖（3）。本发明采用金属材料和陶瓷材料的组合体代替单一材料的水嘴，由陶瓷水嘴保证耐磨性能，由金属护套提供约束，防止陶瓷水嘴破碎。提高水嘴的使用寿命。由于采用了上述技术方案，本发明与现有技术相比，具有工艺性好，适合车、铣、磨等常规工种加工的优点。而且水嘴耐磨、防碎，使用性能和使用寿命得到很大提高。

44. 名称：一种超大规格瓷质板材砖的铺贴施工方法

申请号：CN200810220410.1
申请（专利权）人：萧华
发明（设计）人：刘一军；潘利敏；杨晓峰；汪庆刚；杨建明
公开（公告）日：2009.08.12
公开（公告）号：CN101503901
申请日：2008.12.25

摘要：本发明涉及一种超大规格瓷质板材砖的铺贴施工方法。该方法是从最底层到瓷质板材面铺贴施工按混凝土层、砂浆垫层、薄底胶粘剂层、瓷质板材层依次进行先后施工操作，各瓷质板材之间填充瓷质砖石材填缝剂。本发明采用上述技术方案后，解决了大规格超薄陶瓷板贴墙难度大、墙面不平整的问题，同时成本相对较低，绿色环保，施工也比较方便。

45. 名称：一种陶瓷砖的自然片岩板式表面加工工艺

申请号：CN200910097123.0
申请（专利权）人：沈英
发明（设计）人：张千里；蒋治平
公开（公告）日：2009.08.12

公开（公告）号：CN101502978
申请日：2009. 03. 23
摘要：本发明公开了一种陶瓷砖的自然片岩板式表面加工工艺，包括如下步骤：首先将经过挤压或压制成型的陶瓷砖产品干燥成型；然后对干燥成型的陶瓷砖产品表面进行火焰喷烧，使其表面随机性爆裂并自然脱落部分表面层。本发明可方便地在陶瓷砖表面加工出自然片岩板式效果的表面，其工艺简单、成本低，加工的陶瓷砖表面自然片岩板效果逼真，具有古朴、粗犷、自然感强的特点，使建筑装饰设计的风格更加多样化。

46. 名称：一种陶瓷砖的自然砂岩板式表面加工工艺

申请号：CN200910097122. 6
申请（专利权）人：沈英
发明（设计）人：张千里；蒋治平
公开（公告）日：2009. 08. 12
公开（公告）号：CN101502977
申请日：2009. 03. 23
地址：313100 浙江省长兴县经济技术开发区瑞高（浙江）建筑系统有限公司
摘要：本发明公开了一种陶瓷砖的自然砂岩板式表面加工工艺，包括如下步骤：首先将经过挤压或压制成型的陶瓷砖产品干燥成型或烧制成型；然后采用相同或不同大小的硬质丸体对干燥成型或烧制成型的陶瓷砖表面进行抛丸处理。本发明可方便地在陶瓷砖表面加工出自然砂板式效果的表面，其工艺简单、成本低，加工的陶瓷砖表面自然砂岩板效果逼真，具有古朴、粗犷、自然感强的特点，使建筑装饰设计的风格更加多样化。

47. 名称：一种超大规格瓷质板材砖的铺贴施工方法

申请号：CN200810220410. 1
申请（专利权）人：萧华
发明（设计）人：刘一军；潘利敏；杨晓峰；汪庆刚；杨建明
公开（公告）日：2009. 08. 12
公开（公告）号：CN101503901
申请日：2008. 12. 25
摘要：本发明涉及一种超大规格瓷质板材砖的铺贴施工方法。该方法是从最底层到瓷质板材面铺贴施工按混凝土层、砂浆垫层、薄底胶黏剂层、瓷质板材层依次进行先后施工操作，各瓷质板材之间填充瓷质砖石材填缝剂。本发明采用上述技术方案后，解决了大规格超薄陶瓷板贴墙难度大，墙面不平整的问题，同时成本相对较低，绿色环保，施工也比较方便。

48. 名称：一种劈岩陶瓷砖及其制备方法

申请号：CN200910131139. 9
申请（专利权）人：晋江腾达陶瓷有限公司
发明（设计）人：黄家遵
公开（公告）日：2009. 08. 19
公开（公告）号：CN101508577
申请日：2009. 04. 03
摘要：本发明涉及一种瓷砖及其制备方法，尤其是一种劈岩陶瓷砖及其制备方法。属于材料技术领域。本发明产品的制备方法如下：按照重量比例配料；膨润土、白黏土、黑黏土、透辉石、钾长石、石英、腐植酸钠（HA-Na）、硅酸钠、木质素球磨，喷粉后生坯成型，经过生坯输送、劈开生坯、烘干、烧窑步骤得到本发明的最终产品。本发明产品各项性能指标都非常好。

49. 名称：光束、光团、光纹、曲线表面图案陶瓷砖抛光机的控制方法

申请号：CN200910106074.2
申请（专利权）人：黄建平
发明（设计）人：黄建平
公开（公告）日：2009.08.19
公开（公告）号：CN101508090
申请日：2009.03.18

摘要：本发明涉及一种光束、光团、光纹、曲线表面图案陶瓷砖抛光机的控制方法。包括以下步骤：设计运动轨迹，将轨迹分解成横向和纵向运动，横向和纵向轨迹由变频器控制；连锁控制信号；抛光机运转；检测有无产品信号；若检测结果为无，则经“气缸复位”后返回；若检测结果为有，则启动自转磨盘；检测有无磨盘组气缸下降信号；进一步检测有无移动限位信号；若检测结果为否，则经“限位信号动作”、气缸复位返回；若检测结果为是，则进一步检测有无移动运行信号；若检测结果为是，则生产光束、光团、光纹、曲线表面图案的陶瓷砖。

50. 名称：内置金属丝的陶瓷砖及其生产方法

申请号：CN200910096903.3
申请（专利权）人：骆水根
发明（设计）人：余爱民
公开（公告）日：2009.08.19
公开（公告）号：CN101509309
申请日：2009.03.20

摘要：本发明公开了一种内置金属丝的陶瓷砖及其生产方法，陶瓷砖包括基底层和表面层，两者烧结为一体，基底层中掺有若干金属丝。生产方法采用二次或多次布料的工艺，干压成型后在1100～1300℃烧制而得，布基底层粉料时，在其中掺入若干金属丝。本发明由于在基底层中掺入了金属丝，当陶瓷砖破裂时，其中的金属丝可拉住破损部分，使其不至于掉落，而有足够的时间可以让人发现并维修更换，大大减少了安全隐患。

51. 名称：一种劈岩陶瓷砖及其制备方法

申请号：CN200910131139.9
申请（专利权）人：晋江腾达陶瓷有限公司
发明（设计）人：黄家遵
公开（公告）日：2009.08.19
公开（公告）号：CN101508577
申请日：2009.04.03

摘要：本发明涉及一种瓷砖及其制备方法，尤其是一种劈岩陶瓷砖及其制备方法。属于材料技术领域。本发明产品的制备方法如下：按照重量比例配料；膨润土、白黏土、黑黏土、透辉石、钾长石、石英、腐植酸钠（HA-Na）、硅酸钠、木质素球磨，喷粉后生坯成型，经过生坯输送、劈开生坯、烘干、烧窑步骤得到本发明的最终产品。本发明产品各项性能指标都非常好。

52. 名称：陶瓷砖的制造工艺、实施其工艺的专用设备

申请号：CN200910105987.2
申请（专利权）人：黄建平
发明（设计）人：黄建平
公开（公告）日：2009.09.09
公开（公告）号：CN101524825
申请日：2009.03.13

摘要：本发明涉及一种陶瓷砖的制造工艺、实施其工艺的专用设备。其制造工艺：对烧制的有釉陶瓷砖或无釉瓷质砖的表面进行光差抛光处理，使其形成神似自然极光效果的光图案。其专用设备，包括：由主传动电机驱动连杆，带动主磨盘做仿形、横向摆动的动力机构；由升降气缸及相应管路构成的压力机构；由输送带及搭载其上被抛产品构成的砖坯输送机构、抛光机构以及对抛光过程进行冷却的冷却机构，所述冷却机构由中间穿孔的电机、电机中间穿孔内套设贯穿在电机转子轴中间的圆心套中的供水管、延伸出电机圆心套筒的供水管端部连接的磨具所开设的透孔组成；所述抛光机构由与电机输出轴同轴安装的主磨盘、磨具组成。

53. 名称：煤矸石全瓷砖生产工艺

申请号：CN200810085301.3
申请（专利权）人：孔万锁
发明（设计）人：孔万锁
公开（公告）日：2009.09.16
公开（公告）号：CN101531522
申请日：2008.03.10

摘要：本发明属于一种用于生产建筑物的装饰外墙、地面的煤矸石全瓷砖生产工艺的化工类的陶瓷类中的建筑材料生产工艺。其特征是用煤矸石代替陶瓷原料的30%。改变传统的一些生产工艺和生产条件，实现了充分利用资源、提高产品质量、降低生产成本、减少煤矸石污染的目的。

54. 名称：陶瓷砖布料、预压与推坯一体化机构

申请号：CN200820204569.X
申请（专利权）人：吕其安
发明（设计）人：吕其安
公开（公告）日：2009.09.30
公开（公告）号：CN201317038
申请日：2008.12.03

摘要：本实用新型涉及一种生产陶瓷砖的布料、压型机构。其在主机架上安装有第一驱动装置和第二驱动装置，两侧安装有第一导向装置、第二导向装置、第三导向装置；所述承粉平台机构由第一驱动装置驱动，沿第三导向装置前后运动；所述过渡底板装置安装在在主机架装置上；所述封闭推坯机构由第二驱动装置驱动，沿第二导向装置前后运动；所述容坯装置安装在封闭推坯机构上。本实用新型实施后可使终端布料不再受到压砖机中有限空间的限制，因此可以更多层次、更自由的直接布出高仿真度的纹理图案；可使粉料布好的纹理图案不会在推送过程中发生任何变化；缩短了陶瓷砖压型的生产周期，也简化了布料设备、降低了设备的制造成本与维护成本。

55. 名称：一种耐酸耐磨砖的制配方法

申请号：CN200910043246.6
申请（专利权）人：彭高芬
发明（设计）人：彭高芬；谢永其；谭初斌
公开（公告）日：2009.10.14
公开（公告）号：CN101555125
申请日：2009.04.29

摘要：本发明涉及一种耐酸耐磨砖的制配方法，现有的瓷砖种类很多，虽出现有耐酸耐磨砖，但都存在着耐酸耐磨性能差，不仅影响了产品的质量与使用寿命，而且影响了产品的美观。本发明提供一种耐酸耐磨防腐效果好，使用寿命长的砖，它适用化工、有色金属、钢铁、环保陶瓷等行业，它主要采用本地盛产耐酸耐磨的褐石、高岭土、铝矾土为主要原料，并配以增强防腐、耐磨、耐酸添加剂，采用精选方法除去杂质黑色金属加工成型，再加高温 1300℃烧结成产品。

56. 名称：泡沫陶瓷节能保温装饰墙砖及其制造方法

申请号：CN200910127824.4
申请（专利权）人：吴汉阳
发明（设计）人：吴汉阳；马玉奇；吴桂周
公开（公告）日：2009.10.21
公开（公告）号：CN101560111
申请日：2009.04.08

摘要：本发明公开了泡沫陶瓷节能保温装饰墙砖及其制造方法，将 15% ~65% wt 的工业废渣、10% ~45% wt 的可塑黏土、15% ~60% wt 的熔剂、10% ~45% wt 且细度为 1 ~100 微米的成孔剂和适量的水进行球磨形成浆料，喷雾干燥或脱水练泥，陈腐形成粉料或泥段，再进行压力成型制成坯体，在 1140 ~1240℃温度下保温烧制即成为泡沫陶瓷墙砖，它既可用作外墙保温和装饰，也可用作室内保温和装饰，二者能实现保温和装饰统一的有机结合，符合外墙保温材料行业发展的方向。它具有的优点：一是耐高温，耐酸碱，化学稳定性好，不老化，耐用性强，使用寿命长，不会产生热桥，粘附固定性好；二是不易渗水和开裂，抗侵蚀能力强，不容易变形和损坏，简化了安装铺贴程序，便于施工，降低了劳动强度，减少了材料消耗使用量。

57. 名称：太阳能风能陶瓷烧成制度可控窑炉

申请号：CN200810093658.6
申请（专利权）人：钟显亮
发明（设计）人：钟显亮；黄福元；钟 音；杨佳昱
公开（公告）日：2009.10.21
公开（公告）号：CN101560107
申请日：2008.04.18

摘要：太阳能风能陶瓷窑炉是烧成制度可准确控制的，没有燃烧，不用煤，油、气的绿色生产设施；它可使陶瓷产品在干燥和烧成工序中不出废品和次品。它将太阳能和风能先转变为电能，再转变为热能，贮存于地下备用；无论任何天气和黑夜都可连续稳定地供应高温空气，为坯体干燥和烧成。适用于各类窑炉的新建和改造，可生产普通面砖、瓷质砖、卫生陶瓷和日用瓷等。本技术以辊道窑为例，给出了其结构和烧成制度。在电量和热能富裕时还可为陶瓷生产的其他工序提供电力，为建筑和温室供热取暖。它可形成离网或并网的可再生能源系统。

58. 名称：高性能轻质玻化泡沫陶瓷砖及其制备工艺

申请号：CN200910301801.0
申请（专利权）人：杭州民生陶瓷有限公司
发明（设计）人：金尧根；陈芳；万海清；王建祥；许金利
公开（公告）日：2009.10.21
公开（公告）号：CN101560112
申请日：2009.04.24
摘要：本发明涉及一种玻化泡沫陶瓷砖，特别涉及一种用于烟囱防腐内衬材料及用在各类建筑物作为保温隔热材料的高性能轻质玻化泡沫陶瓷砖及其制备工艺。按如下质量份数坯料制成：瓷石 15～30 份、低温砂 10～30 份、白云石 5～10 份、锂瓷石 5～10 份、方解石 5～10 份、陶瓷废弃料 30～50 份、碳化硅 0.1～2 份、纳米高岭土 0～1 份、分散剂 0～0.5 份。本发明克服了现有技术中存在的不足之处，提供一种通体由无数独立的、互不贯通的小气泡组成的，吸水率低并且防潮的轻质玻化泡沫陶瓷砖。需要解决的另一技术问题是，提供一种具有容重小、强度高、导热系数小、耐高温、耐腐蚀、使用温度范围广，节能降耗、减少污染的轻质玻化泡沫陶瓷砖。

59. 名称：建筑陶瓷压滤泥改性石灰粉煤灰稳定碎石

申请号：CN200810036522.1
申请（专利权）人：上海市市政规划设计研究院；上海斯米克建筑陶瓷股份有限公司
发明（设计）人：孙文州；耿雄虎；刘益群；刘同熙
公开（公告）日：2009.10.28
公开（公告）号：CN101565281
申请日：2008.04.23
摘要：一种建筑陶瓷压滤泥改性石灰粉煤灰稳定碎石，其特征在于，按重量百分比其组分为：
（A）粉煤灰：0wt%～25wt%；
（B）消石灰：4wt%～10wt%；
（C）碎石：65wt%～85wt%；
（D）陶瓷压滤泥：4wt%～16wt%；
（E）水是成分（A+B+C+D）总重量的：5wt%～20wt%。
本发明的优点是能使石灰粉煤灰稳定碎石施工 7 天后的强度，达到并超过常用石灰粉煤灰 45 天的强度，满足路面基层强度要求，铺筑后的基层结构具有足够的强度、韧性，该材料的水稳定性、抗干温缩性能优于常规石灰粉煤灰稳定碎石基层材料，路面结构耐久性大幅度延长。

60. 名称：真空蜂窝陶瓷体

申请号：CN200910115207.2
申请（专利权）人：姚光纯
发明（设计）人：姚光纯；张玉华
公开（公告）日：2009.10.28
公开（公告）号：CN101565324
申请日：2009.04.17
摘要：本发明公开了真空蜂窝陶瓷体，它按下列方法步骤制造而成：将各种配制蜂窝陶瓷的原料按比例加入球磨机中球磨形成粉料，捏合形成泥料，将泥料进行陈腐练泥形成泥段，将泥段加入压机中形成蜂窝瓷湿坯，将湿坯置入烘房中，在 60～120℃ 温度下进行烘干定型形成半干坯体，并在 1200～1500℃ 温度下烧制成蜂窝陶瓷体，将蜂窝陶瓷体置入真空度为 4～9kPa 的真空箱内进行真空处理，并在真空状态下采用蜂窝陶瓷相同的材料将蜂窝陶瓷体两端密封，而后进行烘干，在 1200～1500℃ 下进行二次烧制而成为真空蜂窝陶瓷体。本发明绝热保温性能比空心砖绝热保温性能提高了 50～80 倍，而质量下降了 50%～70%，本发明不仅具有更低的热导率，而且质量轻、成本低，可节约原料，减轻建筑物载荷，节省建筑项目投资。

61. 名称：一种轻质陶瓷砖的抛光方法

申请号：CN200910039826.8
申请（专利权）人：广东蒙娜丽莎陶瓷有限公司
发明（设计）人：刘一军；潘利敏；周锡荣；潘炳宇
公开（公告）日：2009.10.28
公开（公告）号：CN101564829
申请日：2009.05.27

摘要：本发明公开了一种轻质陶瓷砖抛光方法。这种轻质陶瓷砖的容重小于 1.5 克/立方厘米，该方法采用的抛光机只需要 8～10 组抛光磨头，每组磨头可以同时安装 5～6 个小抛光磨片。可根据陶瓷砖的容重的不同而选择不同研磨介质细度不同的抛光磨片按细度从大到小的顺序安装在 8～10 组抛光磨头上，同一组磨头上的抛光磨片相同。磨片的研磨介质可以是氧化铝、碳化硅、金刚石或它们的组合，研磨介质的细度从 100 目至 3000 目。本发明的优点是：施加在陶瓷砖上的力比较均匀，轻质陶瓷砖承受的压力相对较小，不会造成轻质陶瓷砖在抛光过程中开裂的问题，另外还具有所需设备少、占地面积小、加工成本低、效率高、操作人员少的优点。

62. 名称：一种低容重轻质陶瓷板材的制造方法

申请号：CN200910039828.7
申请（专利权）人：广东蒙娜丽莎陶瓷有限公司
发明（设计）人：刘一军；潘利敏；周锡荣
公开（公告）日：2009.10.28
公开（公告）号：CN101565312
申请日：2009.05.27

摘要：本发明公开了一种低容重轻质陶瓷板材的制造方法。它是经 1170～1220℃ 高温烧结后而成的尺寸最大可达 1100×2100 毫米、容重为 0.45～0.7 克/立方厘米的陶瓷板材。其特征在于，所用原料包含抛光废渣 54%～90%、黏土 7%～30%、砂石料 0%～20%、辅助剂 2%～10%、坯体增强剂 0%～1.2% 及解胶剂 0.3%～1.5%；辅助剂为 $CaCO_3$、$MgCO_3$、滑石、废熔块、废玻璃、碳化硅粉、炭黑其中一种或几种的组合。所述产品是一种多孔结构的陶瓷体，具有轻质、高强、隔热保温、防火、吸声等功能，是一种环保新型建筑材料。可作为建筑非承重墙体材料使用；也可作为内外墙隔热保温材料使用；也可作为建筑物或高速公路旁隔音材料使用；还可作为人工浮岛使用。

63. 名称：一种仿砂岩陶瓷砖的生产方法

申请号：CN200910039827.2
申请（专利权）人：广东蒙娜丽莎陶瓷有限公司
发明（设计）人：刘一军；潘利敏；周锡荣

公开（公告）日：2009. 10. 28
公开（公告）号：CN101565311
申请日：2009. 05. 27
摘要：本发明公开了一种仿砂岩陶瓷砖的生产方法。本发明的陶瓷砖是将原料球磨、过筛、喷雾干燥、成型、干燥、烧成、磨边、抛光、干燥而获得的一种具有砂岩效果的轻质陶瓷砖。其特征在于，该陶瓷砖表面至少含有两种以上的不同颜色的粉料粒子；粉料可以通过混料或格栅布料的方式均匀或不均匀地分布在砖的表面；陶瓷砖的表面及内部含有大量非连通的微小气孔；在微小气孔的衬托下，结合不同颜色的粉料粒子可以达到一种非常逼真的砂岩效果，装饰效果丰富，层次分明，立体感突出。这种仿砂岩陶瓷砖还具有轻质、隔热保温、吸声、防火、防渗透等特点，是一种非常好的墙面装饰材料。

64. 名称：棒状路面砖

申请号：CN200910116939. 3
申请（专利权）人：胡素芳
发明（设计）人：胡素芳
公开（公告）日：2009. 10. 28
公开（公告）号：CN101565924
申请日：2009. 06. 01
摘要：本发明公开了棒状路面砖，目的在于提供快速滤水而保护路基的路面砖。本发明所采取的技术方案是制作具有滤水槽的棒状路面砖。本发明公开的棒状路面砖，包括棒体和滤水片，棒体上设有滤水片。棒体和滤水片为一整体结构，由陶瓷制作，制作时一次性成型。本发明所采取的技术方案操作简便，棒状路面砖能有效保护路基不被积水侵蚀。

65. 名称：含低密度添加剂的纤维水泥建筑材料

申请号：CN200810187109. 5
申请（专利权）人：詹姆斯哈迪国际财金公司
发明（设计）人：J. A. 格利森；K. H. 帕拉迪斯；B. P. 斯隆；D. L. 梅尔麦斯；D. M. 塞利格曼
公开（公告）日：2009. 11. 11
公开（公告）号：CN101575195
申请日：2001. 03. 09
摘要：本发明涉及一种加到水泥纤维素纤维增强建筑材料中的低密度火山灰添加剂、中空陶瓷微球体或微球体与火山灰的组合或其他低密度添加剂的配方。此配方的优点是与目前的纤维水泥产品相比具有较轻的重量和较低的密度，同时不增加通常与纤维水泥混合物中轻质无机材料的加入相关的湿膨胀和冻－融降解。所述的低密度添加剂还赋予材料改善的热形稳定性。

66. 名称：用二次垃圾飞灰或底灰制备建筑陶瓷及方法

申请号：CN200910067142. 9
申请（专利权）人：吉林大学
发明（设计）人：张培萍；李宪州；蒋引珊；魏存弟；赵以辛
公开（公告）日：2009. 11. 18
公开（公告）号：CN101580378
申请日：2009. 06. 19
摘要：本发明涉及一种用二次垃圾飞灰或底灰制备建筑陶瓷及方法。按重量百分比为将飞灰或底灰、高岭土和石英混合后球磨，磨好置入坯体模具成型，将成型的坯体入窑后焙烧并保温一定时间，冷却并施釉或抛光后即为陶瓷。本方法发明用二次垃圾为主料制备低温快烧陶瓷节省了自然资源和能源，降低了陶瓷的成本，可获得优质建筑陶瓷。对于二次垃圾处理与重金属熔融固化方法相比由于其反应温度相对较低，可防止高温熔融过程中部分重金属的挥发和迁移。与采用磷酸盐、水泥、混凝土等固化的方法相比由于其经过高温烧结使得重金属的固化效果好，同时在烧结过程中可以使有毒有机物彻底分解。在有效处理二次垃圾的同时提高了其利用的附加值。

67. 名称：一种生产仿石纹陶瓷砖的设备及其方法

申请号：CN200810097612.1
申请（专利权）人：广东新明珠陶瓷集团有限公司
发明（设计）人：简润桐；李曙明；林铭章
公开（公告）日：2009.11.25
公开（公告）号：CN101585210
申请日：2008.05.21

摘要：本发明一种生产仿石纹陶瓷砖的设备及方法，该设备包含液压机、拉砖杆、二次布料机的推料架、复合基料斗，拉砖杆设于二次布料机的推料架上的复合基料斗的前端位置，拉砖杆是由两条拉砖臂和一条横杆组成，其特征在于：更包含驱动拉砖杆的拉砖机构，该液压机与复合基料斗间设有用于除去粉末的除粉机构。本发明提供一种二次布料装置及其方法，不仅能解决反打方式很难办到不经过抛光工序直接生产有较清晰模仿天然石材的纹理效果图案的瓷质砖，特别是模仿天然石材的纹理效果图案的凹凸面或亚光面微粉瓷质砖的问题，而且能够使微粉粉料内模仿天然石材的纹理图案保持得更加完整。

68. 名称：窑变抛釉砖及其生产方法

申请号：CN200910040456.X
申请（专利权）人：陈满坚
发明（设计）人：陈满坚；唐纳德·温·黑格比
公开（公告）日：2009.12.02
公开（公告）号：CN101591962
申请日：2009.06.22

摘要：本发明公开了一种窑变抛釉砖的生产方法，依次包括以下步骤：（A）在砖胚上覆盖（印制或以其他方法）熔块粉，烧成，形成熔块层；（B）在所述已烧成的熔块层上至少进行一次装饰釉的装饰（印制、甩釉或其他方法）并烧成的操作，得到半成品；（C）对所述半成品表层进行抛光处理。本发明还提供了由上述方法所生产的抛釉砖。根据本发明的方法制作出的陶瓷砖，熔块粉在窑炉的高温下与釉料发生发应，图案的形状及色彩的形成不但取决于印制上去的釉料，还受熔块粉与釉料发生发应后的结果而影响。成品的不同色块之间的边界模糊，过渡自然，具有成熟、高贵、华丽的美感。

69. 名称：一种免烧透水砖及其制造方法

申请号：CN200910040650.8
申请（专利权）人：杨柯
发明（设计）人：杨柯
公开（公告）日：2009.12.02
公开（公告）号：CN101591884
申请日：2009.06.29

摘要：本发明公开了一种免烧透水砖，按重量百分比其原料组成为：骨料 60% ~75%、胶粘剂 25% ~40%；所述骨料为建筑陶瓷、卫生陶瓷、建筑材料的废弃品；所述胶粘剂为速凝无机胶粘剂。本发明还公开了上述免烧透水砖的制造方法。本发明免烧透水砖，利用大量废弃的陶瓷等建筑废料为原料，采用速凝无机胶粘剂粘结固化而成，无需高温烧结工序，固化时间短，减少了对环境所造成的污染，同时也降低了生产成本。本发明有效地回收利用了废弃资源，不仅大大减少了环境压力，实现了资源的再生利用，而且制得的透水砖具有高透水性和较好的抗压耐磨强度。

70. 名称：一种利用粉煤灰制备泡沫陶瓷保温板的方法

申请号：CN200910023176. 8
申请（专利权）人：陕西科技大学
发明（设计）人：黄剑锋；曹丽云；李颖华；吴建鹏
公开（公告）日：2009. 12. 09
公开（公告）号：CN101597178
申请日：2009. 07. 03

摘要：一种利用粉煤灰制备泡沫陶瓷保温板的方法，将粉煤灰和钾长石分别放入球磨机中干磨过 100 目筛，将过筛后的粉煤灰除铁，取除铁后的粉煤灰、干磨过筛后钾长石、高岭土和氧化铈放入球磨机中湿磨混匀，形成混合料浆；将混合料浆采用压力式喷雾造粒干燥机干燥，干燥后的粉料装入钢制模具中，压制成扁平状坯体；将压制的坯体放在底面均匀平铺氧化铝粉的氧化铝匣钵中，并置于硅碳棒电阻炉内烧结后自然冷却即得建筑用泡沫陶瓷保温板。用粉煤灰制备泡沫陶瓷保温板不仅有助于节约天然资源，降低生产成本，而且有利于环境保护。粉煤灰中存在大量的空心微珠及蜂窝状体，具有导热系数低、耐高温特性。氧化铈作为发泡剂，能降低泡沫陶瓷的烧结温度，减少能耗。

71. 名称：一种增韧莫来石无缝弧形瓷衬砖

申请号：CN200910158364. 1
申请（专利权）人：欧阳敏
发明（设计）人：欧阳敏；欧阳桂华
公开（公告）日：2009. 12. 16
公开（公告）号：CN101603360
申请日：2009. 07. 09

摘要：本发明涉及塔容器设备装置内衬的主要配件：一种增韧莫来石无缝弧形瓷衬砖及其制造方法。本发明增韧莫来石无缝弧形瓷衬砖，其组成包括莫来石、铝矾土、锆英石、氧化锆、高岭土和长石，所述具体制造工艺为：原料—配料组合—球磨—除铁—过筛—喷雾颗粒干燥—添加剂—陈腐—颗粒级配—等静压成型—检选—修坯—水洗—焙烧—检验—包装—入库。本发明充分发挥了陶瓷耐磨性能好、硬度高、耐酸碱性能好、不氧化、耐高温，比重轻、抗压强度大等优越特性，同时利用氧化锆增韧莫来石的特殊晶相结构，解决了陶瓷易碎的特性，使用寿命远优于原有技术普通瓷、花岗岩、大理石塔内衬材料，具有很强的市场竞争力和生命力。

72. 名称：青花玲珑瓷生产工艺技术

申请号：CN200910115646. 3
申请（专利权）人：景德镇陶瓷协会
发明（设计）人：（请求不公开姓名）
公开（公告）日：2009. 12. 16

公开（公告）号：CN101602594

申请日：2009.07.06

摘要：本发明涉及青花玲珑瓷生产工艺技术，它是一种釉下青花玲珑镂雕的综合装饰工艺技术。它是在陶瓷坯体上，先制作玲珑剔透的米粒状洞，俗称“玲珑眼”，再以“玲珑釉”充满玲珑眼，结合呈色青翠的青花纹饰，施釉入窑高温一次性烧成。其装饰风格与众不同，它的玲珑釉色透明带绿，小孔处透明性强，仿佛打开了一个个小窗户，阳光和灯光透过成瓷组成的特殊纹样，艺术效果别具一格，加之青花装饰相组合，在白中泛青的釉色衬托下，显得分处精巧细致，朴素大方，清新明丽，健康环保，制造成本低。可以直接应用于日用陶瓷、陈设陶瓷、建筑陶瓷等。

73. 名称：一种耐火砖内部缺陷无损量化检测方法及装置

申请号：CN200910162412.4

申请（专利权）人：王保良

发明（设计）人：王保良；侯洪海；曹学民

公开（公告）日：2009.12.23

公开（公告）号：CN101609067

申请日：2009.08.04

摘要：本发明介绍了一种耐火砖内部缺陷无损量化检测方法及装置，该方法是以击打方式对耐火砖（1）进行激励，以其声学和振动特性作为内部质量状态量化参数，通过记录测量在击打下的声学特性和振动特性，并转化为电信号，基于波谱技术分析相应的电信号和耐火砖的标准频谱图进行比较，实现内部缺陷无损量化检测；其装置包括击打工具、检测系统、显存系统，检测系统包括传感器（2）、转换装置（3）和频谱分析块（4），显存系统（5）包含波谱显示器、存储和输出接口。本发明可以替代X射线法，降低检测成本并可实现在线监测，对质量是否合格可以进行量化表示，结构简单、性能可靠、高效和易操作，能够实现耐火材料、陶瓷等的无损量化检测。

74. 名称：陶瓷砖坯加工新工艺及装置

申请号：CN200810099601.7

申请（专利权）人：苏国干

发明（设计）人：苏国干

公开（公告）日：2009.12.30

公开（公告）号：CN101612759

申请日：2008.05.16

摘要：本发明涉及一种陶瓷砖坯初坯加工新工艺及装置，它是应用在陶瓷原料加工成型工序中的一种机械设备和方法，由压头和小排气孔及顶头群体组成，并配有顶头横担和排气管道，配合在压机上使用，也可以用条形压头间隔分次压紧，并配有筛网加料装置达到均匀加料的目的。改变了原来的用水球磨再干燥造成型的不足，可以将陶瓷原料粉碎成干粉，不必造粒就能压紧成块，免除了造粒后又要干燥的弊端，是一项有益于陶瓷行业节能的设备技术。

75. 名称：以大规格饰面砖为饰面层的保温系统墙体

申请号：CN200910181432.6

申请（专利权）人：江苏金土木建设集团有限公司

发明（设计）人：张建忠；周健；蔡国新；温惠清；钱晨

公开（公告）日：2009.12.30

公开（公告）号：CN101614048

申请日：2009. 07. 16

摘要：本发明公开了一种以大规格饰面砖为饰面层的保温系统墙体，其包括墙体基层、保温材料、钢骨架、饰面砖；所述钢骨架安装在墙体基层上，其上粘贴有饰面砖；在饰面砖、墙体基层和钢骨架间的空隙内填灌有保温材料；本发明墙体的优点在于：提高施工效率，将大规格陶瓷砖饰面系统和现场喷涂聚氨甲酸酯外墙保温系统合二为一，使用的材料较少，降低综合成本，钢骨架与墙体基层之间连接对保温层不会造成破坏，提高墙体的保温效果。

76. 名称：陶瓷砖坯加工新工艺及装置

申请号：CN200810099601. 7

申请（专利权）人：苏国干

发明（设计）人：苏国干

公开（公告）日：2009. 12. 30

公开（公告）号：CN101612759

申请日：2008. 05. 16

摘要：本发明涉及一种陶瓷砖坯初坯加工新工艺及装置，它是应用在陶瓷原料加工成型工序中的一种机械设备和方法，由压头和小排气孔及顶头群体组成，并配有顶头横担和排气管道，配合在压机上使用，也可以用条形压头间隔分次压紧，并配有筛网加料装置达到均匀加料的目的。改变了原来的用水球磨再干燥造成型的不足，可以将陶瓷原料粉碎成干粉，不必造粒就能压紧成块，免除了造粒后又要干燥的弊端，是一项有益于陶瓷行业节能的设备技术。

第三节　国家知识产权局2009年公告的建筑卫生陶瓷实用新型专利

1. 名称：陶瓷砖滚筒印花机的连体横向移位装置

申请号：CN200820045653. 1

申请（专利权）人：冼金源；冼伟昌

发明（设计）人：冼金源；冼伟昌；胡贞良

公开（公告）日：2009. 01. 07

公开（公告）号：CN201175968

申请日：2008. 03. 28

摘要：本实用新型特指一种陶瓷砖滚筒印花机的连体横向移位装置。包括有多组印花机以及固定在每台印花机机身上的输送带组，在该输送带组的前方设有进砖输送带，在输送带组的后方设有回位机输送带，多组印花机固定在同一连体基座上，基座的底部装有多组滑轮，上述多组滑轮与预装于地坑内的多组滑轨相配合。本实用新型的有益效果在于：采用上述技术方案后，可进行陶瓷印花制品小批量生产输送，同时又可在输送线上横向自动移位进行其他多项功能生产，既提高了工作效率，又减少机件的磨损，降低了能耗，大大降低了生产成本。

2. 名称：装饰陶瓷砖

申请号：CN200820044016. 2

申请（专利权）人：广东东鹏陶瓷股份有限公司

发明（设计）人：钟保民；徐登翔；范玉蓉；赵俊杰；刘晓兰；龚一新；曾志刚

公开（公告）日：2009. 01. 07
公开（公告）号：CN201176691
申请日：2008. 02. 05
摘要：本实用新型涉及一种装饰陶瓷砖，包括底坯层和装饰层，所述的装饰层设有至少一组可以构成图案的、光反射面角度一致的平行的刻面或者刻面点阵。构成点阵的点主体为棱柱体或圆柱体。由于采用了至少一组光反射角度一致的平行刻面或点阵来构成图案，使得图案在光源下形成定向反射，在不同角度呈现出不同的明亮度和对比度，具有立体感和动感，可以产生丝光墙纸的效果。

3. 名称：一种半抛防滑陶瓷砖

申请号：CN200820046251. 3
申请（专利权）人：广东欧文莱陶瓷有限公司
发明（设计）人：麦文英
公开（公告）日：2009. 01. 21
公开（公告）号：CN201184034
申请日：2008. 04. 11
摘要：本实用新型公开了一种半抛防滑陶瓷砖，由坯体层和装饰层构成，坯体层背面设置有方格，其特征在于：该装饰层依次由上至下设置有印刷线条耐磨釉层、粒子层、底釉层，印刷线条耐磨釉层的线条交错分布在装饰层的表面。所述印刷线条耐磨釉层的线条上表面半抛为平面。所述印刷线条耐磨釉层的线条由不同宽度的宽窄线条构成，宽线条之间的间距大，窄线条较密之间的间距小。本实用新型具有美观和防滑效果好等优点。

4. 名称：一种陶瓷卫生烛台

申请号：CN200820046165. 2
申请（专利权）人：周文忠
发明（设计）人：周文忠
公开（公告）日：2009. 01. 28
公开（公告）号：CN201187766
申请日：2008. 04. 09
摘要：本实用新型提供一种陶瓷卫生烛台，在结构上包括陶瓷蝶形底座，在陶瓷蝶形底座的中心设置一陶瓷凸台，在陶瓷凸台上部设置有烛腔，在底座上设置有把手。实现本实用新型，由于该烛台设置有蝶形底座，在设置烛腔的凸台周围形成一凹槽，使用时，将蜡烛插在烛腔中，当点燃蜡烛出现"泪滴"现象时，蜡油能收集在凹槽中，使用方便、卫生又安全，且结构简单，满足人们日常生活的需要。

5. 名称：一种不粘卫生陶瓷

申请号：CN200820047295. 8
申请（专利权）人：邱凤阳；李丽卿；黄振豪
发明（设计）人：邱凤阳；李丽卿；黄振豪
公开（公告）日：2009. 01. 28
公开（公告）号：CN201187072
申请日：2008. 04. 26
摘要：本实用新型提供了一种不粘卫生陶瓷，包括卫生陶瓷本体，在卫生陶瓷本体的内表面设有不粘层；为了使产品看起来美观大方，还可以在卫生陶瓷本体的外表面设有釉层；卫生陶瓷本体可以是洗面器、坐便器、净身器或浴缸。实现本实用新型，可以使污渍难以粘附在卫生陶瓷上，易清洗，特别是在坐便器上设有不粘层，在冲洗时可以轻易地冲走污物，同时起到节水的作用。

6. 名称：一种复合陶瓷砖

申请号：CN200720048495.0
申请（专利权）人：冯健生
发明（设计）人：冯健生
公开（公告）日：2009.01.28
公开（公告）号：CN201186905
申请日：2007.02.09
摘要：本实用新型公开了一种复合陶瓷砖，所述复合陶瓷砖由陶瓷砖与有机涂膜结合制备，该涂膜中含有至少一种铝颜料或/和至少一种云母钛珠光颜料。所述复合陶瓷砖具有金属色泽或珍珠色泽，美观，具有很强的装饰美感，可用于建筑装饰领域。

7. 名称：装饰用陶瓷角砖

申请号：CN200820114033.9
申请（专利权）人：李志权
发明（设计）人：李志权
公开（公告）日：2009.02.04
公开（公告）号：CN201190384
申请日：2008.05.05
摘要：装饰用陶瓷角砖，其特征在于所述装饰用陶瓷角砖包括一体成型的第一砖体部和第二砖体部，所述第一砖体部和第二砖体部呈V形夹角设置。所述第一砖体部与第二砖体部间的V形夹角为90°，第一砖体部和第二砖体部的外角端面固设釉料层。该装饰用陶瓷角砖的结构设计合理，能够有效地解决现有建筑物墙角装饰缺陷，自然地将建筑物外墙角和内墙角进行很好的贴合，省略了施工过程中需要切割瓷砖的工序，在提高装饰效果的同时也相应地提高了防护性能。

8. 名称：陶瓷水箱毛坯自动擦坯机

申请号：CN200820107038.9
申请（专利权）人：河北理工大学
发明（设计）人：王家金；姜俊玲
公开（公告）日：2009.02.04
公开（公告）号：CN201189698
申请日：2008.04.14
摘要：一种陶瓷水箱毛坯自动擦坯机，属于陶瓷擦坯技术领域。包括支架、横梁、电机，横梁与支架连接为一体，所述的横梁上装有传动电机，该传动电机通过链条与移动杆连接，移动杆位于与横梁连接的导向轮内安装在横梁上，与横板连接，该横板与靠模杠杆连接，靠模杠杆的上端与位于横梁之上的靠模相贴，下端与毛刷连接，毛刷与毛刷电机连接。本机自动将制出来的陶瓷水箱毛坯表面打磨好，省工，省力，工作效率高。配以相应的防尘罩等除尘设备，工作人员可在无尘的环境下迅速将毛坯打磨完毕，不但结构简单、工作稳定可靠，而且可确保陶瓷水箱表面的光洁度。

9. 名称：一种生产陶瓷砖送料布料装置

申请号：CN200820042669.7

申请（专利权）人：黎贤饶
发明（设计）人：黎贤饶；陈世桂
公开（公告）日：2009.02.18
公开（公告）号：CN201195345
申请日：2008.01.10

摘要：本实用新型是涉及一种生产陶瓷砖时陶瓷粉料的送料用料的装置，特别是涉及生产各种仿天然石材纹理陶瓷砖的粉料送料布料装置。其结构特点是：包括有传动机构（1）、传动皮带（3）和下料装置（2），所述的传动机构（1）和下料装置（2）之间设置有一输送带支架（L），所述的传动皮带（3）一端连接于传动机构（1），另一端连接于带圆弧（R）的下料装置（2），下料装置（2）设置为使传动皮带（3）成为一带下料斜面（V）的输送面，输送面在下料装置（2）圆弧（R）过渡下形成一个直接下料的装置。

10. 名称：陶瓷砖简易包装系统

申请号：CN200820047197.4
申请（专利权）人：广东科达机电股份有限公司
发明（设计）人：沈慧萍；张友军
公开（公告）日：2009.02.25
公开（公告）号：CN201198376
申请日：2008.04.30

摘要：本实用新型公开了一种陶瓷砖简易包装系统。其包括一组陶瓷砖输送装置，且所述陶瓷砖输送装置上沿其输送方向依次设有上砖机、对中装置、包角装置、包装机、打带机及下砖机。本实用新型结构简单，采用现有简单的设备装置科学合理的组合连成一个简易包装系统，其具有系统工艺简单、操作维护方便、自动化程度较高、成本较低等优点，满足现代陶瓷加工的实际应用要求。

11. 名称：集成自动洗面器

申请号：CN200820207209.5
申请（专利权）人：铁道部运输局；南车四方机车车辆股份有限公司
发明（设计）人：孙卫平；刘振环；周文涛
公开（公告）日：2009.02.25
公开（公告）号：CN201198587
申请日：2008.08.05

摘要：本实用新型涉及一种集成自动洗面器，包括一个洗面盆、感应出水口、感应出风口及感应出皂液口集成设置在所述洗面盆上，在所述洗面盆的下方设置有一个框架，用于给所述感应出水口提供水源的供水组件、用于给所述感应出风口提供风源的出风组件、用于给感应出皂液口提供皂液的皂液器组件以及电器控制盒集成固定在所述框架上。本实用新型将感应出水、感应出皂液、感应出风烘干功能集成在陶瓷洗面盆上，由电器控制盒内的总控制板按照一定的控制逻辑进行控制，使用者可以根据需要在一个洗面盆内完成所有的洗手或洗面程序，使用非常方便。另外，由于采用感应式，人与设备不直接接触，避免了疾病的交叉感染。

12. 名称：一种新型地板砖

申请号：CN200820077274.0
申请（专利权）人：高邑县力马建陶有限公司

发明（设计）人：陈增现；郝平志；李立辉；乔书恩
公开（公告）日：2009. 02. 25
公开（公告）号：CN201198649
申请日：2008. 05. 22
摘要：本实用新型涉及一种新型地板砖，其结构是地板砖的砖体面形为正六边形。本实用新型的这种正六边形结构，不仅增加了陶瓷地板砖的结构形式，使得规格多样化，使用后，可以铺贴出不同格调的室内装修效果，满足不同消费者的人个性化的审美观念和使用需求；而且由于正六边形地板砖上的六个角都是一种钝角结构，其强度较直角结构有较大提高，因而可大大减少地板砖在周转及铺贴过程中因边角磕碰所造成的损坏现象，降低了由此给经营者和用户造成的经济损失。

13. 名称：一种陶瓷砖图纹布料设备

申请号：CN200820046254. 7
申请（专利权）人：佛山市特地陶瓷有限公司
发明（设计）人：秦迎军；刘俊荣；牛金耀
公开（公告）日：2009. 02. 25
公开（公告）号：CN201198168
申请日：2008. 04. 11
摘要：本实用新型公开了一种陶瓷砖图纹布料设备，包括图纹格栅，在图纹格栅的上方高端设置有料斗。其特征在于，在图纹格栅上方由下至上依次还设置振动筛及图纹复制模板，设置在图纹复制模板上方的料斗为联排料斗。所述联排料斗是可以移动的，可以使用不同的粉料一层层地下落，并通过图纹复制模板对一层层粉料进行定位，定向复制，可以使抛光砖具有砂岩、木纹等纹理，有效地拓展了抛光砖的使用空间，相较于木材、砂岩等自然材质，不但物美价廉，而且还具有抛光砖的特有优点，有效地保护了有限的自然资源。

14. 名称：弹性防水陶瓷砖、橡胶板、实木板复合地板

申请号：CN200820090285. 2
申请（专利权）人：马云鹏
发明（设计）人：马云鹏
公开（公告）日：2009. 03. 25
公开（公告）号：CN201212237
申请日：2008. 06. 24
摘要：弹性防水陶瓷砖、橡胶板、实木板复合地板，涉及地面装修。它解决了实木地板气候潮湿季节膨胀、气候干燥季节收缩，以及复合地板气候变化时两边向上翘曲、受潮后会变形的问题。新出的瓷木地板存在没弹性脚感不舒服的缺点。

本实用新型由木质层（1）、橡胶层（2）、陶瓷砖层（3）组成，木质层（1）的下面与橡胶层（2）的上面、橡胶层（2）的下面与陶瓷砖层（3）上面用胶粘接。木质层（1）橡胶层（2）陶瓷砖层（3）结合使木质层（1）橡胶层（2）陶瓷砖层（3）不易膨胀，陶瓷砖层（3）保证橡胶层（2）和木质层（1）不易变形，橡胶层（2）和木质层（1）又保证陶瓷砖层（3）不破碎，气候变化不膨胀、不收缩不变形，节省 70% 的木材。经久耐用、有弹性脚感好、防水、成本低，产品能制成不同形状，用做地面装修。

15. 名称：聚氨酯复合内外墙保温陶瓷砖

申请号：CN200820071821. 4

申请（专利权）人：张百涛
发明（设计）人：张百涛
公开（公告）日：2009.04.08
公开（公告）号：CN201217911
申请日：2008.05.09

摘要：本实用新型涉及一种聚氨酯复合内外墙保温陶瓷砖，其特征在于：面层为陶瓷砖，中间层为硬质聚酯泡沫，底层为强力纤维水泥板经过高温高压复合为一体。其施工速度快、操作简单，效率高，由于采用硬泡聚氨酯材料进行复合，孔隙率结构稳定，保温性能优良，而且抗冻融、吸声性也好，外墙外保温构造的平均寿命，在正常使用与维修的条件下，能达到25~30年以上。

16. 名称：一种可以测温度的浴缸

申请号：CN200820062515.4
申请（专利权）人：邓小霞
发明（设计）人：邓小霞
公开（公告）日：2009.04.08
公开（公告）号：CN201216530
申请日：2008.03.17

摘要：一种可以测温度的浴缸，属浴缸制造领域，它能有效地避免用户在使用浴缸的过程当中不能方便、准确地通过浴缸观察出缸中水的温度的缺点。本实用新型一种可以测温度的浴缸包括浴缸（1）、温度计（2），浴缸（1）采用瓷制成一个整体，采用硬度很高并且透明无毒耐高温的塑料（如：PP塑料）将温度计（2）完全密封起来镶嵌在浴缸内侧的缸身上，与缸身形成一个平面。当浴缸内装有水的时候，用户就能够方便、准确地通过安装在浴缸上的温度计观察出缸中水的温度了。主要用于用户使用浴缸洗澡时方便观察浴缸中水的温度。

17. 名称：一种陶瓷面砖转角条结构

申请号：CN200820121561.7
申请（专利权）人：浙江勤业建工集团有限公司；王贵祥
发明（设计）人：王贵祥
公开（公告）日：2009.04.22
公开（公告）号：CN201224970
申请日：2008.07.16

摘要：本实用新型涉及一种陶瓷面砖转角条结构，包括阳角条，所述的阳角条包括第一阳角边、第二阳角边、阳角弧线和固定边，第一阳角边的一端与第二阳角边的一端呈角度连接，第一阳角边的另一端与第二阳角边的另一端通过阳角弧线光滑连接。本实用新型有益的效果是：面砖转角铺贴时，无需切角，施工方便；阳角为圆弧，使用更安全；阳角转角处接缝严密、牢固、实用且美观。

18. 名称：一种吸盘上下砖机

申请号：CN200820047190.2
申请（专利权）人：广东科达机电股份有限公司
发明（设计）人：卿上军；张友军
公开（公告）日：2009.04.22
公开（公告）号：CN201224099

申请日：2008. 04. 30

摘要：本实用新型公开了一种吸盘上下砖机。其包括一设有横梁导轨的机架，所述横梁导轨上设有可沿其来回运动用以搬运砖坯的吸盘分砖装置，该吸盘分砖装置包括安装架及至少两个设于安装架上且可水平相对运动以使砖坯分组的分砖吸盘组。本实用新型所述的吸盘上下砖机结构简单，通过设有可水平运动的分砖吸盘组实现灵活的分砖搬运功能，其可把出砖辊台上的砖坯分组搬运至各小托盘上为后续的搬运加工提供方便，有效地简化了现有机械上下砖系统和工人的劳动强度，提高砖坯搬运的效率和灵活性，同时可适应陶瓷旧厂改造的要求。

19. 名称：一种陶瓷砖平整度检测装置

申请号：CN200820047942. 5

申请（专利权）人：佛山市华南精密制造技术研究开发院精密制造与检测技术中心；佛山市德科机电设备有限公司

发明（设计）人：王宝华；李亚标；黄国权；刘会朴；秦磊；樊东彪

公开（公告）日：2009. 04. 22

公开（公告）号：CN201225888

申请日：2008. 05. 20

摘要：本实用新型公开了一种陶瓷砖平整度检测装置，该装置设置在陶瓷砖输送机构上，其特征在于，该装置包括在陶瓷砖输送机构的上方设置的若干位移传感器及运算控制装置，所述位移传感器与运算控制装置连接构成数据采集与检测运算系统。所述位移传感器至少有五个，分别设置在陶瓷砖的四角及中心位置。所述位移传感器通过支座安装在陶瓷砖输送机构上方的安装架上，支座由底部与位移传感器伸缩触杆及上部的位移传感器连接套管构成，伸缩触杆与位移传感器连接套管之间设置有复位弹簧；所述位移传感器的下方传送带位置还设置有陶瓷砖支撑架。上述检测装置具有检测效率高、结构简单、操作方便的优点。

20. 名称：一种抛光金属陶瓷砖

申请号：CN200820115501. 4

申请（专利权）人：唐硕度

发明（设计）人：唐硕度

公开（公告）日：2009. 04. 29

公开（公告）号：CN201228428

申请日：2008. 07. 07

摘要：本实用新型公开了一种抛光金属陶瓷砖，包括陶瓷基层和涂覆于陶瓷基层上的釉体层，所述釉体层包括底釉层和涂覆其上的含有惰性金属粉的面釉层。本实用新型抛光金属陶瓷砖不仅耐磨性高，使用寿命长，而且具有金属光泽效果，倍显新奇、高贵，同时生产成本低。

21. 名称：用于大型易磨损设备的耐磨陶瓷复合砖

申请号：CN200820068594.

申请（专利权）人：武汉钢铁集团兴达经济发展有限责任公司

发明（设计）人：朱建跃

公开（公告）日：2009. 05. 06

公开（公告）号：CN201232286

申请日：2008. 07. 24

摘要：本实用新型用于大型易磨损设备的耐磨陶瓷复合砖，属耐磨工程材料领域，本复合砖由耐磨陶瓷砖块、中间板和底板组成，特点是耐磨陶瓷砖块间隔开有中间板连接孔和底板连接孔，中间板连接孔贯通耐磨陶瓷砖块，底板连接孔贯通耐磨陶瓷砖块和中间板，底板有紧固孔与底板连接孔对应，连接孔有耐磨陶瓷堵头，耐磨陶瓷砖块和中间板经黏结剂连接，并在中间板连接孔与中间板之间有点焊连接结点，耐磨陶瓷砖块和中间板通过其底板连接孔与底板的紧固孔紧固连接固定，组成耐磨陶瓷复合砖，本设计耐磨陶瓷复合砖，不仅耐磨损，易于安装，易于更换，节省了大型设备的维修时间和维修费用，而且显著节省了大型设备因维修停产所导致的高额经济损失。

22. 名称：一种制造轻质闭孔泡沫陶瓷的模具

申请号：CN200820109154.4
申请（专利权）人：北京工业大学
发明（设计）人：严建华；崔素萍；李智丰；邹玉林；李建国；陈沫；王亚丽；张志龄；张宗莲；王会议
公开（公告）日：2009.05.20
公开（公告）号：CN201241034
申请日：2008.07.11
摘要：本实用新型涉及一种制造轻质闭孔泡沫陶瓷的模具，属于建筑材料技术领域。该模具包括底板、围护板和内置盖板和内置管。在底板上插入均匀分布的内置管并在管上嵌套由耐火材料组成的内置盖板，由底板、内置管、围护板组成一个带有垂直放置的内置管的孔腔。装料前首先将配合料根据模具的内腔结构和形状压块，装料时将配合料块充填于模具中，形成密实的充填效果，充填完毕后将上盖板盖在配合料上边。由于模具中内置管的存在，可促进烧成过程中的热传递，降低烧成时间和退火时间，减少烧成周期和能耗。利用该模具可烧制沸石—硅藻土泡沫陶瓷、陶瓷废泥泡沫陶瓷、粉煤灰—废玻璃泡沫玻璃、煤矸石—玻璃—碱渣体系泡沫陶瓷等材料。

23. 名称：复合式彩绘玻璃陶瓷烧融面砖

申请号：CN200720184899.2
申请（专利权）人：谢俊峰
发明（设计）人：谢俊峰
公开（公告）日：2009.05.20
公开（公告）号：CN201241451
申请日：2007.12.13
摘要：一种复合式彩绘玻璃陶瓷烧融面砖，其特征在于所说的烧融面砖由彩绘平板玻璃形块和陶瓷砖形块两种材料烧融复合成一体。其中彩绘平板玻璃形块的厚度为1.5～5毫米，陶瓷砖形块的厚度为5～8毫米。通过控制两种材料的膨胀系数之差，可获得玻璃形块不带龟裂纹的和玻璃形块带有龟裂纹的两种面砖产品。烧融面砖尺寸可根据市场需求确定。陶瓷砖形块选用不挂釉料的压制素坯瓷砖，其正面为平光面，背面有凹陷花纹，以便使用时能与黏合剂牢固结合。彩绘玻璃形块用彩绘平板玻璃制得，用黏合剂粘敷于陶瓷砖形块上，经高温烧融（约600～900℃），玻璃形块与陶瓷砖形块结合成一体成为复合面砖。

24. 名称：防潮耐热竹面陶瓷复合砖

申请号：CN200820089012.6
申请（专利权）人：鞠立伟

发明（设计）人：鞠立伟
公开（公告）日：2009.05.27
公开（公告）号：CN201245943
申请日：2008.01.04
摘要：防潮耐热竹面陶瓷复合砖，它涉及地、墙面复合砖。面层为高温高压的炭化处理的炭化竹板层，下面为陶瓷层，炭化竹板层与陶瓷层胶合而成，工艺简单，易于推广。本实用新型克服了陶瓷易破碎、竹板易变形的弱点，性能稳定，不膨胀、不收缩、不变形，节省竹材，具有美观耐用、绝缘防火、防潮防水等特性，成本低。竹材板的突出优点是冬暖夏凉。面层突出了竹材板这一特征，使用户容易接受。产品既可根据用户需求定制，也可以开发各种几何造型，满足市场需求。产品广泛适用于建筑装饰与家庭装修，是墙面、地面的装饰用品。

25. 名称：一种生产仿天然石材瓷砖的布料设备

申请号：CN200820048825.0
申请（专利权）人：喻秋良
发明（设计）人：喻秋良；陈就
公开（公告）日：2009.05.27
公开（公告）号：CN201244859
申请日：2008.06.05
摘要：本实用新型公开了一种生产仿天然石材陶瓷墙地砖（以下简称瓷砖）的布料设备，由机架、线料斗组、料斗、可调压缩嘴、送料装置、移动造型器组成。造型器由两组气缸、造型同定框、造型框组成，并固定安装于底座上，通过底座在机架上移动而形成前后运动。造型框连同托板置于运输带上表面，使其能与带表面产生相对运动。本实用新型由于采用一组线料斗、压缩嘴、造型器，使粉料错落有致地下至造型框内，移动造型框，通过造型框各种走向的挤压条，对框内的物料进行挤压，形成仿天然石材的机理。因此即可以生产具有石材的天然纹理的瓷砖产品。

26. 名称：电热蜂窝陶瓷红外线发热砖

申请号：CN200820049538.1
申请（专利权）人：陈国雄
发明（设计）人：陈国雄
公开（公告）日：2009.05.27
公开（公告）号：CN201248144
申请日：2009.01.16
摘要：本实用新型公开了一种电热蜂窝陶瓷红外线发热砖，包括高温绝缘外壳，还包括装设在所述高温绝缘外壳上的发热丝引线，装设在所述高温绝缘外壳内的蜂窝陶瓷板、与蜂窝陶瓷板固定连接的盖板，所述蜂窝陶瓷板上间隔开设有用于绕设发热丝的环形槽，发热丝的一端与发热丝引线固定连接，发热丝的另一端与发热丝引线固定连接。具有热效率高、且便于安装的优点。

27. 名称：一种陶瓷片密封水嘴

申请号：CN200820048881.4
申请（专利权）人：美的集团有限公司
发明（设计）人：金祖贻；段二强；方元元；梁伟光
公开（公告）日：2009.06.03

公开（公告）号：CN201250914

申请日：2008. 06. 06

地址：528311 广东省佛山市顺德北滘蓬莱路

摘要：本实用新型是一种陶瓷片密封水嘴。包括中空阀体、芯轴拨叉、上密封圈、活动瓷片、固定瓷片、下密封圈，瓷片阀底座，其中中空阀体内依次装入芯轴拨叉、活动瓷片、固定瓷片，芯轴拨叉底部套在活动瓷片上，下密封圈套设在中空阀体的底部，且下密封圈的底部与瓷片阀底座接触，中空阀体的上部套设有上密封圈，其中所述上密封圈的截面形状为矩形，下密封圈的空腔内嵌装有变径弹簧。本实用新型由于采用截面形状为矩形的上密封圈的结构，从而解决了目前市场上环形上密封圈易变形、松脱、密封性能差，导致螺纹处漏水等问题；另外，由于下密封圈的空腔内嵌装有变径弹簧，增加了下密封圈的弹力，大大增强了下密封圈的密封效果，避免产生漏水通道瓷片缝隙，确保叉片缝隙不会超差。

28. 名称：陶瓷劈开砖勾缝工具

申请号：CN200820302088. 2

申请（专利权）人：中国建筑第四工程局有限公司；中建四局第一建筑工程有限公司

发明（设计）人：李长明；袁选民；冉志伟

公开（公告）日：2009. 06. 10

公开（公告）号：CN201254826

申请日：2008. 09. 10

摘要：一种陶瓷劈开砖勾缝工具，包括勾缝盘和勾缝刀，其特征在于：勾缝盘具有一个下托板，下托板的前边有一个与之连接为L形的上挡板，该上挡板与下托板交界线的中段开有一个与勾缝宽度适应的狭长的勾缝孔。本实用新型解决了勾缝强度低、易污染的技术问题，大大提高了勾缝质量，勾缝效果好，速度快，对面砖的污染小，勾缝成本较低，勾缝的效果也很理想，达到国家标准要求。

29. 名称：磨边机挡砖定位装置

申请号：CN200820047945. 9

申请（专利权）人：佛山市华南精密制造技术研究开发院精密特种加工技术中心；佛山市德科机电设备有限公司

发明（设计）人：汪建晓；杨爱英；秦磊；郗志刚；钟山

公开（公告）日：2009. 07. 01

公开（公告）号：CN201264189

申请日：2008. 05. 20

摘要：本实用新型公开了一种磨边机挡砖定位装置，包括设置在机架上的气缸驱动的摆动机构、转轴、固定轴承座、定位组件以及可调轴承座，其特征在于：所述定位组件的外围设置有辅助压紧机构，可调轴承座上设置有调节定位组件形成的基准面与磨边机纵向中心线交角的微动机构，可调轴承座的位移方向与磨边机纵向中心线方向一致。本实用新型专利用于陶瓷砖磨边机的后主机，具有结构简单、调整方便、成本低、定位精度高等优点，具有良好的推广价值。

30. 名称：一种生产仿石纹陶瓷砖的设备

申请号：CN200820114383. 5

申请（专利权）人：广东新明珠陶瓷集团有限公司

发明（设计）人：简润桐；李曙明；谢荣清；林铭章

公开（公告）日：2009. 07. 01

公开（公告）号：CN201264286

申请日：2008. 05. 12

摘要：本实用新型一种生产仿石纹陶瓷砖的设备，包含液压机、拉砖杆、二次布料机的推料架、复合基料斗，拉砖杆设于二次布料机的推料架上的复合基料斗的前端位置，拉砖杆是由两条拉砖臂和一条横杆组成，更包含驱动拉砖杆的拉砖机构，该液压机与复合基料斗间设有用于除去粉末的除粉机构。该除粉机构由拉砖杆和吸气风刀构成，其中，该拉砖杆的两条拉臂为中空结构，拉砖杆与复合基料斗相临近的一端设有吸气风刀。采用上述结构，可以得到一种布料装置，不仅能解决反打微粉不能够生产凹凸面或亚光面仿石纹瓷砖的问题，而且能够使图案更加丰富逼真。

31. 名称：一种减小建筑陶瓷辊道窑横截面温差的装置

申请号：CN200820106164. 2

申请（专利权）人：河北科技大学

发明（设计）人：刘群山

公开（公告）日：2009. 07. 22

公开（公告）号：CN201276492

申请日：2008. 10. 13

摘要：本实用新型公开了一种减小建筑陶瓷辊道窑横截面温差的装置，该装置包括温度传感器、燃气电磁阀、二位四通电磁阀、控制器及呼吸式换热器，呼吸式换热器成对分布于建筑陶瓷辊道窑窑体外部左右两侧，其一端开口于建筑陶瓷辊道窑窑体上烧嘴安装处，另一端通过二位四通电磁阀分别连接助燃空气供应管道和烟气排放管道；控制器通过燃气电磁阀控制烧嘴的燃气供应，通过二位四通电磁阀控制呼吸式换热器与助燃空气供应管道和烟气排放管道之间的连接的切换。该装置的使用，减少了窑内热能消耗及排向大气的尾气余热，实现了节能减排，并有利于辊道窑横截面温差的减小。

32. 名称：蜂窝瓷砖

申请号：CN200820188606. 2

申请（专利权）人：林智勇

发明（设计）人：林智勇

公开（公告）日：2009. 07. 29

公开（公告）号：CN201280800

申请日：2008. 08. 14

摘要：蜂窝瓷砖，蜂窝瓷砖的内部设有蜂窝型腔，蜂窝瓷砖由陶瓷材料制造的蜂窝凸坯与蜂窝凹坯相嵌后经烧结而成。蜂窝瓷砖的制造方法是利用模具及压力机制造出蜂窝凸坯及蜂窝凹坯，蜂窝凸坯与蜂窝凹坯经干燥后再相嵌组合，于砖面施釉后烧结而成。本实用新型的有益效果是：由于蜂窝结构具有良好的机械强度，因此蜂窝瓷砖具有良好的机械强度，由于蜂窝瓷砖内设有蜂窝型腔，因此可以减少15%～30%的陶瓷材料，不但节省了大量的陶瓷原料，同时也减少烧制瓷砖能源的损耗，对节能减排有利。

33. 名称：一种太阳能热水器水箱

申请号：CN200820172952. 1

申请（专利权）人：赵弟谦

发明（设计）人：赵弟谦

公开（公告）日：2009. 08. 12

公开（公告）号：CN201289248

申请日：2008. 10. 15

摘要：本实用新型公开了一种日常生活用品，特别公开了一种太阳能热水器水箱。一种太阳能热水器水箱，包括外皮、保温层、水箱内胆、设置在水箱内胆上端的排气管和设置在水箱内胆下端的进出水管。其特征在于：所述的水箱内胆至少两个，该水箱内胆为陶瓷内胆。本实用新型的有益效果：提高了内胆的成品率，同时达到太阳能热水器水箱容积较大的要求；陶瓷内胆整体烧制而成，无焊接加工缺陷隐患；陶瓷内胆具有优良的理化性能，提高了热水器的使用寿命。

34. 名称：可调堵塞器用水嘴

申请号：CN200820303074. 2

申请（专利权）人：贵州航天凯山石油仪器有限公司

发明（设计）人：陈勇；庞云伟；冯贵洪；林 涛；王文青；黄超军

公开（公告）日：2009. 08. 19

公开（公告）号：CN201292809

申请日：2008. 12. 03

摘要：本实用新型公开了一种可调堵塞器用水嘴，构造包括陶瓷水嘴（1）、金属护套（2）和端盖（3），陶瓷水嘴（1）的侧面设有出水口（4），在金属护套（2）的侧面设有出水口（5），陶瓷水嘴（1）设在金属护套（2）内，且出水口（4）对齐出水口（5）；在陶瓷水嘴（1）和金属护套（2）的一端设有端盖（3）。本实用新型采用金属材料和陶瓷材料的组合体代替单一材料的水嘴，由陶瓷水嘴保证耐磨性能，由金属护套提供约束，防止陶瓷水嘴破碎，提高水嘴的使用寿命。由于采用了上述技术方案，本实用新型与现有技术相比，具有工艺性好，适合车、铣、磨等常规工种加工的优点。而且水嘴耐磨、防碎，使用性能和使用寿命得到很大提高。

35. 名称：一种用在陶瓷砖生产线上的防爆膜装置

申请号：CN200820188689. 5

申请（专利权）人：广东宏陶陶瓷有限公司

发明（设计）人：唐祥国

公开（公告）日：2009. 08. 26

公开（公告）号：CN201297501

申请日：2008. 08. 15

摘要：本实用新型涉及一种可实现安全不间断生产的用在陶瓷砖生产线上的防爆膜装置。包括有煤气总管及焊接在煤气总管出口处的短管，短管的管口上封盖有防爆膜，还包括有弯管、盖板、重锤臂、重锤，所述的短管由两个支管通过各自一端的法兰相互连接构成，在该两法兰的连接处装有阀门，其中一支管的另一端管口的法兰上盖设有防爆膜，且弯管一端的法兰与该法兰配合连接，弯管的另一端管口设有盖板，该端管口的一侧设有支架，重锤臂的一端通过铰链与支架连接，另一端与重锤连接，重锤臂与盖板之间通过活动销连接。本实用新型采用上述技术方案后，保证了生产的持续性，从而解决了生产事故和设备事故的发生，避免了因事故造成生产的损失。

36. 名称：一种集热保温陶瓷砖

申请号：CN200820219589. 4

申请（专利权）人：祁魁；刘东华

发明（设计）人：祁魁；刘东华

公开（公告）日：2009. 08. 26
公开（公告）号：CN201296982
申请日：2008. 11. 20
摘要：一种集热保温陶瓷砖，其特征在于：所述的集热保温陶瓷砖包括保温的闭孔泡沫材料层，与保温的闭孔泡沫材料层之间形成空腔的集热部分，保温的闭孔泡沫材料层和形成空腔的集热部分之间紧密结合，保温的闭孔泡沫材料层内部带有连通空腔和闭孔泡沫材料层外部空间的孔道。本实用新型的优点：所述的集热保温陶瓷砖集热效果好，同时具备很好的保温性能，能够长久使用，做到一次投资长期受益，批量生产，成本低，使用安装方便。

37. 名称：一种翻转陶瓷砖坯的翻坯装置

申请号：CN200820202816. 2
申请（专利权）人：广东科达机电股份有限公司
发明（设计）人：范 凯
公开（公告）日：2009. 09. 09
公开（公告）号：CN201304681
申请日：2008. 10. 28
摘要：本实用新型公开了一种翻转陶瓷砖坯的翻坯装置，其技术方案的要点是，其包括支座，在支座上设有可将瓷砖翻转的转盘，所述的转盘上设有可在翻转过程中卡持瓷砖的卡槽，所述的转盘一端连接有动力装置。本实用新型目的是抛弃以上两种传统翻坯机的不足，吸收其优点，提供一种结构简单、可靠实用、降低能耗、节约成本的陶瓷砖坯的翻坯装置。本实用新型结构简单、可靠实用、降低能耗，有效降低了瓷砖生产的生产成本，结构简单新颖，容易实现，实用性高；每件砖坯翻转距离、时间缩短，容易定位，产量高，适合大产量生产，釉线上增加升降装置，保证砖坯顺利进出翻坯机，且保护砖坯不受碰撞；本实用新型安装在釉线中，出现故障时容易解决。

38. 名称：一种改变陶瓷砖输送方向的装置

申请号：CN200820203709. 1
申请（专利权）人：广东科达机电股份有限公司
发明（设计）人：方叶；唐景安
公开（公告）日：2009. 09. 09
公开（公告）号：CN201304682
申请日：2008. 11. 15
摘要：本实用新型公开了一种改变陶瓷砖输送方向的转弯装置，其技术方案的要点是，其包括机架，在机架上设有直线行走的行走架，所述的行走架上设有能相对行走架绕竖直方向旋转的旋转辊台，所述的旋转辊台包括有多根可自转输送瓷砖的辊轴，所述的旋转辊台与机架之间设有连杆，所述的连杆一端铰接在旋转辊台，另一端铰接在机架上。本实用新型目的是克服现有技术的不足，提供一种结构简单、转弯半径小、占地面积小、减少振动、保证瓷砖质量、节约成本的改变陶瓷砖输送方向的装置。

39. 名称：一种陶瓷砖

申请号：CN200820136981. 2
申请（专利权）人：唐硕度
发明（设计）人：唐硕度
公开（公告）日：2009. 09. 09

公开（公告）号：CN201305971

申请日：2008.10.28

摘要：本实用新型公开了一种陶瓷砖，包括陶瓷基层和涂覆于陶瓷基层上的釉体层，釉体层包括底釉层和涂覆其上的含有惰性金属粉的面釉层，面釉层上分布有印花纹理，金属粉覆于印花纹理上。本实用新型金属印花陶瓷砖不仅耐磨性高，使用寿命长，而且具有金属光泽效果，倍显新奇、高贵，同时生产成本低。

40. 名称：一种建筑施工用电线

申请号：CN200820224301.2

申请（专利权）人：李公才

发明（设计）人：李公才

公开（公告）日：2009.09.16

公开（公告）号：CN201311786

申请日：2008.11.27

摘要：本实用新型涉及一种建筑施工用电线，包括铜芯和设置在铜芯外面的绝缘层，其中，铜芯的表面均匀覆盖有一层镀锡、镀镍或镀银的电镀层，绝缘层为聚四氟乙烯或陶瓷塑料，电镀层和绝缘层之间还设置有隔热层。本实用新型突出优点是：结构简单，由于铜芯的表面均匀覆盖有一层镀锡、镀镍或镀银的电镀层，铜芯的耐氧化性能大大提高，不容易形成铜绿，导电性能稳定，电镀层和绝缘层之间设置有隔热层，大大降低铜芯通电发热对绝缘层的影响，且绝缘层采用聚四氟乙烯或陶瓷塑料等耐高温耐腐蚀性材料，大大提高绝缘层的性能和使用寿命，从而提高了电线的使用性能和寿命。

41. 名称：一种仿天然洞石装饰效果的无洞陶瓷砖

申请号：CN200820206107.1

申请（专利权）人：叶荣崧；陈耀强

发明（设计）人：叶荣崧；陈耀强

公开（公告）日：2009.09.23

公开（公告）号：CN201314106

申请日：2008.12.25

摘要：本实用新型涉及一种仿天然洞石装饰效果的无洞陶瓷砖。包括有坯体和装饰面层，其特征在于：在装饰面层内混入有不规则的透明状的颗粒，装饰面层烧结于坯体上。装饰面层与坯体的烧结温度在1200℃以上。本实用新型采用上述技术方案后，不规则的透明状的颗粒在陶瓷砖成型的过程中就加入了，无需二次烧结，平整度高，性能稳定，达到了仿天然洞石装饰效果。

42. 名称：坐便器水箱排水阀橡皮封口改良的节水技术

申请号：CN200820008057.6

申请（专利权）人：毛一戎；毛雪芬

发明（设计）人：毛一戎；毛雪芬

公开（公告）日：2009.09.23

公开（公告）号：CN201314072

申请日：2008.03.13

摘要：坐便器水箱排水阀橡皮封口改良的节水技术。它是利用生活中使用很广泛的陶瓷低水箱坐便器（抽水马桶），在原功能的翻球式橡皮空心球体排水阀经技术改良，在橡皮球体内灌以水泥浆成为实心球体的排水阀，利用实心橡皮球体重量大于水的浮力，利用重力加快排水阀关闭速度，由开关来控制冲水量，以能达到节约用水，减少污水排放。

43. 名称：一种防滑陶瓷釉面砖

申请号：CN200820205252.8
申请（专利权）人：江门市道氏标准制釉股份有限公司
发明（设计）人：荣继华
公开（公告）日：2009.09.30
公开（公告）号：CN201318011
申请日：2008.12.09
摘要：本实用新型公开了一种防滑陶瓷釉面砖，包括面釉层和坯体层，所述面釉层上设置有一层可形成纹路和/或坑洼结构的防滑剂层；本产品在面釉层上喷涂有防滑剂层，防滑剂层上的纹路可以和接触面在压力下形成机械咬合力，而坑洼结构则可以和接触面在压力下产生负压，形成吸力。在这两种结构的协同作用下，砖面的防滑效果将大大提高。本实用新型产品不但能够机械化批量生产，防滑效果好，成本低廉，环保实用，而且滑剂层的纹路和坑洼结构都是微米级的，保证了砖面的整体效果不被破坏。

44. 名称：陶瓷砖布料、预压与推坯一体化机构

申请号：CN200820204569.X
申请（专利权）人：吕其安
发明（设计）人：吕其安
公开（公告）日：2009.09.30
公开（公告）号：CN201317038
申请日：2008.12.03
摘要：本实用新型涉及一种生产陶瓷砖的布料、压型机构。其在主机架上安装有第一驱动装置和第二驱动装置，两侧安装有第一导向装置、第二导向装置、第三导向装置；所述承粉平台机构由第一驱动装置驱动，沿第三导向装置前后运动；所述过渡底板装置安装在在主机架装置上；所述封闭推坯机构由第二驱动装置驱动，沿第二导向装置前后运动；所述容坯装置安装在封闭推坯机构上。本实用新型实施后可使终端布料不再受到压砖机中有限空间的限制，因此可以更多层次、更自由地直接布出高仿真度的纹理图案；可使粉料布好的纹理图案不会在推送过程中发生任何变化；缩短了陶瓷砖压型的生产周期，也简化了布料设备，降低了设备的制造成本与维护成本。

45. 名称：一种陶瓷砖包装箱

申请号：CN200820204188.1
申请（专利权）人：广东东鹏陶瓷股份有限公司
发明（设计）人：朱宗德
公开（公告）日：2009.10.14
公开（公告）号：CN201325675
申请日：2008.11.27
摘要：本实用新型公开了一种陶瓷砖包装箱，包括一个纸箱，纸箱的内壁粘贴有 EPE 珍珠棉层，所述 EPE 珍珠棉层至少粘贴于纸箱的四角。所述 EPE 珍珠棉层呈 T 形，包括矩形基板和与所述矩形基板连为一体的凸条。所述 EPE 珍珠棉层的凸条及凸条在矩形基板的延伸部分设有双面胶或不干胶层。

所述矩形基板和所述凸条分别粘贴于纸箱相邻的两个侧面，矩形基板根据纸箱的形状折叠，使部分矩形基板与所述纸箱的部分底面、部分顶面重合，所述矩形基板与所述凸条一起围住纸箱的顶角。本实用新型提供的一种陶瓷砖包装箱具有抗撞击能力强、减震性能好、保护性强、可降解、绿色环保、易于操作、成本低廉、对厚度变化适应性强等优点，具有很好的推广使用价值。

46. 名称：一种超大规格陶瓷板材砖的包装箱

申请号：CN200820206101.4
申请（专利权）人：萧华
发明（设计）人：刘一军；潘利敏；汪庆刚；杨建明；杨晓峰
公开（公告）日：2009.10.14
公开（公告）号：CN201325700
申请日：2008.12.25

摘要：本实用新型涉及一种超大规格陶瓷板材砖的包装箱，其底托为双层木架，上层由多个木条紧密相连组成一个平面，其上还有一个平面板。两层间由较厚的木架条加固。箱架及箱顶为多根木条组成。箱体四周由螺钉连接并由角钢型金属件加固，其他连接处由螺钉固定。该包装件结构坚固，使用方便，不易损坏，特别适合超大超薄型陶瓷板材砖的运输。

47. 名称：一种电磁炉的电路保护结构

申请号：CN200820205743.2
申请（专利权）人：佛山市顺德区龙威电业有限公司
发明（设计）人：罗智毅
公开（公告）日：2009.10.21
公开（公告）号：CN201331117
申请日：2008.12.17

摘要：本实用新型公开了一种电磁炉的电路保护结构，包括设于壳体和陶瓷板围成的腔体内的控制电路板，壳体与控制电路板之间设有电磁线盘，电磁线盘与控制电路板电连接，电磁线盘与陶瓷板位置相对应，控制电路板上下底面至少一处设有与控制电路板相匹配的保护罩。本实用新型所述电磁炉的电路保护结构，保护罩对控制电路板上的电子元件作密封保护，设备防水、防虫效果较好，有效解决了因进水或昆虫钻进而烧坏控制电路板的问题，而且避免药物防虫，符合烹调卫生要求，安全健康。

48. 名称：陶瓷浸泡柜

申请号：CN200920062955.4
申请（专利权）人：陈再辉；赵淑忠；杨小耿
发明（设计）人：陈再辉；赵淑忠；杨小耿
公开（公告）日：2009.10.21
公开（公告）号：CN201331456
申请日：2009.01.19

摘要：本实用新型公开了一种产品质量安全检测行业实验室专用设备，特别是用于检测陶瓷铅、镉溶出量的浸泡柜。该浸泡柜包括背板和用于隔成若干层腔的层板，所述背板包括内板和外板，该内板和外板之间形成排放腔，所述内板上位于各层腔的底部开有排水孔，上部开有排气孔。本实用新型能使各层腔间的废水废气相应地通过排气孔或排水孔排除，各层之间不会相互干扰，排废效果相当好，待检产品的有效摆放空间也比较大，本实用新型保证了实验室人员良好的工作环境和实验室空间的充分利用。

本实用新型除了用于检测陶瓷产品的安全卫生项目外，还可以用来检验其他类似产品，比如塑料、搪瓷、不锈钢等食品容器等。

49. 名称：一种木纹陶瓷砖

申请号：CN200820205098.4
申请（专利权）人：佛山石湾鹰牌陶瓷有限公司
发明（设计）人：张孟友；韩旗；路明忠
公开（公告）日：2009.10.28
公开（公告）号：CN201334764
申请日：2008.12.12
摘要：本实用新型涉及一种木纹陶瓷砖，包括纹理层、面料层、底料层，其特征在于所述的纹理层随机分布由微细粉料和玉质材料形成的细条纹木纹图案，使成品有天然木纹效果。本实用新型由于通过多管层叠微细粉布料，纹理层与玉质面料层细微粉相互挤压，形成类木纹纹理，使得砖体表面质感、层次、色彩更接近自然效果。由于陶瓷砖设置为1150～1260℃高温烧制，再经过抛光或亚抛处理后，使得砖体强度高，同时图案更自然丰富，立体感强，富于变化，属于高档的建筑装饰材料。

50. 名称：外墙保温泡沫强力饰板砖

申请号：CN200820227743.2
申请（专利权）人：韩计州；孙立恒
发明（设计）人：韩计州；孙立恒
公开（公告）日：2009.11.04
公开（公告）号：CN201339291
申请日：2008.12.09
摘要：本实用新型涉及一种外墙保温泡沫强力饰板砖，属于建筑保温技术领域，它包括保温层、粘接层、饰面层，所述保温层和饰面层通过粘接层粘接，其中保温层为泡沫板，饰面层为陶瓷砖。本实用新型施工过程简单，与墙体的结合力强，泡沫板与墙体无荷载风压、无冷热桥，并且不收缩、不龟裂、不脱落，还有防水、防火、防静电、耐酸碱、耐老化以及翻新、美化等效果，可广泛用于建筑保温，厂矿设备保温，食品冷库、粮库、弹药库、医药库、海港码头货物周转库等领域的防潮保温。

51. 名称：水膜除尘陶瓷砖

申请号：CN200820216039.7
申请（专利权）人：陈伯根
发明（设计）人：陈伯根
公开（公告）日：2009.11.04
公开（公告）号：CN201337868
申请日：2008.11.24
摘要：本实用新型涉及一种水膜除尘陶瓷砖，所述水膜除尘陶瓷砖一侧面设有从上至下的“Ω”形固定头，另一侧面设有从上至下的“Ω”形槽，或两侧面为从上至下的“Ω”形固定头，或两侧面设有从上至下的“Ω”形槽，“Ω”形固定头截面小于“Ω”形槽截面，所述水膜除尘陶瓷砖的上、下两端面为台阶端面，堆砌时，水膜除尘陶瓷砖相互锁紧，接触密封面大，密封效果好，塔体结构稳定，安全性能好。

52. 名称：远红外线理疗木制浴盆

申请号：CN200920017891.6
申请（专利权）人：赵玉新
发明（设计）人：赵玉新
公开（公告）日：2009.11.18
公开（公告）号：CN201346167
申请日：2009.01.14

摘要：本实用新型涉及一种远红外线理疗木制浴盆，为洗浴产品，属于生活保健用品，盆体由盆底和盆帮构成，其特征在于木制盆底和木制盆帮中衬装远红外电加热板，远红外电加热板的导线连接在盆体外侧的电源接口上，远红外电加热板为碳晶板或远红外陶瓷电热板，木制盆底和木制盆帮均为夹层结构，碳晶板或远红外陶瓷电热板衬装在夹层中，远红外电加热板的外侧衬有保温隔热层，保健效果好。

53. 名称：高效超导封闭式壁炉

申请号：CN200920031764.1
申请（专利权）人：田海金；林作民
发明（设计）人：田海金
公开（公告）日：2009.11.25
公开（公告）号：CN201351937
申请日：2009.01.20

摘要：一种高效超导封闭式壁炉，由燃烧室和底座两部分组成，其特征是燃烧室由炉左壁、炉右壁、炉后壁、炉顶盖及活动炉前门构成一封闭体，在燃烧室的下部装配 3～5 根“U”形超导散热管，“U”形超导散热管的蒸发段在燃烧室内是受热件，超导散热管的散热段在燃烧室外两侧且与燃烧室的炉左壁和炉右壁平行，燃烧室的下边是炉座、抽动式灰斗、储柴箱。该壁炉结构紧凑，使用方便，采用超导散热管和玻璃陶瓷炉壁全方位散热，热转换效率高，取暖效果好，干净卫生，可燃烧木柴、木炭及各种生物质燃料，经济实惠，并具备烧烤、烧水、煲汤和做饭功能，观火观光效果甚佳。

54. 名称：镀金属玻璃砖

申请号：CN200920050502.X
申请（专利权）人：张晓峰
发明（设计）人：张晓峰
公开（公告）日：2009.12.02
公开（公告）号：CN201353973
申请日：2009.01.20

摘要：本实用新型公开了一种镀金属玻璃砖，包括玻璃砖体，所述玻璃砖体底面设有涂层，位于玻璃砖体上表面设有形成文字、图案或纹理的凹槽，所述凹槽上或凹槽与玻璃砖体表面上镀有金属层；通过该结构使得产品整体具有很好的透光和亚光效果，装饰效果相比于陶瓷砖体更为理想，符合人们对生活品位的追求。

55. 名称：一种陶瓷地砖

申请号：CN200920141481.2
申请（专利权）人：欧阳琦

发明（设计）人：欧阳琦
公开（公告）日：2009.12.02
公开（公告）号：CN201354510
申请日：2009.01.16
摘要：本实用新型公告了一种陶瓷地砖，包括表面有等间距的平行装饰性竖线条的砖体。其特征在于：所述砖体的剖面是凸字形剖面，即其两个侧边是单阶梯形侧边。本实用新型与现有技术对比的有益效果是：具有在两侧相邻砖体之间的拼合接缝与砖体表面的装饰性竖线条相同或相近似的特点，增强了装饰的美观性。铺装后地面装饰纹理清新高雅，档次品位更高。

56. 名称：陶瓷饰面砖倒角切割简易台座

申请号：CN200920114025.9
申请（专利权）人：周水林
发明（设计）人：陈国仕；陈玲芬；周光华；尉烈扬；谢亚琴；章瑞文
公开（公告）日：2009.12.02
公开（公告）号：CN201353845
申请日：2009.02.19
摘要：本实用新型公开一种陶瓷饰面砖倒角切割简易台座，包括矩形箱体、平板底座、搁置斜板和固定条；其中矩形箱体底部安装有平板底座，矩形箱体顶部安装有固定条；搁置斜板一端与矩形箱体侧面连接，另一端与平板底座固连，搁置斜板上安装有固定条。本实用新型具有可方便安装、拆卸，强度高，不易损坏，可重复使用，节约成本，预埋更加简便高效，同时固定位置更加准确，不偏移的特点。

57. 名称：一种滤水路面砖

申请号：CN200920142973.3
申请（专利权）人：谈发来
发明（设计）人：谈发来
公开（公告）日：2009.12.09
公开（公告）号：CN201358427
申请日：2009.02.09
摘要：本实用新型公开了一种滤水路面砖，目的在于提供一种快速滤水而保护路基的路面砖。本实用新型所采取的技术方案是砖体上设置脚踏面、承载面、滤水槽和承接槽。本实用新型公开的一种滤水路面砖，包括砖体、脚踏面、承载面、滤水槽和承接槽，砖体上设有脚踏面、承载面、滤水槽和承接槽。砖体由陶瓷制作。滤水槽的横截面为U形。本实用新型所采取的技术方案操作简便，这种棒状路面砖能有效保护路基不被积水侵蚀。

58. 名称：夜光陶瓷

申请号：CN200920049922.6
申请（专利权）人：李永强
发明（设计）人：李永强
公开（公告）日：2009.12.09
公开（公告）号：CN201358215
申请日：2009.01.09
摘要：本实用新型公开了一种夜光陶瓷，它自上而下包括夜光层、过渡层和陶瓷底层，所述夜光层的发光材料为长余辉光致蓄光材料和透明陶瓷釉料混合组成，所述过渡层为白色陶瓷釉料。上述结构的夜光陶瓷，由于采用长余辉光致蓄光材料为发光材料，无毒无害，一次蓄光后发光时间长、亮度高，且其所发出的紫外光具有除菌功效，用于制作指示标志、楼梯踏板、腰线、工艺壁画等，广泛适用于公共建筑或民居的厅堂、厨房、洗手间、楼梯等多个场所的装修装饰，具有节能省电、指示方位、除菌消毒、装潢美观等多种用途。

59. 名称：陶瓷砖抛光机冷却机构

申请号：CN200920135539.2

申请（专利权）人：黄建平

发明（设计）人：黄建平

公开（公告）日：2009.12.09

公开（公告）号：CN201357368

申请日：2009.03.13

摘要：本实用新型涉及一种陶瓷砖抛光机冷却机构。所述冷却机构由抛光机构中的磨具、磨具中心部位开设的圆孔、套设在磨具圆孔内并与磨具中心孔壁形成的喷水口贯通的供水管、与磨具圆孔连通的供水管所穿过设有空心转子内设圆形套筒构成的电机组成；冷却液从供水管经电机空心转子内设圆形套筒后注入磨具中心喷水口进行冷却。或者，所述冷却机构由抛光机构中的磨具、磨具中心部位开设的圆孔、套设在磨具圆孔内并与磨具中心孔壁形成的喷水口贯通的供水管、与磨具圆孔连通的供水管连通的主旋转盘中心管道、与主旋转盘同轴心连接的传动轴中心管道组成，冷却液从供水管经与主旋转盘同轴心连接的传动轴中心管道、主旋转盘中心管道后注入磨具中心喷水口进行冷却。

60. 名称：新型划砖机

申请号：CN200920050113.7

申请（专利权）人：广东科达机电股份有限公司

发明（设计）人：胡宝松；丘兆才；隋旭东

公开（公告）日：2009.12.16

公开（公告）号：CN201361945

申请日：2009.01.14

摘要：本实用新型公开了一种新型划砖机，包括划砖架和设有划刀的划切装置，还包括：一输送辊台，其设于划切装置下方且输送方向与划刀的划切方向垂直；一划砖定位装置，其设于输送辊台的前方；一压砖装置，其设于划刀的两侧划砖架上；和一顶砖装置，其设于正对划刀下方的输送辊台的下方。本实用新型结构简单，性能可靠，提高了砖坯的断砖质量，适合各类陶瓷砖坯分割成各种不同的尺寸规格形式，且制造成本低，安装方便。

61. 名称：陶瓷饰面砖倒角切割简易台座

申请号：CN200920115571.4

申请（专利权）人：浙江中联建设集团有限公司

发明（设计）人：周水林；陈国仕；陈玲芬；周光华；尉烈扬；谢亚琴；章瑞文

公开（公告）日：2009.12.23

公开（公告）号：CN201366759

申请日：2009.03.11

摘要：本实用新型公开一种陶瓷饰面砖倒角切割简易台座，包括矩形箱体、平板底座、搁置斜板和固定条；其中矩形箱体底部安装有平板底座，矩形箱体顶部安装有固定条；搁置斜板一端与矩形箱体侧面连接，另一端与平板底座固连，搁置斜板上安装有固定条。本实用新型具有可方便安装、拆卸，强度高，不易损坏，可重复使用，节约成本，预埋更加简便高效，同时固定位置更加准确，不偏移的特点。

62. 名称：一种陶瓷砖坯体转移装置

申请号：CN200920051795.3
申请（专利权）人：徐平
发明（设计）人：徐平；游小棠；韩文
公开（公告）日：2009.12.23
公开（公告）号：CN201366740
申请日：2009.02.27
摘要：本实用新型公开了一种陶瓷成型机坯体转移装置，包括模框、栅格（送料盒）和上压推杆式推坯架。本实用新型采用上压推杆式推坯架的坯体转移装置，适合于各种大小、偏薄规格的陶瓷干压坯体转移，不易损坏坯体。具有结构简单、可靠性高、成型速度快等特点，具有显著的经济效益。

第四节　建筑卫生陶瓷高新技术企业与高新技术产品

2009年广东省根据《高新技术企业认定管理办法》（国科发火〔2008〕172号）和《高新技术企业认定管理工作指引》（国科发火〔2008〕362号）的有关规定，经企业申报、广东省高新技术企业认定管理工作领导小组办公室组织认定，并报全国高新技术企业认定管理工作领导小组办公室备案批复，520家企业被认定为2009年第一批高新技术企业，其中建筑卫生陶瓷相关企业有：阿波罗（中国）有限公司、广东兴邦产业信息传播有限公司、珠海市名实陶瓷阀有限公司、佛山东鹏洁具股份有限公司、佛山红狮陶瓷有限公司、佛山石湾鹰牌陶瓷有限公司、佛山市奥巴斯装饰材料有限公司、佛山市嘉俊陶瓷有限公司、佛山市欧陶无机材料有限公司、佛山市中窑窑业发展有限公司、广东东鹏陶瓷股份有限公司、广东宏陶陶瓷有限公司、广东一鼎科技有限公司、梅州市宝丰陶瓷有限公司、中山市莎丽卫浴设备有限公司、江门市道氏标准制釉股份有限公司、广东长城集团股份有限公司、广东四通集团有限公司、广东振通陶瓷有限公司。366家企业被认定为2009年第二批高新技术企业，其中建筑卫生陶瓷相关企业有：佛山市和美陶瓷有限公司、佛山市明朝科技开发有限公司、佛山市溶洲建筑陶瓷二厂有限公司、佛山市萨米特陶瓷有限公司、佛山市三水新明珠建陶工业有限公司、佛山市石湾陶瓷工业研究所有限公司、广东三水大鸿制釉有限公司、广东新润成陶瓷有限公司、广东新粤建材有限公司、开平吉星卫浴实业有限公司、开平欧标水暖器材有限公司、清远华美洁具有限公司、潮州市波士发陶瓷制作有限公司、潮州市庆发陶瓷有限公司、广东全福陶瓷实业有限公司、潮州伟业陶瓷有限公司。被认定为2009年第三批高新技术企业的相关建筑卫生陶瓷企业有：江门市广东朝阳卫浴有限公司。

2009年4月，山东统一陶瓷被山东省科技厅认定为“高新技术企业”。

2009年8月，湖南天欣集团旗下子公司湖南天欣陶瓷有限公司被湖南省科技厅认定为“湖南省高新技术企业”。

泉州中宇卫浴科技实业有限公司被福建省科技厅认定为福建省2009年第二批高新技术企业；中宇建材集团有限公司被福建省科技厅认定为福建省2009年第三批高新技术企业。

2009年广东省科技厅公布的广东省高新技术产品名单中相关建筑卫生陶瓷产品如下表：

产品名称	单位名称
全自动瓷砖包装生产线	广东一鼎科技有限公司
完全干式磨边生产线	广东一鼎科技有限公司
SP1200 超薄板抛磨生产线	广东科信达科技有限公司
陶瓷板自动在线检测装置	广东德科机器人技术与装备有限公司
全自动高效人造石荒料生产线	佛山市科达石材机械有限公司
SML（H）天然饰面石材连续磨机	佛山市科达石材机械有限公司
SJP20 大理石钻石排锯	佛山市科达石材机械有限公司
瓷质砖全自动抛光生产线	广东科达机电股份有限公司
陶瓷砖自动液压机	广东科达机电股份有限公司
釉面抛光机	广东科达机电股份有限公司
KMX 超洁镀膜生产线	广东科达机电股份有限公司
GB 系列干法磨边生产线	广东科达机电股份有限公司
金刚石绳锯	广东奔朗新材料股份有限公司
陶瓷磨削用新型金刚石磨边轮	广东奔朗新材料股份有限公司
皮纹效果印刷釉（KS－9856）	广东三水大鸿制釉有限公司
流岩堆积新工艺生产陶瓷抛光砖（巴赫产品）	佛山市特地陶瓷有限公司
高性能纳米环保园林砖	佛山红狮陶瓷有限公司
无铅纯净水龙头	开平市国陶卫浴五金制品有限公司
陶瓷片密封面盆水嘴	开平市国陶卫浴五金制品有限公司
脚踏式延时自闭冲洗阀	开平市国陶卫浴五金制品有限公司
新型恒温阀	广东朝阳卫浴有限公司
智能节水型冲水箱	广东朝阳卫浴有限公司
新型自防滑瓷质釉面砖	江门市道氏标准制釉股份有限公司
石英陶瓷（日用玻璃陶瓷）	潮州市三元陶瓷（集团）有限公司
耐高温紫砂锅	潮州市欧特瓷业有限公司
中温高铝强化瓷	广东顺祥陶瓷有限公司
镁铝质强化瓷	广东振通陶瓷有限公司
耀变天目金银圈陈设瓷	广东全福陶瓷有限公司
环保型陈设艺术陶器	潮州市三泰陶瓷有限公司

2009 年广东省根据《广东省科学技术厅 广东省发展和改革委员会 广东省经济贸易委员会 广东省财政厅 广东省知识产权局 广东省质量技术监督局关于自主创新产品认定的管理办法（试行）》（粤科高字〔2008〕45 号）的有关规定，省科技厅、省发展改革委、省经贸委、省财政厅、省知识产权局、省质监局联合组织对申报医疗器械、工业装备与自动化系统、新能源与高效节能、通信产品和软件等 5 个领域的自主创新产品进行评审和复审。根据评审结果，认定 130 个产品为 2009 年广东省第一批自主创新产品，有效期 3 年。广东科达机电股份有限公司的两项产品入选，分别是 KD3200 陶瓷砖自动液压机与 KYGX1XG 高效节能辊道窑。2009 年广东省第二批自主创新产品中相关建筑卫生陶瓷产品如下表：

2009 年广东省第二批自主创新产品名单

产品名称	单位名称
“翡翠石”陶瓷涂料复合板材	佛山市和美陶瓷有限公司

续表

产品名称	单位名称
建筑陶瓷薄板	广东蒙娜丽莎陶瓷有限公司
蓝田玉石抛光砖	广东蒙娜丽莎陶瓷有限公司
微晶石	广东蒙娜丽莎陶瓷有限公司
环保美感白抛光砖	广东蒙娜丽莎陶瓷有限公司
大规格超强复合玉晶石板材（精工玉石）	广东博德精工建材有限公司
仿洞石瓷质抛光砖	广东东鹏陶瓷股份有限公司
抛坯绸面瓷质砖	广东东鹏陶瓷股份有限公司
仿金碧辉煌瓷质抛光砖	广东东鹏陶瓷股份有限公司
仿纳福娜瓷质抛光砖	广东东鹏陶瓷股份有限公司
“擎天瓷”系列釉面砖	广东新明珠陶瓷集团有限公司
高档日用强化瓷色釉系列产品	潮州市城西吉街工艺美术彩瓷厂

第五节　清洁生产

2009 年 4 月 16 日，广东省经济贸易委员会根据《中华人民共和国清洁生产促进法》、《清洁生产审核暂行办法》、《广东省清洁生产联合行动实施意见》和《广东省清洁生产企业验收管理办法（暂行）》的有关规定，经相关地市经贸、科技、环保部门联合组织清洁生产专家小组现场验收，省经贸委、省科技厅、省环保局三部门联席会议评审通过，公布第七批广东省清洁生产企业名单认定 75 家，其中建筑卫生陶瓷企业有：广州海鸥卫浴用品股份有限公司、佛山市金舵陶瓷有限公司、佛山市新东龙陶瓷有限公司、佛山市家家卫浴有限公司、佛山欧神诺陶瓷股份有限公司、广东金牌陶瓷有限公司、佛山市三水宏源陶瓷企业有限公司、广东蒙娜丽莎陶瓷有限公司、佛山石湾鹰牌陶瓷有限公司、佛山红狮陶瓷有限公司、佛山市美加华陶瓷有限公司、佛山科勒有限公司、佛山新中源陶瓷有限公司、佛山市溶洲建筑陶瓷二厂有限公司、佛山市石湾裕龙陶瓷有限公司。

2009 年 11 月 18 日省经信委、省科技厅公布第八批广东省清洁生产企业名单（粤经信节能〔2009〕62 号）57 家，其中相关通过清洁生产的建筑卫生陶瓷企业有：佛山市双喜陶瓷有限公司、佛山市冠珠陶瓷有限公司、佛山市萨米特陶瓷有限公司（佛山市禅城区格莱斯陶瓷有限公司）、佛山市维尔达陶瓷有限公司、佛山市居之美陶瓷有限公司、佛山市亮剑陶瓷有限公司、佛山市粤祥陶瓷有限公司、佛山市登科陶瓷有限公司、佛山市乐华陶瓷有限公司、佛山市欧宇陶瓷有限公司、广东兴辉陶瓷集团有限公司、爱和陶（广东）陶瓷有限公司、佛山高明顺成陶瓷有限公司、佛山市高明贝斯特陶瓷有限公司、佛山市高明区新粤丰陶瓷厂、佛山市三水华纳陶瓷有限公司、佛山市欧威斯洁具制造有限公司、佛山市三水威特精工建材有限公司、佛山市荣冠玻璃建材有限公司、广东三水大鸿制釉有限公司、佛山市奥特玛陶瓷有限公司、佛山市盛丰陶瓷有限公司。

第六节　建筑卫生陶瓷科研项目

2009 年粤港关键领域重点突破项目中标的建筑卫生陶瓷方面节能减排与新能源开发利用关键技术的项目有：

仿古砖废物的资源化利用关键技术其产业化，承担单位：佛山金意陶陶瓷有限公司；

利用工业废渣生产细炻砖、轻质砖技术与设备研发及示范工程，承担单位：广东科达机电股份有限公司；

利用陶瓷废料等工业固体废弃物制备大规格轻质保温陶瓷板材的技术研发及示范工程，承担单位：广东蒙娜丽莎陶瓷有限公司；

2009 年度广东省科技型中小企业技术创新专项资金：高精度仿真石材瓷砖布料系统的研发与产业化，承担单位：佛山市东海科伦特机械有限公司；

2009 年佛山市产学研专项资金支持项目：

项目名称：双浮动陶瓷模具的研发及推广，承担单位：佛山市新鹏陶瓷机械有限公司；合作单位：东莞华中科技大学制造工程研究院。

项目名称：高性能氮化硼陶瓷纤维的制备技术研究，承担单位：广东奔朗新材料股份有限公司；合作单位：四川大学。

项目名称：高效分散剂的研制及在陶瓷行业节能中的应用，承担单位：佛山市陶瓷研究所有限公司；合作单位：华南理工大学。

2009 年佛山地区建筑卫生陶瓷鉴定项目：

项目名称：墙地砖立体釉中彩装饰技术（简一大理石）的研究

完成单位：佛山市简一陶瓷有限公司

项目名称：三维立体挤压布料技术生产瓷质砖的研制—侏罗纪印象系列

完成单位：佛山石湾鹰牌陶瓷有限公司

项目名称：液晶玉材料生产玉质感半透明陶瓷砖的研制

完成单位：佛山石湾鹰牌陶瓷有限公司

项目名称：陶瓷工厂废渣全循环利用的陶瓷生产技术——“敦煌风影”绿色陶瓷系列

完成单位：佛山市溶洲建筑陶瓷二厂有限公司

项目名称：水晶玻璃陶瓷复合砖（皇室御品）

完成单位：佛山市嘉俊陶瓷有限公司

项目名称：辊压粘粉多向层级布料仿天然大理石瓷质抛光砖（九龙壁）

完成单位：佛山市嘉俊陶瓷有限公司

项目名称：多层级落料速差辊压堆积定型布料仿天然大理石瓷质抛光砖（魔方石）

完成单位：佛山市嘉俊陶瓷有限公司

项目名称：防污型仿天然洞石瓷质抛光砖（无洞洞石）

完成单位：佛山市嘉俊陶瓷有限公司

项目名称：“梦芭蕾”系列釉下彩抛光内墙砖

完成单位：广东新明珠陶瓷集团有限公司；佛山市冠珠陶瓷有限公司

项目名称：“水晶之恋”系列抛光砖

完成单位：广东新明珠陶瓷集团有限公司；佛山市冠珠陶瓷有限公司

项目名称：正打反压式布料技术的研究及应用——“流金印象”系列瓷质砖

完成单位：广东新明珠陶瓷集团有限公司；佛山市冠珠陶瓷有限公司

项目名称：4.5/3L 高效节水型喷射虹吸连体坐便器（LIFE）

完成单位：新乐卫浴（佛山）有限公司

项目名称：瀑布式三次布料冲击下料新技术开发——“世外桃源”抛光砖

完成单位：广东能强陶瓷有限公司

项目名称：雾化超重力旋转床脱硫除尘消烟技术

完成单位：广东新明珠陶瓷集团有限公司；佛山市冠珠陶瓷有限公司

项目名称：工业窑炉高效脱硫除尘技术

完成单位：广东能强陶瓷有限公司

项目名称：压制前干法印刷装饰技术的研究与应用—宾利法尼亚系列瓷质砖产品

完成单位：广东东鹏陶瓷股份有限公司

8月2日，由广东宏威陶瓷实业有限公司、广东宏陶陶瓷有限公司共同研发的“扁平大颗粒技术及玲珑玉石抛光砖”和“细线补偿布料技术及木纹石抛光砖”两个项目，在清远市科技信息局的组织和主持下通过科技成果鉴定，项目技术分别认定为国内领先水平和国内先进水平。

2009年5月5日上午，受科技部火炬高技术产业开发中心委托，福建省科技厅组织专家组对泉州市高新技术创业服务中心承担的国家级火炬计划环境建设项目“泉州先进陶瓷技术研发与材料分析服务平台建设”进行了验收。项目依托天津大学、厦门大学、福州大学及部分高新技术企业共同建立了产学研相结合的技术研发与服务平台，实现经济、技术和人才三方面的良性循环和持续发展。验收组专家首先实地考察了陶瓷原料分析实验室与陶瓷中试基地、微波陶瓷介质生产车间。在听取了项目汇报并讨论后，验收组专家一致同意该项目通过验收。

2009年5月14日，在广东一鼎科技有限公司举行了佛山市科技局组织的科技成果鉴定会。由广东一鼎科技有限公司自主研发的全自动瓷砖包装生产线、瓷质抛光砖表面光泽处理机、节能干式磨边生产线通过了佛山市科技局组织的科技成果鉴定。

2009年7月28～30日，由广东科达机电股份有限公司承担的“NewPower清洁燃煤气化系统”项目通过鉴定。鉴定会由广东省经济贸易委员会委托广东省建材行业协会主持召开，有11位国内行业专家作为鉴定委员会委员参加，鉴定会期间，专家飞赴江西省丰城市现场进行实地参观考察，在考察、审核、鉴定的基础上，鉴定委员会一致认为，项目研发成果意义重大，可为我国能源领域提供清洁、高效的燃料，可广泛应用于冶金、化工、建材等行业，综合技术水平处于国际领先，一致同意通过鉴定。

2009年8月21日，由广东省经贸委委托广东省建材行业协会主持、在科达机电股份有限公司召开了新产品科技成果鉴定会，对科达机电自主研发的“MODULO6800全自动液压压砖机”、“高效节能辊道窑”与“五层快速干燥器”进行鉴定。鉴定委员会有广东陶瓷协会、景德镇陶瓷学院、清华大学、北京工业大学、陕西科技大学、华南理工大学、佛山陶瓷集团、海鸥陶瓷有限公司、广东蒙娜丽莎陶瓷有限公司专家等16人，3个新产品顺利通过鉴定委员会鉴定。

2009年9月11日，由福建省经济贸易委员会组织的HC2100耐火砖、HF1280蒸压砖自动液压机、MD76码垛机新产品鉴定会在福建海源自动化机械股份有限公司召开，3项新产品顺利通过了新产品鉴定。鉴定会邀请了福州大学、福州大学自动化研究所、北京工业大学、中国建材协会科教委、福建机械科学院、中冶焦耐工程技术有限公司、福州模具厂等单位的7位专家教授，组成了专家鉴定委员会进行了现场鉴定。

2009年11月20日，由广东省科学技术厅组织并委托佛山市科技局主持的佛山市恒力泰机械有限公司两项新技术产品YP3500型和YP2500型液压自动压砖机鉴定会在佛山市佳宁娜大酒店举行。“主缸结构优化的新型梁柱式压砖机的研究开发——YP3500型液压自动压砖机”项目和“梁体结构优化的新一代宽体高效压砖机的研究开发——YP2500型液压自动压砖机”通过省级科技成果鉴定。

8月21日，住房和城乡建设部科技发展促进中心在北京召开科技成果鉴定会，新型环保节能建筑幕墙材料——“干挂空心陶瓷板”通过国家级科技成果鉴定。专家坚定组一致认为，由咸阳陶瓷研究设计院和福建华泰集团有限公司联合研制、攻关的“干挂空心陶瓷板”具有高效、节能、环保和节省投资等特点，产品规模性能和技术装备达到了国际先进水平。

2009年景德镇陶瓷学院承担的部分建筑卫生陶瓷科研项目：

项目名称：建筑陶瓷砖薄形化技术产业化开发

项目负责人：周健儿；项目来源：科技部科技人员服务企业行动项目
项目名称：环境友好型复合陶瓷透水砖的开发
项目负责人：江伟辉；项目来源：科技部科技人员服务企业行动项目
项目名称：景德镇陶瓷科技城建设研究
项目负责人：黄勇；项目来源：科技部专项科技工作
项目名称：陶瓷图案设计服务平台研发
项目负责人：章义来；项目来源：国家科技支撑子课题
项目名称：我国陶瓷专利分析与研究
项目负责人：鄢春根；项目来源：省知识产权协会
项目名称：日用建筑陶瓷质量评价系统
项目负责人：郭建晖；项目来源：江西省科技厅
项目名称：陶瓷产品三维展示和设计系统的开发
项目负责人：冯浩；项目来源：江西省科技厅
项目名称：瓷质建筑陶瓷红外功能化性能研究
项目负责人：顾幸勇；项目来源：江西省自然基金
项目名称：陶瓷外观设计专利数据库平台建设
项目负责人：鄢春根；项目来源：江西省知识产权局
项目名称：江西数字科技馆——陶瓷分馆
项目负责人：鄢春根；项目来源：江西省科学技术协会
项目名称：卫浴制品质量评价系统
项目负责人：郭建晖；项目来源：省工业和信息化委员会
项目名称：大规格超薄建陶砖产业化技术
项目负责人：周健儿；项目来源：江西省发改委
项目名称：环保陶瓷的分类及其表征技术研究
项目负责人：吴隽（第二承担单位）；项目来源：国家质检总局
项目名称：基于故障树的陶瓷窑炉故障诊断专家系统
项目负责人：江毅；项目来源：景德镇市科技局
项目名称：陶瓷外观设计专利分类体系研究
项目负责人：鄢春根；项目来源：景德镇市科技局
项目名称：陶瓷产品设计信息化服务平台建设`
项目负责人：章义来；项目来源：景德镇市科技局
项目名称：利用工业废料研制手工艺术砖
项目负责人：成岳；项目来源：景德镇市科技局
项目名称：专家系统在陶瓷窑炉烧成中的应用研究
项目负责人：陈功备；项目来源：景德镇市科技局
项目名称：低碳型建筑陶瓷砖的减薄技术
项目负责人：周健儿；项目来源：景德镇市
项目名称：陶瓷产品设计信息化服务平台建设
项目负责人：余时瑞；项目来源：景德镇市科技局
项目名称：景德镇陶瓷新材料及制品产业基地企业创新信息化服务平台
项目负责人：李毅成；项目来源：景德镇市科技局
项目名称：陶瓷施釉机器人釉料厚度沉积率的建模研究

项目负责人：于盛睿；项目来源市科技局

项目名称：大容量均温节能辊道窑产业化技术开发

项目负责人：冯青；项目来源：佛山市科技局

项目名称：建筑陶瓷低温烧成产业化技术

项目负责人：况学成；项目来源：佛山市科技局

项目名称：建筑陶瓷深加工生产线技术装备研究开发与产业化

项目负责人：江竹亭；项目来源：佛山市科技局

项目名称：陶瓷固废综合利用产业化技术开发

项目负责人：游小棠；项目来源：佛山市科技局

项目名称：分形图形学在陶瓷产品装饰中的应用

项目负责人：杨建根；项目来源：景德镇市科技局

2009年咸阳陶瓷研究设计院承担的部分建筑卫生陶瓷科研项目：

项目名称：陶瓷砖绿色制造关键技术与装备

项目负责人：李转；项目来源：科技部科技支撑计划；项目主要内容：湿法成形薄型陶瓷砖的工艺及装备研究；建成示范线。

项目名称：环保型保温陶瓷砖

项目负责人：苑克兴；项目来源：科技部科技支撑计划（子课题）；项目主要内容：干挂空心陶瓷板的工艺技术及装备研究，建成示范线。

项目名称：建筑材料绿色制造共性技术研究

项目负责人：刘纯；项目来源：科技部科技支撑计划（子课题）；项目主要内容：陶瓷行业产量、能耗、污染、等状况调查，完成能耗定额。

项目名称：卫生陶瓷压力注浆技术及装备的研究开发

项目负责人：苑克兴；项目来源：科技部院所专项；项目主要内容：研制环氧系列高压磨具制造技术及高压机组研究。

项目名称：全机械化坐便器组合浇注成形线的研究开发

项目负责人：闫开放；项目来源：科技部院所专项；项目主要内容：坐便器全机械化组合浇注成型线的研究。

项目名称：YB型高压大流量液压陶瓷柱塞泵

项目负责人：康建喜；项目来源：陕西省13115重大产业化；项目主要内容：使大流量高压陶瓷柱塞泵产业化。

项目名称：陕西省陶瓷研究工程中心

项目负责人：闫开放；项目来源：陕西省13115平台建设；项目主要内容：建设陕西省建筑卫生陶瓷工程技术研究平台

项目名称：利用煤矸石废料研制陶瓷保温砖

项目负责人：李缨；项目来源：陕西省重大科技研究；项目主要内容：在干挂陶瓷板研究的基础上，进一步研究利用煤矸石废料研究该产品。

项目名称：陶瓷洁具石膏试验模具数控加工机专利实

项目负责人：李满喜；项目来源：陕西省中小企业局专项；项目主要内容：使模具设计制作计算机化、机械化。

项目名称：高压大流量液压陶瓷柱塞泵基础研究开发项目

项目负责人：康健喜；项目来源：院列项目；项目主要内容：高压大流量陶瓷泵的基础研究。
项目名称：金属釉
项目负责人：李缨；项目来源：院列项目；项目主要内容：陶瓷专用金属釉的研究

2009 年华南理工大学承担的部分建筑卫生陶瓷科研项目：
项目名称：陶瓷清洁生产产业共性技术；
项目负责人：吴建青；项目来源：省级科技计划项目；
项目名称：利用铝型材厂污泥制备功能性多孔陶瓷；
项目负责人：曾令可；项目来源：广东省工业科技攻关计划项目；
项目名称：源潭镇陶瓷技术创新服务中心；
项目负责人：吴基球；项目来源清远市清城区源潭镇政府；
项目名称：利用陶瓷废渣生产轻质高强度节能型建筑陶瓷板材；
项目负责人：曾令可；项目来源：企事业单位委托技术开发项目；
项目名称：绿色建筑陶瓷可持续生产技术产业化
项目负责人：王慧；项目来源：广东省农业科技攻关计划项目；
项目名称：绿色建筑陶瓷可持续生产技术产业化
项目负责人：王慧；项目来源：企事业单位委托技术开发项目
项目名称：水热条件下合成单分散超细包裹型陶瓷色料及包裹机理的研究
项目负责人：张翼；项目来源：国家自然科学基金青年基金项目；
项目名称：利用陶瓷废料生产环保建材
项目负责人：吴基球；项目来源：广东省教育厅项目；
项目名称：低温烧成陶瓷技术的研究与产业化
项目负责人：张志杰；项目来源：广东省工业科技攻关计划项目；
项目名称：利用陶瓷废料等工业固体废弃物制备大规格轻质保温陶瓷板材的技术研发及示范工程
项目负责人：王慧；项目来源：粤港招标项目；
项目名称：高性能隔热保温陶瓷外墙砖的关键技术研究及产业化
项目负责人：吕明；项目来源：省级科技计划项目；
项目名称：高岭土精细化加工中的节能减排技术研究
项目负责人：王燕民；项目来源：企事业单位委托技术开发项目。

第六章　建筑陶瓷产品

第一节　产品特征

一、瓷质砖

2009年，瓷质砖（玻化砖）对于肌理的表现又取得了长足的进步，其致密度已经达到甚至超过天然石材。2009流行的仿石材玻化砖纹理或仿大理石，或仿花岗石，或仿玉石等。这类产品纹理天然，材质精美，几乎可以与天然石材媲美。主要代表有简一陶大理石系列、马可波罗地心岩系列、嘉俊陶瓷皇室御品系列等各大陶瓷企业推出的多款具有名贵石材花色的产品。这些大多属于瓷质釉下彩抛釉砖，或全抛或半抛，通常称作瓷质仿古砖。

2009年3月30日，简一陶瓷隆重推出黑晶玉、金象牙、帕斯高灰、雨林绿、雨林棕、西施红等花色的大理石系列新产品，成功破除了过去生产制造上的生硬痕迹和混合痕迹，图案自然均衡且不重复，层次感很强。2009年5月15日，简一陶瓷大理石新品科技成果鉴定会举行。会上，简一陶瓷大理石新品通过了省级科技成果鉴定。

东鹏宾利法尼亚空气、漂浮、波浪系列瓷质砖由意大利宾利法尼亚设计公司设计。2008年10月率先在意大利博洛尼亚陶瓷展亮相，5月10日正式在国内上市。2009年4月获得中国建筑卫生陶瓷协会主办的“世纪金陶奖”金奖。

2009年7月19日，欧神诺铂金系列新品全球启动仪式举行。在铂金系列新品的生产中，欧神诺首创“双线融晶”技术，在原料上加入多晶白玉和超透硬玉等物质，所形成的石线具有多色渗透效果和非常难得的半透明质感。铂金系列新品是2009年推出最具视觉冲击的瓷质抛光砖产品。

2009年10月13日，兴辉陶瓷推出玻化砖产品“石立方”系列。该产品在块状布料技术上，通过岩相裂和立体渗溶两项技术使砖体的致密度大大提高，抗折耐磨、抗污防腐的性能优于传统玻化砖。

二、仿古砖

仿古砖是有釉陶瓷砖的一种模糊笼统的名称，但又不包含一般高吸水率的瓷片（内墙砖），它经常包含有釉瓷质砖、有釉炻瓷质等各种陶瓷的有釉砖。2009年仿古砖发展的主要特征：一是以简一大理石等为代表亮光、全抛釉产品流行；二是从追求低吸水率到追求釉面质感；三是具有凹凸设计的仿古砖因防滑功能增加而市场增大；四是金属釉成为仿古砖必备的一个系列；五是各种手工砖、艺术砖与仿古砖的组合运用增加；六是仿古砖切割成小规格甚至马赛克化的比例上升；七是出现了通达、荣高、玛拉兹、芒果等一批以生产小规格产品为主的仿古砖品牌；八是仿材质瓷砖的种类繁多，制造工艺技术不断提升，模仿材质的“乱真”程度不断提高，2009年仿石纹砖、仿木纹砖、仿金属砖、仿布纹砖相对比较流行；九是与仿古砖配套的填缝剂品质提升，色彩丰富的、低收缩性、不开裂、易清洁的填缝剂成为主流；十是一些仿古砖企业开始购买外国设计、聘请国内外著名设计师、专家、艺术家参与设计，与国内外的釉料公司合作进行产品的创新；十一是仿古砖的设计由过去单片砖的设计上升到整体空间的设计，设计出特定风格的空间环境中仿古砖，成为设计界的共识。

三、轻质陶瓷砖

2008 年，欧神诺博士后工作站推出建筑陶瓷领域的革命性产品——晶立方。晶立方·砂岩不仅具有天然石材砂岩坚硬、纹饰自然的特点，并且具有质轻、隔声、密实度、强度高等特点，是继釉面砖、抛光砖之后的第三种新型材料。

以轻质陶瓷砖晶立方系列为代表，欧神诺成为行业将节能环保概念运用到瓷砖生产中的最重要的实践者之一。2009 年，晶立方系列产品所对应的技术项目“陶瓷废渣及铝型材废渣资源化生产节能建筑陶瓷板材”被列入国家火炬计划项目，申请并获得了关于轻质陶瓷砖的专利共 4 项，并先后获得全国建材技术革新二等奖、广东省科技进步三等奖、“广东省重点新产品”称号。欧神诺由此也成为“轻质陶瓷砖”行业标准主要起草单位。国家工业与信息化部发布工科［2009］第 66 号公告，由欧神诺陶瓷股份有限公司主持起草的《轻质陶瓷砖》行业标准正式颁布，于 2010 年 6 月 1 日正式实施。这一标准的颁布，填补了陶瓷行业中轻质陶瓷砖行业标准的空白。

四、釉面砖（瓷片）

2009 年釉面砖（瓷片）瓷片开始由小规格向超大规格，由滚筒印刷向喷墨打印方向发展。市场上超大规格 350×750、300×900 瓷片及仿真瓷片受青睐。过去，瓷片规格一般为 300×450，这种规格的产品不太适应于大型商场、写字楼、酒店、会所等，也不适合日益增多的大面积商品房。2009 年，瓷片 300×600、350×750、300×900 规格的进入主流市场。瓷片的生产工艺有丝网印花、滚筒印花及喷墨打印。与丝网印花比，滚筒印花无网格痕迹，仿真程度高，但只限于平面印刷，对于表面凹凸的砖坯印刷效果一般。喷墨打印则摒弃了滚筒印花的缺点，可在凹凸面上喷墨印刷，效果最为逼真。2009 年出现的诺贝尔喷墨印刷瓷片为一大亮点。预计未来喷墨打印的超大规格瓷片将流行市场。2009 年大量低吸水率、完全不透水瓷片涌向市场。

厨房、卫生间、阳台等空间，装饰主力军非釉面砖莫属。这些私密空间更追求艺术品位，更追求时装化。瓷片所具有的多色彩、多变化等优势，使其在家居装修中逐渐渐担任起重要的角色。设计师们抓住瓷砖的亮点，可以轻易地表现各种风格的家居文化。

2009 年 6 月，东鹏举办第三届欢乐瓷片节，融合各种设计风格的瓷片新品成为主角。趁着后奥运时代中国元素的流行，东鹏推出“青花”、“锦上添花”等“中国风格”的新品。本届瓷片节上，东鹏还首次以瓷片为主导，整合地砖、花片、洁具、水龙头等五金配件等，推出整体卫浴卫空间。在整体家居趋势明朗化的背景下，未来瓷片将在整体卫浴解决方案中发挥主导作用。

2005 年前，广东地区瓷片定位一般在中低端。2006 年后，广东地区企业普遍开始重视瓷片生产，中高端定位的品牌日益增多。2009 年 12 月，以中高端瓷片为主的陶一郎企业继陶一郎、红蜘蛛两个品牌之后，再推出了一个定位细分市场的品牌——酷瓷，该品牌消费群体为 70 后及 80 后。

2009 年，瓷片以墙纸纹、布纹比较多，温馨而不失质感，大多以低调奢华风格为主。继 2008 年度仿古砖“经典艺术中国行”之后，罗马利奥进一步将经典艺术引申到内墙砖设计研发领域，糅合国际时尚设计理念，创造性地推出 09 新品瓷片四大系列：第五大道、壁布、典藏、石语间。

五、太阳能陶瓷板

太阳能是煤、石油、天然气等常规化石能源，以及风能、水能、海洋能、生物质能的根本来源，辐射到地球陆地表面的太阳能是全球人类同期消耗总能量的数万倍。太阳能利用的研究主要是对太阳能收集、转换及其装置的研究。

国家《可再生能源中长期发展规划》要求，将太阳能热利用作为可再生产能源发展的重点领域。同时明确规定：国家鼓励单位、个人安装和使用太阳能热水系统、供热采暖和制冷系统、光伏发电系统等实施，太阳能成为最佳的替代性能源。

太阳能陶瓷板的全称是太阳能黑瓷复合陶瓷板。其生产方法是：采用无白度要求的普通陶瓷原料连续挤出成型多孔中空陶瓷板状素坯，表面喷涂钒钛黑瓷泥浆，经干燥，烧成为表面是钒钛黑瓷阳光吸收层。这种陶瓷太阳板基体是普通陶瓷的中空复合陶瓷板，目前尺寸可以达到1200～1500×610×26毫米，壁厚3毫米，是一种陶瓷质平板型太阳能集热体。使用时采用直通式结构和普通无机材料储水容器，全系统中采用最少量的金属和有机材料。

太阳能黑瓷复合陶瓷板与普通陶瓷相比具有低能耗、高效率、不衰减、与建筑物同寿命等特点，能够实现与建筑一体化，为建筑物提供低成本热水、空调、暖气。目前试用的陶瓷太阳能房顶的集热效率与真空管太阳能热水器相当。

2009年12月底福建华泰集团与山东科学院新材料研究所合作开发研究的陶瓷太阳能集热系统，顺利完成中试，正式筹备产业化生产阶段。

六、抛釉砖

2009年，一种采用全新生产工艺生产出来的新产品——全抛釉悄然流行。全抛釉是过去曾经非常流行的水晶砖的升级版，属于抛釉砖的范围，一般有全抛、半抛及柔抛。该工艺的技术路线是“釉下印花+透明釉+全抛光（或半抛、柔抛）”。在技术上目前有两种工艺：一种是先印花后堆釉，另一种是釉下花纹和熔块全依靠印刷。比较而言，前者成本较高，后者成本较低。全抛釉只是利用现有设备和技术创新的新工艺，进入门槛不高。另外，这项工艺对瓷砂、瓷泥等原材料的要求不高，内在质量不受瓷砂各种杂质成分影响，有利于节约矿物资源。

国内市场一直比较喜欢居室里面光洁亮丽、富丽堂皇的装饰效果。全抛釉产品亮度高，而且表面的光鲜的釉和釉下花纹图案还能组合成一种难得的镜中画的效果，因而比较受市场欢迎。

2009年市场上代表性的全抛釉产品有：简一大理石、马可波罗3C石代·地心岩、宏宇大理玉石、新中源沃菲齐系列仿古砖、楼兰全抛釉仿古砖等。

七、陶瓷板

蒙娜丽莎“大规格超薄建筑陶瓷板”是十一五国家科技支撑计划重点项目，国家科学技术部“国家重点新产品”，该产品与同类产品相比，单位面积建筑陶瓷材料用量降低一半以上，可利用工业废渣50%作为原料，节约60%以上的原料资源，降低综合能耗50%以上。

该产品同时具备了亚光、抛光、半抛光等多种表面处理方式，能完美再现包括仿古砖、瓷片、抛光砖在内的所有现有瓷砖产品的外观特点，更有“仿墙纸”等传统瓷砖无法体现的创新材质品种。2009年9月20日，蒙娜丽莎公司入选在北京展览馆举行的“中华人民共和国成立60周年成就展”。

2009年8月，广东蒙娜丽莎陶瓷有限公司主要负责起草的《陶瓷板 ceramicboard》（GB/T23266－2009）由中华人民共和国国家质量监督检验检疫总局及中国国家标准化管理委员会通过并发布，并于2009年11月5日正式实施。新标准设施之日开始，《纤维陶瓷板》（JC/T1045－2007）同时废止。这意味着陶瓷板类产品正式有了统一的国家标准。该标准规定了陶瓷板的术语和定义、分类、要求、试验方法、检验规则、标志、包装、运输、储存及使用说明，根据该标准的定义，陶瓷板是指“厚度不大于6mm、上表面面积不小于1.62m^2的由黏土和其他无机非金属材料经成型、高温烧成等生产工艺制成的板状陶瓷制品”。标准就表面质量做了明确：至少95%的陶瓷板其主要区域无明显缺陷。标准还就防滑坡度作了规定：用于潮湿、赤足行走的浴室、更衣室、洗衣房和卫生间等地面时，陶瓷板的防滑坡度≥12°。而此前，住房和城乡建设部第240号公告，颁布了《建筑陶瓷薄板应用技术规程》（JGJ/T172－2009）为行业国家标准，并于2009年7月1日正式生效。

第二节　发展趋势

一、品种竞争

未来几年瓷砖呈以下发展趋势：瓷质抛光砖、瓷质/炻瓷质有釉砖、陶质内墙砖仍将是三大主角；艺术化、个性化、功能化产品的比例将上升；瓷砖产品“配角主角化”→“配件主砖化”将成为潮流；马赛克的比例在不断增加；薄砖、薄板的产量上升，特别是喷墨印刷与薄砖/板相结合将普及提高；仿古砖（瓷质/炻瓷质有釉砖）将继续快速发展；炻瓷质（$3\% < E \leqslant 6\%$）“抛晶砖”产品产销量进一步上升；瓷质（$E < 0.5\%$）全抛釉产品成为热点；瓷质抛光砖、瓷质/炻瓷质有釉砖在与陶质内墙砖争夺一部分市场，而瓷质/炻瓷质有釉砖又在争夺瓷质抛光砖的市场份额；薄砖、薄板开始逐步与传统产品争夺市场；轻质外墙砖、太阳能瓷砖逐步发展。

二、产品融合

未来几年瓷砖产品将在总体上呈现相互融合的趋势：

一是产品类别的界限将越来越模糊：多种装饰方法及工艺技术的交叉并用颠覆了抛光砖、瓷片、亚光砖等传统意义上的产品分类，譬如抛晶砖，就是同时结合了微晶玻璃的工艺和亚光砖的装饰方法，而抛釉砖更是同时结合了抛光、釉面、亚光三类产品的特点，是典型的“跨界”产品。

二是产品规格的界限也渐趋模糊：随着超大规格薄砖、薄板产品的流行以及切割等冷加工技术的普遍使用，除传统规格的300×600、600×600、800×800等尺寸外，在实际应用中，经过切割加工的新规格乃至不规则几何形状的产品将越来越多。

三是墙地砖的概念也趋于模糊：随着整体空间的设计理念盛行，从抛光砖上墙到釉面砖下地，从亚光砖的墙地通吃到配套产品的穿针引线，一体化应用已蔚然成风，而混搭和跨界综合应用也将成为未来空间设计的主调。

三、薄型化和减量化

建筑陶瓷砖在确保其必要的使用功能及性能之前提下科学适度薄型化、减量化意义重大，可有效节约原辅料、能源、运输和空间，减少碳等污染物排放，降低陶瓷砖的生产、营销及使用成本，并提高其性价比。

如果建筑陶瓷行业在现有基础上，实现“减薄”或“减量”10%，全行业每年优质陶瓷资源耗用量将减少近2000万吨，消耗优质煤炭降低300万吨以上，并节约大量的运输和物流费用，同时大幅度降低企业的生产成本，由此每年所产生的社会经济效益将达到数百亿元人民币。

全行业要在统一认识，抓紧做好相关工艺技术装备和产品的实验室研制、产业化试生产、产品标准和使用规范修订及宣贯、舆论导向等重点工作。

目前陶瓷板的市场推广还处在初级阶段。企业对陶瓷板家装、工程、替代玻璃材料等多种应用方向需要进一步甄别。要进一步突破施工方法、施工成本、施工习惯等方面的制约。同时还要在应用标准参与、施工应用研究、专业营销推广等方面下工夫。

第三节 生产方式

一、原料及设备

未来几年原料及设备发展趋向：坯用优质原料在不断减少，全国陶瓷砖产能扩展很快，而原材料行业发展滞后，长石、叶腊石、硅灰石等原材料将会涨价；化工、色釉料企业产能扩大的速度跟不上陶瓷砖的发展速度，ZnO、熔块等价格将上升；压机、窑炉等主要设备长期供应趋紧，价格呈上升趋势；包装材料长期供应趋紧，价格呈上升势头；矿产资源不可再生与陶瓷砖行业快速发展的矛盾将越来越剧烈，而未来几年国家又将加大对资源开采的限制，国家《资源法》等法规将出台；由于许多坯用原料尚未标准化，陶瓷砖企业大量购进原料进行均化、库存，陶瓷砖企业将争购原料及矿山。

二、热点技术

1. 喷墨印刷技术

喷墨印刷技术与设备将成为未来中国陶瓷砖行业重要的发展方向。喷墨印刷技术与设备可以实现陶瓷砖凹凸不平表面非接触印刷，图案高清析度、自然变化，生产量可灵活控制，可快速供货，品种转换快，无需使用网版或胶辊试色，且新产品试制快速，长期运行节省色料、印油及制备印花釉的储存空间等，因而它可以称得上是陶瓷砖装饰技术的一场革命。

为了提高产品档次，提高产品的附加值，未来国内陶瓷砖企业进口或购买国产各类喷墨印刷设备的将越来越多，这些设备主要用于釉面内墙砖装饰印花。

在2009年广州第二十三届中国国际陶瓷工业展上，国内陶机知名企业希望陶机首次推出数码喷墨印刷技术，同时展开与国内陶瓷生产企业的合作。但目前数码喷墨印刷技术所需墨水的国产化还刚起步，整体成本还偏高。

2. 薄板砖

目前国内已成功生产1.8m×0.9m、厚3.5mm、$E<0.5\%$的瓷质薄板，产量正在增加，厚6.5mm、0.3m×1.0m、$10\%<E<20\%$的喷墨印刷陶瓷内墙砖已正常生产，薄砖及薄板生产企业也在逐步增加，产品标准及应用规范即将出台。2010年后实现薄砖和薄板生产的手段将更加多样化，薄板/薄砖作为一种“四省”产品（节省能源、节省原料、节省运费、节省空间），代表着产业升级的方向，未来各产区政府与企业将越来越重视。

3. 瓷质全抛釉

瓷质全抛釉（$E<0.5\%$）类产品2009年产销正在迅速攀升，更广泛的应用正在扩大。目前主要生产企业有简一、马可波罗、金意陶、欧神诺、嘉俊、新中源等。仿石纹瓷质全抛釉砖图案细腻，色彩丰富，层次感好，不是石材胜过石材，具有瓷质抛光砖光亮特性又具有有釉砖的优点，是未来几年国内企业产品研发的重点领域。

三、生产技术

未来几年，全行业将在以下技术与设备方面不断取得进步：

原料除铁工艺与设备不断完善并普及；大吨位（100吨）球磨机技术与设备成熟，并进入企业实际生产；球磨机节电技术取得进步并开始普及；大产量（超宽/超长）的辊道窑（内宽3～4m/长300～

400m）技术逐步成熟（节能10%～15%），并大量应用于企业生产；连续式球磨机可能会在中国建陶行业开始使用；多层快速干燥器技术与设备取得新进展；无釉瓷质抛光砖的抛光加工设备速度更快、更平、更节能。

有釉瓷质砖，半抛/全抛设备与技术已成功用于生产，将进一步扩展。陶质内墙砖干法磨边工艺与设备在全行业推广，将有更多企业使用。全抛釉熔块配方及制备技术取得新进步，耐磨性，防滑性显著改善。废渣、废料在陶瓷砖中应用，将在许多工厂大量使用。

进口喷墨印刷技术与设备已在全行业多个企业中调试和应用，成功向市场推出新品，不少企业将购进喷墨设备。国产喷墨印刷设备已进入生产线调试阶段，随着技术的成熟，其使用量将迅速扩大，将进一步推动国产陶瓷砖墨水实质与研发。

全自动分级及包袋设备已在不少数企业中得到使用，有利于减轻劳动强度，提高劳动生产率，减少用工，2010年以后有希望加快在全行业普及与推广。绿色环保包装材料将得到推广。

陶瓷企业脱硫、除尘、污水处理系统与设备有新的进步。瓷质抛光砖压机布料系统与设备更加先进。薄板/薄砖的生产技术与设备更加成熟，生产企业将增多。

清洁燃煤系统技术与设备将在陶瓷企业推广使用（低质煤得到使用，热效率提升15%）。瓷质砖抛光废渣将被全面回收应用。陶瓷太阳能板将步入生产应用阶段。

进入到2010～2011年，全行业围绕节能减排、低碳经济、提高劳动生产率、喷墨印刷技术与设备、薄板/薄砖等方面将取得更多的科技成果。

第四节　艺术瓷砖

艺术瓷砖是一个很泛的概念。瓷砖最独特的一点是可以赋予它一个艺术的特征：题材上或书法，或绘画，或浮雕；形式上或构成，或造型；风格上或清俊，或朦胧，或晦涩，或淡雅。因此，可以说能给空间呈现美术感的烧制墙体材料，通称为艺术瓷砖。

目前在市场上常见的大概有：拼图艺术、抛晶艺术、手工砖、窑变艺术、个体艺术。其中，拼图艺术是利用现有各厂生产的各种瓷砖（不同质感、色彩）作为材料，用现代装饰画为设计元素，采用水刀冲切，重新组合、替换、拼贴。抛晶艺术是用现代装饰为设计元素，采用网版印刷、堆釉、电镀、抛光为主要流程。窑变艺术是采用传统艺术陶瓷生料釉，在瓷砖坯体上产生高温窑变效果。手工砖是以手工制坯方法为主体的塑性成型工艺。个体艺术是反映艺术家个体感受的艺术作品，具有丰富多彩的个性陶艺语言。陶瓷壁画种类包括釉上彩绘、釉下彩绘、综合装饰、浮雕装饰等。

釉上彩是以陶瓷色料绘制，经过800～850℃高温烧制而成，其特色是色彩丰富、表现形式多样，如国画和油画形式、装饰画形式等等，可充分发挥作者的创作能力和表现形式，是陶瓷壁画的主流。釉下彩壁画也有两类，一类是低温釉（1100℃左右）的陶板壁画；如典型的唐三彩壁画；还有一类是高温釉壁画（1300℃以上），一般为色釉壁画和青花壁画，材质为瓷质，坚硬，色泽千年不变。陶瓷壁画适应性强，不怕潮湿和低、高温环境，室内外相宜，色彩长期不变，如沾上灰尘污物，擦洗干净又能光彩如新，可大可小，安装便利。

一、手工砖

缺陷美、粗糙毛边、自然窑变色差、不规则是手工砖的主要特征。购买手工砖必须克服心理障碍，喜欢其优点的同时必须接受它的自有特征。

手工砖不像工业化产品的简单统一、效率和低成本，它是设计师们实现个性化作品的重要手段，每一片的效果差异，铺贴要求细心且费时，因此市场上价格门槛一路高起，也没能阻止手工砖在全世界的流行。

手工砖如果和建材结合，不但适用于厨房和洗手间，也可以作客厅的电视背景，与黑色或别的颜色的电视、音响融为一体；但在相互融合的过程中，手工砖绝不是搭配和衬托。它可以偏安书房或其他有需要体现品位的地方，同书籍或收藏品等一同营造雅致的文化氛围。

佛山市禅城土天陶艺厂是艺术瓷砖生产的代表性企业。土天陶采用红陶土作为基础原料，而非优质瓷土。前者有储存量大、造价便宜、烧成温度低、节省能源的好处。由于手工砖品种多产量少，土天陶尽量不用模具或少用模具，从而增加了产品的附加值，减少了资源浪费。

二、陶瓷壁画与镶嵌拼花砖

2009 年 11 月 17 日，华南理工大学举行巨幅陶瓷壁饰《印象华园》捐赠仪式，该壁画是广东唯美集团总裁黄建平、常务副总裁谢悦增向母校五十七华诞献上的一份特别的生日礼物。《印象华园》把华南理工大学校园十大人文景观融汇在一起，辅以名匠纯手工雕刻，一刀一琢细腻逼真，一笔一画栩栩如生，把雕刻艺术与校园美景演绎至臻。

唯美壁饰是国内瓷砖生产企业中较早开发的瓷砖艺术品和工艺品，其四大系列复澄壁、装饰砖、纹理砖和地饰砖今天已成为经典，并带动了行业陶瓷壁画的创作。

唯美壁饰按室内不同的区间分为玄关墙、电视背景墙、沙发背景墙、地花、挂饰等品种。其功能与早期的石材等艺术拼花一样，使呆板、冰冷的墙地砖多出了一份亮丽的色彩，也加深了文化底蕴。然而，后来者似乎走得更远，这些企业玩起了墙纸拼接艺术。作为瓷砖界的“当家花旦”陶瓷壁画变成了烧制之后还需再加工的工艺砖。这些工艺砖完全是壁纸的做派，光是看单片看不出什么效果，非要现场贴上去之后才呈现效果。2009 年，一家企业推出了同一色系不同颜色的扇形瓷片，铺贴之后就是一面渐变色墙，以对应时装界的渐变色潮。还有企业推出了烧制之后再被做成镂空的花片，可以用它来取代石膏板隔断、光面瓷片的点缀。另一家则推出同一系列完全不同花纹的瓷砖，要遵循一定的铺贴原理才能看出它独特的设计艺术。

2009 首届上海国际陶瓷生活艺术博览会于 11 月 6 ~ 9 日拉开序幕。佛山陶瓷也首次以城市展馆形式亮相。东鹏陶瓷应邀展示了其当年力推的东鹏陶瓷艺术壁画。这些作品是东鹏聘请国家一级工艺美术师王家齐等，创作出的极具观赏价值和收藏价值的各式大中小型雕刻砖、全瓷大砖壁画、浮雕壁画等，其中“无烧结水墨画浮雕在陶瓷片材上的制作技术”还获得了国家专利。

三、薄板瓷艺画

蒙娜丽莎瓷艺画是以陶瓷薄板为底材的一种新的瓷艺画。这种薄板瓷艺画是基于特种焕彩技术，通过独特的工艺对绘画、书法、摄影等作品进行工艺加工，以实现对原作品的高保真的还原复现。

瓷艺画根据应用环境不同分为室内画和室外画。室内瓷艺画因应用环境不如室外环境复杂，所以对所使用的釉料及制作工艺无特殊要求；室外瓷艺画因长时间在阳光下暴晒，对产品抗紫外线辐射要求较高，所以对使用的釉料和制作工艺要求较高。采用特殊釉料和工艺制作的室外瓷艺画，具有很强的抗紫外线性能，可保证在二十年内瓷画基本不褪色，而且产品经 1000℃以上的高温烧制，即使室外温度再高，也不会对瓷艺画造成影响。

目前薄板瓷艺画已经被广泛运用：在环境艺术领域可以满足建筑户外、室内和水下的装潢、装饰，以及各类广告标牌的应用；在个人应用方面可以定制书画作品、摄影作品的再现；在特种工艺方面，可以定制出背景墙等个性化装饰品和礼品、时尚瓷艺家具，以及水雕、浮雕和镂空雕产品，显现出了巨大的市场空间。尤其是薄瓷艺画油画，其超写真性让艺术品无数次再现，它的可复制性使艺术品走进平常百姓家。

从 2009 年 10 月份开始，蒙娜丽莎陶就开始申请“上海世博会特许生产商”资格，而其主打产品也是薄板瓷艺画。

随着艺术瓷砖在企业产品线中地位的提高，主要生产艺术瓷砖的企业开始成立专门的事业部运营。2009 年 9 月，蒙娜丽莎成立瓷艺事业部，独立运营薄板瓷艺画等新兴业务。而在年初东鹏陶瓷的艺术瓷砖也开始独立运营。唯美陶瓷、东鹏陶瓷、蒙娜丽莎陶瓷都分别在自己的官网上建有自己的陶宝商城和官方商城，在网上接单销售艺术瓷砖。

另一方面，以艺术瓷砖为主题的大型活动也开始出现。2010 年 4 月 19 日，由瓷海国际和广州国际设计周联合举办的“世界当代环境艺术瓷砖运用趋势论坛”在瓷海国际·佛山陶瓷交易中心举行。主办方特邀知名陶瓷艺术家、公共环境艺术家围绕“艺术瓷砖——城市的时装”等话题演讲。作为一个卖场，2009 年瓷海国际·佛山陶瓷交易中心正式把艺术瓷砖作为区域内的一个亮点来经营。

第五节　马赛克

2008 年下半年到 2009 年上半年，金融危机最肆意的时期，陶瓷卫浴行业都遇到困难，唯独马赛克是个例外。之所以如此，是因为马赛克行业虽然是个古老的行业，但是在国内却还处于成长期，发展空间巨大。马赛克产品品类众多，本年度有以下几种品类值得关注：

一、贝壳马赛克

珍珠分为有核与无核，将蚌里面的珍珠取出之后，得到的蚌壳就是母贝，也就是贝壳马赛克工艺品的原材料。贝壳的种类有很多，淡水贝、黑蝶贝、黄蝶贝这三种比较普通常用。

贝壳马赛克有着天然的光泽与纹理，每一片都是独一无二的。从侧面观赏，每一片的光泽都不一样的，有不同的色彩，人工难以模仿。贝壳马赛克有很大的设计应用的空间。目前，以家居客户偏多。贝壳马赛克厂家多与大型的大理石厂家合作，将贝壳马赛克镶嵌于大理石中。贝壳马赛克不仅用在装饰材料层面，柱子、灯饰等装饰都有涉及。

江西省的农业大县都昌位于江西省北部，水域面积占世界闻名淡水湖——鄱阳湖资源的三分之一以上。该县周溪镇珍珠贝类加工有着悠久的历史，早在民国至 20 世纪 60 年代，就是扬名全国的“贝壳钮扣之乡”；近几年又首创贝壳加珍珠废料加工高档马赛克、灯饰及工艺品，把湖内贝壳做成了“变废为宝”的特色产业。产品主要销售到中国香港、中国台湾及欧美等地。贝类加工在全国同行业中占据 60% 以上的市场份额。

目前，国内有几十家专营的贝壳马赛克企业，如中国马赛克城内的添丽贝壳建材马赛克厂、金红真贝装饰有限公司等。此外，还有株洲的海洋之星，江西、广东深圳、湖南、浙江都有相关的贝壳马赛克厂家。

2009 年，贝壳马赛克供不应求，特别是原材料供应紧张，导致贝壳马赛克价格飙升，部分网拼的淡水贝壳马赛克每平方米的售价为 800 元。涨价的原因：一是贝壳的培植时间周期长，通常为三年；二是淡水珍珠销量不好，养殖珍珠的珠农相应减少，原材料蚌壳随之减少；三是目前经营贝壳马赛克的厂家越来越多，贝壳的需求量逐步增加；四是贝壳是环保、高档的建筑装饰材料，知名的星级酒店等高端设计场所会用贝壳作为装饰元素。此外，手工作业的工序繁多也是一个重要因素。从原料的特性、货源以及加工工艺的特殊性来看，网拼贝壳马赛克目前的价格依然远远低于其实际价值，未来价格依然呈上涨趋势。

二、树脂马赛克

2009 年下半年，一些企业在金融危机期间开始转型，从树脂腰线转到树脂背景墙、树脂马赛克的开发。这一尝试马上得到了市场的认可。

树脂是一种来自多种植物，特别是松柏类植物的烃（碳氢化合物）类的分泌物，它是多种高分子化合物的混合物，所以有不同的熔点。树脂可分为天然树脂和合成树脂两种。

树脂马赛克产品具有立体感强、个性化的特性，单颗形状呈不规则、凹凸有致，能将图案丰富地表现出来，尤其在模仿皮纹、布纹、墙纸、木纹、金属等方面惟妙惟肖，几乎可以达到乱真的效果。

树脂马赛克产品应用范围很广，再加之出色的装饰效果，被广泛用于大厅、公共场所等。树脂马赛克也是豪宅主人追求个性化的价值取向的重要方式。因为作为高档墙砖的配饰品及高级休闲场所的装饰，要求产品表象更富可塑性。

目前，树脂马赛克在家装渠道方面占约60%，主要用在背景墙上，而工程渠道占约20%，自由渠道占约20%。已在一线城市全面铺开，逐渐可以赶上水晶等马赛克产品的销售量。

三、玻璃马赛克

玻璃马赛克最早是指通体玻璃马赛克，它是用带颜色的玻璃粉烧制出来的，特点是价格便宜、量大。以后市场上逐步出现了水晶马赛克、热熔马赛克、冷喷马赛克、电镀马赛克，这些马赛克都是在玻璃底部上釉料，它们制作方式可能不同，但是能相互搭配。之后就出现了工艺玻璃马赛克，工艺玻璃上有颜色、图案，直接切割就成为马赛克。从工艺玻璃马赛克发展而来的水钻马赛克，就是在玻璃表面进行菱角的切割。现在，玻璃马赛克又能与石材马赛克、陶瓷马赛克混搭，产生无穷尽的效果。

玻璃马赛克由天然矿物质和玻璃粉制成，是最安全的建材，也是杰出的环保材料。它耐酸碱，耐腐蚀，不褪色，是最适合装饰卫浴房间墙地面的建材之一。

玻璃马赛克在众多材质的马赛克所占的比例最大。一般来说，泳池多用水晶马赛克，娱乐场所多用水钻马赛克，外墙多使用通体马赛克，工艺马赛克多用于内墙、台面。

玻璃马赛克的使用效果比较独特。比如将它用在洗手盆的侧面，可以与洗手盆以及墙面相呼应。颜色方面，白色玻璃马赛克几乎可以用在任何地方，但是有色的玻璃马赛克就不能用于整个墙面，而要考虑整体组合的美感。

另外，市场上还开始出现黄金玻璃马赛克和白金玻璃马赛克。金质玻璃马赛克是以玻璃为基片，在玻璃基片上贴一层金箔，然后在金箔上又加一层0.5毫米玻璃进行保护。该产品分黄金和白金两种，其产品规格可根据用户要求任意切割。具有色泽纯正、典雅大方、经久耐用、永不褪色等特点。广泛应用于各类高档建筑、室内装饰及艺术壁画。

目前做得最大的玻璃马赛克有JNJ、玫瑰、荣冠、赛德、索迪、汤姆逊等，新兴的品牌有亮雅、菲鱼浦斯等。随着实力的增强，玻璃马赛克企业也加大了产品展厅的投入，开始品牌化运作。2009年8月15日开业的JNJ玻璃马赛克专卖店，被认为是目前国内最大的马赛克展厅。

四、镜面马赛克

2008年、2009年，从时尚界刮来的一股闪闪发亮的镜面风潮也影响了家居装饰的风格。镜面马赛克表面形成的各种反光效果后现代感十足。

镜面马赛克实际上就是镜面玻璃马赛克，它是当下最新潮的装修材料之一。在镜面玻璃马赛克的设计组合中，镜子已经从单纯的实用功能变为个性点缀了，镜子可以在居室中化身为任何可观的装饰。若在居室需要强化的位置摆放用镜子制作的饰品，它的光芒会成为视觉焦点，而利用镜子的反射作用，可达到“一即是多”的美妙效果。

为了扩大居室空间，可以利用镜子等装饰材料，制造视觉错觉，为了提高空间的明亮度，可以在阴暗的角落制造反射光源。镜面马赛克有着时尚感，但最好作为点睛之笔，不拟大规模地运用。

2009年以来，镜面马赛克装饰的趋势在时尚界似乎愈加显著。其来源显然与迪厅里旋转的水晶球颇有关。歌星Lady Gaga以特立独行的姿态多次把“镜子连衣裙”带上充满想象力的舞台，这极大地促进了镜面马赛克的流行。镜面马赛克多以支离破碎的镜片作为基本元素，任意镶拼，做成帽子、衣服、鞋等时尚饰面。

五、金属马赛克

随着越来越多的新型装修材料出现在各大马赛克卖场上，金属马赛克以其时尚、冷艳的特性备受更多的消费者青睐。

金属马赛克，是由不同金属材料制成的一种特殊马赛克，有光面和亚光面两种。从类别来说，金属马赛克有拉丝、镜面等系列，款式有直贴、异形、折边、折角等类别，单粒的规格有 20 毫米 ×20 毫米、25 毫米 ×25 毫米、30 毫米 ×30 毫米等规格。同一个规格可以变换成上百种品种，尺寸、厚度、颜色、板材、样式都可根据需要进行变换，金属马赛克的品种金属材质分为不锈钢、铝合金、铝塑、铜质等。

国内金属马赛克的生产厂区以在广东、四川、上海等省市居多，而在佛山市内的厂家，由几年前的几家发展为现在的数十家。金属马赛克与其他材质马赛克生产制作方式不同，不需要经过窑炉加工，所用到的只是常规的马赛克制作机械设备，如冲压机、剪板机、铺贴机等。由于进入门槛低，金属马赛克行业竞争激烈。

市场上目前的金属马赛克一般被定位为中高端产品，应用上以“金属 + 水晶”、“金属 + 石材”为主。在技术上，金属马赛克抗氧化、防耐磨技艺亟待提升。

六、马赛克拼画与镶嵌画

马赛克拼画由来已久，但 2009 年拼画开始流行。拼画是马赛克元素组合与拼贴的升华。在拼画的创作过程中，马赛克只是作画的材料。马赛克壁画可以体现油画的质感。牡丹不再只是水墨画的专利，色彩丰富的马赛克同样可以表现其雍容华贵的一面。

过去，西洋题材的马赛克拼画比较多。近年来中国风格的作品逐步流行开来。青花瓷作为中华文化的一朵奇葩，明净素雅，有中国水墨画的艺术魅力。而当下青花马赛克拼画成为消费者和设计师关注的焦点之一。

大块的瓷砖产品作为墙面、地板装饰主材已流行了十余年，欲打造个性光鲜的墙面、地面，小巧灵活的马赛克越来越发挥出作用。因为它可以拼贴出其他产品完不成的图案和效果，将整面墙或地制作成一幅巨大的丹青。

马赛克这种古老而优美的拼图艺术，极大地满足了设计师及消费者的创意需求，正逐步挣脱过去仅服务于厨房、卫浴间的小众产品形象，而“荣登”居室装饰主材之列，化身成电视墙、装饰柱及楼梯的亮丽外衣，成为现今时尚装修材料的新宠。

从市场的角度考虑，“手剪”的马赛克虽精美，但价格偏高，若“手剪”和“方拼”的工艺相结合，马赛克拼画的产量可能会相应增加，也给消费者带来更多的实惠和选择。

马赛克镶嵌画是另一种流行的形式。马赛克镶嵌画艺术应用范围很广泛。组合丰富的马赛克贴在镜框上、餐具上、花瓶上，绘制成图案，拼贴出色块，这样马赛克与镜框就结合成一幅新的作品。

马赛克还可以点缀家具。桌面用马赛克镶嵌面成，配以实木制作，雕刻精美，色彩缤纷，也实属一件上好的工艺品。

马赛克冰箱贴是一种全新的时髦概念，它针对于普通冰箱总是白色的外观进行修饰，让冰箱也具有艺术色彩。此外，也支持自行定制一些人物图像，尤其是一些潮流人物的图像。

马赛克镶嵌几乎适用于各种表面，它坚固耐磨，美观大方，既可形成平整光滑的效果，又可体现凹凸不平的设计。

马赛克镶嵌画流行的原因在于：马赛克本身富于艺术韵味和质感，如选用色彩较浓烈的，占用空间较大，摆在居室中，有喧宾夺主的感觉，与室内其他装饰如家具、窗帘等形成冲突。而以镶嵌的形式进入，则反而以一当十，起到画龙点睛的作用。

七、亚运会马赛克

继2008年的北京奥运水立方、鸟巢以及2010年上海世博会大量采用马赛克，近年来马赛克在大型工程上的使用量成倍增长。2010年亚运会也是马赛克大规模应用于公共建筑领域的又一经典案例。

亚运城综合体育馆的升旗广场与亚运标志广场定于2010年5月完成。升旗广场将由马赛克砌成亚洲各国家与地区版图，再以LED灯管勾边，晚上亮灯后效果突出。

2009年，国内马赛克企业江龙翡翠制品有限公司、云浮市云城区鸿鹏大理石马赛克有限公司、佛山大晶金属马赛克有限公司等企业的马赛克产品分别入选了部分亚运工程项目。

江龙翡翠制品有限公司主要生产金星、珍珠光、幻彩、水晶砖，渐变系列马赛克及游泳池系列产品。该企业的产品进入了全部亚运场馆，每个场馆应用面积达到130平方米，共约4000平方米。云浮鸿鹏大理石马赛克有限公司入选亚运项目的产品为“藤编/灰姑娘+帝皇金”常规系列石材马赛克，在亚运媒体村亮相，共有数百平方米。佛山市大晶金属马赛克有限公司入选亚运项目的产品为不锈钢金属马赛克，用于亚运标志性工程东塔的装饰，共约上千平方米。

八、世博会马赛克

上海世博会展馆的建设，汇聚了世界各国最新环保理念和前沿科技成果，是各国人民集体智慧的结晶。2009年国内多家马赛克企业中标世博会建筑。世博会成为中国马赛克提升形象的大舞台。

荣冠中标世博会工程的产品是马赛克拼画。荣冠艺术马赛克以精巧，多变的波浪为主题，紧扣本届上海世博会“城市，让生活更美好”的主题。此外，JNJ产品进入澳大利亚国家馆，被选用的材质是玻璃马赛克，装饰理念体现了澳大利亚的文化特色。彩花陶瓷马赛克进入奥地利馆（外墙）和中国馆（内墙）。菲鱼浦斯的拼图、水晶玻璃马赛腰线进入了世博会洲际酒店内的泳池和内墙。歌莉娅玻璃马赛克产品入选俄罗斯馆、泰国馆、中国馆的内墙和卫生间。小汉玉陶瓷马赛克也进入世博会馆。

九、生产方式

国内马赛克产品目前最大的竞争优势，是逐步成长中的马赛克产业集群。2007年以来最明显的变化就是上游的机械设备。马赛克的加工生产以前手工部分所占比例较大，但随着一系列机械设备的更新、改进，机械化与集约化程度提高，生产效率大幅度增长。另一方面，国内马赛克产品的竞争力相当一部分也来自手工生产方式。与国外相比，国内市场劳动力价格相对低廉，因此，在生产成本方面有很大的竞争优势。目前，欧美等地区很多马赛克企业都不再生产马赛克了，直接来中国贴牌。

另一方面，虽然国内马赛克的材质、色系都比较丰富，与国外的差距主要体现在设计和色彩的组合上。国内马赛克出口单价偏低，关键也就是搭配和设计上的差距。因此，利用丰富的品类进行艺术化组合和搭配，以提升产品的附加值，是未来马赛克产业的发展趋势。此外，在填缝剂、铺贴用胶以及施工质量等方面国内马赛克产业目前也存在较大的差距。

马赛克生产个性化与规模化是一种矛盾。没有个性化就难以体现艺术价值和产品附加值，没有规模化就难以提高利润率。但个性化产品往往以手工生产为基础，工业品才适合大工业生产。要解决个性化与规模化之间的冲突，马赛克可以在生产元素方面实现规模化，通过设计和组合——拼画等满足个性化需求，包括大型公共项目的个性化需求。

但是，在个性化消费时代，大规模的生产已经不能满足客户独特的需求。专属定制以满足这种新消费需求，正快速占领着部分市场份额。专属定制是今后高级装饰设计市场发展的重要方向之一。

JNJ把每一位客户都视为一个单独的需求市场。从真正意义方面去理解，“定制”并不仅仅是马赛克图案样式的制作，而是涵盖设计、布置、制作工艺、物流等各方面的定制。JNJ 设计团队根据客户的立场、要求、爱好、生活习惯等各方面，致力于设计制造个人专属定制马赛克装饰图。此外，还注重工艺美学设计，保证产品质量衡美，高级特殊工艺处理，呈现马赛克另类的极致美感，配以专属的独特图案，让家居个性魅力锐不可挡。

第六节　空心陶瓷板

从 20 世纪 90 年代以来，中国幕墙建筑面积一直稳居世界首位，中国幕墙协会统计资料显示，中国幕墙在 2009 年建设量达到 9000 万平方米，并且每年还在以 10% 以上的速度增长。但在幕墙材料中目前还多以玻璃、石材和金属铝板为主，其中玻璃幕墙更是占到全部幕墙的 60% 以上。

玻璃、石材和金属铝板做幕墙材料各有其局限性：玻璃幕墙有保温性能差，为调节室温耗能大，夏季易爆裂以及光污染等缺陷。2007 年起一些省市就规定新建酒店、办公大楼等公共建筑一律禁用超大玻璃幕墙；石材幕墙则因为自重大，在外围护结构使用中存在着安全隐患，2007 年 3 月 1 日起实施的 JCG/T 60001 - 2007《天然石材装饰工程技术规程》已明确规定石材幕墙不宜用于高层及超高层建筑；金属幕墙因为金属铝导热性能良好，作为幕墙材料其保温性也差，虽然可以通过中间加轻质材料来改善其保温性能，但是过薄的铝板强度不足，并且铝资源正在日益匮乏。

陶土板作为一种环保节能新型幕墙材料脱颖而出，正是基于以上的背景。陶土板采用天然陶土为主要原料，经湿法螺旋高压挤出，切割干燥，然后在 1200℃左右高温烧制而成。陶土板作为新型环保节能幕墙材料，具有如下特点：

首先是保温节能。陶土板为中空板，还可与保温材料配合使用，具有非常好的保温、隔声功能；其次是安全可靠：陶土板热稳定性高，安装牢固，不会爆裂脱落，强度高，抗风压能力好，抗震能力强；再次是光反射能力很弱，不会产生光污染；此外，陶板色泽图案、表面质感丰富多彩并可人为控制，能更大范围满足设计师的设计意图和千变万化的市场需求。干挂陶瓷大板还具有安装工艺简单、费用省、时间快、而且在陶板破损时易于单片更换的特点 。

自 1989 年中国民航总局办公楼幕墙首次引进使用德国 AGROB BUCHTAL 陶土板以来，陶土板开始在国内使用。随着北京阳光尚东、南新仓大厦、天津金融街、上海汽车南站等陶板工程的竣工，陶土板幕墙的优势也逐渐表现出来，并不断得到建筑设计师的青睐。陶土板目前已成为国内最具发展潜力的高档建筑陶瓷产品之一。预计未来国内玻璃幕墙将大幅下降，相反陶土板的使用量将快速增加，年需求量有望突破 2000 万平方米。今后 5 ~ 10 年还将以 10% 以上的速度增长，产品的市场前景看好。

目前中国市场的陶土板主要还是依赖进口。迄今国内只有江苏端高建材公司、江苏新嘉理陶瓷有限公司、福建华泰集团等三家企业投资陶板生产线并形成生产能力，但是这些企业单线日产能力还不足 2000 平方米，年产总量还不足 200 万平方米，因此陶土板市场依然有较大的缺口。

最近两年，福建华泰集团 TOB 陶板发展令行业关注。2008 年，福建华泰集团引进先进的意大利生产设备，建成目前世界上最长的全自动温控辊道窑陶土板生产线。该生产线窑炉全长 238 米，年生产量可达 300 万平方米以上。同年 8 月，由福建华泰集团和陕西省咸阳陶瓷研究设计院联合研制的 TOB 系列保温装饰陶板，通过了住房和城乡建设部的科技成果鉴定。TOB 陶板同时还成为住房和城乡建设部、科技部唯一认定的“十一五”节能减排陶板项目。10 月 1 日，福建华泰集团 TOB 大规格陶板下线。TOB 陶板计划三年内建三条线，年生产量达到 500 万平方米。

2009 年，TOB 陶板加大了在国内一线城市的推广力度。4 月 24 日，上海装饰装修行业协会幕墙委员会与福建华泰集团举行中国陶板幕墙战略技术合作联盟签署仪式。同年 TOB 陶板中标上海世博会世博园永久性工程——服务中心大楼。在金融危机期间，TOB 陶板还逆势扩张欧洲市场，成功获得俄罗斯等国的大宗订单。

陶板市场的缺口正在吸引更多的投资者投资该项目。2008 年 12 月 2 日，陕西中土陶业年产 100 万平方米陶板生产线开工。该项目由陕西秦煤集团与江苏新嘉里陶瓷有限责任公司共同投资 1.5 亿元整套引进先进的全自动流水线，投产后预计年产值近 4 亿元。2009 年，陕西省铜川市推动陕西中土陶业再上 4 条陶板生产线，拟建成中国最大的陶板生产基地。

第七节　建筑琉璃制品

建筑琉璃制品是指以黏土为主要原料，经成型、施釉、烧成而制得的用于建筑物的瓦类、脊类、饰件类陶瓷制品。建筑琉璃制品主要种类分为瓦类、脊类、饰件类。传统的制品为吸水率小于 12% 的精陶产品。近几年来，随着制造技术水平的提高，出现了大量吸水率小于 6% 的炻质建筑琉璃制品，成为本类产品的高档产品，从而使高中低档产品的格局发生了明显变化。传统建筑琉璃制品为挤压成型或注浆成型，近几年来成功采用陶瓷砖的干压成型工艺，用于生产大规格的瓦类产品，使其吸水率降至 6% 以下，除外观以外，重要的是大大提高了产品的强度、抗冻性、抗热震性等内在技术指标。

我国建筑琉璃制品生产企业主要分布在福建、江苏、北京、山东、天津、河北、江西、河南、湖北、湖南、广东、山西、陕西等省市，其中以福建晋江、山东淄博、江苏宜兴等地较为集中。据初步统计，目前建筑琉璃制品生产企业数大约 500 多家左右，产量在 30 亿件左右，2009 年销售额为 40 亿元以上，其产量同比增长了约 25%，销售额同比增长了约 45%。

一、建筑琉璃制品发展现状

2009 年我国建筑琉璃制品工业依然保持了快速发展的良好局面，产量、产值及利润和 2008 年相比都有了不同程度的增长。2007 年以来，建筑琉璃制品工业发展稳健，绩效突出，市场变化异常活跃。

1. 建筑琉璃制品产业发展迅速

巨大的市场需求使全国建筑琉璃制品市场供求关系发生了很大的变化，市场整体表现为供需基本平衡。据有关部门对有一定规模企业的统计，2007 ~ 2008 年全国建筑琉璃制品产品产量平均累计增长 20%，2009 年增长 25%。从整个市场表现来看，2007 年以来全国建筑琉璃制品产品销售形势较好，库存几乎为零，价格上扬。尤其是进入 2009 年后，全国各地建筑琉璃制品价格有不同幅度的增长，可以说，在市场供求关系的左右下，我国建筑琉璃制品产业发展出现了从未有过的良好势头。

2. 全国建筑琉璃制品量价齐升之后趋于平稳

产品价格上扬，各类产品的涨幅不一，产业结构尤其是在价格的左右下，逐渐向科学合理的方向发展。2007 年以来，在我国房地产业快速发展的影响下，建筑琉璃制品产业逐渐被拉动，产品市场量价齐升，价格持续爬升，维持在较高的市场价位上。根据有关部门统计，2007 年和 2008 年，全国建筑琉璃制品价格同比上涨了 15% ~20%。2009 年趋于平稳，大部分有实力的企业仍保持着旺盛的生命力。

3. 建筑琉璃制品产业健康发展

2009 年全国新增生产线近 50 条，窑线长度从原来的 100 多米逐渐增加到 400 米左右，产量从原来的日产 1 万发展 8 万件，再由 8 万件增加到现在的 25 万件，绝大部分的产品各项技术指标均已超过目前的国家行业标准。各地产业招商仍是热情不减，至今我国的建筑琉璃制品产量一直保持着令人欣慰的数字增长，每年至少有 5 亿件的增长，2008 年我国建筑琉璃制品产量已经达到 25 亿件，2009 年已达到了30亿件，占世界产量的70%以上。

2009年销售增长明显高过产量增长，实质性地说明建筑琉璃制品产业健康发展。随着房地产行业的持续发展上升，建筑琉璃制品行业也将随着整体经济的发展、城市化进程的加速、社会主义新农村的建设的步伐加大、世界经济复苏的带动而会进一步得到发展。全国建筑琉璃制品产业经济运行质量较好，企业经济效益显著提高。

4. 建筑琉璃制品出口明显增加

从建筑琉璃制品行业整体情况看，2007年，出口增加20%～30%，2008年上半年，我国建筑琉璃制品工业国际化进程不断加快，一些产品和设备陆续走出国门，进入国际市场，2008年下半年产品出口因为金融危机的影响下滑几乎达到三分之一左右，2009年下半年出口逐渐有所好转。我国建筑琉璃制品的出口市场主要是美国、德国、日本、希腊、瑞士、印度、俄罗斯等国家和地区。琉璃制品行业中有少数高档产品生产企业，福建的晋江美胜陶瓷有限公司、晋江金壮陶瓷有限公司、晋江前兴陶瓷有限公司、福建碧圣陶瓷有限公司、江苏的宜兴明月建陶有限公司、江西新红梅陶瓷有限公司、淄博金马琉璃瓦有限公司、淄博鑫源建陶有限公司、佛山金牛陶瓷有限公司、曲阜琉璃瓦厂、四川的永鑫琉璃陶瓷厂、陕西的富陶集团、湖南的名丰达琉璃瓦厂、长兴耀龙陶瓷有限公司、嘉泰陶瓷有限公司（琉璃瓦）、常熟的大象陶瓷有限公司等都是行业领军企业，基于其产品质量、产品档次与国外产品相同或高于国外产品，在国际市场上特别是在我国周边国家和地区有一定市场。

二、全国建筑琉璃制品主要产区

1. 晋江产区

福建省晋江是全国外墙砖最大的陶瓷产业基地，琉璃瓦企业大小有80家左右，产品则基本占据了全国市场的半壁江山，被列为国家星火区域性支柱产业，成为全国四大建筑陶瓷生产基地。

2. 宜兴产区

宜兴的琉璃制品企业一度发展到400家左右企业，为我国的园林古建筑建设作出了巨大贡献。据市有关部门统计，2008年整治关闭100多家落后的琉璃瓦企业，目前，宜兴市现仍有200多家琉璃瓦企业，包括一些作坊式的小企业。

3. 江西产区

江西的琉璃制品集中分布在高安、景德镇。据不完全统计在江西有西瓦厂家20家左右，生产线有25条，日生产能力250万片，传统琉璃瓦厂家有十多家，日生产能力15万片。高安素有建筑卫生陶瓷基地的美誉，到目前为止仅琉璃制品厂家有十多家，生产线15条左右，日生产能力150万片左右。景德镇瓷质琉璃瓦产品占据国内半壁江山，景德镇的瓷质琉璃瓦产品销量占全国总销量的50%。目前该市有4家企业出产瓷质琉璃瓦，包括景德镇卡地克建陶有限公司、景德镇梦特香陶瓷有限公司、景德镇圣泰陶瓷有限公司、景德镇金翔陶瓷有限公司，共8条瓷质琉璃瓦出产线。

4. 山东产区

山东产区琉璃制品主要集中在淄博、临沂两地，青岛和潍坊等地也有少量的企业，产品以中高档为主，主要产品有传统琉璃瓦、炻质陶瓷瓦，传统的居多，大多数产品在质量方面也越来越好，大大小小有60多家、100条左右生产线，日生产能力150万片左右。

5. 夹江产区

规模生产企业，四川新万兴瓷业有限公司2条生产线，5000万片/年；夹江县华宸瓷业有限公司1

条生产线，300 多万平方米/年；四川米兰诺陶瓷有限公司 1 条生产线，5000 万片/年。

其他大部分陶企也生产琉璃瓦，但生产线、产量、时间都不固定，市场销路好时生产量大，销路不好时生产量减少甚至不生产。

6. 湖北产区

琉璃瓦产业是湖北安陆的新兴产业，目前已经发展成为安陆的支柱产业之一。全市琉璃瓦企业达到 17 家 35 条生产线，日生产能力达 40 多万片，主要销往河南、安徽、湖南等华中地区。

三、建筑琉璃制品行业的发展趋势

1. 迎合市场，开发出独具特色的产品

琉璃制品除实用功能外，在欣赏与享受传统的居住文化的前提下，开发出独具特色的产品，由此而形成巨大的市场需求，刺激与推动琉璃制品工业迅速发展。产品造型种类要丰富多彩，釉色品种要五彩缤纷、争妍斗艳，表面纹样装饰更要形式多样，既有平面的，又有浅浮雕与深浮雕或镂空的装饰，洋溢出东方文化艺术的气息。产品种类丰富，花色品种多样，实用性与装饰性兼备，产品销路必然顺畅，为我国古建筑翻新及楼、堂、馆、所、校舍、寺庙、新型民房、新农村建设等提供方便，促进琉璃制品工业与建筑市场的发展。

2. 更新设计理念，提高产品档次和竞争力

琉璃制品生产工艺技术应向半自动化或全自动化操作生产方式转变。琉璃制品采用高科技进行生产线改进，也必须与国情及市场竞争要求紧密相连。对建筑琉璃制品生产企业进行高科技改进存在许多优越条件。如陶瓷机械工业，可以充分移植与借鉴其他精密加工行业，从而使复杂的琉璃生产工艺技术变得容易可行。半自动、全自动化生产技术的采用，使琉璃制品企业也要朝着组建大型企业集团、产地集中的方向发展。其集约化生产程度非常方便企业参与国际市场竞争，也有利于从整体上进行产品结构调整，确保我国作为琉璃制品生产大国的地位。

设计制造出半自动、全自动琉璃制品生产线，在技术设备水平方面应向世界前列看齐，同时其先进的琉璃制品工艺须获得企业的认可。生产线的主要特点是从原料供给到自动练泥或干压、成型、干燥、施釉、烧成全线实现半自动化、全自动化生产方式，全面提高质量，降低成本，提高市场竞争力。东北法库，江西高安、景德镇是一个新兴的陶瓷工业园区，起点高，配套设施比较齐全，环保要求与措施到位，投资、发展、销售环境良好，已引起了社会的极大关注。

3. 重视技术进步和技术创新

重视技术进步和技术创新，实施科技兴企战略，不断提高以企业自主创新为基础的核心竞争能力。一是要加强与科研单位合作，不断开发新产品。企业要善于整合社会资源、借用外脑，走产、学、研相结合的路子，充分利用高等院校、科研院所的科研资源来推动企业的技术进步。二是要节能、降耗、减排，提高产品质量，提高劳动生产率。三是鼓励企业内部自主创新，对作出重大、突出贡献的有功人员实行重奖。晋江美胜陶瓷有限公司研制出了保温瓦已大量出口，性价比很高；晋江金壮陶瓷有限公司也有比较前卫的新产品正在研制之中，有的企业也正在向太阳能瓦进军。科技创新和科技进步已成为企业发展和强大的基本要素。

4. 引进和培养人才是企业发展的根本

企业在市场中的竞争，归根到底是人才的竞争。广大琉璃制品企业要树立新的人才观念，加大人才引进和培养力度，建立高效的用人机制。琉璃制品产业发展很快，市场竞争越来越激烈，家庭作坊式的

经营模式将不适应新形势的要求。企业必须加强战略管理，做好发展规划，对公司组织结构、管理模式、营销策划作深入的研究，制定适合自己特点的发展方案。

民营企业在完成资本的原始积累后，要逐步走出家族式和以原创人员为主的经营管理模式，聘请有专业管理经验和管理能力的职业经理人来进行经营管理；应注重引进高级专业技术人才，提高自主技术开发能力；特别要注重引进或培养深谙国际惯例和规则的国际化经营管理人才。企业还应高度重视对高级技术工人的引进和培养，建立科学的员工绩效管理体系和管理制度，形成有效的激励机制，最大限度地调动员工的工作积极性和工作潜能。

5. 强化质量意识，增强品牌意识

近年来，日本琉璃瓦、欧洲西班牙及意大利平板瓦的介入，使国内出现了模仿欧风的趋势，来自欧洲的平板瓦款式很受青睐。国内一些企业也改产平板瓦及其他产品。但另一方面，多家企业正在加紧研制新产品，吸收了欧洲平板瓦的特点，仍具东方风格的、增加了新的科技含量的新一代琉璃产品已研制出来，形成自己的品牌参与竞争。

要把产品尤其是作为不动产住宅所必需的建材产品卖给消费者并非易事。从前是卖方市场，现在经过十几年的发展，连许多发展中国家都可以生产相同的产品，能制造者比比皆是。因此，一定要先了解消费者的需求是什么，然后再制造消费者要的东西，这是以消费者为主的买方市场，企业应站在消费者立场为消费者着想，让消费者感到满意。要达到此目的就必须做到：（1）采用先进的质量管理方法，建立健全质量管理制度，为顾客提供优质的琉璃制品产品。（2）创品牌应提到企业发展重要议事日程，制定品牌建设的方案和策略，尽快培育出更多的全国知名名牌。（3）以顾客的需要为追求，把产品的人性化质量指针纳入质量管理的范畴，不断改进和完善产品设计，努力提高产品的使用性能。

6. 高度重视企业文化建设

高度重视企业文化建设，铸就企业先进的发展文化、管理文化、品牌文化和服务文化，构建起企业与社会、企业与顾客、企业与员工间的和谐、良性互动关系，提高企业竞争力。

企业文化建设是实现现代化管理的重要组成部分，是企业发展到一定阶段的必然产物。传统的管理模式往往忽略文化建设的重要性，最大限度地发挥人的潜能，将会带来事半功倍的效果。

总之，通过各方努力，争取用最短的时间，使我国建筑琉璃制品应用先进的技术装备，实现自动控制流水线作业，使琉璃制品档次高、更新速度快、配套能力强，形成自己的品牌，在国际市场上有很强的竞争能力，让更多的产品占领亚洲市场并稳步进入欧、美高档产品市场，以质量和供应能力双重优势参与竞争，生产出靓丽多姿的琉璃产品，装饰美化现代建筑。

第七章　卫生洁具产品

第一节　洁具

一、坐便器

2009年坐便器研发、设计在以下几方面取得了新的进展：

1. 节水。根据国务院批复的《21世纪初期首都水资源可持续利用规划》，2009年北京市发改委日前下发《关于调整市非居民用水水资源费和污水处理费的通知》，11月20日起，调整京城非居民用水水资源费和污水处理费征收标准。

随着水价的上升，消费者在选择洁具的时刻越发关切是否节能节水，节能节水也成了最大的市场卖点。权威数据显统计示，坐便器用水已占到一般家庭用水量的40%，节约坐便器用水就节约了住宅用水的40%。目前，我国强制执行的节水坐便器标准为3～6升。目前市场上开始出现最低用水量仅为1.4升新型坐便器。

2009年，洁具生产企业的竞争焦点也汇聚到节水性能的比拼上，品牌洁具生产企业连续推出新型节水产品，其中表现最突出的是坐便器。TOTO通过智洁技术、G－MAX技术、超旋式冲洗等先进科技推出了可一次洗净的4.8升坐便器；科勒推出了希玛龙坐便器，选择经济型的5.3升冲水设置可使用户每年节约高达7570升的用水量。

2009年尚高卫浴研制了出超级节能坐便器——快节通坐便器。该坐便器在技术创新上突破了200多年来稀释虹吸冲刷的排污方式，采用直冲倾倒的排污方式，利用重力杠杆平衡原理，将污物以倾倒方式排入下水道，然后自动翻回盛水密封，使得污物排放得以100%的置换。

鹰卫浴2009年根据国家将大力利用闲置公积金支持经济适用房等保障房的趋势，制定了产品多样化措施。其中life.丽超节水坐便器是产品之一。“life.丽”利用自然原理，以优化内部管道等设计，靠喷射虹吸技术，轻松实现洁净、节水的冲洗效果。“life.丽”采用了3寸超大冲洗阀，增大瞬间冲水流量，大大增加冲水力度。

2. 人性化。随着老龄化社会的发展，一种专为肥胖人士和老年人开发的卫浴产品开始出现，比如安华卫浴开发的“老年人专用坐便器”、“老年人浴缸”体现了对老年人和特殊人群的人性化关怀。有老人的家庭，如果在卫生间发生了紧急情况，则可以按响报警器及时寻求帮助。

另外，一些品牌企业还尽量结合现代科技为消费者带来更为舒适的身心体验。如美标坐便器生产的可供选择的软式座垫，给老年和女性使用者带来舒适感受。LED夜光照明更可为老人提供方便且低碳的照明方式。

3. 保洁。清洁卫生是坐便器热销与否的另一个关键。坐便器与人体接触时间虽不长，却是细菌传播的最主要载体，因此其抗菌性深受消费者关注。

箭牌卫浴的一款节水型连体式坐便器——箭牌AB－1116喷射虹吸式坐便器。自洁釉技术使用专用釉料，所形成的陶瓷表面比普通陶瓷表面更平滑，“纳米小规格效应”让纳米小颗粒填充到肉眼看不到的凹凸内，使得污垢和细菌无藏身之地。

翻盖自动打开，自动关闭、冲水的坐便器产品越来越普遍。这类坐便器往往还具有温水自动冲刷、喷洗，自动烘干功能。目前“无纸马桶”更受到70后、80后的青睐。另外，逐渐流行的可拆卸的坐便器坐圈更方便清洁，抗菌釉面能有效抑制细菌滋生。

4. 智能化。智能化是近年来洁具产品发展的重要方向之一。坐便器可尿检，将数据发送给医生，甚至给出健康饮食的建议。智能型马桶配置传感器，能够自动感知排泄物的量，自动感知大小便的不同，再根据这些资料自动调节用水量多少。以上这些智能化产品的畅想2009年正在变成事实。

伊奈卫浴推出了一款号称世界体积最小型的全自动便器，除了可以播放MP3，它最大的亮点是有柔光灯的设计，夜间使用卫生间时，可通过感应器感知，从脚下开始照明。

惠达卫浴推出的智能马桶，除了双层施釉技术、夜光照明外，还采用了温度传感器，对水温、座温进行控制，座圈上的LED屏也以全数字显示，让如厕的人对整个小环境了如指掌。

益高卫浴2009年9月推出的“锐洁”系列智能坐便器，是本年度该类产品在舒适、安全、智能及人性化追求方面的集大成作品。该产品采用高集成智能主板设计，首次引进汽车分工系统模块设计理念，独创一键式智能触摸感应键，具备缓降坐盖、夜光、感应、保暖抗菌、水过滤喷嘴自洁、喷嘴位置自动调节、冲洗后自动烘干、移动中按摩清洗等多种功能。

二、浴缸

浴缸的流行趋势，随着人们生活品质的提高而富于变幻。从最初的陶瓷浴缸，到铸铁浴缸、钢板搪瓷，再到现在被热炒的亚克力浴缸，不同材质的产品共同分享市场。同时，独立的浴缸成为新潮流。

1. 材质。亚克力板已成为浴缸产品的主要材料。相对于陶瓷、铸铁、钢板搪瓷等材质的浴缸产品，亚克力浴缸有一次成型、造型丰富、重量轻、表面光洁度好、保温性能好等诸多优点，成为时下市场上最受推崇的浴缸材质。其造型多样及色彩富于变化的优势让许多年轻的消费者喜欢。采用珍珠板作材料的浴缸，从外观上看更高档些，耐划性也更强，但价格会比普通亚克力板产品一些。

另外，亚克力板不断延伸到其他卫生间产品。一些企业不仅所有的浴缸产品用亚克力板，部分卫生间手盆产品用都采用了亚克力板。

2. 设计。简约的家居设计风格目前正成为室内装修的主导风格。在这种趋势的带动下，简约的浴缸产品也开始拥有更多的市场份额。现在，浴缸产品中以占地小、内部大的特性的浴缸最受市场欢迎。

随着设计的不断创新，一些企业也尝试为原始木桶融入一些现代的设计元素，不仅保留了复古、浪漫的外形设计，而其健康、环保的材质也使得木桶浴身价不菲，受到消费者的喜爱。从外观上看，靠背带有倾斜角度已成为浴缸产品的主要特点，而内部也多以上宽下窄、前窄后宽、内壁平滑设计为主。这样设计的浴缸节水性更佳。

3. 功能。浴缸产品也能集中体现科技内涵和奢华风格。一些企业推出的浴缸产品包括了液晶电视设备、触摸控制设备。这类产品集中了视听娱乐、气泡冲浪、灯光效果等功能，主要针对国内、中东、非洲等高端市场。而功能简单的浴缸产品则针对国内中端市场及欧美市场，价格上也更具吸引力。

从市场上看，功能越集中的浴缸价格越高。高端消费者对家的休闲功能十分看重，浴缸成为其休闲生活中不可或缺的产品。智能化的（远程遥控、视听娱乐、水体自洁等）、大规格的（5米，甚至更长）、保健性的（借水的冲击力按摩）、订制化的（功能可按需增减）产品受到高端市场的追捧。

一些企业将水疗概念引入卫浴空间，让消费者可以在家随时享受水疗。加深型设计实现全身浸泡。腰部按摩和足底按摩喷头设计带来舒适享受。根据人体工程学，各个喷头设置于最佳位置，配合可调节的喷头设计，保证身体每个部位都能获得水疗般的按摩。喷头还配备了扫射、点射等不同喷射模式，还可随心地添加颈枕、光疗、保温等个性化配置。

超大型的独立浴缸也受市场欢迎。一款长5米半独立浴缸，价格达到几十万，可放在露天的地方。这种档次的浴缸一般有净水功能，可以保持水三个月不用换。另外，生产商将独立浴缸也进行了人群细分，出现了专为女士、儿童等设计产品。这类独立浴缸无需砌台安装。

三、洗面器

相关国家标准规定：供洗脸、洗手用的卫生陶瓷叫洗面器，有悬挂式、立柱式和台式之分。2009年，洗面器在材质选用与个性化外观设计方面取得突破。卫生间的洗面器也由过去仅有的使用功能向使用与装饰功能为一体的双重功能转变。千篇一律的方形/圆形的、白色陶瓷的手盆开始将市场让出一部分给个性化的手盆。

材质方面，陶瓷洗面器、不锈钢、玻璃洗面器受市场欢迎：

1. 陶瓷洗面器。传统的陶瓷洗面器仍将是消费者采购的重心，但已不再是白色一统天下。特别设计的渐变色彩、精心处理的条纹、不规则的外形甚至手盆内图案的设计，将陶瓷材质的装饰效果很好地突出出来。

2. 不锈钢洗面器。一些喜欢将家居风味打扮得酷劲十足的业主，多倾向选择不锈钢材质的手盆，其刚毅清冷的感觉令其他材质手盆无法效仿。此类手盆的价格相对较高，在中高端市场上拥有一定的消费群体。

3. 玻璃洗面器。透明洁净的玻璃洗面器，是2009年家居产品的重要选项。其中，彩色的玻璃洗面器也受市场欢迎。玻璃洗面器以19毫米壁厚的洗面器为主。但市场对壁厚不够19毫米的玻璃洗面器还是有疑虑，因为这类产品耐高温性、耐冲撞性和耐破损性较差。

外观方面，个性化兼容实用性的产品受市场欢迎：

在形状上，手盆已不再仅仅是方圆两元素，椭圆、六棱形、扇形、三角形，有的像碗，有的像帽，有的像鸡蛋，有的则如超级巨无霸，成为整个洗手盆架的主角。手盆内部或外部的彩绘图案也渐渐受到消费者的关注，以几个图案进行点缀的手盆也受关注。

厦门人水卫浴获得2009年中国创新设计“红星奖”的“上善若水”面盆龙头，以简洁、干练的线条，表达一种从容淡定、与世无争的感觉，使得“上善若水”这一道家哲理在产品中得到了至善至美的诠释。

由于一般家庭的卫浴间相对狭小，近年来消费者对于卫浴间内产品的实用性要求更高。由此，悬空的洗面器开始渐渐被市场边缘化，洗面器配储物柜的搭配更符合市场的需求。此外，盆缘更大的手盆也比盆缘浅的洗面器更加有市场。

第二节　水嘴（水龙头）及花洒

一、水嘴（水龙头）

1. 感应水嘴（水龙头）。20世纪80年代末陶瓷密封原理的水龙头由欧洲进入我国并迅速蔓延，带动了我国的第一次水龙头革命，使水龙头从铸铁外壳、螺旋升降杆、橡胶垫圈密封，一下子过度到了陶瓷密封单柄双控、冷热混合用水的时代。10多年的时间，我国已成为世界陶瓷阀芯水龙头的生产大国。

从国际市场的发展方向看：水龙头行业的第二次大发展必将是陶瓷密封技术加恒温技术的智能化革命。

2009年，“甲流”的肆虐横行使得各地水暖五金市场受到很大考验。在紧张的形势面前，感应节水型水龙头却以其无需接触、自动感应开关水源、可以避免交叉感染的特点受到消费者欢迎。目前感应式洁具已经在公众机构大量使用，而公共场所的配套设施也在逐步的推广中。

2008年5月，申鹭达的智能触摸式温控水龙头第一次在上海国际卫浴产品展览会上亮相。2009年，该产品连续获评为“国家节水贡献奖”等荣誉，而“申鹭达”牌水嘴及冲洗阀分别入选国家发改委、国家财政部的政府强制采购目录清单和优先采购目录清单。

数控恒温水嘴具有触摸出水、多项转换、智能恒温（38～45℃）、安全防烫、限流设置、发电装置等多功能。该产品采用触摸出水装置的水嘴，用户可即时调整出水温度，温度以电子数字的形式显示，水嘴配置有水流量控制器，根据实际情况设定了出水时间的长短，时间到后可自动关水，避免了浪费水资源，同时有利于人们更好的把握出水装置的水温，避免传统水温调节方式所带来的安全问题和水资源的浪费，真正实现了水嘴产品的数字化、智能化。

2. 不锈钢水嘴（水龙头）。水龙头的材质主要有四种，分别为铜质、PVC 材料、铸铁、不锈钢等，目前国内市场上的现代高档水龙头，大多以纯铜为主要原材料。在国家大力提倡“节能减排、绿色环保”的背景下，虽然铜质水龙头仍占主流，但未来的趋势是用不锈钢水龙头逐步取代铜质。

不锈钢材质水龙头不含铅，且耐酸、耐碱，不受腐蚀，不释放有害物质，不会污染自来水源。这是其成为众多水龙头厂商 2009 年开始高度关注的主要原因。另外，铜材价格昂贵，且价格起伏不定，2009 年下半年之后一直呈上涨趋势，令以铜材为主的五金卫浴企业加重了负担。这也促使不少企业开始进入不锈钢水龙头产品研发和生产领域的重要原因之一。

国内最新的《生活饮用水卫生标准》（GB5749－2006）规定饮用水中铅含量不得超过 0.01，美国加利福尼亚州从 2010 年开始将采用新的法律，将禁止所有含铅量高于 0.25% 铜管，预计这对铜质水龙头以后的生产及使用会造成较大的影响。

3. 水嘴（水龙头）设计。水龙头大多有流畅的造型和不同的颜色，这使水龙头多了一种装饰功能，有的水龙头表面镀钛金、镀铬、烤漆、烤瓷等；造型除常见的流线型、鸭舌形外，还有球形、细长的圆锥形、倒三角形等等，水龙头市场百花齐放，异彩纷呈。

虽然 2009 年国内水龙头市场取得了长足的发展，但与国外进口的水龙头还是有一定的差距，其中之一是设计。首先从外光上看，国内水龙头在光滑、平整、流畅，造型等方面还不够现代时尚。但水龙头的设计当前已经从单纯的外观设计发展到全方位的功能设计。在外观设计和功能设计的结合方面，2009 年国内水龙头企业也取得了较大的进步。

2009 年安蒙卫浴公司选送的“轮回 AGAIN”系列水龙头获得全球工业设计“奥斯卡”奖——德国 IF 工业设计奖，也即德国“红点”设计大奖。这一设计的外观灵感来源于工业管道的造型，极简的设计风格。其单把手单向冷热水调控革新了传统的方式。把手的倾斜角度（15°），大小及质感符合人体工程学。模内转印技术处理的冷热温度指示界面便于识别，永不褪色。整件产品以简洁的造型，凝聚的功能配置组合最大化地减弱了生产工艺的复杂性，节约成本，易于生产。安蒙卫浴的天宫系列产品 082880 浴缸和 082910 大淋浴还获得“红棉奖”2009 中国创新设计大奖。

2009 年中国创新设计“红星奖”评比中，厦门人水卫浴选送的“上善若水”面盆龙头、“逸飞”厨房水龙头及两款花洒获得中国创新设计红星奖。“禅·静”电子面盆龙头还摘取了最佳创意奖桂冠。

“逸飞”厨房龙头造型流畅简洁，线条圆润。该款龙头产品利用水力发电的原理，将出水的能量转化为电力，轻松实现了水、电、光能绿色转换。这款设计还自带感温系统，颜色随水温变化而改变，从视觉上提醒消费者用水温度。龙头顶部的花洒可以自如抽取，满足消费者任何角度任何方式的冲洗习惯。多功能按钮切换花洒让消费者随心所欲的选择出水水花，满足厨房清洁的不同需求。

二、花洒

2009 年花洒产品在研发上出现了三种较新的技术：

1. 空气注入技术。环保多功能花洒是企业追逐的热点。空气注入技术是花洒的一项新技术，它把水和空气充分搅和在一起，通过巧妙排列在喷淋面和按摩水流喷嘴上的小孔，每分钟最多能吸入 100 升的空气。吸入的大量空气随即与 20 升水混合在一起，高速流动的水柱与气流在系统内部相互碰撞，将气流撞成无数个气泡。这些气泡在一个专门设计的混合区域里与水相互融合，经过巧妙的转向处理，从喷淋孔中均匀地流出。因此，从花洒中喷出的水是大而柔和、充满空气的水滴，比传统花洒喷出的水束感觉更加轻柔。最重要的是，它还更加节水环保，据了解，根据水压的不同，空气—水流混合技术最多可以减少 10% 的用水量。

2. 恒温技术。花洒也开始采用先进的恒温技术。恒温龙头采用的是感温材料，可以最大限度地降低进水水温和水压变化产生的出水温度变化的反应时间，使得消费者在淋浴过程中感受不到出水水温的变化。加装的隔热膜也可以有效防止被烫伤。

用恒温水阀即使暂时水流有变化也可保持水温恒定。而且冷热水阀是左右分开的，上面有刻度指示温度，可以精确地调节水温，不用担心用力过猛一下子水变得很烫或很凉。

3. 自洁技术。花洒用久了出水口容易积满水垢，影响淋浴的心情。2009 年市场上开始出现有自动清洁功能的花洒。这项专利技术 RUBIT 水波器的材质对石灰污垢具有排斥作用，可以很轻松地清除留存的污垢。它还有一套内置在花洒内的自动清洁针系统，当消费者在淋浴过程中转换花洒出水方式时，自动清洁针系统会通过清洁针一进一出的移动，将可能藏在内部的杂质推出来，确保花洒出水的顺畅。

2009 年花洒产品在设计和风格上有以下两点特征：

4. 人性化设计。随着人们对卫浴间的要求不断加大，花洒的设计越来越人性化，以出水方式为例，有雨淋、按摩、脉冲、喷雾等不同方式。手持花洒的出水更是从轻柔到激烈，同时有 2 ~ 5 个挡位可供调整。一些花洒上安装有恒温装置，在手柄圈上标定刻度，能够精确设定水的流量和温度，还有的品牌针对手持花洒软管易缠绕的缺点，设计了能 360°旋转的出水接座，防打结、折断。有的花洒的出水口一改 ABS 工程塑料的常见设计，采用了有弹性的硅橡胶，当花洒头有杂质或水垢时，用手拨自动清洁更方便，给人洁净舒适的感觉。

5. 简约风格。前几年那些上下左右各有许多出水口的复杂的淋浴坪已经过时。现在的淋浴坪变得更简单，一个手持花洒，再加上一个头顶花洒，基本上就可以满足所有需求。花洒的设计线条更加流畅，轮廓也更为平面和简单。无论是柔和雅致的弧线，还是硬朗简约的直线，搭配整体家居都给人时尚的感觉。

第三节 淋浴房

随着生活水平的不断提升，简易淋浴房间作为居家设计必不可缺的一部分，其风格越来越显示出其独特的魅力。淋浴房分简易淋浴房和整体电脑蒸汽淋浴房。前者占目前市场的主流。

1. 简易产品。简易淋浴房遵循的是极简主义设计。其设计理念是：让一切都变得简单，简单就等于方便。这种极简的风潮迎合了不少年轻人的心理，于是简易淋浴房设备也变得直接而最简化。

简易淋浴房产品设计要求美观大方、水密性强、区分干湿区、保暖、使用灵活方便。

简易追求简约，但也不简单。目前市场上出现的淋浴房形状也是千姿百态，有半圆形、三角形、五角形、花瓣形或 1/4 圆形，卫浴环境的色调不再只是白色和骨色，而是个充满缤纷五彩艺术殿堂。

简易淋浴房也可以智能化。比如具有红外感应出水控制功能的淋浴房，可以根据喜好来调节按摩出水孔或坐便器出水孔的时间间隔，把握水流的节奏和力度。

简易淋浴房从材质上分，淋浴房推拉门分为铝钛镁合金框体、塑钢框体及木结构的型材框体等。实际家装中，用得最普遍的是铝钛镁合金的推拉门和现场制作的木结构推拉门。从轨道方式分，可分为双推拉轨道、单推拉轨道以及向轴心方向旋转的折叠推拉。折叠淋浴房推拉门所占空间较小，但密封性差。

过去，与家具、地板、橱柜等家居品类相比，淋浴房一直处于弱势地位。但近年来，淋浴房行业正在逐步发展壮大，并将从家居行业脱颖而出成为一个新兴的产业。

2. 高端产品。随时市场竞争日益激烈，淋浴房产品档次也不断提高：从最早的淋浴屏发展到现在普遍流行的简易淋浴房，再到少数高端人群使用的带淋浴房体、喷水按摩底盆、蒸汽发生器、喷淋器及音响设施的整体电脑蒸汽淋浴房。蒸汽淋浴房一般由桑拿系统、淋浴系统、理疗按摩系统三个部分组成。而多功能电脑淋浴房除了以上的功能外，还可以在蒸桑拿的同时收听电台广播或者欣赏 CD 等。整体电脑蒸汽淋浴房是新奢华主义家居用品的代表之一。

3. 生产方式。简易淋浴房可以说还是半成品。为了更好地利用空间，卫生间用的淋浴房 70% 都是采用非标淋浴房。因此，未来卖淋浴房是应该是为客户提供淋浴空间的整体解决方案，而非简单的售卖产品。这要求经销商要有很强的服务意识和全方位服务的能力。

目前，橱柜行业基本上实现非标定制生产，专卖店里的产品只是展示产品的设计理念和品质，客户能使用的产品都需要经过设计师重新设计。这种模式同样适用于淋浴房行业。一些淋浴房品牌企业的经销商目前都配有专业设计师。设计师为客户进行淋浴空间设计，最基本的目的就是要使卫生间有限的面积得到有效的利用。

4. 趋势。作为不是生活必需品的淋浴房等休闲卫浴，目前市场上倡导的“享乐洗浴”等奢华风格的洗浴文化与大多数传统中国消费者的生活习惯并不匹配，因此，金融危机时期休闲卫浴在家装项目中份额首次下滑。同时简易淋浴房销量增加。淋浴房等休闲卫浴下滑与前几年大量销售的产品在经过几年使用后，出现各种售后问题也有关。此外与国家房地产政策也有关系。市场上 90 平方米以下的房子份额增加，意味着减少了休闲卫浴产品的消费群。

因此，休闲卫浴未来将更“专心、专业、大众化”，并向两个方向发展：一是产品向大型的、材料高端、科技性更强的方向转变，这方面主要是满足专业洗浴中心、休闲会所等经营场所的需要；另一方面就是更加注重实用功能，走平价路线，把纯粹的洗浴功能做到最完美，减少那些花哨、没有意义的附加功能。这方面主要是针对普通消费者。

第四节　浴室柜

近年来，浴室柜在卫浴市场异军突起，成为国内消费者家装的必备元素。

当前浴室柜产品的材质多重多样，多层实木板、实木、硬质 PVC、陶瓷、不锈钢等拥有大批消费群体。这其中，不锈钢材质的浴室柜逐渐成为消费主流。

1. 不锈钢产品。不锈钢浴室柜最大的优势在于其极高的防潮性。木质浴室柜的生命周期一般在 2 ~ 5 年，而不锈钢的若保养得当，将可使用 5 年甚至 10 年。此外，在清洁保养方面，不锈钢浴室柜也优于其他材质。

不同地域的消费在产品选择上会有比较显著的区别：南方的消费者更注重时尚，而北方则更强调实用性。从目前的消费趋势来看，美观、大方、创意更强的产品在南方市场的销售情况将好于北方；而实用、收纳功能更强的浴室柜在北方市场上有更大的需求。

2. 挂式产品。挂式的浴室柜产品仍将是消费的主流。为此，厂家在生产时也更偏重于这个领域。对挂式产品的需求更强烈有其合理性。落地式浴室柜更易受潮，特别是木质产品，极易发生柜体材料的腐烂，也容易使里面存放的物品发霉，滋生细菌。挂式的产品可在一定程度上避免柜体受潮，也由此产品更多的需求。

3. 台面。凤凰石材质的台面和玻璃台面将受到市场的更大泛关注。凤凰石是微晶及玻璃分相组成的一种无机非金属材料，其生产工艺为玻璃再结晶的方式，利用高科技手段通过对石英砂的处理精炼经过结晶化而成，与超高温条件下形成天然花岗岩的成因类似。其最大的特点是通体无气孔，质地玉润而表面光洁，吸水率为零。一般中高档的卫浴产品偏好选择它作为台面制作材料。

4. 产品延伸。随着消费者对卫浴空间理解的日益理性，“轻装修，重装饰”的新装饰主义在卫浴空间装饰也流行。由于浴室柜能够体现卫生间整体的结构和形象，“先选浴室柜再置办瓷砖”这一消费趋向日益明显。

由于“上面盆、下柜体”的组合形式，让浴室柜成为卫生陶瓷行业与家具行业的完美融合的节点。各大卫浴品牌于是纷纷延伸自已的产品线，涉足浴室柜的生产。这些企业希望在浴室柜领域积累了生产和销售经验之后，能上马橱柜、衣帽间和木门等生产线，实现“定制浴室柜—定制橱柜—整体衣柜—家具”的跨越，并最终获得“整体家居解决方案”的能力。

第八章 营销与卖场

第一节 营销

2009年建筑陶瓷及卫浴企业在市场营销方面的总体特征是：一是主流品牌与行业品牌时代跨入大众品牌时代。尤其是在卫浴行业，福建南安卫浴企业开始走“晋江模式”的品牌之路——请代言人，在央视投放广告，区域品牌形象得到了很大的提升，给佛山卫浴品牌以很大的压力；二是渠道的普遍下沉，引发传统经销商体制的变革；三是渠道整合力度进一步加大，“整体营销”概念被广泛接受，主流企业在这方面的探索取得新进展；四是新兴产区迅速增加且布局分散，导致产区之间对市场的激烈争夺，区域化生产、区域化销售模式成为必然；五是互联网、手机等新媒体营销平台开始被关注。一些企业开始建网上商城，但由于行业特性，网络营销还处于探索阶段；六是随着北京奥运会成为历史，建筑陶瓷及卫浴企业的体育营销也跌入低谷。2009新增个案很少，丹丽洁具成为广州亚运会独家供应商是少数亮点之一。

2009年建筑陶瓷及卫浴企业市场营销有以下一些方面值得关注：

一、内销与外销

国内建筑陶瓷及卫浴企业中，陶瓷企业出口比例只有一两成，而厦门、开平以及浙江地区卫浴配件企业基本上以出口为主。受金融危机影响，陶瓷企业出口自2008年下半年到2009年第一季度全面下滑，导致诸多外向型企业纷纷掉头抢占国内市场。

“从欧洲回到中国”，2009年末中宇卫浴签约体育巨星郭晶晶高调宣言进入国内市场。中宇卫浴带领更多南安卫浴企业加大了向国内市场转型的力度。广东开平水口和浙江的外向加工型卫浴企业也开始开拓国内市场。

2009年，佛山陶瓷出口型企业欧文莱陶瓷、海棠陶瓷、米洛西陶瓷等也加大了内销的力度。11月16日，欧文莱陶瓷总部展厅在总部基地开业期间，特举行欧文莱国内营销战略研讨会。而海棠陶瓷尝试与外销型卫浴企业相互整合渠道资源，共同拓展国内市场。

2000年以来，陶瓷企业的国际贸易业务一般以年均20%～30%以上的速度增长，并从依靠出口企业渠道逐步发展为海外总代理和出口企业并存的国际贸易营销模式。

2009年，面对金融危机带来的海外市场需求下降，新明珠出台了针对自有品牌海外市场独家代理的特别支持政策，从产品价格、市场推广、专卖店建设等方面为这类代理商提供特别支持，扶持其做大做强，提高自有品牌在国际市场的份额。而在企业内部，则从薪酬制度、业务奖励、产品研发、排产等各环节打出“组合拳”，加大自主品牌在国际市场的推广力度。

金意陶则启动在欧洲、美国、澳洲、日本设立分公司的战略，并计划品牌出口比例由2009年的40%，增长到60%。博德精工由于已经在美国、日本、韩国等地设立分公司，自主品牌出口达70%。

二、高端市场营销

国内瓷砖市场结构一直以来都呈金字塔状，中端市场的比例在30%～40%，低端市场份额占一半以上，而高端市场大约占整个市场10%。随着消费者收入的增加、品位的提升，高端市场的放大趋势已越来越明显，尤其在一些一线城市，其高端市场已达20%以上，并呈快速上升之势。但在金融危机时期，国内企业普遍无暇无力开拓高端市场，忙于渠道下沉，争夺三、四级市场，而瓷砖高端市场主要由进口品牌占据。2009年前五个月，居然之家北京四个店面的销售排行榜数据显示，蜜蜂瓷砖连续五个月都在瓷砖畅销品牌前三名之列。

消费群体细分后，社会精英阶层的消费动向也受到本土主流企业的重视。一些主流的陶瓷品牌开始围绕精英消费群体提供针对性、个性化、品位化的高端服务。2009年7月19日，欧神诺陶瓷在新品铂金系列玻化砖全球发布会上，第一次公开宣称该系列产品市场定位是高端消费群体。

三、二三线市场营销

目前，国内市场中在售的进口瓷砖品牌主要有加德尼亚、蜜蜂、蜘蛛等。而卫浴产品的高端市场基本上都被TOTO、科勒、伊奈等洋品牌占据。过去10多年进口瓷砖、卫浴品牌的主战场在一线城市。一线城市房地产业在经历了10多年高速发展之后，因为土地资源等条件的限制，房地产增长空间越来越小，许多地产商于是把主战场转向二、三线城市。作为供应商的陶瓷经销商因而也将跟随房地产企业转移战场。

目前，国内企业抛光砖质量已经领先世界，仿古砖等也接近世界先进水平。国产卫浴产品质量和品牌近年来也不断提升，与进口品牌的距离越来越近。因此，在一线城市格局基本稳定的前提下，随着洋品牌渠道的下沉，其与国产品牌的争夺焦点将会是二、三线城市。

四、渠道下沉

渠道下沉的过程也是一个深度分销的过程。金融危机时期，激烈的市场竞争逼迫企业按照“一县一户”的原则，与各县级经销商结成战略伙伴关系，培育出具有中国特色的“垂直分销体系”。

2009年，进口卫浴品牌科勒专卖店到年底接近600个，连保定、秦皇岛等三线城市都已覆盖，且两地展厅面积均达400平方米。从2009年2月20日到12月31日，“科勒巡回展”（Mobile Truck）以上海为起点，穿越全国30多个大中城市，沿途吸引注意力，推广品牌理念。

在国内品牌中，华东品牌过去只走高端路线。斯米克陶瓷2007年在国内A股上市之后，最近两年调整策略扩大中端市场的销售份额，而产能主要靠江西丰城生产基地来实现。

东鹏一贯坚持走高端路线，但同样启动“陶瓷下乡”战略。金融危机之后，作为一种战略，东鹏一部分中低端的产品向广阔的农村市场渗透。目前，在广东的每一个县级城市东鹏都已布下网点。

五、区域化销售

新中源企业是陶瓷行业区域化生产和区域化销售的先锋。从2000年第一次走出广东到四川夹江布局，新中源企业至今在全国各地已经有10个生产基地。早期四川新中源在国内中部地区包括湖南、湖北等都有销售，但目前只在西南、西北地区市场密集开发网点。四川新中源各品牌的客户均集中在四川的地市县及广大乡镇，网络渠道不断下沉。这些客户大部分是小客户，一年三五十万销售额的占到80%。

随着新兴陶瓷产区的遍地开花，产区相互之间的竞争越来越烈。产区之间相互蚕食市场，市场覆盖半径相互制约，一般维持在500公里左右。在这种情势下，新兴产区企业采用区域化生产、区域化销售模式就成为必然。

六、经销商洗牌

2009 年，随着市场、品牌的下沉，企业对渠道扁平化的需求更加迫切。在一、二线市场为主战场的时代，多数企业热衷于“大经销商制”。“大经销商制”虽然有投入小，管理成本低的优点，但总代理、分销商的多层级代理模式也弱化了厂家对终端的控制力。尤其是在总代理与厂家没有形成共识的情况下，三四线市场网点的建设速度会受到很大的制约。

更多的企业因此开始关注“小经销商制”。“小经销商制”是指厂家直接管理经销商，并让其在三四线市场广泛铺开。三四线城市网点直接面对厂家，渠道的层级少，厂家因而能实施扁平化管理，快速推动渠道下沉。在内需市场全面启动的时期，企业采用大小经销制混合体，既能在一、二线市场长期有所作为，又能在三、四线市场“长袖善舞”，具备同样的竞争力。

七、代理制与分公司制

2009 年 12 月 3 日，北京十里河闽龙陶瓷总部基地两个瓷砖品牌大店——2800 平方米的博德家居新大陆旗舰店和超 1000 平方米博德精工玉石旗舰店开业，这标志着博德精工北京分公司的运作全面启动。

博德精工近年来一直在北京、成都、天津、重庆等一线城市尝试分公司直营的销售模式。东鹏陶瓷近年来也在西安、深圳、广州、上海等城市建立分公司。而华东企业亚细亚、斯米克等 2009 年也开始全面或局部实行代理制。虽然企业各自努力的方向不同，但厂家主动在渠道模式上求变的心态折射出行业未来发展的某种趋势。

代理制和分公司各有优劣。企业背景不同，发展阶段不同，对二者的需求也就不同。企业资本实力雄厚的在创业时期就能建分公司（比如华东企业），反之则适合选择代理制（比如广东企业）。当企业实力逐步增强，需要增强终端控制力的时候，也可以有选择地在主要区域市场建立分公司。企业来在主要市场建分公司具有一定的战略意义，因为只有更稳固的终端才能保证企业的可持续发展。

八、“总裁签售”

“促销”成为 2009 年度陶瓷卫浴行业一个热词。激烈的市场竞争，导致终端市场各种名目的促销活动轮番上演。其中最流行的促销方式是现场“总裁签售”，一些企业为追求效益最大化，不仅搞全国“巡回签售”，甚至搞“视频签售”。为获得宣传效应，市场还出现了纯粹为造势而开展的“零利润”、“负利润”的总裁签售。

而一些营销中介机构频繁发动的大规模的团购运动，也是刺向商家的双刃剑，商家在获得销量的同时，也减损了自己的利润。部分企业在促销中的不规范行为还受到管理部门与媒体的关注，2009 年下半年，多家企业因此被工商部门查处，并被媒体曝光。

九、“工厂游”

新中源企业继续发挥自有五星级酒店的优势，厂家主导型的团购活动继续进行。2009“感恩中国”大团购活动在国内 108 个城市举行。12 月 4 日至 6 日，新南悦陶瓷举办的“飞到佛山买瓷砖”主题活动，成为大团购活动的“收官”之作。

“工厂游”形式的大团购活动，本质上是厂家将传统的渠道费用花在了组织消费者旅游采购的活动上。而且消费者“飞到佛山买瓷砖”，不仅能享受五星级的服务，体验工厂直销价的魅力，还能与产品设计师直面沟通，使企业研发设计的产品越来越符合消费者需求。新中源“工厂游”营销模式因为具有较强的可操作性。2009 年佛山一些企业也陆续跟进，在珠三角地区搞大型“一日游”团购活动。

十、大店营销

对终端特征的认识，决定了建筑陶瓷行业营销的发展方向。特别是在低碳经济时代，“非低碳的”建筑陶瓷大店行销模式很容易被诟病。建筑陶瓷兼有耐用消费品和生产资料特性，重复购买次数少，是一个“低关注度”的行业。但另一方面，这个行业又是一个“高参与度”的行业，因为消费者一次性购买花费金额大。加上消费者没有购买经验，通过产品图册、电视广告、网上商场也无法直接看到成品效果，在这种情况下，终端体验馆就成为品牌与消费者进行沟通的最为重要的场所。从这个意义上说，陶瓷行业的“大店行销”是一种必然。

2009 年 9 月 20 日，被称为“亚洲最大单品牌展厅”的马可波罗瓷砖武汉至尊殿在大武汉建材城开业。10000 平方米超大面积，内含纳购物休闲吧、设计咨询区、手工陶吧及建筑陶瓷博物馆（中国建筑陶瓷博物馆华中分馆），在大卖场中算功能最齐全。

十一、传播多元化

渠道的多元化决定了传播模式的多元化。目前，建材家居行业营销是代理、分公司、工程代理等多种模式并行。在操作上要小区、家装、专卖店、团购、超市、网购、直营、分销、工程多级驱动。根据不同消费主体的特征，瓷砖客户群又分为工程客户、楼盘客户、零售客户、装修公司及工装客户等不同群体。因此，陶瓷卫浴品牌在进行品牌宣传推广时需同时面对多种推广渠道，在品牌传播过程中要根据渠道特性度身订做不同的品牌推广策略。

传播方式的多样化使厂商不可能面面俱到，在各个领域的推广都做到优秀。不同品牌可能在不同渠道上建立自己的资源优势：一些品牌在设计师渠道上独树一帜，一些品牌引领团购潮流，一些品牌体育营销风生水起，一些品牌擅长事件营销，一些品牌专注明星代言。

由于陶瓷产品的特性，不同消费群体的消费占比目前还处于均衡。因此，不同渠道对企业总体销售增长都起着重要的作用。可见，陶瓷企业综合实力的提升就在于能否整合不同渠道资源，协调不同渠道同步营销产品。

十二、网上商城

2009 年，网络营销在家居建材行业呈加速发展势头，网络营销逐步成为实体店面营销的一个有益补充。一些瓷砖品牌企业开始设立网络营销部，东鹏、马可波罗、蒙娜丽莎等还在官网上建有网上商城。一些企业更是选择直接与淘宝网合作。2009 年 12 月 5 日，在淘宝网启用的惠达卫浴网上旗舰店，完全模拟实景的旗舰店。

但是，由于卫浴、瓷砖产品与衣服、小商品等性质不同，目前网络营销对家居行业产生的实际效应还不大。当下运用最具效力的是网络团购促销及通过网络推广品牌、宣传产品。比较流行的网络宣传方式，包括新闻、软文、搜索引擎，网络优化、博客、论坛营销等。

当然，网上商场也有一个优势，即可以记录顾客的行为。顾客来到实体专卖店很难记录其在不同区域、不同产品面前的停留时间，但在网上商城很容易看出其在各个页面的停留时间及所购产品，这非常有利于企业作市场分析。

网上商城还要解决的一个问题是渠道的协同销售问题。企业总部首先要有能力协调与全国各地代理商的利益关系，能自上而下、由内而外，统一协调、控制网络销售平台，包括直接管理与协调各地消费者所有下单与发货流程。但要做到这一点，企业内部 ERP 系统的全面上线是基础。

随着 3G 牌照的发放，中国正式走进 3G 时代，手机逐渐成为继电视、广播、报刊、网络之后的第五媒体。而应运而生的“手机互动营销”以快速、互动、即时沟通等特点被大众普遍认同。

2009 年 12 月，彩诺卫浴与中国移动成功签署了联合 LOGO 标签营销授权协议。这是彩诺卫浴在品牌营销推广上的一次里程碑意义的事件，也是彩诺手绘艺术卫浴在新的市场环境中，面对创意营销传播时代的策略性选择。

十三、明星代言

2009 年 3 月 15 日，惠达卫浴携代言人、著名影星孙俪到北京居然之家金源店举行现场签售活动。早在 2006 年惠达洁具就请孙俪作品牌代言人，品牌形象因此得到很大提升。2009 年 5 月，惠达再次和孙俪续签了新的代言合同。

2009 年卫浴行业明星代言渐成风气。2009 年 5 月，惠达再次和孙俪续签了新的代言合同。11 月 15 日，中宇卫浴在北京钓鱼台国宾馆与奥运会、世锦赛双料五冠王、素有“中国跳水女皇”之称的著名运动员郭晶晶签约代言。同样在 11 月，台湾著名影星林心如代言浙江比奇卫浴，南安市爱浪水暖卫浴签约任泉，任泉还代言蒙帝卡欧洁具。10 月份，著名影星周海媚代言海景卫浴，6 月份她还代言了浙江迪士卫浴。再往前的 3 月份辉映卫浴签约影星于荣光。而紧跟着中宇卫浴签约郭晶晶，2009 年 12 月，影星黄达妮代言了凯尔仕卫浴。

2004 年鹰牌陶瓷业曾经请过世界小姐关琦为平面模特。但在瓷砖领域，由于产品属性与日常生活用品的差异，企业对名人代言一直比较慎重。近年来，马可波罗、蒙娜丽莎、金意陶、东鹏等品牌，比较多地选择体育营销来塑造品牌。

十四、央视广告

金融危机后，陶瓷卫浴品牌化升级在 2009 年有加速迹象。一直以来，业界普遍认为国内陶瓷卫浴品牌进化只停留在行业品牌的初级阶段。2009 年一批主流企业在央视等主流媒体大规模的品牌推广，说明陶瓷卫浴品牌已经开始走出行业的圈子，步入品牌大众化化发展阶段。

2009 年 8 月开始，广东新明珠集团旗下的冠珠陶瓷、萨米特陶瓷在央视一套、二套、三套、七套、《交换空间》、《同一首歌》、《咏乐汇》等栏目分别投放广告，广告覆盖时间长达一年。2009 年 9 月 28 日，新兴品牌企业将军陶瓷旗下的三大品牌大将军、长安、神韵在央视二套新推出的《消费主张》栏目播出。在经历了两年的蛰伏之后，2009 鹰卫浴亮相央视。来自潮州的恒洁卫浴 2008 年末签约代言人濮存昕后，也于 2009 年亮相央视和湖南卫视。

据不完全统计，2009 年度在央视亮相卫浴及陶瓷品牌高达 124 个，常年投播刊例价格不少于 100 万的多达 30 多个品牌，当中大部分为卫浴企业。

另据统计，2009 年 11 月份央视的招标数据显示，家居品牌占整个招标份额的 3.2%，较 2008 年的 1%，增幅超过 200%。家居行业也成为仅次于通信行业（份额占 3.9%）的央视第二大广告源。

建材家居要成就大众品牌，央视等强势电视媒体是传播的制高点。但在传播载体多元化的今天。除了覆盖广泛的强势电视、网络媒体和具有区域性的平面媒体外，分众传媒，如高铁杂志、航空杂志、时尚杂志、社区公共场合、楼宇广告等也会陆续受到关注。

此外，央视广告要实现价值最大化，要求企业必须有健全的销售网络，在终端有足够多的专卖店。在企业全面进军三、四级市场的时候，央视广告在消费引导方面能发挥更大的作用。

十五、事件营销

所谓事件营销，就是指企业通过策划、组织和利用有新闻价值、社会影响的事件或人物，吸引媒体和社会注意，以提高企业和品牌的知名度和美誉度，树立良好的社会形象。

2009 年 2 月 12 日，中央电视台 2 套“财富故事会”栏目，播出了题为《刀下留痕》的故事，该故事以电视纪录片的形式，记录了艺术大师、中国刀笔书法第一人陈复澄教授与唯美陶瓷结缘的过程。在金融危机的大背景下，2009 年 3 月和 7 月，凤凰卫视《商旅冲动》节目分别播出了海棠陶瓷和赛德斯邦陶瓷的专题新闻节目。前者介绍了海棠陶瓷以经营创新抗御金融危机的做法，后者则解读了行业新锐品牌赛德斯邦独特的经营模式及发展理念。

2009 年 8 月，蒙娜丽莎陶瓷在企业创办 18 周年之际，创造性地把该月定为“首届蒙娜丽莎微笑节”，推出首届微笑节“微笑大使”全国八强。同时，与搜狐·焦点家居合作，举办大型促销抽奖活动，取得了良好的传播效果。

2009 年年初，兆峰陶瓷（北京）洁具有限公司品牌乐伊 ROY 卫浴与上海世博会事务协调局签约成为 2010 年上海世博会指定卫浴赞助商，乐伊 ROY 产品在上海世博会永久性建筑内得到优先使用权。乐伊 ROY 借此事件启动了一系列媒体公关活动。

十六、渠道整合

华盛建材早期只生产瓷砖，近年才开始涉足卫浴行业。2009 年 5 月 25 日，华盛陶瓷、华盛卫浴亮相上海厨卫展，宣布正式进军国内市场，并打出“新东方主义的整体卫浴空间”旗帜。而在 2008 年年底，华盛卫浴已正式成立了整体卫浴空间产品外观设计中心，该中心分陶瓷外观设计、卫浴外观设计、浴室柜外观设计、展示空间设计等。

华盛建材大案例表明，2009 年陶瓷卫浴行业的终端营销进入整合时代。首先是企业内部资源的整合。比如以产品为主的整合，瓷砖产品整合洁具，如早期的东鹏、新中源、新明珠投资办洁具企业。洁具整合瓷砖，如“乐华系”三大卫浴品牌箭牌、法恩莎、安华衍生出箭牌瓷砖、法恩莎瓷砖、安华瓷砖。水龙头等整合洁具，如南安的九牧、辉煌、中宇、申鹭达等近年开办洁具企业。休闲卫浴整合洁具，阿波罗是一个典型例子。

企业内部资源整合也体现为关联品牌之间的整合。2009 年 12 月 1 日，美加华卫浴全国 VIP 经销商会议在佛山三水召开。此次经销商会议最主要的决定就是要将美加华卫浴品牌全面纳入“乐华系”。美加华加入“乐华系”之后，会给美加华带来品牌效应。同时，其作为“乐华系”的细分品牌，将会加强“乐华系”的整体竞争力。

2009 年，一些企业还通过外部品牌资源整合实现销售渠道的扩张。如 2009 年 3 月乐家收购吉事多，交易获取渠道资源的战略意图很明显；二是品牌联姻，比如中宇与高仪的合作。2009 年 11 月 15 日，中宇在形象代言人郭晶晶的签约仪式上正式宣布与国际品牌高仪合作，前者帮助后者开拓中国市场，而后者帮助前者开拓国外市场。此前，被誉为卫浴配件行业“隐形冠军”的厦门路达与和成卫浴合作成立优达公司，新公司也是以和成卫浴品牌开拓中国市场。

十七、异业联盟

2009 年，“异业联盟”成为建材家居行业终端营销的一道风景。4 月 23 日，国内家居业六大品牌东鹏陶瓷、欧派橱柜、大自然地板、雷士照明、红苹果家具和美的中央空调的企业负责人在北京人民大会堂携手成立首个家居行业“冠军联盟”。其后的“五一”节，六大品牌联手在北京、上海、广州、天津、成都、西安、郑州、济南等全国 15 个主要城市和数以百计的中小城市，举办以“非常 5 +1，冠军联盟大优惠”为主题的联合促销活动。

“冠军联盟”本质上是一种终端捆绑宣传、销售的形式，是一种跨界整合资源的营销行为。其最大好处在于联盟的可持续性。因为成员为非竞争对手，其对消费者的优惠承诺不容易中途因“囚徒效应”而夭折。但“异业联盟”要从“促销联盟”发展到真正的“价值联盟”，还需经过时间的考验。对“冠军联盟”还需解决一个问题，即如何保证各个城市经销商组织的“冠军联盟”不变调。

十八、危机公关

危机公关是指企业、社会团体等为避免或者减轻危机所带来的严重损害，从而有组织、有计划地制定和实施一系列管理危机的措施，包括危机的规避、控制、解决以及危机善后处理等。

2009年10月20日，国家质检总局发布的《2009第二批产品质量国家监督抽查质量公告》，公布了对河北、山西、广东等8个省272家企业生产的364种陶瓷砖产品的监督抽查结果，有97种产品不合格，不合格率超过四分之一。东鹏陶瓷等几个行业知名品牌赫然在目。公告发布后，东鹏陶瓷快速反应，与媒体和公众进行有效沟通。第一时间了解事实原委并发布《关于东鹏陶瓷产品质量标准的说明》，同时在东鹏官方网站发布质量承诺声明。

11月2日，东鹏陶瓷召开新闻发布会，就"质量门"事件作积极的回应，指出是"由于生产包装环节的疏忽，山东东鹏公司生产的超市砖被检测出实际吸水率与包装标识不符，但产品本身质量没有问题"。全国建筑卫生陶瓷标准化技术委员会专家在发布会上也表态，认为吸水率是衡量瓷砖质量优劣的基本标准，山东东鹏陶瓷超市砖其他项目均合格，其中吸水率优于国标。

当危机出现时，东鹏陶瓷主动回应，进行了一场成功的"危机公关"。不仅澄清了"误会"，还借此事件令东鹏陶瓷品牌知名度和美誉度得到了一次提升。

第二节　卖场

建筑陶瓷及卫浴产业的发展史也是一部卖场的变迁史。在产区，对本地产区产品的销售推广、对外展示都起到相当重要的作用。产区专业卖场的发展水平代表这产区集群的发展水平。在终端，陶瓷建材卖场的变迁史是城市发展史的缩影。陶瓷建材卖场的规模和档次折射出当地房地产业的发展水平。

（一）建筑陶瓷及卫浴产品卖场分两大类：

一类是产业基地的市场。产业基地市场按发展阶段和水平可分为传统批发市场和品牌展示型的现代市场，前者如佛山市沙岗、青柯、置地、河宕等陶瓷批发市场；后者如佛山市的中国陶瓷城、华夏陶瓷博览城、瓷海国际·佛山陶瓷交易中心、意美家陶瓷卫浴世界、中国马赛克城；淄博市的中国陶瓷科技城、中国财富陶瓷城、博山陶瓷琉璃大观园、淄川建材城，临沂市的华强陶瓷洁具市场、鲁南陶瓷市场、豪德陶瓷建材装饰城，唐山的北方陶瓷城，晋江的天工陶瓷城，南安市的中国水暖城，绍兴市的中国厨卫城等。

另一类是终端大卖场。终端大卖场分为专业陶瓷市场、综合型建材家居大卖场及建材超市。专业陶瓷市场早期只有传统批发市场，如天津华北建材陶瓷批发市场、营口北方建材陶瓷商城等。批发市场以后向品牌展示型市场演进，如北京的闽龙陶瓷市场、郑州的五洲精品陶瓷城、沈阳陶瓷大世界和东北陶瓷城、杭州陶瓷品市场、石家庄758陶瓷专业市场、温州陶瓷品市场、常州市东南陶瓷商场等；商场式的综合型建材家居大卖场，如北京的居然之家、集美家居建材市场，上海的红星美凯龙，南京的金盛国际，福州的喜盈门，西安的大明宫建材市场，成都的512建材市场、富森·美家居，重庆的国窖建材市场，武汉的南国·大武汉家装等。这类卖场虽然是综合型的，但陶瓷卫浴专卖店往往占据三分之一以上；建材连锁超市主要是"洋超市"百安居、家德宝和本土超市东方家园、华美乐等。

（二）2009年陶瓷卫浴市场发展的总体趋势：

1. 生产基地陶瓷批发市场和终端的陶瓷批发市场都面临转型升级的巨大压力。2009上半年佛山出台了《佛山市禅城区陶瓷展厅及总部基地布局规划指引》。按照该《规划指引》，沙岗、河宕、置地等陶瓷批发市场需要搬离目前已处于市中心的位置。天津的华北陶瓷市场崛起于"南瓷北运"时期，彼时建筑陶瓷产品主要产自广东、福建两省，华北陶瓷市场在当时起到了中转站的作用。如今国内陶瓷产区遍地开花，尤其是辽宁法库、建平，内蒙古鄂尔多斯，河北高邑，山西阳城等地的产能释放后，华北建陶市场作为中转站的优势明显弱化。更为重要的是，华北陶瓷市场仓库式经营模式也已经很难跟上全国建材市场发展步伐，亟需从仓库模式向商铺模式乃至专卖店模式转变。而未来还要按品类分类，进行商场化管理。

2. 陶瓷产业总部基地和陶瓷品牌总部基地的发展模式引起更多关注。中国陶瓷产业总部基地是佛山市陶瓷产业升级最重要的抓手之一。该项目于 2008 年 10 月金融危机爆发期间启动招商，市场一度对其抱很大疑虑。但两年多的实践证明总部基地项目已经取得成功。2009 年，共有 32 个中外品牌的战略决策总部、营销总部、中国区营销总部选址总部基地。闽龙陶瓷市场十几年前选择陶瓷单一类别经营，是在传统建材市场、综合型家居大卖场与建材超市的夹缝中求生。闽龙陶瓷市场 2002 年开始采用品牌一比一实景展示，集零售、批发一体的经营模式。今天的“陶瓷集散地”已经从粗放式的店铺扎堆变成高档建材家居体验馆云集的国内首个中国陶瓷品牌总部基地，而且还向艺术陶瓷、酒店、餐饮等多种经营方向发展。

3. 在金融危机的影响下，低迷的楼市使原本就过剩的建材家居卖场经营更加困难，尤其是令原本“水土不服”的“洋超市”雪上加霜。2008 年，中国家居建材销售下降达 30%，百安居中国市场销售下降 24%，零售亏损人民币 5. 18 亿元。2009 年百安居陆续关闭了在中国 63 家店面中的 22 家，另外 17 家被缩减规模，并对 40 家门店进行升级改造。2006 年年底，另一家“洋超市”家德宝通过收购家世界的 12 家门店正式进入中国市场。受低迷房地产市场的影响，2009 年家德宝青岛、沈阳店关闭。

4. 中国现阶段消费群体的多元化决定了建材家居流通渠道的多元化。目前建材家居市场尚处群雄逐鹿阶段，没有哪一类卖场能够做到一场独大。但总体而言，品牌专卖店和商场式综合型建材家居大卖场目前占据主流。尤其是后者采用高品位的“精品店中店”形式，集展示、服务、交易、体验为一体，有利于品牌效应的显现与叠加，其优势是超市等卖场形态短期难以超越的。

5. 建材家居大卖场经营模式尚处在多元化发展阶段。目前主要有以下几种模式：以红星美凯龙、居然之家为代表，走全国扩张路线的攻城略地型卖场，包括金海马、好百年、香江家居、吉盛伟邦、欧亚达；以喜盈门、集美家居、建特玛、富森·美家居、城大建材、乐安居、同福易家丽、福丽特家居、玉泉营建材装饰城为代表的，集中在某一区域发展并成功割据一方的诸侯型卖场；以闽龙陶瓷品牌总部基地、名家装饰城、金鑫国际家居、博美装饰城、万家灯火装饰城、杭州装饰城等为代表的专注型卖场；以杭州第六空间为代表的专走高端路线，并在当地形成强势的垄断型卖场；以上海建配龙为代表的，提供设计、装潢、家具、建材、软装、家电一站式服务的全能型卖场。

6. 综合型建材家居大卖场借助资本的推力加速扩张，牢牢地占据着产业链的主导地位，陶瓷建材企业在与大卖场的博弈中越来越处于下风。红星美凯龙创办于 1986 年，至 2009 年年底已在全国建成 60 家卖场。2009 年是红星美凯龙“增长最快的一年”，新开 20 家新店，总经营面积达 580 万平方米，销售额达 313 亿，年增长近 20%。红星美凯龙目前实行的是品牌捆绑发展模式，截至目前，至少有 2000 个国内知名品牌进驻，其中央视上榜品牌就有 500 多个。近年来随着平台实力的增强，红星美凯龙更是高调倡导“名品进名店”，几乎要成了家居行业品牌的“认证中心”。其他家居大卖场居然之家、金盛国际等进入门槛也越来越高。这不仅令中小品牌望而却步，主流品牌要跟进其发展步伐也要付出超常的代价。

2009 年，居然之家逆市在济南、武汉、内蒙古等地新开分店 7 家，到年底店面总数已达 22 家，年销售额超过 100 亿元大关。预计在 2010 年新增分店 20 家左右，3 ~ 5 年内实现 200 亿元产值。

7. 陶瓷建材厂商与大卖场博弈中日显弱势地位，提示厂商需要加大投入，合力做强自己的销售平台。尤其是陶瓷行业厂商要不断强化终端旗舰店、专卖店的建设。

综合型建材家居大卖场的快速扩张，大大增加了其在商业博弈中的权重，以致 2008 年和 2009 年，在金融危机情况下，大卖场还能逆市提高租金，在全国不少城市引发抗议。据媒体报道，2009 年 12 月

1 日，位于南京卡子门宁溧路上的红星美凯龙家居广场，近百户商家集体关门停业，抗议大卖场的逆市涨租行为。

2009 年 12 月，主流媒体还曝光了红星美凯龙的“加盟费门”事件。当月初，各家具建材厂商陆续接到红星美凯龙的通知，按照协议，各大家具厂商与红星美凯龙签署战略联盟协议需要先缴纳 200 万元保证金和 80 万元的广告推广费用。消息传出后，以广东家具商会和深圳市家具行业协会等为代表的七家协会联合发出抵制声明，2009 年 12 月 24 日，红星美凯龙决定暂停 2010 年该项计划，并退回已签约厂家的保证金和推广费。

8. 本土建材超市发展方向调整值得关注。华美乐建材超市成立于 2002 年 8 月，是东莞本土最大的建材超市，也是国内建材超市的代表性企业。华美乐拥有南城、常平、塘厦、广州新塘 4 家自营超市和 4 家装饰公司。实景模拟展示以前只是在传统的专卖店才能看到。但 2009 年 2 月开始，华美乐建材超市在南城店、常平店、塘厦店、新塘店范围内对展厅进行了全面升级改造，建立了个性化的瓷砖、地板、窗帘、灯饰等生活体验馆，完全颠覆了过去在超市买瓷砖的概念，而消费者对华美乐搞实景模拟展示的大胆尝试也持欢迎态度。

9. 随着城市商业地产的兴起，商业复合型的家居城为市场欢迎。这种业态最大特点就是除了家居建材卖场外，还集聚了娱乐、休闲、餐饮等功能空间。如杭州宏丰家居城借鉴目前欧美国家最先进的商业地产模式——“豪布斯卡”（HOPSCA）。商业复合的家居城，既有商业步行街的休闲性，购物中心的专业性，还能增加街区商业的互动性，不仅能满足周边社区居民的家居消费需求，同时还兼具社区居民休闲、娱乐、交流等功能，因而具备区域范围内的较强的消费辐射力。

第三节　品牌建设

一、2009 年中国建筑卫生陶瓷行业诚信企业

建筑陶瓷砖企业	佛山市嘉俊陶瓷有限公司
	广东欧文莱陶瓷有限公司
	佛山高明顺成陶瓷有限公司
	晋江远东陶瓷有限公司
	佛山市天纬陶瓷有限公司

卫生洁具企业	广东希恩卫浴实业有限公司
	鹤山市康立源卫浴实业有限公司
	佛山市理想卫浴有限公司
	浙江清源水暖洁具有限公司
	广东汉特科技有限公司
	广州彩洲卫浴实业有限公司
	广东伟强铜业科技有限公司

二、中国名牌

建筑及卫生陶瓷产品中国名牌企业名单

经国家质量监督检验检疫总局授权，中国名牌战略推进委员会公布了2003年、2006年中国名牌产品名单，其中名牌建筑及卫生陶瓷产品有：

产品名称		注册商标	企业名称
建筑及卫生陶瓷	建筑陶瓷	马可波罗	广东唯美陶瓷有限公司
		东鹏	广东东鹏陶瓷股份有限公司
		亚细亚	上海福祥陶瓷有限公司
		金舵	南海市金舵陶瓷有限公司
		冠珠	广东新明珠陶瓷有限公司
		钻石	佛山钻石陶瓷有限公司
		斯米克	上海斯米克建筑陶瓷股份有限公司
		新中源	广东新中源陶瓷有限公司
		蒙娜丽莎	广东蒙娜丽莎陶瓷有限公司
		鹰牌	佛山石湾鹰牌陶瓷有限公司
	卫生陶瓷	Swell 四维	重庆四维瓷业（集团）股份有限公司
		惠达	唐山惠达陶瓷（集团）股份有限公司
		箭牌（2006年）	佛山市顺德区乐华陶瓷洁具有限公司
		马可波罗（2006年）	广州市阿波罗建材科技有限公司

三、2008年中国建筑卫生陶瓷行业诚信企业

	公司名称		公司名称
1	佛山市顺德区乐华陶瓷洁具有限公司	18	上海斯米克建筑陶瓷股份有限公司
2	九牧集团有限公司	19	佛山欧神诺陶瓷有限公司
3	东陶（中国）有限公司	20	广东新明珠陶瓷集团有限公司
4	唐山惠达陶瓷股份有限公司	21	佛山市金舵陶瓷有限公司
5	重庆四维控股（集团）股份有限公司	22	广东唯美陶瓷有限公司
6	深圳成霖洁具股份有限公司	23	珠海市斗门区旭日陶瓷有限公司
7	和成（中国）有限公司	24	山东耿瓷集团有限公司
8	广东恒洁卫浴有限公司	25	杭州诺贝尔集团有限公司
9	河北润旺达洁具制造有限公司	26	广东博德精工建材有限公司
10	台州丰华铜业有限公司	27	福建省晋江市豪山建材公司
11	宁波埃美柯铜阀门有限公司	28	晋江腾达陶瓷有限公司
12	申鹭达集团有限公司	29	广东宏陶陶瓷有限公司
13	中宇建材集团有限公司	30	佛山钻石瓷砖有限公司
14	广东华艺卫浴实业有限公司	31	广东蒙娜丽莎陶瓷有限公司
15	广东朝阳卫浴有限公司	32	广东欧雅陶瓷有限公司
16	辉煌水暖集团有限公司	33	福建省晋江协隆陶瓷有限公司
17	广东东鹏陶瓷股份有限公司	34	晋江恒达陶瓷有限公司

续表

	公司名称		公司名称
35	南安协进建材有限公司	43	福建省晋江市矿建釉面砖厂
36	淄博城东企业集团有限公司	44	佛山金意陶陶瓷有限公司
37	广东能强陶瓷有限公司	45	晋江市品质陶瓷建材有限公司
38	广东新中源陶瓷有限公司	46	淄博东岳实业总公司建材厂
39	广东三水大鸿制釉有限公司	47	上海福祥陶瓷有限公司
40	佛山石湾鹰牌陶瓷有限公司	48	四川威远白塔新联兴陶瓷集团有限责任公司
41	四川省新万兴瓷业有限公司	49	广东欧文莱陶瓷有限公司
42	信益陶瓷（中国）有限公司	50	临沂沂州建陶有限公司

四、2008 年中国卫生洁具行业知名品牌

品牌名称	公司名称	产品类型
益高	佛山市南海益高卫浴有限公司	节水型连体坐便器
DOLO	广东翔华东龙瓷业有限公司	节水型连体坐便器
意美适家	唐山中陶实业有限公司	节水型连体坐便器
冠珠	广东新明珠陶瓷集团有限公司	节水型连体坐便器
萨米特	佛山市萨米特陶瓷有限公司	节水型连体坐便器
杜菲尼	唐山艾尔斯卫浴有限公司	节水型连体坐便器
DURAVIT	杜拉维特（中国）洁具有限公司	节水型连体坐便器
澳斯曼	开平市澳斯曼洁具有限公司	节水型连体坐便器
欧陆	潮安县青山陶瓷实业有限公司	节水型连体坐便器
monopy	唐山梦牌瓷业有限公司	节水型连体坐便器
中德·标致	潮安县中德陶瓷有限公司	节水型连体坐便器
泰陶	潮州市澳丽泰陶瓷实业有限公司	节水型连体坐便器

五、2008 年中国建筑陶瓷行业知名品牌

品牌名称	公司名称	产品类型
冠军瓷砖	信益陶瓷（中国）有限公司	抛光砖、内墙砖
明智陶瓷	四川新万兴瓷业有限公司	抛光砖
凯缔斯瓷砖	四川新万兴瓷业有限公司	内墙砖
地王瓷砖	山东临沂沂州建陶有限公司	抛光砖
福惠	淄博城东建陶有限公司	内墙砖
亚细亚	上海福祥陶瓷有限公司	抛光砖
CIMIC	上海斯米克建筑陶瓷股份有限公司	抛光砖、内墙砖
协进	南安协进建材有限公司	外墙砖
恒达瓷砖	晋江恒达陶瓷有限公司	外墙砖

续表

品牌名称	公司名称	产品类型
瓦伦蒂诺	淄博统一陶瓷有限公司	仿古砖
威尔斯	广东宏陶陶瓷实业有限公司	釉面砖
薄斯美	山东德惠来装饰瓷板有限公司	纤维板
路易摩登陶瓷	广东新明珠陶瓷集团有限公司	内墙砖
蒙地卡罗陶瓷	佛山市三水新明珠陶瓷工业有限公司	内墙砖
康建陶瓷	佛山市萨米特陶瓷有限公司	内墙砖
巴丹瓷砖	四川新中源陶瓷有限公司	抛光砖

六、建筑卫生陶瓷驰名商标

商标名称	公司名称	认定商品	认定时间
华光	华光陶瓷集团有限公司	陶瓷	1999 年
惠达	唐山惠达陶瓷（集团）股份有限公司	卫生陶瓷制品（工商行政认定）	2002 年
景德镇	景德镇陶瓷协会	瓷器（工商行政认定）	2002 年
美标	美国标准公司	卫浴和厨房设备（工商行政认定）	2004 年
皇冠	山东皇冠陶瓷股份有限公司	彩釉砖（工商行政认定）	2004 年
南鹰陶瓷	福建南鹰陶瓷有限公司	陶瓷	2005 年
东鹏	广东东鹏陶瓷股份有限公司	建筑砖瓦（工商行政认定）	2005 年
新中源	广东新中源陶瓷有限公司	瓷质墙地砖（工商行政认定）	2005 年
晋成	福建省晋江晋成陶瓷有限公司	瓷质墙地砖、瓦	2006 年
萨米特陶瓷	广东新明珠陶瓷集团有限公司	瓷砖（工商行政认定）	2006 年
协进陶瓷	南安协进建材有限公司	瓷砖、建筑石料	2006 年
蒙娜丽莎	广东蒙娜丽莎陶瓷有限公司	瓷砖（工商行政认定）	2006 年
vivi	浙江维卫电子洁具有限公司	洁具、坐便器等	2007 年
祥达	福建晋江市祥达陶瓷有限公司	瓷砖	2007 年
阿波罗	广州市阿波罗建材科技有限公司	蒸汽浴装置、沐浴用设备（工商行政认定）	2007 年
樵东	广东蒙娜丽莎陶瓷有限公司	建筑用非金属墙砖、地板砖、瓷砖等	2007 年
裕成陶瓷	广东新润成陶瓷有限公司	砖、瓦、水磨石等	2007 年
新润成	广东新润成陶瓷有限公司	砖、建筑用非金属墙砖等	2007 年
协盛	福建省晋江协隆陶瓷有限公司	砖、瓷砖	2007 年
欧神诺陶瓷	欧瑞特集团	瓷砖	2007 年
马可波罗	唯美集团	瓷砖（工商行政认定）	2007 年
欧美	欧亚集团	瓷砖	2007 年
信源	晋江信源陶瓷有限公司	瓷砖	2007 年
集源	福建长江集团	瓷砖	2007 年
豪山	福建省晋江市豪山建材公司	瓷砖	2007 年
南鹰	南鹰陶瓷有限公司	瓷砖	2007 年
国星	晋江市国星陶瓷有限公司	瓷砖	2007 年
万利	万利集团	瓷砖	2007 年

续表

商标名称	公司名称	认定商品	认定时间
腾达	晋江腾达陶瓷有限公司	瓷砖	2007 年
恒达	晋江恒达陶瓷有限公司	瓷砖	2007 年
美胜	美胜陶瓷建材	瓷砖	2007 年
汇强	南海崇发陶瓷有限公司		2007 年
路明	大连路明科技集团有限公司	发光颜料、陶瓷涂料（工商行政认定）	2008 年
万茂	四川省新万兴瓷业有限公司		2008 年
树功牌	四川夹江远大瓷业		2008 年
汇亚	广东汇亚陶瓷有限公司		2008 年
威尔斯	广东宏陶陶瓷有限公司	陶瓷产品	2008 年
金舵	佛山市金舵陶瓷有限公司	墙地砖	2008 年
箭牌	佛山市顺德乐华陶瓷有限公司	坐便器、洗澡盆（工商行政认定）	2008 年
冠星王	广东冠星陶瓷企业有限公司		2008 年
华窑	湖北华夏窑炉工业（集团）有限公司		2008 年
冠珠	广东新明珠陶瓷集团	墙地砖（工商行政认定）	2008 年
四通	广东四通集团有限公司	（工商行政认定）	2008 年
鹰牌	佛山石湾鹰牌陶瓷有限公司	彩釉砖（工商行政认定）	2009 年
能强	广东能强陶瓷有限	瓷砖（工商行政认定）	2009 年
耿瓷	山东耿瓷集团有限公司	瓷质墙地砖（工商行政认定）	2009 年
华鸿	福建华泰集团有限公司	建筑砖瓦（工商行政认定）	2009 年
拜富	江苏拜富色釉料有限公司	陶瓷釉（工商行政认定）	2009 年

第九章　建筑陶瓷产区

第一节　综述

2009年陶瓷产区发展的主要特征是：一是传统建筑陶瓷产区佛山、淄博、临沂、晋江等，在节能减排、清洁生产以及各种要素成本急剧上升的压力下进行艰难的产业转移、升级；二是伴随着传统产区的产业转移、升级，全国各地新兴产区继续蓬勃发展。但一些新兴产区因为资源禀赋、招商力度、政策调整等原因，发展后劲严重不足。其中发展速度比较快的有法库、高安、鹤壁、当阳等地；三是新兴陶瓷产区遍地开花，产能布局的“碎片化”，导致区内企业产品的销售半径缩短，有效市场覆盖不足，内部恶性竞争严重；四是面对周边产区的市场竞争，高安等主要新兴产区开始着手构建支持企业启动、扩大出口贸易的资源平台。

2009年全国各主要建筑陶瓷产区的发展概况如下：

东北地区有辽宁的法库、建平和吉林省吉林市的桦甸产区。但目前东北地区发展最成熟的是法库产区。法库产区从2007年启动以来，已引进陶瓷企业145家，年产值近200亿元，法库最大的特点是陶瓷产业集群正在形成，建筑卫生陶瓷是重点，同时发展艺术陶瓷、特种陶瓷等。2009年法库开始着手规划先进陶瓷产业园区，同时加大对卫生洁具企业的招商力度。

西部地区的夹江县曾经是传统产区中重要的一极。2001年、2004年，借着引进广东新中源等大企业的势头，夹江高调举办过第一、第二届陶瓷节。此后，政府一直期望引进更多的广东、华东品牌企业，但最后也错过了2007年佛山陶瓷向内陆地区大迁徙的机会。

近年来，夹江本地企业在四川新中源的带领下，加上又有西部大开发以及四川大地震创造的刚性需求，整体发展算快，但政府层面基于环保、节能减排、能源等方面的限制，推进产业升级、打造区域品牌的力度有限。反而是夹江附近的丹棱县陶瓷企业近年发展速度较快。

西北地区近年有陕西宝鸡、铜川，甘肃白银、宁夏中卫、新疆米东等地陶瓷产业发展较快。西北最早发展建筑陶瓷的咸阳，因为与西安城市一体化进程的快速推进，企业生产基地开始向周边地区转移。宝鸡千阳正处于蓬勃发展中的陶瓷产业受制于环境容量的限制。而关中的铜川及陕北榆林的神木等地依托其得天独厚的煤炭资源等，开始大力规划发展建筑陶瓷产业。

中部地区近年来有湖北宜昌的宜都、当阳、枝江，以及“窑炉之乡”黄冈的黄梅、蕲春发展建筑陶瓷产业。湖南省则有常德、衡阳、岳阳发展陶瓷产业。河南建筑陶瓷产业发展较快的有鹤壁和安阳市内黄县。以上产区2009年表现突出的首先是鹤壁。鹤壁第一条陶瓷生产线2006年底才已点火试产。但到2009年年底，鹤壁市陶瓷工业园区内已经入驻、签约了7家陶瓷企业；二是岳阳。岳阳市下辖的岳阳县发展陶瓷产业目标坚定。位于岳阳县新墙镇新墙工业园目前已经聚集了6家陶瓷企业。岳阳县临近的临湘4家陶瓷企业；三是当阳。到2009年底，当阳共有陶瓷企业28家，其中生产企业14家，相关配套等企业14家。

华东地区建筑陶瓷主要产地除传统的“华东企业”的生产基地，目前主要在山东和江西，安徽只有一小部分。2009山东省淄博市政府发布《淄博市陶瓷产业调整振兴指导意见（2009～2011年）》（以下简称意见）。该《意见》第一次将日用陶瓷、高技术陶瓷、陶瓷新材料、工艺美术陶瓷列为发展重点。淄博2008年1月1日起就不再批准新的建筑陶瓷生产线，且按计划到2011年要砍掉四成的生产线。这促使区内企业开始向西、向北转移，河南、河北、山西、陕西、甘肃、宁夏等地成为淄博陶瓷转移的承接地。2008年8月淄博与宁夏石嘴山市、甘肃白银市达成合作协议。其中宁夏石嘴山市拟征地1.5万亩建淄博陶瓷工业园。淄川张店区还决定安排1个亿的资金支持企业转移。

在山东另一传统产区临沂市，建筑陶瓷主产地罗庄区政府2009年也出台了《罗庄区陶瓷产业升级实施办法》，全面展开了陶瓷产业升级工作。目前全区94家陶瓷企业中82家实现了达标生产。“抓”大“放”小，提高产业集中度，重点培养10～20家龙头企业已经成为该区发展陶瓷产业的主旋律。

近年来，华东地区建筑陶瓷产业的重心无疑已经转移到了江西，而高安则正在成为华东地区的“重中之重”。2009年，江西（高安）建筑陶瓷产业基地发展势头迅猛，新旧企业产销两旺，纷纷扩建新的生产线。与此同时区内配套设施逐步完善。随着企业的大量积聚，高安产区开始面临“控制总量，有序开发”的问题，而在出口渠道没有打开的条件下，还须引导企业错位发展、个性化发展，从而规避同质化导致的恶性竞争。

2007年以来，江西景德镇、萍乡都试图扩大建筑陶瓷产业在区域经济中的份额，也取得了很大的招商成绩。但随着“南陶北移”产业转移运动的告一段路，两地还是理性地回归到已有的产业基础，立足于做大做强自己具有传统优势的日用艺术陶瓷、高技术陶瓷、工业陶瓷等。

在华东地区，从市场覆盖、陶瓷资源、交通、能源及劳动力成本看，安徽是较理想的陶瓷生产基地。前几年安徽淮北市一度对发展陶瓷产业充满热情，2007年8月还正式通过了陶瓷产业发展规划，目前区内已经有10多家陶瓷企业。安徽的萧县位于安徽省最北部的苏、鲁、豫、皖四省交界处，周遍500公里范围内市场巨大。萧县规划的陶瓷产业园区坐落在连霍与合徐高速交汇处，如能顺利启动，未来发展前景可观。

华南地区的广东产区目前依然是国内建筑陶瓷产业的中心。主产区佛山至2009年末，历时两年的陶瓷产业整治告一段落。截至2009年底，佛山市最主要的陶瓷产区——禅城区已有90家陶瓷企业完成关迁，区内只保留25家陶瓷企业。2009年，禅城区主抓的总部经济发展迅速，共有32个国内外品牌企业签约进驻中国陶瓷产业总部基地。

“泛佛山陶瓷”产区除了佛山、清远、肇庆等传统地区外，2009年新增的恩平陶瓷产业集聚区发展比较抢眼。恩平市在发展陶瓷产业方面一度存在很大的争议。但2009年政府推进陶瓷产业态度非常坚决。沙湖新型建材工业基地目前已成功引进大型陶瓷生产企业18家，投资总额90多亿元，建成投产生产线38条，在建生产线30多条；横陂临港建材工业园在建项目2家，两项目总投资共1.4亿元。沙湖新型建材工业基地和横陂临港建材工业园已成为了拉动恩平经济增长的两大经济引擎。

西南地区，云南的易门近年来因为资源条件的限制，建筑陶瓷产业发展陷入徘徊。广西则因为地缘的便利和人文的趋同，2009年得以成为佛山陶瓷转移的一块热土。2009年下半年，“南陶北上”的步伐迅速减缓，广西梧州、武鸣、贺州、北流等地受到佛山陶瓷企业的关注。尤其是梧州借助西江“黄金水道”的复兴，以丰富的高岭土资源为依托，境内的藤县中和集中区、岑溪大业集中区陶瓷产业招商迅速升温。

东南沿海地区的晋江，虽然同样因环保、减排、资源和土地供应、劳动力成本等原因在本土遭遇空前的生存压力，但其外墙砖企业向内陆地区转移的动力不足。2009年晋江外墙砖企业开始成批向临近的漳州市长泰县银塘工业区转移，并有12家陶瓷企业签约。

第二节　广东产区

一、佛山

1. 基本情况

佛山市位于广东省中南部，地处珠三角腹地，东倚广州，南邻港澳，地理位置优越。珠江水系中的西江、北江及其支流贯穿全境。

佛山被誉为“南国陶都”，陶瓷生产历史悠久，很早就有“石湾瓦，甲天下”之说。20 世纪 80 年代以前，佛山陶瓷主要以日用陶瓷、工艺美术陶瓷为主，有少量的建筑陶瓷。1984 年，佛山引进国外第一条建筑陶瓷生产线，自此开始领跑中国建陶产业。特别是在改革开放 30 年来的迅猛发展，建筑陶瓷已发展成为佛山的一张“名片”。目前，“佛山陶瓷”已经是全国知名的区域品牌。

然而，经过近 30 年的发展，佛山的陶瓷产业面临十分突出的问题：一是高能耗、高污染。在 2007 年佛山环境统计中，陶瓷行业重点企业工业粉尘排放量、二氧化硫排放量、氮氧化物排放量、工业废气排放量等，分别占全市所有重点工业企业总和的 59.86%、42.15%、32.27% 和 29.85%，严重影响了城市的环境质量。二是资源约束加剧。佛山既不是生产一次能源的地区，也不是陶瓷原料的产区，而占地多、产出小、技术含量低的众多陶瓷企业，对于人口密度大、土地资源日益紧缺的佛山城市发展造成极大的限制。三是在城市经济总量中竞争份额缩小。据统计，2007 年佛山规模以上陶瓷工业总产值和工业增加值仅占全市规模以上工业的 7.3% 和 7.9%。为建立资源节约型、环境友好型社会，实行节能减排、改善环境质量，2006 年底开始，佛山市委、市政府出台了一系列关于陶瓷产业调整提升工作的目标、具体政策和实施步骤，对陶瓷产业进行调整和升级。

2008 年 4 月，佛山市政府连续出台三个文件（《佛山市陶瓷产业结构调整评价指导方案》、《佛山市陶瓷产业扶优扶强若干政策措施》、《佛山市陶瓷产业发展规划（2008 ~ 2015 年）》），不仅对于佛山陶瓷产业的发展方向做出了明确规划，更是对于佛山发展陶瓷总部经济做出了明确结论。例如《佛山市陶瓷产业发展规划（2008 ~ 2015 年）》明确指出，要大力发展总部经济，创造良好的政策环境和服务体系，鼓励现有企业将企业总部、研发中心、展示中心、信息中心等留在佛山，同时积极吸引国内外陶瓷企业和研发等相关机构在佛山设立总部（或者区域总部）、研发中心、检测中心和营销中心等，大力支持、推动陶瓷总部经济发展，将佛山打造成为中国乃至全球的陶瓷产业总部基地，实现佛山陶瓷由传统产业向都市型、创新型、知识型产业转型跃升。

根据全市五区陶瓷企业的不同情况，佛山市以节能减排为切入口，实行分类指导，提出“扶持壮大一批，改造提升一批，转移淘汰一批”。按照要求，不能达到环境目标的企业都必须在限期内转移。因此，佛山全市 363 家陶瓷企业中，80% ~90% 的企业需要外迁。

为了促进佛山陶瓷产业的升级改造，促进高能耗、高污染项目的转移，广东省政府安排了 500 亿元的资金，来支持这项工作的平稳开展。同时，广东省还制定了省内陶瓷企业对口双转移的政策，确定了佛山市与清远、河源、肇庆、揭阳、阳江五市进行对口转移，还要求企业与人员双转移。广东省政府对转出地和承接地政府都下达了考核指标，同时安排资金进行扶持。省外转移主要集中在江西、广西、湖南、湖北、河南、山东、内蒙古、安徽等省区。其中江西引入的佛山陶瓷企业数量最多：新明珠、新中源等企业入驻高安江西省建筑陶瓷产业基地；东鹏等企业入驻江西丰城精品陶瓷产业基地；乐华、金意陶、特地等企业则投资江西景德镇陶瓷工业园；正大陶瓷投资 6 亿元在萍乡湘东陶瓷产业基地建设生产线。

佛山市及所属各区政府均推出了各项具体政策，引导陶瓷产业的转移和提升：一是资金扶持，如禅城区财政及陶瓷生产重镇南庄镇分别拿出 5000 万元和 1 亿元作为陶瓷产业整治工作的专项资金，每搬迁或关闭一个企业给予 50 万元的补贴；南海区财政也划拨 1 亿元专项资金，用于适当补贴、补偿或垫支因企业关闭、搬迁造成的土地停租、职工欠薪等。二是产业转移，各级政府通过各种经贸协作渠道，鼓励和支持一些陶瓷企业到省内外原材料丰富、能源充足、市场广阔的地区去发展陶瓷制造业，将属于企业转出地税收分成部分，全部返还给转出的企业。三是帮助关闭或转产后的企业安置好职工，维护社会稳定，同时对这些企业腾出的土地或厂房用于“腾笼换鸟”引进新的建设项目，给予优先享受“三旧改造”的有关优惠政策。

据不完全统计，仅禅城区外迁的陶瓷企业就在佛山以外的承接转移地购置了 32000 多亩陶瓷生产用地，直接投入资金75亿元，规划新建生产线250多条，形成年产约20亿平方米的生产规模。伴随着大量陶瓷企业的外迁和扩张，佛山产区也开始步入打造陶瓷产业总部经济的转型期。

2. 2009年发展概况

2009年，是佛山产区全面落实广东的“双转移”政策以及佛山市陶瓷产业综合治理的关键一年。在经历了金融危机和产业升级的双重“洗礼”之后，佛山陶瓷产业化危为机，主动创新改革，率先呈现恢复性增长的态势。具体表现为：产业整治进入尾声，产业转移扩张势头不减；国内销售额同比2008年有明显增长；打造产业总部基地、迈向国际陶都步伐加快；清洁生产推进力度加大，节能减排取得实效。

3. 产业整治进入尾声

佛山市禅城区作为陶瓷主产区之一，纳入专项整治范围的115家建陶企业（2006年底共有窑炉405条，喷雾干燥塔248个），其中90家企业的生产环节将实施关闭或向外迁移，25家企业按照省级清洁生产标准实施改造提升。截至2009年10月，已有87家企业完成关迁转移，共拆除窑炉269条，喷雾干燥塔155个，分别占原总数的66.4%和62.5%。其中张槎、石湾镇街道全部完成专项整治目标，南庄保留13家陶企，由建陶工业重镇向生态度假区转变。

佛山陶瓷的另一主产区南海区纳入专项整治的陶瓷企业共108家，其中2007年关停7家，2008年关停47家，2009关停32家。丹灶镇从2009年7月起，将剩余的5家陶瓷企业全面关停转产，陶瓷产业已全面退出。罗村街道原有19家陶瓷企业，也在2009年年底前全部迁离，腾出的旧厂房将通过“三旧”改造，用于发展高档次的第三产业及以灯饰电光源为主的都市型产业。狮山镇仅保留广东宏陶、和美、爱和陶等3家通过省级清洁生产验收企业，西樵镇32家陶瓷企业仅保留7家。2010年南海区计划关停12家，剩下的10家为保留下来“改造提升”的企业，全部通过清洁生产验收。

三水区从2008年8月起，开展对全区45余家陶瓷企业进行综合整治，除了整治二氧化硫、粉尘排放外，还对燃料、废水、固态废物、厂容厂貌等12项内容进行综合治理，有新明珠、华纳、博德、宏源等26家陶企完成整治，余下企业将进行转移或提升。

高明区从2008年4月起对全区12家陶企业分4类进行整治，扶持壮大顺成、贝斯特两家上规模企业，限期治理两家，转产或搬迁两家，依法关闭6家。

顺德区是关停并转最为彻底，该区的25家陶瓷企业中，只有新中源顺德生产基地进行转产获得在原地保留，其他22家陶瓷企业在2009年元旦前被全部关闭。

4. 总部经济全面提速

按照规划，从2008年到2015年，佛山力争打造成为全国乃至全球最大的陶瓷产业总部基地和“国际陶都”。为此，2009年上半年，佛山市政府审批了《佛山市禅城区陶瓷展厅及总部基地布局规划指引》，将陶瓷展厅及卖场进行了分析评估，按照空间环境与建筑质量分为Ⅰ类、Ⅱ类和Ⅲ类。到2010年底前，将搬迁145家Ⅲ类及Ⅱ类陶瓷卖场，到2020年前，还要搬迁250家陶瓷展厅。

中国陶瓷产业总部基地是佛山市陶瓷产业优化升级的重点项目，是佛山发展陶瓷总部经济的第一个实质性载体。2009年，共有32个品牌签约进驻中国陶瓷产业总部基地，入驻面积达76000多平方米。包括阿联酋的RAK（哈伊马角）、意大利的圣奥古丁、瑞士的尼罗、日本的荣四郎以及河北的中陶实业（意美适家）、江西的太阳陶瓷、浙江的星星便洁宝、杭州的百德嘉、开平的安蒙以及RAK（哈伊马角）、东鹏、博德、格仕陶、芒果、赛德斯邦等国内外数十个知名建陶品牌在内，纷纷把企业的战略决策总部、营销总部或中国区域的营销总部选在陶瓷总部基地。2009年10月，陶瓷总部基地正式挂牌成立了“中国陶瓷产业信息中心”，该中心将通过数据、新品、新闻、市场、政策、知识产权六大专业领域，进行信息的收集、分析、整理，为陶瓷企业提供相应的信息服务。它的成立与正式运营，为陶瓷产业的良性发展和竞争力的提升搭建起一个高端互动的平台。

此外，在整合了全市陶瓷产业和相关文化活动资源基础上，佛山集全社会各界力量，成功打造出一个有独特的形式、风格和魅力的对外文化交流、经贸合作的平台——佛山陶瓷节，——以“艺术与生活”为主题的2009首届中国（佛山）陶瓷节于10月18~24日在佛山禅城区举行，第十四届中国（佛山）国际陶瓷博览交易会暨第六届中国（佛山）国际陶瓷工业展览会也同期举行。为期一周的陶瓷节共吸引了55万人次入场参观游玩、采购，来自50多个国家的外商达3万多人，共组织了1400家来自国内外的企业参展，合同和意向成交额近25亿元，效果超出预期。

5. 结构优化成效初显

在国际金融危机愈演愈烈，并逐渐向全球实体经济蔓延之时，作为佛山最有代表性的行业，陶瓷行业经历了大规模产业整治以及金融危机的双重考验，但在扩大内需、建材下乡等政策利好的刺激下，在2008至2009年期间，佛山陶瓷产业很快V形反弹，又呈现出一派喜人的景象。

据禅城区陶瓷产业专项整治工作领导小组办公室发布的《禅城区陶瓷产业优化提升工作情况通报》称，禅城区陶瓷产业在产能大幅减少的前提下，仍保持着较高的经济总量，全区陶瓷产业优化提升工作成效明显。2008年，规模以上陶瓷企业完成工业总产值188亿元，同比增长16.5%。在全区81户全年纳税500万元以上的工业企业中，陶瓷企业有9家，占11%，纳税额比上年增长12.5%。2009年1-9月，规模以上陶瓷企业完成工业总产值121.2亿元，仅比去年同期下降9%。

而建陶重镇南庄在2009年，全面完成陶瓷产业调整，提升类保留下来的13家陶瓷企业全部实现清洁生产。经过大整治和产业调整后，南庄镇实现了由过去单一建陶生产逐步形成多种形态并存的局面。2009年南庄镇实现了陶瓷工业总产值118亿元，税收2.6亿元，比整治前的2006年还略有提高。

南庄的新定位是“大产业、大商住、城市化”，当地政府围绕这一目标，全面优化提升南庄发展规划。建设世界级的陶瓷总部中心，着力打造珠三角城市型的宜居生态新城。以物流园和吉利工业园为主要载体，着力推动现代陶瓷和新兴制造业的加快发展。物流园重点培育完善陶瓷产业链，推进展贸、营销、总部等产业发展，形成“大陶瓷”产业格局。

2009年7月，广东省社会科学院企业管理与决策科学研究所完成并提交了一份关于佛山陶瓷产业的调研报告。该调研报告认为，陶瓷产业是佛山市的支柱，陶瓷产业通过产业的转型升级，获得了成功，也为广东省的产业转移提供了可供借鉴的经验。该报告认为，佛山陶瓷产业转型升级有三点经验：一是以陶瓷产业为依托，大力培育现代服务业，推进陶瓷产业向产业高端化发展。大批陶瓷企业外迁之后，佛山利用关迁企业腾出的空间加速培育陶瓷研发设计和会展中心、生态型精品陶瓷生产基地和陶瓷产业总部基地；二是提升生产环节的研发水平，提高产品质量档次。在留下来升级的企业中，特别注重通过和科研机构或院校合作，进行自主创新。生产基地转移出去的企业新建的工厂普遍采用更现代化的装备和技术；三是从陶瓷生产产品向生产陶瓷机械设备升级，进一步壮大陶瓷装备制造业。佛山已经有陶瓷装备企业上百家，涌现了“科达”、“恒力泰”等一批自主创新能力强、规模大、效益好的企业，培育成产值约40亿元的全国最大陶机生产基地。同时，引进意大利、西班牙等国多家国际先进陶瓷装备制造企业，目前已经形成新的陶瓷装备制造产业结构形态。

6. 高明示范园启动

2009年，佛山市政府提出，佛山打造“3+9”特色产业基地并在2015年基本建成。

佛山市政府在2009年“3+9”产业规划中指出，根据佛山产业规模、产业水平以及产业带动性等标准，确定白色家电、新型显示器件、现代陶瓷为3大世界级特色产业基地；专业机械装备、金属材料加工与制品、纺织服装、食品饮料、家具、医药保健、汽车及零配件、新材料、节能环保为9大国家级特色产业基地。通过“3+9”特色产业基地建设，使佛山市制造业全面融入世界产业分工体系和价值链条并跻身高端环节，部分主导行业或者产品在国际、国内占据主导地位或掌握若干关键领域，形成全球或全国的产业集聚中心、技术创新中心、标准缔造中心、价格形成中心、品牌汇聚中心、创意策源中心等。

佛山陶瓷产业在市政府的“3+9”产业规划中占有重要位置，是佛山拟打造的三大世界级产业基地之一。佛山调整陶瓷行业改造提升方案中提出修建的精品陶瓷示范园，最终选址于佛山高明区。示范园拟建设60条现代化的陶瓷生产线，生产高质量、高附加值的精品陶瓷，包括特种陶瓷、工业陶瓷、电瓷等高技术含量陶瓷，整个园区实行清洁生产、清洁能源、清洁存储、清洁运输，成为“3+9”的有效实施载体之一。

佛山陶瓷产业基地高明示范园规划用地3766亩，主要面向生产高科技含量、高附加值的陶瓷企业，欲建成为世界一流精品陶瓷基地。佛山对进驻示范园的企业设立了明确准入条件：企业必须符合《佛山市陶瓷产业结构调整评价指导方案》规定的评价标准，生产的是精品陶瓷，必须使用天然气及达到各种环保指标。高明示范园还进行全球招商。2009年5月在佛山—意大利经济技术贸易合作交流会上，示范园进行了专题推广。

2009年12月19日，佛山汇德邦陶瓷成为签约投资高明陶瓷示范生产基地的第一家企业。汇德邦陶瓷拟投资达6个亿，工业园占地600亩，规划8条线，其中两条抛光砖生产线、两条釉面砖生产线和四条仿古砖生产线。一期投资1.1亿，规划120亩地，两条生产线。

7. 清洁生产成果丰硕

清洁生产是企业可持续发展的根本途径。截至2009年底，佛山市共有49家建筑陶瓷企业通过清洁生产验收，成为佛山市对陶瓷行业整治得升所取得的重要成果之一。清洁生产，也让佛山陶瓷企业摘掉高污染高能耗的帽子，提升了企业品牌形象，在行业中树起一种全新的形象。

国家“十一五”规划纲要提出，到2010年，各省、市单位GDP能耗降低20%左右、主要污染物排放总量减少10%，未达到目标的地方官员升迁实行一票否决制。自2008年以来，佛山市人民政府相继出台相关文件，要求在陶瓷产业中大力推广天然气、液化气和轻质柴油等清洁能源，加强对陶瓷企业燃料、污染物排放和运输等的监管，坚决改造或者淘汰落后的生产工艺技术和设备，确保达标排放和总量控制。佛山市政府提出，截止到2009年9月，节能减排不能达到指标的陶瓷企业，将实行全面关停。

在政府积极的引导和推动下，清洁生产、节能减耗已取得实质性成果，共有49家建筑陶瓷企业（不含卫浴洁具企业）通过清洁生产验收，从源头上减少陶瓷废物废气的产生，实现经济发展与环境保护“双赢”。清洁生产低碳发展期模式已成为社会经济发展的大趋势，也成为陶瓷陶业的一个共识。

据佛山市禅城区陶瓷产业专项整治工作领导小组办公室发布的《禅城区陶瓷产业优化提升工作情况通报》称，监测数据显示，2008年，全区二氧化硫排放量同比下降18.7%，二氧化氮排放量同比下降12%，可吸入颗粒物同比下降了7.5%。全区环境质量明显改善，陶瓷产业的减排工作已取得显著成效。

二、肇庆

1. 基本情况

肇庆位于广东西江的中游，东邻穗、深、港、澳等经济发达地区，背靠大西南，是珠三角通往西南各省的重要交通枢纽。国道321线、324线，三茂铁路（广州至湛江）贯穿全境，西江“黄金水道”通江达海。

肇庆陶瓷产业起步于2003年，主要集中在高要市金利镇、白土镇、禄步镇以及鼎湖区、四会市、德庆县等地，拥有40多家知名陶瓷企业，130多条生产线，年产值达100多亿元。肇庆拥有丰富的陶土资源，四会、德庆、高要都储藏有巨量的陶瓷原料，每年加工外运或就地消化的瓷砂超过六百万吨。作为构建广佛肇一体化的肇庆市，也是承接佛山市陶瓷产业转移提升的重要基地。在肇庆市“十一五”重点工业建设项目中，陶瓷产业占有较为重要的位置：顺德（龙江）德庆产业转移工业园，计划实现规模以上企业20家，工业总产值6亿元；高要金淘工业园，计划实现规模以上企业19家，工业总产值100亿元；鼎湖永安陶瓷城，计划实现规模以上企业14家，工业总产值10亿元。

目前，高要金利镇的金淘工业园进驻了广东来得利、瑞朗、特高特、新中瓷等19家陶瓷企业。高要白土镇进驻的陶瓷企业有将军陶瓷、鸿顺达陶瓷、宏润陶瓷、冠辉陶瓷、陶一郎陶瓷、金沙江陶瓷、顺胜陶瓷等。高要禄步镇萨米特陶瓷工业园是高要陶瓷产区从平原向山区转移的可持续发展生产基地，新明珠集团于2006年征地2500亩，总投资22亿元，规划上50条生产线。2009年1到12月份，整个基地创税达到2600万元，其中国税1636万元，地税985万元。鼎湖区永安陶瓷工业园是肇庆规划发展的重要工业基地，位于贝水工业开发区，开发面积近万亩，从福建、珠三角地区引进陶瓷生产企业主要有协进陶瓷、国美陶瓷、肇庆信达陶瓷、金黄家陶瓷、齐天陶瓷、和谐陶瓷等十几家企业，总投资达14亿元。

近年来，高标准承接“双转移”成为肇庆市跨越式发展的助推器。为此，肇庆政府对陶瓷企业进驻提高了“节能减排增效”的准入标准，从过去大规模的招商引资，改为保护环境提高土地附加值利用率的招商选资，各级政府提出了布局陶瓷产业逐步向山区转移的决定，永安陶瓷工业园区也开始朝产业多元化的方向发展，这表明肇庆陶瓷产业进入科学发展的新时代。

2. 2009年发展概况

2009年，为贯彻落实《珠江三角洲地区改革发展规划纲要》，肇庆市委、市政府在实施意见中提出，要将肇庆建设成为新型建材产业基地。具体措施和目标就是：以封开、德庆、高要、四会的水泥、陶瓷、木材加工等产业为基础，促进新型建材产业向集约化、规模化转型，打造新型建材产业基地。到2010年，全市新型建材产业产值达到200亿元。其中，高要市以承接新型建材产业为主的禄步工业集聚基地，基地总体规划面积5.2平方公里，目前已落户项目35个，其中以新明珠陶瓷集团最具规模。

目前高要市拥有20多家陶瓷企业，80多条建陶生产线，主要布局在金淘、禄步、白土三大园区，年产值达70多亿元，对带动农村扶贫脱贫发挥了重要的作用。但随着产业形势的发展，环保容量的压力，高要市委、市政府决定实施战略性调整，开始以“投资强度和土地产出率”为指标招商选资，引进效益更好的新项目。

实施《规划纲要》以来，高要市从“先工业化后城市化”的传统发展模式束缚中解放出来，确立了工业化和城镇化协同发展，以“两化”并进实现“弯道超车”的发展战略。“两化”并进驱动“高要速度”，2009年，该市在2007、2008年财政综合增长率连续两年全省第一的基础上，财政一般预算收入达到10.78亿元，增长31.68%，净增2.59亿元，增量在全省纳入考核的67个县（市）中继续排名第一，总量排名第三，再次实现两年翻一番，用3年时间完成了从3亿多元到10亿多元的跨越，成为全省50个山区县（市）中第一个财政一般预算收入突破10亿元的县（市）。

禄步镇目前主要有新明珠集团的萨米特陶瓷有限公司和广福陶瓷有限公司两家企业。萨米特工业园是高要陶瓷产区长期规划的主要生产基地，新明珠集团征地2500亩，总投资22亿元，整个基地规划上50条生产线，实现从征地、动工到首期投产仅9个月时间的“新明珠速度”，在高要20多家陶瓷企业中树立了榜样。萨来特工业园自签约以来，积极投入资金加快建设力度，目前已有10条生产线投产。2009年1到12月份，整个基地创税达到2600万元，其中国税1636万元，地税985万元。二期厂房占地约600亩，投资约8亿元，其中厂房投资3亿元，设备投资5亿元，共建设12条生产线。厂房建设工程已于2009年底竣工，目前正在进行设备安装。新明珠陶瓷集团已成为高要市新型建材行业的龙头企业，预计达标达产后年产值达到30亿元，创税超亿元。

2009年，德庆悦城新型环保陶瓷产业示范区招商工作取得重大突破，金顺通陶瓷、德圣陶瓷等8家大型陶瓷企业，投资总额45亿元，计划建设66条陶瓷窑炉生产线，这批项目投产后，可实现年产值70多亿元，创税1.7亿元以上。金顺通陶瓷有限公司和德圣陶瓷有限公司均引进国内最先进的环保生产工艺流程，随着公司的竣工投产，该县陶瓷产业零排放示范区顺利推进。而悦城新型建材基地首期3000亩已全部认购完毕，落户企业7家，投资总额33.5亿元，计划建设70条陶瓷生产线，年产值40多亿元，创税1.6亿元以上；二期2500亩征地全面启动，一批陶瓷项目也已签约落户。

德庆县充分利用石灰石、瓷土资源丰富，坐拥"西江黄金水道"，发展新型建材产业得天独厚的优势，已确立了打造悦城新型建材基地，大力引进承接珠三角地区水泥、陶瓷产业转移，建设陶瓷产业示范区的发展目标。"新型建材产业基地"是德庆县立意加快建设的五大产业基地之一，2009年，德庆县加快环球、建球、宝玛仕等一批陶瓷项目建设，力争形成70多条大型陶瓷生产线规模。远期目标是到2012年，实现全县新型建材产值6亿元的规模。

三、清远

1. 基本情况

清远市位于广东省的中北部、北江中游、南岭山脉南侧与珠江三角洲的结合带上，南连广州、佛山，北接湖南、广西，东及东北和韶关市交界，西及西南与肇庆市为邻。

清远市所辖区域发现矿产资源品种62种，矿产地374处，其中通过地质勘查探明储量的44种，主要矿种包括陶瓷土、砖瓦黏土等。尤其是瓷土最丰富，是中国三大优质陶瓷原料生产基地之一。

清远市清城区源潭陶瓷工业园位于源潭镇清佛一级公路源潭段两旁，规划面积2万多亩，拟打造为世界陶瓷产品研发、生产加工、销售一条龙的专业产业园区，规划建设陶瓷生产线160条。目前，源潭陶瓷工业园已引进落户的陶瓷企业23家，合同投资总额136亿元，投产的陶瓷生产线76条，陶瓷产业已经形成集群发展态势。中国十大建筑陶瓷品牌企业中的新中源、东鹏、蒙娜丽莎、宏宇四家落户陶瓷工业城，有规模以上陶瓷建材企业16家，陶瓷产业已经形成集群发展态势。

清新县根据广东省委省、政府推出产业和劳动力"双转移"的决策，把握这一机遇承接珠三角产业转移。清新县承接珠三角产业转移不走老路，而是增强全面、协调、可持续发展意识，坚持经济指标与绿色生态指标并重的原则，在招商引资中提高门槛，有选择地抓好项目引进；另一方面按照"产业集聚、土地集约"的要求大力推进工业园区化的步伐，提高产业集聚水平。

2009年3月20日，广东省产业转移工业园"佛山禅城（清新）产业转移工业园"暨"全国陶瓷产业转移示范基地"授牌、奠基仪式在清远市清新县举行。广东省省长黄华华、中国产业发展促进会会长刘江出席并为工业园授牌。由于该工业园位于清新县禾云镇和龙颈镇城内，所以简称云龙陶瓷工业园，目前已有英超、天域、强标、汇亚洲、新润成等18家签约上线共140多条。

清新县还有两个陶瓷企业生产基地：一是位于飞来峡镇的简一陶瓷生产基地。简一陶瓷清新县项目投资总额3.3亿元，计划建设8条生产线，年产值达8亿元，2008年该基地一期工程已顺利投产；二是位于三坑镇的冠星陶瓷生产基地。该厂最早是由广东清远标牌陶瓷公司投资建成。2007年4月，由于经营不善被收购，2008年5月，该生产基地再次易手，被冠星陶瓷收购。

2. 2009年发展概况

2009年，清远市源潭镇提出了创建"绿色陶都"、构建"和谐源潭"、建设"经济名镇"的发展战略。陶瓷产业已成为源潭镇的支柱产业，投产的陶瓷生产线有76条，2009年陶瓷产值已达44亿元。

2009年7月24日，清远市源潭镇"绿色陶都"举办了创建方案讨论会。清远市源潭陶瓷产业具有较好的工业基础，是清远市经济发展的优势产业之一。源潭陶瓷兴起于2002年，是佛山地区陶瓷产业第一批向周边地区转移的主要聚集区，聚集了国内著名的陶瓷品牌企业，具有一定的生产规模，产品档次高、配套系统较为完善、技术装备先进，经多年发展已逐渐形成区域品牌。

源潭陶瓷产业发展的同时，产业链不断完善，专业化分工协作日益加强，拉动了陶瓷原料开采及加工、物流运输、产品包装等相关产业得到了快速的发展，一个初具规模的产业集群已逐渐形成，已成为清远市支柱产业之一。

源潭陶瓷产业的快速发展，对当地的土地供应、生态环境承载力、能源供应、配套设施能力等都提出更高的要求。源潭镇陶瓷产业在发展过程中，由于矿山开采带来的生态环境的破坏、陶瓷生产及产品运输产生的粉尘，燃料燃烧排放大量的二氧化硫、氮氧化物、制煤气产生的有毒酚水，以及废渣堆放等，已对当地的环境产生一定的影响，随着产能的扩大，这种制约越来越明显，已直接关系到陶瓷产业是否能够可持续发展的问题。

清远市清城区政府根据全市经济和社会总体发展的要求，总结源潭陶瓷产业近年来发展经验教训，重新审视陶瓷产业的发展，提出创建“绿色陶都”的设想，对陶瓷产业的发展重新定位为“名牌汇集、产品多元、产业集聚、生态文明、环保节能”，2010 年底前将源潭打造成“中国绿色陶都”。为此，源潭镇政府委托广东省建筑材料行业协会和中国建材工业规划研究院对“绿色陶都”创建工作方案进行研究和设计。

“创建方案”提出了创建“绿色陶都”园区和企业的指标体系，重点强调以转变源潭陶瓷产业集群发展方式为核心，推动产业升级，完善集群内部系统配套，大力发展补链产业，提高源潭区域的产业承载能力；以发展循环经济，促进陶瓷产业资源消耗、能源消耗、污染物排放的减量化，废物的资源化，实施全过程污染排放控制，建立和完善管理和监督机制，创建在国内外具有“产业优势突出、资源节约、环境友好、管理科学”的知名陶瓷行业生态工业示范园区。

“绿色陶都”一方面是从厂址选择、生产线建设、产品加工制造、产品包装入库，到物流运输等全过程的绿色化。另一方面，绿色陶都作为一个生态工业系统，包括陶瓷加工制造、资源开发、物流运输、能源供应、生态环境等多个子系统，在整个系统运行过程中，各子系统内部以及其之间形成互为依存、物质、能源梯级利用、环境净化的生态产业链，从而达到节能减排，保护环境的目的。

创建方案的研究和设计将以科学发展观为指导，以转变源潭陶瓷产业集群发展方式为核心，推动产业升级，完善集群内部系统配套，大力发展补链产业，提高源潭区域的产业承载能力。发展循环经济，促进陶瓷产业资源消耗、能源消耗、污染物排放的减量化，废物的资源化，实施全过程污染排放控制，创建在国内外具有产业优势突出，资源节约，环境友好的知名陶瓷产区。

源潭镇陶瓷工业园需确立正确的经济发展方式，大力发展循环经济，推行清洁生产，走资源、能源节约、环境友好的新型工业化道路，提出创建“绿色陶都”是产业发展的必然要求。

四、江门

1. 基本情况

江门市陶瓷工业主要集中在恩平。恩平市位于广东省西南部，属珠江三角洲区域，是粤中粤西交汇地。东北面与开平市相邻，东南面与台山市相邻，西南面和西面与阳东县、阳春县相邻，西北面与新兴县相邻，南临南海，海岸线长 21 公里。中心城区距广州市 150 公里，距香港 165 海里。

恩平市发展陶瓷工业有较好的基础，境内蕴藏着近亿吨陶瓷泥、高岭土资源，大部分陶瓷原料运到佛山等地陶瓷企业使用。在 20 世纪 80 年代中期，恩平陶瓷原料工业已经初具规模。2006 年，沙湖镇开始建设蒲桥陶瓷工业基地，开始有陶瓷企业入驻。2007 年初，恩平市开始建设“两条走廊”和锦江新城，欲构建立体式的现代产业体系。“两条走廊”就是工业经济走廊和旅游经济走廊，其中工业经济走廊主要沿 325 国道恩平段及 276 省道横陂段布置，分为君沙工业组团、恩平市工业组团、临港工业组团，用以承接珠三角地区的产业转移。而沙湖镇所在的君沙工业组团，定位是分块打造成纺织和陶瓷产业带。沙湖镇规划了两大特色产业区，其中蒲桥新型建材工业区将重点发展陶瓷产业。蒲桥工业园区土地资源比较丰富，可供开发的土地达 1 万亩以上。交通方面，沙湖工业园毗邻开阳高速、佛开高速、

325 国道恩平港、开平港，运输便利。政府投入 500 多万元进行了 6 公里长的环区大道建设，解决了道路交通问题。随着沙湖镇蒲桥工业园的工业载体的逐步完善，沙湖镇的陶瓷产业链渐趋完善，并渐渐形成产业集群。

到 2009 年底，沙湖镇先后引进了华昌、新域、会德丰、新锦成、百强、荣高、嘉俊等 15 家大型陶瓷生产企业，总投资达 84 亿元。超过 80 条生产线，其中华昌、新域、新锦成、会德丰、百强等 5 家企业共计有 20 条生产线已建成投产。

此外，恩平市临港新型建材产业园以发展新型陶瓷及相关产业为主，计划开发 2500 亩，可容纳新型陶瓷企业 7 家，建设陶瓷生产线 50 条。目前，已有入园企业 4 家，计划建设 20 条生产线。园区企业全部投产后，可实现工业总产值 80 亿元，缴纳税收 5000 多万元，解决就业人员 1 万多人，经济效益和社会效益非常显著。

那吉镇也是恩平陶瓷产业发展的重点地区。那吉镇 2006 年引进投资 6000 万元的新域陶瓷建材有限公司。2008 年引进投资 12000 万元的华圣陶瓷有限公司。华圣陶瓷落户沙湖镇马坦工业园区，是那吉镇异地招商的成果，加上早年引进的金域陶瓷，该镇共计引进 7 条陶瓷生产线。

2. 2009 年发展概况

2009 年 6 月 2 日，江门产业转移工业园以“一园两区”（恩平园区和开平翠山湖新区）模式，被认定为广东省产业转移工业园。恩平园区在获得省产业转移优惠政策的同时，今后 4 年可与开平翠山湖新区分享每年 1 亿元的专项扶持资金。

2009 年 7 月 10 日，江门产业转移工业园通过竞争，一举成为广东省示范性产业转移工业园，恩平园区与开平翠山湖新区又获得省一次性的 5 亿元竞争性资金扶持。恩平园区是珠江三角洲地区唯一的省示范性产业转移工业园。

此外，经过努力，在工业电价优惠方面取得了重大突破，广东省物价局经报省人民政府批准，同意将恩平市纳入广东省东西两翼电价价区，决定从 2009 年 11 月 1 日起，恩平市行政区域内除居民生活电价外，各分类电价与东西两翼地区 9 市实行同价，具体为大工业分类电价、非工业和普通工业分类电价、商业分类电价每千瓦时分别比原来下降 7.8 分、3.9 分、1.1 分，三项平均每度可节约 5.8 分钱，按此计算全年可节约电费超过 5500 万元，是珠江三角洲地区唯一获得此政策待遇的市（区）。

此外，为更好地吸引投资者，恩平市还围绕恩平园区出台了一系列投资优惠办法，规定在在恩平园区落户的投资人可获“五大利好”：实行“零收费”优惠、给予厂房建设进度资金奖励、给予厂房租金优惠、给予项目专项资金扶持奖励、给予供电供水优惠待遇。此外，恩平市在制订上述投资优惠办法的同时，还在严格管理中介机构经营服务性收费，提供优质服务、简化审批手续，实行封闭式管理、优化投资环境等方面作出了明确的规定。

2009 年 11 月 25 日，恩平市百强陶瓷有限公司一期工程落成剪彩仪式、恩平市新锦成陶瓷有限公司竣工剪彩仪式、恩平市佳鸿陶瓷有限公司和俊怡陶瓷有限公司的生产基地奠基仪式、全圣陶瓷有限公司落户签约仪式同时在蒲桥工业园举行。新锦成陶瓷有限计划总投资 6.4 亿元，占地 423 亩，建设 8 条高级陶瓷生产线，预计年产值 8 亿元，目前，已建成两条线并已投产。百强陶瓷有限公司计划总投资 6 亿元，占地面积 500 亩，建设 10 条陶瓷生产线。2009 年，该公司已建成 7 条生产线投入使用。佳鸿陶瓷占地面积 680 亩，总投资 8 亿元人民币，建成 12 条生产线，一期工程计划 2010 年 3 月底投产，预计年产值超过 10 亿元。

此外，荣高企业恩平生产基地首批产品已于 2009 年 11 月 18 日正式下线，该企业在开平的生产基地已拥有 5 条长达 270 米的仿古砖生产线。

2009 年，沙湖新型建材工业城（基地）被列入广东省建材产业调整和振兴规划重点项目。近年来，沙湖镇主动承接珠三角发达地区的产业转移浪潮，着力抓好产业招商，重点引进陶瓷产业，致力打造恩平市最大的陶瓷工业基地。

2009 年 1 ~9 月，沙湖镇实现工业总产值 12 亿元，同比增长 31%。其中陶瓷产业异军突起，建成投产生产线达 20 条，工业产值达 10.3 亿元，成为该镇特色产业和新的经济增长点。建陶资本正在拉动恩平经济新增长。

第三节　山东产区

一、淄博

1. 基本情况

淄博南连泰山，北临黄河，东临海滨城市青岛、烟台和威海，西接泉城济南，区位优势独特。淄博是一座组群式的城市，现辖张店、淄川、博山、周村、临淄五区和桓台、高青、沂源三县。淄博陶瓷生产历史源远流长，早在新石器时代早期的后李文化时期，境内先民们就开始掘地筑窑，焚柴而陶。

新中国成立后，淄博逐步发展成为我国五大陶瓷产区之一。改革开放以来，淄博陶瓷产业进入辉煌的历史发展时期。目前，淄博陶瓷生产已形成了六大基地：出口陶瓷基地、高档宾馆用瓷基地、高级玻璃陶瓷耐火材料基地、装饰材料基地、建筑陶瓷基地和高新技术基地。淄博的日用陶瓷被誉为“第三代国瓷”，进入中南海、人民大会堂、钓鱼台国宾馆，畅销国内及世界 70 多个国家和地区。

淄博建陶业经过二十多年的快速发展，目前已发展成为全国四大建材基地之一。淄博建陶企业主要集中在淄川、张店两地，其中淄川的建陶企业主要集中在双杨镇。该镇有东鹏、亚细亚等知名企业的生产基地以及耿瓷集团、皇冠陶瓷、统一陶瓷等本土知名企业，共有生产线 116 条。山东耿瓷集团以 8 条生产线的规模成为目前淄博产区的最大生产企业。而淄博地区卖场主要分布在淄川建材城、中国财富陶瓷城、中国科技陶瓷城。

在淄博众多建陶企业中，涌现出了东岳实业总公司、山东耿瓷集团、淄博城东集团等一批龙头企业。同时，培育出皇冠、耿瓷、斯格米、米开朗、狮王、薄斯美等一批知名品牌，共同构建了淄博建陶这一区域品牌，形成了产业链完善的建陶产业集群区，配套产业也比较健全。

淄博建陶产业体系健全，但发展方式较为粗放，存在着能源、原材料枯竭；环保压力大；节能降耗任务艰巨；企业自主创新能力有待加强；行业自律缺失等五大问题。目前淄博市建陶生产所需的长石、石英、黏土等原材料和煤炭等燃料 95% 以上靠外地购进，采购、运输成本高，而且供需矛盾突出，生产和发展受到严重制约。据当地公布的一组数据表明，2008 年淄博市建陶工业总产值占全市规模以上工业总产值的 7.2%，而综合能耗却占全市规模以上工业企业耗能的 13.3%。此外，缺乏自主品牌在国际市场卖不出高价一直是淄博陶瓷产业的软肋，据海关的统计数据显示，山东出口 13.9 亿件陶瓷仅创汇 11.5 亿美元，平均每件仅为 0.83 美元。可见，淄博的建陶行业实施结构调整、产业优化升级已势在必行。

张店区从 2008 年 1 月 1 日起就已不再批准新上建陶生产线。两年来，该区已淘汰建陶生产线 42 条，淘汰落后产能 8200 万平方米，腾出空闲土地 1000 余亩。

2. 2009 年发展概况

淄博产区经过二十多年的快速发展，如今生产规模和实际产量均仅次于广东佛山，居全国第二位。资料显示，2009 年 1 月至 10 月，淄博建筑陶瓷 9.01 亿平方米，预计全年完成 10.7 亿平方米；卫生陶瓷 69.3 万件，预计全年完成 100 万件。而在出口方面，受金融危机等影响，淄博市建筑陶瓷等建材行业产品出口减缓，而在当前国际市场对建材产品需求在短期内增长的可能性不大，出口面临的形势依然严峻。

2009 年 11 月，淄博市公布了《淄博市建筑陶瓷产业调整振兴指导意见（2009 至 2011 年）》。“意见”对淄博建陶产业发展提出了具体指标：生产能力由目前的 12 亿平方米控制到 7 亿平方米以内，淘汰转移落后生产线 200 条、产能 5 亿平方米；高档建陶产品比重达到 50% 以上；年产值 10 亿元以上的企业达到 8 ~ 10 家，拥有中国名牌 3 个、中国驰名商标 2 个，国家级工程研发中心 1 个、省级研发中心 3 个、市级研发中心 5 个；建陶生产企业 50% 以上通过清洁生产审核，60% 以上通过 ISO14001、ISO9000、ISO18001 体系认证，能耗指标达到国家和省、市标准；建陶企业生产主要污染物全部达标排放。

而在此之前，《张店区南部城区规划编制》也已出炉，这个新的城市片区其功能定位为产业、生态。而该区域则是张店区大型产业的聚集地，涉及建陶企业 72 家，经过重新规划调整后，该区域传统的第二产业将由以建陶、化工为支柱的产业类型，调整提升为以精细化工、新材料为支柱的产业类型。

《意见》对当地建陶产业未来发展传递出了产业升级提速的信号，淄博的建陶企业将面临更严峻的环保等压力，整个产业将进入资源整合阶段。《意见》中鼓励企业创新：适当增加政府资金投入，引导更多社会资金投入，加大研究开发和新工艺、新设备、新能源的推广力度，以技术进步推动淄博市建陶产业的可持续发展。据了解，建陶企业将为此加大技术创新投入，制定实施对创新人员的激励措施，提高企业自主创新能力。同时，淄博市鼓励企业建立研发机构，力争使大中型建陶企业普遍建立起企业技术中心或工程技术研发中心；支持山东工陶院、硅苑科技、山东理工大学等公共创新平台建设，广泛开展产学研合作，加紧研究开发一批共性基础技术、关键技术和核心技术，提高产业集群的自主创新能力和竞争力。“意见”最终的目的是，力争经过 3 年努力，形成涵盖会展、研发、原料辅料、建陶装备及配件、建陶产品生产、物流等各环节有机衔接、相互配套、融合发展的现代建陶产业链。

从 2008 年 1 月 1 日起，淄博市不再批准新上建陶生产线，以实现节能减排和产业优化升级的需要。面对如此严峻的投资形势，部分建陶投资者已无法实现在淄博建厂或扩大规模的愿望。目前，宁夏平罗县与淄博张店区已签订了缔结友好县区和承接产业转移合作协议。平罗县资源丰富，具有建筑陶瓷、高档陶瓷制作的优质原料，到平罗县兴建陶瓷企业，可化解目前淄博陶瓷原料枯竭、运输成本高等发展瓶颈。

2009 年 6 月 27 日下午，中共中央政治局常委、国务院总理温家宝在山东省委书记姜异康、省长姜大明的陪同下视察了山东硅苑新材料科技股份有限公司。硅苑科技近年来在高技术陶瓷领域取得重大突破，其氧化铝瓷系列精细耐磨陶瓷产品被授予国家级重点新产品。温家宝总理鼓励企业加大科技开发，不断创造新成果，涌现新发明，开创陶瓷应用的新领域，并勉励大家继续努力，陶瓷事业是大有前途的。

2009 年 6 月 28 ~ 30 日，第三届中国（淄川）建陶卫浴洽交会暨中国陶瓷行业发展趋势预测分析研讨会在淄博举行。洽交会是由国务院发展研究中心信息中心、中国建筑卫生陶瓷协会、淄川区人民政府主办，广东兴邦产业整体策划，是一场淄博陶瓷产业升级的大会。淄博在打造集生产、交易、品牌塑造、渠道建设为一体的立体型产业基地时，也在探索打造“中国陶瓷之都”的发展策略。

2009 年 9 月 7 日，以“淄博陶瓷、当代国窑”为主题的第九届中国（淄博）国际陶瓷博览会暨世界陶瓷采购大会·第八届中国（淄博）新材料技术论坛暨国际科技成果招商洽谈会在淄博市国际会展中心开幕。新材料技术论坛是中国工程院、中国科学院与山东省开展院地合作的重要活动，中国科学院有 20 个院所和 50 多位专家参加本届新材料技术论坛。在开幕式上，中国陶瓷工业协会副理事长何天雄代表中国陶瓷工业协会向淄博市授“淄博陶瓷、当代国窑”牌匾。中国工程院副院长旭日干、山东省科技厅厅长翟鲁宁为山东省院士工作站揭牌。开幕式上还举行了“陶瓷产品欧盟标准检测认证中心”揭牌仪式。

2009 年，在以统一陶瓷为淄博品牌领袖的带领下，一大批陶瓷企业开始探索淄博的区域品牌之路。淄博统一陶瓷在 2009 年，产销量同比增长了 35%。在 2009 年 4 月，统一投入数千万的瓦伦蒂诺公司生产线成功投产，正式宣布统一陶瓷公司在仿古砖领域拥有了450mm×675mm、450mm×900mm、600mm×1200mm 等全系列规格产品。8 月份，统一陶瓷成功获批山东省高新技术企业，并与国家工信部一起起草了第二个国家级防静电陶瓷标准。

二、临沂

1. 基本情况

临沂位于山东省东南部，距淄博4 小时车程，辖三区九县，面积1.72 万平方公里，人口1000 万，是山东省面积最大、人口最多的行政区。

临沂是一个新兴的陶瓷产区，陶瓷土、页岩、黏土等矿产储量居山东省第3 位。当地拥有非常丰富的水资源，地表水量居山东第一。

临沂的陶瓷产品主要出自罗庄区。改革开放后，罗庄陶瓷历经了三次大的发展。第一次大发展是上世纪80 年代末、90 年代初，个体瓷厂开始出现。当时发展的主要是日用陶瓷，据统计，几年间兴建了大小瓷厂30 多间。第二次大发展是乡镇企业改制，集体企业改成股份制、民营企业。罗庄建筑陶瓷从这个阶段开始发展，开始做小规格的釉面砖。一批规模较大、拥有现代化技术的建陶企业开始落户罗庄，萨克米、唯高等做压机的企业也纷纷进驻罗庄。第三次发展高峰在2003、2004 年，墙地砖企业迅速崛起。目前临沂的建筑陶瓷产量高达4 亿多平方米，仅次于佛山、淄博、夹江、晋江等地区。而临沂出产的抛光砖已经占了全国份额的30%，水晶砖已经占了全国市场份额的一半。

2009 年，罗庄新增内墙砖生产线12 条，而且均是超过300 米的大线，产能可增加6000 万平方米。目前，罗庄有近六成企业贴佛山品牌生产，内墙砖产销率达到95%以上，但地砖方面依然存在库存压力。与其他陶瓷产区相比，罗庄内墙砖生产成本最有竞争力，其综合生产成本要比其他产区低15%左右。

罗庄所在的临沂市被称作“物流之都”，倚重当地便利的物流系统，罗庄陶瓷销售范围辐射到全国24 个省。在临沂市区内，有鲁南陶瓷市场、怡景丽家国际建材广场、银座家居广场等，均以零售和工程销售为主；而在罗庄，有罗庄陶瓷商城、朱陈建材批发市场和正在招商的豪德建材广场，且都以批发为主。这6 大建材市场齐头并进，以各自不同的销售渠道传播和扩大着罗庄陶瓷的影响力。

据罗庄陶瓷协会最新资料显示，至2009 年底，罗庄有陶瓷生产企业92 家，其中建陶企业69 家，建陶总生产线150 多条，年产量达6 亿平方米。内墙砖是罗庄的主打产品，目前共有46 家内墙砖生产企业，年产能近4 亿平方米。

2. 2009 年发展概况

2009 年，临沂产区继续延续了2008 年的势头，佳贝特陶瓷、佳宝陶瓷、地王集团旗下的沂州建陶和阳光陶瓷、临沂顺成陶瓷、佳美陶瓷等大部分企业忙到近年关才停窑过年，并在正月初六就陆续开始点火投产。与高安产区一样，新农村建设的稳步推进，为专注于三四线市场的临沂企业带来了更多的发展机会。

2009 年9 月30 日，罗庄政府部门下发了《关于创建山东省优质陶瓷产品生产基地的意见》的文件，文件中提出，到2010 年底，争创山东省名牌产品3～5 个，著名商标3～5 个，驰名商标1～2 个；通过ISO9000 质量体系认证的企业达到30 家，通过ISO14001 环境体系认证的企业10 家，发展体系认证齐全的骨干企业20 家，抛光地板瓷砖企业全部通过3C 认证；产业集群主导产品配备满意率达到90%以上，产品合格率100%；全部陶瓷生产企业的粉尘、废气、废水排放达到GB16297—1996 标准；争取2011 年获得“山东省优质陶瓷产品生产基地”称号。

随着企业规模的膨胀，罗庄陶瓷面临着治理污染和产业提升。罗庄区把传统产业的升级改造作为一项重要工作来抓，在年初开展了陶瓷、钢铁、焦化三大产业调研、分行业召开座谈会、到淄博张店、广东佛山等地考察学习和反复论证的基础上，结合实际，制定出台了《罗庄区陶瓷产业升级实施办法》，全面展开了陶瓷产业升级工作。经过整治，全区 94 家陶瓷企业中 82 家已经实现了达标生产，对仍未达标的 11 家企业进行了停产治理。

此外，全区自 2008 年以来没有新批陶瓷类新上项目，从源头上控制住了低水平、重复建设。同时，积极淘汰落后产能，2 年来共淘汰土窑、半土窑生产线 12 条，提升了行业总体竞争力。强制推广先进实用的节能环保新技术、新装备和新工艺。开展了以怡高陶瓷、博林建材为示范点的建陶行业干燥塔系统水煤浆焚烧酚氰废水技术改造，目前 54 家企业中已有 42 家完成改造。同时，积极推广内墙砖生产线干式磨边技术、电机变频应用技术和窑炉余热回收综合利用技术等，实现了酚氰废水、磨边粉尘、尾气余热的回收再利用。提高减排治理水平，强制推广料场全封闭，喂料、破碎、压机系统除尘配套，冲洗水及磨边水沉淀循环使用和粉尘、烟尘排放点在线监控，实现了粉尘达标排放，生产废水零排放。

积极实施名牌战略，鼓励企业争创山东名牌和省长、市长质量奖，陶瓷生产骨干企业优先参加区长质量奖评选，对获得区级以上质量奖项的陶瓷企业，在区创新改造专项资金中给予一定奖励。2009 年年初，罗庄对新获得国家级、省级名优产品、高新技术企业、技术中心等各种认定的 12 家陶瓷企业，共兑现各类奖金 89 万元，怡高陶瓷、佳贝特建陶因在提升行业素质、增强行业整体竞争力上产生了重大示范作用，被认定为“陶瓷产业升级突出贡献企业”，各获奖金 10 万元。同时，区里还将对企业外出展洽、学习培训、参观交流等活动最高给予 50% 财政补贴。

实行分类管理制度。罗庄将企业分为 A、B、C 三类进行管理，指导、督促企业进行类别提升。获得国家、省名牌产品称号、已通过 ISO9000 质量体系认证、ISO14000 环境体系认证的企业，为 A 类；有完整的质量管理体系，按照标准组织生产，各项制度基本齐全，划分为 B 类；质量管理体系不完整，有关管理制度不能有效运行，以及在检查中发现有产品质量不合格等违法行为的企业，划分为 C 类。对 A 类企业，除法律法规规定的监督检查或投诉外，免于巡查；对 B 类企业，除法律法规规定的检查外，每季度进行一次巡查；对 C 类企业以及环保不达标、质量不合格、伪造厂名厂址、伪造质量认证的企业要作为监管的重点对象，不定时进行检查，发现违法行为依法进行查处，限期整改，对整改不力或技术整改后仍达不到规定要求，将依法采取必要措施，直至关停取缔，确保 2010 年底前消除 C 类企业。

第四节 福建产区

一、晋江

1. 基本情况

晋江市位于福建东南沿海，泉州市东南部。东北连泉州湾，东与石狮市接壤，东南濒临台湾海峡，南与金门岛相望。晋江是中国的品牌之都，是唯一荣获 2009 年中国“品牌城市特别奖”的县级市，拥有的中国驰名商标和中国名牌产品、福建省著名商标和名牌产品数量名列全国县级市前列、福建省县（市）首位。

晋江是我国最大的外墙砖生产基地，外墙砖总产量占全国的三分之二，琉璃瓦更是垄断了全国市场，形成了以磁灶为中心，辐射内坑、南安官桥、紫帽等周边镇的建陶产业集群。磁灶镇被中国建筑卫生陶瓷协会授予“中国陶瓷重镇”的荣誉称号。道光《晋江县志》载：“瓷器出磁灶乡，取地土开窑，烧大小钵缸瓮三层，并过洋。”磁灶得名于烧制瓷器。据出土陶瓷鉴定，磁灶烧瓷始于南朝，已有 1400 多年的历史。晋江的陶瓷建材业已被列为国家星火区域性支柱产业，与广东佛山、山东淄博、四川夹江并列为全国四大建筑陶瓷生产基地。

陶瓷业的发展，带动了晋江市区域陶瓷建材市场的兴起，已形成了由天工陶瓷城、世华陶瓷城、下官路建陶市场、钱坂建陶市场和东山二级砖市场组成的区域市场体系，吸引了大量国内知名建陶企业入市设点。其中天工陶瓷城是福建省最大的专业建陶市场，总投资3亿元，占地500亩，建筑面积22万平方米。入驻商家206户，汇集国内外中、高档知名陶瓷品牌400多个。全国陶瓷建材（晋江）博览会已连续在天工陶瓷城举办了多届，已成为福建省八大展会之一。

《福建省建材产业调整和振兴实施方案（2009～2011年）》提出，以产业结构调整为主线，以控制总量、节能减排、淘汰落后、企业重组、技术改造、优化布局为重点，进一步转变发展方式，推动建材产业优化升级和产业集中度的提高，做大做强建材产业。其中，建筑陶瓷工业要发挥现有的规模优势和技术装备的优势，通过创新、整合、内聚外扩，引导分工协作、专业互补，以品牌为纽带，构筑龙头企业带动、配套企业跟进的产业发展格局；积极淘汰生产工艺落后、污染严重的小企业。

2. 2009年发展概况

由于用地紧张，加上生产所需原料减少，以及政府对陶瓷产业的政策的转变，产业调整、升级已成为晋江陶瓷产业发展的必由之路。

晋江有陶瓷企业140多家，大多数以煤炭为燃料，对环境影响较大。如果这些企业全部改用天然煤气按天然气为燃料，将能减少二氧化硫排放6880吨、化学需氧量排放6000吨、粉尘排放10000多吨。同时，使用天然气比使用燃煤的陶瓷产品产量要提高8%至20%.

从2008年下半年起，当地政府开始对陶瓷企业展开减排和污染整治工作。政府要求所有使用水煤气的建陶企业必须在2008年底前完成水煤气发生炉脱硫设施和完善含酚废水污染防治设施，逾期未能按整治内容和要求完成目标任务的建陶企业将被停产处罚或永久关闭。同时大力推进天然气替代战略，加快天然气管线铺设，引导和鼓励企业以天然气作燃料。为此，晋江市提出，在2009年12月31日前改用天然气的陶瓷企业，按每立方米天然气15元的标准，分两期给予技术改造补助；在2010年12月31日前使用天然气的，按每立方米天然气10元的标准分两期给予技术改造补助；对替代使用天然气的陶瓷企业，晋江市政府将减免窑炉燃煤排污费，协助补办环评手续，并提供一系列的优惠措施。

在产业发展形势日益严峻的情况下，晋江一些陶瓷企业主动地寻找出路，谋求产业转型、升级之路。华泰集团2008年毅然关掉了两条外墙砖生产线，与咸阳陶瓷设计研究院合作“环保型保温陶板”（TOB陶板）项目，并取得成功。TOB陶板在生产过程不产生污染，非常环保，比普通陶瓷节水50%，节能达到40%以上，对促进福建陶瓷业的转型升级和产业结构的调整具有重要的意义。“环保型保温陶板”也因此被列入福建省重点产业振兴和技术改造项目和国家“十一五”科技支撑计划重大攻关项目。2009年8月陶板成为国内陶板行业首家通过由国家住房与城乡建设部组织的国家级科技成果鉴定，陶板的技术水平达到国际先进水平。陶板一期第一条生产线已于2008年7月投产，华泰集团也因此成为《建筑幕墙用陶板》行业标准的主要起草单位。

2009年，华泰集团又与山东科学院新材料研究所合作开发研究的陶瓷太阳能集热系统，如今该产品已顺利完成中试，即将进入产业化生产阶段，陶瓷太阳板与普通陶瓷相比具有低能耗（只有现有太阳能的50%）、高效率（日有用热得量达到8.6，比现有太阳能产品高出20%以上）、不衰减、与建筑物同寿命等特点，能够实现与建筑一体化，使之与建筑物的完美结合。

此外，由于生产所需原料减少，生产成本不断增加，很难继续打价格战，有的陶瓷企业开始进行产业转移和扩张。福建晋江恒达陶瓷有限公司2008年在高安签约投资6亿元，圈地590亩，拟建12条陶瓷生产线，主要生产外墙砖、仿古砖。该项目建成后，预计年产瓷砖6000万平方米，年产值达12亿元，年利税1.8亿元。一期工程的2条通体外墙砖生产线于2009年9月底投产。

与晋江相隔不远的漳州也规划了一个面积达2万亩新型建材产业园，主要用于承接晋江的陶瓷产业转移。由于园区规划、道路配套等符合陶瓷企业发展的需求，加上区位、地价、服务等优势，这里很快形成了一片投资的热土。仅半年多时间，已签约12家陶瓷企业，加上相关的陶瓷配套项目，如纸箱厂、硅酸锆等原料厂等，共有20家企业，用地面积5000亩，总投资达到25个亿。

为进一步提升了闽陶品牌形象及影响力，扩大闽陶在海内外的知名度，力争使闽陶产品能不断扩大市场份额，2009年3月底，福建省陶瓷行业协会组织优秀建筑陶瓷企业赴上海参加建陶展。参展企业的产品均紧扣“节能、创新”这一特色主题进行参展，其中华泰集团的“TOB陶板”，具有环保节能、保温防潮、抗震性强等特点，是当今世界建筑界一种新型的建筑材料；协进企业推出的“轻质保温砖”，集建筑外墙外保温与建筑装饰功能于一体，既保留了传统砖色彩丰富、耐用、易清洗的特点，又增加了保温隔热功能，具有节能、安全等特点；腾达在此次展会推出的“安凯”仿古砖新品牌，在设计、品质、表面效果等方面秉承了企业一贯坚持高质量重研发的经营理念；恒达展示的釉面外墙条砖、仿古彩釉砖、仿古还原砖等系列砖，具有吸水率低、抗冻性强、抗强压、耐磨等特点。通过此次展会的宣传平台，让业界重新认识和了解了福建省陶瓷企业的创新实力和风采。

二、闽清

1. 基本情况

闽清县位于福建省东部，居闽江中下游，是福州市下辖的一个县。闽清有一千多年的陶瓷制造历史，宋朝时期已是福建省烧制青白瓷规模最大的产地。据资料记载，从南宋开始，闽清就是我国著名的陶瓷生产基地，由于蕴藏着丰富的陶瓷矿产资源，高岭土蕴藏量达1600多万吨，闽清历史上便是陶瓷业发达之地。

近年来，闽清县大力实施“科技兴瓷、陶瓷富县”战略，制陶业发展迅猛。目前，闽清县有各类陶瓷企业346家，年产建筑陶瓷2.5亿平方米、高低压电瓷50万吨，从业人员达3.2万人，成为国内重要的电瓷生产出口和建筑陶瓷生产基地。2004年，闽清县被中国建筑卫生陶瓷协会授予“中国陶瓷生产基地县”称号。

近年来，闽清县委、县政府大力实施“科技兴瓷、陶瓷富县”战略，相继出台了《关于扶优扶强，加快发展陶瓷业的决定》、《关于进一步加快闽清工业发展的若干意见》等一系列鼓励扶持政策，在政策、资金、服务等方面予以全力扶持，有力地促进了陶瓷业的快速发展。

但传统陶瓷业高能耗高污染，如果不进行改燃降耗，改造升级，将严重制约闽清县陶瓷业的发展。所以，闽清县着力改造提升陶瓷传统产业，实施陶瓷产业“瘦身强体”战略。一是转型升级，打造品牌。二是节能减排，环保至上。大力推广使用天然气，对区内陶瓷企业集中供气，政府给予一定的改燃补贴，降低企业生产成本，提升产品质量。

目前，当地打造闽清区域品牌。按照“淘汰劣质，限制一般，鼓励优质，全力扶持名优名牌”的方针，闽清出台了《关于加快实施品牌战略工作的若干意见》，加强品牌保护和宣传推动力度，在行业内促进企业由价格竞争向品牌、科技竞争转变，推进“贴牌生产”向“闽清制造”转变，打响闽清区域品牌。目前，豪业陶瓷获得国家免检产品资格，三得利、汇达等9家企业9件商标获得福建省著名商标称号，新东方、金陶等6家企业6个产品获得福建省名牌产品称号，中陶、腾龙6家企业通过ISO14000环境体系认证，15家企业获得福州市产品质量奖。2009年，豪业、新东方、三得利、金陶等9家企业产值超亿元。

闽清创建了福州市陶瓷行业技术创新中心产学研实践基地和陶瓷试验基地，承担对陶瓷行业质量分析、人员培训以及品牌策划等任务，每年对15～20家陶瓷企业进行一对一服务。目前，闽清陶瓷企业全部通过ISO9000国际认证，拥有专利的陶瓷产品25件，进行版权登记的有500件。

目前，闽清县瓷砖产量占全国市场的十分之一，电瓷产品产量占全国市场的六分之一，是全国最大的建陶生产基地之一和五大电瓷出口基地之一，其产品远销欧美、中东、东南亚等20多个国家和地区。

2. 2009 年发展概况

2009 年第一季度，福建省陶瓷行业经济运行状况喜忧参半。继续肆虐的金融海啸，使国内外陶瓷市场持续低迷，订单数量与出口额同比总体下降。但在这样整体萎靡的市场形势下，闽清的陶瓷产业却出口仍能保持上扬趋势，闽清县 2009 年第一季度陶瓷产值 8.2 亿元，其中建筑 5.7 亿元，同比增长 11.8%；电瓷 2.5 亿元，同比增长 31.4%。

2009 年，闽清县陶瓷生产总值达 48.9 亿元。豪业、新东方、三得利、金陶等 9 家企业产值超过亿元。豪业陶瓷获得国家免检产品资格，三得利、汇达等 9 家企业 9 件商标获得福建省著名商标称号，新东方、金陶等 6 家企业 6 个产品获得福建省名牌产品称号，15 家企业获得福州市产品质量奖。

按照“淘汰劣质，限制一般，鼓励优质，全力扶持名优名牌”的方针，闽清县于 2008 年修订出台了《关于加快实施品牌战略工作的若干意见》，加强品牌保护和宣传推动力度，在行业内促进企业由价格竞争向品牌、科技竞争转变，推进“贴牌生产”向“闽清制造”转变，打响闽清区域品牌。

2009 年 5 月，《闽清县人民政府关于鼓励陶瓷企业使用清洁能源的实施意见》出台，根据规定，对 2009 年 12 月 31 日前完成改用天然气，改用后连续投入使用天然气 12 个月以上的陶瓷企业，给予一次性技术改造补助。其中：建陶企业单条窑炉补助 30 万元（两条以上窑炉的，每增加改造使用天然气窑炉一条增加补助 20 万元）。对 2009 年内投入使用天然气的前 10 家建陶企业，年产值达 3000 万元以上、年税收达 100 万元以上的，按企业的年用气量 2009 年给予每立方米 0.3 元的改燃价格补贴，2010 年给予每立方米 0.10 元的补贴。

政府积极的引导，激发了闽清陶企使用天然气的积极性。三鑫达陶瓷有限公司，汇达陶瓷有限公司，富得陶瓷有限公司，新丰陶瓷有限公司，蓝天陶瓷有限公司，富兴陶瓷有限公司等 6 家企业与晋江广安天然气有限公司成功签约。陶瓷企业转型清洁生产，县政府采取重金扶持当地陶企转型，这不仅意味着闽清当地的陶瓷企业在进行天然气改造时可以大幅度地降低改造成本，重要的是政府用务实、积极、有效的措施促进陶业清洁生产，提升企业品牌形象。

2009 年，国家质检总局公布第二季度陶瓷产品抽检结果显示，364 种陶瓷砖 97 种不合格，其中抽查闽清县 20 家陶瓷企业生产的 29 批次陶瓷砖产品，不合格 16 批次，产品合格率仅为 44.8%，不合格率远超行业平均水平。

“质量门”事件发生后，闽清县质监局局会同县经贸、科技等职能部门深入企业开展调查研究，确定企业的主导产品及其定位，查找产品质量不稳定、易波动的主要原因，同时督促指导企业对症提出整改措施并限期整改。对质量稳定、产品档次较高，并具有较强市场竞争力的企业进一步调查摸底，制定创品牌帮扶计划。同时要求“问题”企业进行相应的整改，主要集中在督促企业增加必要的检测设备，全面实施原材料进厂和产品出厂检验制度。

2009 年，闽清陶瓷产业的提升也取得了明显效果。闽清豪业陶瓷有限公司的“精艺瓷”仿古砖，三得利陶瓷有限公司的“华尔顿”内墙砖是省名牌产品，“富美斯”、“华尔顿”、“飞天”等被评为省著名商标。豪业陶瓷、腾龙陶瓷、自力陶瓷、旭日陶瓷、红叶陶瓷、前程陶瓷、大世界陶瓷、飞天陶瓷、金德利陶瓷、欧美陶瓷等 10 家公司被福州市人民政府评为“福州市十大陶瓷品牌”。

为更好地发展闽清陶瓷产业，该县最大的工业园——白金工业园规划已经出炉，规划面积 988 多公顷。这里将打造成全国有影响力的陶瓷特色工业集中区和海峡西岸制造装配加工基地。白金工业园涵盖白中镇、白樟镇的西部区域和金沙镇的南部区域，以及坂东镇坂东工业园范围。工业园以陶瓷工业为主，集先进制造业、医药食品加工业、新型建材业、机械加工业和箱包、钟表、纺织鞋帽制造业等产业于一体。其中，医药工业园、陶瓷工业园、综合工业园及机械加工工业园列入一期启动区。

第五节 江西产区

一、高安

1. 基本情况

高安陶瓷业历史悠久，源远流长。据《高安文物志》记载，早在宋代，高安就已生产陶瓷。建国后，高安陶瓷业以生产日用瓷、工艺瓷为主。

1978年，高安创办第一家建筑陶瓷企业瑞景，江西第一片釉面砖诞生于此。之后，高安乡镇纷纷开办陶瓷厂，到20世纪80年代中期，几乎每个镇都有陶瓷厂，形成规模效应，其生产的“152”白瓷闻名全国。每届天津建材博览会上评选的十大陶瓷品牌，高安陶瓷都有品牌上榜。当时高安被称为“釉面砖王国”，釉面砖占全国陶瓷产量1/8。后由于受市场变化、资金紧缺、改制滞后等因素影响，陶瓷业逐渐步入低谷，行业地位迅速被广东佛山所取代。

进入21世纪后，高安建筑陶瓷业开始复苏，高安市委、市政府在广泛调研、充分论证的基础上，决定把建筑陶瓷产业作为市域经济支柱产业来培育扶持，开发建设高安市建筑陶瓷工业项目区，努力把高安打造成在全国有一定影响力的建筑陶瓷产业专业基地。2007年3月，高安建筑陶瓷产业基地被批准为省级建筑陶瓷产业基地，先后引进新明珠、新中源、普京、欧雅等58家建陶企业及配套企业，合计进资118亿元。“高安基地”创造了“年内申报、年内规划、年内建设、年内投产、年内成型”的“高安速度”，在2007年全国陶瓷行业新锐榜排名中，“高安基地”一举获得年度产区奖，并被全国建材协会授牌“国家级建筑陶瓷产业基地”。

高安拥有丰富的陶土资源。高安及相邻县市交界处，探明陶瓷原料储量达5亿平方米，预测储量10亿立方米，拥有生产内墙砖、外墙砖、地砖的全部矿种和除广东黑泥以外的生产抛光砖的绝大部分矿种，而且储量大、品位高，可容纳400条生产线生产100年以上。此外，高安区位优势明显，东邻省会南昌，距昌北机场仅60公里，320国道横穿境内50多公里。中国建筑陶瓷产业基地位于赣粤高速公路和沪昆高速公路交汇处，浙赣铁路5个货运站的中心点，紧邻南昌、樟树水运码头，处于西北部资源分布扇中心点和“长珠闽”市场销售扇的中心点，可以从整体上构成“西北资源、基地生产、东南销售、两扇齐动”的发展格局。高安市汽车运输业闻名全国，位列全国汽运业四强县市之首，拥有各类营运车辆1万多辆，5吨位以上的长途货运汽车8000多辆，总运力突破5万吨位，运力辐射除中国台湾地区以外的全国各地和越南、缅甸等周边国家。

近年来，由于广东陶瓷产业的转移，很多的陶瓷企业纷纷选择外迁。在产业转移的过程中，高安市以其丰富的陶瓷资源、优越的市场环境以及得天独厚的区位优势，较好地承接了广东陶瓷产业的转移，吸引了大批陶瓷企业的关注。

在项目建设过程中，该市狠抓园区基础设施建设，不断提高园区的承载能力。为了打造最适宜陶瓷企业发展的摇篮，该市先后投入3亿多元，完善陶瓷基地基础设施建设，贴息3000多万元，兴建4座110kV变电站；与南昌铁路局合作，投资12亿元，对八景火车站增容扩轨，建设江西省最大的铁路物流编组站；投资4亿元的高胡一级公路竣工通车；沙湖水厂、陶瓷实训中心、口岸作业区、西气东输二期和川气二期天然气分输站等一批基础设施建设项目扎实推进，一个功能齐备、发育完善、配套完整的新兴陶瓷产业基地已经形成。

2. 2009年发展概况

2009年，高安建陶基地呈现出三个特点，一是发展势头迅猛，企业产销两旺，纷纷扩建二期新上生产线；二是配套设施逐步完善，铁路专用线、实训大楼、管道天然气工程如期建设，基地口岸作业区成功申报并获得批准，建筑卫生陶瓷检验检测中心正在申报之中；三是高安的建筑陶瓷产品结构日趋完整，各类建筑陶瓷产品都能在园区生产出来。

2009 年，是江西高安陶瓷产区在形成规模后加速发力的一年。尽管遇到了全球金融风暴的影响，但得益于国家 4 万亿经济刺激计划的出台，和大力推进新农村城乡一体化建设等政策性因素，高安建陶产区的企业依然呈现良好的发展态势。陶瓷产品销售形势非常火爆，产品供不应求，基本上所有的陶瓷企业均无库存。新上生产线的热潮持续不衰，高安的陶瓷产业规模进一步的扩大，规模效应开始显现。

高安建陶产业以江西（高安）建筑陶瓷产业基地为载体。产业基地拥有新中源陶瓷、新明珠陶瓷、欧雅陶瓷、英皇卫浴洁具、恒达陶瓷等全国知名品牌陶瓷企业。2009 年，产业基地实现销售收入 65 亿元，实现利税 7.38 亿元，同比增长 50.3% 和 48%。2010 年，产业基地陶瓷生产线投产有望达到 140 条，陶瓷生产总值有望达到 100 亿元，实现利税有望突破 10 亿元。

为了避免走佛山等陶瓷主产区“先污染后治理”、“先发展后驱赶”的老路，目前，高安市对进驻基地的企业制定了严格的环保准入标准，达不到标准的企业一律不进入基地。对正在建设的企业，要求生产车间与环保配套一体化建设；对正在生产的企业达不到环保要求的，一律先停产整顿到位再开工生产。为了基地能够可持续发展，高安市在规划建设过程中采取了适度集中与适度分散相结合的方式，以减轻基地的环境容量压力。同时，环保分局先于其他单位进驻，零距离监控基地企业的环保工作。

2009 年以来，产业基地积极引进集中供气项目，争取到了西气东输和川气二期管道在基地同时设置分输站，彻底解决了空气污染问题。目前正有序推进八景火车站增容扩轨和基地铁路专用线建设，建设江西省最大的货物出口和外销顺畅的铁路物流编组站与无水港；兴建 4 座 110kV 大型变电站；加大中国水务集团投资力度，建设基地二期水厂；加快引进陶瓷原料、色釉料、化工、机械和包装等陶瓷配套企业；深化与景德镇陶瓷学院、武汉理工大学、华南理工大学、佛山华夏陶瓷研究所的合作建设基地陶瓷研发中心；加快赣江樟树码头建设，拓展水运物流，打通陶瓷产品的出口通道；斥资 3800 万元，建设陶瓷实训中心，其竣工后每年可为基地的企业输送各类型的陶瓷专业人才 3000 多人。到目前为止，产业基地共引进陶瓷企业和陶瓷配套企业 56 家，引进资金已达 115 亿元。

2009 年 10 月 12 日，太阳陶瓷与西班牙意达加合作签约仪式暨世界第一片“钢琴砖”诞生说明活动在佛山宾馆举行。太阳陶瓷推出世界第一块“钢琴砖”，并宣布太阳陶瓷营销中心正式入驻佛山。“钢琴砖”是太阳陶瓷和意达加釉料公司联手研发成功的，为陶瓷行业开创出一个全新的产品类别。作为高安的一家本土企业，江西太阳陶瓷敢于走出高安，采取“江西生产、佛山营销”双基地运营模式，并在打造和提升国际品牌、进军海内外中高端市场的举措令人瞩目。

2009 年，陶瓷产业被列入江西省 13 个重点发展产业之一，高安陶瓷产业又迎来了新一轮发展期。面对当前建筑陶瓷业的良好发展势头，高安市委、市政府提出将基地建设成一个功能齐全的生产园区、一个产品展示区、一个建筑陶瓷研发中心、一个三产服务中心、一批全国知名品牌企业聚结中心。到 2012 年一期规划 200 条生产线达产达标后，达到年产 6.5 亿平方米的生产能力，实现年销售收入 120 亿元，年利税 18 亿元。

作为新兴产区的一个最典型的代表，高安目前已形成的较强的产业规模，在今后的几年内，这种规模效应将不断地释放出来，从而全面提速产区的发展。到目前为止，基地共引进陶瓷及配套企业 67 家（其中上亿元以上项目 22 家，五亿元以上项目 8 家），合同引进资金 119.345 亿元，拟建生产线 195 条，投产陶瓷生产线 82 条。在建生产线 30 条。到 2010 年底，将新增产能 1 亿平方米，各类建筑陶瓷产品产量将达 3.5 亿平方米以上。

但随着未来几年高安产区产量的集中释放，如何控制总量，控制同质化，如何有序开发，错位发展等问题日益凸显。另外，产品出口渠道的建设、外贸人才的引进也变得更加急迫。

二、景德镇

1. 基本情况

景德镇是千年瓷都，位于江西省的东北部，毗邻浙江、安徽，是我国有名的历史文化名城。景德镇交通便利，皖赣铁路、杭瑞高速公路、206 国道、景德镇机场、昌江水运构成了水陆空立体交通网络。在建的九江—景德镇—衢州铁路线横通东西，九江港长江轮的最大载量为 5000 吨级。目前景德镇正在规划建设铁海联运——铁路和海运一体运输，货柜可直接在厦门等地出口。水运方面，市区有 300 吨船、乐平有 600 吨船常年通九江，景德镇还拟在离市区 100 公里的湖口建港口，到九江也只 137 公里。陶瓷生产企业原物料的进出、产成品的进出完全可以通过水运解决。

在进入新世纪后，景德镇提出要以构建以高技术陶瓷为核心的陶瓷产业大格局。要以高技术陶瓷为核心竞争力，打造陶瓷新型产业园，在陶瓷科技创新和产业规模上走在全国产瓷区的前列。

2004 年，景德镇市委、市政府为加快景德镇国家陶瓷科技城产业基地的建设步伐，决定将浮梁工业园区从浮梁县整体划拨组建景德镇市陶瓷科技园。至 2005 年底，已有包括海畅法蓝瓷等 23 家企业入园办厂。其中有 8 家高技术工业陶瓷企业，高技术陶瓷企业的聚集正在形成。

景德镇把建筑陶瓷作为一个重要产业来发展，景德镇设立了两个园区，一个是科技部和江西省政府共建的陶瓷工业园区，地点在市郊浮梁县境内，该园区也是国家火炬产业基地；另一个在乐平市。景德镇现有包括金意陶、特地、乐华、莱特建陶在内的建陶企业 10 家。

2009 年 3 月，在国务院确定的第二批资源枯竭型城市中，景德镇因瓷土枯竭而榜上有名。为此，景德镇出台了《景德镇国际陶瓷文化艺术创意产业基地发展规划》（草案），其中提出，“抓住部省共建国家陶瓷科技创新体系的契机，大力发展高新技术陶瓷、特种陶瓷及建筑陶瓷。”所以，摈弃高消耗、低产出的粗放型发展方式，用高新技术及先进适用技术改造依靠大量消耗资源、以环境遭受破坏为代价的传统陶瓷产业，发展高附加值的新型陶瓷产业已经成为景德镇发展陶瓷产业的必由之路。

按照有关部署，景德镇将从提高新技术陶瓷的国际地位、提高日用陶瓷国际市场占有率、发展保健审美等功能于一体的建筑卫生陶瓷、积极发展陶瓷旅游四个方面入手，进一步加快陶瓷产品结构、技术结构和产业结构的调整，重点发展高端陶瓷和高新技术陶瓷，在产业前沿领域占领制高点，打造大陶瓷产业格局，全面提升景德镇陶瓷的市场竞争力。

景德镇的未来发展目标是：力争到 2010 年景德镇陶瓷工业总产值达 120 亿元，年均增长 40% 以上，其中建筑卫生陶瓷 50 亿元，日用及艺术陶瓷 50 亿元，高技术陶瓷 20 亿元。陶瓷出口创汇 1.5 亿美元。实现陶瓷税收 2 亿元，培育产值过亿企业 10 家。创国家名牌和中国驰名商标 3 ~ 5 个，省级名牌 8 ~ 10 个。

2. 2009 年发展概况

2009 年，景德镇陶瓷产业发展呈现勃勃生机。其中景德镇国际陶瓷博览会取得丰硕成果，内贸成交 6.23 亿元，外贸成交 1.07 亿美元，现场交易 0.51 亿元；全市完成陶瓷总产值 100.3 亿元，比上年增长 42.98%，突破 100 亿元；陶瓷出口达 1.8335 亿美元，比上年增长 53.67%，陶瓷产业实现税收 1.02 亿元，增长 21.44%。陶瓷规模企业数量突破了百家大关，比上年增加 25 家，呈现欣欣向荣势头。

2009 年以来，受国际金融危机余波影响，景德镇产区一度也出现国内外市场萎缩，部分陶瓷企业订单不足，开工率下降。面对诸多困难挑战，景德镇市加快产业结构调整步伐，淘汰落后生产方式；积极帮助企业开拓国内外市场，促进出口；加大招商引资力度，强化项目服务，推动落地项目尽快建设投产；提升陶瓷科技创新水平，推进陶瓷节能降耗落到实处。景德镇陶瓷实现了在危机中保稳定、在危机中求发展，一举突破全市陶瓷产值百亿大关，推动了陶瓷产业的快速发展。

在招商引资方面，2009 年先后有汉索夫陶瓷、正翰远红外陶瓷、爱和陶乐华元和瓷业、仕龙骨质瓷等二十家项目在景德镇签约落地。截至 2009 年底，乐华公司一条洁具线 4 条墙地砖线投产，一条洁具线一条瓷片线正在建设中；特地公司已投产 2 条瓷片线；金意陶已投产 4 条仿古砖生产线；莱特陶瓷有限公司两条仿古砖生产线投产。

在陶瓷陶瓷园区建设方面，景德镇以基础设施建设为龙头加快陶瓷园区建设。江西省景德镇陶瓷工业园区自 2004 年启动建设以来，按照高起点规划、高标准建设的要求，3 平方公里的起步区已初具规模，先后投入建设资金近 5 亿元，完成了 4.3 公里主干道、6 公里支线道路的建设，三龙变电站已投入运行，宝石变电站正在安装设备，污水处理厂也已基本建成。现有入园企业近 80 家，有 40 余家规模企业建成投产。

2009 年，景德镇陶瓷品牌发展战略初显成效。为加强实施陶瓷品牌战略，景德镇出台了“陶瓷品牌发展战略实施意见”，动员全市陶瓷企业参加 2009 年首届景德镇知名商标评选活动；积极向国家商标局申报“景德镇御窑厂”和四大传统名瓷（景德镇青花、景德镇玲珑、景德镇粉彩、景德镇色釉）的商标注册工作。2009 年共有 11 家陶瓷企业商标在国家商标局成功注册，6 家陶瓷企业商标被认定为江西省著名商标。在 2009 中国商标节上“景德镇瓷器”商标与海尔、美的、李宁、耐克等国内外知名品牌一起荣获“2009 消费者最喜爱的绿色商标”称号。

2009 年 7 月底，江西省发改委批复同意设立景德镇陶瓷文化创意产业基地。景德镇将发挥艺术陶瓷的独特优势，以产业支撑平台，建设景德镇金岭（宝石）国际陶艺村、景德镇市雕塑瓷厂陶瓷雕塑创意产业园，近期发展 1000 个工作室，力争 3 年至 5 年内达到 10000 个工作室，使陶瓷进一步进入文化创意产业层次，举办一年一度的国际陶艺论坛，形成品牌效应和较大产业规模，将日用瓷、建筑卫生陶瓷都烙上“创意”的印记，提升产品附加值，由此实现陶瓷产业的转型。同时要举全市之力以高标准打造国家陶瓷高新技术研发基地、国家陶瓷教育和人才培养基地、陶瓷高新技术产业开发区和国家陶瓷产业基地、陶瓷技术和艺术国际交流中心和产业集群基地四个基地。

2010 年，景德镇市将进一步加快陶瓷产业转型升级，充分把握好国家资源枯竭型城市转型的机遇，找准接续替代产业，重点发展高科技陶瓷和陶瓷文化创意产业，实现传统陶瓷产业的转型升级。

三、丰城

1. 基本情况

丰城陶瓷制造历史悠久，是中国青瓷的最早发源地之一。唐朝陆羽《茶经》记载，江西的洪州窑是烧造青瓷的六大名窑之一。丰城素有“煤海粮仓”之称，是江西重要的能源基地，煤炭资源十分丰富。目前已探明可开采储量 5 亿吨，年产原煤达 400 万吨。目前丰城境内已探明可利用煤层气储量 70 亿立方，西气东输工程已达南昌，距丰城直线距离 30 公里以内。

丰城瓷土储量丰富，周边县市都分布有丰富的瓷土资源。在区位方面，丰城地处中国长江经济带与南北京九沿线发展轴的交接地带，位于江西版图中心位置，是江西省南北交通要道。城区距省会南昌仅 60 公里，距昌北机场 70 公里，距九江 190 公里，浙赣线、京九线、赣粤高速、105 国道及赣江穿境而过，铁路、公路、水运交通都十分便捷。

丰城市高起点规划好精品陶瓷产业发展，瞄准建设“精品陶瓷产业基地”和“精品陶瓷产业孵化基地”，精心打造 4 平方公里的中国精品陶瓷产业基地。其规划以实现“661”为目标，即引进全国顶尖级陶瓷品牌企业 6 家以上，总投资 60 亿元以上，陶瓷及相关企业实现销售收入 100 亿元以上。2008 年 12 月 1 日上午，江西省人民政府正式向丰城精品陶瓷产业基地授牌，将丰城精品陶瓷产业基地认定为省级产业基地。

截至目前，丰城精品陶瓷产业基地已成功引进上海斯米克、广东唯美、广东东鹏、广东汇德邦等数家陶瓷企业。其中，斯米克投资 15 亿元，东鹏投资 14 亿元，唯美投资 16 亿元。

丰城市发展陶瓷产业的具体步骤是打造两个基地：精品陶瓷产业基地和精品陶瓷产业孵化基地。逐步形成集建筑陶瓷成品生产、原辅料生产供应、现代物流、中介服务、陶瓷机械、包装等于一体的产业集群，先建成在省内有一定影响力的建筑陶瓷生产发展基地，然后把目标瞄准卫生陶瓷产业，力争引进至少两家全国顶尖校友录的卫生陶瓷生产企业（投资在10亿元以上）。通过卫生和建筑这两个陶瓷产业发展的“双轮驱动”，使丰城“精品陶瓷产业基地”在全国具有一定的影响。力争在2011年左右，达到年产20亿平方米的生产能力。同时着手兴建研发中心、现代物流中心。产品展示中心和会展中心。

2. 2009年发展概况

作为丰城陶瓷产业的载体，丰城工业园精品陶瓷产业基地在2009年底之前，相继引进了上海斯米克、广东东鹏、广东唯美、佛山汇德邦、东鹏洁具等几家国内陶瓷企业，引进了华雅包装、新高焦化、港华燃气、东鹏陶瓷城等8个重大配套项目。基地规划总面积16平方公里，目前已开发建设4.16平方公里，完成基础设施投资3亿元，企业签约资金86.3亿元，计划建设68条陶瓷生产线。目前已完成投资23亿元，建成11条陶瓷生产线。2009年实现工业总产值11.5亿元，占园区经济总量的7.5%。全面建成投产后可实现年收入120亿元，实现利税21亿元。

2008年11月底，丰城斯米克竣工试产、东鹏第一条喷雾塔点火。至2009年第一季度，丰城精品陶瓷产业基地企业迎来了密集的投产期，同时，企业开始召开订货会并推出自己的品牌。

丰城东鹏总投资14亿元，将分别建设建筑陶瓷、卫生洁具和陶瓷城三个项目。丰城东鹏陶瓷第一条生产线已于2008年12月8日试产，主要生产高档晶微粉系列抛光砖，2009年2月正式投产。4月25日，丰城东鹏在丰城举办“丰城东鹏新品鉴定暨订货会”。出席此次会议的主要是来自江西、湖南、湖北、安徽、福建5个省的100多名经销商，此次东鹏重点推出了米黄纳福娜和超白纳福娜两个新品。东鹏洁具拟打造成为上市企业，进入了上市筹备工作的阶段。

投资15亿元、拟建设18条生产线的“斯米克”陶瓷进入丰城后，相比较在上海，在原料、燃气、用煤、用电、用水、劳动力、运输等方面，“斯米克”陶瓷可年节约成本1.6亿元。江西斯米克一期项目建成的6条生产线和1条试产线经过试产后于2009年3月正式投产。3月30日，斯米克陶瓷新品发布会在丰城召开，并推出新品第9代（龙岩石）系列。

此外，唯美陶瓷在丰城打造的和美陶瓷于2009年4月投产，生产线主要生产内墙砖。

但是，燃气不足的问题成为丰城精品陶瓷产业基地在2009年发展的瓶颈。气体能源供应不上，导致一些企业或生产线无法开工，不敢大规模投产。丰城精品陶瓷基地的企业是用丰城矿务局的焦化气作为能源，以及当地政府跟港发公司合作的天然气项目。落户丰城陶瓷精品基地的陶瓷企业，都是按照高标准、高要求建设生产线，但是，气源不足以及质量上的不稳定，已达不到企业这些生产线的要求。

面对这种局面，企业也意识到仅依靠现有的能源供应是不行的。斯米克在利用丰矿煤层气的同时，投入4000多万元成立生产“煤转气”的绿能公司，双渠道保障充足供气。当地政府部门也在积极努力，已向江西省天然气公司文件申请，要求西气东输贯通时在梅林镇预留门站供气，计划供气时间从今年10月开始，预计2009年供气量1亿立方米，到2013年供气量达5亿立方米。

四、萍乡

1. 基本情况

萍乡位于江西省西部，与湖南株洲毗邻，距长沙100公里。现辖芦溪、上栗、莲花三县，安源、湘东两区及省级经济开发区安源经济开发区。全市面积3827平方公里，人口178万。境内浙赣铁路横贯东西，319国道和320国道交汇通过，交通非常便利。

萍乡被誉为中国工业陶瓷之都，有丰富的瓷土资源，便利的交通环境，有几十年生产工业陶瓷的成熟技术。萍乡工业陶瓷起步于20世纪50年代，经过几十年的发展、创新，工业陶瓷产品在科技含量、技术指标、用途、应用领域不断提升。目前产品有化工填料系列，耐酸砖、拱、桥系列，耐磨砖、球系列，陶瓷托辊系列，蜂窝陶瓷系列，陶瓷过滤塔、管、板系列，分子筛、活性氧化铝系列，催化剂、助剂系列；其他产品共9个系列，品种上千种。开发国家产品专利108项、省级品牌10个。产品质量认证37个，产品广泛应用于石油、化工、冶炼、焦化、硫酸、电力、医药、防腐、钢铁、环保等领域，出口20多个国家和地区，占国内市场份额的70%。

湘东陶瓷是萍乡陶瓷产业的代表。1972年，湘东区横溪村烧制出了湘东工业陶瓷第一代产品拉西环，从此以后，工业陶瓷便在湘东区遍地开花。为积极引导陶瓷产业的升级转型，湘东打造了全省惟一的工业陶瓷生产基地——萍乡陶瓷产业基地。

江西萍乡陶瓷产业基地位于萍乡市湘东区下埠镇，320国道和浙赣铁路贯穿其中，距沪昆高速出口仅5公里。2007年6月，被江西省政府正式命名为“江西萍乡陶瓷产业基地”，同年9月被列为江西省重点工业调度项目，享受省级工业园待遇。

基地总体规划面积21.5平方公里，分三期实施。一期工程规划面积4.5平方公里，位于下埠镇长春村和杞木村一带；二期工程规划面积13.5平方公里，经光华村往陈家塘与大陂、木马陶瓷工业小区相连接；三期工程规划面积3.5平方公里，跨320国道经黄花桥与湘东城区相对接。基地于2006年8月动工兴建。截止2009年12月，基地共投入基础设施建设资金4.5亿元，一期基础设施建设基本建成。其中：工业用水日供能力为3万吨，生活用水日供能力为7000吨；双电源点四回路供电网络已经形成，一期主干道及支干道基本建成，基地内铁路专用线建设项目已经获江西省政府批准，由省铁道办控股投资建设；已建成日供能力为200万方的冷煤气站，日供能力为60万方的焦炉煤气生产线已正式投产，计划从湖南醴陵接通管道天然气，基地内企业全部实行无害化清洁生产；已完成工业大道、支干道和投产、在建企业等区域绿化，绿化面积近40万平方米。

基地以建设“四型”（规模型、科技型、生态型、外向型）为方向，以完善“四个中心”（产品研发中心、产品检测中心、教育培训中心、技术服务中心）为依托，致力将基地建设成为中国工业陶瓷的研发基地，世界工业陶瓷的生产基地，中国工业陶瓷产品的科技高地和成本洼地，打造世界最大、国内最强的工业陶瓷生产基地。计划到2010年，吸纳规模以上陶瓷企业及相关企业100家，实现销售收入150亿元以上。

截至2009年，基地引进陶瓷及相关行业企业56家，签约资金51.15亿元，其中投资6亿元以上的2家、1~3亿元的10家。22家企业已经投产，11家企业正在抓紧建设。其中，一批为陶瓷产业提供配套服务的企业亦在基地落户，一条完整的陶瓷产业链逐渐形成。比如，弘源煤化工、丰远焦化、博宏焦化为陶瓷企业提供煤气等清洁能源，鹏辉建材可将煤渣等深加工成建材添加剂。

2. 2009年发展概况

长期以来，湘东陶瓷主要是依赖物质资源的消耗来支撑产业的发展。面临着当今激烈的市场竞争，特别是高技术、高附加值产品的竞争。因此，要维持快速发展和可持续发展，改变高投入、低产出、低效益的状况，就必须实施资源节约型战略，合理配置资源，大力发展资源的精深加工，用高新技术改造传统产业，提高产品的科技含量和附加值，实现资源的可持续利用，使资源优势转化为科技优势，进而发展成为经济优势。

2009年，萍乡陶瓷产业基地进行产业提升的第一条途径是循环。在基地，80%的入园企业是工业陶瓷生产企业，企业所需的燃料由两家气站提供，其中弘源煤化工除了生产焦炉煤气，还产冶金焦、焦油、粗苯等产品，产业链条得以拉长。园区内两家物流公司提供周到服务，利用陶瓷生产的废瓷、废料等制造环保渗水砖等延伸项目也开始引入。随着循环的继续深入，更为可观的效益将进一步显现。

第二条途径是环保。园区内所有的企业都采用煤气作燃料，安装吸硫装置，按照符合环保要求的工艺进行生产，以保证节能高效、降低排放。在园区规划中，切实按照科学、环保的原则，进行基地的各种功能布局，强化绿化等基础设施的环保作用，力争经济效益和社会效益的最大化。

最具潜力的途径是科技。基地投入近1000万元建设工业陶瓷技术科研中心，中心由研发、检测、培训、服务等部分组成，肩负为企业培训技术人才和合格工人、通过技术合作为企业建立技术发展平台、监督和检测企业产品质量等多项功能，用科技的力量推进基地向更高的层次迈进。

2009年8月，江西萍乡陶瓷产业基地下调电价，江西省发改委下文批准，江西萍乡陶瓷产业基地企业用电执行江西电网销售电价。此前，江西萍乡陶瓷产业基企业用电一直执行湘东区网销售电价，未能像工业园区一样执行相对较低的江西电网销售电价，使企业用电成本相对较高。此次电价调整执行后，基地内企业用电价格将平均下调0.055元/度，预计每月可为企业减少用电成本60万元以上，将进一步增强基地产业聚集吸引力，有力促进基地更好更快发展。

2009年8月18日上午，萍乡市陶瓷研发检测中心暨龙发实业总部奠基典礼在市陶瓷产业基地举行。萍乡市陶瓷研发检测中心暨龙发实业总部是适应萍乡市工业陶瓷产业发展的需要，由龙发实业有限公司与武汉理工大学合作兴办的大型工业陶瓷研发检测机构。中心占地13万平方米，项目总投资1.5亿元人民币，将建设高标准的研发大楼、工业陶瓷实验室、高科技陶瓷产品生产线。中心主要承担工业陶瓷新产品、新技术、新工艺的开发，中心建成以后，每年将向工业陶瓷行业提供100项新产品、新技术，推动萍乡市工业陶瓷产业上水平、上档次，并创造可观的直接经济效益。

2009年11月，由江西工业陶瓷（国家）测试中心主持起草的国家推荐性标准《耐酸陶瓷球拱》送审稿和化工行业标准《轻瓷填料》、《化工设备塔用支撑条梁》征求意见稿，顺利通过了全国非金属化工设备标准化委员会全体专家委员审查。这标志着该中心标准化战略取得突破性进展。

2009年11月14日，中国硅酸盐学会陶瓷分会工业陶瓷专业委员会在萍乡成立。该专业委员会的成立，将为工业陶瓷产业提供国家级权威和影响力的科研学术交流平台，是做大做强工业陶瓷产业，推动经济转型的一个有力举措。这次工业陶瓷专业委员会的成立，标志着国内工业陶瓷发展进入新的发展阶段。武汉理工大学吴建锋教授任主任委员，全国二十八位业内著名的教授、专家及企业精英任付主任委员、常务理事。

第六节　四川产区

一、夹江

1. 基本情况

夹江，古有“蜀之良邑”之称，因青衣江流经城北形成“两山对峙，一水中流”的自然形胜而得名。夹江地处四川西南部，在成都1小时经济圈内，距成都仅126公里。总面积749平方千米，总人口35万人。夹江处于成都平原经济圈和川南经济圈结合部，是川西南重要的物资集散地。在实施西部大开发战略中，乐山市委、市政府将夹江县、乐山市中区、峨眉山市确定为全市经济快速发展的“金三角”地区。

夹江的陶瓷产业起步于20世纪70年代末，从1978年到1999年的二十年间，夹江陶瓷业形成1亿平方米的生产能力。2000年，我国西部大开发战略实施后，夹江陶瓷业更是突飞猛进，以四川新中源陶瓷、四川省新万兴瓷业、四川建辉陶瓷等为代表的一批竞争力强的重点陶瓷企业和陶瓷品牌开始崛起。

夹江陶瓷原材料丰富，便于开采。水、电、气等资源成本较低，配套产业齐全。铁路、公路、水路、航空四通八达。2001年，时任全国人大常委会副委员长王光英欣然题词“中国西部瓷都夹江”。西部瓷都建设写进四川省《政府工作报告》，列入国家陶瓷“十五”发展规划。之后，其经济发展模式被著名经济学家吴敬涟总结为“夹江现象”。

2004 年 9 月 23 日，中国建筑材料工业协会和中国建筑卫生陶瓷协会联合授予夹江“中国西部瓷都”荣誉称号，夹江成为国内四大陶瓷生产基地之一。2007 年 7 月，四川省人民政府把夹江县列入扩权强县试点县，赋予夹江与乐山市相同的经济管理权限。2008 年夹江被四川省定为百亿产业集群和重点工业园区。

经过二十年的发展，夹江产区涌现出了四川新中源、新万兴、米兰诺、四川建辉等品牌企业，2007 年“万茂”品牌被认定为“中国驰名商标”。2008 年 12 月四川远大瓷业公司旗下的“树功”商标荣获中国驰名商标称号。目前该县还有“建辉”、“JJSG”等四川省著名商标，新万兴企业技术中心被四川省政府授予“省认定企业技术中心”，填补了西部陶瓷无省级认定企业技术中心的空白。

2008 年 8 月 7 日，四川省工商局、四川省个私协会印发《促进夹江百亿陶瓷产业集群发展工作方案》，指导、帮助夹江县推进“中国西部瓷都”区域品牌战略，打造百亿陶瓷产业集群。未来政府将坚持“发展高档、巩固中档、限制低档”的战略方针，积极引导部分经营不善，竞争力较弱、产品销路不畅的企业转产粉料、模具等，为大企业生产进行配套。积极引进国内知名陶瓷企业落户夹江，促进本地产业由单一的墙地砖向西瓦、卫生、工艺陶瓷等领域拓展。

根据夹江县委县政府的精神，夹江陶瓷未来的总体思路是：控制总量、提高质量、立足品牌。即年产能控制在 5 亿平方米。而按照十一五规划，到 2010 年，夹江陶瓷的年产量达到 6 - 7 亿平方米。未来几年，夹江将培育年销售收入过 15 亿企业 1 个，过 10 亿元企业 5 个，过 1 亿元企业 10 个，过 5000 万元企业 30 个的“1513”工程，全面推进百亿建陶产业集群建设。

2. 2009 年发展概况

2009 年，夹江县建陶企业抓住灾后重建和新农村建设的大好机遇，开足马力生产，前 4 个月陶瓷产品销售总收入已超过 9 亿元，比去年同期增长 39%，陶瓷产品销售率达 98% 以上。

2009 年春节过后，夹江的许多陶瓷生产企业遇到“招工难”。据当地陶瓷协会统计，该县陶瓷生产企业至少存在 2000 多个岗位的用工缺口。2008 年冬天以来，广东、江浙等建陶主要产地生产规模有所缩小，让出了部分市场空间。随着地震灾后重建的深入，灾区的瓷砖需求进入旺季。2009 年春节期间，夹江县 70% 以上的陶瓷企业均加班加点生产。在积压的 3 亿多元存货基本售罄后，许多陶瓷企业着手扩大生产规模，有的厂恢复了以前关闭的生产线，有的新上马了项目。这些都需要大量工人。灾后重建给夹江陶瓷企业带来了巨大商机，部分生产中高档陶瓷产品的企业将部分产能转向生产适合灾区市场的中低档产品。

自“5·12”汶川大地震和全球金融危机爆发后，夹江的陶瓷产业曾一度受到较大冲击，“西部瓷都”产品严重滞销，原材料价格上涨，运输成本增加，库存积压严重，导致许多生产企业停工停产，陶瓷企业生产经营陷入困境。面对危机，夹江企业及时调整生产经营策略，调整产品销售市场定位，针对地震发生后的灾后重建和新农村建设的市场需求，把生产中档陶瓷产品作为主导，并在西部省区和地震灾后重建地区增设销售服务网点，陶瓷产品销售逐渐复苏。在 2009 年，陶瓷产业出现产销两旺的新局面，陶瓷企业经营业绩普遍攀升，发展势头越来越好。

夹江县 22 个乡镇中有 16 个乡镇拥有优质页岩，现已探明的地质总储量达 4 亿吨，可供夹江陶瓷企业满负荷生产开采百年以上。经意大利专家鉴定，夹江页岩是生产高档红坯陶瓷的上乘原料。目前，夹江正积极与意大利、西班牙等陶瓷先进产区和国内外科研院所合作，加大技术研发力度，开发生产国际一流的高档红坯陶瓷，拓宽夹江陶瓷发展新空间。

夹江陶瓷产业抓住“创新”这个关键点，建立了以市场为导向、科研院校为支撑、企业为主体的自主创新体系。四川省建筑陶瓷红坯研发中心在远大陶瓷成立，全省唯一的四川省建筑陶瓷工程技术研究中心在建辉陶瓷成立，景德镇陶瓷学院、咸阳陶瓷设计院、四川轻工院等科研院所纷纷设立分院。

2009 年 5 月，经四川省科技厅、财政厅、教育厅等单位批准，由四川建辉陶瓷有限公司牵头，夹江县科技开发服务中心、西部瓷都夹江陶瓷协会、夹江县科技局、咸阳陶瓷研究设计院、四川新中源陶瓷有限公司、四川省新万兴瓷业有限公司、四川省米兰诺陶瓷有限公司共同组建的"四川省西部瓷都陶瓷产业技术创新联盟"正式成立。

与其他产区一样，节能减排成为夹江面临的新课题。新工艺、新设备屡屡在夹江率先使用，全县21家陶瓷企业建成废水循环设施，清水循环回用，积淀物压滤干化后再次用作陶瓷坯料。东泰陶瓷利用蒸汽发电机余热发电，可满足企业自身50%~70%的生产用电；峨佳、峨顶水泥磨粉厂采用陶瓷废渣为生产原料，年产水泥20万~25万吨。

推进企业技术改造，加强产品研发，着力构建产学研体系是夹江县推进产业升级的又一项重要工作。运用省陶瓷工程技术研究中心等创新平台，夹江县加快红坯陶瓷共性技术研发，走创新发展之路。计划到2010年建成国家级技术创新中心1个、省级技术创新中心2个、企业院所和院地合作实验室3个。

夹江陶瓷产业目前正处在转型发展的关键时期，实施产业结构调整、推进产业优化升级已势在必行。一定要增强产业的自主创新能力，要充分发挥区位、科技、人才、产业配套体系完备等综合优势，进一步推进产学研结合，充分激发企业的创新活力，并借灾后重建这一历史性契机，努力打造区域品牌，才能立足西部市场，在激烈的市场竞争中立于不败之地。

历经20年的发展，至2009年底，夹江已拥有建陶企业97家，生产线238条，形成年产能力达5亿平方米、墙地砖产量达3亿平方米的规模。其产能占全国的12.5%，并形成了一批重点优势企业和名牌产品，已有4家企业进入了全国建陶行业销售收入30强，装备和工艺技术水平进入全国同行业先进行列。陶瓷产业的发展壮大，极大地带动了该县能源、包装、矿山开采、机械加工等配套产业的快速发展，建陶企业及相关配套产业从业人员达6万余人，年务工收入4亿元以上，陶瓷产业年销售收入65亿元以上，建陶产业已成为夹江经济的支柱。

夹江陶瓷产业集群已被列入四川省20个百亿特色产业集群重点发展规划。2010年规划路径中，提出了"六个一"打造百亿陶瓷产业集群的思路：贯彻一个理念——循环节约；坚定一条路线——红坯研发；突出一个主题——结构调整；培育一个核心——品牌打造；完善一个系统——产业集群；健全一项规范——行业秩序。

二、丹棱

1. 基本情况

丹棱县地处成都平原西南边缘，地理位置优越，交通发达，历史文化源远流长，被誉为"中国民间艺术（唢呐）之乡"。

丹棱县陶瓷建材产业起步于1999年。自2000年开始，丹棱县委、县政府加大了招商引资力度，沿丹夹公路（眉山市丹棱县至乐山市夹江县）两旁经过8年的发展，初步形成了丹棱镇至扬场镇的建陶发展集中区——"丹夹陶瓷工业走廊"，该园区目前已有20家陶瓷企业。紧邻西部瓷都夹江，俗称丹夹陶瓷走廊，是中国陶瓷四大产区之一——西部瓷都的重要组成部分。

2006年11月25日，丹棱县成立丹夹陶瓷建材产业集中区。丹棱县发展和改革委员会2007年71号文批复了丹夹陶瓷建材产业集中区道路基础设施建设项目立项建设。丹夹陶瓷建材产业集中区由丹棱县丹夹陶瓷建材产业集中区管理委员会主管。集中区首期规划占地4000余亩，其中核心区占地2.04平方公里。集中区规划范围为丹夹路以西横1000米，纵1734米；丹夹路以东横815米，纵815米。集中区目前已有华盛瓷业、恒发瓷厂、华新釉料、华成金属制品厂、四川宝力通新型建材公司入驻该集中区。二期将规划3000余亩，以提高集中区的承载能力。集中区交通运输条件十分便利，离丹棱县城3公里，多条高速公路经过，距成都双流国际机场90公里、眉山火车站30公里。

集中区地处陶瓷生产所必需的原料页岩、黏土、陶土产区，页岩（500亿吨）、黏土（600万吨）、陶土（200 万吨）贮量十分丰富。集中区内水、电、天然气、道路等配套设施完善。目前有 11 万伏变电站一座，日供电能力 60 万度以上，2009 年还将扩容至 20 万伏；天然气由丹棱县天然气公司和新顺通公司提供气源，日供气能力 50 万立方米以上，工业用水丰富，有日供水量 3000 方以上的供水站一座。

通过近十年的发展，以强华瓷业、亿佛瓷业、华天瓷业、银和瓷业、柯美特建材为亿元企业的产业规模进一步得到扩张。截至 2009 年年底，丹棱共有建筑陶瓷生产企业 20 家、46 条生产线，其中规模以上企业 16 家、42 条生产线，年综合产能 7636 万平方米，建陶产品主要有内墙砖、外墙砖、地砖、西式瓦 4 大类。2008 年，陶瓷企业实现产值 9. 7 亿元，销售收入 9. 5 亿元，利润 2300 万元，税收 840 万元，完成生产性固定资产投资 1. 7 亿元。

2. 2009 年发展概况

从 2008 年 10 月开始，四川建陶市场需求开始回升。步入 2009 年后，陶瓷市场需求更加旺盛，产品一直是供不应求。随着灾后重建和新农村建设的深入开展，丹棱县建陶产业在 2009 年迎来了新一轮的发展机遇。灾后重建带来的巨大商机，让这个一度举步维艰的产业生机盎然。

由于丹棱县的陶瓷产品主要销往成都周边地区，北川、汶川等灾区和贵州、重庆等地，随着灾后重建的深入，陶瓷市场越来越活跃，对内（外）墙、地砖、脚线等产品的需求也日益增加。此外，相邻的贵州省正在推进新农村建设，贵州省政府规定新建农房屋顶全部用西瓦代替传统的小青瓦，也导致丹棱的西瓦产品供不应求。

按惯例，春节几乎所有陶瓷企业都会放假停产 10 天左右。而 2009 年春节期间，亿佛、强华、华盛、荣建、华天、四方、金星、富彩、恒发、凌云、银和 11 家企业坚持加班生产，2 月 5 日后，除宏都瓷业因改造生产线，计划 2 月底恢复生产外，其余企业全部恢复生产。停产已达 4 年之久的永强瓷厂，也于 2 月 12 日正式恢复生产。企业春节期间加班生产的产品，节后 10 天内，大部分都已销售出去。

由于产品走俏，货款回笼较好，企业投资信心明显增强。企业围绕扩大产能新上了一批技术改造项目。强华瓷业在市场不景气时对生产线进行了调整，目前 10 条生产线全部满负荷生产；华天瓷业投资 300 多万元对原地砖生产线进行技术改造，采用一次烧成新工艺代替两次烧成，原一素一釉生产线变为两条生产线，一条生产仿古地砖，一条生产西瓦，提高了产品质量和产量；金星瓷业投资 200 万元将原瓷片生产线进行加长加宽改造，转产西瓦；宏都瓷业投资 300 万元新建干燥塔，对生产线进行技改。君雅公司也投资 1000 万元新建了一条窑炉扩大产能。

为迎合未来的市场，迎接市场新需求的挑战，丹棱政府目前正积极引导企业进行产品的升级换代，鼓励企业生产高档产品，同时引进新型建材，如君雅的通体玻璃微晶石，宝力通的新型加气砌砖等，并重点引进艺术陶瓷、卫生洁具，实现区内产品差异化发展，将丹棱发展成为陶瓷产业的特色产区。同时，也将丹夹陶瓷建材产业集中区更名为丹棱县陶瓷建材产业园区，规划面积调整到 10 平方公里，产业定位为高档建筑陶瓷和新型建材生产基地。

第七节　辽宁产区

一、法库

1. 基本情况

法库陶瓷产业从 2002 年起步，从小到大，至 2009 年，短短七年时间已发展成为全国重要的陶瓷产区之一。

法库交通便利，境内有多条高速公路贯穿，有铁路与京哈线相连，距沈阳桃仙国际机场 110 公里，距大连350公里，距营口港225公里。法库是全国瓷土基地县，也是中国非金属矿产资源大县，全县分布有大量品种多、品位高、质量好、储量大的瓷土、高岭土、长石、硅灰石等陶瓷原料。法库经济开发区毗邻全国十大煤田之一的铁法矿务局，该煤田已探明200亿立方米储量的煤层气资源，可为企业生产供应充足的清洁能源。

法库经济开发区是以陶瓷产业为主导的新型建筑材料生产营销基地。开发区成立于2001年12月30日，2002年7月4日被沈阳市政府批准为市级开发区，2006年5月29日升格为省级开发区。开发区规划面积19.49万平方公里（1949公顷），已开发区面积15.59万平方公里（1600公顷）。截至2009年，开发区固定资产累计总投资118.69亿元，其中外商直接投资1447万美元。开发区主要以建筑陶瓷生产制造为主，现有产品12大类27个品种，有各种建筑陶瓷、日用瓷、艺术瓷、工业瓷、电瓷、特种瓷和卫生洁具等，陶瓷产品覆盖东北三省及内蒙古地区，部分产品除口俄罗斯、英国、日本、朝鲜、中东、非洲等十五个国家和地区。2008年产出各类建筑陶瓷3亿平方米，实现产值102亿元，对财政贡献2.6亿元。

早在2007年10月，法库县委、县政府就公布了《关于进一步加快陶瓷产业集群建设的若干意见》。“意见”提出，法库将通过5年左右时间，建设各类陶瓷生产线1000条，将“东北瓷都”建设成集生产、销售、研发于一体，汇各种陶瓷为一城的国内一流、国际先进的陶瓷产业基地，产品实现由法库制造向法库创造的转变，将法库县城建设成为中等规模城市。同时，“意见”表明未来陶瓷产业区域规划更加细化、规模化，基础设施建设、安全和环保将更加完善。

截至2009年末，法库陶瓷产业已累计落户企业142户，开工建设各类生产线352条，其中竣工投产生产线192条。全年生产建筑陶瓷3.5亿平方米，产量跃居全国第五、东北第一。外运货物850万吨，实现工业产值141亿元，被中国社科院评为“2009第三届中国百佳产业集群”。

2. 2009年发展概述

2009年，是法库陶瓷产业发展最好的一年。2009年上半年，在全国一些大的陶瓷产区产销相对疲软的情况下，法库陶瓷产业却在国家对农村住房补贴政策等宏观政策的带动下，逆势上扬，呈现产销两旺的态势，不少企业产销率接近100%，几乎达到零库存状态。

2009年1月12～16日，在沈阳市第十四届人民代表大会第三次会议期间，法库县政府与沈阳燃气有限公司签署了天然气引进项目框架协议，项目总投资额达到15亿元。项目的引进对保证陶瓷产业、通航产业及城镇人口迅速扩大的正常供气将起到重要作用。

2009年7月18日，沈阳博士盖陶瓷有限公司、沈阳新宏远陶瓷有限公司等5家企业同时在法库经济开发区内举行竣工投产庆典。博士盖陶瓷是第一家来华投资的西班牙陶瓷企业，2007年作为辽宁省政府重点招商引资项目落户法库。博士盖陶瓷占地面积1500亩，计划建设30条陶瓷生产线，其中高档建筑陶瓷生产线就有10条。主要生产高档聚晶微粉抛光砖、钛金砖、高档微晶内墙砖、欧式仿古砖等产品。博士盖陶瓷的引进，使法库的陶瓷产业进入了高档墙地砖、精品陶瓷等产品的生产领域，有力地促进“东北瓷都”的品牌化建设。而同时竣工投产的沈阳哈哈陶瓷有限公司工艺陶瓷产业的入驻，推进了法库陶瓷文化创意产业的步伐。法库从景德镇请来了众多国师级工匠，将艺术陶瓷生产制作顶级工艺与全国的艺术家创作进行全方位对接，大力开发陶瓷礼品、艺术品、收藏品，形成“工匠瓷都来，器成天下走”的格局。

2009年10月17日，辽宁法库陶瓷行业协会成立。辽宁法库陶瓷行业协会的成立，标志着法库陶瓷规模又迈上了一个新台阶，法库的陶瓷从企业行为转变为行业行为，法库陶瓷从松散型配套转变为集群拓展。60余家陶瓷企业、70余家陶瓷配套企业以及陶瓷研发部门成为该协会的第一批会员。

10月15日，由中华人民共和国工业信息化部、辽宁省人民政府主办，中国中小企业国际合作协会、中国建筑卫生陶瓷协会、沈阳市人民政府、辽宁省中小企业厅承办的“2009中国（法库）国际陶瓷博览交易会”开幕。本届展会是继2007年、2008年中国（法库）“国际陶瓷博览交易会”之后在东北地区举办的第三届国际性、专业性、开放性的陶瓷博览盛会。展会主会场在沈阳五爱国际美博交易中心，分会场设在法库大东北陶瓷城。本届展会设国际标准展位400余个，法库的全部陶瓷企业参展，展品有创意陶瓷、艺术陶瓷、工业陶瓷、日用陶瓷、建筑陶瓷、卫生洁具和精细陶瓷等多个类别。据组委会不完全统计，本届陶博会共吸引600余家经销商和20余万人次参观，短短3天，就签订投资合同5个，投资总额3.9亿元人民币。现场交易和达成销售意向更是达到了总额18.7亿元人民币。

按照国际化、品牌化理念，在扩大生产规模的同时，2009年法库县把陶瓷产业发展目标确定在了产业结构调整和提高产品质量上。目前，法库陶瓷产品已拥有工业瓷、电瓷、特种瓷等12大类27个品种，法库将重点建设卫生洁具和高科技陶瓷产业园，引进国际、国内先进卫浴陶瓷和高科技特种陶瓷项目。在已签约项目中，西班牙巴塞罗那华侨华人联盟和唐山华丽陶瓷投资的两个卫浴洁具项目填补了法库产业集群的空白。

围绕品牌化建设目标，法库陶瓷产业还将投入3亿元的技术改造资金，同时新建现代陶瓷科技园区，目前园区规划已经完成，施工设计正在积极推进中。同时，还将重点引进产品档次高、业界影响大、牵动能力强的陶瓷项目，让这些高科技、讲环保、低能耗的知名企业落户科技园区，把陶瓷产业打造成百年基业。

为了做大做强陶瓷产业，当地政府部门已将工作重点放在新阶段招商、土地高效利用、环保节能推广、技术创新、区域品牌塑造、陶瓷文化挖掘等方面，并做好陶瓷产业的规划工作。

二、建平

1. 基本情况

建平县位于辽宁、河北、内蒙古三省区的交汇处，京丹、沈赤、锦承、大赤等铁路线从境内穿过，101国道及省级重点公路在境内交叉分布。建平距锦州港170公里，距营口港300公里，距天津港450公里，距大连港500公里，距秦皇岛港280公里，借助这些港口或口岸，可直通俄罗斯、蒙古、韩国和朝鲜等国家。

建平县总面积4865平方公里，总人口60万，是大凌河流域红山文化的发源地。据从这里出土的红山文化玫瑰图案彩陶筒座与彩陶盆考证，早在5000年前，先民们就烧制出了第一炉彩陶筒座、第一只彩陶盆。直到上个世纪五、六十年代，这里生产的马赛克、红坯体外墙砖等，在业内也小有名气。

建平县资源丰富，膨润土总储量约为1.5亿吨以上，是亚洲最大的膨润土生产基地；硅石等陶瓷生产原料储量达6.5亿吨，可为建平陶瓷产业服务100年以上。据辽宁省地质部门出具的勘探检测报告，陶瓷的坯体原料均可以100%就地解决，原料品质好、易开采、储量大，而且多为软质料，研磨时间不到10小时。建平县先后被国家和省确定为国家优质粮食产业工程项目县、国家级生态示范区、有机杂粮之乡、膨润土之乡。

2008年，辽宁省委、省政府提出了辽西北发展战略。朝阳市委、市政府适时提出在每个县区打造一个销售收入超100亿元的特色产业集群。建平县委、县政府已把陶瓷产业确立为支柱产业和产业集群培育。根据规划，到2012年，建平陶瓷产业集群年产各类陶瓷制品3.5亿平方米，年实现销售收入87.5亿元，利税17.4亿元；各类陶瓷原料年实现开采量1600万吨，实现销售收入12.8亿元，利税2.8亿元；累计实现销售收入100.3亿元。

建平陶瓷工业园位于县城东北部5公里处，是辽宁省委、省政府支持朝阳发展的“十企一园”项目之一。建平陶瓷工业园以打造“北方瓷都”为目标，总规划面积6.784平方公里，建设陶瓷生产线100条。其中建筑陶瓷生产线60条，日用卫生陶瓷生产线30条，先进、超高档瓷、琉璃产品生产线10条。陶瓷工业园已修筑园区公路网10公里，66kV高压变电所投入使用，园区还得到了辽宁省政府每年1000万元专项资金的支持，用于基础设施建设。辽宁省陶瓷检测中心、研发中心，清华大学建筑材料研究基地已落户陶瓷工业园。

早在2004年，建平就向国家工商局申报了“北方瓷都”的工商注册，2005年4月得到核准，从此，“北方瓷都”正式成为建平的一张新名片。2007年，建平县陶瓷工业园被辽宁省科技厅确立为“辽宁省建平陶瓷科技产业园”。到2009年，陶瓷产业集群内已有18家建陶企业，实现税收2501万元，约占全县工业企业税收的3%，占全部税收的2%。集群内生产的高档内墙砖、外墙砖、地板砖、微晶玉系列装饰板材及釉料、产品包装物等5大类50多个品种，主要销往东北、华北、内蒙古等地区，出口产品主要销往韩国、朝鲜、中东等地区。目前，建平陶瓷产品已占东北地区市场需求量的1/5以上，已成为辽西北地区最具特色的陶瓷产销基地。

2. 2009年发展概况

2009年，是建平陶瓷工业新上项目多、投资额度大、建设速度快、经济效益好的一年。特别是以红山玉装饰板材项目的入驻为代表，表明建平陶瓷产业的正在走向提档升级之路。

辽宁（香港）红山玉科技有限公司项目是由香港新远国际有限公司出资，北京盛康宁科技开发有限公司提供先进玉石制备技术，以建平微晶科技有限公司玉石研发基地为基础成立的一家中外合资的高新技术企业。计划第一期投资3000万元，建设年产40万平方米的红山玉装饰板生产线，预计于2010年春投产，年实现产值1.6亿元，提供100余个就业岗位。二期工程计划投资3亿元，预计年产160万平方米红山玉装饰板和一万吨玉器雕件，年实现产值15亿元人民币，可提供630个就业岗位。该项目于2009年11月17日在建平县签约。

2009年，建平县陶瓷工业园建设也取得重大进展，以陶瓷工业园为依托的陶瓷产业集群建设规划编制完成，投资1亿元的丽诺仿古砖、投资5000万元的龙昇高档地板砖生产线即将竣工投产，园区全年完成固定资产投资2.5亿元，新增陶瓷生产能力1500万平方米。

为支持和加快建平陶瓷产业集群发展，鼓励和吸引域外投资者与陶瓷产业集群建设，建平县委、县政府在2009年对入驻陶瓷产业集群的企业实行了多种优惠政策，如自建成投产之日起，连续5年享受县委县政府确定的财政优惠政策；企业的基本的建设和生产经营期间所发生的县级行政事业性收费执行最低标准；全力协调金融部门为企业办理流动资金支持等等，从而吸引了众多投资企业的目光。

2009年7月28日，建平县招商代表团在淄博市举行了经贸洽谈及项目推介说明会，莆田双发内墙砖、温州梨花高档内墙砖、山东顺帆高档内墙砖等7个项目在会上签约，总投资额达4亿元。

2009年12月，建平县陶瓷产业集群职业技术培训学校正式成立。随着建平陶瓷产业的发展，企业用工的需求也不断增长。为了满足园区企业人才的需求和继续教育的需要，建平陶瓷工业园管委会学校结合朝阳市普惠制就业培训，决定开办职业技术培训学校，计划每年为企业培训员工1200人，输送专业人才100人。学校主要为建平陶瓷企业培养和输送电工、电焊、机械和陶瓷工艺等四类专业技术人才。

2009年12月29日，由辽宁省产品质量监督检验院与建平县政府共同投资建设的国家建筑装修材料质量安全监督检验中心——陶瓷实验室也正式投入使用。

2009年，建平陶瓷工业园被评为辽宁省建材协会副会长单位。如今，建平县陶瓷工业园生产的陶瓷产品档次不断提高，产品涵盖5大类、30多个品种，已经成为辽西北地区最具特色的陶瓷产销基地。截至目前，园区已累计完成引资额14.8亿元，共引进项目29个，年可实现产值40亿元，利税4.8亿元，安排就业5000人。

按照规划，到2010年，建平将建设陶瓷生产线100条，形成年产各类瓷砖2亿平方米以上的生产能力，年实现销售收入40亿元，利税4亿元。到2012年，建平陶瓷产业集群年产各类陶瓷制品3.5亿平方米，年实现销售收入87.5亿元，利税17.4亿元；各类陶瓷原料年实现开采量1600万吨，实现销售收入12.8亿元，利税2.8亿元；累计实现销售收入100.3亿元。举全县之力发展陶瓷产业，力争建成百亿陶瓷产销基地。

第八节　湖南产区

一、岳阳

1. 基本情况

岳阳是一座有着2500多年历史的文化名城，综合经济实力仅次于省会长沙。岳阳有着丰富的陶瓷原材料。建国初期，岳阳的日用陶瓷出口整个东南亚地区。此外，岳阳还有水运与交通的优势，岳阳地处长江“黄金水道”与京广铁路两大动脉的交叉点，也处于长江、湘江、资江、沅江、澧江和洞庭湖的汇合点。京广铁路、武广高速和107国道贯穿全境，同时紧靠长江航道城陵矶码头，物流成本非常有优势。从湖南将产品运输到重庆所用的费用是从佛山运到重庆的三分之一，从湖南发货到上海或南京比其他地方运输成本也低一半。

岳阳蕴藏有高岭土、长石粉、瓷砂、独居石、石英、硅砂等30多种陶瓷原料，其中高岭土储量最为丰富，矿石量近5000万吨，远景储量约5亿吨。生产陶瓷墙地砖坯体的原料能实现100%在本地采购。

2005年，岳阳将建筑陶瓷列为支柱产业，政府重点扶持、重点发展。近几年来，随着多家规模以上的建陶企业的进驻，岳阳已成为中部地区继江西高安之后，中国又一个重要陶瓷产区。

目前，岳阳陶瓷产业主要集中在岳阳县新墙农业工业化园、岳阳县周边和临湘市三湾工业园。新墙农业工业化园2005年8月经岳阳市人民政府批准成立。园区坐落在岳阳县新墙镇和长湖乡境内，总体规划为工业区、现代农业示范区和农产品物流商贸中心，总面积10平方公里，其中陶瓷产业及配套产业区7平方公里。工业区计划5年建成，着力打造中部陶瓷生产基地。落户的园区企业有8家，包括天欣、华雄、金城、亚泰、百森、宏康，另有1家是与陶瓷企业配套的机械企业，还有1家是物流企业，总投资17.6亿元。园区已签约的生产线有38条，现已投产10条生产线，总体规划是建成50条陶瓷生产线。

位于临湘市的由广东顺成企业投资的兆邦陶瓷已经建成10条大型瓷砖生产线，8条线已全部投入生产。

2. 2009年发展概况

2009年，在全国陶瓷行业普遍放缓建设速度的时候，岳阳市的建陶企业发展势头迅猛，岳阳天欣陶瓷、金城陶瓷、华雄陶瓷、临湘新美陶瓷、临湘兆邦陶瓷等企业有10几条生产线陆续投产。此外，一批陶瓷企业也陆续落户岳阳。

2009年3月22日，岳阳奥瑞陶瓷有限公司签约落户临湘。岳阳奥瑞陶瓷有限公司总投资为1.5亿元，分三期实施，年内将完成首期投资5000万元，项目全部建成后可实现产值2亿元。

4月27日上午，湖南亚泰陶瓷项目签约落户岳阳新墙农业工业化园。该项目由温州亚泰陶瓷有限公司投资建设，项目总投资5亿元，新建6条大型机械生产线和2组（4条）双层窑炉线，主要生产中高档陶瓷产品。项目占地面积750亩，计划每年投产2条生产线。

5月，湖北（当阳）大地陶瓷有限公司向华雄陶瓷注入7000万元资金，收购其两条生产线，成为该公司新的控股人。双方在资源整合及深度合作的基础之上，华雄公司将具备更强大的实力和精良的人力资源队伍，实现品牌、品质、服务及企业文化等全方位的提升。

2009年9月19日，“同喜仿古砖”杯第三届（中南）陶瓷博览会在岳阳经济开发区中南陶瓷城开幕。本届陶瓷博览会由中南地区最大的物流园——中南大市场承办。岳阳市工商联合会、中南大市场商会、岳阳市陶瓷企业联盟主办。活动为期3天，对提升岳阳陶瓷的知名度起到一定的作用。

2009年11月，天欣集团在政府的推荐下率先申报了湖南省建筑陶瓷产品及原材料质量监督检验中心，通过湖南省技术监督局审批。该检验中心是湖南省第一个陶瓷产品和原材料的检测中心。此外，天欣集团还和湖南大学合作成立了陶瓷研究所，和湖南省及岳阳市有关政府机构联合组建了“湖南省建筑陶瓷工程技术研究中心”和“岳阳市建筑陶瓷工程技术研究中心”。

随着企业和生产线的增多，2009年10月11日，岳阳县召开陶瓷企业发展专题会，就进一步加强陶瓷生产管理工作明确要求：一是要严格环境准入条件。所有落户县里的陶瓷项目要严格执行环境影响评价制度、认真落实环保第一审批权，只有在取得环评批复文件后，方可依法开工建设。二是要严格监管，达标排放。环保部门要依法督促陶瓷项目全面落实环保设施“三同时”制度和环境管理措施，并对其加强日常环境监测工作，确保废气、废水、废渣和噪声稳定、达标排放。三是要严格整改，限时到位。环保部门已下达整改通知的陶瓷企业，必须在本月底前按环保部门的整改要求全部落实到位。否则，停产整顿。四是正面引导，务求实效。县里所有陶瓷项目的法定代表人，必须就该项目的环保责任、环保目标等工作在县电视台作公开承诺。主动接受舆论监督、社会监督、群众监督。

作为岳阳陶瓷产业的主要载体，岳阳县新墙农业工业化园区在2009年成功引进了亚泰陶瓷、宏康陶瓷、宏发熔块厂、铂金线条厂和军山纸箱厂。截至2009年底，园区已引进企业11家，总投资17.9亿元，其中陶瓷企业6家，总投资16.8亿元，已投产的企业4家，在建企业6家。其中，亚泰陶瓷已投产两条生产线，第二组（两条）生产线正在建设之中。宏康陶瓷年前投产第一条生产线。百森陶瓷于10月中旬开工建设，德欧机械于8月28日正式开工，正在进行厂房和围墙建设。宏发熔块厂、铂金线条厂和军山纸箱厂均已进入试生产阶段。

2009年，岳阳县新墙农业工业化园区企业创产值3.6亿元，上缴税收600万元，解决劳动力就业1800多人。

二、衡阳

1. 基本情况

衡阳地处南岳衡山之南，因山南水北为“阳”，故得此名。而因“北雁南飞，至此歇翅停回”，栖息于城南回雁峰，故雅称“雁城”。

衡阳是全国瓷泥主产区，衡阳矿产资源丰富。高岭土、钠长石、钾长石、石英石储量达2亿吨，现有采矿及矿产品加工企业近40家。大牌岭矿区单矿蕴藏量居亚洲之冠，达8000万吨。

衡阳自唐朝便开始了瓷泥开采利用的历史。距县城50公里的界牌镇探明的瓷泥储量将近1亿吨。20世纪七八十年代，随着乡镇企业的兴起，发展起约20家各类陶企，其中省级企业1家、市级企业2家，县级4家。产品出口欧美、东南亚等地区的数十个国家，在全国各大城市都有销售点，尤其在沿海开放城市。但由于处于山区，交通不太方便，主要还是在“高能耗、低效益”的路线徘徊。

界牌陶土横跨衡阳县和衡山县，高岭土地段南北长30公里，东西2公里。矿产资源丰富，为江西、佛山等产区提供了大量的优质瓷泥。

衡阳县界牌镇以盛产瓷泥、瓷器闻名于世，“中国界牌”品牌享誉天下，有“湘南瓷都”的美称。界牌陶瓷素有“白如玉、薄如纸、亮如镜、声如磬”之美誉，产品远销欧美等十多个国家。进入21世纪，“振弘陶瓷”传承界牌陶瓷文化精髓，重铸辉煌，成为衡阳市出口创汇大户。界牌“四宝”之一的御温杯，曾一度被党和国家领导人作为馈赠外宾的礼品，至今行销不衰。建设界牌陶瓷工业园，以建筑陶瓷为龙头，提高原矿就地消化比例。园区首期工程移山填壑土方工程40万方，占地1500亩的园区框架已形成。

2. 2009年发展概况

衡阳发展陶瓷产业有很多年的历史。目前，全县共有4家陶瓷企业，其中包括衡利丰1家建筑陶瓷企业和 3 家日用瓷生产企业。2009 年，衡阳县的陶瓷产业实现产值约 5 亿元，税收近 1 亿元。“十二五”期间，衡阳县的目标是实现 50 亿元的销量。

随着中南、中西部地区的开发和沿海产业的转移，衡阳抓住了现代交通物流条件大为改善的契机，把资源的开发和利用作为发展县域经济的一种措施。省市县三级政府都相当重视开发界牌丰富的矿产资源。

从产业上衡阳提出“五业并举”的战略构想，即“瓷泥开采和加工”、“建设建陶园区”、“瓷泥砖”、“发展电瓷”、“发展工艺美术瓷”，但还是以建陶和电瓷为主。从基地布局上，衡阳重点打造三个生产基地。第一是以界牌为基地发展日用瓷；第二是以西渡经济开发区为基地发展建陶，以衡利丰企业为中心，建设 3 平方公里的产业集群，包括上下游配套产业；第三是以石市为基地，发展现代电瓷业。

2009 年开春以来，广东、福建等地的 10 余家陶企前来衡山考察，佛山两家规模陶企也进入实质洽谈阶段。当地政府正在加大招商力度，同时为进驻企业做好综合性的服务工作，政府可以为投资商提供“五通一平”（通水、通电、通气、通路、通信及土地平整）服务，另外，在土地供应、环保生产、产品销售以及人力资源等方面为企业提供完善的服务，解决企业的后顾之忧。

2009 年 5 月 7 日，中国建筑材料集团公司与衡阳市委、市政府在此福地正式签约：中建材在衡新增总投资 30 亿元，将衡阳作为战略发展的“南方基地”，在衡锻造以水泥、玻璃、陶瓷、石膏板材四大产业为重点的高附加值新型建材基地。

根据协议，中建材在衡规划新增总投资 30 亿元，投资内容包括：新型干法水泥——投资 8 亿元在祁东洪城建设日产 5000 吨新型干法水泥生产线及低温余热发电项目，在东阳渡镇重组原市白水泥厂，建设年产 100 万吨级大型水泥粉磨站和 50 万立方商品混凝土预搅拌站。浮法玻璃——投资 10 亿元利用衡阳石英砂、纯碱资源建设衡阳浮法玻璃生产线。陶瓷——投资 7 亿元利用衡阳瓷泥资源发展工业陶瓷，提升民用陶瓷项目。新型建材——投资 5 亿元利用衡阳石膏等优质非金属矿产建材资源，建设新型墙材基地。双方将采取多元化投融资方式分步分项目实施。

2009 年是湖南衡利丰突飞猛进的一年，二期工程正在最后的修建工作，在原有 4 条生产线的基础上即将新添 4 条生产线。从 2006 年 8 月新中源陶瓷企业集团在湖南衡阳西渡经济开发区投资兴建到二期工程即将点火投产。3 年来，衡利丰已相继推出“衡利豐”、“圣保路”、“兴邦”三大主力品牌，衡利丰彻底剔除了省级总代理和地市（县）的分销商环节，采取点对点的方式，以县级市场为中心，面向各地的乡镇直接设点，产品销售一度供不应求。

三、茶陵

1. 基本情况

茶陵地处湘赣边界、罗霄山脉西麓，是井冈山革命根据地六县之一。茶陵地处湘赣枢纽，交通十分便利。境内有衡炎、岳汝、泉南 3 条高速，衡茶吉、醴茶 2 条铁路，106 国道、320 省道经过。

茶陵发展陶瓷产业拥有得天独厚的优势，生产建筑陶瓷所需 80% 以上的陶瓷原料都可以在茶陵实现本土化。地质勘探表明，茶陵县拥有总储量达 7 亿多吨的优质陶瓷原材料，如钾长石、高岭土、瓷泥等，广泛分布于桃坑、严塘、秩堂、腰陂等 14 个乡镇，且大多在浅地表层，有利开采。而且，大多数原料运输距离能控制在 40 公里以内。另外，茶陵还有大量的暗红色页岩，颜色均一、磁化好，是生产仿古砖、自然环保砖及深色砖的最好原材料。茶陵县水电充足，可满足大型工业生产需求。茶陵县还拥有充足的劳动力，县内有劳动力 29.26 万人，潜在富余劳动力 11 万人。

为形成建筑陶瓷产业主要基地，株洲市茶陵县两级政府规划 5 年内在茶陵经济开发区内建成建筑陶瓷工业园，将该园打造成湖南首个大型、专业的建筑陶瓷工业园。茶陵已对陶瓷产业园建设实行合理规划布局，实行“不扎堆、不聚集”的策略，且远离居民区，并依法取得国土手续后再动工建厂，保护企业利益，坚决杜绝因产业转移而出现的“圈地运动”。

茶陵享有西部地区开发和东北老工业基地的优惠政策，目前已建立了县级领导挂帅的招商体制，坚持以行政法律手段管理园区，发展区域经济，为企业提供“一条龙”服务，不仅在土地价格上有优惠，政府还将负责七通一平，代办各种手续，加快企业建设投产速度。

2. 2009 年发展概况

2009 年初，茶陵县确定承接广东佛山市建筑陶瓷产业转移后，当即组织专业人员对全县陶瓷原材料储量进行探查，在桃坑、严塘、秩堂、腰陂、平水等 14 个乡镇发现了大量的钾长石、高岭土、瓷泥等生产陶瓷的原材料。该县计划利用 5 年时间，在建筑陶瓷工业园引进亿元以上企业 15 家，打造成湖南最大的建筑陶瓷生产基地。

茶陵县商务局也在成立佛山办事处，主动与佛山市建筑陶瓷协会、大企业建立联系。县委书记余明刚就率领 7 个部门负责人走访佛山市有关企业，承诺提供倾斜政策与优良服务，开辟占地 2000 多亩的建筑陶瓷工业园，进行“七通一平”，即通水、电、路、有线电视、电话、网线、邮政和平整土地。同时，该县成立企业服务中心，专门为外来企业提供“亲友式”服务。

2009 年 7 月 20 日，由湖南茶陵县委书记余明刚率领的代表团来到高安，对江西省建筑陶瓷产业基地的建设发展情况进行实地调研，详细了解企业的建设发展和产品销售情况。

2009 年 11 月 19 日，茶陵县人民政府与佛山彩蝶陶瓷科技有限公司在茶陵县紫荆花大酒店四楼会议室正式签约，该项目落户于湖南省茶陵县经济开发区产业承接园内，计划占地面积为 600 亩，总投资 3 亿元，兴建 6 条建筑陶瓷生产线，分别生产仿古砖、抛光砖、内墙砖，其中第一期计划投资 1.2 亿元，兴建两条陶瓷生产线。一年内预计形成销售收入 1.8 亿元，税收 500 万元；二期工程投资 1.8 亿元，3 年内完工。项目全部完工投产后，预计销售收入可达 4.2 亿元，税收可达 1200 万元。

第九节　河北产区

高邑

1. 基本情况

高邑位于华北平原西部边缘，太行山脉东麓，距河北省省会石家庄 50 公里，北京 330 公里，京广铁路、京广公路和京深高速纵贯南北，郑昔公路横穿东西，是石家庄南部重要的交通枢纽。高邑县西部丘陵蕴藏着丰富的长石、石英石、高岭土等多种生产陶瓷坯体的矿产资源。这些原料不仅质地优良，大部分可露天开采，而且距离较近，运输半径不超过 60 公里，运输成本很低。此外，高邑县距全国煤炭基地山西省不足 100 公里，全国重点项目北京——河北省邯郸市的天然气管道项目也途经高邑县。

20 世纪 90 年代以来，高邑陶瓷业逐步由日用陶瓷转向建筑陶瓷领域，并不断发展壮大，被列为石家庄市十大特色行业之一。目前，高邑拥有建筑陶瓷企业有 80 多家，生产线近 100 条，产品种类有地砖、墙砖、外墙砖等高、中、低档，多规格、多花色 100 多种产品，形成了较完善的产品体系，全县建陶年生产能力达 3.5 亿平方米，占全国总产量的 20% 左右，年销售收入达 30 多亿元，产品畅销东北、华北、西北等十几个省区市，并远销东南亚、非洲、俄罗斯等国家，成为华北地区最大的建陶生产基地。

为进一步发展当建筑陶产业，当地政府提出建设继广东佛山、山东淄博、福建晋江、四川夹江之后的第五大建筑陶瓷生产基地，并规划建设了占地 3300 亩、基础设施投资 1600 万元的建筑陶瓷工业园。工业园位于京广铁路西 5 公里西富村乡，入驻工业区的企业以建陶企业为主，并安排硅灰石、高岭土深加工等配套企业和建陶原料深加工和原料供应、配件供应及设施维修等企业入驻。

近年来，高邑建陶业也抓住佛山等建陶产业发达地区产业转移的机遇，大力招商引资，积极引进先进技术和设备，进行了“二次创业”。通过“二次创业”，使产业整体装备水平得到质的提高。此外，高邑县还瞄准现代产业体系的发展方向，谋划了总投资120亿元的煤焦化集群项目。目前该项目已被列入省重点项目，正积极列入全省战略支撑产业发展规划。该项目全部建成后年将向建陶企业供应18亿立方米的优质煤气，充足的能源供应势必将引领高邑建陶产业的掀起新一轮的发展浪潮。

2. 2009 年发展概况

按照高邑县的最新规划，凤凰山工业区将着力发展“建陶——煤化工循环产业”。2009年，凤凰山工业区已有力马陶瓷第五、第六条高档地板砖，圣泽陶瓷高档内墙砖，逸龙陶瓷地板砖，福隆陶瓷抛光砖，金华陶瓷外墙砖，恒德陶瓷内墙砖等9条生产线开工建设，总投资2.4亿元，全部投产后可年新增墙地砖生产能力3500万平方米。

由于建陶产业规模的迅速扩大，企业生产过程中燃煤污染问题日益突出，不仅影响了环境质量，也限制了产品档次提升和企业健康发展。为此，高邑县对提出要以新型能源为突破口，推动建陶产业健康发展。其中，作为高邑建陶产业龙头的力马建陶，规划了以建陶业为主业，以煤化工为基础、总投资超百亿的循环经济产业链项目。项目总投资60亿元、分四期进行，一期投资4.9亿元，占地1500亩，年产煤气3亿立方米、焦炭100万吨。项目预计2010年6月底投产。该项目投产后所产生的煤气将全部用作建陶企业的新型能源，推动建陶企业节能减排，提档升级。

经测算，高邑县建陶企业全部推广使用煤气后，每年可使二氧化硫排放量减少290吨，降低原煤消耗67.2万吨，企业节约成本约6亿元，但实现这一目标，每年相应的煤焦化配套生产能力得达到600万吨。为此，该县超前谋划，通过积极招引项目，力争用3到5年时间在凤凰山开发区建成以煤焦化产业为龙头，以建陶企业为依托，以节能循环经济为模式的煤焦化基地，满足建陶企业集中供气，推动建陶业清洁生产，提档升级，实现可持续发展。

同时，为全面激活民间资本，有效弥补国有商业银行融资限制，该县加大对企业帮扶力度，努力打造民间资本融资担保平台，成立了首家小额贷款公司，组建了一家注册资金达5000万元民间资本担保公司。2009年12月，总投资3.6亿元的高邑县圣泽陶瓷公司第五条生产线正式开建，该生产线建设资金近四成来自民间。这是该县积极引导民间资本参与企业建设经营，有效缓解企业资金链条紧绷的一个实例。据了解，目前，该县约有30亿民间资本流入建陶、纺织、食品加工等多家企业，有6000余人受益于入股分红。

此外，当地提出建陶产业按照“内涵外延相结合、技改与扩规同步走，紧紧瞄准地板砖和内墙砖，适度发展高档外墙砖”的发展定位，狠抓扩规模、上总量和调结构、上档次两个关键环节。该县在充分借鉴山东等地发展经验基础上，创建了建陶行业协会，加大科研投入力度，积极研发建陶新品种，与景德镇陶瓷学院、陕西科技大学合作建立了统一的建陶生产力促进中心、新能源检测中心等多个科技、能源、原料服务中心。目前，该县已摆脱对广东、山东等地原材料依赖，开始开发利用当地的瓷石、长石等原料，使企业生产成本降低近三分之一。该县建陶企业还大力实施品牌战略，通过举办论坛、媒体推介会等多种形式树立企业产品良好品牌形象，提高品牌知名度和影响力。目前，该县建陶行业有18家企业投资在3000万元以上，完成了技术改造，新上自动压机18台，产品已从最初的印花砖发展到现在拥有地板砖、内墙砖、外墙砖三大系列，微粉、聚晶微粉、抛光、通体、渗花等五大品种、300多个花色，有“力马”陶瓷、“盛亚诺”陶瓷等8个省内著名品牌。其中耐磨砖优于国家标准GB/T 4100.5－1999，抛光砖优于GB/T 4100－1999标准，产品符合GB 6566－2001《建筑材料放射性核限量》标准规定的a类装饰材料要求，其产品销售和使用范围不受限制。

目前高邑全县拥有建陶生产企业56家，生产线80余条，年生产能力2.2亿平方米，占全国产量的

10%以上，年销售收入20亿元，利税4.3亿元，从业人员15807人，成为石家庄十大特色行业之一和“河北省建筑陶瓷特色生产基地”，产品市场畅销东北、华北、西北等十几个省区市，并远销东南亚、俄罗斯、非洲等地。

下一步，该县将依托特色主导产业，瞄准业界最高水平，实施设备、工艺、管理和节能减排四项指标，全面提升产业核心竞争力，提高市场影响力，积极打造华北地区重要的建陶生产基地。力争三年内实现销售收入达到50亿元以上。

第十节　广西产区

梧州

1. 基本情况

梧州市位于广西东部，市区紧接两广边界，为广西东大门。现辖苍梧县、藤县和蒙山县，代管岑溪市。梧州是西江经济带的节点城市，在交通基础设施日臻完善中，打通了往珠三角以及西南、西北、东北的通道，区位优势日益突显，吸引的客商越来越多，承接产业转移的成效显著。

梧州具有丰富的陶瓷生产原材料，藤县储藏着丰富的高岭土资源（俗称白泥），白泥覆盖区23平方公里，储量超过3亿吨。据测算，藤县的高岭土资源足够150条生产线持续生产30年。

2008年，广西新中陶陶瓷有限公司在藤县投资6亿元建设陶瓷生产基地，借此契机，梧州市开始大胆规划超大规模的陶瓷产业园，迎接广东陶瓷产业的大规模转移。为此，梧州市专门出台了《关于加快陶瓷产业发展意见》，提出要加快陶瓷产业基地化集群化发展，努力把梧州陶瓷产业园区打造成为广西最大、国内有较大影响力特色产业园区，成为承接东部产业转移示范园区及泛珠三角区域重要陶瓷产业基地。

在园区规划上，梧州陶瓷产业园区将分为藤县中和和岑溪大业两个集中区，以政府主导、企业运作的办法，做到两个集中区统一规划、统一建立。按照“政府为主导，互利共赢”的原则，藤县与广西新中陶陶瓷有限公司合作投资开发中和集中区，将打造成为一个可持续发展的大型、专业、环保、生态陶瓷产业转移示范基地，根据陶瓷产业发展的趋势和企业发展的需要，中和集中区高起点规划、高质量建设、高效能管理，做到布局合理、功能配套先进、生态环境优美，目标是建设成为世界陶瓷产业示范园区。中和集中区坐落在距藤县高岭土矿区约6公里处的县城东部，总规划面积1.5万亩，计划建设150条陶瓷生产线，建成投产后预计年产值可达150亿元。其中，广西新中陶陶瓷有限公司一期工程计划投资6亿元，建设8条生产线。

除藤县中和集中区外，梧州陶瓷产业园岑溪大业集中区也主要引进陶瓷制品及其配套项目。大业集中是广西省级重点园区，总规划面积18710亩，包括大业、筋竹、归义、马路、糯垌、安平等六个片区，其中，大业筋竹片区9164亩，归义A片区1701亩、归义B片区2124亩、马路片区2574亩，糯垌片区1474亩，安平片区1673亩，集中区规划总投资60亿元，建设陶瓷生产线100~120条，预计全部建成后年工业总产值达100亿元，上交税收3.5亿元，安排就业3.6万人。大业集中区首期规划开发5000亩，目前，已有岑溪市新建球陶瓷有限公司、新动力陶瓷有限公司、新鸿基陶瓷有限公司、岑溪市名爵陶瓷有限公司、广西金沙陶瓷有限公司、岑溪市湘恒瓷业有限公司等7家企业进驻园区，总投资42.15亿元，规划建设陶瓷生产线42条。

按照规划，梧州市要借助西江“黄金水道”的复兴，以丰富的高岭土资源为依托，以梧州陶瓷产业园区作为载体，抓住目前我国陶瓷产业向西部大转移的机遇，把梧州陶瓷产业园区建成广西最大的陶瓷生产基地和“南国新陶都”。

2. 2009 年发展概况

2009 年 7 月份，梧州市瞄准广东陶瓷产业大规模转移的有利时机，开始规划建设由藤县中和集中区和岑溪大业集中区组建而成的梧州陶瓷产业园，以“非常办法、非常措施、非常力度、非常政策”推进开发与招商，至今已引进十余家陶瓷生产企业。藤县中和集中区有七家企业进驻，总投资额超 50 亿元，目前已有两家企业投产。

梧州的陶瓷产业虽然起步较晚，但发展势头较为迅猛，交通物流、园区基础设施等各种配套产业链已初步形成。作为接受粤、港、澳经济辐射最前沿的地区，梧州承接东部陶瓷产业转移后来居上，成为大批陶瓷企业产业转移和扩张的首选之地。

梧州市于 2009 年出台的《关于加快陶瓷产业发展的意见》，已经勾画出产业发展的轮廓：梧州市陶瓷产业园区将走“大项目——产业链——产业集群——产业基地”的发展路子，加快陶瓷产业基地化和集群化发展，努力把梧州陶瓷产业园区打造成为广西最大、国内有较大影响力的特色产业园区和成为承接东部产业转移的示范园区及泛珠三角区域重要的陶瓷产业基地。力争到 2012 年引进建陶生产线 200 条以上，引资 100 亿元以上，总产值达 200 亿元。

2009 年，梧州市在招商引资方面取得重大突破，梧州陶瓷产业园藤县集区已入驻企业 16 家，岑溪大业集中区入驻企业 7 家，还有多家陶瓷企业达成意向投资。

2009 年 5 月 13 日，梧州市委市政府组织的招商团在广州召开梧州·珠三角地区工商企业对接恳谈会，梧州市与珠三角企业当场签订 27 个招商项目，吸引投资额达 61.62 亿元。其中名爵陶瓷项目与岑溪签约，项目总投资达 3 亿元。这是岑溪承接珠江三角洲产业转移，从广东引进的第一个陶瓷产业项目。

2009 年 8 月 22 日，梧州陶瓷产业园藤县中和集中区项目招商恳谈会在佛山举办，共签 9 个陶瓷生产项目，协议圈地 5050 亩，建 70 条陶瓷生产线，共投资 38.5 亿元。2009 年 10 月，北流永达陶瓷有限公司投资 6 亿元陶瓷生产项目落户中和集中区。2009 年 11 月 18 日，总投资 16.4 亿元的广西瑞远陶瓷有限公司、广西新舵陶瓷有限公司在中和集中区开工兴建。其中，广西瑞远陶瓷有限公司总投资 8 亿元，首期投资 2.5 亿元建设 4 条高级的内墙砖生产线，二、三期投资 5.5 亿元，建设 9 条高档抛光砖及仿古砖生产线。项目全部建成投产后，年产值将达 13 亿元；广西新舵陶瓷有限公司一期和二期整体建设总规划面积 1200 亩，投资 8.4 亿元建设 14 条生产线。一期工程共建设 7 条陶瓷生产线，其中有 3 条是目前世界上最先进、达到欧洲环保标准的生产线。

目前，梧州市依托西江黄金水道实施“以资源换产业”战略，利用丰富高岭土资源，集中力量进行陶瓷产业园招商建设。

第十一节　河南产区

鹤壁

1. 基本情况

鹤壁市位于河南省北部，太行山东麓向华北平原过渡地带，总面积 2182 平方公里，人口 150 万人。现辖两县（浚县、淇县）、三区（淇滨区、山城区、鹤山区）和经济技术开发区。

鹤壁交通便利，区位条件优越。鹤壁市距郑州国际机场 130 公里，距天津港口 500 公里，距青岛港 550 公里，西气东输，南水北调工程穿境而过。国家和河南省将建设途径鹤壁的北京—郑州高速铁路客运专线，长治—泰安铁路和通向山西方向的高速公路，届时，鹤壁将形成铁路、高速公路“双十字”

骨架，全市以新区为中心已形成半小时交通圈。

鹤壁已探明的矿产资源有煤炭、水泥灰岩、耐火黏土、石英砂岩等30多种。周边陶瓷原料资源丰富，具有储存量大、易开采、烧成温度低、宜快速烧成等优点，绝大部分在周边80公里范围内可采购到，经过不同的配方，可生产各种规格的外墙、内墙、地板砖和耐火瓷砖。

鹤壁市共规划了2个陶瓷产业园区，即山城区的石林园区和鹤山区的韩林涧园区。石林园区位于鹤壁市山城区石林镇境内，交通便利，水、电供应充足。规划面积12.6平方公里，其中工业用地8平方公里，三产及其他公共设施用地为1.6平方公里，居住及绿化用地3平方公里。集聚区远离居住区，风向稳定，人口密度小，适合长远发展。为更好的发展陶瓷产业，鹤壁市特别聘请郑州大学城市规划设计院和河南省规划设计院组成规划编制专业小组，对石林陶瓷产业集聚区规划进行总体修订，编制了《石林陶瓷产业集聚区控制性详细规划》。鹤壁市陶瓷园区总体规划环境影响报告也于2007年7月份通过了河南省环保局（豫环审〔2007〕148号）审查。目前园区入驻有新中源陶瓷、御盛陶瓷、富得陶瓷、福源陶瓷等16家陶瓷企业，其中生产企业9家，包装、釉料、腰线、机械配套企业7家，合同建设46条生产线，生产陶瓷砖2.6亿平方米。韩林涧园区共占地面积3.5平方公里，一期开发建设300亩。

在环境建设上，鹤壁市对陶瓷产业园区的土地实行统一征用、统一管理、统一地价，对环评统一准入标准；对一定投资额度以上的项目给予土地出让金和贷款贴息补助；对一定经营期限以上的，从获利年度起，按照企业所得税对地方财政的贡献额给予扶持；对陶瓷产业园区内的企业用地、建设、环保、工商登记、消防等有关手续实行市级行政性收费“零费制”；出台了人才引进和科技创新两个三年计划，明确了具体的支持政策。在服务方面，鹤壁市实行“两个零接触”和加快信用、物流、培训等服务体系建设，“两个零接触”即企业办理各项手续时不直接与办证审批部门接触，不与当地农民直接接触，由有关部门全程代办；信用体系即建立战略融资平台，让企业以最少的投入、最短的时间获得最大的支持；物流即加快推进所规划的市综合物流园区和煤炭、陶瓷等专业物流发展，建设区域性物流中心；培训即在鹤壁市职业技术学院开设陶瓷专业班，大批量培训技术工人，同时由劳动部门定期到企业对接，有针对性地帮助招工和培训。此外，鹤壁还将在市中心地带——新区综合服务功能区，拿出300亩左右的土地，规划建设陶瓷企业总部和营销展示中心，为企业的发展提供更好的平台。

鹤壁市陶瓷产业园区按照五年内建成100条生产线的目标正在加速推进，届时将成为中部地区最大的承接沿海地区陶瓷产业转移的集聚区，其中石林也将成为一个10万人规模的人口集聚区。

2. 2009年发展概况

2009年，鹤壁陶瓷产业蓬勃发展，工业园区加紧建设，新中源、汇德邦、御盛等入驻企业正在按照计划推进施工，工厂雏形已现。对比高安、法库等其他产区，鹤壁陶瓷产区起步最晚，但发展势头却十分迅猛。

2009年3月20日，新中源集团河南鹤壁生产基地在山城区石林工业集中区奠基。该项目由新中源陶瓷企业投资建设，项目总投资10亿元，拟建设10条生产线，总占地面积1372亩。一期占地面积960亩，建设4条生产线，生产仿古砖、釉面砖、抛光砖等产品。全部建成后可形成年产各类陶瓷、瓷砖3000万平方米的生产规模，年产值10亿，利税2亿元，解决2000人的就业问题。同时该项目可拉动物流、矿山开采、包装、服务业等相关产业产生效益50亿元。

2009年11月5日上午，河南华邦陶瓷有限公司、河南大华陶瓷有限公司签约入驻石林陶瓷产业集聚区。其中，河南华邦陶瓷有限公司陶瓷项目总投资4亿元，占地300亩，建设4条陶瓷生产线，主要生产高档聚晶微粉抛光砖，分两期三年建成，一期建设2条生产线。河南大华陶瓷有限公司陶瓷项目总投资1.6亿元，占地200亩，半年内建成两条特种陶瓷生产线，该项目主要生产中高铝等静压微晶瓷球及衬砖。两个项目于2009年11月底同时开工建设，预计2010年5月份建成投产；项目达产后，年产值可达5.8亿元，利税1.35亿元，将解决就业岗位1800多个。

此外，在2009年，广西鑫源投资3亿元的富得陶瓷项目，年产900万平方米中高档建筑陶瓷项目，也签约并开始施工；汇德邦陶瓷有限公司总投资6亿元，建设8条陶瓷生产线，生产抛光砖、釉面砖、瓷片项目，一期两条生产线已经开工建设；中联兴陶瓷公司总投资5亿元，建设6条生产线，生产釉面砖、墙砖、琉璃瓦，项目于2009年4月份签订投资合同；浙江华丰陶瓷有限公司总投资3亿元，日产3万平方米陶瓷项目签约；占地50亩的伟强腰线和鹤之源塑料包装厂2个配套企业也开工建设。

2009年，鹤壁市党政部门继续加大招商力度，积极做好服务工作。2009年9月，鹤壁市委书记郭迎光带队到广东佛山考察陶瓷产业发展情况，开展系列招商，同时还接受了多家行业媒体的专访，全面系统地介绍推介了鹤壁发展陶瓷产业的优势、投资环境等情况。2009年5月11日、7月27日、9月28日，鹤壁市市长丁巍三次带领市直有关部门负责同志到陶瓷产业园区现场办公，考察园区建设，察看新中源陶瓷、御盛陶瓷等项目的进展情况，认真了解项目建设进度和计划竣工时间，鼓励企业进一步加快建设进度。

截至2009年底，鹤壁市陶瓷工业园区内已签约30多条生产线，入驻7家陶瓷企业，开工建设10条生产线，投产4条生产线，基本形成了陶瓷产业集群雏形。

第十二节　湖北产区

当阳

1. 基本情况

当阳地处湖北中部，东、北临荆门市，西连宜昌市、南接荆州市，离三峡机场30多分钟车程，离长江直线距离不足25公里，水路可辐射九江、安庆、铜陵、南京、镇江、上海等沿江各大城市，区位优势明显。当阳曾被评为湖北省综合经济效益十佳县（市）。

当阳资源丰富，能源充足，现已探明储量的矿藏有7大类、20多种，石膏储量约10亿吨，居亚洲之首。高岭土储量5230万吨、远景储量3亿吨，至少能满足100条生产线生产70至80年，且具有易开采、宜低温快速烧成等特点，适用于烧制中高档建筑卫生陶瓷制品。

当阳建陶工业的发展历史悠久，早在上个世纪八十年代，当阳市建陶工业总公司就曾生产陶瓷制品。但是，由于没有产业和市场的支撑，这里的高岭土资源优势并未转化为经济优势。2005，浙江一家陶瓷企业落户当阳，投资近2亿元建成4条陶瓷生产线。但真正走上快速发展轨道，向建陶产业规模和产业集群发展，是从2007年开始起步的。2007年11月，被誉为建陶航母的广东“新中源”集团落户当阳，投资10亿元，兴建12条中高档陶瓷生产线。同时，投资3个亿的帝豪陶瓷也相继在当阳开工，再加上天冠、华夏、大地等陶瓷企业，使得当阳陶瓷产业产能迅速扩张，在短短几年时间里，当阳建陶产业实现了从无到有、从小到大、从做大到做强、从传统粗放模式向现代集约规模生产经营的质的飞跃。

2009年末，当阳市建筑陶瓷产业集群内共有企业28家，其中已经建成或正在建设的建筑陶瓷产业14家，与陶瓷相关的采矿、原辅料生产、印刷包装、机械制造、物流运输等企业14家。全部建成后年可实现销售收入20亿元，上交税金6000万元。

目前，湖北省经委把当阳的陶瓷产业定位为重点发展的52个产业集群之一。当地还请武汉理工大学的专家学者研究制定了“100条线，3亿平方米/年，产值100亿元”的产业目标规划。当阳市政府提出要把当阳打造成“三峡瓷都”，具体规划是3~5年内要建成一个10平方公里、大约50条生产线的生产基地，远期规划是达到100条生产线。

2. 2009 年发展概况

2009 年，湖北省发改委正式批准在当阳市设立“湖北当阳建筑陶瓷工业园”，这是继 2008 年当阳市建筑陶瓷产业集群被确定为湖北省重点成长型产业集群之后的又一重大举措。随着“湖北建筑陶瓷工业园”落户当阳，2009 年，当阳全市建陶产业集群企业达到 34 家，投产、在建和拟建陶瓷生产线达到 77 条，生产瓷砖 1 亿平方米，投产企业全年实现产值 21 亿元。

湖北当阳建陶工业园位于荆宜高速当阳互通处，区位交通条件优越，是承接“东陶西进”、“南陶北上”的理想支点。工业园总体规划 8 平方公里，一期 4 平方公里，目标是打造湖北省最大的建陶产业基地。目前，市财政投入基础设施建设资金已达 4 亿元，吸引企业项目投入超过 46 亿元。园区道路、供水、供电、排水、通信等基础设施正逐步完善，已有宝加利陶瓷、鑫来利陶瓷、凯旋陶瓷、恒发陶瓷等企业入驻园区，九州陶瓷、锦汇陶瓷已经入园选址。

2009 年，当阳市继续大力实施产业招商、环境招商、以商招商，招商引资成果丰硕。3 月 6 日，投资 2 个亿的北京帝缘陶瓷生产项目签约；4 月 16 日，投资 8 个亿的晋江陶瓷项目签约；7 月，晋江晋成陶瓷有限公司与湖北省当阳市政府签订了投资协议书，该项目计划占地 500 亩，投产后，年产量可达 3000 万平方米，产值 4 亿元人民币；12 月 16 日，当阳市政府、宜昌泉州商会在福建晋江举行招商恳谈会，中国驰名商标金莱克、恒达陶瓷等企业签约落户当阳，签约项目投资总额达 10 亿元。

由当阳市与宜昌泉州商会合作，在当阳木店陶瓷工业园区规划兴建的当阳泉州工业园，于 2009 年 4 月开工建设，目前已有鑫来利陶瓷发展有限公司、凯旋陶瓷有限公司落户园区，总投资 10 亿元，规划引入 20 条生产线。

大量企业的落户延长了当阳陶瓷产业链条。一方面，建陶业整体水平明显提高，由最初的低档陶瓷地砖发展到以中高档陶瓷地砖为主，仿古砖、墙面砖所占份额大幅增加；另一方面，建陶产业内部自然分工协作关系基本形成，原材料供应、运输销售、瓷泥加工、彩印包装、机械制造、陶瓷市场等产业配套服务体系逐步形成。目前，全市与陶瓷产业相关企业有采矿、釉料、印刷包装、机械制造、物流运输等企业 21 家，金凯文物流、锦之源、陶都工贸、鹏程机械、中科金泽高岭土深加工等建陶生产配套项目正在加紧施工；帝旺建材市场一期工程顺利完工，二期工程正加紧推进。

当阳市牢固树立“产业第一”的发展理念，依托建筑陶瓷工业平台，突出以“宝加利陶瓷公司”为龙头的陶瓷业，力争打造中国“三峡瓷都”。当阳在发展中采取了“攀大联强”，“全民创业”，“统筹城乡”的发展策略。

目前，当阳市正以建筑陶瓷工业园为平台，积极承接沿海产业转移。今后 3 年内，将建成 100 条陶瓷生产线，实现产值 100 亿元以上，利税 20 亿元，带动相关产业实现产值 20 亿元，安置就业 3 万多人，成为三峡地区最大的建筑陶瓷产业基地。

第十三节　吉林产区

桦甸

1. 基本情况

吉林省陶瓷生产企业主要集中在桦甸市。桦甸属吉林市所辖，地处长白山区向松辽平原过渡的前缘，敦化——密山岩石断裂之间。由于长白山脉特殊的地质构造，桦甸蕴藏着十分丰富的矿产资源。在桦甸市 30 公里半径内，集中蕴藏了钾长石、黏土、钠长石、瓷石、珍珠岩等 90% 以上的生产陶瓷产品原料，加上周边地区的黏土、沸石、伊利石、铝矾土、滑石等资源，具备生产陶瓷的全部原料。其中钾长石储量大、品质优。经吉林省有色金属勘察局勘查，境内已探明各种资源的总储量达 7.8 亿吨，若按建设 60 条生产线（每条按日产 1.2 万平方米地板砖）计算，最低可生产 50 年以上。

桦甸市水系发达，境内有二道松花江、第二松花江、辉发河等三大水系，共有大小河流 251 条。地表平均径流量 19.7 亿立方米，地下水资源为 4.3 亿立方米，可充分满足工业及生活用水。亚洲最大的地下发电厂——白山发电厂坐落在桦甸境内，此外还有 9 座中小型水电站，总装机容量已突破 170 万千瓦，为吉林地区、东北三省的电力需求提供了可靠的保障。

吉林市陶瓷工业园区位于桦甸（省级）经济开发区内，是吉林省十大重点工业园区之一，也是吉林市政府直管的工业园区。园区规划面积 5 平方公里，其中生产区 4 平方公里，物流区及批发市场 1 平方公里。工业园距长春市 190 公里，距哈尔滨 310 公里，距沈阳 360 公里，距内蒙乌兰浩特 410 公里。

吉林市陶瓷工业园建设分为近期目标、中期目标和远期目标三个阶段。近期目标是到 2010 年，以占领吉林、黑龙江、内蒙等陶瓷中低端市场，新建 30 条生产线，总量达到 40 条生产线规模，形成年产建陶产品 1 亿平方米的能力；中期目标是到 2015 年，以占领东北辐射全国市场为目标，再新增 20 条生产线，使总量达到 60 条生产线规模，形成年产建陶产品 1.5 亿平方米的能力；远期结构优化阶段市场目标是到 2020 年，大力实施市场多元化战略，在巩固现有市场的基础上，积极开拓俄罗斯、朝鲜、蒙古、日本等国的市场，进一步将市场扩大到整个东北亚国家，力争达到年出口 3000 万平方米、出口额 8000 万美元，逐步成为东北亚各国陶瓷供应的重要基地之一。

2. 2009 年发展概况

截止到 2009 年，已有洪诚陶瓷、汇智陶瓷、亚泰陶瓷、浩癸陶瓷、浩成陶瓷、逸品陶瓷、国玉陶瓷共 7 户企业落户吉林市陶瓷工业园区，总投资预计达 4.2 亿元，共规划上 16 条生产线，总生产能力可达 4380 万平方米。预计 16 条生产线达产后可实现产值 4.9 亿元，实现利润 7500 万元、税金 3000 万元，可安置 2270 人就业。

2009 年 5 月 13 日，桦甸市经济局组织洪义陶瓷有限公司、汇智陶瓷有限公司、亚泰瓦业有限公司、松源水泥有限公司、永新彩钢有限公司等 8 户企业参加了吉林市重点项目与地方工业企业合作对接大会，成功地向外推介了桦甸市地方工业企业，对外宣传了桦甸市的优势产业。其中，汇智陶瓷有限公司在桦甸市经济局的推动下，于 2009 年 3 月与浙江省万象陶艺有限公司成功嫁接，经过短短几个月时间的资产重组和技术改造，该企业顺利投产运行。汇智陶瓷有限公司建有一条年产 270 万平方米欧式陶瓷连锁瓦生产线，生产的主导产品为各种规格、型号的欧式陶瓷连锁瓦，产品具有独特的防水结构、良好的隔热效果和超高强度、便利的施工性等特点，已纳入《吉林省中小企业专、精、特、新产品汇编》。战略重组后，双方实现了共同发展、互利共赢，呈现出良好的发展势头。

2009 年 6 月 5 日，桦甸市亚泰陶瓷有限公司生产欧式连锁瓦的第一条生产线顺利投产，日生产能力达到 2 万平方米。该企业投产后，将成为目前国内最大的欧式连锁瓦生产厂家，对加速当地陶瓷产业链延伸，促进经济发展起到积极的推动作用。欧式连锁瓦是从传统的琉璃瓦演变发展而来，将传统工艺和现代工艺相结合，是一种瓷质的屋顶材料，在 1230 度高温条件下利用油母页岩灰渣、煤矸石等工业固体废弃物为主要生产原料，烧制优质物质原材料和釉，在坯体表面覆盖结合紧密的玻璃质的釉，不易变色或变质，可长期保持美丽外观，尺寸规整，具有独特的双重防水结构、良好的隔热性、隔音性、耐久性、耐寒性、耐压性（可承受 200 公斤以上的压力）、防燃和抗风性能，并不需要像其他屋顶材料一样实施涂料翻新等维护工作，是一种具有耐久性的经济型屋顶材料。可广泛用于厂房、民房、住宅楼坡屋顶建筑材料，发展前景可观。

作为与陶瓷工业园区配套建设的陶瓷商贸城一期工程已交付使用。项目占地面积 8.4 万平方米，建筑面积 5.7 万平方米，总投资 5275 万元，建成后可容纳经营厂家和业户 120 户，该项目对于推进吉林地区陶瓷产业发展，提高陶瓷工业园区整体建设水平，带动陶瓷生产加工的产销一体化，加快构筑区域商品集散地，促进全市经济发展发挥重要作用。桦甸市人民政府在 2009 年 3 月 26 日关于创业促进就业工作实施意见中出，“对进入陶瓷商贸城内经营的创业者，享受《桦甸市陶瓷批发城市场建设扶持政策》。”

2009 年，当地政府为了扶持企业做大做强，积极帮助企业解决发展中遇到的融资难题，积极协调吉林银行、农业银行、农业发展银行、农村信用社、吉林商业银行、东北再担保公司等金融及担保机构，开展融资担保及银企对接工作，共为圆方机械、丰泰油页岩、日晖陶瓷、汇智陶瓷、亚泰陶瓷、奈奇食品、吉元土特产、绿野食品、福薪食品等 20 多户企业落实贷款 1.82 亿元。此外，本着为企业服好务的宗旨，开发区环保分局在开发区召开协调会，帮助浩诚陶瓷、浩癸陶瓷、逸品陶瓷等六家企业办理环评手续，既履行了把好环保手续关的职责，又为企业最大限度地节约了成本。桦甸经济开发区陶瓷原料管理办公室积极为陶瓷厂家提供生产服务，及时为企业提供区域内外陶瓷原料资源情况信息和各类原料的工业指标及性能等情况，在完成矿种的化学全分析和烧制实验后，及时向企业提供精确的分析和实验数据，从而使企业节省了大量的人力物力和实验成本，也为企业进行产品决策提供了详实的科学依据，促进了企业的健康发展。同时，加大陶瓷原料矿山的开发力度，积极为陶瓷生产企业提供原料保障，目前已完成了瓷石矿的一期勘查工程，野外工程已通过吉林市国土局的验收，一期探明瓷石资源储量为 850 万吨，资源储量大，品质上乘，矿脉分布集中，便于开采。经试验，该处瓷石可作为各类地面砖、内外墙砖、琉璃瓦和抛光砖等陶瓷产品的生产原料。可为 20 条日产 1.5 万平方米的陶瓷生产线服务 20 年以上。该矿的工业指标申请和储量报告已报省国土资源厅进行评审。

2010 年，当地政府将重点推进重钙造纸、桦田玉、陶瓷产业发展，重点启动浩癸、浩成、国玉陶瓷企业生产，全市陶瓷产品产量要实现 1250 万平方米，比 2009 年增加 700 万平方米；桦田玉第一条线投产，力争引进 3 户以上桦田玉系列产品加工、环保纸下游产品加工和陶瓷产业配套企业。

第十四节　山西产区

阳城

1. 基本情况

阳城县位于山西省南部，地处太岳山南麓，中条山东麓，太行山西南，沁河中游西岸。南与河南省济源市相连，全县土地总面积 1968 平方公里，人口 41 万。阳城县境内资源丰富，种类繁多。地下矿产资源拥有 20 多种，是国家优质化工原料无烟煤生产基地。

阳城盛产陶瓷黏土、石英，而且品位优良，价格低廉。全县镜内陶土达标储量为 20 亿吨，石英储量为 2.62 亿吨。阳城是历史悠久的陶瓷之乡，其琉璃生产有一千六百多年历史，北京故宫建筑群屋顶装饰所用琉璃大都出自阳城。20 世纪 60 年代，阳城琉璃产品就出口到马来西亚、新加坡等国家。

2002 年，阳城县出台了建设建筑陶瓷工业园区的相关政策，2003 年，随着产业结构调整的逐步深入，当地决定抓住“南瓷北移”的有利契机，建设建材陶瓷工业园区，以园区为载体，实现土地节约利用，资源优化配置，基础设施共享，充分保护环境，企业利润最大化，合力打造北方瓷都。园区于 2003 年 5 月开始动工建设，一期工程投资 5 亿元，占地 564 亩，建成自动化墙地砖生产线 16 条，年生产能力达到 5000 万平方米。2007 年，由于园区的规模不断扩大，阳城县委、县政府于 2007 年决定上马二期工程。二期工程占地 1000 亩，首批征用土地 523 亩，投资 10 亿元。二期建成中高档墙地砖生产线达到 6 条，而且都采用了先进的生产设备和生产工艺，产品的档次明显提升，销售价格比原来的产品每平方米上涨 5 ~ 10 元，市场的知名度、占有量进一步提高。

山西省阳城县龙飞陶瓷有限公司于2008年开始在阳城投产建设，总投资2.4亿元人民币，拟建六条生产线，目前已投产的生产线有三条，其中两条是生产瓷片，另一条生产仿古砖。企业占地面积300多亩，第一期工程投资8000万元，占地100亩，厂房面积接近5万平方米。龙飞陶瓷目前已被认证为是“山西省高新技术企业”。目前“龙飞系”还有金石陶瓷、玖龙陶瓷、龙光陶瓷三个企业，共有六个品牌，计划2010年再增加2个。

如今，陶瓷工业园已经有浙江温州、广东佛山、湖南岳阳、福建福州、湖北宜昌等地投资商进驻，建有大自然、恒昌、华冠、九龙、新天地、福龙、三德、时代、宇东、大吉、龙飞、金方圆、天一等12家陶瓷企业，累计投资8亿元，共建成内、外墙砖和地板砖生产线19条，形成年产达7000万平方米的生产规模，成为中西部地区具有一定影响力的建筑陶瓷生产基地。2008年，园区产值达到8.9亿元，安排劳动力就业近6000人，有力地促进了县域经济的科学发展。

2. 2009年发展概况

2009年，是极富挑战、极不寻常的一年，面对国际金融的冲击，阳城县建筑陶瓷产业却在不断壮大，实现了19条生产线正常运行，总生产能力接近7000万平方米。

阳城县实施了“名牌带动”、“技术支撑”和“优化环境”三步战略，一是实施名牌带动工程，积极打造产业品牌，努力提升产业优势。阳城县将培育名牌工作作为打造产业品牌的重点，编制出台《阳城县名牌产品培育发展规划和目录》，对其中10个产品进行定产品、定时间、定企业重点培育。二是实施技术支撑工程，加强企业技术基础，努力提高质量管理水平。为支持阳城陶瓷业发展，阳城质监局投资150余万元，在县建瓷园区建起了陶瓷检测中心，并升格为山西省陶瓷产品质量监督检验站，承担了建瓷园区所有生产线的产品出厂检验和原辅材料检验任务，既减轻了企业负担，又严把了产品质量关，为提升阳城陶瓷产品质量提供了可靠保障。

继国家在2009年初陆续出台十大产业调整振兴规划之后，山西省委、省政府为贯彻落实党中央国务院保增长、扩内需、调结构的总体要求，也于2009年5月发布了八大产业振兴规划，其中包括《新型材料产业调整的振兴规划》。新型材料产业分为：新型建筑材料、镁合金及型材、耐火材料、陶瓷材料、钕铁硼磁性材料、纳米材料、煤系高岭土、新型纤维及其他新型材料行业。其中陶瓷产业占了很大比重。规划中明确提出，“充分利用我省能源和陶瓷原料资源优势，积极发展日用陶瓷、建筑陶瓷、工业陶瓷及功能陶瓷。日用陶瓷逐步增加煤系高岭土高透明瓷、骨质瓷、镁质瓷等高档瓷种的生产。建筑陶瓷要逐步过渡到生产大尺寸、无瑕疵、艺术化的高档产品，产品质量达到国内先进水平。到2011年，日用陶瓷产量达到18亿件，建筑陶瓷产量达到1亿平方米。”同时，规划中也明确表示，支持建设高水平的行业技术创新平台和骨干企业研发中心，重点支持晋城市（阳城隶属于晋城市）等地的日用陶瓷、建筑陶瓷、化工陶瓷等园区扩大规模。

2009年，面对金融危机带来的不利影响，阳城县陶瓷企业迎难而上，逆境中求发展，在危机中求突破。金厦粉煤灰墙材项目二期工程投资2100万元，年产15万立方米粉煤灰加气砼砌块，目前土建部分已结束。侨枫瓷业、东兴陶瓷有限公司积极开展技术改造，产品质量大幅提高，不断创新营销手段，产品价格稳步上升。

目前，阳城正抓住全省煤炭整合重组的战略机遇，以“煤—电—化”一体化的思路，积极引进战略投资，并打造成为装机容量1200万千瓦的电力城，成为全国最大的县级坑口电力基地。同时坚定不移地加快发展建瓷产业，在稳定现有生产能力和水平的基础上，进一步提高产品质量和档次，抓好高档墙地砖、卫生洁具等新项目的招商引资，鼓励已经安营扎寨的投资商新上高档生产线，实现以商招商、以商带商，把建瓷产业真正做精、做优、做大、做强。争取到“十二五”期末，全县形成电力、煤炭、煤化工、陶瓷四大支柱产业支撑的产业格局，搭建稳定、可靠、多元的工业产业框架。

第十五节　内蒙古产区

鄂尔多斯

1. 基本情况

鄂尔多斯市位于内蒙古自治区西南部，毗邻晋陕宁三省区，三面黄河环绕，是内蒙古经济最发达的地区。鄂尔多斯自然资源富集，拥有各类矿藏50多种，其中煤炭预测总储量7630亿吨，已探明储量1496亿吨，占全国的六分之一。天然气探明储量8000多亿立方米，占全国的三分之一，全国最大的世界级整装气田——苏里格气田位于境内。天然碱、食盐、芒硝、石膏、石灰石、高岭土等资源也极为丰富。

鄂尔多斯与呼和浩特市和包头市构成内蒙古最具活力的“金三角”，也是我国最具活力的区域板块之一。这一地区也是沟通华北、东北和西北经济联系的枢纽。距北京不到500公里，距天津出海口仅600公里，毗邻俄罗斯和蒙古国，是连接京津冀和欧亚大陆桥的重要节点，也是我国向北开放的前沿。

作为内蒙古新兴的陶瓷产区，鄂尔多斯水资源较为丰富，黄河流经鄂尔多斯728公里，占黄河总长度的1/7，年过境水量316亿立方米。鄂尔多斯地区的煤化工作为重要的支柱产业，可为陶瓷企业提供廉价的气源和热源。

2008年，兴辉陶瓷入驻鄂尔多斯市三垧梁能源化工基地；2009年，鄂尔多斯市陶尔斯陶瓷有限公司与国礼陶瓷有限公司分别在三垧梁能源化工基地和沙圪堵经济开发区奠基。

2. 2009年发展概况

2009年4月27日，内蒙古出台了《全区工业重点领域承接发达地区产业转移工作方案》，围绕内蒙古的资源优势和产业特色，确定承接产业转移的六大重点范围。其中明确提到：“充分利用呼包鄂等地区丰富的陶瓷原料资源，围绕呼和浩特市、鄂尔多斯市和乌兰察布市建设北方重要的陶瓷生产基地，重点引进广东佛山、河北唐山等地著名陶瓷企业的先进技术、工艺和装备。2012年，全区承接民用卫生洁具、墙地砖及工业陶瓷生产线200条以上，其中鄂尔多斯市不少于50条以上，并尽快形成生产能力。”

2009年5月下旬，内蒙古自治区政府派出代表团到广东佛山，举办“内蒙古·佛山陶瓷项目洽谈会”，推介内蒙古鄂尔多斯等地丰富的陶瓷原料资源，吸引佛山的陶瓷企业到内蒙古投资。佛山市的17家企业和鄂尔多斯等7个盟市签署了投资协议，总签约额达120余亿元，签约项目包括陶瓷产业、光伏玻璃和PVC深加工等项目。

鄂尔多斯市的陶瓷产业主要集中在达拉特旗三垧梁工业园区和准格尔经济开发区内。目前，三垧梁工业园区落户的企业有兴辉陶瓷和陶尔斯陶瓷。至2009年6月止，占地3000多亩，总投资超26亿元，规划建设25条生产线的鄂尔多斯市兴辉陶瓷有限公司，第一期工程规划的4条生产线已全部投产。

2009年以来，准格尔旗把陶瓷产业作为经济支柱又一产业来培育，走高标准定位、高端化发展的陶瓷产业发展道路，加大力度，依托高岭土、石灰石、石英砂等资源，开发建设国内一流的新型陶瓷产业基地。目前，准格尔经济开发区已规划以礼品陶瓷和建筑陶瓷为主，以煅烧高岭土为辅的陶瓷工业园，园区占地1.5平方公里，现正建设22万吨规模的超细高岭土煅烧项目。

8月19日，鄂尔多斯准格尔经济开发区与广东省潮州市陶瓷协会考察团一起洽谈陶瓷产业合作项目等事宜。双方一致认为，开发区与潮州陶瓷协会合作前景很广阔。利用准格尔经济开发区的资源优势，以陶瓷业为重点，打造陶瓷产业发展航母。开发区提供投资环境、人力资源，潮州陶瓷企业提供研发人才、生产技术、销售渠道。开发区引进潮州市陶瓷企业先进的陶瓷生产技术、工艺流程和管理模式，增强双方的互补性，实现共赢局面。洽谈会上，双方达成了基本合作意向，力争让部分企业在准格尔经济开发区落地生根。

8 月 31 日，由鄂尔多斯市陶尔斯陶瓷有限公司投资建设的陶瓷生产基地项目奠基仪式在达旗三垧梁工业园区举行。自治区政协副主席云峰，呼和浩特市委副书记、市长云光中等出席奠基仪式。鄂尔多斯市陶尔斯陶瓷有限公司由鄂尔多斯鼎龙集团所属广东佛山市陶尔斯陶瓷有限公司全资注册，是一家新型陶瓷生产企业。陶尔斯陶瓷达旗生产基地建设工程分两期实施，总投资 22 亿元人民币，总占地面积 3000 亩，预计 10 月底厂房全面封顶，随后进入设备安装调试阶段，明年 6 月份点火生产。生产基地建成后；将提供 6000 余个就业岗位，同时每年预计可实现利税近亿元。

9 月 28 日上午，鄂尔多斯国礼陶瓷有限公司在准格尔旗沙圪堵经济开发区开业。鄂尔多斯市国礼陶瓷有限公司由北京中艺高端陶瓷科技有限公司、广东兴业有限陶瓷公司、深圳市集广源实业发展有限公司、内蒙古伊东煤炭集团有限责任公司共同投资组建。项目总投资 3 亿元，年产高档日用陶瓷和礼品瓷 3200 件，分三期建设。为确保公司真正做到产、学、研一体化，成为和国际接轨的前沿阵地，国家用瓷办公室生产基地、航天数据陶瓷研发基地、清华大学美术学院与公共研究所教学基地、高岭土瓷泥标准化生产研发四个基地均设立在此。“国礼瓷”的问世填补了内蒙古地区生产高档用瓷的空白。也是国内首家将航天数控技术应用于陶瓷生产工艺中的企业，同时研制出的具有完全自主知识产权的高速高精陶瓷成型机械，更是填补了我国在该领域的空白。

3. 政府部门、主要生产企业及卖场一览表

	单位名称	地址	联系电话
政府部门	达拉特旗经济开发区管委会	达拉特旗经济开发区	88888889
	准格尔经济开发区	准格尔旗沙圪堵镇	
主要生产企业	鄂尔多斯市兴辉陶瓷有限公司	三垧梁能源化工基地	
	鄂尔多斯市陶尔斯陶瓷有限公司	三垧梁能源化工基地	
	鄂尔多斯国礼陶瓷有限公司	准格尔旗沙圪堵经济开发区	

第十六节 其他产区

一、西南地区

1. 武鸣

武鸣县位于广西壮族自治区中南部，东部和东南部是横亘数十公里的桂中南弧形山脉大明山，南部、西南部和西部依次与南宁市、隆安县、平果县相毗邻，北部与马山县接壤。武鸣县是广西首府南宁市辖县，县城距南宁市区 32 公里。武鸣人口 66 万，是著名的壮乡，壮族人口约占 86%。

武鸣伊岭工业园区是广西最大的陶瓷业的产业集中区，目前有启行陶瓷、鑫源陶瓷、亚欧瓷业、新奥美瓷业、五星瓷业、瑞正陶瓷、百隆瓷业等七家企业。除启行陶瓷生产耐磨砖、亚欧瓷业生产抛光砖外，其余均生产内墙砖。武鸣的陶瓷企业相对规模较小，基本只有一条线，其中亚欧瓷业和启行陶瓷正在上第二条生产线。

陶瓷产业是武鸣重点打造的四大产业之一，在当地经济发展中起着举足轻重的地位。武鸣发展陶瓷产业最大的优势就是地理优势，靠近中心城市，交通便利。在资源方面，当地的石灰石非常丰富，高岭土也有，但没有连成片，品类也不高，只适合做内墙砖。近年来，为了突破发展瓶颈，启行陶瓷、亚欧瓷业不再只做普通渗花砖，开始做仿古砖及普拉提等。

2. 北流

北流市位于广西东南部，与广东省高州市、化州市、信宜市接壤，总人口118万人。北流市是广西玉林市下辖的一个县级市。由于有蕴藏量丰富的石灰岩、高岭土，北流市自南宋以来就开始发展日用陶瓷生产，至今已有千年历史，已成为广西最大的日用陶瓷生产出口基地，因此北流也有“陶瓷之乡”的美誉。

北流市日用陶瓷产业举足轻重，但建筑陶瓷目前尚未成气候。2002年政府规划了北流市陶瓷工业园区，该工业园区是广西重点发展项目，整个工业园区占地面积13.45平方公里，由陶瓷生产区、陶瓷文化街和城西配套区三大部分组成。陶瓷生产区位于北流市民安镇十字铺，总用地10.52平方公里，分为工业组团、居住组团、市政设施组团和仓储组团等功能区，规划可接纳建设日用、卫生洁具、建筑陶瓷等中高档陶瓷生产线250条。北流市政府还准备在三环的对面建立一个北流国际陶瓷展贸城，集会展、商贸于一体，以此提高知名度、带动市场。

2008年北流陶瓷行业的产值是23亿，纳税总额约1.3亿，占全市地方税收46%。但建筑陶瓷企业目前才两家，即永达陶瓷和志鹏陶瓷，而卫生陶瓷企业目前还是空白。

3. 贺州

贺州市位于广西壮族自治区东北部，处于湘、粤、桂三省区的结合部，东与广东省肇庆市、清远市毗邻，北与湖南省永州市相连。全市总人口210多万。贺州市交通发达，“三高四铁”（广贺高速、桂梧高速、永贺高速，洛湛铁路、桂港铁路、柳韶铁路、贵广高铁）、207、323国道和三条省道干线贯通境内，水运则以西江、桂江、贺江为主，沿江而下一天可抵达广州和港澳。

贺州市八桂建材工业基地，位于贺州市八步区东南部的大桂山林场蝴蝶站及仁义镇、信都镇一带，计划发展为高标准、高起点的以陶瓷工业项目为主，其他新型建材为辅的工业园区。工业基地规划占地约6000亩，预计项目引进总投资约80亿元，计划建设100条陶瓷生产窑炉和30条抛光线，达标达产后年产值可达100亿元，最终年创税不少于2亿元，创造不少于10000个就业岗位

贺州具有丰富的高岭土资源，仅八步区的储量约有5000万吨。此外，工业基地所在地仁义镇、信都镇，是梧州、贺州八步区、广东怀集、封开等四市（县）交汇的中心，毗邻广东怀集、封开等县市，周边的连南、连山、广宁、封开、云浮、广西梧州、藤县、钟山、湖南的永州、江华、江永等地陶瓷原材料也非常丰富，可满足各类陶瓷生产的需求。而且，在工业基地建立陶瓷厂后，很多原材料都基本可以从矿口运到厂里，无需再经多道中间运输、装卸、储存环节，能有效降低原材料的成本。

4. 易门

易门县地处滇中西部，玉溪市西北，东与安宁市、晋宁县相接，南连峨山，西和双柏隔绿汁江相望，北部与禄丰、安宁两县市接壤，人口17万。

意达陶瓷是上世纪末最早进入云南易门投资的企业。近几年福建、温州投资者积极进入。易门县政府在总面积达16平方公里的易门工业园大椿树地区规划专门的陶瓷工业园。陶瓷工业园距离昆明86公里、玉溪146公里、属于滇中经济核心圈。工业园是西南地区最主要的建筑陶瓷生产基地。目前共有8家陶瓷生产企业，占云南中低档墙地砖80%的份额。2009年陶瓷产值额约7.5亿，占全县工业产值的15%以上。

2009年，按《云南省高新技术特色产业基地认定管理暂行办法》，易门陶瓷工业园被认定为省首批

高新技术特色产业基地，可享受由省科技厅一次性给予的30万～50万元基地建设专项经费补助。

但缺乏资源优势依然是制约易门发展陶瓷产业的一个重要因素。易门矿多量小，瓷土品位也不高。尤其是烧抛光砖原材料的成本较高，只能满足30%。为此，当地近年来成立陶瓷商会，一方面协调矿产资源的开发和利用，另一方面商会成员共同投资办出口公司，拓展海外销售渠道。目前易门陶瓷90%在云南省内销售。

二、中部地区

1. 朔州

朔州市是1989年1月经国务院批准设立的省辖地级市，位于山西省北部、大同盆地西南端，南临忻州，北接大同，西北与内蒙古交界，是一座正在崛起的北方生态园林工业城市。朔州市近两千平方公里均含有丰富的煤碳资源，煤炭储藏量430亿吨，2008年煤炭开采数量、产量和销量在全国名列第二，仅次于鄂尔多斯。

朔州的陶瓷生产历史可以追溯到四五千年之前。早在北宋时期，朔州的陶土就闻名于世，尤其是怀仁储量丰富的高岭土，被业界权威誉为国宝。怀仁陶瓷兴起于唐代，兴盛于辽金，鼎盛于明清。

朔州陶瓷业真正快速发展是在20世纪90年代。目前，朔州是全国较大的日用瓷生产基地之一。全市共有规模以上日用陶瓷企业49个，93条生产线。2009年，共生产日用陶瓷5.13亿件。

怀仁县是朔州陶瓷的生产大县。全县共有企业32个，66条生产线，日用瓷年生产能力达到6亿件，占全国市场份额的三分之一以上；2009年，生产日用陶瓷2.35亿件。

怀仁县还有多家生产规模较大的企业。总投资2亿元的晶屹陶瓷建材有限公司，一期工程也已建成、投产抛光砖生产线1条，年生产高档地砖400万平方米，产值约为2.5亿元。全部二期项目建成投产后，产值可达5亿元。

2009年《山西省新型材料产业调整和振兴规划》，到2011年，建筑陶瓷产量要达到1亿平方米。

2. 内黄

内黄县隶属河南省安阳市，人口72万，位于冀、鲁、豫三省交界处，地处豫北地区黄河故道，因黄河而得名。境内沙荒、盐碱地多，高效农业特色明显，是全国林业生态县，但是综合经济实力在河南省108个县（市）排序中倒数第10位，属于经济弱县。

为了寻求新的发展出路，县委、县政府提出“农业固县、工业强县、三产富县”的发展战略，积极发挥沙荒盐碱地多的优势，发展陶瓷产业。县政府计划用三年时间，建设50条生产线，使内黄成为立足河南，辐射中西部地区的“中原瓷都”。

2007年11月内黄县与福建闽清客商签约，成功引进了第一个陶瓷企业——安阳中福陶瓷有限公司。该企业计划投资3.2亿元，三年内建成6条生产线。第一条生产线于2008年9月25日建成投产，第二条生产线2009年底建成投产，三期工程4条生产线计划2010年建成投产。中福陶瓷的快速发展为其他陶瓷项目落户内黄起到了示范带动作用。

2009年7月内黄县同时与辽宁日日升陶瓷公司、合佳乐陶瓷公司、万顺达陶瓷公司及山东淄博城东企业集团签订3个陶瓷生产项目，计划三年内建成21条生产线，总投资21亿元。2009年10月与温州市龙湾新中联陶瓷有限公司签约，总投资3.8亿元，计划两年内建成4条生产线，一期工程2条生产线2010年初建成投产。

内黄县陶瓷产业园区规划面积9平方公里，目前已建成区面积达2.62平方公里。目前，内黄县已成功引进陶瓷生产线30条，计划总投资30亿元。2009年底已建成陶瓷生产线12条。入产业园的主要企业有中福陶瓷、日日升陶瓷、新明珠陶瓷、福惠陶瓷、新南亚陶瓷、粤华陶瓷等，投资者主要来自福建闽清、浙江温州、广东佛山等地。

三、西北地区

1. 宝鸡

宝鸡位于陕西关中八百里秦川西部，人口376万。宝鸡是中原通往西南、西北的交通枢纽，陇海、宝成、宝中铁路在此交汇。宝鸡是西部大开发承东启西的重要支点，是陕、甘、川、宁四省（区）毗邻地区的商贸和物流中心。

宝鸡及周边地区拥有丰富的陶瓷原料资源，在西北地区独具优势。瘠性料以石英为主，熔剂性料以透辉石、长石、石灰石等为主，黏土料以钙质粘土、砂质高岭土、黑泥、红页岩为主，主要分布在陈仓区、凤县、千阳、眉县及凤翔等地。按年产建筑陶瓷产品3亿平方米估算，现探明的原料储量可以使用100年以上。宝鸡地区原料品质上乘，既有适合生产高档陶瓷地砖产品的黑泥和陶土，又有适合釉面砖生产的透辉石、长石等原料。

按2005年宝鸡市政府制定的发展建筑陶瓷产业的规划，建筑陶瓷主要安排在凤翔、金台和渭滨分别建长青、金河、姜潭三个工业园。但近年实际的发展结果是陶瓷企业主要在千阳县发展。千阳县目前有6家陶瓷企业，投资者主要来自浙江温州。由于千阳县陶瓷企业大多建在宝鸡人饮用水源地——冯家山水库的上游，加上2009年宝鸡凤翔县154名儿童铅中毒事件等的影响，千阳县政府对陶瓷企业的环保、节能减耗要求日益严格，这在客观上制约了当地陶瓷产业的进一步发展。

2. 咸阳

咸阳位于陕西省八百里秦川腹地，渭水穿南，嵕山亘北，山水俱阳，故称咸阳。它东邻省会西安，西接杨凌国家农业高新技术产业示范区，西北与甘肃接壤，是中原地区通往大西北的要冲。咸阳市辖1市2区10县，总人口516万，是国家级历史文化名城及“千年帝都”。

陕西最早的陶瓷企业便诞生于咸阳。咸阳陶瓷企业目前主要分布在渭城区、三原县等地，有企业7家，10条线。主要企业包括罗美亚陶瓷、华达陶瓷、康美特陶瓷、太阳陶瓷等。产品涵盖内墙砖、外墙砖及地板砖。企业投资者大都来自福建闽清、浙江温州。

近年来，随着咸阳、西安城市一体化进展的加快，咸阳市发展建筑陶瓷产业的空间大大缩小，导致陶瓷企业逐渐外迁，到富平、三原等地建厂。

3. 铜川

铜川位于陕西省中部是通往人文初祖黄帝陵及革命圣地延安的必经之地，距西安市区68公里、距西安咸阳国际机场72公里，西安至黄陵高速公路穿境而过，咸铜、梅七两条支线铁路与陇海大动脉相连。

铜川自然资源丰富，煤炭储量30多亿吨，优质石灰石储量10亿吨，油页岩储量5亿多吨，耐火黏土、陶瓷黏土等储量居全省前列。

西部“陶瓷古都”铜川列入省级工业园的“铜川陶瓷工业园”目前有建筑陶瓷企业3家，总计4条生产线，主要生产内墙砖和地板砖。园区还形成了1000万件琉璃瓦的生产能力。铜川市华冠陶瓷是2007年铜川市招商引资项目。一期项目当年10月中旬建成投产，主要生产600×600地板砖，年产量500万平方米。2008年元月开始上第二期项目，2009年7月基本完工，8月份已正式投入生产。该项目主要生产内墙砖、防滑砖、地脚线等。两条生产线每年总计可生产建筑陶瓷地砖1100万平方米，产值可达1.2亿元。

在铜川市耀州区，政府还规划了总面积20平方米的坡头工业园区，可容纳100条生产线，全部建成后总产量可达3~5亿平方米。

4. 富平县

富平县位于陕西省中部，关中平原北部，隶属渭南市管辖。全县人口78万，是陕西第一人口大县。富平县庄里工业园区，位于富平县城北部，距城区约13公里，规划面积11.78平方千米。目前已有华冠、闽泰、华达、金鹏、彩美、奥派、科发7户企业落户，共投资12亿元，建设20条陶瓷砖生产线，生产不同档次和规格的釉面内墙砖、抛光砖等产品。项目建成后，可年产各种不同档次和规格的陶瓷砖近1亿平方米，将使富平成为西北最大的陶瓷砖生产基地。

5. 神木

神木位于陕西省北部，北接内蒙，东邻山西，黄河揽怀南下，长城横腰西飞。全县面积7635平方公里，居陕西各县之首。辖4乡15镇，人口37.8万人。

神木煤炭资源得天独厚，辖区下面有4000多平方公里是煤炭，探明储量500亿吨，占神府东胜煤田总储量的五分之一。而且是优质动力煤、汽化煤和理想的环保洁净煤。

"十一五"期间，以玻璃为主的建材工业成为神木经济发展的一大亮点。近年来神木依托其资源优势规划发展建筑陶瓷产业。2009年神木经济发展局推出年产3600万平方米的建筑陶瓷生产线招商项目。

2009年神木还在陕西科技大学帮助下完成了引进100条陶瓷生产线的园区规划。神木银丰陶瓷有限公司是神木县第一个入驻企业。银丰陶瓷总投资30亿元，规划建设36条生产线，其中首期投资6亿元，计划建12条生产线，年产墙地砖3600万平方米。银丰陶瓷由神木县银潮矿业有限公司、陕西兴峰矿业有限公司、神木县国有资产运营公司共同出资设立。

6. 米东

米东区成立于2007年8月1日，副厅级建制，是新疆维吾尔自治区党委、人民政府和乌昌党委实施乌昌经济一体化的"试验田"和"启动区"，是新疆维吾尔自治区首府乌鲁木齐城市副中心、全疆最大的制造业基地核心区、全疆重要的化工工业城、全疆重要的出口加工基地和重要的人居生态新区。

新疆建筑陶瓷生产企业共18家，主要分布在昌吉州、伊犁州、乌鲁木齐市、阿克苏地区和喀什地区等地，其中，乌鲁木齐市的米东区（原米泉市）就占有"半壁江山"。米东区因此被称为新疆的"陶瓷之乡"。米东产区陶瓷企业总计有9家建筑陶瓷企业，12条生产线。企业主要分布在三道坝镇，常山子镇、铁塔沟三镇，其中，以常山子镇最为集中。主要企业有雅宝陶瓷、舒美特陶瓷、新世纪陶瓷、阿拉木陶瓷、华健陶瓷、宏利陶瓷发等。

米东陶瓷企业大部分都以南北疆市场为主，也有少量销往甘肃、陕西、河南，中亚、南亚市场也有销售。外商主要到乌鲁木齐的华凌市场或亲临企业选购。

2002年6月，米泉市从温州引进第一家大西洋陶瓷有限公司，之后，温州以及四川、福建等地的投资者扎堆而来。短短两年时间米泉市引进11家陶瓷及相关企业，其中墙地砖企业9家，共有17条生产线，投资额达3.85亿元，年总生产能力达4150万平方米，约占全疆的85%。以至当地政府一度立下了到2010年陶瓷总产值突破10亿元，建成西北地区重要的陶瓷基地的目标。

但2007年米泉与东山区合并成为乌鲁木齐的米东区后，城市功能定位的转变对建筑陶瓷产业的发展形成制约。最近几年米东区陶瓷产业的发展基本处于自发状态，速度明显慢了下来。

四、华东地区

淮北

安徽省淮北市地处苏鲁豫皖四省交界、淮海经济区腹心，市辖一县三区：濉溪县、相山区、杜集区和烈山区，人口213.7万人。淮北本地及周边地区陶瓷原料十分丰富，但70以上的原料来自邻近的萧县。而且，淮北周边地区的原料适合大规模发展中低档陶瓷产品。

2007年淮北市政府在烈山区新蔡项目区为淮北（佛山）陶瓷工业园（烈山陶瓷生产基地）专批土地2平方公里。烈山区目前在该项目上已经投入5000万元。

“十一五”期间，淮北市委、市政府强力推进陶瓷基地建设以来，陶瓷产业呈现出稳定发展势头。烈山陶瓷生产基地已入驻陶瓷企业7家，9条生产线，年可生产3000万平方米中低档墙地砖，产值约3.2亿元。

台资企业淮北市惠尔普陶瓷公司是该产区发展的标杆企业。2009年惠尔普陶瓷成功推出一款环保新产品——“银河系”夜光砖受到市场欢迎。惠尔普陶瓷产品远销江西、湖北、河南、河北及俄罗斯等地，2009年产值达到8000多万元。惠尔普陶瓷还计划打破单一的地板砖生产模式，扩大产能、提高产品档次，拟投资8000多万元，上2条内外墙砖生产线。同时，再投资1.2亿元上一条抛光砖生产线。

第十章　卫生洁具产区

第一节　综述

从上世纪90年代至今，中国陶瓷卫浴行业经历了20年多年的发展，目前，已经发展成为全球最大的卫浴产品生产国，2009年卫生洁具总产量达到1.7亿件。中国卫浴行业产地分布，主要集中在广东省的佛山市、江门市、中山市，福建省的南安市、厦门市，浙江省杭州市的萧山区、嘉兴区、温州市、台州市、宁波市，河北省的唐山市，河南省的长葛市等。此外，重庆市的渝中区、荣昌县以及山东省的淄博市、潍坊市、青岛市等也有一定的产能。

从产能分类的角度看，目前全国卫生洁具产能主要集中在佛山、潮州、唐山、长葛等地。而淋浴房主要集中在中山、佛山、萧山。浴室柜及水龙头等卫浴配件主要集中在南安、厦门、开平、鹤山、温州、台州、宁波等地。

2009年国内卫浴产区发展的总体特征是：各产区普遍克服了上半年全球金融危机带来的出口困难，下半年出口呈强劲回升之势；潮州、南安、厦门以及浙江等地的传统以出口为主的地区，主流企业普遍向内销转型，加大国内市场销售网络的建设；广东、浙江产区商贸平台建设快速推进；以南安几个骨干企业为标杆，全行业掀起了新一轮的品牌提升运动；企业的跨国合作、资本运作进入新的时期；企业的跨界投资，整体营销战略继续推进；全行业节能减耗、清洁生产意识空前增强；自主创新、自主品牌发展有新的进步。

总体而言，2009年全行业发展提升较快的是南安、潮州和长葛三地。但各大产区行业进入门槛低、布局分散、粗放经营、竞争无序等现象依然较严重。除佛山产区整体发展水平较高外，其他产区产业升级的任务都非常艰巨。

广东卫浴产地主要集中在：江门开平市的水口、鹤山市的址山，佛山禅城、南海、三水、高明、顺德五区，潮州市的枫溪区以及潮安县的古巷镇、凤塘镇等，中山市的阜沙镇，以及广州、深圳、东莞等地。主要以生产陶瓷洁具、淋浴房、浴室柜、水龙头、阀门、水箱配件、五金挂件等为主。广东是目前国内卫浴产业链最完善、知名品牌最多的地区。广东是全国最大的卫生陶瓷产地，卫生陶瓷产量和出口量约占全国的40%。

广东卫浴品牌主要集中在佛山，主要有箭牌系的三大品牌——箭牌、乐华、法恩莎，以及益高、英皇、尚高、浪鲸、理想、地中海等，此外，佛山禅城还有被乐家从鹰牌控股收购的鹰卫浴，三水有科勒的生产基地，南海有乐家（中国）总部。江门开平水口镇有华艺、希恩等品牌，鹤山**杜阮镇**有吉事多、美标等知名品牌的生产基地。潮州有恒洁、都龙、东姿、欧乐佳、康纳、欧美尔、梦佳等洁具品牌。中山集中了雅立洁、德立、福瑞、莎丽等淋浴房品牌。广州、深圳、珠海、东莞以台资、港资和外资企业为主，广州有阿波罗卫浴，深圳有成霖洁具，珠海有海鸥卫浴等。

2005年5月深圳成霖洁具股份有限公司在国内A股上市，成为广东第一家上市的台资企业，也是第一家海峡两岸都先后上市的台资企业。

浙江产区主要以杭州市萧山区的**党山**、党湾、南阳为中心，辐射至富阳、余杭等地，以及嘉兴市下辖的平湖市的**新埭镇**、王店镇，绍兴的嵊州，温州市的海城（原梅头镇）、永嘉县的瓯北镇，台州市的椒江、路桥、黄岩、玉环等地，还有宁波的余姚（陆埠镇）、慈溪（长河镇）、奉化市、宁海县，以及鄞州区、海曙区等地。目前，浙江已经形成了杭州－萧山－余杭，嘉兴－平湖、温州－海城－永嘉、台州－玉环、宁波－余姚－慈溪等五大产业集群。

杭州主要发展休闲卫浴基地。其中萧山区以浴室镜、浴室柜、玻璃盆、淋浴房和浴缸为主。萧山区的南阳镇是“中国淋浴房之乡”。嘉兴市以豪华整体淋浴房、电脑蒸汽房、按摩波浪浴缸、浴室柜为主，平湖市新埭镇也是重要的淋浴房生产基地。温州、台州都是重要的水暖器材生产基地，温州以水龙头、浴室挂件、阀门为主，海城（原梅头镇）是“中国五金洁具之都”。台州以水龙头、软管、阀门、铜件、浴室柜、淋浴房、下水器为主，玉环县是“中国阀门之都”。杭州市下辖的余姚市陆埠镇、慈溪市长河镇、奉化市江口镇也生产水龙头、花洒、软管、阀门，水槽等卫浴水暖产品。陆埠镇也被称为“中国水暖器材之乡”

2009 年 12 月 17 日，依托浙江地区五大卫浴产业集群，中国厨卫城在浙江绍兴县柯桥镇开业。中国厨卫城占地面积约为 72，000 ㎡，总建筑面积约 20 万㎡，总投资达 8 亿人民币。该项目的建设填补了浙江省水暖卫浴产品超大型商贸平台的空白。中国厨卫城将对江浙地区水暖卫浴产业集群的发展起积极的推动作用。

福建卫浴产区主要集中在泉州市下辖的南安市和厦门市、漳州市三地。南安是福建最主要的水暖卫浴产业基地，也是目前国内最主要的三大水暖卫浴产品生产基地之一。该基地以“中国水暖之乡”仑苍镇和“中国水暖阀门基地镇”英都镇为核心，主要生产水龙头、阀门、水箱配件、陶瓷洁具、浴室柜等。建在南安仑苍镇的中国水暖城是国内水暖卫浴产品最主要的交易平台之一。

南安拥有中宇、九牧、辉煌、申鹭达、华盛等卫浴品牌，已经形成了集技术研发、铸造、机械加工、抛光、电镀、装配、包装、物流到市场销售等为一体的完整的水暖卫浴产业链。

厦门产区主要生产水箱配件、感应洁具、浴室柜、橱柜等，是目前国内水箱配件最集中的生产基地。主要企业有以生产水龙头、卫浴五金为主的路达工业，以水箱配件、盖板生产为主的威迪亚，专注花洒、水龙头的松霖卫浴等。

近年来福建漳州卫浴陶瓷产业发展迅速。2005 年 3 月，由原福建双菱集团股份有限公司 2002 年 2 月改制组建的漳州万佳陶瓷工业有限公司，在漳州市长泰县兴泰开发区投资成立了福建漳州万晖洁具有限公司，厂区占地 270 亩，兴建并投产了两条年产 100 万件的卫生洁具生产线。2009 年又在漳州龙文工业区兴建投产了第三个工厂即福建航标卫浴有限公司，该企业总投资 5500 万元，占地 220 亩，年产值上亿元。

目前，漳州万佳陶瓷、万晖洁具、航标卫浴三家卫浴陶瓷企业年总产值达到 4 亿元，2008 年出口 3100 万美元。2009 年前 9 个月出口达 2428 万美元，同比增 19.4%。此外，2009 年 11 月，漳州万佳陶瓷工业有限公司还收购了国际知名陶瓷企业——西方窑业有限公司（Western Pottery Inc）百分之百的股权及全部营销、零售网络，这将使万佳陶瓷卫生洁具每年可新增出口 1000 万美元。

河北陶瓷产业历史悠久，20 世纪 50 年代至 90 年代，唐山、邯郸两地的日用陶瓷出口占据全国半壁江山。中国第一件卫生陶瓷就诞生在河北唐山。唐山被称为中国“北方瓷都”，是河北卫浴产品产量最大、技术力量最强的生产基地。唐山拥有唐山惠达、丰华陶瓷、梦牌瓷业、华丽陶瓷、中陶实业等品牌企业，产能占据整个河北省的 80% 以上。河北（唐山）卫生陶瓷出口量位居全国第二，占有 30% 以上的份额。

由于历史原因，河北省整体产业结构中钢铁、煤炭、建材占突出地位，这为本地卫浴产业发展提供了很好的条件。历史上的石家庄、保定是我国北方重要的纺织品生产基地，一直目前这两座城市还是国内卫浴用纺织品最重要的产业基地之一。

卫浴配套产品不仅涉及卫浴用纺织品，还包括卫浴铸造产品、高档 PVC 浴室柜，以及与卫浴产品相关的污水处理设备等。石家庄藁美铸造有限公司是集铸造、制釉、搪瓷于一体的专业卫浴生产厂家，主要生产铸铁搪瓷浴缸、毛坯、单双槽洗涤盆、洗面盆等。此外，河北安平县南海卫浴制品有限公司、河北英姿卫浴制造有限公司等也是主要的卫浴配件生产企业。

河南省是全国卫生陶瓷产量最大的地区之一，卫生陶瓷总产量5000多万件。河南省卫生陶瓷主要分布在许昌市下辖的长葛市，总产量在3500~4000万件。紧靠郑州和长葛的新郑市陶瓷产业也以卫生洁具为主，共有4家卫生陶瓷企业，6条生产线，代表性企业有新郑市大根陶瓷有限公司。大根陶瓷的鼎盛时期是上世纪中期，但目前仅有两条洁具生产线。目前，新郑最大的卫浴企业是欧普陶瓷。2009年，欧普陶瓷在原有一条生产线的基础上新建了一条年产60万件的生产线。此外，新乡市的新安县也有约400万件的产量。洛阳的诺金陶瓷、美雅迪陶瓷，舞阳县的冠军瓷业等企业。禹州市有河南中陶卫浴有限公司、禹州市梁北陶瓷有限公司、禹州市夏都陶瓷有限公司等。

2008年河南省卫生陶瓷出口1300万美元，其中大部分通过洛阳市海关出口。2009年洛阳市检验检疫局辖区1~10月份出口卫生陶瓷678批，货值就达到936万美元，同比分别增长83%和63%。河南省卫生陶瓷主要出口企业是美雅迪瓷业。美雅迪瓷业是河南省首家通过欧盟CE认证的企业。2009美雅迪瓷业出口800多万美元。

河南卫生陶瓷长期定位在中低端的城乡市场。2006年底，长葛市启动实施陶瓷产业提升工程，每年安排安排100万元专项资金用于开展产业提升，企业产品质量意识迅速提高。2009年第一季度，河南省质量技术监督局抽查郑州、洛阳、许昌三市18家卫生陶瓷生产企业的31批次产品，其中合格22批次，产品质量抽样合格率为71%。

重庆的渝中区、荣昌县是西部地区卫浴产品产地。重庆四维控股（集团）股份有限公司创立于1992年，是西南地区规模最大的卫生陶瓷生产企业，年产量250万件，出口不到10%，产值13690万元，目前有重庆江津、重庆万盛、湖南湘潭有三大生产基地。四维控股1999年9月在国内A股上市，是中国专业卫浴第一家上市公司。但2009年6月，四维控股临时股东大会审议通过将其位于本部的卫浴资产转让给重庆轻纺控股（集团）公司的议案。这样经过10年的资本市场的考验，四维卫浴再次回归国有。

重庆西部的荣昌县近年来以20余家低压阀门生产企业为基础，积极规划西部卫浴产业基地，主动承接东部地区陶瓷卫浴产业的转移。荣昌县板桥工业园是经重庆市政府批准的市级特色工业园。2008年，广东开平市水暖卫浴行业商会与荣昌县政府签订投资协议，计划投资15亿元，征地1500亩，用5年时间将荣昌打造成西部最大的水暖卫浴生产加工基地。

山东省卫生陶瓷产量不大，2008年为450万件，在全国排第六。卫生陶瓷产能主要布局在淄博、潍坊、青岛等地。主要生产陶瓷洁具、休闲卫浴等产品，代表企业是位于潍坊市的山东美林卫浴有限公司。

山东美林成立于2003年7月，由亚洲最大的卫生洁具五金制品生产商台湾成霖企业股份有限公司、北新集团建材股份有限公司、北新集团山东潍坊建筑陶瓷有限公司合资设立，是一家卫生间配套产品的专业厂家，总投资额约2.7亿元。

淄博市的卫浴企业较少，主要分布在淄川区、博山区和高新区。卫生陶瓷代表企业淄博龙都陶瓷有限公司。该企业先后通过美国UPC、韩国KS认证。产品以中高档分体坐便器、连体坐便器、洗面盆等为主，年产量120万件以上，产品70%以上出口。

青岛卫浴企业以青岛成霖科技工业有限公司为代表。2007年，台湾成霖集团投资5.71亿元在青岛西海岸出口加工区兴建青岛成霖科技工业有限公司。2009年青岛成霖科技工业园全部落成，总占地面积25万平方米，建筑面积16万平方米，形成高档水龙头及卫浴配件800万套的生产能力。

福建漳州卫浴陶瓷产业近年来发展迅速。2005年3月，由原福建双菱集团股份有限公司2002年2月改制组建的漳州万佳陶瓷工业有限公司，在漳州市长泰县兴泰开发区投资成立了福建漳州万晖洁具有限公司，厂区占地270亩，兴建并投产了两条年产100万件的卫生洁具生产线。2009年又在漳州龙文工业区兴建投产了第三个工厂即福建航标卫浴有限公司，该企业总投资5500万元，占地220亩，年产值上亿元。

目前，漳州万佳陶瓷、万晖洁具、航标卫浴三家卫浴陶瓷企业年总产值达到4亿元，2008年出口3100万美元。2009年前9个月出口达2428万美元，比增19.4%。此外，2009年11月，漳州万佳陶瓷工业有限公司还收购了国际知名陶瓷企业——西方窑业有限公司（Western Pottery Inc）百分之百的股权及全部营销、零售网络，这将使万佳陶瓷卫生洁具每年可新增出口1000万美元。

第二节　广东产区

一、佛山

1. 基本情况

佛山卫浴产业的“萌芽期”是在上世纪90年代初，孕育于广东佛山的佛陶集团及顺德的上华建陶，主要以“彩洲”、“钻石”、“乐华”等近十个品牌为主，而这些品牌的产品主要是陶瓷洁具。至90年代中期才开始逐渐出现真正的休闲卫浴系列。90年代后期，市场开始出现英皇、地中海、箭牌、金洁、百丽等一批以生产休闲卫浴为主的新秀品牌。

佛山卫浴产业发展有如下几个特征：

（1）已经形成领先全国的完整产业链。目前，国际品牌如科勒、乐家等都在佛山建有生产基地。佛山周边具有卫生陶瓷原材料（黑泥、黏土等）的优势。强大的建筑陶瓷产业集群又形成了人才的优势。作为区域品牌的“佛山陶瓷”的产地效应等吸引生产企业落户于此。

佛山作为卫浴产品采购中心的地位也在本世纪初就确立。中国陶瓷城、意美家陶瓷卫浴世界、石湾卫浴城等专业卖场总和已极具规模。建设中的中国陶瓷产业总部基地也专门开辟卫浴专区。瓷海国际·佛山陶瓷交易中心也是卫浴品牌营销中心的集中地。

从产业链的角度来看，佛山卫浴企业的采购半径在30～80公里左右，无论是采购成本，还是物流时间成本，都远远领先于其他产区。以休闲卫浴为例，南海是全国重要的铝型材生产基地，中山的玻璃加工具有领先水平，而顺德、南海的五金加工水平全国领先。佛山休闲卫浴关键材料的采购几乎全部集中在1小时车程之内。

（2）卫浴专业配套能力强，打造“整体卫浴”优势明显。佛山是全国乃至世界建筑陶瓷生产中心，卫生陶瓷与建筑陶瓷使用功能上的相近，因此双方能相互带动发展。而像鹰牌、东鹏、新中源、新明珠等建陶企业更是实施跨界经营，很早就生产卫生洁具。佛山卫浴企业在20世纪90年代中期就普遍开始生产休闲卫浴，因而专业的整体配套能力强。

佛山卫浴企业之间的合作非常密切。尤其是经营淋浴房、浴室柜等的与经营洁具配套生产。卫浴行业综合配套产品涉及家具、陶瓷、五金、电子、玻璃等，因而需要企业之间跨行业合作。而部分企业缺少自主流通渠道，则依赖其他企业贴牌。卫浴行业的大经销商也抓住商机注册自己的品牌，然后联系企业贴牌。而缺乏品牌优势的中小企业，大多选择了与品牌企业合作。

（3）产业基地布局零散，不利于可持续发展。目前，佛山大大小小的卫浴企业，包括家庭作坊式的、季节性的、手工制作型的企业，成百上千，这些企业自由发展，遍地开花。尤其是早期，政府对于企业不设任何限制。

佛山卫浴产业主要聚集在佛山三水、南海、高明等地。三水卫浴基地是佛山的主要卫浴基地之一，乐平镇、芦苞镇、西南镇。三水乐平镇是佛山卫浴的主要分布基地之一，建有乐平工业区、范湖工业区等，浪鲸卫浴、科勒洁具等均分布在乐平镇。南海是佛山中小卫浴企业分布的集中营。南海罗村、西樵、里水等地小型卫浴企业大多分布于此，以生产浴室柜为主，企业生产规模在5000万元以下的居多。高明区是近年来兴起的卫浴基地之一。沧江工业区是高明面积最大的工业区，法恩莎、安华等企业坐落于此，英皇卫浴新基地位于其对面。荷城工业区也是高明集中的工业区之一，华美嘉、欧波朗在其附近。顺德陈村，禅城青柯工业区，也是佛山卫浴企业主要分布的地点。

2008年佛山市政府发布了《佛山市陶瓷产业发展规划（2008—2015）》、《佛山市陶瓷产业扶优扶强若干政策措施》、《佛山市陶瓷产业结构调整评价指导方案》三份文件。但这三个文件主要是用来治理和规范建筑陶瓷产业，基本不针对卫浴行业。但尽管如此，政府目前还是要从能耗和清洁生产两个方面来规范卫浴产业发展。比如，一些早期建在市中心的卫浴企业也被迫搬迁。

（4）企业整体规模不大，注重渠道建设和品牌运作。佛山卫浴有近30年的发展传统，从早期的彩洲、钻石到目前的箭牌、益高、尚高、法恩莎、浪鲸、英皇、东鹏等，持续多年都保持在国内卫浴市场的重要地位，在卫生洁具、休闲卫浴、浴室家私等领域内都拥有代表性企业。佛山卫浴企业整体规模不大，目前年销售额最高的约12亿，普通的企业年销量维持在5000万元左右。

佛山卫浴企业在规模整体上已经落后于福建及浙江的一些企业。但佛山卫浴渠道建设和品牌运作理念领先。佛山卫浴与佛山陶瓷一样在消费者心目中具有较高的品牌认知度，与企业注重产品质量，产品和品牌宣传意思强，以及专业媒体发达、展会持续不断等因素有很大关系。

（5）具有得天独厚的物流优势。从物流成本来说，卫浴产品往往占据了比例较高的进货额，一般在5%～10%，对于小件的五金类产品而言此成本尚可忽略，而对于大件的陶瓷、家私等品类来说，则是一项不可忽视的成本。一般城市的物流只能直达内地较发达的地级城市，而佛山物流几乎可以直达全国任何地级城市，而且运输成本往往要低于其他地区的30%以上。

2. 2009年发展概况

2009上半年，佛山卫生陶瓷出口遇到了很大的困难。根据佛山检验检疫局统计，截至5月31日，佛山卫生陶瓷出口多项数据同比都有大幅下降。前5个月佛山检验检疫局共检验出口卫生陶瓷41万多件，货值1477.5万美元。同比件数下降53.9%，货值下降46.1%。出口下滑的外部因素是大部分卫生陶瓷企业产品主要出口北美、欧洲、澳大利亚等，这些地区受金融危机的影响较大。

在出口不畅的情况下，佛山卫浴企业积极调整出口产地，中东等受金融危机比较小的地区成新的战场。企业应对外需不振的另一项措施就是转战内需市场。为此，2009年地中海卫浴、安蒙卫浴、全友卫浴、格雷仕卫浴等一批外销型卫浴企业开始积极参加国内卫浴展会，以提升国内知名度。

2009年8月8日，地中海卫浴西部（重庆）生产基地正式启动。地中海卫浴西部（重庆）生产基地——重庆阿诺玛卫浴科技有限公司位于重庆市荣昌县板桥工业园区，总投资1亿多元，占地66000平方米，第一期工程主要建休闲卫浴生产线，第二期建浴室柜生产线，计划2010年建成投产。两期工程竣工投产后，将实现年产值2亿元。

2009年11月1日，三英洁具被上市公司海欧卫浴旗下的珠海铂欧卫浴整体收购。三英洁具因此要在2010年10份部分搬迁。三英洁具卖掉及搬迁其中一个重要原因是地处居民区造成的环保的压力。

2009年12月23日，佛山国际水暖卫浴城的动工建设将进一步强化佛山作为全国卫浴产品贸易中心的地位。佛山国际水暖卫浴城总投资达6亿元，占地26万平方米，总建筑面积超过30万平方米，由4栋多、高层商务综合楼和40余栋两层专业市场组成，铺位数达至1500多个。

二、潮州

1. 基本情况

潮州拥有“中国日用陶瓷出口之乡”、“中国卫生陶瓷重镇”（潮安县古巷镇）等国家级名片。

潮州是近10年来中国发展最快、最具活力、最具发展潜力的陶瓷产区。目前产业布局已经从原来

◀ 领导在水暖卫浴创新中心剪彩时合影留念

左1:	开平市水口镇委书记	何俊贤
左2:	开平市人民政府副市长	陈靖
左3:	中国建筑卫生陶瓷协会秘书长	缪斌
左4:	原开平市人民政府市长	吴平超
左5:	中国建筑卫生陶瓷协会名誉会长	丁卫东
右1:	开平市人民政府常务副市长	梁和平
右2:	江门市科技局副局长	李建群
右3:	广东省科技厅发展计划处处长	姚化荣

▲ 水口工业园

▲ 水口水暖卫浴技术创新中心外景

▲ 展会盛况

▲ 展会上协会领导致辞

▲ 卫展外景

电话: 0750-2712655　　传真: 0750-2730133

的枫溪区辐射到潮安县、湘桥区、饶平县等众多县乡（街道）。

潮州陶瓷产业的特点：一是企业以外向型为主导，枫溪陶瓷是最早走出国门的陶瓷之一；二是陶瓷企业以民营为主体，目前潮州陶瓷企业有95%以上是民营企业；三是产品以工艺瓷、日用瓷、卫生洁具和工业陶瓷为主，门类齐全。

陶瓷是潮州市主导产业。目前，潮州市注册的陶瓷企业有5000多家，加上个体户、手工作坊和配套企业总数10000多家，其中，较具规模的企业将近600家，年产量4000多万件。潮州卫浴生产总量占据全国卫浴行业总量的60%。

潮州市卫浴行业从业人员40万人，是国内陶瓷企业最多、最集中的产区。作为特色产业的陶瓷工业产值占全市工业总产值的比重达到27%，陶瓷产品年产销超过300亿元，出口8亿多美元，是目前全国最大陶瓷出口产区。

潮州卫浴发展有以下几个特征：

（1）**以外销为主。**潮州卫浴以外销为主。国内惠达洁具等大品牌的产品等多销往美国、欧洲，潮州的产品则销往中东、南美市场居多，外销量高达80%。外销模式受制于国外市场需求和汇率变化。在2008年的全球金融风暴中，潮州卫浴成为损失较大的地区。

（2）**以中小企业为主。**在产业发展中，龙头企业担负着技术创新、市场开拓、人才培养、销售模式建立、制订行业标准、区域品牌塑造等重任。尽管潮州目前已培育出恒洁、澳丽泰、欧美尔、梦佳、法恩斯、建厦、金厦等知名企业，但整体上还是以中小型企业为主。潮州目前还没有年产值超过10亿元的企业。

（3）**出口便利。**目前潮州没有机场，但乘坐飞机可到30多公里外的汕头机场。境内有广梅汕铁路通过，将潮州纳入粤东铁路线路网。正在建设中的厦深高铁将进一步改善区内的交通环境。汕汾高速公路、国道324线均穿过潮州，水路方面潮州港是国家一类开放口岸，已开通至香港、厦门等地航线。

（4）**物流较发达。**潮州市目前大约有300家物流企业，老牌物流企业大多集中在市区，数量在50家左右。专业配送陶瓷产品的物流企业大多集中在德州工业区、兴工南路和按揭公路一带，保守估计数量在100～150家之间。目前，潮州物流网点遍布全国多数城市，如黑龙江省的哈尔滨、齐齐哈尔，新疆自治区的乌鲁木齐，河南省郑州、洛阳，四川省雅安等城市，也有部分物流公司的网点可到达某些二、三线城市。

2. 2009年发展概况

（1）**转型升级主旋律。**2008年金融危机爆发，潮州卫浴企业有超过三分之一处于停产或半停产的状态。金融危机之后，潮州企业痛定思痛，更加主动地推进产业转型和升级，具体表现在：

（2）**推进厂房改造。**从2008年底开始，潮州卫生陶瓷厂家掀起了一场厂房改造热潮。以前生产厂房以铁篷为主的卫生洁具厂家，如永隆陶瓷厂、富豪卫浴厂等都建成了新的厂房，形象焕然一新。卡丹尼洁具的厂房前规划了一个花圃，整个厂区空气清新。

2009年在建新厂房数量超过60家，都是以水泥楼房构造为主，厂房结构多为2层以上的楼房，实力企业的厂房高达4、5层，而潮州市恒盛佳陶瓷有限公司的厂房楼高甚至达7层。厂房的改建、生产环境的改善吸引更多专业人才落户潮州。

（3）**引进新生产设备。**“中国卫浴第一镇”古巷产区的龙头企业——梦佳卫浴在2008年底耗资1100多万元引进了窑炉长为116米，日产量为2300件的德国电脑控温隧道窑炉设备。为了稳定原材料的质量还投资几百万元建造了一座占地80多亩的瓷泥厂。

（4）**采用清洁生产技术。**作为国内最大的卫生陶瓷生产基地，潮州企业推广节水技术的社会和经济效益巨大。截止6月底，全国共有138家企业通过中国质量认证中心的节水认证，广东省有58家，其中通过认证的潮州企业占全省总数的一半以上。

（5）组织企业抱团参展。2009 年 3 月，潮州市政府还专门发文，要求各区县尽可能组织安排中小型陶瓷企业参展，给中小型企业拓展国际市场提供机会。并规定参展展位每平方米补贴 400 元，由各县区财政按所分配的展位面积承担。

（6）积极提升品牌形象。从 2009 年开始，为配合国内市场的开拓，潮州卫浴企业开始走上品牌化之路。具体表现在：一是以恒洁卫浴、梦佳卫浴、东姿卫浴为代表的潮州卫浴开始从中低端市场迈向高端市场，或进入红星美凯龙、居然之家等大卖场建专卖店，或独立建专卖店。恒洁卫浴在全国已经有 1400 多个销售网点，并建设了完善的售后服务体系。

2008 年 11 月签约著名艺术家濮存昕之后，2009 年恒洁卫浴投入 500 多万进行品牌推广，品牌广告成功亮相央视和湖南卫视。2009 年 6 月，恒洁卫浴入选中国建筑陶瓷与卫生洁具行业首批诚信企业。

（7）出口转内销。2009 年，面对外需疲软的严峻挑战，越来越多的潮州陶瓷企业转战内销市场，并取得不错的成绩。在国内市场，潮州陶瓷主要以高性价比赢得市场，市场价普遍比佛山陶瓷低三分之一左右。至 2009 年末，潮州的恒洁、梦佳等产品销售比例国内部分已达到 80%。随着一批潮州知名品牌在国内陶瓷市场的崛起，潮州陶瓷区域品牌的知名度、美誉度的大幅提高。

（8）转变营销模式。企业发展初期，以卖产品为主，营销常常采用区域总代理模式，投资小，风险小，管理也方便。2009 年，面对激烈的市场竞争，潮州卫浴企业转型国内市场，需要快速反应，并提高产品的品牌附加值。于是，很多企业都将总代理制转化为地市直接代理制。卡丹尼卫浴多年来一直采用总代理制，几乎每个省区都只有一个总代理；到 2009 年公司省级总代理只剩 2～3 个，其余 100 多位经销商都是地市直接代理。

（9）大力实施技术标准战略。潮州市高度重视技术标准战略实施工作，鼓励、支持企业参与制修订国家标准、行业标准、地方标准，以先进的标准引领产业发展。

2008 年，市政府发布了《潮州市实施技术标准战略奖励（暂行）办法》，同时建立“潮州市实施技术标准战略联席会议制度”，推动该《办法》的落实。市政府还对实施技术标准战略工作作出突出贡献的 13 家企业 20 个项目进行表彰奖励，奖励资金 135 万元。

2008 年 10 月，潮州市有 5 家企业参与了国家强制性标准“坐便器用水效率限值及其用水效率等级”及“水嘴用水效率限值及其用水效率等级”的制、修订工作。

目前，潮州陶瓷企业有 11 家成为第三届全国全国建筑卫生陶瓷标准化技术委员会，21 家企业参与了 18 项国家标准和行业标准的制订。

三、江门

1. 水口镇

（1）基本情况

水口镇位于广东省开平市东郊，毗邻美丽的潭江河畔，地处台山、新会、鹤山、开平的交界。水口镇以水暖卫浴这张名片在全国乃至全世界享负盛名，2002 年被中国五金制品协会命名为“水龙头生产基地”，2007 年 2 月更被中国建筑卫生陶瓷协会誉为“水暖卫浴生产基地”。

水口镇的水暖卫浴业发源于上个世纪 70 年代初，1975 年由水口农械所发展而来的开平县二轻金属制品厂生产的水暖产品在当时的广州展销会上崭露头角开始，水口镇的水暖卫浴产业便快速发展起来。

到 90 年代中期，水口镇的水暖卫浴企业已经发展到 300 多家，基本上成行成市，但是厂家过于分散，缺乏规模效应，于是开平市和水口镇决定积极兴建水暖器材市场和工业集中连片区域。1998 年，投入资金 1200 万元、占地 400 亩的“前店后厂”式的专业市场和工业连片集中地落成使用，水口水暖卫浴业随之进入了高速发展期。随后，水口镇抓紧机遇，又积极筹建 800 多亩的水暖工业城，从而形成了以两片工业集中地、一个专业市场为主干，遍布各村的零配件生产企业为枝叶的格局。

进入21世纪，水口镇的水暖卫浴业已经显现出领先于国内其他区域的趋势，逐渐占据了国内中高端市场近40%的份额，并开始敲开了港澳地区和欧美、中东以及东南亚的市场之门。

水口镇水暖卫浴业以产业规模大、产业链完整、产品种类繁多为显著特征。目前从事水暖卫浴生产并以有限公司注册的内外资企业近500多家，以个体户注册的生产、销售水暖企业1170多家，从业人员3.5万多人，其中4000名是专业人才，水暖卫浴产业年销售额80亿元，产品的国内市场占有率达到近40%。

2002年著名品牌西班牙赛道陶瓷阀芯公司前来投资落户，2005年引入世界铜材生产量排名第七的韩国大昌工业株式会社，填补了阀芯和铜材生产的空白，使水口水暖卫浴产业链日臻完善。镇内有10多家年产值超亿元的水暖卫浴企业，如华艺、希恩、雄业、迪丽奇、胜发、彩洲等。固定资产超千万元的企业有60多家，产品大部分出口的有30多家，通过国际ISO认证的30多家，获得国家专利授权的产品有300多个。

采用世界先进设备，打造领先全国的制造能力。水口水暖卫浴业主要生产中高档的水龙头、花洒、洗菜盘、洁具和弯管等水暖卫浴件。其中水龙头是骨干品种，主要有感应、延时、恒温、双把等系列数百个规格品种。齐全的产业链使生产所需的任何零配件都可以在这里采购到，这使得水口成为全国生产水龙头配套最齐全的地方。

水口主要企业大都有能力采用世界先进的生产设备，如意大利的电熔炉、重力浇铸机配套设备、韩国自动射芯机、多攻位攻牙机、钢模加工中心设备等，这在很大程度上确保了产品的质量。一些世界名牌水暖卫浴产品如TOTO、科勒，其产品都在水口代工生产。

成立技术创新中心，建立公共技术平台。为了适应水暖产业应用需求，建立产学研合作平台，促进科研成果转化，促进新技术、新材料、新工艺应用，市、镇两级政府于2007年设立了水口水暖卫浴技术创新中心，该中心占地面积4.5亩，建筑总面积达1600平方米，主要功能包括培训中心、产品研发中心、产品检测中心、电子商务网平台、产品展示厅、知识产权应用和保护中心等。水暖卫浴技术创新中心的建成，有效地增强整个行业的创新开发能力，缩短开发周期，降低开发成本，产品的开发周期缩短一半，开发成本下降50%，提高了产品的质量和档次。

建造卫浴设备展贸中心，打造商贸平台。2001年开平市政府斥资7000万元在水口镇建成占地面积128亩，建筑面积25000平方米，广场面积20000平方米的卫浴设备展贸中心，内设中心广场、展销大厅、商铺等，是目前全国较大的卫浴设备展贸中心。2002～2007年在这里成功地举办了六届中国（水口）水暖卫浴设备展销洽谈会，成为基地及全国各地众多水暖卫浴厂家展示最新产品、进行贸易洽谈和信息交流的平台和物流中心，也成为水口水暖卫浴基地对外宣传和贸易的窗口。

除了展贸中心以外，2001年6月建成的水暖卫浴商业街也是基地的主要贸易中心，商贸街长1公里，建有216间二层美观、宽敞、适用的商铺，这里集中展示和贸易基地产品。另外，基地还设有行业商会，维护着基地企业良性竞争，并经常组织企业到国内外参加专业展会，共同打造“水口卫浴”品牌。

打造电子商务平台。2002年，为了加大宣传和贸易力度，适应社会发展需求，基地成立了中国（水口）水暖卫浴电子商务网（www.faucet-china.com），该网站是由广东省开平市人民政府主办，开平市水口镇人民政府协办，代表“中国水龙头生产基地”联通世界，网络全球的唯一官方网站。

扶持骨干企业增资扩厂。水口水暖卫浴基地企业在打造著名品牌、出口产品方面仍有很大的上升发展空间；从国内来看，开平市和水口镇两级政府向来致力于水暖卫浴产业作为重点产业进行引导和扶持，相继出台了一系列的优惠政策，为基地营造优良的发展环境。基地企业对发展前景了信心，纷纷加大投入，实现增资扩产。目前就有华艺、希恩、粤轻等十数家企业实现了增资扩产。

成立信贷担保服务公司。为有效解决企业融资难问题，2004年2月，开平镇筹资1000多万元成立了开平银达企业发展有限公司。到目前为止，银达公司已为水口镇33家企业提供了3200万元的信贷担保。

成立水暖发展基金。2005 年 8 月，由开平水口水暖卫浴行业商会牵头，成立了水口水暖发展基金，用于支持水暖行业的发展。到 2007 年为止，水暖发展基金运作良好，筹集基金 170 多万元，主要支持对外整体宣传水口水暖卫浴产业。

（2）2009 年发展概况

2008 年金融危机前，水口镇企业 80% ~90% 都以外销为主。许多企业出口与内销之比达到 7：3。金融危机之后，外销市场的减少促使许多企业调整经营策略，开始涉足国内市场。2009 年水口镇转型专做国内市场的卫浴企业有 30 ~40 家。

目前，开平水暖卫浴产业的制造水平已经获得国内同行认可，且五金水暖产品性价比较高，所以吸引了国内外众多卫浴厂家来到开平，寻求优质的五金水暖厂家进行贴牌生产。

在金融危机的冲击下，开平水口的龙头企业华艺卫浴依然大展宏图。2009 年 1 月 10 日，华艺卫浴投资的开平法兰多卫浴隆重举行新厂房落成投产庆典仪式。法兰多卫浴总投资 1. 6 亿元，工厂占地面积 10 万平方米，建筑面积 6. 5 万平方米，厂内配置了目前国内外最为先进的卫浴生产设备和检测设备。

从 2001 年开始，开平水口镇就举办了首届中国（水口）水暖卫浴设备展销洽谈会。但是，由于种种原因，展会办到 2007 年的第七届就停办，近 3 万平方米的中国水口卫浴设备展贸中心被改成其他商业用途。2009 年，开平市政府决定重新开办展会，并组织开展对专业展览运营公司的招商。

2. 址山镇

（1）基本情况

址山镇地处广东省鹤山市南端，东邻新会区司前镇，南靠开平市水口镇，东南紧接台山市，位于鹤山、新会、开平、台山四市交界地带。广湛公路（325 国道）和佛开高速公路（址山设有进出口）从镇区内穿过，往香港在三小时内到达，往澳门、珠海在两小时内到达，往广州在一个半小时内到达，距离广珠铁路鹤山站物流中心仅 30 公里。全镇面积 62. 38 平方公里，户籍人口 2. 6 万多人。2009 年成功申报为“全国水暖卫浴五金产业基地”。

址山的水暖卫浴五金产业起步于上世纪 90 年代后期，期间，址山镇委镇政府充分利用临近的开平水口镇因为发展空间限制，水暖企业向外发展的契机，进行针对性招商引资，初步建立水暖卫浴五金产业园。2003 年前后址山进入水暖卫浴行业稳步发展阶段。大批外来客商到址山落户投资。2006 年至今，址山镇委、镇政府以战略的眼光，将水暖卫浴五金产业集群的发展，作为促进劳动力就业和农民致富，推动工业化与城镇化进程的主要抓手，成效非常明显。

（2）址山镇水暖卫浴产业集群发展有以下几个特征

① 产业集群和区域品牌初步形成。址山镇拥有水暖卫浴企业 333 家，其中规模以上企业 31 家，从业人员近 1. 3 万人，主要集中在镇内大营工业区及东溪 A、B 工业区，占地面积 8500 亩，2009 年实现工业总产值 27 亿元，占整个镇工业总产值的 83%。址山镇已成功申报为“全国水暖卫浴五金产业基地”，是整个江门市 15 个国家级产业基地之一，被江门市列入重点扶持对象。

目前“址山水暖卫浴”在国内逐步被行业认知，已成为具有一定知名度的区域品牌。2008 年，康立源卫浴实业有限公司被国家行业协会评为“中国水龙头知名品牌”，瑞霖淋浴科技有限公司被评为“中国花洒及卫浴配件知名品牌”。安蒙、海霸等知名品牌企业近两年的进驻，更是增强了址山水暖卫浴五金产业的集群效应。其中，鹤山市安蒙卫浴科技有限公司是近年来国内迅速崛起的自主创新品牌企业，公司先后获得德国红点设计大奖，中国红星奖、红棉奖等工业设计大奖，公司营销网点多达 300 多个，销售网络覆盖全国各地。广东海霸洁具集团有限公司是“中国卫浴知名品牌”企业，集研发、设计、制造、销售于一体，产品畅销全球 100 多个国家和地区，是全球水龙头系统领域的最佳供应商之一。

② 产业链配套逐步完善。在龙头企业的带动下，其他行业中的一批企业也纷纷进入了水暖卫浴生产领域。目前，址山镇水暖卫浴五金产业现已形成了“原材料供应——核心部件生产——卫浴机械制造——龙头企业引领——名牌产品产销”这一较完备的产业链。截止今年，广东省已经审核通过了四批省级产业集群升级示范区。址山水暖卫浴产业集群正在申请省级的集群升级示范区。

在原材料供应方面，水暖卫浴行业主要的原材料为铜材，而址山目前已经形成以伟强铜材、金益铜材、金州铜材、东霖铜材、伟伦铜材、骏展铜材等大型铜材生产企业为主，一大批中小铜材生产企业为辅的原材料生产供应格局，原材料供应能力辐射址山镇和开平水口镇相关水暖卫浴企业，市场占有率达70%以上。

在“中间部件”生产方面，汉特科技发展有限公司是一家拥有自主知识产权的新型高科技企业，该公司自行研制、开发和生产的“太阳能热水器温控感应阀”是目前最先进的太阳能热水器核心部件之一，已取得了国际专利认证，填补了国内技术的空白。此外，以瑞霖、摩迪、永超、奥登等为代表的企业提供了花洒、升降架等中间产品，以“力劲压铸”等为代表的压铸厂提供卫浴常用的拨手、手轮等产品。

在机械设计、制造、销售和维护方面，址山镇和水口镇交界处，出现了集研究、设计、生产、销售为一体，致力于五金、水暖加工行业专用机床设计制造的专业厂家，分别是“鸿熙机械”和“德林机械”。其中，“鸿熙机械”以生产表面处理抛光、砂光自动化专用工作母机为主，技术水平领先同业。据不完全统计，现时址山和水口的90%的水暖卫浴企业正在使用这两家企业生产的设备。

址山镇现有本地培育的卫浴成品生产厂家近40家，其中以泰林卫浴、依文森卫浴、洁丽卫浴、苹果卫浴、三力卫浴、康立源卫浴、雅洁卫浴、欧牌卫浴、先威特卫浴等为代表的一批企业已逐渐在市场竞争中树立了较高的品牌知名度。

③ 多元商业文化形成优势。由于招商途径的多样化，址山的投资客商的来源十分广泛，除了鹤山、开平、广州、佛山等本省老板外，还有广西、福建、浙江、上海、辽宁、香港、台湾、中东等外省及外国客商。不同类型客商的聚集，带来了不同的技术、不同的发展思路、不同的管理经验，促使址山在产业集聚的同时文化也进行相互交流、相互吸收，从而形成了址山独有的，开放而有活力的“多元商业文化”。

④ 技术创新成渐风气。在政策和市场的导向下，址山一些大型的水暖卫浴生产企业纷纷设立技术研发中心，如金益铜业投资约300万元建立DR实验室，大力引进国外先进的技术设备，并拥有现代化的检测设备，包括司派克光谱仪、微机液压万能试验机、材料金相分析显微镜、合金镜面高级检测系统等，在处理公司业务的同时亦为当地企业提供技术服务。

一些企业则逐步与大学或专业研发中心建立合作关系，进行共同研发，如汉特公司与清华大学研发的“冷热水同步开关恒温混水器”，技术含量高，在同类产品中属首创。2008年，在中国五金制品协会的协助下，太阳能热水器用温控水嘴国家轻工行业标准审查会议在鹤山召开，汉特公司作为起草单位之一参加了会议。目前，全镇共有国家级高新技术企业1家，省高新技术企业1家，江门市高新技术企业1家，省民营科技企业2家，江门市民营科技企业3家。

⑤ 政府大力扶植龙头企业。龙头企业的做大做强，不仅起引领产业发展作用，也促使特色产业税源升级。2008年址山镇利用资产重组和股权转让等方式进行土地盘活，支持“伟强铜材”和“金益铜业”这两家本地龙头企业进行增资扩产。2009年，址山镇又盘活了原顺发公司的土地和厂房，新引进了海霸、安得利等水暖卫浴生产龙头企业。

政府积极扶持企业通过技术创新全面提升企业的综合竞争力。如去年3月，址山镇组织6家企业申报“广东省建设现代产业体系技术改造技术创新滚动计划”，协助金州铜材实业有限公司等4家企业申报江门市高新技术企业，协助广东伟强铜业科技有限公司等9家企业申报省、市科技计划项目。

四、中山

1. 基本情况

中山市淋浴房制造业有着 20 多年的发展历史，目前已聚集了一批知名企业，形成了开发、设计、销售等于一体的产业链条，成为国内三大淋浴房产业聚集产地之一。目前拥有一定规模的淋浴房生产企业 130 多家，约占全国淋浴房企业的 30%，产品份额占了全国市场的 70%。中山市政府计划在 5 年内使淋浴房产业的年销售额从现在的 35 亿上升到 100 亿。

上世纪 80 年代末和 90 年代初，随着人们群众生活水平的不断提高，陶瓷、卫浴产业在珠三角一带迅速崛起，中山市淋浴房、坐便器等卫浴产品企业亦迅速发展起来。涌现出洁百士卫浴、丹丽陶瓷洁具、加枫淋浴房、洁美洁具等中小规模的卫浴企业，主要生产淋浴房、浴缸、洁具等卫浴产品，初步形成了国内较具规模的淋浴房、洁具生产集散地。

2000 年后，中山淋浴房企业不断提升产品质量，提高生产效率，降低成本，开发新产品，增强国内外市场的竞争力。涌现出雅立洁具有限公司、丽莎洁具有限公司、金莎丽卫浴有限公司、联成盛卫浴设备制造有限公司等一批知名的淋浴房生产企业，逐步发展成为享誉中外的淋浴房产业制造基地。2008 年 7 月中山市被授予"中国淋浴房产业制造基地"的称号。

中山淋浴房产业早期布局较为分散，区域聚集性不大。本世纪初，政府着手整合资源，形成发展合力，打造"好浴房，中山造"的区域品牌。阜沙镇是中国淋浴房产业凝聚实力企业、实现优势互补、培育本地品牌的重要窗口。

2. 2009 年发展概况

2009 年初民建中山市委员会向当年的两会提交政协提案《关于大力促进我市淋浴房产业集聚发展的建议》，根据该建议，市政府决定采用市镇共建的方式，以阜沙镇为主题开展基地的建设。2009 年 12 月 30 日，"中国淋浴房产业制造基地"正式在中山市阜沙镇挂牌。由此，阜沙镇规划土地 4200 亩用于建设产业基地，其中一期开发 400 亩，二期开发 1600 亩，三期开发 2400 亩。此外基地还得到了奥信托基金的大力支持，成功融资 8500 万元。

为吸引更多的优质企业落户基地，阜沙镇制定了相关的扶持政策，对年创税 500 万元以上，或持有中国驰名商标、国家免检产品的投资企业给予每亩 1 万元的技改贴息扶持，并在兴建厂房、争创品牌、创建研发中心等方面也给予大力支持。

目前基地的集群发展思路已经吸引了一批中山本土企业迁入，如中国著名的大型淋浴产品生产公司——中山德立洁具有限公司，集专业设计研发、生产、销售于一体，产品包括淋浴房、淋浴花洒、淋浴底盆等系列产品，年生产能力达 20 万套。为适应市场需求、扩大企业生产和销售，德立洁具有限公司计划在中国淋浴房产业制造基地投资 1 亿元，建设新的第二个生产基地项目，并已在 2009 年 9 月 2 日举行了该项目的签约仪式。

此外，中山市爱沐郁卫浴有限公司、康爱玛士洁具、浙江日升卫浴洁具有限公司、中山市伟莎卫浴有限公司、中山市恒和铝业有限公司、中山市华纳建材制品有限公司、中山市永华五金制品厂等 15 家企业已经或正在筹备进入位于阜沙镇的"中国淋浴房产业制造基地"。

目前，阜沙镇还在致力于打造淋浴房全产业链，除了主要产品、零配件以外，还会发展外围产品，比如香熏等。阜沙镇的目标是从淋浴房生产中心发展成研发中心、信息中心、人才培养中心和销售中心。此外，在硬件方面，除了在园区建设、道路、通信等方面的健全外，园区还将建立产品研发中心、技术改造中心、培训中心、质检中心，以加强产业集群效应，提高产业市场竞争力。

中山市政府正全力支持淋浴房这一特色产业。2007 年中山市淋浴房行业协会注册成立，之后协会牵头起草制订了《中山淋浴房产品标准》，目前该标准已正式实施。同时，协会已计划筹建"中国淋浴房博览中心”，未来该中心将成为中山淋浴房产业统一的产品展示、检测、研发、设计、信息、营销、物流配送商务平台。

第三节　河北省唐山产区

1. 基本情况

唐山是中国卫生陶瓷工业的摇篮。1914 年唐山启新洋灰公司陶瓷车间开启了中国现代卫生陶瓷制品的先河。1924 年，启新瓷厂在借鉴外国生产卫生陶瓷经验的基础上，使用部分国产原料，利用煤烧倒焰窑，生产出中国第一件卫生陶瓷，为中国带来了马桶革命。这为后来唐山成为中国卫生陶瓷工业的发源地和摇篮奠定了坚实基础。1982 年唐山建筑陶瓷厂的“前进牌”洗面器荣获国家质量银奖，1987 年“唐陶牌”成为第一块卫生陶瓷名牌（2003 年）。

上世纪 80 年代是唐山陶瓷生产发展的鼎盛时期。整个 80 年代，唐山卫生陶瓷占据国内市场的一大半。90 年代中期开始，唐山国有卫生陶瓷生产企业在体制、机制、历史原因等诸多因素的共同作用下，逐步缓慢了发展脚步，至“十五”计划的五年间，国有卫生陶瓷企业基本上退出了历史舞台。取而代之的是民营卫生陶瓷企业。自 1998 年开始，唐山连续召开了十二届陶瓷博览会，不断提升“唐山陶瓷”区域品牌影响力。唐山先后被授予“中国北方瓷都”和“中国建材出口基地”称号。

目前，唐山依然是我国卫生瓷的重要产区之一。2009 年唐山卫生瓷产量达到 2000 多万件，占河北全省总产量的 76%，约占全国总产量的 16%。唐山卫生陶瓷生产企业有 40 余家，其中重点大中型企业近 10 家，其中包括：唐山惠达陶瓷集团有限公司、唐山市丰华陶瓷有限公司、梦牌瓷业、唐山华丽陶瓷有限公司、唐山华天成陶瓷制品有限公司、中陶实业有限公司、唐山卫陶有限公司、唐山德盛陶瓷公司、唐山远威陶瓷制造有限公司等。主要品牌有惠达、梦牌、华丽、中陶、卫陶等。

唐山卫浴产业的主要特征：

（1）**综合性陶瓷生产基地。**陶瓷是唐山的一个特色产业，也是经济支柱产业之一，经过近一个世纪的发展，已形成了日用瓷、卫生瓷、建筑瓷、工业特种瓷、工艺美术瓷及相关配套产品等门类齐全的陶瓷产业体系。

（2）**卫生陶瓷重要出口基地。**唐山卫生陶瓷出口额 2.4 亿美元，约占全国出口总量的 35% 以上。唐山卫生陶瓷出口地遍及世界 80 多个国家和地区。重点出口企业包括惠达陶瓷（集团）股份有限公司、唐山华美陶瓷有限公司、唐山亚利陶瓷有限公司等，这些企业出口额均超千万美元。唐山市百万件以上的企业出口比例可达到 70% ~80%，中小企业也接近 50%，而像中陶实业、华天成陶瓷制品公司的产品则全部出口。

为了扩大出口份额，卫生陶瓷生产企业纷纷严格控制质量体系，分别获得韩国 KS 认证、美国 UPC 认证、加拿大 CSA 认证、澳大利亚 SAI 认证和新加坡 PSB 认证。

（3）**品牌“惠达”一枝独秀。**唐山市有全国最大的卫生陶瓷生产企业——唐山惠达陶瓷集团。唐山惠达始建于 1982 年，年产卫生陶瓷 800 万件。2002 年初“惠达”商标被国家工商总局认定为中国驰名商标，填补了中国卫生陶瓷行业的空白，2003 年“惠达”牌卫生陶瓷被评为中国名牌，2006 年复评中再获中国名牌，目前已经发展成国内最大的卫浴企业集团。经世界品牌实验室的评定，惠达卫浴 2009 年的品牌价值 34.81 亿，连续六届列居全国陶瓷行业首位。

惠达产品覆盖全国并远销欧、亚、美等 80 多个国家和地区，出口量占总量的 80% 以上。在商务部 2005 年第 3 号公告中公布的 2005 ~2006 年度“重点培育和发展的出口名牌”名单中，惠达成为唯一入选的建筑卫生陶瓷品牌。

2008 年惠达产品相继进入北京奥运工程“鸟巢”、“水立方”、国家体育馆等八个比赛和训练场馆。

同年，惠达成功研制了“纳米自洁釉卫生洁具”，使产品在使用过程中具有抗菌、自洁的效果，技术水平属国内领先。

（4）原料面临枯竭。唐山之所以有悠久的陶瓷历史，其中一个重要原因就是这里有优质的陶瓷原料土。但也正因为制陶瓷的历史太悠久，那有限的原料也就基本消耗殆尽，只好到外地去购买原料，产品成本由此大大增加。

（5）产业集群不完善。唐山没有形成具有规模、配套齐全、产业集中度较高的陶瓷产业集群。陶瓷生产企业零星分布，主业较为突出，上游产业链企业（如色釉料、化工料、模具、陶机、耐火材料等）却弱小，与陶瓷生产主业形成鲜明对比。

2. 2009 年发展概况

唐山惠达受高度关注。2009 年 6 月 19 日下午，中共中央政治局常委、国务院总理温家宝在河北省委书记张云川，省委常委、唐山市委书记赵勇等陪同下，视察了唐山惠达，并发表重要讲话。温家宝向唐山惠达提出了“争做中国第一、世界第一”的发展目标和要求。

2009 年 10 月 16 日，省科技厅会同省财政厅、省发改委组织专家对唐山惠达陶瓷（集团）股份有限公司申请建设的“河北省卫生陶瓷工程技术研究中心”进行了可行性论证，同意纳入建设序列。12 月，由惠达赞助，中日韩三国相关企业、研究机构、媒体等发起的惠达东亚论坛在京成立，惠达“东亚地产”沙龙在京启动。

2009 年，惠达集团的“卫生陶瓷低压快排水连续注浆工艺研究”，将石膏模型前后两次注浆之间的排水干燥时间由传统的 12 ~ 15 小时，变为 15 ~ 20 分钟，使注浆次数由传统的每天一次增加至每天六次，生产效率提高了 6 倍。

抵御金融危机。2009 年，面对金融危机的肆虐，唐山陶瓷企业充分利用广交会、上海卫浴展以及国外知名展会等，扩大自己的营销，化解危机的影响。在上半年的春交会上，唐山惠达陶瓷集团投入了 200 多万元，仅在卫生陶瓷展馆就有 16 个展位 144 平方米，展出了公司 80 多套产品，其中新产品占 60% 以上。

与惠达在广交会同场展示的唐山中陶实业有限公司、唐山梦牌瓷业有限公司等知名品牌企业也投入了大量人力物力，其中梦牌瓷业还特地聘请了德国一家设计公司设计展位。

新格局和新目标。虽然经历了金融危机的洗礼，但唐山陶瓷还是孕育着新的变化，新的格局，新的目标。2009 年，国内最大的铜材料加工、水龙头制造、不锈钢水槽和陶瓷机械装备生产基地已在惠达卫浴科技园开工建设，占地 628 亩，项目总投资 6 亿元，预计 2010 年 8 月份正式投产，设计年产值 15 亿元，利税 3 亿元，员工定员 2800 名。

惠达科技园区落成后，将建为中国最大的卫浴生产研发和基地，有效实现惠达现有产业的整合和配套，资源整合优势更加明显，制造成本大幅降低，生产效率大幅提升，进一步提升惠达卫浴的综合竞争实力。

第四节　河南省长葛产区

1. 基本情况

长葛市位于河南中部，隶属许昌市，位于河南省会郑州与中原城市群核心城市之一的许昌之间，京广铁路、京珠高速公路、107 国道穿境而过。北到省会郑州 60 公里，南到市府许昌 25 公里，距新郑国际机场 35 公里，是中原城市群半小时经济圈核心城市节点城市和郑许经济联动发展节点城市。

长葛市总人口将近 70 万人，面积将近 650 平方公里，人口的密度在河南省排在前列。2009 年的生产总值达到240多个亿，一般财政预算收入达到6.5个亿，综合经济实力在河南省108个县市当中排名第12位。长葛市下辖16个乡镇、办事处，共有上市企业3家，在2009年河南省百户重点企业当中，长葛市占了4家。

长葛市陶瓷产业起源于上世纪70年代，目前有75家企业，年产量4500万件。员工超1000人的企业6家，超500人的企业12家。

从2007年初开始，长葛市每年拿出100万元，专门成立“产业提升的办公室”，通过搭建“学习考察、产学研平台、会展交流、对外宣传”四个平台的形式，提升卫浴产业的发展水平。

长葛市陶瓷产业三年的提升工作取得了显著成绩：一是产业规模迅速扩大。全市卫浴生产企业由2006家增加到71家，产值由2006年的8亿元增加到25亿元；二是产品质量大大提高。2007年“国抽”14家企业其中13家品部合格，2009年“国抽”16家企业，14家合格，仅两家企业因为配件不合格；三是在东部沿海地区产业转移大背景下，长葛承接产业转移的优势明显，本土企业投资热情高涨，社会资本进入行业总量增多，全国各地从事陶瓷卫浴产品经销、代理的长葛人陆续回乡办厂。

长葛市下一步计划，一方面大力开展节能减排，制定了长葛市卫生陶瓷清洁生产评价指标体系，坚决淘汰落后产能；另一方面是推进产业集聚，实现土地等资源的集约利用。规定新建项目投资强度不低于100万元/亩。

长葛卫浴产业的近期目标是：用3~5年时间，全市卫生陶瓷生产企业达到120家，生产线150条，产品质量100%达到国家标准，年产卫生洁具5000万件，产业总产值实现50亿元。争创行业名牌3个以上，省级优质产品20个以上。

2. 2009年发展概况

2009年，长葛市抓住国内“南陶北移”的机遇，同时适应本地陶瓷企业投资扩张、提升发展的需求，提出建设长葛市卫浴产业示范园的构想。计划以规划通过的长葛市产业集聚区为支撑，整合优化全市陶瓷生产资源，按照工业园区的发展理念和模式，高起点规划、高标准建设长葛卫浴产业示范园，引进国内外知名卫浴品牌前来投资设厂，吸引本土骨干卫浴企业集聚。

2009年，全市新上15条隧道窑生产线（平均每条年产量为100万件），总投资达4亿元。远东陶瓷公司将投资5000万元在产业集聚区新上2条中高档洁具生产线，以全新的生产、管理、营销模式进行品牌运作。

2009年，长葛市陶瓷企业进一步扩大对外交流和学习。7月，组织21家企业36名技术人员赴咸阳集中培训。12月初，11家企业参观了广东梦佳陶瓷实业有限公司等企业。考察了企业高压注浆一次成型、模具开发、烧成等先进生产工艺。12月中旬，又组织10家企业12名通讯员赴佛山在陶城报社本部进行写作业务技能培训。

长葛市科技局还集中组织国家标准宣贯活动，共有52家企业120人参加。同时要求具备条件企业建立检测中心，按照国家标准对产品进行各项数据检验。目前已有金惠达、恒尔、远东三家企业购置了全套检测设备，市科技局定期组织所有企业在上述三家企业召开现场会，邀请咸阳陶瓷研究院有关专家手把手传授检测技术，帮助分析存在问题，大大提高了产品合格率：2009年国家抽检16家企业，14家瓷件质量（不包括水箱配件）合格，9家企业产品全部达标。

到2009年为止，长葛市已经有2个河南省优质产品，申报省优产品5个，申报省著名商标2个，金惠达公司跻身“中国最具发展潜力的十大品牌”。远东陶瓷200万件高档卫生瓷项目、金惠达陶瓷100万件高档洁具项目、力创科技30万吨泥釉浆生产线项目列入2010市重点项目。

2009年，长葛市有浴室柜生产企业10家，纸箱包装企业200家。潮州专业模具公司已落户长葛，即将批量投入生产。潮州通用卫浴公司已在长葛征地办厂，生产水箱配件及盖板，为坐便产品配套。

第五节　福建产区

一、南安

1. 基本情况

福建水暖卫浴产业产地主要集中在：南安，厦门，福州三地为主，重点在南安、厦门。主要以生产水龙头，阀门，水箱配件，感应洁具，浴室柜为主。

南安有600多家水暖阀门企业，每年可向世界生产3000多个品种和20000多种规格的水暖阀门和卫生洁具产品，产品价值达到70多亿元。

南安以中宇卫浴、辉煌水暖、申鹭达卫浴、九牧洁具等为代表的内销企业，品牌数量占据了目前中国市场上的相当比例，也成为了目前中国卫浴产业基地中发展速度最快、增长潜力最大的产业基地。

从上世纪70年代，南安市的仑苍镇是远近闻名的"打铁之乡"。南安水暖产业起源于上世纪70年代，是国内最早从事水暖行业制造销售的基地之一。南安水暖卫浴产业以福建省水暖工业园为依托，以"中国水暖之乡"仑苍镇和"中国水暖阀门基地镇"英都镇为核心，目前已有600多家水暖企业，年产值超过70亿元，占据国内市场半壁江山。

英都镇的中国恒阪（南安）阀门基地，是列入福建省"十一五"规划的南安市重点建设的八大产业基地之一。于2006年初正式动工建设，计划投资65亿元。成功引进入驻包括申鹭达集团工业园在内的23家企业，是国内规模较大的阀门制造专业基地之一。

南安卫浴产业的主要特征：

（1）**产业布局集中在仑苍和英都。**上世纪90年代末，经过深入调查研究，南安市政府因势利导，制定水暖产业有"三园一城"规划，打造以仑苍、英都为中心的水暖、泵阀产业集群。

仑苍主要定位为水暖工业区。福建省水暖专业工业区就坐落在这里，总用地面积6330亩，被列为福建省面向全国的十五个重点产业基地之一。该工业区在全国率先按产业配套、工艺流程、生产特点和环保差异分为三个园区：**美宇工业园**，以铸造、抛光企业及阀门生产企业为主；**高新技术园**，以高新水暖阀门加工企业为主；**辉煌工业园**，以电镀企业为主及配套的污水处理工程。目前仅水暖高新园区就有22家企业入驻。目前仅该镇就有水暖、泵阀生产企业250家，企业年生产总值20亿元左右。

英都主要定位为泵阀工业区。所属南安恒阪阀门基地是重点建设项目，面积10平方公里。基地分为锻造锻压、主体加工、配件生产、组装包装、生活服务等五个专业功能区，分别建设相关配套设施，吸引有实力、上规模的阀门企业入驻，计划建设成为功能完善、门类齐全、享誉全国的阀门专业生产基地。

目前，3000万元的英都阀门展示中心，设有常年展示的标准展位700个，洽谈室、会议厅、多功能厅、中心广场、停车场等设施一应俱全，为阀门制造商和阀门经销商之间架起了一道沟通产销的桥梁。

（2）**品牌建设成效凸显。**南安全市共有水暖、泵阀企业600多家。2005年全国获得首批"中国名牌"的水暖企业共有7家，而南安就占了4家。2005年9月19日，在中国水暖产业创名牌推进会上，南安喜获全国水暖产业7个中国名牌中的4个。市委、市政府拿出400万元重奖获得"中国名牌产品"称号的中宇建材、辉煌水暖、申鹭达集团和九牧集团4家水暖企业。中宇建材、辉煌水暖、申鹭达集团和九牧集团同时也是"中国驰名商标"。

（3）**重视技术创新。**福建水暖卫浴企业从一开始就比较重视技术研发。目前，全国五金制品标准化技术委员会厨卫五金分技术委员会落户南安，九牧，中宇、辉煌、申鹭达同时成为国家陶瓷片密封水嘴行业标准的起草审定单位。

辉煌水暖集团建立了国家级产品检测中心，并引进意大利伊姆乐重力铸造设备、专业加工机床、自动电镀生产设备、新增组装生产流水线。辉煌水暖集团是国家标准 GB 18145－2003《陶瓷片密封水嘴》的起草、审定单位之一；行业标准 CJ 164－2002《节水型生活用水器具》、JC/T 931－2003《机械式便器冲洗阀》、JC/T 932－2003《卫生洁具排水配件》、CJ/T 194－2004《非接触式给水器具》的起草、审定单位之一。

南安目前设立在企业的国家实验室、国家检测中心 2 个，还拥有全国最大的水暖卫浴专业市场——“中国水暖城”。福建省水暖消防产品质量检测中心也落户中国水暖城。

（4）集群发展充分。目前，以仑苍镇为中心的南安市的水暖产业集群已经成为我国潜力最大、配套最完整、水暖名牌最集中的区域。经过 20 多年的发展，在以南安为主的水暖卫浴产业集群里，从装备制造、配件生产、成品组装、销售市场、物流、中介、广告、培训等配套产业基本完善。产业集群又带动了全国 10 多万家上下游企业的发展。

（5）专业市场发达。设立在仑苍镇的中国水暖城，近 2000 家水暖卫浴、阀门企业在这里开设销售窗口和产品展示窗口，已经成为中国最大的水暖阀门交易市场。中国水暖城规划用地 1020 亩，分三期开发，总建筑面积 176000 平方米，展示厅 600 多套。每年正月初三至初五在中国水暖城举行的“中国（南安）泵阀水暖交易会”是国内当前影响最大的水暖行业盛会。

（6）网络优势明显。南安市不仅具备了水暖卫浴的制造和品牌基础，在全国的 20 多万水暖卫浴产品销售大军，控制着全国 75% 以上水暖产品市场。由于在外面有庞大的采购商队伍，这让南安每年春节期间成为中国水暖阀门新产品发布的重要基地。庞大的销售团队也加速了产业区域品牌的形成。而中国水暖城开业两三年即成为全国水暖卫浴产品的交易中心，正是依托当地发达的销售网络。

2. 2009 年发展概况

整合发展成气候。近年来，南安龙头五金水暖企业如九牧、辉煌、申鹭达、中宇、等纷纷涉足卫生陶瓷、淋浴房产品生产，企业产品线更为丰富和齐全。2008 年春节前夕，申鹭达的卫生陶瓷生产线成功点火。2009 年 4 月 26 日，九牧集团总投资 15 亿人民币项目规划占地面积 1386 亩，建筑面积 89 万平方米的九牧工业园陶瓷项目成功投产。

品牌建设进入高潮。进入 2010 年，福建卫浴界一片繁忙景象，全球金融危机余音还在，经过洗礼劫后余生的卫浴企业，明星代言、第二品牌、战略联合等举措一个接一个。在电视台、路牌广告、报纸、各大建材市场等诸多方面，卫浴企业都当仁不让地抢占主角地位。

南安水暖卫浴企业在专业卫浴品牌服务机构的协助下，通过“明星＋广告＋营销年会”的模式，极大地扩大了品牌的影响力。如今的南安水暖卫浴产业同五年前的晋江鞋业扎堆上央视做广告有颇多相似之处。以中宇、辉煌、申鹭达、九牧等为代表的一线品牌在全国甚至全世界都声名远播。以特瓷、宏浪、乐谷、龙尔、TOCC、恒通、奥美期、申旺、爱浪、申雷达等为代表的二线品牌发展势头强劲。

技术创新再结硕果。2009 年初，申鹭达集团研发并生产的数控恒温水龙头、智能马桶等多项新产品正式上市。该数控恒温水嘴全系列产品包括数控恒温淋浴器、数控恒温面盆水嘴等 7 款新产品。其中数控恒温淋浴产品在同等条件下每次使用可比普通淋浴龙头节水 6L 左右。

产业升级提速。从家庭作坊式的小工厂开始，南安水暖产业历经了贴牌代工、产业聚集、渠道拓展、技术创新、自创品牌等多次升级转型发展。2009 年，金融危机考验中的南安水暖产业产业升级步伐加快。

2009 年 2 月 10 日，位于福建南安市英都恒坂阀门基地的申鹭达工业园隆重举行了开工奠基仪式。申鹭达工业园坐落在南安市英都恒坂阀门基地内，系南安市 2009 年重点工业建设项目，由申鹭达集团有限公司承建。据介绍，项目占地 380 亩，总投资 4 亿元，建设厂房面积 70000 多平方米。

2009 年 3 月 23 日，申鹭达集团通过商标专用权质押，获得了南安农行 1.84 亿元贷款，这是福建去年出台商标质押贷款政策后，福建省最大额的商标专用权质押登记贷款。经中华商标协会专家委员会的专家鉴定，中国驰名商标“申鹭达”商标内涵价值，综合评估价值为38.7亿元人民币。

逆市加大出口力度。2008年底，受国际金融危机的影响，中国三大水暖产业基地中，浙江水暖卫浴业主要以生产配件和小额出口为主，近九成无自主品牌、缺乏成熟的销售渠道，受出口订单下滑和价格波动的冲击较大，许多企业亏损严重；而南安水暖卫浴业，由于一直深耕国内市场，且网络特别发达，因此仍能保持良性发展，产值不降反升。

2009年，南安卫浴不惧金融危机，反而加大了出口的力度。而且，把目标定位打造具有国际竞争力并拥有自主知识产权的民族品牌。辉煌水暖注册国际欧联卫浴，产品销售到欧洲、非洲和中东地区；申鹭达在厦门设立外贸公司，出口贸易做到俄罗斯等国家；九牧在越南、迪拜等国家设立专卖店。

转型国内市场开拓。南安水暖卫浴业起步较早，早年由于国内市场不大，一部分龙头企业转向做外贸，并长期坚持下来，逐渐做大做强。从2007开始，南安水暖卫浴出口型企业开始把国内市场作为重心。

2009年1月3日，中宇卫浴2009年“势夺九州 中宇有我”全国经销商年会有1500多位经销商参加。截至目前，中宇在国内已经建有70多家旗舰店，拥有1000多家专卖店，2000多个专营点，3000多个销售网点，其中在省会一线城市拥有500多家经销商。

二、厦门

1. 基本情况

厦门水暖卫浴以路达等出口型企业和配件型企业为代表。目前，厦门卫浴企业已近300家，卫浴配件销售产值全国第一，在全球则排名前三。2008年厦门卫浴企业实现年销售产值约50亿元。预计2010年产值达75亿。其中，以生产水龙头、卫浴五金为主的路达（厦门）工业，主要出口欧洲市场，2008年产值达28亿。

厦门卫浴企业主要生产水龙头、花洒、马桶盖、水箱配件、感应洁具、浴室柜、厨柜等；厦门是目前国内水箱配件最集中的生产基地。代表企业除**路达工业**外，还有威迪亚，瑞尔特卫浴，松霖卫浴，建霖工业，金牌橱柜，好兆头橱柜等，这些企业年销售额最小的也有2亿多元。

路达集团系由台商吴材攀先生于1990年投资230万美元成立，近二十年立足海西发展，不断增资扩大，公司现有投资总额为11，750万美元，注册资本为7，832万美元。路达集团主营高档水龙头、卫浴配件、阀门配件、锁具等各类卫浴家居产品，是一家集产品研发、生产和市场营销三位一体的企业。2006年被台湾《工商时报》评为历年来大陆成长最快台商。

路达集团目前在厦门拥有6个生产基地，已建成30万平方米，在建45万平方米，员工6000余人；并在福州、珠海、越南胡志明市建设生产基地。

虽然厦门卫浴企业产值位居国内前列，但国内的消费者对厦门的卫浴品牌却不了解，主要原因是厦门的水暖卫浴产品主要销往国际市场，没有建立国内的销售渠道和品牌。

但这种“墙内开花墙外香”的局面目前已经发生变化。面对日益蓬勃的国内卫浴市场，一直在海外开拓市场的厦门卫浴企业也纷纷步入转型期，力图凭借自身既有优势，打造国内强势品牌。2008年金融危机之后，以外销为主的厦门卫浴企业正开始把目光投向庞大的国内市场，正式步入转型期。

厦门卫浴产业发展存在以下几个问题：首先，厦门卫浴长期采用外向型发展模式，缺少对国内市场基本情况的了解。转向国内市场，需要花大力气进行市场调研。同时，需要花时间和资金来建立国内销售网络；其次，与临近的南安水暖相比，厦门卫浴明显缺少市场终端的支持。南安有号称20万的销售大军在全国市场，有力地带动了家乡产业的快速发展。厦门卫浴如果能借助这股庞大的市场销售大军，就能快速地进入终端市场；第三，长期以来，厦门做的是国际生意，运营方法是国际化的，现在销售队伍转向国内市场，企业因而必须懂得中国市场的生意游戏规则。但这种本土化的历练是需要时间的。

2. 2009 年发展概况

外向型企业转战国内市场。2009 年初，建霖集团附属卫浴制造商厦门英仕卫浴有限公司宣布正式进军国内市场。8 月 19 日，厦门英仕卫浴有限公司召开招商会暨新品发布会。十余家实力经销商在招商会现场与英仕卫浴签订代理加盟合同。另外，松霖集团则成立人水卫浴有限公司，打造满足中国消费者需求的卫浴产品，在国内开了其第一家品牌经营旗舰店。

路达集团 95% 的产品销往北美、欧洲最大的家装连锁店及专业批发市场，年销售各类高档水龙头 1500 万～2000 万套以上，是亚洲最大的卫浴五金专业制造商。2008 年底路达（厦门）工业则与和成卫浴合资成立优达（中国）有限公司，宣布正式涉足国内卫浴终端市场。优达企业在总部建有 3600 平方米的展厅，这是目前国内最大的卫浴展厅。

与路达集团合资成立优达（中国）之后，新和成在产业规模上堪称“中国卫浴界的航母”，形成上海、厦门两大营运中心，年销售额高达 8 亿美元，拥有中国地区台湾、菲律宾、苏州地区、福州地区四大陶瓷生产基地，台湾、厦门两大铜器生产基地，研发团队近千人，员工上万人。

卫浴与橱柜行业融合趋势明显。厦门的水暖卫浴企业拥有卫浴研发和制造的丰富经验和实力，已建立了成熟的研发、生产、销售队伍，形成了优势的卫浴产业链。为促进产业升级、转变生产方式上，厦门市将水暖与橱柜行业统一成卫橱行业，并将其纳入规划打造 13 条百亿产业链之一。

建设水暖厨卫百亿产业园。2009 年，厦门市同安区正在加快工业产业结构调整，其中水暖厨卫是受到支持的四大产业之一。同安工业集中区四口圳片区就是以水暖厨卫为主的专业产业园区，已有世界卫浴巨头百路达、中国橱柜行业三强建潘金牌橱柜等 18 家知名企业入驻，总投资 42.85 亿元，投产后年产值将达 68.9 亿元，年纳税可达 2.56 亿元。四口圳片区正在逐步形成一个以百路达和建潘为主的水暖厨卫百亿产业园区。

第六节 浙江产区

一、萧山区党山镇

党山镇是浙江省杭州市萧山区辖镇。位于萧山区东部，镇人民政府驻地党山自然镇。全镇区域面积 49.74 平方公里，2000 年总人口 4.4 万。党山镇是“中国卫浴制镜之乡”，也是国内主要的卫浴配件生产基地之一。

党山装饰卫浴产业有 20 多年的历史。从最初的美容镜生产开始，发展到现在的装饰门、淋浴房、浴柜、台盆、镜艺和五金挂件等产品配套齐全的大产业，形成了以 2 家区萧山百强企业为龙头、几十家强企业为骨干、广大中小企业为主体的，在产业链上实现上下延伸的发展格局。

党山镇有 230 多家卫浴企业，主要生产制镜、浴柜、淋浴房等，产品遍及 40 多个国家和地区，年出口创汇 1.2 亿美元。2009 年，全行业实现销售产值 62.68 亿元，占全镇工业总产值的三成多。群益村是党山镇有名的制镜卫浴村，全村有装饰卫浴企业 40 多家。

金融危机期间，外向型发展的党山装饰卫浴产业面临严峻考验。以金迪、康利达为龙头的党山卫浴企业，实施卫浴产品内销计划。加紧研发新产品，把战线延伸到三线城市。金迪在全国有 500 多家经销商，并计划每年新增品 20 家以上。此外，金迪也改变传统的“观察式”的销售方式，将新建“体验式”卫浴馆。

2009 年党山镇政府为提升装饰卫浴产业发展层次，推出“三年行动计划”。

全镇 234 家卫浴企业中，省级高新技术企业 2 家；省级技术中心 1 家，市级技术中心 2 家、区级技术中心 4 家；市级研发中心 2 家。卫浴产品中有省级高新产品 3 只；有省级名牌产品 3 只、市级名牌产品6只、区级名牌产品4只；有国家级驰名商标1只（和合），省级著名商标2只，市级著名商标3只，区级著名商标2只。

目前，党山卫浴有注册商标200多个。其中有4个省级名牌。党山还计划重点建设一个卫浴市场，让党山成为卫浴研发、销售、检测的集散中心。党山正在申报卫浴类的国家级博士后工作站和检测中心。

二、平湖市新埭镇

新埭镇位于浙江省北部，地处杭嘉湖平原、长江三角洲前沿，杭州湾北岸，是平湖市的北大门。新埭镇区域面积77.3平方公里，人口5.1万。新埭镇区位优势突出，是来往上海、杭州的必经要地，与上海、杭州、宁波、苏州、昆山等城市均在一小时车程以内。

平湖是中国四大淋浴房生产基地之一，企业基本是外向型的，产品以出口为主。平湖市新埭镇是"中国卫浴名镇"。在新埭镇"中国洁具城"周围聚积着近30余家淋浴房制造企业，澳妮斯、欧文、澳克莱、海浪、欧罗雅等一些品牌便位于这里。

新埭镇卫浴产业则占据了平湖卫浴产业的80%以上。全镇已拥有以淋浴房为主导产品的卫浴生产企业94家，产业链配套企业50多家，年创工业产值超过了20亿元。目前主导产品豪华整体淋浴房、电脑蒸汽房、按摩波浪浴缸、浴室柜等系列几十种产品。整个平湖企业规模约300多家，主要以中小型企业为主。

三、秀洲区王店镇

浙北名镇—嘉兴市秀洲区王店镇面积116平方公里，总人口6.6万人。王店镇地处杭嘉湖平原、沪苏杭金三角中心，东临上海、西靠杭州、南濒杭州湾、北依苏州，是长江三角洲的黄金腹地，具有得天独厚的区位交通优

王店镇是"浴霸名镇"，以生产浴霸而闻名全国乃至全球的嘉兴秀洲区王店镇，该镇和平的浴霸产品占国内市场的70%，全年销售浴霸产品2000多万台，销售收入近20亿元。新昌县则主要以浴室挂件、皂液器、五金产品为主，代表企业有雅鼎卫浴、法贝卫浴等。

四、余姚市陆埠镇

陆埠镇是浙江省余姚市辖镇。位于市境南部，四明山北麓，姚江南岸，距市区20公里，旧名兰溪市，1992年5月撤陆埠镇、沿江乡、兰山乡一镇二乡建制，定名陆埠镇，2003年5月撤洪山乡建制再并入，是余姚市第一个建制镇和市中心镇。2003年扩镇后镇境域总面积118.87平方公里，人口4.86万。

陆埠镇是"中国水暖器材之乡"、"浙江省水暖器材工业专业区"。水暖行业发展于上世纪80年代初，1994年就建有江南水暖城，水龙头、花洒、软管等水暖产品销售量占全国15%～20%的市场份额，生产的软管、编织管更是占全国60%～80%的市场份额。此外，处浙东杭州湾南岸的慈溪市长河镇中国最为密聚的软管生产基地之一。处宁波南郊、象山港畔的奉化市江口也是全国主要的卫浴配件工业基地之一。

五、萧山区南阳镇

南阳位于杭州市萧山区东北部钱塘江口杭州湾南岸，行政面积（包括钱塘江水域）32.84平方公里，距杭州市、萧山区各20公里，萧山国际机场三公里，总人口3.7万人。

南阳镇是"中国淋浴房之乡"，目前有淋浴房企业20多家，其中的杭州福莱特塑料有限公司是中国目前为止中国淋浴房行业产量最大的企业之一，产品90%以上出口，是典型的外向型出口带动型企业。

六、玉环县

玉环是浙江省台州市下辖县，位于东南沿海黄金海岸线中段，县域总面积2279平方公里，其中陆域面积378平方公里，是全国13个海岛县之一。全县总人口40.66万。

玉环县2009年水暖阀门行业实现销售额203.38亿元，完成出口交货额13.65亿美元，占该县自营出口额的55.6%，是台州市机电行业中出口额最大的行业。先后被命名为“中国阀门之都”、“中国阀门出口生产基地”、“中国水暖、阀门精品生产（采购）基地”和“中国水龙头生产基地”，是浙江省阀门专业商标品牌基地。

在遭遇金融危机的寒流后，2009年，玉环水暖阀门企业纷纷苦练内功，通过开发新产品、创新工艺、内抓治理等有效措施，抢占国际国内市场。

2009年11月，中国水暖阀门城在玉环正式建成启用，同期入驻中国水暖阀门城共企业上百家。中国水暖阀门城的建成，为玉环县开拓国内、国际市场和外商采购提供了一个平台。

第十一章　2009年世界陶瓷砖生产消费发展报告

正如人们所见到的，受全球金融危机的影响，2008年是世界陶瓷砖工业发展第一次出现明显减速的一年，而2009年，整个行业的发展趋势显然更糟，几乎所有的数据都有一个负号（“-”）。2009年全球陶瓷砖产量由2008年的85.20亿平方米下降到85.15亿平方米，下降0.1%，相对2004~2007年期间的年增长6%~7%，2008年的增长3.2%，2009年是第一次出现实质性的下降。2009年全世界陶瓷砖消费达到84.60亿平方米，比2008年增长1.3%（2008年陶瓷砖消费是增长3.6%，此前五年的平均增长约8%）。但陶瓷砖出口受到了金融危机最严重打击，陶瓷砖的进出口数据近几年来一直在下滑，2007年增长2.4%，2008年增长0.47%，2009年从19.19亿平方米下降到17.35亿平方米，下降9.6%。

第一节　世界陶瓷砖生产制造

2009年世界陶瓷砖产量总量达85.15亿平方米①，相对2008年85.20亿平方米下降0.1%，

世界各地区陶瓷砖生产制造状况　　　　**表11-1**

地区	2009年（亿平方米）	占世界总量（%）	相对%（09/08）
欧盟（27国）	10.76	12.6	-24.8
欧洲其他区域（含土耳其）	3.95	4.6	-10.4
北美（含墨西哥）	2.52	3.0	0.0
中南美洲地区	8.96	10.5	-0.8
亚洲	55.42	65.1	7.1
非洲	3.47	4.1	11.9
大洋洲	0.07	0.1	-12.5
总量	85.15	100.0	-0.1

2009年全球陶瓷砖产量亚洲（增长7.1%）与非洲（增长11.9%）地区继续表现增长，其他地区产量下降。亚洲地区生产制造了55.42亿平方米陶瓷砖，比2008年增长了3.66亿平方米，占全世界总产量的65.1%。在整个亚洲地区，主要的陶瓷砖生产制造国的陶瓷砖产量大多有明显增加，如：中国产量增加2亿平方米②，印度增加1亿平方米，伊朗增加3000万平方米，越南增加2500万平方米，沙特增加1500万平方米，而其他国家大多维持了2008年的水平，仅日本与中国台湾地区的产量分别下降约800万平方米。非洲地区，由于埃及陶瓷砖产量的明显增长，陶瓷砖产量较2008年增长4000万平方米，埃及的陶瓷砖产业从20年前开始膨胀，几乎每年都有新厂投产。

---

① 这是认为2009年中国陶瓷砖的产量只有36亿平方米的结果，事实上中国建筑卫生陶瓷协会的统计数据是64.27亿平方米。

② 原文如此，显然与中国的实际情况不符，而且已经连续多年作者都是用每年增长2亿平方米。

美洲大陆的陶瓷砖产量保持基本稳定，中美与南美地区2009年产量8.96亿平方米，相对2008年减少700万平方米，下降0.8%。而北美（美国、加拿大和墨西哥）美国的增加与墨西哥的减少使总产量保持了2.52亿平方米的水平。

2009年欧洲陶瓷砖行业遭受了最严重的重创，整个欧洲陶瓷砖产量下降4亿平方米，欧盟（27国）陶瓷砖产量从14.3亿平方米下降到10.76亿平方米，减少了3.54亿平方米，下降24.8%。欧盟以外的欧洲地区，陶瓷砖产量由4.41亿平方米下降到3.95亿平方米，下降10.4%，产量减少4600万平方米。最惨重的是西班牙，产量减少1.71亿平方米，意大利减少4500万平方米，其他欧盟国家陶瓷砖产量的下降都在100~800万平方米之间，这样也使欧盟的陶瓷砖世界份额由原来的16.8%下降到12.6%。欧盟以外的欧洲地区的陶瓷砖产量下降主要集中在俄罗斯（减产3000万平方米）与土耳其（建产2000万平方米）。

2005~2009年世界陶瓷砖生产制造国（地区）前30强 **表11-2**

单位：百万平方米

国家（地区）	2005	2006	2007	2008	2009	占世界总量%	相对%（2009/2008）
1. 中国[1]	2500	3000	3200	3400	3600	42.3	5.9
2. 巴西	568	594	637	713	715	8.4	0.2
3. 印度	298	340	385	390	490	5.8	25.6
4. 意大利	570	569	559	513	368	4.3	-28.2
5. 伊朗	190	210	250	320	350	4.1	9.4
6. 西班牙	609	608	585	495	324	3.8	-34.5
7. 越南	176	199	254	270	295	3.5	9.3
8. 印尼	175	170	235	275	278	3.3	1.2
9. 土耳其	261	265	260	225	205	2.4	-8.9
10. 埃及	112	122	130	160	200	2.3	25.0
11. 墨西哥	196	210	215	205	200	2.3	-2.4
12. 泰国	138	139	130	130	128	1.5	-1.5
13. 俄罗斯	100	115	127	147	117	1.4	-20.4
14. 波兰	108	110	112	118	112	1.3	-5.1
15. 马来西亚	71	75	75	85	90	1.1	5.9
16. 阿联酋	68	75	76	77	77	0.9	0.0
17. 葡萄牙	72	74	74	74	70	0.8	-5.1
18. 阿根廷	48	54	60	60	56	0.7	-6.7
19. 沙特	20	22	34	40	55	0.6	37.5
20. 摩洛哥	44	47	50	51	54	0.6	4.9
21. 德国	62	64	67	59	51	0.6	-13.6
22. 哥伦比亚	40	44	48	50	50	0.6	0.0
23. 美国	61	58	51	45	50	0.6	10.4
24. 乌克兰	20	21	27	39	44	0.5	12.8
25. 韩国	46	44	42	39	42	0.5	9.6
26. 南非	33	37	38	38	32	0.4	-15.8
27. 中国台湾地区	53	54	54	40	32	0.4	-20.0

续表

国家（地区）	2005	2006	2007	2008	2009	占世界总量%	相对%（2009/2008）
28. 叙利亚	19	19	19	28	31	0.4	10.7
29. 阿尔及利亚	28	28	28	28	30	0.4	7.1
30. 委内瑞拉	26	28	30	32	30	0.4	-6.3
总量	6713	7395	7866	8145	8176	96.0	0.4
世界总量	7077	7760	8252	8520	8515	100.0	-0.1

[1]表中统计数据出自于 Paola Giacomini, World Production and Consumption of Ceramic Tiles, Ceramic World Review, 2010, (8-10), 52-68. 表中关于中国的数据与中国实际情况差别很大，此处将中国建筑卫生陶瓷协会的统计数据与原文的数据对比列出如下：

国家	2005 年	2006 年	2007 年	2008 年	2009 年
中国（建筑卫生陶瓷协会）	3500	4302	5010	5755	6427
中国（Paola Giacomini）	2500	3000	3200	3400	3600

第二节　世界陶瓷砖消费

世界各地区陶瓷砖消费状况　　表 11-3

地区	2009 年（亿平方米）	占世界消费（%）	相对%（2009/2008）
欧盟（27 国）	9.91	11.7	-18.8
欧洲其他区域（含土耳其）	4.18	4.9	-11.1
北美（含墨西哥）	3.6	4.3	-10.9
中南美洲地区	9.09	10.7	1.08
亚洲	52.73	62.3	8.2
非洲	4.72	5.6	10.0
大洋洲	0.37	0.4	-14.0
总量	84.60	100.0	+1.3

2009 年世界陶瓷砖消费从 2008 年的 83.50 平方米上升到 84.60 亿平方米，增长 1.3%，在过去的两年里，可能由于房地产的需求进一步增加，我们发现全球陶瓷砖产量与消费量越来越接近（在此前这两个数据之间的差别曾高达 4 亿平方米）。

各地区陶瓷砖消费的差异状况与其相应的生产状况极其相似，亚洲地区再次显示出强劲的需求增长，达 8.2%，总量达 52.73 亿平方米，占全球陶瓷砖消费的 62.3%，中国、印度、印尼、伊朗、沙特、马来西亚等国为这一消费增长贡献了较大的份额。非洲的陶瓷砖消费增长 10.0%，达 4.72 亿平方米；中南美洲陶瓷砖消费增长 1%，达 9.09 亿平方米；相反欧洲与北美的陶瓷砖消费下降，北美地区的陶瓷砖消费由 4.04 亿下降到 3.60 亿平方米，下降 10.9%，这实际上主要是美国与墨西哥的需求下降的直接结果，美国陶瓷砖消费 2009 年相对 2008 年减少 2800 万平方米，而此前的两年已经减少了 1.11 亿平方米，墨西哥 2009 年的陶瓷砖消费减少了 1300 万平方米，加拿大的陶瓷砖消费减少了 400 万平方米。欧盟 27 国的陶瓷砖消费直线下降，陶瓷砖总消费 9.91 亿平方米，相对 2008 年下降了 18.8%，减少 2.30 亿平方米，欧盟地区几乎所有的国家在 2009 年的陶瓷砖消费需求都在下降，而西班牙再次成为下降幅度最大的国家，减少了 8400 万平方米。2009 年欧盟以外的欧洲地区陶瓷砖消费 4.18 亿平方米，下降 11.1%，主要由于俄罗斯陶瓷砖消费需求下降近 5000 万平方米，其他国家基本保持了 2008 年的陶瓷砖消费水平。

2005～2009年世界陶瓷砖消费国前30强　　**表11－4**

单位：百万平方米

国家	2005	2006	2007	2008	2009	占世界总量%	相对%（2009/2008）
1. 中国[1]	2050	2450	2700	2830	3030	35.8	7.1
2. 巴西	443	484	535	605	645	7.6	6.5
3. 印度	303	350	397	403	494	5.8	22.6
4. 印尼	155	148	178	262	297	3.5	13.4
5. 伊朗	153	182	236	265	295	3.5	11.3
6. 越南	120	145	210	220	240	2.8	9.1
7. 埃及	93	103	105	140	180	2.1	28.6
8. 美国	304	308	248	197	197	2.0	－14.2
9. 沙特	90	100	110	136	166	2.0	22.1
10. 墨西哥	161	164	173	176	163	1.9	－7.2
11. 西班牙	303	319	314	240	156	1.8	－34.9
12. 意大利	192	199	199	176	146	1.7	－16.8
13. 俄罗斯	131	151	176	191	139	1.6	－27.3
14. 土耳其	169	179	161	129	138	1.6	6.5
15. 泰国	120	121	120	120	117	1.4	－2.5
16. 法国	130	120	129	128	113	1.3	－11.5
17. 德国	132	128	124	112	106	1.3	－4.8
18. 韩国	94	99	110	99	99	1.2	0.5
19. 波兰	101	102	100	103	93	1.1	－10.1
20. 阿联酋	70	80	81	96	77	0.9	－19.8
21. 马来西亚	52	45	53	50	69	0.8	38.0
22. 摩洛哥	49	52	56	60	66	0.8	9.2
23. 阿根廷	44	48	55	59	55	0.7	－6.8
24. 哥伦比亚	44	48	53	54	53	0.6	－1.9
25. 英国	72	75	75	66	50	0.6	－23.7
26. 葡萄牙	51	47	48	50	48	0.6	－2.8
27. 乌克兰	29	33	47	59	48	0.6	－18.6
28. 南非	44	48	50	50	43	0.5	－14.0
29. 阿尔及利亚	33	34	35	37	40	0.5	8.1
30. 菲律宾	30	33	37	38	40	0.5	5.3
总量	5762	6393	6914	7150	7374	87.2	3.1
世界总量	6750	7450	8060	8350	8460	100.0	1.3

[1]表中统计数据出自于Paola Giacomini，World Production and Consumption of Ceramic Tiles，Ceramic World Review，2010，（8－10），52－72. 表中关于中国的数据与中国实际情况差别很大，此处将中国建筑卫生陶瓷协会的统计数据与原文的数据对比列出如下：

国　家	2005年	2006年	2007年	2008年	2009年
中国（建筑卫生陶瓷协会）	3079	3758	4420	5084	55.04
中国（Paola Giacomini）	2050	2450	2700	2830	3030

比较过去数年世界各大洲陶瓷砖生产制造与消费的数据，不难发现生产与消费的数据彼此越来越接近，无疑表明生产越来越靠近消费区域，就是说市场区域化的趋势越来越明显。亚洲陶瓷砖产量占全世界的65%，陶瓷砖消费占世界的62%，欧洲（欧盟+非欧盟）这两个数据分别为17.3%与16.6%，美洲是14%与15%，非洲是4%与5.6%。

第三节　世界陶瓷砖出口

由于全球金融危机的作用，世界各国陶瓷砖出口都受到了严重的影响，唯有例外是亚洲地区，虽然较以前的出口增长下降了许多。2009年全球陶瓷砖出口17.35亿平方米，较2008年减少了1.84亿平方米，下降了9.6%，回到了2005年的水平。欧盟的陶瓷砖出口6.6亿平方米，下降19.3%，比2008年减少了1.58亿平方米，主要是意大利减少7400万平方米，西班牙减少7000万平方米。欧盟以外的欧洲地区出口从1.28亿平方米下降到9600万平方米，下降25%。中南美洲从1.16亿平方米下降到9200万平方米，下降20.7%。北美洲从6700万平方米下降到5600万平方米，下降16.4%。非洲从3600万平方米下降到3300万平方米，下降8.3%。亚洲出现增长，从7.53亿平方米增长到7.97亿平方米，增长5.8%。

世界各地区陶瓷砖出口状况　　**表11－5**

地区	2009年（亿平方米）	占世界消费（%）	相对%（2009/2008）
欧盟（27国）	6.6	7.8	－19.3
欧洲其他区域（含土耳其）	0.96	1.1	－25.0
北美（含墨西哥）	0.56	0.7	－16.4
中南美洲地区	0.92	1.1	－20.7
亚洲	7.97	9.4	5.8
非洲	0.33	0.4	－8.3
大洋洲	0.01	0.0	—
总量	17.35	23.2	－9.6

每年全世界的陶瓷砖进出口总量的份额都在下降。从2002年进出口总量占总产量的26%，到2007年的24%，2008年的23.2%，2009年20.5%。2009年全球陶瓷砖贸易整体是：国内市场销售占79.5%，国际贸易（进出口）占20.5%。

2005～2009年世界陶瓷砖出口国前15强　　**表11－6**

单位：百万平方米

国家	2005	2006	2007	2008	2009	占世界总量%	占世界出口总量%	相对%（2009/2008）
1. 中国[1]	342	450	500	570	584	6.9	33.7	2.5
2. 意大利	390	396	379	355	281	3.3	16.2	－20.9
3. 西班牙	341	336	333	306	235	2.8	13.6	－23.0
4. 土耳其	97	93	104	92	67	0.8	3.9	－26.8
5. 巴西	114	115	102	81	61	0.7	3.5	－20.3
6. 墨西哥	46	55	56	62	51	0.6	2.9	－18.3

续表

国家	2005	2006	2007	2008	2009	占世界总量 %	占世界出口总量%	相对%（2009/2008）
7. 伊朗	14	19	17	27	40	0. 5	2. 3	48. 9
8. 泰国	25	27	25	25	36	0. 4	2. 1	44. 0
9. 波兰	19	21	30	34	35	0. 4	2. 0	3. 2
10. 葡萄牙	34	36	37	37	32	0. 4	1. 9	－12. 1
11. 阿联酋	25	32	38	34	31	0. 4	1. 8	－8. 8
12. 越南	12	15	25	25	28	0. 3	1. 6	12. 0
13. 埃及	16	17	22	23	23	0. 3	1. 3	0. 0
14. 马来西亚	18	22	18	23	23	0. 3	1. 3	0. 0
15. 德国	21	24	26	28	23	0. 3	1. 3	－17. 1
总量	1514	1657	1712	1722	1550	18. 3	89. 4	－9. 9
世界总量	1715	1865	1910	1919	1735	20. 5	100. 0	－9. 6

[1]表中统计数据出自于 Paola Giacomini, World Production and Consumption of Ceramic Tiles, Ceramic World Review, 2010,（8－10）, 52－72. 表中关于中国的数据与中国实际情况差别很大，此处将中国建筑卫生陶瓷协会的统计数据与原文的数据对比列出如下：

国　家	2005 年	2006 年	2007 年	2008 年	2009 年
中国（建筑卫生陶瓷协会）	421	544	590	671	685
中国（Paola Giacomini）	342	450	500	570	584

第四节　中国

中国是世界最大的陶瓷砖生产制造国、消费国及出口国。由于不同途径来源的数据差别很大，准确的中国陶瓷砖产量总是一个问题。估计中国的产量在 36 亿平方米左右，而一些协会认为已经达到 60 亿平方米。虽然遇到金融危机的短暂影响，由于巨大的国内需求驱动，中国陶瓷砖产量保持持续增长。受世界需求下降的影响，估计中国陶瓷砖出口增长 1400 万平方米，增长 2. 5%。由中国海关部门提供的数据（由中国陶瓷砖主要出口目的国的数据加和）有所不同，2009 年的陶瓷砖的出口总量是 6. 86 亿平方米，相对 2008 年中国陶瓷砖的出口是 6. 7 亿平方米。中国陶瓷砖的主要出口市场是亚洲与非洲，沙特是中国的第一大出口国，2009 年仍然保持着增长，达到 6700 万平方米，而中国的第二、第三出口地阿联酋、韩国都出现出口量下跌，出口阿联酋的陶瓷砖从 4100 万平方米下降到 3700 万平方米，出口韩国从 3350 平方米下降到 2980 万平方米，中国出口美国的陶瓷砖稳定在 2008 年的水平，达到 2800 万平方米。

中国陶瓷砖出口市场排名（单位：百万平方米）　　**表 11－7**

国家	2008 年	2009 年
1. 沙特	56. 7	66. 8
2. 阿联酋	41. 2	37. 4
3. 韩国	33. 5	29. 8

续表

国家	2008 年	2009 年
4. 新加坡	26.7	28.6
5. 美国	27.6	28.1
6. 尼日利亚	21.4	22.0
7. 马来西亚	12.1	21.7
8. 菲律宾	16.2	20.4
9. 泰国	15.4	19.4
10. 中国香港	15.9	18.5
11. 科威特	15.7	15.7
12. 澳大利亚	14.9	15.4
13. 印度	22.2	13.6
14. 南非	10.4	13.1
15. 越南	10.0	11.7
16. 巴西	10.0	11.6
17. 加纳	13.9	10.9
18. 柬埔寨	11.2	9.1
19. 墨西哥	11.2	8.6
20. 巴基斯坦	13.0	8.5
21. 德国	5.6	8.1
22. 以色列	7.4	8.0
23. 哥伦比亚	7.9	7.9
24. 加拿大	6.6	7.2
25. 哈萨克斯坦	5.8	7.1

第五节 巴西

巴西 2009 年继续维持着世界第二大陶瓷砖生产国、第二大陶瓷砖消费国及第五大陶瓷砖出口国的地位，巴西的陶瓷砖生产制造保持连续 20 年的稳定增长，2009 年的陶瓷砖产量与 2008 年基本持平，达到 7.15 亿平方米，增长 0.2%。其中国内市场消费增长 6.5%，达 6.45 亿平方米。另一方面出口持续下跌，2009 年从 8100 万平方米下跌到 6100 万平方米，下跌 25.4%，这已是巴西陶瓷砖出口连续第三年下降。在 2009 年陶瓷砖出口减少的 2000 万平方米中，阿根廷 700 万平方米，智利 400 万平方米及美国 500 万平方米。相关机构 2010 年的预测表示巴西国内的陶瓷砖消费将继续增长，预计生产制造与消费将增长 8% ~9%，而出口将有所恢复，增长 3%。

巴西陶瓷砖出口市场排名（单位：百万平方米）　　表 11－8

国　家	2007 年	2008 年	2009 年
1. 美国	26.0	15.3	10.3
2. 巴拉圭	6.2	7.8	6.8
3. 多米尼加	5.1	2.8	5.3
4. 阿根廷	10.1	10.9	3.9
5. 乌拉圭	—	2.3	2.6
6. 特立尼达和多巴哥	—	1.8	2.3
7. 智利	6.1	6.5	2.1
8. 安哥拉	—	1.7	2.0
9. 牙买加	2.5	2.0	1.8
10. 秘鲁	2.8	1.2	1.3

第六节　意大利

2008 年意大利、西班牙对各地区的陶瓷砖出口比例　　表 11－9

	欧洲	美洲	亚洲	非洲	大洋洲	
意大利						
出口额：	74.6%	13.8%	8.4%	1.8%	1.4%	100%（=32.55 亿欧元，下降 19.5%）
出口量：	73.6%	13.7%	8.2%	3.2%	1.3%	100%（=2.81 亿平方米，下降 20.9%）
西班牙						
出口额：	61.3%	9.1%	18.8%	10.0%	0.8%	100%（=16.73 亿欧元，下降 24.3%）
出口量：	50.9%	8.9%	24.8%	14.8%	0.6%	100%（=2.354 亿平方米，下降 23.0%）

在 2009 年，意大利将其世界第三大陶瓷砖制造国的地位让给了印度，而排名第四。陶瓷砖生产制造继续下跌，从 5.125 亿平方米下跌到 3.68 亿平方米，较 2008 年下降 28.2%，销售总量从 5.06 亿平方米下降到 4.08 亿平方米，下降 19.3%，其中意大利本土销售 1.28 亿平方米，相对 2008 年下降 19.3%，海外出口 2.81 亿平方米，相对 2008 年 3.55 亿平方米下降 20.9%，尽管这些数据是显示各方面大幅下降，事实表明意大利仍然是世界第二大陶瓷砖出口国。

意大利陶瓷砖出口在主要国家都是负增长，导致出口全面大幅度下滑，其中最重要的是美国市场 2009 年销售减少 1350 万平方米，下降 33%；法国减少 700 万平方米，下降 12.6%；希腊减少 600 万平方米，下降 33%；俄罗斯减少 300 万平方米，减少 44.6%；2009 年意大利陶瓷砖销售值下降到 45.08 亿欧元，相对 2008 年下降 18.3%，其中出口下降 19.5%，出口值达 32.55 亿欧元。到 2009 年底，意大利共有 181 家陶瓷砖公司，比 2008 年减少了 14 家。

意大利保持着世界陶瓷砖行业制造国际化的最高水平，9 家意大利陶瓷砖集团完全控制或部分控制着遍布海外的 19 家陶瓷砖公司（编者注：2008 年的报告称在海外拥有 32 家工厂），这些地方是：美国、葡萄牙、西班牙、法国、德国、瑞典、芬兰、波兰、乌克兰和俄罗斯。2009 年意大利陶瓷砖海外制造达 1.087 亿平方米（比 2008 年下降 14%）、销售总量达 1.18 亿平方米及销售总额达 8.76 亿欧元（下降 13%）。

意大利陶瓷砖出口市场排名（单位：百万平方米）　　表 11－10

国家	2008 年	2009 年
1. 法国	56.9	49.7
2. 德国	41.3	39.6
3. 美国	40.8	27.3
4. 希腊	18.7	12.5
5. 奥地利	10.4	9.9
6. 比利时	10.4	9.2
7. 加拿大	8.5	7.4
8. 瑞士	7.8	7.4
9. 英国	8.7	6.5
10. 荷兰	6.5	5.4
11. 克罗地亚	6.3	5.1
12. 沙特	6.8	4.9
13. 罗马尼亚	5.8	4.5
14. 瑞典	5.1	4.4
15. 匈牙利	6.0	4.3
16. 波兰	5.5	3.7
17. 俄罗斯	6.3	3.5
18. 斯洛文尼亚	4.1	3.2
19. 丹麦	4.5	3.1
20. 以色列	2.9	3.1
21. 捷克	3.5	3.0
22. 芬兰	3.5	2.7
23. 西班牙	4.7	2.6
24. 保加利亚	3.3	2.0
25. 澳大利亚	3.0	2.0

第七节　西班牙

2009 年西班牙陶瓷砖遭遇了最严重的创伤，生产制造下降了 34.5%，从 4.952 亿平方米下降到 3.24 亿平方米；消费下降了 34.96%，从 2.4 亿下降至 1.56 亿平方米；出口下降了 23%，从 3.06 亿下降至 2.35 亿平方米。结果生产制造跌至第 6 位，消费跌至第 11 位，出口维持在第 3 位的水平。总销售达 3.824 亿平方米（含消耗了部分库存），下降 28%；总销售额达 25.91 亿欧元，下降 29.4%；其中出口贡献 16.73 亿欧元，下降 24.3%。在几乎所有的主要海外市场都出现了销售下跌，其中最主要的是俄罗斯、罗马尼亚和希腊，不同的是西班牙陶瓷砖出口在中东（沙特、以色列、伊拉克和黎巴嫩）和非洲（摩洛哥与利比亚）出现增长。西班牙陶瓷砖在欧洲之外的出口一直保持着较高的增长，2009 年进一步增长了 49% 的出口量与 39% 的出口值。

西班牙陶瓷砖出口市场排名（单位：百万平方米）　　表11-11

国家	2008年	2009年
1. 法国	26.8	24.5
2. 沙特	16.8	18.7
3. 英国	16.5	12.7
4. 以色列	8.7	9.2
5. 美国	11.4	7.5
6. 希腊	12.8	7.3
7. 俄罗斯	13.9	7.1
8. 葡萄牙	10.2	7.0
9. 意大利	9.4	6.9
10. 德国	7.4	6.4
11. 阿尔巴尼亚	7.1	6.2
12. 摩洛哥	5.2	5.8
13. 阿尔及利亚	5.7	5.6
14. 尼日利亚	6.8	5.0
15. 阿联酋	7.2	5.0
16. 罗马尼亚	14.5	4.7
17. 约旦	5.1	4.1
18. 利比亚	3.2	4.1
19. 波兰	4.8	3.5
20. 荷兰	4.4	3.2
21. 科威特	5.6	2.9
22. 比利时	3.3	2.9
23. 爱尔兰	4.3	2.7
24. 黎巴嫩	2.0	2.5
25. 伊拉克	0.9	2.4

第八节　印度

2009年印度陶瓷砖产量从3.90亿平方米增长到4.90亿平方米，增长25.6%。印度目前成为世界第三大陶瓷砖生产制造国并维持了世界第三大消费国的地位。在2009～2010年间莫尔比邦（Morbi）与古吉拉特邦（Gujarat）约有40个新陶瓷厂在建，折射了印度次大陆经济增长，而另外还有2011年新厂在计划中。现在印度的陶瓷砖生产能力已经超过5.5亿平方米，印度建筑卫生陶瓷制造商协会（ICCTAS）预测印度陶瓷砖产业在2010年将进一步增长，整个进出口都维持在变化不大的范围，2009 年出口 1300 万平方米，进口从 2400 万平方米下降到 1700 万平方米，但有意思的是几乎都是来自中国的陶瓷砖。

第九节　伊朗、越南和印尼

伊朗、越南和印尼的陶瓷砖产量持续增长，2009 年成为世界陶瓷砖生产制造大国，三国分别排名第五、第七、第八大陶瓷砖生产制造国。伊朗已达 3.5 亿平方米，增长 9.4%；越南 2.95 亿平方米，增长 9.3%；印尼 2.78 亿平方米，增长 1.2%，三个国家中唯有印尼基本保持了 2008 年的陶瓷砖产量。这些国家的一个共同点就是陶瓷砖产量的增长与国内需求的增长是同步的。印尼是世界第四大陶瓷砖消费国，2009 年消费 2.97 亿平方米，比 2008 年增长 13.4%；伊朗是世界第五大陶瓷砖消费国，2009 年消费 2.95 亿平方米，比 2008 年增长 11.3%；越南是世界第六大陶瓷砖消费国，2009 年消费 2.4 亿平方米，比 2008 年增长 9.1%，尽管产量不可避免地仍有 4000 万平方米的过剩。伊朗与越南还列入了世界陶瓷砖出口国 15 强之列，2009 年分别出口 4000 万及 2800 万平方米，反而印尼出口下降到 1900 万平方米。

第十节　土耳其

尽管土耳其的陶瓷砖出口进一步下降从 2008 年的 9200 万平方米下降到 2009 年的 6700 万平方米，下降 26.8%，但土耳其仍是世界第四大陶瓷砖出口国。在 2008 年国内销售急剧下降之后，2009 年国内市场开始恢复，国内市场消费达到 1.377 亿平方米，增长 6.5%。土耳其拥有 3.6 亿平方米陶瓷砖的生产能力，但 2009 年陶瓷产量仅为 2.05 亿平方米，下降了 2000 万平方米。土耳其陶瓷砖出口几乎在所有海外市场都出现大幅下降，仅利比亚与中东（包括伊拉克）一些国家例外，这些国家都没有进入土耳其十大出口市场。土耳其陶瓷砖的平均售价在 2009 年增加了 5%，达每平方米 6 美元。

土耳其出口市场排名（单位：百万平方米）　　**表 11－12**

国家	2007 年	2008 年	2009 年
1. 以色列	10.8	10.5	9.0
2. 英国	11.3	10.5	8.3
3. 德国	7.4	7.5	6.7
4. 格鲁吉亚	8.0	6.1	4.9
5. 加拿大	7.9	6.2	4.4
6. 阿塞拜疆	4.9	5.2	4.0
7. 法国	5.5	4.0	3.2
8. 罗马尼亚	4.7	6.3	3.2
9. 希腊	6.2	4.8	3.1
10. 美国	5.6	3.5	1.8

第十一节　世界陶瓷砖进口与消费

2005～2009年世界陶瓷砖进口国前20强　　**表11－13**

（单位：百万平方米）

国家	2005	2006	2007	2008	2009	占国内总消费%	占世界进口总量%	相对%（2009/2008）
1. 美国	245	254	202	157	124	73.3	7.1	－20.9
2. 沙特	80	89	77	99	116	69.9	6.7	17.2
3. 法国	110	110	110	112	101	89.0	5.8	－10.2
4. 德国	90	87	83	80	78	73.4	4.5	－2.5
5. 韩国	51	54	66	59	55	55.1	3.2	－7.8
6. 阿联酋	35	51	43	55	45	58.4	2.6	－17.4
7. 英国	64	66	67	58	43	86.0	2.5	－25.9
8. 伊拉克	2	3	10	23	40	100.0	2.3	76.0
9. 以色列	29	26	30	30	30	90.9	1.7	0.0
10. 俄罗斯	35	42	47	54	30	21.5	1.7	－44.8
11. 希腊	42	43	51	44	30	79.7	1.7	－33.0
12. 尼日利亚	19	27	22	30	29	100.0	1.7	－3.3
13. 泰国	22	20	22	25	28	23.9	1.6	12.0
14. 澳大利亚	32	31	34	33	28	79.7	1.6	－15.9
15. 加拿大	32	33	35	30	27	97.8	1.6	－10.0
16. 比利时	22	23	28	26	25	97.3	1.5	－3.1
17. 罗马尼亚	27	28	33	35	22	62.9	1.3	－36.4
18. 菲律宾	9	11	15	16	21	52.5	1.2	35.5
19. 科威特	19	18	16	23	19	96.5	1.1	－16.1
20. 意大利	22	28	31	25	19	13.0	1.1	－23.4
总量	985	1043	1020	1012	910	60.5	52.4	－9.5
世界总量	1715	1855	1910	1919	1735	20.5	100.0	－9.6

2009年美国仍然是世界陶瓷砖第一大进口国，尽管美国陶瓷砖进口持续进一步下降，三年的时间陶瓷砖进口减少了一半，现在又从2008年的1.566亿平方米下降到2009年的1.239亿平方米，下降20.9%。美国陶瓷砖进口的下降实质上是国内需求的下降，从1.97亿平方米下降到1.69亿平方米，下降14.2%，同时全国产量还从4500万平方米增长到5000万平方米。除了哥伦比亚、泰国，几乎所有的出口美国陶瓷砖的主要国家都遭受了不同程度的创伤，墨西哥保持着美国陶瓷砖的第一大供应国，3480万平方米，相对2008年下降10.8%；中国紧随其后，代替意大利成为第二大供应国，2720万平方米，下降5.2%；意大利第三大供应国从3600万下降到2200万平方米（美国商务部数据，尽管来自意大利陶瓷协会的数据是2009年出口美国是2730万平方米，2008年是4080万平方米）。如果说到进口金额则又是另一回事，意大利陶瓷砖的平均售价是每平方米16.1美元，意大利陶瓷砖出口美国总金额达3.5亿美元（FOB），绝对处于出口总额第一，墨西哥陶瓷砖出口美国总金额1.91亿美元（平均单价5.5美元）；中国陶瓷砖出口美国总金额1.54亿美元（平均单价5.7美元）。

美国陶瓷砖消费与进口（单位：百万平方米） 表 11－14

总消费	169.1		
国内产品	45.5		
进口产品	123.9		
主要进口国	2007	2008	2009
1. 墨西哥	40.9	39.0	34.8
2. 中国	32.7	28.7	27.2
3. 意大利	48.7	35.8	21.8
4. 巴西	27.7	15.2	10.0
5. 泰国	6.2	5.8	7.3
6. 西班牙	19.8	11.4	7.1
7. 哥伦比亚	3.9	4.5	5.3
8. 土耳其	6.5	4.4	2.5
9. 秘鲁	2.2	2.5	2.3
10. 阿根廷	2.9	2.1	1.5

法国陶瓷砖消费与进口（单位：百万平方米） 表 11－15

总消费	113.0		
国内产品	16.7		
进口产品	100.6		
主要进口国	2007	2008	2009
1. 意大利	58.9	56.9	49.7
2. 西班牙	28.0	26.8	24.5
3. 葡萄牙	12.0	11.9	11.8
4. 土耳其	3.0	4.0	3.2
5. 德国	3.4	3.0	2.8
6. 中国	0.8	2.8	2.6
7. 阿联酋	0.5	1.3	1.0
8. 捷克	没有记录	0.8	1.0
9. 突尼斯	0.5	1.3	0.7
10. 巴西	0.9	0.5	0.5

德国陶瓷砖消费与进口（单位：百万平方米） 表 11－16

总消费	106.2		
国内产品	28.2		
进口产品	78.0		
主要进口国	2007	2008	2009
1. 意大利	44.9	41.3	39.6
2. 中国	5.7	7.3	8.2
3. 西班牙	8.5	7.4	6.4

续表

4. 捷克	4.9	5.8	6.3
5. 土耳其	6.9	6.2	5.9
6. 法国	5.6	4.9	3.9
7. 阿联酋	1.9	3.8	3.8
8. 波兰	0.3	0.8	2.3
9. 葡萄牙	1.4	1.2	1.3

英国陶瓷砖消费与进口（单位：百万平方米）　　**表 11-17**

总消费		50.0	
国内产品		7.0	
进口产品		43.0	
主要进口国	2007	2008	2009
1. 西班牙	19.9	16.5	12.7
2. 土耳其	11.3	10.5	8.3
3. 中国	6.8	6.7	7.0
4. 意大利	10.5	8.7	6.5
5. 保加利亚	没有记录	没有记录	1.8
6. 葡萄牙	1.9	2.0	1.5
7. 马来西亚	没有记录	没有记录	1.4
8. 巴西	1.9	2.0	1.3
9. 德国	没有记录	没有记录	0.5

沙特2009年的陶瓷砖进口进一步增加，从2008年进口9900万平方米陶瓷砖增加到1.16亿平方米（增长17.2%），成为陶瓷砖第二大进口国。超过一半产品（6680万平方米）来自中国（沙特是中国陶瓷砖的第一大出口市场）；西班牙出口沙特1870万平方米陶瓷砖，是对沙特第二大出口国。沙特陶瓷砖进口的增长主要原因是国内需求的增长，从2005年至2009年连续不间断国内需求增长，使2009年国内消费达1.66亿平方米，相对2008年增长22%。国内需求的增长，也使沙特国内的陶瓷砖工业快速发展，当地产量也由4000万平方米增长到5500万平方米，增长37.5%，沙特最大的陶瓷砖生产企业沙特陶瓷（Saudi Ceramics）产量已达3500万平方米；而新陶瓷砖企业Future陶瓷与Alfanard的产能分别达到年产1300万平方米和年产380万平方米。

20强陶瓷砖进口国进口的总量达9.1亿平方米，相当于世界陶瓷砖进出口的52.4%，世界陶瓷砖消费的10.8%，相关数据表格已经首次表明各国陶瓷砖消费与进口的一致性。俄罗斯、泰国和意大利属于例外，在二十个主要陶瓷砖进口国中，17个国家的本土陶瓷砖消费的一半以上来自于进口，6个国家的进口超过了国内消费的90%。

【注】整个第十一章的主要内容是根据文章“World Production and Consumption of Ceramic Tiles”（Paola Giacomini，《Ceramic World Review，2010，[8-10]，52-72》）编译而成，各章节有所调整安排，章节标题由编译者加。文章中关于中国的数据与中国实际情况差别很大，为了文章内容的连贯没有一一说明，有些地方作了必要的注释。

第十二章　数据库

一、建筑陶瓷产区主要生产企业

产区			单位名称	地址
广东	佛山	政府部门	佛山市人民政府	佛山市禅城区岭南大道原大福路14号
			佛山市禅城区经济促进局	佛山市季华五路18号经华大厦35字楼
			佛山市陶瓷行业协会	佛山市禅城区江湾三路2号中国陶瓷城4楼
			佛山市石湾镇街道办	佛山市禅城区海滨东路
			南庄镇政府	佛山市禅城区解放路53号
		主要生产企业	佛山市三水博德精工建材有限公司	佛山市三水区芦苞四联
			广东强辉陶瓷有限公司	佛山市禅城区紫南工业园
			佛山市特地陶瓷有限公司	佛山市季华四路33号佛山创意园产业区2号楼
			广东东鹏陶瓷股份有限公司	佛山市禅城区江湾三路8号东鹏大厦
			佛山市三水新明珠建陶工业有限公司	佛山市三水区白坭镇中部工业开发区
			佛山市三水惠万家陶瓷有限公司	佛山市禅城区南庄镇华夏陶瓷博览城
			广东宏陶陶瓷有限公司	佛山市禅城区季华三路
			广东能强陶瓷有限公司	佛山市禅城区南庄镇贺丰工业区
			广东欧文莱陶瓷有限公司	佛山市三水河口工业
			佛山市金舵陶瓷有限公司	佛山市禅城区华夏陶瓷博览城陶博一路十二座
			佛山市新东龙陶瓷有限公司	佛山市禅城区张槎大江路218号
			佛山欧神诺陶瓷股份有限公司	佛山市三水区乐平镇范湖工业区
			广东金牌陶瓷有限公司	佛山市禅城区石湾宝塔路27号3楼
			佛山市三水宏源陶瓷企业有限公司	佛山市季华三路71号
			广东蒙娜丽莎陶瓷有限公司	佛山市南海区西樵旅游度假区工业区
			佛山石湾鹰牌陶瓷有限公司	佛山市禅城区大江路
			佛山红狮陶瓷有限公司	佛山市石湾东风路17号
			佛山新中源陶瓷有限公司	佛山市季华六路美食长廊1号楼1－3号铺
			佛山市溶洲建筑陶瓷二厂有限公司	佛山市禅城区南庄镇南庄大道东
			佛山市石湾裕龙陶瓷有限公司	佛山市禅城区张槎大江乡
			佛山市双喜陶瓷有限公司	佛山市禅城区南庄杏头工业区
			广东兴辉陶瓷集团有限公司	佛山市禅城区中国陶瓷产业总部基地西区A座A栋01
			爱和陶（广东）陶瓷有限公司	佛山市南海区狮山镇官窑大榄工业开发区
			佛山市三水华纳陶瓷有限公司	佛山市禅城区华夏陶瓷城会展一环路二座3号
			佛山市三水威特精工建材有限公司	佛山市禅城区南庄镇华夏陶瓷博览城会展二路5－2号
			佛山市荣冠玻璃建材有限公司	佛山市三水区白坭镇白金大道中段

续表

产区			单位名称	地址
广东	佛山	主要生产企业	佛山市冠珠陶瓷有限公司	佛山市禅城区南庄镇华夏陶瓷博览城新明珠大厦
			佛山市萨米特陶瓷有限公司	佛山市禅城区南庄镇华夏陶瓷博览城
			佛山市禅城区格莱斯陶瓷有限公司	佛山市禅城区南庄镇南庄大道1号
			佛山高明顺成陶瓷有限公司	佛山市禅城区南庄华厦陶瓷博览城
			佛山市高明贝斯特陶瓷有限公司	佛山市华夏陶瓷博览城
			佛山市维尔达陶瓷有限公司	佛山市禅城区河滘工业区
			佛山市居之美陶瓷有限公司	佛山市禅城区南庄镇贺丰工业区
			佛山市粤祥陶瓷有限公司	佛山市禅城区南庄镇杏头工业区
			佛山市亮剑陶瓷有限公司	佛山市禅城区南庄贺丰工业大道
			佛山市登科陶瓷有限公司	佛山市南庄镇
			佛山市乐华陶瓷有限公司	佛山市石湾区张槎镇海口
			佛山市奥特玛陶瓷有限公司	佛山市禅城区季华三路奥特玛瓷旋宫
			佛山市盛丰陶瓷有限公司	佛山市华夏陶瓷博览城会展三环路5座
			佛山市欧宇陶瓷有限公司	佛山市禅城区南庄堤田工业开发区
			佛山市高明区新粤丰陶瓷厂	佛山市高明区更楼镇新圩街
			广东新润成陶瓷有限公司	佛山市南海区西樵镇崇北工业区
			佛山市利华陶瓷有限公司	佛山市华夏陶瓷博览城仓储二路二座44－48号
			佛山市天纬陶瓷有限公司	佛山市禅城区华夏陶瓷博览城陶博大道20座恒发楼1楼
			佛山市澳林精工陶瓷有限公司	佛山市南海区西樵河岗工业园
			佛山市新联发陶瓷有限公司	佛山市西樵镇联新工业区
			佛山市和美陶瓷有限公司	佛山市禅城区南庄镇华夏陶瓷博览城陶南路1座
		主要机械装备企业	广东科达机电股份有限公司	佛山市顺德区陈村镇广隆工业园环镇西路1号
			佛山市摩德娜机械有限公司	佛山市南海区狮山镇小塘三环西工业区
			佛山市陶瓷研究所＆金刚企业集团	佛山市石湾榴苑路18号
			佛山市中窑窑业发展有限公司省	佛山市南海罗村下柏工业区
			佛山市光华陶瓷设备有限公司	佛山市南海区小塘镇新境工业区
			广东奔朗新材料股份有限公司	佛山市顺德区陈村镇广隆工业园兴业八路七号
			广东一鼎科技有限公司	佛山市禅城区南庄镇罗南工业区
			佛山中鹏机械有限公司	佛山市南海区金沙五金产业基地南区
			佛山恒力泰机械有限公司	佛山市禅城区石湾镇中二路12号
			佛山市科利得机械有限公司	佛山市禅城区南庄镇吉利工业园新源二路23号
			亚洲陶瓷机械实业有限公司	佛山市同济西路12号永丰大厦A座2306室
			佛山市新鹏陶瓷机械有限公司	佛山市汾江南路162号创业大厦1808室
			佛山市新景泰陶瓷机械有限公司	佛山市魁奇西路宝利莱陶瓷配件城B座
			佛山市新瓷窑炉有限公司	佛山市江湾一路十九号东座七楼
			佛山市希望陶瓷机械设备有限公司	佛山市江湾一路29号兴业大厦101
			佛山市清华节能窑炉有限公司	佛山市三水乐平高新科技工业园
			佛山市美嘉陶瓷设备有限公司	佛山市禅城区国家高新技术开发区朗宝西路59号

续表

产区			单位名称	地址
广东	佛山	色釉料生产企业	广东道氏标准制釉股份有限公司	佛山市季华四路意美家卫浴陶瓷世界30栋二楼
			广东三水大鸿制釉有限公司	佛山市三水区大塘镇大布沙工业区
			佛山市大宇新型材料有限公司	佛山市城南园工业村
			湖南金环颜料有限公司	湘潭市岳塘区滴水埠板竹路18号
			康立泰无机化工有限公司	佛山市禅城区雾岗路88号二楼
			正大制釉有限公司	佛山市禅城区季华西路中国陶瓷产业总部基地中区B05幢
			佛山市三水精博硅酸盐精细材料有限公司	佛山市狮山中恒海晖城19幢2502－03室
			佛山市大千色釉料有限公司	佛山市禅城区魁奇西路宝利莱陶机城B座二层15号
			佛山市中冠陶瓷釉料有限公司	佛山市禅城区石湾和平路1号华苑大楼二楼
			广东万兴无机颜料股份有限公司	佛山市里水镇里横路
			佛山市科捷制釉有限公司广东	佛山市澜石港口路高新区工业村4号综合楼3楼
		建材市场	中国陶瓷城	佛山市禅城区江湾三路2号
			瓷海国际·佛山陶瓷交易中心	佛山市禅城区南庄镇季华西路168号季华大桥南侧
			意美家卫浴陶瓷世界	中国广东省佛山市禅城区季华四路
			中国陶瓷产业总部基地	中国广东省佛山市季华西路与南庄紫洞路交汇处
			中国马赛克城	佛山市禅城区石湾宝塔路9号
			华夏陶瓷博览城	佛山市南海区陶博一路
	肇庆	政府部门	肇庆市人民政府	肇庆市端州区城中路49号
			肇庆市高新区招商局	肇庆市高新区第二行政区知青路18号
			肇庆市经济贸易局	肇庆市城中路49号
			高要市金陶工业园开发建设有限公司	高要市高要市金淘工业园
		主要生产企业	高要市将军陶瓷有限公司	高要市白土镇宋隆工业园
			哈伊马角陶瓷有限公司	肇庆市马安天资工业园
			特高特陶瓷有限公司	肇庆市金淘工业园
			肇庆市瑞朗陶瓷有限公司	肇庆市金利镇圩镇社区居委会
			肇庆市来德利陶瓷有限公司	肇庆市金利镇金淘工业园
			新明珠萨米特禄步工业园	高要市萨米特禄布工业园
			广东肇庆市佳陶陶瓷有限公司	肇庆市金利镇金淘工业园
			肇庆市纯一陶瓷有限公司	高要市金利金陶工业园
			肇庆市圣晖陶瓷有限公司	高要市金利镇金陶工业园
			雪狼陶瓷有限公司	高要市白土镇宋隆工业园
			肇庆市中恒陶瓷有限公司	肇庆市高要市金利镇金陶工业园
			肇庆市协进陶瓷有限公司	肇庆市鼎湖区永安镇贝水开发区
			肇庆市国美陶瓷有限公司	肇庆市鼎湖区永安镇
			新时代陶瓷公司	肇庆市高要白土镇南马工业区

续表

产区			单位名称	地址
广东	清远	政府部门	清新县人民政府	清远市清新县府前路
			清新县招商局	清远市笔架路3号2楼
			清远市对外贸易经济合作局	清远市人民二路七号市机关办公大楼4号楼
		主要生产企业	东鹏陶瓷（清远）有限公司	清远市源潭镇陶瓷工业城2期2号区
			清远欧雅陶瓷有限公司	清远市源潭镇陶瓷工业城
			广东家美陶瓷有限公司	清远市源潭镇陶瓷工业城
			广东清远蒙娜丽莎建陶有限公司	清远市源潭镇陶瓷工业城
			南方建材卫浴有限公司（新中源）	清远市源潭镇陶瓷工业城
			宏威陶瓷有限公司	清远市源潭镇陶瓷工业城
			新陶星陶瓷有限公司	清远市源潭镇陶瓷工业城
			蓝谷陶瓷有限公司	清远市源潭镇陶瓷工业城
			广东天弼陶瓷有限公司	清远市源潭镇陶瓷工业城
			圣利达陶瓷有限公司	清远市源潭镇陶瓷工业城
			兴华陶瓷有限公司	清远市源潭镇陶瓷工业城
	江门（恩平）	政府部门	恩平市人民政府	恩平市解放路
			恩平市招商局	恩平市沿江西路
			恩平市经济贸易局	恩平市新平中路
			沙湖镇人民政府	恩平市沙湖圩桥新路
		主要生产企业	恩平市华昌陶瓷有限公司	恩平市沙湖镇蒲桥经济开发区
			恩平市新域陶瓷有限公司	恩平市沙湖镇蒲桥经济开发区
			恩平市新锦成陶瓷有限公司	恩平市恩城镇北郊工业区
			恩平市会德丰陶瓷有限公司	恩平市沙湖镇蒲桥经济开发区
			恩平市百强陶瓷有限公司	恩平市沙湖工业区
			恩平市华昌陶瓷有限公司	恩平市沙湖镇南塘蒲工业区
			恩平市翔鹰陶瓷有限公司	江门市环市三路48号
			恩平市正德陶瓷有限公司	恩平市沙湖镇浦桥工业区
			金瑞宝陶瓷有限公司	江门市新会区沙堆镇洋关工业园
			恩平荣高陶瓷有限公司	恩平市沙湖镇蒲桥区新型建材工业城
山东	淄博	政府部门	淄博市人民政府	淄博市张店区人民西路8号
			淄博市招商局	淄博市张店区人民西路66号
			淄博市经济贸易局	淄博市张店区柳泉路107号国贸大厦
			杨寨工业园管委会	淄博市淄川区杨寨工业园区内
		主要生产企业	淄博东鹏陶瓷有限公司	淄博市张店区华光路86号
			山东亚细亚陶瓷有限公司	淄博市淄川区杨寨建陶工业园99号
			淄博市淄川耿瓷瓷化砖厂	淄博市淄川杨寨建陶工业园
			山东皇冠陶瓷股份有限公司	淄博市建陶工业园
			统一陶瓷有限公司	淄博市淄川区杨寨镇建陶工业园
			淄博狮王陶瓷有限现公司	淄博市建陶工业园
			淄博蓝海建筑陶瓷有限公司	淄博市淄川区杨寨镇月庄村
			山东雅迪建陶有限公司	淄博市淄川区双杨镇法家村东雅迪路
			淄博雄丰陶瓷有限公司	淄博市淄川区杨寨镇

续表

产区			单位名称	地址
山东	淄博	建材市场	淄川建材城	淄博市淄川区杨寨镇
			中国财富陶瓷城	淄博市张店区南外环路
			中国科技陶瓷城	淄博市张点区新世界步行商业街界137号
	临沂	政府部门	临沂市人民政府	临沂市兰山区金雀山路57号
			临沂经济贸易局	临沂市沂南县人民路附近
			临沂市招商局	临沂市兰山区新华一路105号
		主要生产企业	临沂沂州建陶有限公司	临沂市罗庄区付庄
			临沂阳光建筑陶瓷公司	临沂市临沭县经济开发区滨海西街
			临沂佳贝特建陶有限公司	临沂市罗庄朱陈陶瓷商城南
			临沂佳宝陶瓷有限公司	临沂市罗庄区官战湖村
			临沂佳美陶瓷有限公司	临沂市罗庄区屯村
			临沂冠亚陶瓷有限公司	临沂市开阳路6号6楼
			临沂云雀陶瓷有限公司	临沂市罗庄区八块石村北
			临沂市万强陶瓷有限公司	临沂市罗庄区
			临沂地王陶瓷有限公司	临沂市罗庄区沂州工业园
			临沂华星陶瓷有限公司	临沂市罗庄区罗四路
福建	晋江	政府部门	晋江市人民政府	晋江市世纪大道
			晋江经济发展局	晋江市青阳东华街11号
		主要生产企业	福建省华泰集团有限公司	晋江市磁灶镇洋尾工业区
			福建协进陶瓷有限公司	南安市官桥镇协进工业园
			福建省晋江协隆陶瓷有限公司	晋江市紫帽镇324国道协盛工业园
			福建晋江腾达陶瓷有限公司	晋江市安海菌柄工业区
			福建晋江恒达陶瓷有限公司	晋江市安海镇菌柄工业区内
			晋江市豪山建材有限公司	晋江市瓷灶镇前埔西路工业区
			晋江阔兴陶瓷有限公司	晋江市磁灶三吴工业区
			一峰陶瓷有限公司	晋江市磁灶镇岭畔第二工业区
			晋江市鹏程陶瓷建材有限公司	晋江市内坑湖滨工业区19号
			晋江泗农建材有限公司	晋江市内坑深圳工业区132号
			晋成陶瓷有限公司	晋江市磁灶大宅工业区
			福建省泉州市万盛陶瓷有限公司	晋江市磁灶大功山开发区
			晋江前兴陶瓷有限公司	晋江市磁灶三吴工业区
		建材市场	世华陶瓷城	泉州市磁灶镇洋尾钱埔
			天工陶瓷城	泉州市晋江市磁灶镇洋尾新安
	闽清	政府部门	闽清县政府	福州市闽清县西门街52号
			闽清县经济贸易局	福州市闽清县梅城镇梅城大街52号
			闽清县招商引资办公室	福州市闽清县梅城镇西门街43号
		主要生产企业	福建闽清豪业陶瓷有限公司	福州市闽清县大路王大河工业
			福建省民情三得利陶瓷有限公司	福州市闽清县福建省闽清县白中镇攸太5号

续表

产区			单位名称	地址
福建	闽清	主要生产企业	福建闽清旭日陶瓷有限公司	福州市闽清县白中镇攸太工业区
			闽清飞天陶瓷有限公司	福州市闽清县金沙镇光辉工业区
			闽清腾龙陶瓷有限公司	福州市闽清县云渡村1号
			福建省闽清红叶陶瓷建材有限公司	福州市闽清县白樟马鞍工业区
			闽清前程陶瓷有限公司	福州市闽清县云渡工业区2号
			闽清大世界陶瓷实业有限公司	福州市闽清县白樟镇云渡村2号
			闽清金德利陶瓷有限公司	福州市闽清县樟山村1号
			福建省闽清欧美陶瓷有限公司	福州市闽清县白樟云渡工业区
			福建省闽清金陶瓷业有限公司	福州市闽清县坂东镇坜埔工业区
			福建省闽清欧美陶瓷有限公司	福州市闽清县白樟云渡工业区
			福建省闽清县中菱陶瓷有限公司	福州市闽清县白樟镇樟山村樟山工业区
			福建省闽清新丰陶瓷有限公司	福州市闽清县白中工业区
江西	高安	政府部门	高安市人民政府	高安市解放路136号 v
			高安市招商局	高安市政府大院
			高安市经济贸易局	高安市中山路
			江西（高安）建筑陶瓷产业基地管委会	高安市建筑陶瓷产业基地
			高安市陶瓷行业协会	高安市建筑陶瓷产业基地
		主要生产企业	江西精诚陶瓷有限公司	高安市建筑陶瓷产业基地
			江西瑞福祥陶瓷有限公司	高安市建筑陶瓷产业基地
			江西高安新中源陶瓷企业集团	高安市建筑陶瓷产业基地
			高安富利高建筑陶瓷有限公司	高安市建筑陶瓷产业基地
			江西欧雅陶瓷有限公司	高安市建筑陶瓷产业基地
			江西普京陶瓷有限公司	高安市建筑陶瓷产业基地
			高安市仁牌陶瓷有限公司	高安市建筑陶瓷产业基地
			高安市宏信陶瓷有限公司	高安市建筑陶瓷产业基地
			江西恒达陶瓷建材有限公司	高安市建筑陶瓷产业基地
			江西新瑞景陶瓷有限公司	高安市建筑陶瓷产业基地
			江西伟鹏陶瓷有限公司	高安市建筑陶瓷产业基地
			江西新景象陶瓷有限公司	高安市建筑陶瓷产业基地
			江西金刚石陶瓷有限公司	高安市建筑陶瓷产业基地
			江西新明珠建材有限公司	高安市建筑陶瓷产业基地
			江西立维卫浴有限公司	高安市建筑陶瓷产业基地
			高安市三星陶瓷有限公司	高安市建筑陶瓷产业基地
			江西长城陶瓷有限公司	高安市建筑陶瓷产业基地
			江西赣虹陶瓷有限公司	高安市建筑陶瓷产业基地
			高安赛宝陶瓷有限公司	高安市建筑陶瓷产业基地
			江西鑫鼎陶瓷有限公司	高安市建筑陶瓷产业基地
			江西瑞源陶瓷有限公司	高安市建筑陶瓷产业基地

续表

产区			单位名称	地址
江西	高安	主要生产企业	江西罗斯福陶瓷有限公司	高安市建筑陶瓷产业基地
			江西佳宇陶瓷有限公司	高安市建筑陶瓷产业基地
			江西神州陶瓷有限公司	高安市建筑陶瓷产业基地
			江西高安新瑞陶瓷有限公司	高安市建筑陶瓷产业基地
			高安市新澳实业有限公司	高安市建筑陶瓷产业基地
			江西新中英陶瓷有限公司	高安市建筑陶瓷产业基地
			江西东方王子陶瓷有限公司	高安市建筑陶瓷产业基地
			江西鑫鼎陶瓷有限公司	高安市建筑陶瓷产业基地
			江西金环陶瓷有限公司	高安市建筑陶瓷产业基地
			江西太阳陶瓷有限公司	高安市新世纪工业城太阳路 1 号
			高安市永源实业有限公司	高安市建筑陶瓷产业基地
			高安瑞鹏陶瓷有限公司	高安市高伍路
			江西罗纳尔陶瓷有限公司	高安市新世纪工业园
			江西瑞州陶瓷有限公司	高安市 320 国道旁
			江西奥利斯陶瓷有限公司	高安市新世纪工业园
			江西美康陶瓷有限公司	高安市新世纪工业园
			江西美尔康陶瓷有限公司	高安市新世纪工业园
			江西金盛陶瓷有限公司	高安市新世纪工业园
			高安市红梅陶瓷有限公司	高安市高安大道
			江西新高峰陶瓷有限公司	高安市石脑镇
			江西威尼斯陶瓷有限公司	高安市 320 国道
			江西瑞阳陶瓷有限公司	高安市新世纪工业园
			高安飞腾陶瓷有限公司	高安市祥符镇
			高安市新阳陶瓷有限公司	高安市太阳镇
			华宇工艺陶瓷厂	高安市新世纪工业园
			瑞美陶瓷腰线厂	高安市新世纪工业园
			高安市陶艺腰线厂	高安市独城镇
			高安新世纪腰线厂	高安市新世纪工业园
			高安市兴海腰线陶瓷厂	高安市蓝坊镇
			田南陆肖馨马赛克基地	高安市田南镇
			高安市永源实业有限公司	高安市建筑陶瓷产业基地
	景德镇	政府部门	景德镇市人民政府	景德镇市瓷都大道 686 号
			景德镇市瓷局	景德镇市迎宾大道交通大楼 4 楼
			中国轻工业陶瓷研究所	景德镇市东郊 556 号
		主要生产企业	景德镇金意陶陶瓷有限公司	景德镇市浮梁县三龙乡
			景德镇特地陶瓷有限公司	景德镇市火车站附近
			景德镇嘉鸿陶瓷有限公司	景德镇市中国陶瓷城

续表

产区			单位名称	地址
江西	景德镇	主要生产企业	景德镇市鹏飞建陶有限责任公司	景德镇市瓷都大道 47 号
			景德镇乐华陶瓷洁具有限公司	景德镇市陶瓷工业园区三龙路 003 号
			景德镇莱特陶瓷有限公司	景德镇市陶瓷工业园区三龙路 006 号
			景德镇爱新贸易有限公司	景德镇市迎宾大道锦绣昌南乾隆路 64 号
			景德镇法蓝瓷实业有限公司	景德镇市陶瓷科技工业园区枫林坞水库
			景德镇陶瓷股份有限公司	景德镇市朝阳路 558 号
	丰城	政府部门	丰城市人民政府	宜春市丰城市行政大楼
			丰城市招商局	宜春市丰城市行政大楼
			丰城市对外贸易经济合作局	宜春市剑邑大道 382 号
			丰城市工业园管理委员会	丰城市工业园区
		主要生产企业	江西斯米克陶瓷有限公司	宜春市丰城精品陶瓷产业基地内
			丰城市东鹏陶瓷有限公司	丰城市精品陶瓷基地
			江西和美陶瓷有限公司	丰城市精品陶瓷基地
	萍乡	政府部门	萍乡市人民政府	萍乡市迎宾路 18 号
			萍乡对外贸易经济合作局	萍乡市跃进北路 422 号外经贸大夏
			萍乡湘东区招商局	萍乡市湘东区服务中心六楼
			萍乡市工业陶瓷行业协会	萍乡市凤凰街府前路 2 号
		主要生产企业	江西省正大陶瓷有限公司	萍乡市湘东区下埠镇陶瓷工业园
			萍乡星达星陶瓷有限责任公司	萍乡市陶瓷产业基地
			江西省科兴特种陶瓷有限公司	萍乡市湘东区下埠镇工业园
			萍乡市绿宝陶瓷有限公司	萍乡市开发区陶瓷工业园 18 号
			萍乡市亿鑫高科陶瓷公司	萍乡市下埠木马工业区
			清华环保陶瓷有限责任公司	萍乡市楚萍东路
			江西省萍乡市永盛陶瓷有限责任公司	萍乡市湘东区下埠工业园
			萍乡市长虹陶瓷公司	萍乡市湘东区峡山口萍钢厂内
			裕新发高科技陶瓷有限公司	萍乡市广场路 112 号
			新科发蜂窝陶瓷	萍乡市安源区安源经济开发区安源西大道 77 号
			元创蜂窝陶瓷制造有限公司	萍乡市上埠工业园
			萍乡市三元环保陶瓷有限公司	萍乡市芦溪县上埠工业园
			江西省伏瑞德陶瓷有限公司	萍乡市湘东区南昌东湖区
			萍乡市长虹陶瓷有限公司	萍乡市湘东区峡山口萍钢厂内
四川	夹江	政府部门	夹江县人民政府	乐山市夹江县建设中路
			夹江县招商局	乐山市夹江县县政府六楼
			夹江县经济贸易局	乐山市建设路
			中国西部瓷都夹江陶瓷协会	乐山市夹江县焉城镇迎春北路 18 号
		主要生产企业	四川新中源陶瓷有限公司	乐山市夹江县佛山工业园区
			新万兴瓷业有限公司	乐山市夹江县黄土工业区
			四川省米兰诺陶瓷有限公司	乐山市夹江县新场红旗村三社

续表

产区			单位名称	地址
四川	夹江	主要生产企业	四川夹江建辉陶瓷有限公司	乐山市夹江县三洞工业开发区
			四川威尼陶瓷有限公司	乐山市夹江县甘霖镇
			夹江县东方瓷业有限责任公司	乐山市夹江县甘霖镇
			夹江县远大瓷业责任有限公司	乐山市马村乡上村四社
			四川建辉陶瓷有限公司	成都市一环路西三段抚琴西南街 18 号
			夹江建中陶瓷厂	乐山市夹江黄土工业开发区
			诚兴陶瓷厂	乐山市夹江县中兴镇周庵二社
			夹江县金辉陶瓷厂	乐山市夹江县中兴镇
	丹棱	政府部门	丹棱县人民政府	眉山市丹棱县县街
			丹棱县经济贸易局	眉山市丹棱县县街凤凰路南段
			丹棱县招商局	眉山市丹棱县丹棱镇东升路 219 号
			丹棱县陶瓷工业园区	丹棱县与夹江县公路沿线内
		主要生产企业	四川省丹棱县强华陶瓷厂	眉山市丹棱县何场乡凤凰 3 社
			四川省丹棱县华天瓷业有限公司	乐山市夹江县甘霖镇文沟村 4 组
			四川省丹棱县银和瓷业有限公司	眉山市丹棱县杨场镇古井村
			四川柯美特建材有限公司	眉山市丹棱镇板桥村城东工业集中区
			四川华洋陶瓷有限公司	眉山市丹棱县石桥乡谢庙村 4 组
			华盛建筑陶瓷有限公司	眉山市丹棱县石马村
			荣建瓷业有限公司	眉山市杨场镇五一村二社
			华天瓷业有限公司	眉山市丹棱县杨场镇
			四方陶瓷有限公司	眉山市东坡区三苏乡集体村 10 组
			四川省丹棱县金星陶瓷厂	眉山市丹棱县杨场镇朱沟村二社
			丹棱县富彩地砖厂	眉山市丹棱县杨场镇五一村二社
			四川省丹棱县恒发陶瓷厂	眉山市丹棱县杨场镇
			四川省丹棱县凌云陶瓷厂	眉山市丹棱县何场乡石马村五社
辽宁	法库	政府部门	法库县人民政府	沈阳市法库县
			法库招商局	沈阳市法库县晓东街
			法库经济贸易局	沈阳市法库县正阳街
		主要生产企业	沈阳沈龙瓷业有限公司	沈阳市法库县经济开发区
			沈阳浩松陶瓷有限公司	沈阳市法库县经济开发区陶瓷城
			沈阳法库西班牙博士盖陶瓷有限公司	沈阳市法库县西班牙博士盖陶瓷有限公司
			泰一陶瓷有限公司	沈阳市发库县陶瓷开发区
			新大地陶瓷	沈阳市法库县经济开发区
			沈阳日日升陶瓷有限公司	沈阳市法库县法库镇周地沟村
			沈阳鑫凯陶瓷有限公司	沈阳市法库县法库镇石岗子社区
			辽宁金地阳陶瓷有限公司	沈阳市法库县经济开发区三区
			沈阳大富豪陶瓷有限公司	沈阳市法库县石岗子社区
			沈阳天成陶瓷有限公司	沈阳市法库县石岗子社区
			锦州市鼎新陶瓷有限公司	锦州市凌西大街 125 号

续表

产区			单位名称	地址
辽宁	法库	建材市场	东北建材市场	沈阳市东陵区高观台路32号
	建平	政府部门	建平县人民政府	朝阳市建平县叶柏寿镇人民路20号
			建平县招商局	朝阳市建平县叶柏寿镇万寿路
			建平县对外贸易经济合作委员会	朝阳市建平县叶柏寿镇万寿路
			建平陶瓷工业园	朝阳市建平县县城东北部
		主要生产企业	建平国民陶瓷有限公司	朝阳市建平县工业园区
			朝阳领天陶瓷有限公司	朝阳市建平县工业园区
			建平县佳美陶瓷有限公司	朝阳市建平县万寿镇西村
			建平大世界陶瓷有限责任公司	朝阳市建平县陶瓷工业园区
			建平新瑞德陶瓷有限公司	朝阳市建平县陶瓷工业园区
			建平金正陶瓷有限公司	朝阳市建平县叶镇南沟村
			建平县龙昇陶瓷有限公司	朝阳市建平县陶瓷工业园区
			建平县双发陶瓷有限公司	朝阳市建平县叶镇顺治沟村
			建平联合利华陶瓷有限公司	朝阳市建平县西村
湖南	岳阳	政府部门	岳阳市人民政府	岳阳市金鹗中路235号
			岳阳经济技术开发区经贸局	岳阳市岳阳大道
			岳阳市招商局	岳阳市青年中路94号
			临湘市招商局	临湘市长安西路42号
			临湘工业园区	临湘市南郊三湾地段
		主要生产企业	岳阳市天欣实业有限公司	岳阳市求索东路58号
			湖南华雄陶瓷有限公司	岳阳市新墙农业工业化园
			湖南金城陶瓷有限公司	岳阳市新墙农业工业化园
			岳阳弘泰瓷业有限公司	岳阳市岳荣公路万隆段
			湖南宏康陶瓷有限公司	岳阳市新墙农业工业化园
			岳阳市金达雅陶瓷有限公司	岳阳市湖滨工业区
			湖南兆邦陶瓷有限公司	岳阳市临湘工业园
			岳阳恒发陶瓷责任有限公司	岳阳市麻纺厂一区一号
			岳阳奥瑞陶瓷有限公司	岳阳市临湘市五里牌乡新群
			湖南亚泰陶瓷有限公司	岳阳市新墙农业化工业园
			岳阳市特地陶瓷有限公司	岳阳市太阳桥建材家装广场A107、B197
	衡阳	政府部门	衡阳市人民政府	衡阳市解放大道16号
			衡阳市招商局	衡阳市市府路26号
			衡阳县对外经济贸易局	衡阳市西渡镇新正街19号
		主要生产企业	湖南衡阳衡利丰陶瓷有限公司	衡阳市西渡经济开发区7号
河北	高邑	政府部门	高邑县人民政府	石家庄市高邑县府前路
			高邑县招商局	石家庄市高邑县新建大街

续表

产区			单位名称	地址
河北	高邑	政府部门	高邑县经贸局	石家庄市高邑县凤中路 240 号
		主要生产企业	高邑县力马建陶有限公司	石家庄市高邑县北焦村
			高邑县凯美特陶瓷有限责任公司	石家庄市高邑县桥西工业区
			高邑福隆陶瓷有限公司	石家庄市高邑县西付村乡陶瓷工业区
			金龙陶瓷有限责任公司	石家庄市仓房工业区
			新世纪陶瓷有限公司	石家庄市高邑县西富村乡营儿村
			元鲲陶瓷有限公司	石家庄市高邑县营儿
			吉盛陶瓷有限责任公司	石家庄市高邑县古城
			美林瓷业有限公司	石家庄市高邑县东塔影
			信强陶瓷制品有限公司	石家庄市高邑县西富村古城
			隆达陶瓷厂	石家庄市高邑县西富村
			中信陶瓷厂	石家庄市西富村乡古城村南
			亚泰建筑陶瓷厂	石家庄市高邑县西富村乡古城村
			兴发陶瓷厂	石家庄市高邑县西富村乡仓房村
			高邑县华强美陶厂	石家庄市高邑县西富村乡古城村
广西	藤县	政府部门	藤县人民政府	梧州市藤县登俊路 57 号
			藤县经贸局	梧州市藤县藤城镇西江路 218 号
			藤县招商局	梧州市藤县潭东镇纯平村
		主要生产企业	广西新中陶陶瓷有限公司	梧州市藤县谭东镇藤县收费站侧
			广西北流市永达陶瓷有限公司	北流市城东一路 0013 号
			广西新舵陶瓷有限公司	梧州市藤县中和集中区
			广西瑞远陶瓷有限公司	梧州市藤县中和集中区
			广西宇豪建材有限公司	梧州市藤县中和集中区
河南	鹤壁	政府部门	河南省鹤壁市商务局	鹤壁市人民政府第二综合楼
			鹤壁市人民政府招商引资办公室	鹤壁市淇滨区大道 177 号
			鹤壁市鹤山区招商局	鹤壁市鹤山区鹤山路
			鹤壁市对外经济贸易局	鹤壁市政府 2 号楼
			鹤壁市山城区人民政府	鹤壁市山城区政府办公楼三楼
		主要生产企业	河南瑞兴堡建材有限公司	鹤壁市石林陶瓷产业集聚区中源大道
			鹤壁鹤利陶瓷有限公司	鹤壁市汤河街中段 82 号
		建材市场	华港陶瓷（鹤壁）有限公司	鹤壁市淇滨区金山经济技术示范带
			河南御盛陶瓷有限公司	鹤壁市山城区石林乡石林工业园
			华港陶瓷（鹤壁）有限公司	鹤壁市淇滨区金山经济技术示范带
			鹤壁市连发陶瓷有限公司	鹤壁市郊区庞村镇户堂村
			鹤壁天科瓷业有限公司	鹤壁市山城区汤河街 92 号
			鹤壁市弘基高科瓷业有限公司	鹤壁市山城区汤河街 92 号
			鹤壁天泰建材批发大市场	鹤壁市淇滨大道 255 号
			九州建材批发市场	鹤壁市淇滨区淇滨大道与 107 国道交叉处

续表

产区			单位名称	地址
湖北	当阳	政府部门	当阳市人民政府	当阳市子龙路4号
			当阳市招商局	当阳市子龙路（市政府大楼四楼）
			当阳市经济商务局	当阳市玉阳路
		主要生产企业	当阳市建陶工业总公司	当阳市长坂路22号
			湖北宝加力陶瓷有限公司	当阳市王店镇木店村
			湖北大地陶瓷有限公司	当阳市子龙村
			当阳市华夏陶瓷有限责任公司	当阳市玉泉办事处雄风村七组
			湖北天冠陶瓷有限公司	当阳市经济开发区车站路
			湖北帝豪陶瓷有限公司	当阳市玉阳办事处窑湾街
			湖北省当阳凯旋陶瓷有限公司	当阳市玉泉街道泉州工业园区
吉林	桦甸	政府部门	桦甸市人民政府	桦甸市人民路附近
			桦甸市经济贸易局	桦甸市桦甸大街37号
			桦甸市招商局	桦甸市桦甸大街38号
		主要生产企业	桦甸市洪义陶瓷有限公司	桦甸市经济开发陶瓷工业园
			桦甸市汇智陶瓷有限公司	桦甸市经济开发陶瓷工业园
			桦甸市亚泰陶瓷有限公司	桦甸市经济开发区陶瓷工业园区
			吉林省桦甸市浩癸陶瓷有限公司	桦甸市经济开发区陶瓷工业园
			洪义陶瓷有限公司	桦甸市经济开发区陶瓷工业园
山西	阳城	政府部门	阳城县人民政府	晋城市阳城县新阳东街
			阳城县招商局	晋城市阳城县新阳东街1号
			阳城县经贸局	晋城市阳城县新阳东街6号
			阳城县陶瓷工业园区	晋城市阳城县凤城镇北安阳村
		主要生产企业	新天地陶瓷有限公司	晋城市凤城镇北安阳陶瓷工业园
			三德陶瓷有限公司	晋城市凤城镇北安阳陶瓷工业园
			阳城县华冠陶瓷有限公司	晋城市阳城县北安阳陶瓷工业园一期二区A区
			山西省阳城县龙飞陶瓷有限公司	晋城市凤城镇北安阳陶瓷工业园
			阳城县九龙陶瓷有限公司	晋城市阳城县北安阳村工业园
			阳城县天一陶瓷有限公司	晋城市阳城县建筑陶瓷工业园
			阳城县大自然陶瓷有限责任公司	晋城市凤城镇北安阳陶瓷工业园
			山西阳城时代陶瓷有限责任公司	晋城市凤城镇北安阳陶瓷工业园
			阳城县金方圆陶瓷有限公司	晋城市阳城县建筑陶瓷工业园
			阳城县天一陶瓷有限公司	晋城市阳城县建筑陶瓷工业园
			阳城福龙陶瓷有限公司	晋城市阳城县建筑陶瓷工业园
			阳城县恒昌陶瓷有限公司	晋城市阳城县建筑陶瓷工业园
			阳城县三德陶瓷有限公司	晋城市阳城县建筑陶瓷工业园
			阳城县大吉陶瓷有限公司	晋城市阳城县建筑陶瓷工业园
内蒙古	鄂尔多斯	政府部门	鄂尔多斯市人民政府	内蒙古鄂尔多斯市宝日陶亥东街
			达拉特经济开发区管委会	内蒙古达拉特经济开发区
			准格尔旗招商局	内蒙古准格尔旗薛家湾镇

续表

产区			单位名称	地址
内蒙古	鄂尔多斯	主要生产企业	鄂尔多斯兴辉陶瓷有限公司	内蒙古鄂尔多斯市达拉特三埫梁工业园区
			鄂尔多斯市陶尔斯陶瓷有限公司	内蒙古鄂尔多斯市达拉特三埫梁工业园区
			鄂尔多斯市正昊陶瓷有限责任公司	内蒙古鄂尔多斯准格尔南路8号街坊
			富源陶瓷有限公司	内蒙古鄂尔多斯市准格尔南路附近
			鄂尔多斯佳宁陶瓷有限责任公司	内蒙古鄂尔多斯乐多乐超市旁大兴集团底商
			鄂尔多斯华鹏陶瓷有限公司	内蒙古鄂尔多斯市东胜区通九北方家居B区104－105号
			内蒙古东乔建筑陶瓷有限公司	内蒙古鄂尔多斯市东胜区伊煤路26号
			鄂尔多斯市国礼陶瓷有限公司	内蒙古准格尔旗沙圪堵经济开发区
安徽	——	主要生产企业	安徽御石陶瓷有限公司	安徽省霍山经济开发区
			六安大华建筑陶瓷有限责任公司	安徽省六安市金安区毛坦镇
			巢湖利华陶瓷有限公司	安徽省巢湖沈巷工业园
			淮北美康陶瓷有限公司	安徽省淮北烈山陶瓷工业园
			淮北粤州陶瓷有限公司	安徽省淮北烈山陶瓷工业园
			淮北新生活陶瓷有限公司	安徽省淮北烈山陶瓷工业园
			淮北嘉美陶瓷有限公司	安徽省淮北烈山陶瓷工业园
			淮北中博陶瓷有限公司	安徽省淮北烈山陶瓷工业园
			淮北惠尔普陶瓷有限公司	安徽省淮北烈山陶瓷工业园
			淮北伯爵陶瓷有限公司	安徽省淮北烈山陶瓷工业园
			宿松宜佳陶瓷有限公司	安徽省宿松县长铺乡
			宣城市天成洁具有限公司	安徽省宣城市经济开发区
			六安新腾飞建筑陶瓷有限公司	安徽省六安市金安区孙岗镇
江浙沪	——	主要生产企业	杭州诺贝尔陶瓷有限公司	浙江省杭州市西郊闲林镇
			信益陶瓷（中国）有限公司	浙江省昆山市玉山经济开发区
			上海斯米克陶瓷有限公司	上海市闵行区浦江镇三鲁公路
			上海福祥陶瓷有限公司	上海市闵行区虹梅南路3888号
			长谷陶瓷（上海）有限公司	上海市松江区高新技术园
			苏州罗马陶瓷有限公司	浙江省苏州市吴中区苏沪机场路
			宜兴市明月建陶有限公司	浙江省宜兴市丁蜀镇查林村
			宜兴市圣象陶瓷有限公司	浙江省宜兴市丁蜀镇川埠村
			宜兴市佳汇建陶有限公司	浙江省宜兴市丁蜀镇陶都工业园
			宜兴联合陶瓷有限公司	浙江省宜兴市环科园陶都路
			常熟大象建陶有限公司	浙江省常熟市虞山北路邹巷
			金华尖峰陶瓷有限责任公司	浙江省金华市孝顺镇
			常熟嘉禾陶瓷有限公司	浙江省常熟市东南经济开发区
			金兴陶瓷（上海）有限公司	上海金山朱泾镇工业园区
			江阴长隆陶瓷有限公司	浙江省江阴市长泾工业园
			新嘉理（江苏）陶瓷有限公司	浙江省宜兴市丁蜀镇湖滨公路
			宜兴陶源金龙琉璃瓦有限公司	浙江省宜兴市丁蜀镇
			宜兴万象建筑陶艺有限公司	浙江省宜兴市丁蜀镇西望村
			溧阳祥云建陶有限公司	浙江省江苏溧阳市戴埠镇
			南京金塔建陶有限公司	浙江省江苏南京市秣陵镇

二、卫生洁具产区主要生产企业

产区		单位名称	地址
佛山	政府部门	佛山市人民政府	佛山市禅城区岭南大道原大福路14号
		经济促进局	佛山市季华五路18号经华大厦35字楼
		佛山市陶瓷协会	佛山市禅城区江湾三路2号中国陶瓷城4楼
		佛山市石湾镇街道办	佛山市禅城区海滨东路
		南庄镇政府	佛山市禅城区解放路53号
	主要生产企业	乐华陶瓷洁具有限公司	佛山市顺德区乐从镇大墩工业区
		佛山市美加华陶瓷有限公司	佛山市三水区三水大道南82号
		佛山市南海万斯敦卫浴有限公司	佛山市南海狮山科技工业园B区博爱东路20号
		广东地中海卫浴科技有限公司	佛山市顺德区大良镇环市东路八坊路段康湖名苑商厦北座五楼
		鹰牌控股有限公司	佛山市禅城区大江路
		益高卫浴有限公司	佛山市禅城区季华四路意美家卫浴陶瓷世界29栋
		佛山市高明粤华卫生洁具有限公司	佛山市高明区荷香路工业开发区
		佛山市澳亚龙卫浴洁具厂	佛山市中国陶瓷城首层西区G－15
		金牌洁具有限公司	佛山市禅城区南庄镇季华西路168号瓷海国际C5座09－18号
		广东恒洁卫浴有限公司	佛山市禅城区季华四路意美家卫浴世界24栋
		佛山市伽蓝洁具有限公司	佛山市南海区九江镇镇南新工业区
		佛山市爱立华卫浴洁具有限公司	佛山市禅城区江湾三路中国陶瓷城A419
		安华陶瓷洁具有限公司	佛山市高明区沧江工业园区
		英皇卫浴有限公司	佛山市禅城区季华三路1号
		佛山市格朗司洁具厂	佛山市南海区罗村镇沙坑工业区
		佛山市法恩洁具有限公司	佛山市高明沧江工业园
		佛山市百田建材实业有限公司	佛山市三水区乐平中心工业园基业路1号
		佛山市浪鲸洁具有限公司	佛山市禅城区南庄镇杏头工业开发区
		佛山市南海拓雅卫浴洁具	佛山市南海区平洲旧佛平路健豪工业大厦2楼
		佛山市维可陶卫浴有限公司	佛山市三水区三水大道南82号
		广东佛山东鹏陶瓷有限公司	佛山市禅城区江湾三路12号东鹏洁具大厦
		新乐卫浴（佛山）有限公司	佛山市禅城区石湾来长岗鹰卫浴总部大楼
		佛山市先知洁具有限公司	佛山市禅城区季华四路意美家卫浴陶瓷世界30栋二楼
		佛山科勒有限公司	佛山市三水区乐平镇第二工业区
		佛山欧波朗洁具有限公司	佛山市高明区 佛山高明明城欧波朗工业园
		佛山伯朗滋洁具有限公司	佛山市三水大塘大布沙工業區
		佛山市伊丽卫浴设备有限公司	佛山市高明区富湾镇荷富工业区
		佛山钻石洁具陶瓷有限公司	佛山市禅城区石湾和平路11号
		佛山市美迪加卫浴有限公司	佛山市石湾季华四路19－20号
		佛山市冠军建材有限公司	佛山市禅城区沙岗旧路437号
		佛山高露卫浴有限公司	佛山市禅城区沙岗旧路437号

续表

产区		单位名称	地址
佛山	主要生产企业	佛山市欧威斯洁具制造有限公司	广东佛山市三水区乐平工业园西乐大道东三号
		佛山市高明区新星辉卫浴制品厂	佛山市高明区沧江工业园
		佛山市禅城区百草洁具厂	佛山市禅城区张槎沙口富西路1座2号
		佛山市喀秋莎洁具厂	佛山市南海区里水和桂工业园
		佛山市宏业皇牌洁具厂	佛山市石湾张槎海口工业区
		佛山市雅斯宝洁具厂	佛山市顺德区富安工业区21号之52－66号
		佛山市意格卫浴设备有限公司	佛山市禅城区龙津村永红工业区
		南海市南庄梧村金海浪洁具厂	佛山市南庄杏头梧村工业区
		顺德市地中海洁具有限公司	佛山市顺德区大良环市东路八坊路段康湖名苑北座五楼
		佛山市禅城区莎恩洁具厂	佛山市禅城区堤田前锋工业区
		佛山富丽斯洁具有限公司	佛山市南海区罗村务庄大丰田工业区
		佛山市意格卫浴设备有限公司	佛山市禅城区
			佛山市沙坑工业区
		佛山威尔洁具有限公司	佛山市荷城三洲沧江工业园
		佛山市南海狮王卫浴有限公司	佛山市石湾卫浴城A馆A4－A6
		佛山市圣罗兰洁具有限公司	佛山市禅城区季华西路68号中国陶瓷产业总部基地东区C03座
		佛山市格雷仕洁具厂	佛山市南海区丽山工业区
		佛山市高明粤华洁具有限公司	佛山市高明区荷城街道荷香路南工业区
		佛山市浪鲸洁具有限公司	佛山市禅城区南庄镇杏头工业开发区
		佛山市立家卫浴有限公司	佛山市南海区里水镇大冲工业区
		佛山市欣浪洁具有限公司	佛山市禅城区南庄罗南高墩工业区
		佛山市英格龙洁具有限公司	佛山市禅城区南庄溶州东星工业区
		佛山市华屹洁具有限公司	佛山市南海区罗村上柏元武头工业区
		佛山市禅城区赛洁卫浴洁具厂	佛山市禅城区佛山市禅城区南庄镇吉利工业园后排赛洁卫浴
		佛山伊田洁具有限公司	佛山市佛山市南庄镇吉利工业园对面
		佛山希尔曼卫浴有限公司	佛山市禅城区同济西路17号
		佛山市伽蓝洁具有限公司	佛山市南海区九江镇镇南新工业区
		佛山步虹电子技术有限公司	佛山市季华5路气象大厦六楼东厅
	建材商场	中国陶瓷城	佛山市禅城区江湾三路2号
		瓷海国际	佛山市禅城区南庄镇季华西路168号
		意美家卫浴陶瓷世界	佛山市禅城区季华四路
		中国陶瓷产业总部基地	佛山市季华西路与南庄紫洞路交汇处
		中国马赛克城	佛山市禅城区石湾宝塔路9号
		华夏陶瓷博览城	广东省佛山市南海区陶博一路
潮州	政府部门	潮州市人民政府	潮州市枫春路
		潮州市经贸局	潮州市新洋路
		潮州市陶瓷工业协会	潮州市枫溪陶瓷城主楼后楼二楼
		潮安县古巷陶瓷协会	潮州市潮安县古巷镇二村下园

续表

产区		单位名称	地址
潮州	主要生产企业	广东四通集团有限公司	潮州市火车站开发区滨福路
		广东恒洁卫浴有限公司	潮州市潮安县风塘镇浮岗开发区
		广东欧美尔工贸实业有限公司	潮州市古巷崎头工业区
		广东梦佳陶瓷实业有限公司	潮州市古巷镇枫二工业区
		广东金厦瓷业有限公司	潮州市枫溪湖厦工业区
		潮州澳丽泰陶瓷有限公司	潮州市潮安县风塘镇浮岗工业区泰陶大厦
		潮州市牧野陶瓷制造有限公司	潮州市潮安县古巷里牙工业区
		潮安县安彼卫浴实业有限公司	潮州市潮安县古巷古二大埔亭
		唯雅妮陶瓷有限公司	潮州市潮安县古巷古四开发区
		潮安县恒生陶瓷有限公司	潮州市北片二期工业区振江西路
		广东省潮安县南国陶瓷洁具实业有限公司	潮州市潮安县古巷枫一工业开发区
		潮安县康纳陶瓷洁具有限公司	潮州市潮安县古二工业区
		潮安县特美思瓷业有限公司	潮州市潮安县古巷孚中工业区
		广东欧陆卫浴有限公司	潮州市潮安县古巷镇古二工业区
		潮安县植如建筑陶瓷有限公司	潮州市潮安县古巷镇外马路福庆工业区
		潮州市化工一厂	潮州市花园开发区春晖路中段
		国家卫生陶瓷模具中心	潮州市潮安县古巷古五工业区
		DTO 卫浴（潮州）有限公司	潮州市潮安县古巷镇枫四开发区
		潮州市金环制釉有限公司	潮州市枫溪英塘工业区
		佛山冠军建材（尼斯卫）浴有限公司	潮州市湖厦工业区金厦瓷业有限公司
		彩诺陶瓷有限公司	潮州市潮安县凤塘工业区
		广东翔华东龙瓷业有限公司	潮州市凤塘东龙工业区
		广东非凡实业有限公司	潮州市北片工业区振工西路
		潮安县青山陶瓷实业有限公司	潮州市潮安县古巷镇古二西溪桥边
		广东省鹏王陶瓷实业有限公司	潮州市古巷镇枫洋一村
		潮安县恒生陶瓷有限公司	潮州市北片二期工业区振工西路
开平（水口）	政府部门	开平市人民政府	开平市光华路
		开平市经贸局	开平市新市路
		开平市招商局	江门市长沙开华路 13 号
		水口镇人民政府	开平市水口镇大福路
	主要生产企业	广东省朝阳卫浴有限公司	开平市赤坎镇红溪工业区
		广东华艺卫浴实业有限公司	开平市水口镇联竹开发区 D1
		广东希恩卫浴实业有限公司	开平市水口镇沙冈兴达路 62－64 号
		广东乔顿实业有限公司	开平市水口镇嘉兴工业园区 200－206 号
		广东雄业卫浴实业有限公司	开平市水口镇新市北路
		开平市迪丽奇卫浴实业有限公司	开平市水口镇水暖工业区东乐路 1 号
		开平盛发卫浴有限公司	开平市水口镇第一工业园外环北路 A24－1
		广东彩洲卫浴实业有限公司	开平市水口镇工业园嘉兴北路 223 号

续表

产区		单位名称	地址
开平（水口）	主要生产企业	上华卫浴实业有限公司	开平市水口镇新市北路205号
		开平市伟强实业有限公司	开平市水口镇工业园兴宁路B3号
		开平市华强水暖器材厂	开平市水口镇泮南工业区178号
		开平市奥斯曼洁具有限公司	开平市沙岗区开庄高新技术开发区
鹤山（址山）	政府部门	鹤山市招商局	江门市沙坪镇崇德路40号6楼
		址山镇人民政府	鹤山市址山镇教育路一号
	主要生产企业	康立源卫浴实业有限公司	鹤山市东溪工业开发区b区
		瑞霖淋浴科技有限公司	鹤山市址山东溪工业B区
		鹤山市安蒙卫浴科技有限公司	鹤山市址山镇人民北路32号
		泰林卫浴实业有限公司	鹤山市址山镇东溪开发区B区
		鹤山依文森卫浴实业有限公司	鹤山市址山镇东溪开发区B区
		鹤山市洁丽实业有限公司	鹤山市址山镇大营工业区
		鹤山市苹果卫浴实业有限公司	鹤山市址山镇东溪开发区B区
		鹤山三力卫浴实业有限公司	鹤山市址山东溪开发B区
		雅洁卫浴实业有限公司	鹤山市址山镇东溪开发区B区
		址山镇欧牌卫浴有限公司	鹤山市址山镇大朗工业区
		先威特卫浴实业有限公司	鹤山市址山镇东溪开发区B区
中山	政府部门	中山市经济贸易局	中山市松苑路1号市政府大楼
		中山市沐浴房行业协会	中山市中山三路3号经贸大楼408室
	主要生产企业	中山市雅立洁具有限公司	中山市五桂山长命水工业区
		中山市贝斯特卫浴工业有限公司	中山市火炬高新技术产业开发区
		中山市莎丽卫浴设备有限公司	中山市南朗镇南朗工业园
		中山莱博顿卫浴有限公司	中山市火炬开发区建业路38号
		中山市艺迪卫浴有限公司	中山市南头镇升辉南工业区建业路
		中山市加枫卫浴有限公司	中山市中山市火炬开发区兴业路13－1号
		中山市洁美建材有限公司	中山市火炬开发区沙边路6号
		中山市迪美卫浴设备有限公司	中山市三角镇高平工业区
		中山市圣莉亚洁具有限公司	中山市东升镇联胜北路
		中山市梦洁卫浴设备有限公司	中山市火炬开发区濠头商业大道26号
		中山市汉莎家居制品有限公司	中山市东区三溪工业区建业路15号
		中山市伟莎卫浴有限公司	中山市港口镇木河迳工业区
		中山德立洁具有限公司	中山市沙溪镇秀山工业区
		中山丹丽陶瓷有限公司	中山市中山港工业区
	建材市场	五星装饰广场	中山市五星管理区中港大道
		中山富逸装饰广场	中山市石岐区莲峰桥头
		永宁建材市场	中山市小榄镇永宁社区

续表

产区		单位名称	地址
唐山	政府部门	唐山市路北区经贸局	唐山市钢厂道45号
		唐山市招商局	唐山市西山道3号
	主要生产企业	唐山惠达陶瓷（集团）股份有限公司	唐山市丰南区惠达陶瓷城
		唐山市丰华陶瓷有限公司	唐山市丰南区大齐乡夏庄屯
		唐山梦牌瓷业有限公司	唐山市南堡开发区
		唐山华天成陶瓷制品有限公司	唐山市路北区沙东路31号
		中陶实业有限公司	唐山市大理路天源里商业211号
		唐山陶瓷集团卫陶有限公司	唐山市路南区南新西道78号
		唐山德盛陶瓷公司	唐山市路北区钢窑路157
		唐山远威陶瓷制造有限公司	唐山市路北区龙泽南路31号
		唐山华美陶瓷有限公司	唐山市路北区唐马路
		亚利陶瓷有限公司	唐山市朝阳道9号
		唐山顺利陶瓷有限公司	唐山市路北区国安街5号
	建材市场	唐山市东方家园建材超市有限公司	唐山市南区南新东道北侧
		居然之家唐山华联店	唐山市高新工业园区建设北路179号
		大陆建材家居超市有限公司	唐山市高新技术开发区立交桥南西侧
		唐山市中山装璜材料市场	唐山市南新道18号
长葛	政府部门	长葛市人民政府	长葛市八七路48号
		长葛市经济贸易委员会	长葛市建设路23号
		长葛市商务局	长葛市视察路中段
	主要生产企业	鑫源陶瓷有限公司	长葛市葛天路
		长葛市恒尔瓷业有限公司	长葛市建设路七六街七号
		河南蓝健陶瓷有限公司	长葛市石固镇
		河南蓝鲸卫浴有限公司	长葛市太平工业园
		长葛市远东陶瓷有限公司	长葛市增福庙乡申店村
		长葛市金惠达陶瓷有限公司	长葛市长社路东段
		长葛加美陶瓷有限公司	长葛葛天路12号
		长葛市朝阳芙蓉陶瓷有限公司	长葛市石固镇朝阳村
南安	政府部门	南安市政府	泉州市南安市柳新路1号
		南安市经贸局	南安市武荣大厦五楼
		南安市外经局	南安市溪美街道武荣大厦8楼
		福建省水暖卫浴阀门行业协会	南安市仑苍镇中国水暖城一期A2－商铺二楼
	主要生产企业	辉煌水暖集团有限公司	南安市仑仓辉煌工业园区
		九牧集团有限公司	南安市仑仓镇登峰工业区28号
		申鹭达股份有限公司	南安市英都恒坂阀门基地申鹭达工业园
		中宇建材集团有限公司	南安市仑苍镇中宇工业园
		华盛建材（福建）有限公司	南安市杏莲工业区
		乐谷卫浴（福建）有限公司	水暖高新技术园区

续表

产区		单位名称	地址
南安	主要生产企业	南安英陶建材有限公司	南安市英都镇民山工业区 184 号
		福建省特瓷卫浴实业有限公司	南安市仑苍水暖高新技术园区
		广亚卫浴有限公司	南安市南安市贵峰工业区
		福建省南安市欧泰卫浴有限公司	南安市崎峰工业区
		南安市宏泰卫生洁具有限公司	南安市贵峰工业区
	建材市场	春洪水暖器材城	南安市仑仓工业街 528 号
厦门	政府部门	厦门市政府	厦门市湖滨北路 61 号政府大院西楼 704
		厦门市集美区招商局	厦门市集美区岑东路 166
		厦门市思明区经济贸易局	厦门市思明区民族路 33 号
	主要生产企业	路达（厦门）工业有限公司	厦门市集美区杏南路 61 号
		厦门瑞尔特卫浴工业有限公司	厦门市海沧区新阳工业区阳阴路 18 号
		厦门建霖工业有限公司	厦门市集美北区天凤路 69 号
		厦门市易洁卫浴有限公司	厦门市海沧区阳光西路 298 号
		厦门市豪雅美五金卫浴工业有限公司	厦门市同安工业集中区湖里园 41 号
		伟美（厦门）淋浴设备有限公司	厦门市湖里区殿前街道高殿村前社 2 号厂房
		厦门上宇工业有限公司	厦门市同安工业集中区思明园 21 号上宇工业大厦
		厦门人水卫浴有限公司	厦门市海沧区阳光西路 298 号
		厦门市舒勒卫浴有限公司	厦门市湖里区湖里大道 1－1 号中航技 5 号厂房
		优达（中国）有限公司	厦门市集美区杏南路 63 号
		百路达（厦门）工业有限公司	厦门市同安区详平街道官员山
		金牌卫浴厦门营销中心	厦门市江华里 57－7
		厦门英仕卫浴有限公司	厦门市集美区孙坂南路 86－88 号
		箭牌卫浴厦门营销中心	厦门市吉家家世界 B1－94－96
		欧雷诺精密五金（厦门）有限公司	厦门市集美区后溪镇坂头村
		厦门欧圣斯洁具发展有限公司	厦门市湖里区殿前 6 路 609 号
		厦门市鹭淋卫浴工业有限公司	厦门市湖里区殿前 6 路 609 号
		厦门卫鹰科技有限公司	厦门市枋湖路东路（北段）297 号禾山工商所大院二、三层
		厦门市美头山五金制造有限公司	厦门市洪义前埔工业区
		厦门市贝多感应设备有限公司	厦门市集美区杏林中亚城锦茗路 58－60 号厂房
		厦门市得尔美卫浴有限公司	厦门市集美区灌南工业区山美路 398 号
		厦门立霖卫浴有限公司	厦门市同安工业集中区思明工业园 306 号 B5
		厦门市万玛卫浴有限公司	厦门市湖里区五通东宅路 258 号
		厦门市乐霖卫浴有限公司	厦门市思明区前埔工业园 56 号 2 楼
		御彰（厦门）水暖制造有限公司	厦门市同安区环城北路菲纩花园荣华楼 305 室
		厦门薏隆兴五金有限公司	厦门市同安区五显镇四林工业区
		厦门虹瑞卫浴设备有限公司	厦门市湖里区高殿村殿前社神山田尾坑 5－6 号厂房二楼
		厦门拓邦卫浴有限公司	厦门市湖里区华泰路 88 号厂房四楼

续表

产区		单位名称	地址
厦门	主要生产企业	厦门洁霖工贸有限公司	厦门市集美区杏前路145路A座厂房第二层
		厦门松井卫浴有限公司	厦门市湖里区后坑筑盛工业园
		厦门市伯奥思卫浴科技有限公司	厦门市翔安区翔星路88号育成中心E706室
		厦门市佳嘉达机械有限公司	厦门市集美北部工业区莲塘路105－113号
		厦门瀚卫洁具有限公司	厦门市同安工业集中区思明园178号
		合锋卫浴（厦门）有限公司	厦门市集美区灌口镇机电工业园航天路656－660号
		厦门金莎丽卫浴营销中心	厦门市台湾街新景建材城下沉式B068/081
		厦门兴昌财洁具有限公司	厦门市湖里区乌石埔路40号
		厦门市惠达卫浴有限公司	厦门市湖里区江头北路76号601室
		厦门中宇龙洁具有限公司	厦门市湖里区金湖路118号C1－25
		厦门凯立洁具	厦门市湖里区吉家家世界B1－1－3
浙江	政府部门	浙江省建筑卫生陶瓷协会	杭州市西湖区教工路533号
		杭州市政府	杭州市环城北路318号
	主要生产企业	浙江雅鼎股份有限公司	杭州市雅鼎路777号
		浙江天朗卫浴有限公司	温州市航标路工业区27号
		杭州康利达卫浴有限公司	杭州市萧山党山工业园
		杭州康斯达卫浴有限公司	杭州市萧山区河庄镇
		杭州水晶卫浴有限公司	杭州市萧山区南阳经济开发区
		杭州比奇洁具有限公司	杭州市萧山区党山镇前兴村
		浙江饰美家洁具制造有限公司	嘉兴市平湖市昌盛西路1111号
		杭州福莱特塑料开发有限公司	杭州市萧山区南阳经济开发区
		杭州盛威卫浴有限公司	杭州市萧山区南阳工业园
		台州市恒洋洁具有限公司	台州市路桥区金清镇卷桥三友集团25幢
		平湖市澳鑫洁具有限公司	平湖市新埭镇大齐塘村10组
		台州英士利洁具有限公司	台州市路桥区蓬街镇新光村
		浙江铭康洁具有限公司	台州市椒江区三甲农场工业园区
		杭州欧伊露洁具有限公司	杭州市萧山义蓬工业园区
		杭州欧浪卫浴设备有限公司	杭州市萧山党山工业园
		温州路斯卡卫浴有限公司	温州市瑞安飞云镇林垟工业区
		杭州经典卫浴洁具有限公司	杭州市党山镇车路湾村四组
		平湖市郁洁卫浴制品厂	平湖市广陈工业园平广公路民主段
		杭州威尔雅洁具有限公司	杭州市萧山区党山镇大池娄村
		杭州洁美洁具有限公司	湖州市湖州市吴兴区八里店新区桂花苑120幢6号
		浙江省临海市金马洁具用品厂	台州市黄岩区沿江镇上岙管理区
		杭州高顿卫浴有限公司	杭州市萧山区党山群益工业区
		杭州瑞森卫浴设备有限公司	杭州市滨江区闻堰工业区
		杭州高得高洁具有限公司	杭州市萧山党山群益工业开发区
		浙江特洁尔智能洁具有限公司	台州市经一路366号
		杭州先想智能卫浴有限公司	临安市锦城街道城中街730号7楼

三、建筑陶瓷卫生洁具经销商

市/区	公司名称	地址
苏州	苏州华利源贸易有限公司	苏州市宏业路 138 号 f 楼
	苏州市协丽建材有限公司	苏州市新区狮山路 229 百合花公寓 8 号楼 10F
	苏州国贸物资有限公司	苏州市苏州市劳动路 28 号锦亭大厦 206 室
	苏州甬盛建材有限公司	苏州市虎丘区横塘镇金屋五金涂料市场
	苏州高新区新概念建材公司	苏州市苏福路 199 号
	苏州朗高尚品装饰材料有限公司	苏州市苏州市横塘金屋装饰城
	苏州工业园区美丽华建材有限公司	苏州市吴中区南园南路 116 号
	苏州市华通装饰有限公司	苏州市工业园区旺墩路 168 号市场大厦
	苏州新区佳隆装饰材料有限公司	苏州市新狮花苑 6 号
厦门	厦门豪国龙贸易有限公司	厦门市金湖路 118 号吉家家世界 B 馆 01－09 号
	厦门春鑫建材有限公司	厦门市吕岭路福星花园 218 号 101－107
	厦门兴龙建材有限公司	厦门市湖里区
	厦门新惠泉实业有限公司	厦门市金湖路 118 号吉家家世界 B1－71 号
	厦门山博建材有限公司	厦门市台湾街新景建材城 B082－089
	厦门金凯裕建材有限公司	厦门市湖滨南路滕王阁（国贸大厦对面）528
	厦门舜全工贸有限公司	厦门市江头建材市场东二区 101、110 号
宁波	宁波联兴建材有限公司	宁波市现代建筑装潢市场 5 号门 24 号
	宁波天天建材有限公司	宁波市江东区永达东路 17 号设计师大楼
	宁波腾达陶瓷卫浴有限公司	宁波市江东区兴宁路 456 号东方商务中心 2 号楼 1201
	宁波事达洁具有限公司	宁波市浙江慈溪市新时代装饰材料市场
	宁波昌兆建材有限公司	宁波市现代装潢市场陶瓷城奖品步行街 71－77 号
	宁波森茂建材有限公司	宁波市江东区现代装潢市场陶瓷城
	宁波东美建材有限公司	宁波市东渡路 29 号世贸中心 9FA01
	宁波宏彬建材有限公司	宁波市鄞州区新世纪装潢市场南 1 号门 1C－181－182 号
	宁波康达建材有限公司	宁波市鄞州潘火工业区凤起路 8 号
	宁波江东鑫宇陶业有限公司	宁波市现代建筑装潢市场陶瓷城北 28 号
	宁波市金东建材批发有限公司	宁波市金东建材批发有限公司
济南	济南斯米克建材股份有限公司	济南市天桥区袁家庄西路 5 号
	山东金秋洁具有限公司	济南市北园大街 282－3 号
	东鹏陶瓷股份有限公司	济南市天桥区金牛建材市场西 1 号
	济南祥润建材有限责任公司	济南市北马鞍山路 4 号
	山东鑫丹利物资有限公司	济南市德兴东街 40 号院内 6 号楼
	利家居陶瓷有限公司	济南市天桥区北马鞍山路 4 号山东省建材市场北区展厅
	济南春晖建材有限公司	济南市北园大街欧亚达家居广场 B 区一楼圣凡尔赛陶瓷
南昌	仁和伟业建材有限公司	南昌市香江建材大市场解放 1 街 12－18 号
	南昌市远大建材有限公司	南昌市香江建材市场

续表

市/区	公司名称	地址
南昌	南昌齐家建材有限公司	南昌市洛阳路建材市场9栋1－2楼
	南昌科勒卫浴有限公司	南昌市高新区火炬大街89号
	南昌东方建材有限公司	南昌市香江家居解放六街20号
	南昌金鹏建材有限公司	南昌市洛阳路建材市场79号
	南昌市隆盛建材有限公司	南昌市洛阳路建材市场大道63号
	江西衷氏实业有限公司	南昌市建材大市场F区一栋
	江西卓威实业有限公司	南昌市香江家居建材城
合肥	合肥唯美建材有限公司	合肥市合裕路红旗建材市场名品瓷砖汇展中心EA7－14
	合肥鑫鹏建材有限公司	合肥市美家居红旗建材广场
	合肥东正科技有限公司	合肥市美菱大道金三角建材B区1号
	合肥吴氏建材有限公司	合肥市站前路1号宝文国际装饰广场9幢16－17号
呼和浩特	呼市立新洁具有限公司	呼和浩特市东库西街众维家具139号D区1－6号
	呼市南国欧陶卫浴总公司	呼和浩特市新城区东库街
	呼和浩特远东神华陶瓷销售有限公司	呼和浩特市新城区海东路海天花园3号楼2单元301室
天津	高峰陶瓷（天津）有限公司	天津市塘沽区华北陶瓷精品城A22－24－26－28
	冠兴建材有限公司	天津市塘沽华北陶瓷三大街7033号
	福泉盛建材连锁	天津市塘沽区华北陶瓷城精品街C区3库
	六采建材有限公司	天津市塘沽区华北陶瓷市场
	顺顺发建材连锁	天津市塘沽区华北陶瓷三期A座19库
	釉盛陶瓷有限公司	天津市滨海陶瓷二区14库
	泉隆世纪建材陶瓷有限公司	天津市塘沽区华北陶瓷城
	茂兴建材公司	天津市塘沽华北陶瓷城精品街90－96
	天津海丽洁具有限公司	天津市云南路12号森水清华园E座1801室
	天津远东神华陶瓷销售有限公司	天津市河西区解放南路环渤海经贸大厦1010室
石家庄	石家庄宝丽宝商贸有限公司	石家庄市槐中西路38号
	石家庄建荣贸易有限公司	石家庄市槐中西路28号房子家居北区二层欧陆卫浴办公室
	唐山石家庄盛世和谐瓷贸有限公司	石家庄市槐中西路28号
	石家庄三甲鼎贸易有限公司	石家庄市桥东区槐中西路28号北区202
	石家庄众美整体卫浴有限公司	石家庄槐中东路251号
	河北庄晟建材经贸有限公司	石家庄市长安区谈固西街73号
	石家庄远东神华陶瓷销售有限公司	石家庄市育才街怀特装饰精品卫浴城4楼80A5
深圳	深圳市易居远东建材连锁	深圳市龙岗区龙平路与龙城中路交汇处好万家建材商城A01号
	广东惠泉美居投资有限公司	深圳市福田区八卦四路66号
	深圳市新飞达建筑装饰材料有限公司	深圳市洪湖路利泰公寓104号
	深圳市富华居实业有限公司	深圳市龙岗区横岗镇深惠路289号
	易居远东建材连锁	深圳市龙平东路与龙城北路交汇处好万家建材超市南大门A座
	深圳市东利建材有限公司	深圳市罗湖区文景北路59号源兴居1座20楼G
贵阳	贵阳正奇工贸有限公司	贵阳市油榨街富源美家居

续表

市/区	公司名称	地址
贵阳	贵阳长久建材有限公司	贵阳市体育路 6 号
	贵阳四维建材有限公司	贵阳市南明区解放路双龙洁具城 A－1
	贵阳福达装饰材料有限公司	贵阳市解放路 287 号大昌隆双龙
重庆	重庆顺进陶瓷有限公司	重庆市石桥铺八益建材市场 3－13－15
	重庆良彬建材有限公司	重庆市石桥铺八益建材市场
成都	信益陶瓷西南分公司	成都市高新区高新大道创业路 36 号
	东鹏陶瓷有限公司	成都市二仙桥东路 11 号 16 号
	成都大丰花都实业有限公司	成都市新都区大丰镇方营
	成都露华浓建材有限责任公司	成都市 512 建材市场西 7 区 6 号
	成都大家好建材有限公司	成都市科华北路 64 号棕南俊园 5B
	成都斯米克建材连锁经营有限公司	成都市武侯区人民南路四段
	成都安华卫浴有限责任公司	成都市锦江区春熙路小科甲巷 1 号第一城 B 座 2526
	成都豪威商贸有限公司	成都市二环路北四段 45 号荣华大厦 608 室
	成都聚美建材有限公司	成都市二环路北四段 512 市场 1 区 C 座 7 号
	成都四维瓷业有限公司	成都市富森美家居
	成都市德辉建材有限公司	成都市二环路北四段 512 建材市场东 1 区 17 号
	成都久善博达有限公司	成都市二环路北四段 512 建材市场 1 区 E 座 30 号二楼
	成都恒意建材有限公司	成都市二环路北四段 512 建材市场西 7 区 1 号
	成都金牌亚洲陶瓷有限公司	成都市 512 建材 1 区 A 座 31－33 号
昆明	云南卫通建材有限公司	昆明市大商汇国际建材城 B30 幢 3－6 号
	昆明六采建材销售有限公司	昆明市西南建材市场 3 区 9 号
	巨龙伟业（昆明）发展有限公司	昆明市大商汇国际建材城 30 栋 7－12 号
	泰格盈家建材连锁	昆明市大商汇国际建材城陶瓷 B 区 25 栋 1－3 号
	云南世豪陶瓷有限公司	昆明市昌宏中林建材城 A 区 6 幢 17－18 号
	云南协力工程发展有限责任公司	昆明市南屏街 88 号世纪广场 C2－21D
	云南瑞吉实业有限公司	昆明市大商汇国际建材城综合区 B25 幢 006－010 号
	昆明至尊唯美陶瓷有限公司	昆明市大商汇国际建材城
西安	西安康庄建材有限公司	西安市碑林区大明宫建材市场东区 D 排 32－38 号
	西北中尊建材有限公司	西安市大明宫建材市场临街二环东南角精品街 10 号
	西安时捷装饰建材有限公司	西安市大明宫南余寨 20 号
大连	大连金隆建材有限公司	大连市甘井子区龙安路 8 号毅腾国际建材城 6 号楼
	大连市甘井子区棠梨南沟直入两公里	大连华美雅居建材有限公司
沈阳	沈阳飞利陶瓷有限公司	沈阳市大东区东北大马路东站街万和顺景 15 号楼 1202
	沈阳远东神华陶瓷销售有限公司	沈阳市铁西区云峰街东环国际 B 座 2015 号
南京	南京华欧建材连锁	南京市虎踞南路 100 号建宇大厦 1210 室
	南京世美家建材有限公司	南京市长江大桥北首金盛国际家居 A39．40
	南京市浦口区天福建材总汇	南京市红太阳商业大世界 C 仓 1309－1310 号
	南京大朗建材有限公司	南京市南京市浦口区大桥北路红太阳华东茂 A1 馆 2070

续表

市/区	公司名称	地址
南京	南京六方建材有限公司	南京市江东路1号金盛装饰城14厅2区14号
	南京模范建材有限公司	南京市江东南路2号
	南京大朗建材有限公司	南京市浦口区大桥北路金盛国际家居
	南京六方建材有限公司	南京市江东路1号金盛装饰城14厅2区14号
	南京茂辉建材有限公司	南京市红太阳装饰城综合二区1056号
	南京金屋厨卫有限公司	南京市江东北路127号辰龙广场3楼
太原	山西华达装饰有限公司	太原市滨河西路现代装饰大世界9座13号
	山西安华卫浴有限公司	太原市现代家居大世界国际瓷砖洁具馆1#厅J-02A
	太原市金泰建材有限公司	太原市万水物资城西区
	山西天佳瓷业有限公司	太原市兴华街88号
	太原市玉祥物贸有限公司	太原市双塔南路36号
	太原市丰益和建材有限公司	太原市兴华街现代家居市场16座1号
	太原市海丽美装饰有限公司	太原市兴华街88号现代装饰城13座5号
	山西中天建材有限公司	太原市聚宝彭21号楼11号
	山西瑞达金晨装饰建材有限公司	太原市漪汾桥西55号美丽家园办公区
	山西荣恒昌贸易有限公司	太原市美丽家园市场一层
	太原宏辉陶瓷有限公司	太原市兴华街
	太原远东神华陶瓷销售有限公司	太原市兴华街88号现代装饰大世界10座6号
北京	北京北方天鸿基建材有限公司	北京市丰台区周庄子221号
	北京六采建材有限公司	北京市海淀区北三环西路23号蓝景丽家大钟寺家居广场
	北京远东神华陶瓷销售有限公司	北京市朝阳区十里河闽龙陶瓷总部基地D区
	北京天祺隆建材有限公司	北京市南四环花乡仓储建材城25栋
	北京裕隆依诺经贸有限公司	北京市朝阳区十里河闽龙陶瓷总部基地D区2号
	北京盛源腾龙建材有限公司	北京市西四环远大居然之家金源店1076号
	北京万石兴业商贸有限公司	北京市闽龙A区48号
	北京京磁建材有限公司	北京市丰台区七里庄西局西街300号
	北京三昌隆商贸有限公司	北京市丰台区丽泽路66号
	北京海纳斯建材有限公司	北京市丰台区卢沟桥乡小井452号
	北京合恒倍洁具销售有限公司	北京市朝阳区闽龙世纪建材市场
	北京乐华骏成建材有限公司	北京市海淀区蓝景丽家大钟寺家具广场F-006-002
	北京华耐·立家连锁	北京市朝阳区十里河闽龙总部基地C区18号
	北京京鑫利沛家居建材连锁有限公司	北京市丰台区花乡白盆窑208号
	北京伟创力业商贸有限公司	北京市朝阳区十里河闽龙陶瓷C区16号4S总店
	北京北方高峰陶瓷有限公司	北京市朝阳区十里河闽龙陶瓷总部基地A区
	北京明光建材有限公司	北京市丰台区丰北路小井452
	北京泉隆和谐陶瓷有限公司	北京市朝阳区闽龙陶瓷总部基地d区36号
	北京怡美宏业陶瓷有限公司	北京市万家灯火建材城B-09
	北京涵煦巨阳商贸中心	北京市朝阳区大洋路333号凯恒酒店辅楼

续表

市/区	公司名称	地址
北京	北京金巨阳经贸有限公司	北京市朝阳区十八里店大洋坊路 28 号
	北京远东神华陶瓷销售有限公司	北京市朝阳区十里河闽龙陶瓷总部基地 D 区
武汉	武汉家盛时代装饰材料有限公司	武汉市建设大道 141 号 B3 区 229－246 号
	武汉三金陶瓷股份有限公司	武汉市汉口发展大道 27 号新华书店公寓（汉西常码头站）
	湖北华闽美家装饰材料有限公司	武汉市洪湖市乌林大道（交通局斜对面）
	武汉市飞箭材料有限公司	武汉市汉西金太阳建材城 A1 区 1－5 号
	武汉万家唯美建材有限公司	武汉市桥口区建设大道 141－146 号
	武汉星达伟业建材有限公司	武汉市汉西路陶瓷大世界 217－68 号
	武汉太古时代装饰材料有限公司	武汉市硚口区汉西路 107 号
	武汉三松伟业建材有限公司	武汉市桥口区汉西金太阳建材城 B1 区
	武汉市南方君临建材有限公司	武汉市汉西一路 70 号汉西货场 1 库 3 门
	武汉南美建筑装饰工程有限公司	武汉市双墩金太阳建材市场
	武汉市亚泰建材有限公司	武汉市建设大道金太阳建材城 B 栋 187－192 号
	武汉名佳装饰材料有限公司	武汉市徐东大街 97 号龙潭空中花园 A901－902 室
	武汉豪联建材有限公司	武汉市乔口区汉西一路 95 号 8 栋
	武汉蓬达建材有限公司	武汉市建设大道 141 号金太阳建材城 A4 区 99－106 号
	万家美居商贸公司	武汉市解放大道 201 号南国大武汉家装 U 座二楼
郑州	郑州凌云装饰材料有限公司	郑州市管城区五洲精品陶瓷城
	巨龙伟业建材有限公司	郑州市市辖区
	长宏建材有限公司	郑州市商都路五洲精品陶瓷城 A 区 3 栋
	联宜家建材有限公司	郑州市凤凰北城陶瓷卖场
	乐华美居建材有限公司	郑州市郑汴路凤凰城名优建材城 C 区 1－6 号
	三箭建材有限公司	郑州市郑汴路名优建材市场 E 区 12 号
	亿中基业建材有限公司	郑州市中原陶瓷城 K1
	福龙建材有限公司	郑州市郑汴路凤凰城
	郑州大地伟业建材有限公司	郑州市郑东新区商都路五洲精品陶瓷城 A 区 1 号
长沙	长沙浩博建材贸易有限公司	长沙市远大一路 639 号
	长沙市陶瓷玻璃城附 1 号	长沙海晶贸易有限公司
哈尔滨	永明装饰材料有限公司	哈尔滨市红军街禧年中心 1406～1408 室
	巨兴建材维可陶卫浴	哈尔滨市道外区太古街 686 号
	瑞亨有限责任公司	哈尔滨市道外区太古街 621 号
	佰盛陶瓷连锁	哈尔滨市道外区蔬菜二部院内
	中建经贸有限公司	哈尔滨市道外区先锋路 8 号 14 栋
	中意陶瓷有限公司	哈尔滨市道外区临堤街 4 号蔬菜二部 37 号厅
上海	上海桑诺建筑工程有限公司	上海市浦东新区杨高南路 3298 号 2 号库 2 号门
	上海桑诺洁具有限公司	上海市浦东新区东明路 988 号
	上海章飞建材有限公司	上海浦东杨高南路 3298 号恒大建材市场 32 库正门
	上海莺王建材有限公司	上海市奉贤区柘林镇环城东路 3 号－321

续表

市/区	公司名称	地址
上海	上海画宇实业有限公司	上海市星中路五金九区四幢
	上海莘法建材有限公司	上海市闵行区碧秀路98号1栋301室
	上海伯朗卫浴设备有限公司	上海市的嘉行公路2935号
	上海丰凯实业有限公司	上海市浦东新区杨高南路3298号
	华耐－立家建材连锁	上海市徐汇区中山西路2366弄1号楼3101室
杭州	杭州东箭贸易有限公司	杭州市南复路59号陶瓷品市场三厅四楼
	杭州欣联贸易有限公司	杭州市南复路59号陶瓷品市场
	杭州恒都建材有限公司	杭州市上城区南复路59号5厅3楼
	杭州怡欧贸易有限公司	杭州市秋涛北路77号1803室
	浙江汇丰建材有限公司	杭州市秋涛北路107号
	杭州达芬陶瓷有限公司	杭州市秋涛路18号
	杭州中腾贸易有限公司	杭州市潮王路208号
	杭州信益陶瓷有限公司	杭州市上城區婺江路近江工业一区十幢
	杭州陶都实业有限公司	杭州市文三西路31号
	杭州君临建材有限公司	杭州市上城区南复路48号
	杭州四维卫浴有限公司	杭州市南复路陶瓷品市场6号厅2楼5号
	浙江亿丰家居建材城大树建材商行	杭州市余杭区 莫干山路终点
	杭州别格贸易有限公司	杭州市庆春路中河大厦522室
	杭州鸿泰陶瓷制品有限公司	杭州市陶瓷品市场南复路58－1号
	杭州汉和建材有限公司	杭州市南复路59号八卦新村13幢1单元202室
	杭州汇发建材有限公司	杭州市南复路陶瓷品市场十号名品馆
	杭州鹿跃建材贸易有限公司	杭州市萧山鸿宁路458号
福州	福州鑫元亨建材有限公司	福州市南方建材市场12座29－30号楼兰陶瓷生活馆
	福建豪业陶瓷有限公司	福州市闽清县王大河工业区
	福州晋安区荣兴建材店	福州市晋安区连江北路南方建材市场12座
	福州风向建材有限公司	福州市连江北路269号喜盈门建材家居广场1层1156－1160号
	福州福金乐建材有限公司	福州市连江北路南方建材市场2座15－16号
南宁	南宁名陶建材有限责任公司	南宁市名陶建材有限责任公司
	佛山市欧美陶瓷有限公司南宁营销中心	南宁市快环建材市场C1－1号
	南宁国东建材有限公司	南宁市明秀东路
	佛山市裕景陶瓷有限公司南宁营销中心	南宁市快环建材市场C1栋10－12号
	南宁巨昌建材有限公司	南宁市快环建材市场C栋5号
	广东恒洁卫浴有限公司南宁营销中心	南宁市明秀建材市场16仓3－4号
	波罗地建材有限公司	南宁市明秀东路88号16仓14－15号
广州	广州万莊陶瓷酒店用品有限公司	广州市番禺区大石沙溪国际酒店用品城F79－88
	广州市东鹏陶瓷有限责任公司	广州市车陂路95号
	惠泉美居投资有限公司	广州市花都区新华镇曙光路馨庭花园18号
乌鲁木齐	新疆五点梅建材有限公司	乌鲁木齐市西虹东路9号华凌市场陶瓷区二排11幢5号

续表

市/区	公司名称	地址
乌鲁木齐	新疆万通建材有限公司	乌鲁木齐市广汇美居物流园 B 座一层 124 号
	新疆创未来陶瓷建材有限公司	乌鲁木齐市华凌陶瓷区新 3 排 2 栋 1－8 号
	新疆名家建材有限公司	乌鲁木齐市华凌国际中亚陶瓷馆负一层 E 区 2－2 号
	创亿来陶瓷连锁	乌鲁木齐市华凌贸易城陶瓷区 1 期 3 号
	缤丽砖家连锁	乌鲁木齐市华凌中亚陶瓷城负二楼 E 区 1－15 号
	新疆好理想建材有限公司	乌鲁木齐市阿勒泰路 328 号
	新疆库尔勒南陶商贸有限责任公司	库尔勒市铁门关路
	新疆东鹏陶瓷有限责任公司	乌鲁木齐市华凌市场陶瓷区口岸一楼一号美居物流园 B 座一楼 325 号
	新疆埃美柯（国际）商贸有限公司	乌鲁木齐市广汇美居物流园 B 座一层 320－331 号
	乌鲁木齐豪日陶瓷洁具有限公司	乌鲁木齐市西虹东路 9 号华凌市场 B 座 73－76 号
银川	银川东来贸易有限公司	银川市新华东街 320 号
长春	东隆商贸有限公司	长春市东环城路 4260 号
烟台	烟台和奇卫浴有限公司	烟台市幸福中路乐天家居一楼
东莞	华美乐建材超市有限公司	东莞市南城区科技工业园
	东莞市惠泉建材有限公司	东莞市东方建材装饰城
惠州	惠州市骏达建陶有限公司	惠州市惠城区演达路三环装饰城
	惠州市惠泉有限公司	惠州市河南岸街道

四、一、二线城市主要建材家居市场

城市	名称	地址
哈尔滨	东方家园	哈尔滨市南岗区红旗大街 240 号
	哈尔滨海城建材市场	哈尔滨市南岗区文道街 1 号
	鑫海城市场	哈尔滨市南岗区文明街 49 号
	居然之家	哈尔滨市道里区爱建路紫园路 6－11 号
		哈尔滨市道外区先锋路 469 号
	禧龙陶瓷批发大市场	哈尔滨太平区先锋路 8 号
长春	吉得利建材市场	长春市绿园区铁西街 40 号
	长春东北亚国际采购中心	长春市二道区远达大街与惠工路交汇处
	长春市天宝建材市场	长春市二道区运达大街 8 号
	金源大市场	长春市经开区会展大街 555 号中东大市场 43 号门对面
	长春远东批发市场	长春市黑水路
沈阳	沈阳陶瓷大世界	沈阳市东望街 23 号
	金山建材市场	沈阳市于洪区
	东北建材市场	沈阳市东陵区高观台路 32 号
	沈阳西窑建材交易中心	沈阳市于洪区鸭绿江北街

续表

城市	名称	地址
沈阳	居然之家	沈阳市皇姑区黄河南大街38号
沈阳	居然之家	沈阳市大东区东北大马路与二环交界处
沈阳	居然之家	沈阳市浑南南新区亿丰时代广场西侧
沈阳	红星美凯龙	沈阳市铁西区北二东路35号
沈阳	红星美凯龙	沈阳市大东区滂江街24号
济南	金牛建材市场	济南市天桥区师范路西首
济南	红星美凯龙建材装饰广场	济南市北园大街243号
济南	居然之家	济南市天桥区园大街243号
济南	居然之家	济南市槐荫区交校西路8号
济南	银座家居	济南市北园大街488号
济南	东方家园	济南市济微路92号
南京	百安居	南京市栖霞大道6号
南京	百安居	南京市宁溧路286号
南京	好美家建材超市	南京市江东北路382号（金盛百货大市场对面）
南京	红星美凯龙	南京市卡子门店29号
南京	红星美凯龙	南京市江东中路313号中泰国际广场裙楼
南京	红星美凯龙	南京市中央路224号
南京	金盛国际家居	南京市江东中路80号
南京	金盛国际家居	南京市和燕路119号
南京	金盛国际家居	南京市浦口区高新经济技术开发区
南京	金盛国际家居	南京市六合开发区方新路以南
南京	金盛国际家居	南京市建宁路31号
南京	五洲装饰城	南京市石门坎115号
杭州	杭州陶瓷品市场	杭州市复兴路南复路59号
杭州	华东陶瓷建材市场	杭州市古墩路819号
杭州	新时代装饰广场	杭州市古墩路808号新时代装饰广场
杭州	佳好佳居饰商城	杭州市秋涛北路118号
杭州	杭州大厦购物中心	杭州市武林广场1号
杭州	居然之家	杭州市江干区凤起东路358号
杭州	红星美凯龙	杭州市西湖区古墩路703号
杭州	红星美凯龙	杭州市余杭区良渚镇勾庄路218号
广州	美居中心	广州市天河区广东奥体中心环场路花花世界购物中心
广州	安华装饰材料城	广州市黄石东路808号
广州	百安居	广州市大道南1276号百安居海珠店
广州	百安居	广州市黄埔大道中371号（员村四横路东行500米）
广州	南北装饰材料市场	广州市南岸路17号
广州	金海马家居	广州市海珠区江南大道南第411号（香江家居）
广州	金海马家居	广州市黄埔大道西495号国防大厦西
广州	金海马家居	广州市芳村花地大道喜鹊路271号

续表

城市	名称	地址
武汉	金海马华中建材市场	武汉市汉西一路 95 号
	康家建材装饰广场	武汉市雄楚大街 446 号陈家湾
	百安居	武汉市中北路 122－2 号
	宜家装饰材料广场	武汉市中山路 388 号
	大武汉家装广场	武汉市解放大道 201 号
	居然之家	武汉市江汉区常青路
		武汉市武昌区徐东路与中北路交汇处
	金盛国际家居	武汉市武昌中山路与友谊大道交汇处
		武汉市东西湖区金银湖生态商务城
成都	沃尔建材市场	成都市三环路武侯立交桥外侧（顺江路）
	四川大西南建材城	成都市九里堤北路 53 号
	亿家天下国际建材中心	成都市二环路北三段 191 号
	成都 512 建材市场	成都市二环路北四段 3 号
	博美装饰城	成都市洗面桥街 20 号
	红星美凯龙	成都市武侯区红牌楼佳灵路 9 号
西安	大明宫建材家居	西安市太华北路和北二环路交汇处
	西部建材城	西安市太华路 182 号
	东方家园	西安市南二环东段 1 号
	百安居	西安市雁塔区长安南路 101 号
	三森家居建材城	西安市长安南路 18 号
	居然之家	西安市城北北二环西段朱宏路立交东 500 米路北
	红星美凯龙	西安市碑林区太白北路 1 号
		西安市雁塔区西沣路 56 号
大连	中益建材批发市场	大连市金州区
	金三角建材市场	大连市甘井子区金三角广场 15 号
	大连家家广场	大连市中山区
	金盛国际家居广场	大连市西南路金盛国际家居三寰广场
	大连国际商城	大连市甘井子区山东路
青岛	百安居	青岛市辽阳西路 188 号
	达翁建材广场	青岛市书院路 168 号
	东方家园	青岛市四方区重庆南路 120 号
	高科园装饰城	青岛市北区辽阳西路 0 号
	青岛装饰城	青岛市市北区辽宁路 80 甲
	红星美凯龙	青岛市胶南市人民东路 380 号
宁波	麦客隆建材市场	宁波市近郊慈溪市浒山华胜路
	红枫建材市场	宁波市宁海县中山西路 55 号
	现代建材市场	宁波市江东兴宁路 368 号
	宁波新型建材市场	宁波市环城化路段 699 号
	海曙建材商场	宁波市镇安街 32 号

续表

城市	名称	地址
厦门	吉家家世界	厦门市金湖路 118 号
	阿里山大厦	厦门市思明区吕岭路 2－4 号
	百安居	厦门市莲坂明发商业广场内 B 区
	新景建材城	厦门市台湾街 143 号
	江头建材市场	厦门市湖里区仙岳路
	国联建材城	厦门市台湾街国联大厦
深圳	好又美装饰材料城	深圳市侨香路 668 号
	家乐居装饰建材超市	深圳市笋岗梨园路（市人才大市场后面）
	泰安居装饰材料广场	深圳市福田区泰然工贸园泰然八路 96 号
	国安居装饰市场	深圳市卦四路与八卦五街交界处
	中信装饰城	深圳市福田区八卦四路（八卦岭工业区 422 栋、425 栋、427 栋）新阳大厦首层
	金雅装饰材料南新市场	深圳市南山大道 3028 号（南新路与学府路交界处）
	宝润装饰材料城	深圳市 78 区建安二路与流塘中交汇处
	红星美凯龙	深圳市福田区深南中路香蜜湖
		深圳市龙岗区布吉镇布龙公路 9 号
	金海马家居	深圳市前山世邦广场装饰广场 1－2 号厅（世邦店）
		深圳市宝安北路与泥岗路交界口处
		深圳市宝安北路人才大市场 1 至 4 楼
		深圳市罗湖区宝安北路（香江家居）
		深圳市福田益田南路皇庭世纪裙楼
北京	东方家园建材市场	北京市丰台区南三环西路 56
	蓝景丽家丽泽建材城	北京市丰台区西三环南路 10 号丽泽桥长途站边
	玉泉营建材装饰市场	北京市玉泉营立交桥东南角郑王坟东里 8 号
	闽龙陶瓷市场	北京市朝阳区十里河建材一条街东段，大羊坊路周庄路口
	丽泽建材城	北京市丰台区西三环南路 40 号
	居然之家	北京市朝阳区北四环东路 65 号
		北京市朝阳区大羊坊路 106 号
		北京市丰台区南三环西路 58 号
		北京市海淀区远大路 1 号世纪金源购物中心西北侧
		北京市丰台区西三环南路的丽泽桥西北侧
	红星美凯龙	北京市丰台区西四环中路 113 号
		北京市朝阳区东四环中路 193 号
		北京市朝阳区来广营西路 59 号
		北京市朝阳区德胜门外北沙滩 1 号

续表

城市	名称	地址
上海	红星美凯龙	上海市普陀区真北路 1108 号
		上海市闵行区银都路 2358 号
		上海市宝山区汶水路 1555 号
		上海市浦东新区泸南公路 2178 号
	上海装饰市场	上海市嘉定区南门沪宜公路 3158、188 号
	金盛国际家居	上海市普陀区铜川路 185 号（岚皋路桥）
		上海市银都路 2988 号
	建配龙家居商城	上海市长逸路 15 号（逸仙路口）
天津	红星美凯龙	天津市河西区解放南路与黑牛城道交口
		天津市红桥区红旗路与西青道交口
	家得宝	天津市河西区黑牛城道 125 号
	环渤海建材中心批发市场	天津市河西区解放南路 473 号
	珠江装饰城	天津市河西区天津市河西区解放南路 475 号
重庆	红星美凯龙	重庆市北部新区新南路 888 号
		重庆市南岸区南坪西路 58 号
	居然之家	重庆市江北区北滨路金源时代购物广场
	国窖建材汇展中心	重庆市高新区石新路 156 号
	龙溪建材市场	重庆市龙溪龙脊路 101 号
	大川建材市场	重庆市马家岩
长沙	万家丽居建材广场	长沙市万家丽大道 68 号
	三湘·家美建材广场	长沙市三湘家美建材广场 2 楼 2029 号
	安居乐园家居建材	长沙市岳麓区北大桥观沙岭 88 号
	马王堆陶瓷市场	长沙市八一东路 539 号
	红星美凯龙	长沙市芙蓉中路二段 188 号
		长沙市韶山南路红星国际会展中心旁
福州	南方建材市场	福州市晋安区连江北路 293－2
	上渡建材市场	福州市仓山区上渡路 149 号
	福州汇多利装饰材料市场	福州市广达路南段 378 号
	福州黎明建材市场	福州市花鼓区
	拓福建材超市	福州市仓山区金山大道 100 号
南昌	江南建材大市场	南昌市迎宾大道
	香江家居建材市场	南昌市解放西路香江家居建材市场
	华东国际工业博览城	南昌市青云谱区包佛路中段
	红星美凯龙	南昌市迎宾北大道 278 号
	洛阳路建筑装饰材料市场	南昌市洛阳路 61 号
石家庄	丽城建材城	石家庄市正定县
	乐惠家家居建材商场	石家庄市裕华区槐安东路和谈固东街交汇处
	红房子陶瓷批发市场	石家庄市槐中西路 28 号
	金豪陶瓷商场	石家庄市和平东路 301 号
	红星美凯龙	石家庄市和平东路 289 号

续表

城市	名称	地址
乌鲁木齐	信中装饰建材市场	乌鲁木齐市阿勒泰路328号
	苏州路水暖建材批发市场	乌鲁木齐市河滩北路194号
	华凌综合市场	乌鲁木齐市河滩北路38号
	信中装饰建材市场	乌鲁木齐市阿勒泰路1769号
	新疆广汇美居物流园	乌鲁木齐高新技术产业开发区
昆明	昆明大观建材木制品市场	云南省昆明市西山区大观路
	云南夏之春装饰广场	昆明市北市区万华路193号夏之春装饰广场
	云南博美建材城	昆明市关上关雨路和甸营村
	大湄公万象国际建材城	昆明市关雨路同兴工业市场5号
	居然之家	昆明市官渡区世纪金源大道1号
合肥	金钻陶瓷仰光市场	合肥市仰光建材市场4区1－5号
	东方家园建材超市	合肥市经济技术开发区金寨南路与芙蓉路交叉口
	合肥金三角建材城	合肥市庐阳区美菱大道118号
	居然之家	合肥市滨湖新区徽州大道与紫云路交叉口滨湖世纪城购物中心D栋
	红星美凯龙	合肥市铜陵北路与临泉路交叉信地城市广场
太原	古交市张永亮建材市场	古交市大川西路
	兴华陶瓷市场	太原市兴华街18号
	居然之家	太原市长治路185号
	红星美凯龙	太原市尖草坪区滨河西路北段三给街
	东方家园	太原市小店区长风街599号
呼和浩特	元和家美家居建材广场	呼和浩特市海拉尔西路5号
	美苑建材市场	呼和浩特市哲里木路
	万鼎新业建材城	呼和浩特市新城区东库街78号
	新科装饰材料市场	呼和浩特市新城区迎宾南路
	万鼎新业建材城	呼和浩特市新城区东库街78号
	居然之家	呼和浩特市海拉尔东街与兴安北路交汇处
	金盛国际家居	呼和浩特市新城区的南二环路上
贵阳	伟星建材市场	贵阳市南明区
	筑兴建材仓储批发市场	贵阳市市辖区贵阳市解放路258号
	双飞比兰德市场	贵阳市威清路270号
	新发大型装饰建材市场	贵阳市苑社大道北段560号
	富源美家居国际建汇中心	贵阳市解放路12号
	红星美凯龙	贵阳市南明区油榨街10号
拉萨	南方石材陶瓷建材城	拉萨市夺底路16号
	天海建材市场	拉萨市朵森格
	雁滩建材市场	兰州市滩尖子1号6号楼
	兰新商业广场	兰州市东岗西路565号
	中和国际城建材市场	拉萨市拉萨河畔太阳岛上

续表

城市	名称	地址
郑州	居然之家	郑州市郑东新区商都路六号
	红星美凯龙	郑州市商都路1号
	金海马家居	郑州市管城回族区农业东路
	天荣国际建材港	郑州市金水区郑花路99号
	西建材大世界	郑州市淮河路
洛阳	居然之家	洛阳市西工区王城大道与九都路交叉口
	红星美凯龙	洛阳市洛龙区牡丹大道1号
	牡丹城家居广场	洛阳市涧西区牡丹城宾馆南50米
	洛阳桥建材市场	洛阳市桥建材市场45号
	东方建材大市场	洛阳市西工区王城路37号
海口	居然之家	海口市滨海大道96号
	华泰建材装饰城	海口市海府路
	金鹿装饰大世界	海口市海府路152号
	万佳家居装饰广场	海口市南海大道88号
	塔光陶瓷城	海口市振东区海府、国兴路交叉口
南宁	茂源建筑陶瓷广西建材市场	南宁市五一中路25号
	南宁桂中家居	南宁市厢竹长湖路口
	南宁明秀东建材卫浴精品城	南宁市建筑装饰材料市场位于南宁市明秀东路88号
	虎邱装饰材料市场	南宁市明秀东路174号
	万泰隆建材市场	南宁市槎路12号
银川	红星美凯龙	银川市丽景南街长城装饰市场向南500米
	昆仑建材市场	银川市丽景南街
	民乐建筑材料市场	银川市东环南路友爱三区对面
	西部建材城	银川市德胜工业园区
	银川宗磊建材市场	银川市金凤区上海西路684
西宁	西宁朝阳建材市场	西宁市城北区
	北山寺批发市场	西宁市北禅路附近
	北山家居建材市场	西宁市祁连路48号
	西北朝阳建材陶瓷市场	西宁市祁连路西128号
	湟水河建材装饰市场	西宁市祁连路西70号
兰州	兰州陶瓷建材批发市场	兰州市西固东路36号
	三森美居建材展览中心	兰州市张苏滩458号
	富星家居广场	兰州市北滨河东路18号
	月星国际家居广场	兰州市七里河区南滨河中路651号
	兰州兰海商贸城	兰州市甘南东路171号

附　录

附录1　中国建筑卫生陶瓷协会组织架构

中国建筑卫生陶瓷协会第六届理事会

会长：
叶向阳　中国建筑材料联合会副会长
名誉会长：
丁卫东　中国建筑卫生陶瓷协会
副会长：
王兴农　山东耿瓷集团总公司　董事长
王惠文　唐山惠达陶瓷集团股份有限公司　董事长
卢伟坚　上海福祥陶瓷有限公司　董事长
叶远勤　山东淄博东岳实业总公司　董事长
叶荣恒　广东博德精工建材有限公司　董事长
叶德林　广东新明珠陶瓷有限公司　董事长
边　程　广东科达机电股份有限公司　总经理
刘纪明　四川省新万兴瓷业有限公司　董事长
刘爱林　佛山大宇新型材料有限公司　董事长
孙守年　山东淄博城东企业集团有限公司　董事长
许传凯　路达（厦门）工业有限公司　总经理
闫开放　咸阳陶瓷研究设计院　院长
何　乾　佛山金意陶陶瓷有限公司　董事长
何新明　广东东鹏陶瓷股份有限公司　董事长
吴声团　福建晋江市矿建釉面砖厂　董事长
吴国良　福建省华泰集团公司　董事长
张孟友　佛山鹰牌陶瓷有限公司　总经理
张剑光　山东地王集团　董事长
杨宝贵　福建南安协进建材有限公司　总经理
苏国川　福建晋江豪山建材公司　董事长
苏绍标　潮州市枫溪建厦陶瓷实业有限公司　董事长
陈　环　广东陶瓷协会　常务副会长
陈宗云　深圳成霖洁具股份有限公司　总经理
陈荣国　上海斯米克建筑陶瓷股份有限公司　总经理
孟令来　唐山梦牌瓷业有限公司　董事长

林声雁　九牧集团有限公司　董事长
武庆涛　北京国建联信认证中心有限公司　总经理
骆水根　杭州诺贝尔集团有限公司　董事长
徐胜昔　华窑中亚窑炉责任有限公司　董事长
贾　锋　华耐集团公司　董事长
梁桐灿　广东宏陶陶瓷有限公司　董事长
萧　华　广东蒙娜丽莎陶瓷有限公司　董事长
黄建平　广东唯美陶瓷工业有限公司　董事长
黄英明　珠海市斗门区旭日陶瓷有限公司　董事长
温建德　四川白塔新联兴陶瓷有限责任公司　董事长
谢伟藩　潮州市天键陶瓷有限公司　总经理
鲍杰军　佛山欧神诺陶瓷有限公司　董事长
缪　斌　中国建筑卫生陶瓷协会　秘书长
蔡祈敢　淄博春申陶瓷科技城集团有限公司　董事长
霍镰泉　广东新中源（集团）有限公司　总裁

中国建筑卫生陶瓷协会各办事机构及分支机构负责人

秘书长：缪　斌（兼）
副秘书长：何　峰　夏高生　王　巍　尹　虹
行业工作部：何　峰（兼）
联络部：夏高生（兼）
信息部：高卫华
市场展贸部：缪　斌（兼）
财务部：何　峰（兼）
外商企业联谊会：陈丁荣　夏高生
职业经理人俱乐部：张旗康（兼）　余　敏（兼）
《中国建筑卫生陶瓷》杂志编辑部：陶马龙
《中国建筑卫生陶瓷年鉴》编辑部：尹　虹（兼）　刘小明
卫浴配件分会：王　巍（兼）
建筑琉璃制品分会：徐　波
色釉料原辅材料分会：刘爱林（兼）　陈晓波
淋浴房分会：邓贵智
装饰艺术陶瓷专业委员会：夏高生（兼）
精细陶瓷制品专业委员会：缪　斌（兼）
流通分会：刘　勇（兼）
窑炉暨节能技术装备分会　缪　斌（兼）
高级顾问：陈丁荣、陈　帆　史哲民

附录 2　2009 年全国各省市建筑卫生陶瓷产量统计

2009 年全国各省市建筑卫生陶瓷产量统计

地区名称	卫生陶瓷		陶瓷砖	
	产量（万件）	增长（%）	产量（万平方米）	增长（%）
总　计	15690	1.80	642711	11.675
北　京	131	-17.6	0	-14.9
天　津	55	-43.1	3	0.0
河　北	2211	5.3	10456	-6.1
山　西	0	0.0	3983	104.7
内　蒙	0	0.0	1565	617.9
辽　宁	0	0.0	32701	68.0
吉　林	0	0.0	0	0.0
黑龙江	0	0.0	0	0.0
上　海	307	90.4	1359	-19.1
江　苏	76	-7.9	1480	6.3
浙　江	0	1.3	5873	23.0
安　徽	1	0.0	2087	32.7
福　建	350	105.7	133216	10.8
江　西	0	0.0	24342	134.4
山　东	336	-25.2	117630	1.6
河　南	4780	3.98	6397	88.8
湖　北	662	33.0	15265	61.8
湖　南	367	7.7	4195	263.4
广　东	5881	2.4	179754	-3.0
广　西	336	1.2	5633	13.9
海　南	0	0.0	0	0.0
重　庆	174	51.3	10592	103.9
四　川	0	9.5	68393	6.6
贵　州	0	0.0	1678	19.9
云　南	0	0.0	3820	46.3
西　藏	0	0.0	0	0.0
陕　西	18	0.0	5506	67.5
甘　肃	0	0.0	492	17.9
青　海	0	0.0	0	1096.9
宁　夏	0	0.0	2288	31.6
新　疆	4	0.0	4002	8.6

附录3　2009 年全国建筑卫生陶瓷进出口统计

商品名称	出口商品数量					出口商品金额			
	数量单位	本月实际	本月增长率（%）	本年累计	累计增长率（%）	本月实际	本月增长率（%）	本年累计	累计增长率（%）
出　口									
卫生陶瓷	件	5393640	15. 89	53768750	-4. 54	6907. 9	-9. 20	66762. 8	-18. 34
1. 瓷制固定卫生设备	件	5337850	22. 06	53111870	1. 03	6794. 0	2. 31	65239. 9	-12. 19
2. 陶制固定卫生设备	件	55790	-80. 14	656810	-82. 50	113. 9	-88. 23	1522. 9	-79. 59
陶瓷砖	平方米	67407767	44. 41	685466407	2. 17	30926. 8	57. 31	286219. 3	5. 60
1. 上釉的陶瓷砖	平方米	41153557	45. 70	419217387	5. 30	16821. 5	67. 47	147648. 5	12. 20
①上釉的陶瓷砖、瓦、块等	平方米	229346	113. 20	2494010	86. 51	143. 1	58. 04	1618. 4	61. 34
②其他上釉的陶瓷砖、瓦、块等	平方米	40924211	45. 45	416723377	5. 03	16678. 3	67. 55	146030. 2	11. 82
2. 未上釉的陶瓷砖	平方米	26254210	42. 43	266249020	-2. 40	14105. 4	46. 69	138570. 7	-0. 64
①未上釉的陶瓷砖、瓦、块等	平方米	76037	348. 33	1078549	12. 77	52. 3	438. 18	527. 5	-19. 77
②其他未上釉的陶瓷砖、瓦、块等	平方米	26178173	42. 15	265170471	-2. 45	14053. 0	46. 30	138043. 2	-0. 55
进　口									
卫生陶瓷	件	49770	28. 84	476000	21. 62	287. 4	23. 00	2903. 7	-10. 08
1. 瓷制固定卫生设备	件	45220	24. 84	429030	13. 78	261. 6	22. 55	2599. 7	-14. 05
2. 陶制固定卫生设备	件	4550	88. 95	47040	228. 74	25. 8	27. 83	304. 0	48. 57
陶瓷砖	平方米	306536	64. 89	2817571	-4. 49	664. 8	112. 46	5266. 8	6. 42
1. 上釉的陶瓷砖	平方米	230551	52. 32	2356345	-5. 38	379. 2	71. 41	3406. 6	-4. 15
①上釉的陶瓷砖、瓦、块等	平方米	3564	134. 01	125294	370. 27	18. 0	579. 64	88. 9	-23. 15
②其他上釉的陶瓷砖、瓦、块等	平方米	226987	51. 49	2231051	-9. 44	361. 2	65. 24	3317. 7	-3. 52
2. 未上釉的陶瓷砖	平方米	75985	119. 97	461226	0. 35	285. 5	211. 57	1860. 3	33. 37
①未上釉的陶瓷砖、瓦、块等	平方米	717	103. 12	7895	72. 91	4. 3	115. 08	20. 1	4. 67
②其他未上釉的陶瓷砖、瓦、块等	平方米	75268	120. 15	453331	-0. 38	281. 2	213. 73	1840. 1	33. 77

附录 4　2009 年中国水龙头出口与进口

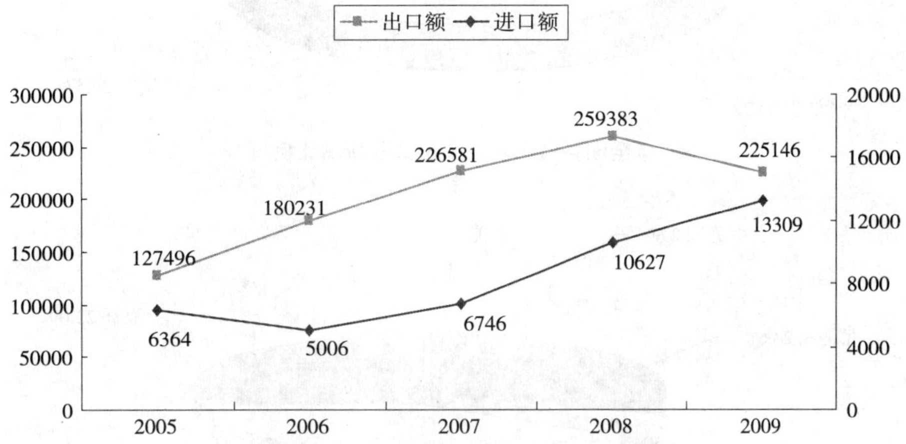

2005～2009 年水龙头进出口额（万美元）

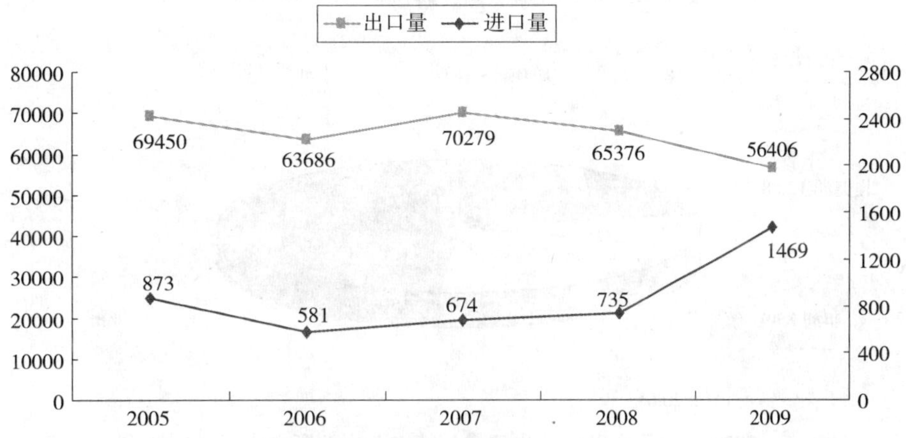

2005～2009 年水龙头进出口量（万套）

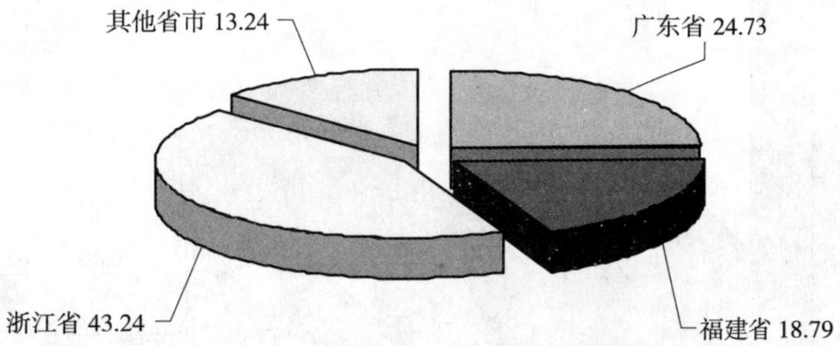

2009 年全国各省市水龙头出口额所占比例（%）

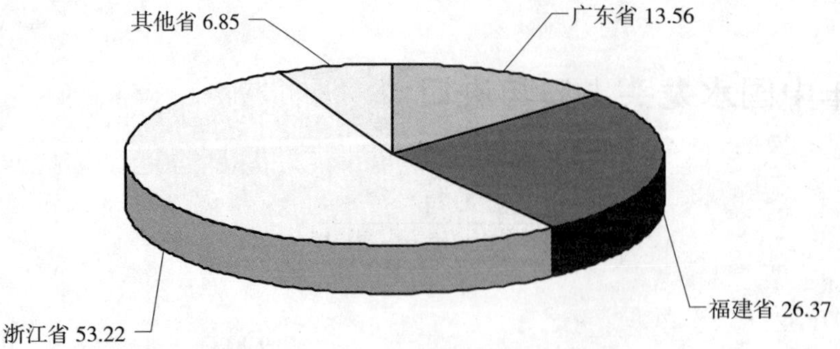

2009 年全国各省市水龙头出口量所占比例（%）

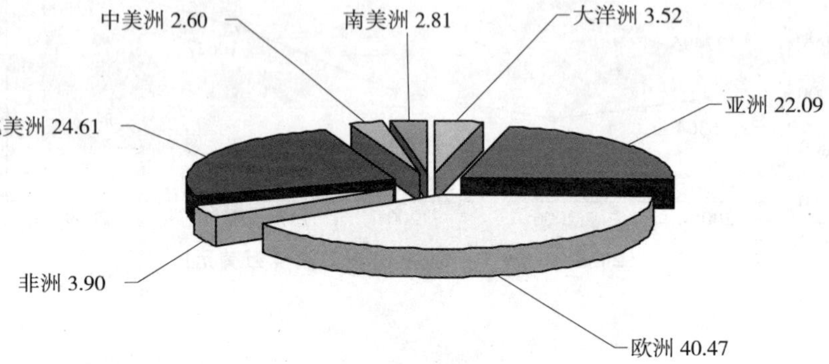

2009 年中国水龙头（出口额）流向各大洲所占比例（%）

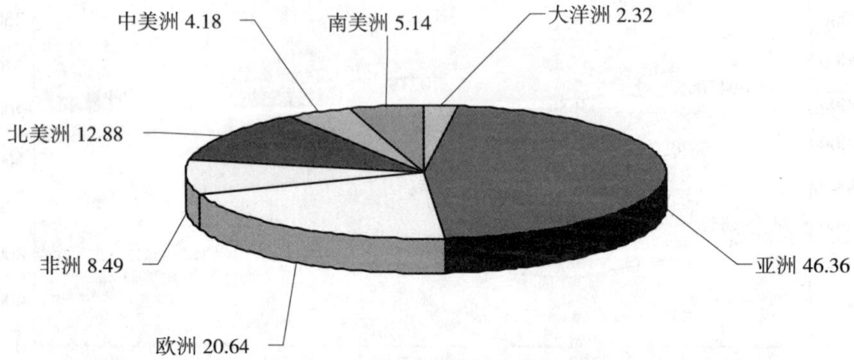

2009 年中国水龙头（出口量）流向各大洲所占比例（%）

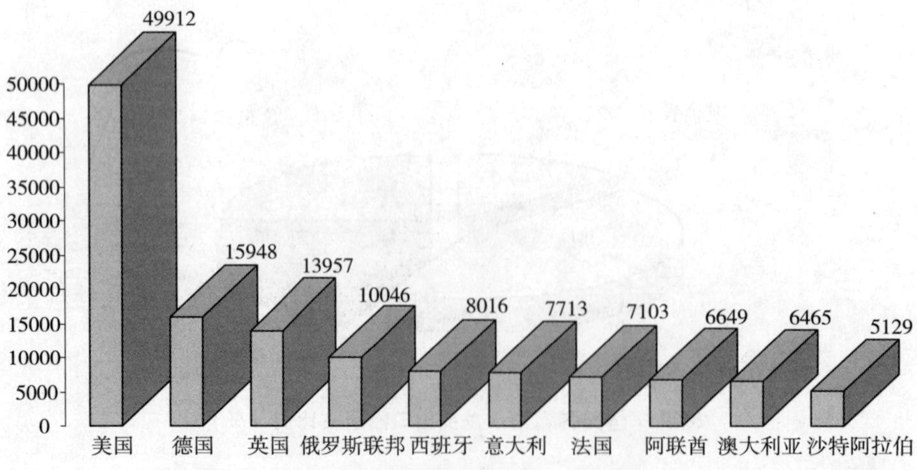

2009 年水龙头出口主要流向（万美元）

附录 5　2009 年中国塑料浴缸及淋浴房出口与进口

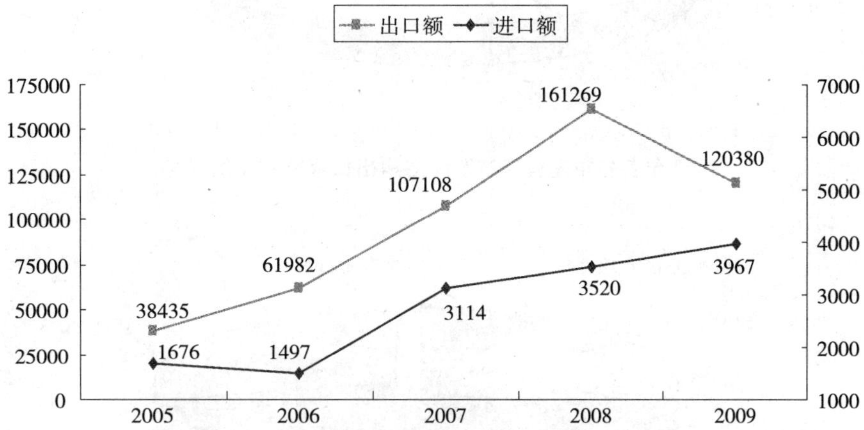

2005～2009 年塑料浴缸及淋浴房进出口额（万美元）

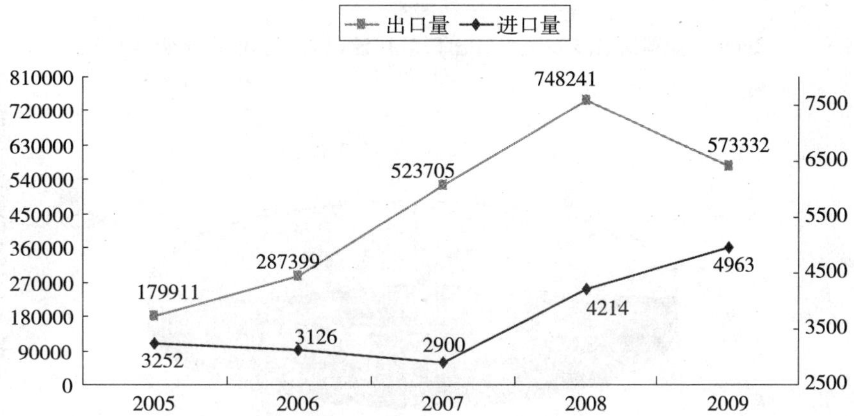

2005～2009 年塑料浴缸及淋浴房进出口量（吨）

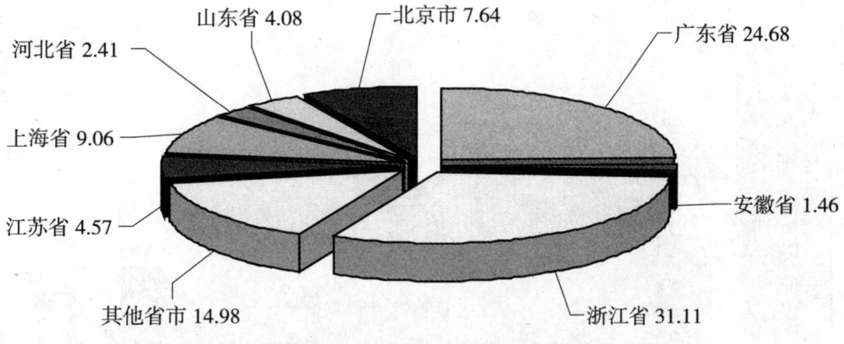

2009 年各省市塑料浴缸及淋浴房出口额所占比例（%）

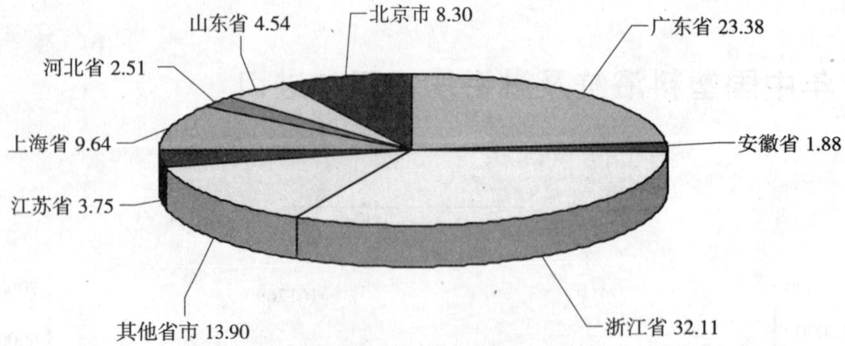

2009 年各省市塑料浴缸及淋浴房出口量所占比例（%）

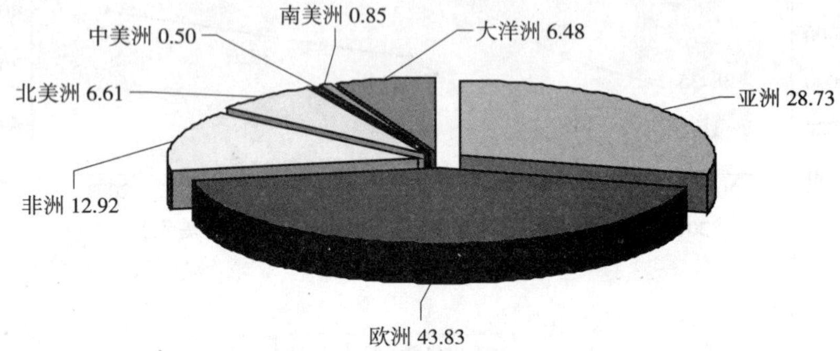

2009 年塑料浴缸及淋浴房（出口额）流向各大洲所占比例（%）

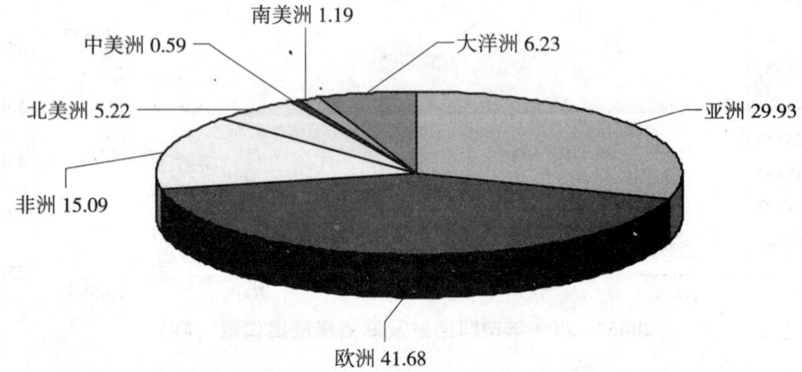

2009 年塑料浴缸及淋浴房（出口量）流向各大洲所占比例（%）

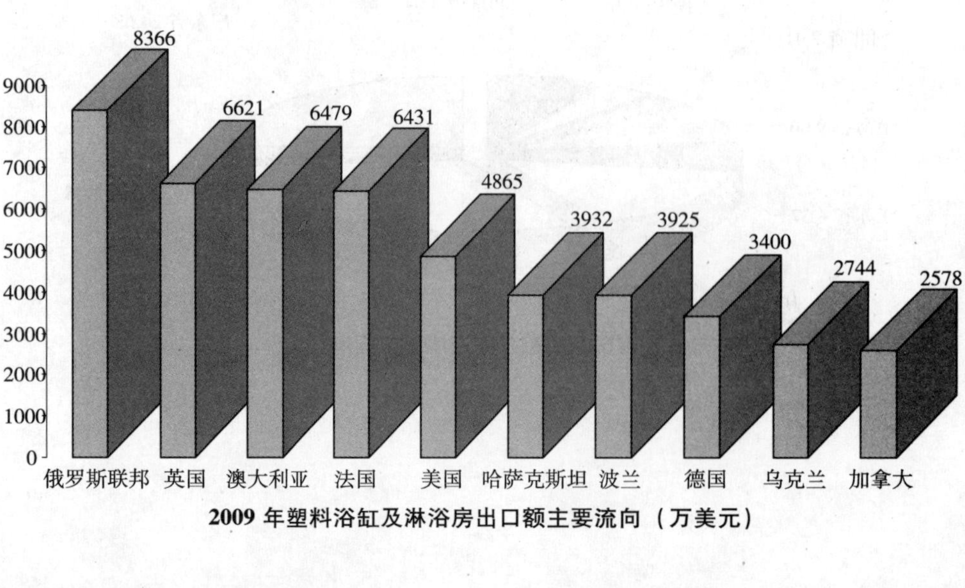

2009 年塑料浴缸及淋浴房出口额主要流向（万美元）

附录6　2009年中国坐便器盖圈出口与进口

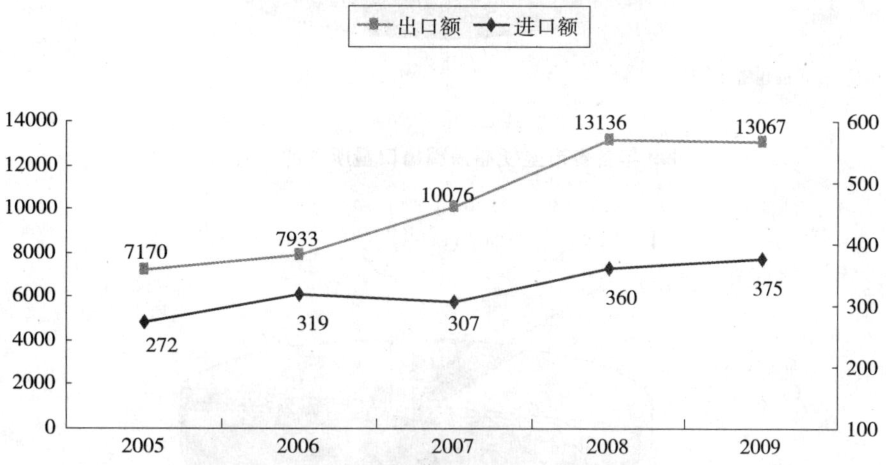

2005～2009年坐便器盖圈进出口额（万美元）

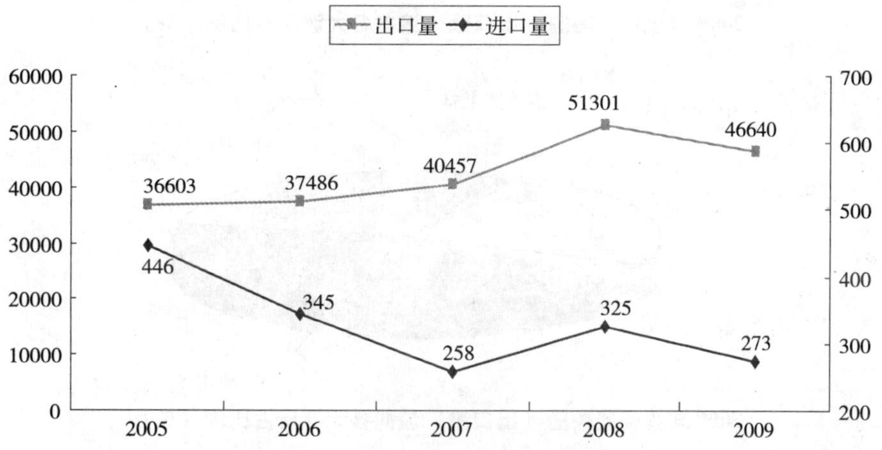

2005～2009年坐便器盖圈进出口量（吨）

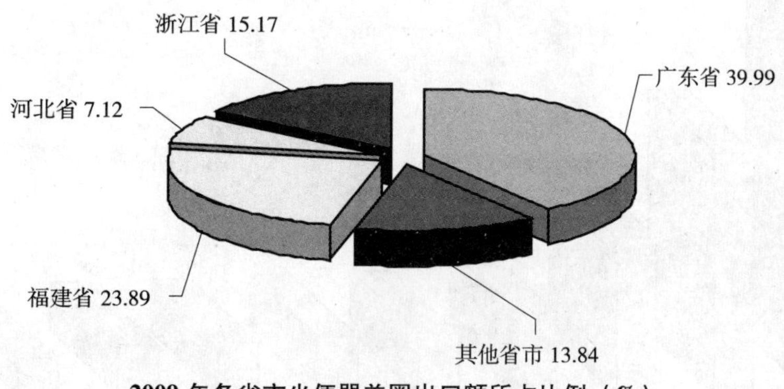

2009年各省市坐便器盖圈出口额所占比例（%）

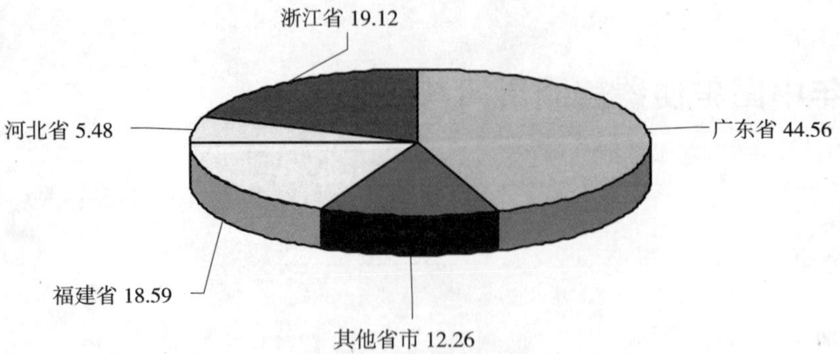

2009 年各省市坐便器盖圈出口量所占比例（%）

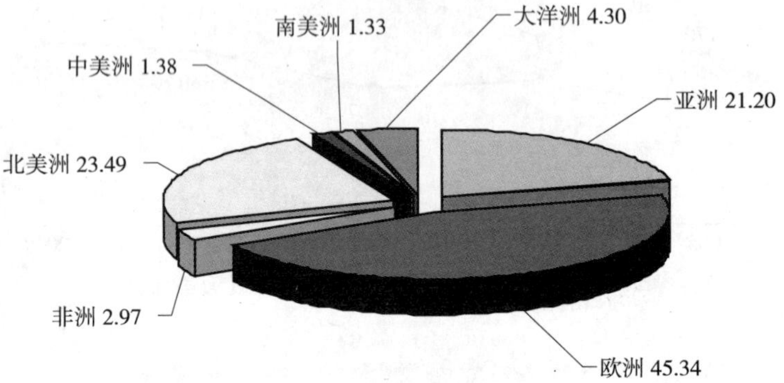

2009 年坐便器盖圈（出口额）流向各大洲所占比例（%）

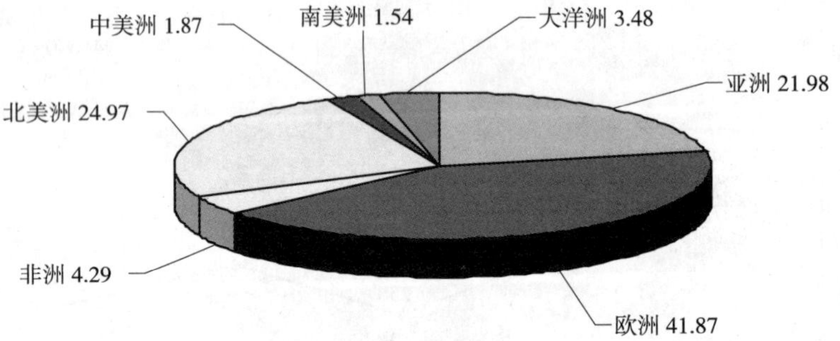

2009 年坐便器盖圈（出口量）流向各大洲所占比例（%）

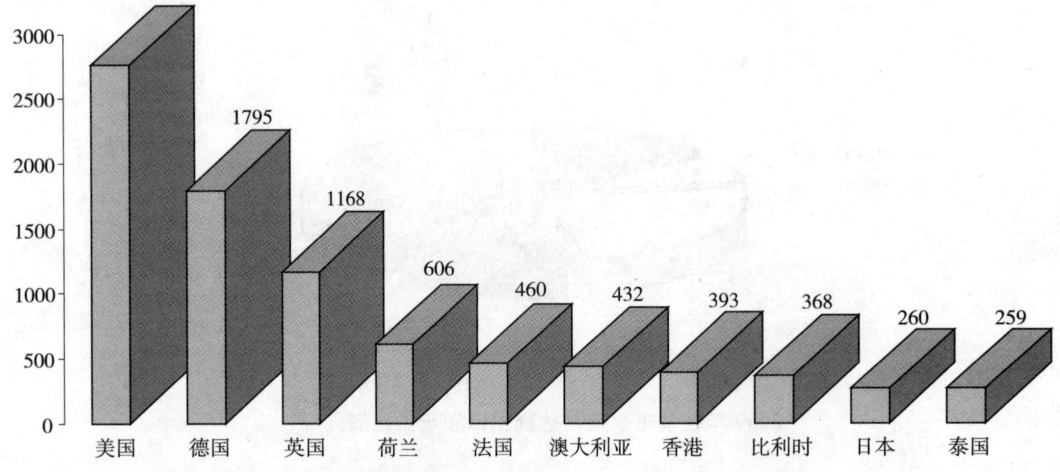

2009 年坐便器盖圈（出口额）主要流向（万美元）

附录 7　2009 年中国水箱配件出口与进口

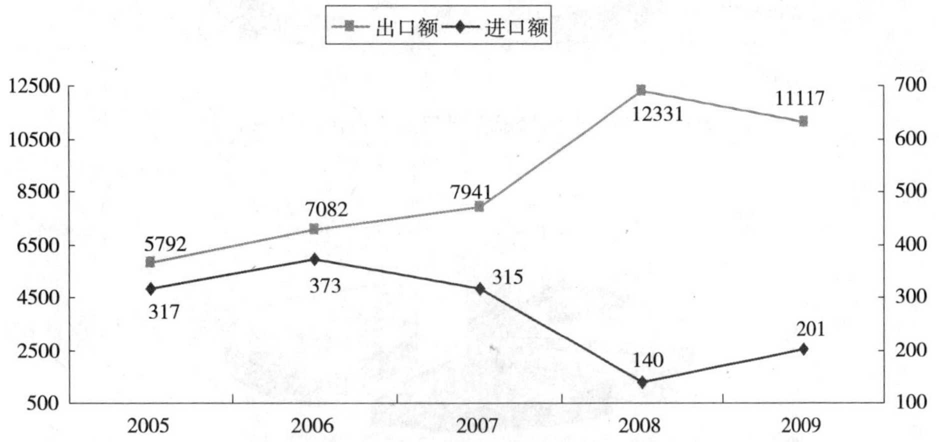

2005～2009 年水箱配件进出口额（万美元）

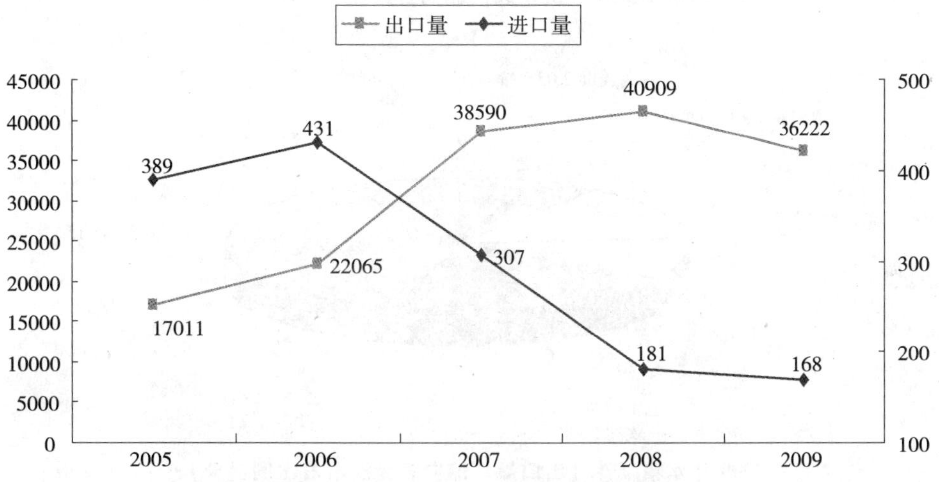

2005～2009 年水箱配件进出口量（吨）

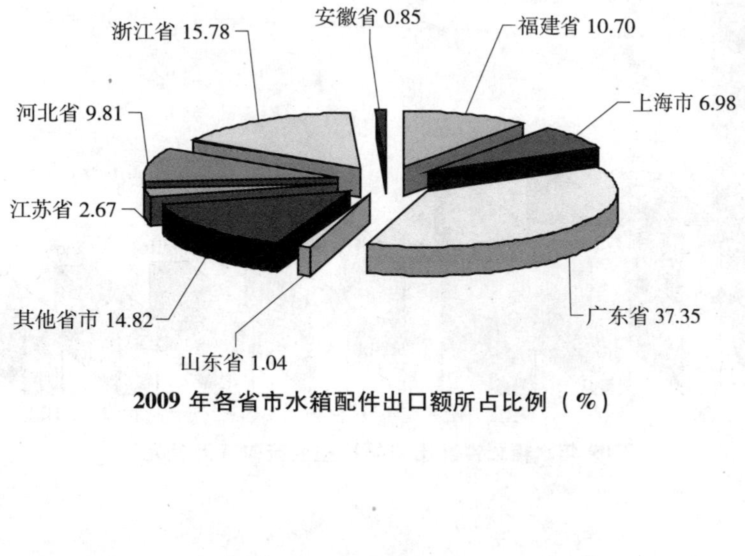

2009 年各省市水箱配件出口额所占比例（%）

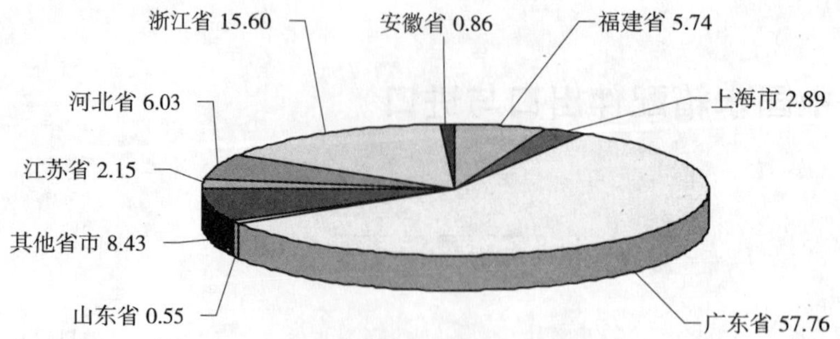

2009 年各省市水箱配件出口量所占比例（%）

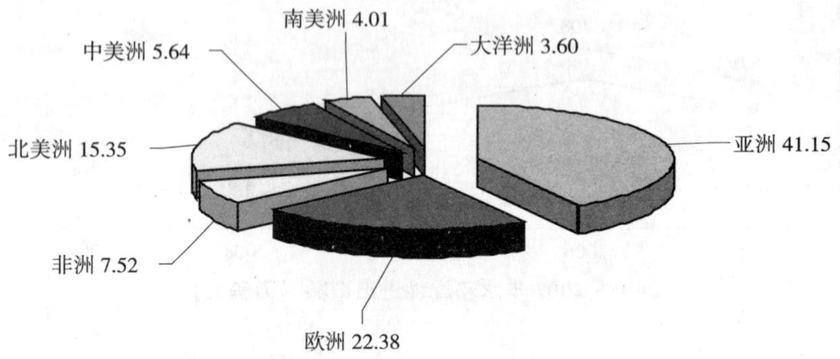

2009 年水箱配件（出口额）流向各大洲所占比例（%）

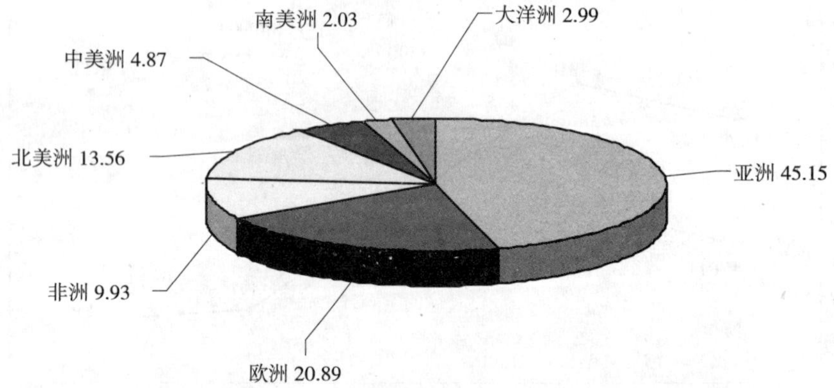

2009 年水箱配件（出口量）流向各大洲所占比例（%）

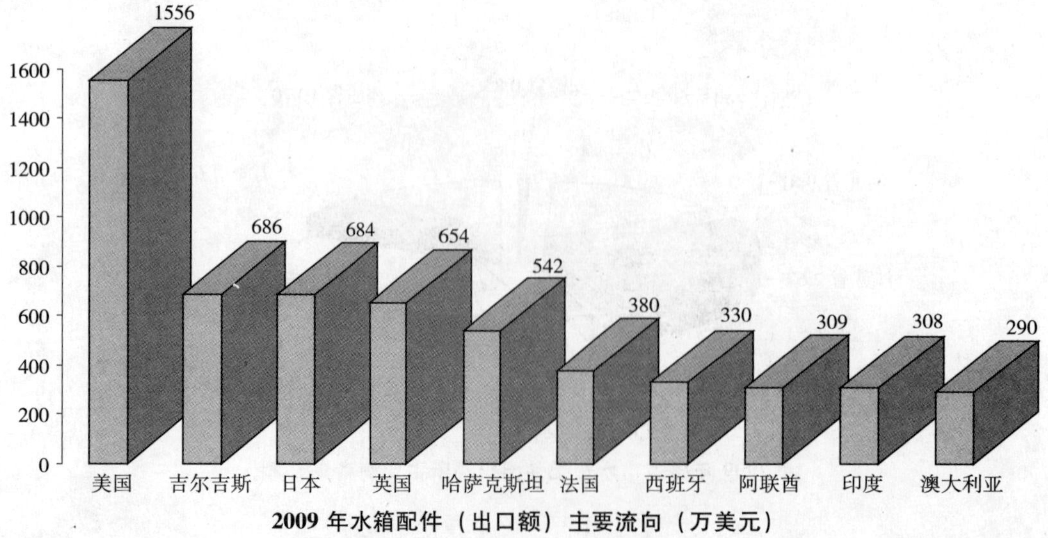

2009 年水箱配件（出口额）主要流向（万美元）

附录 8　2009 年中国色釉料出口与进口

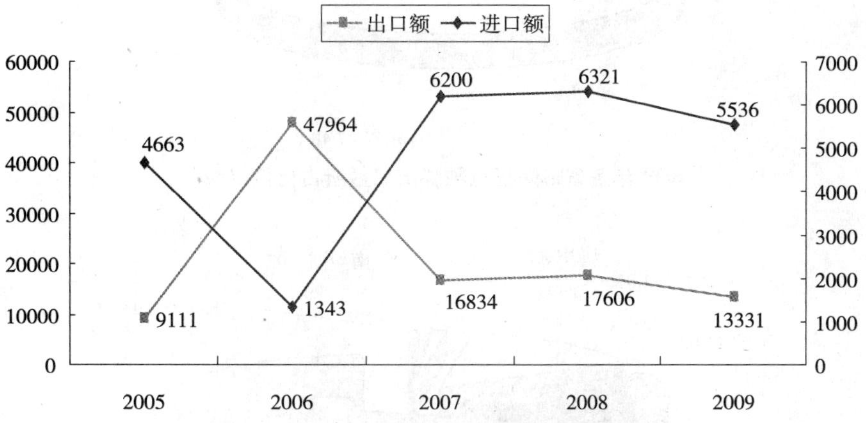

2005～2009 年色釉料进出口额（万美元）

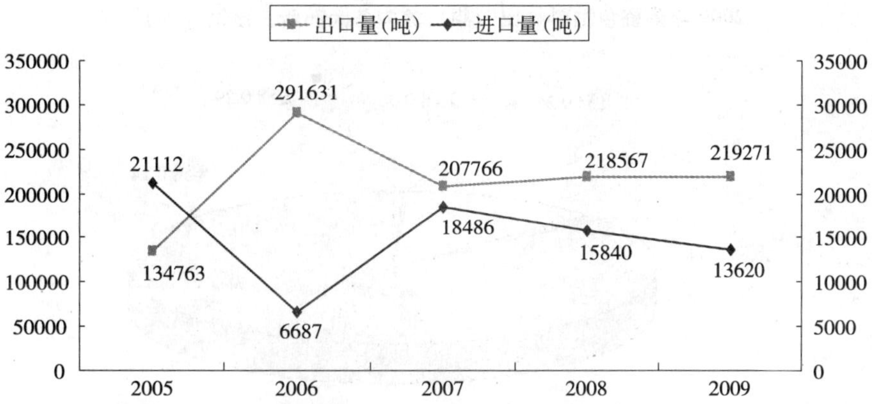

2005～2009 年色釉料进出口量（吨）

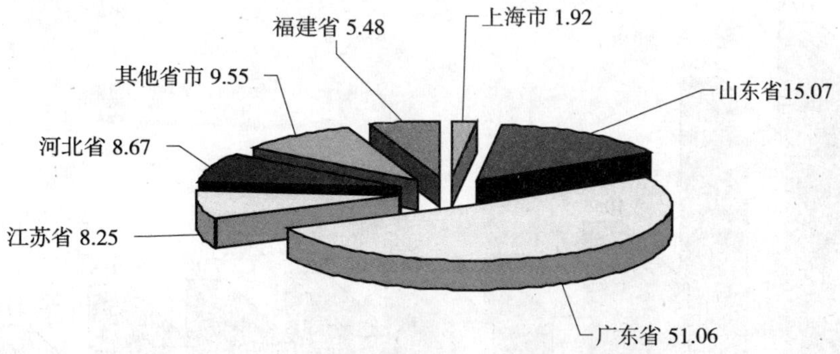

2009 年各省市陶瓷色釉料出口额所占比例（%）

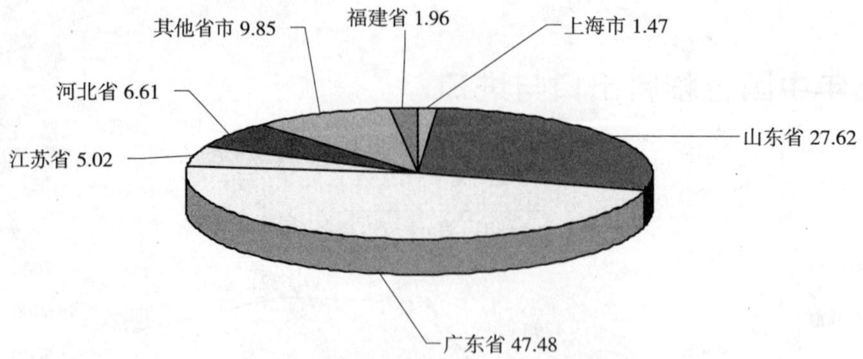

2009 年各省市陶瓷色釉料出口量所占比例（%）

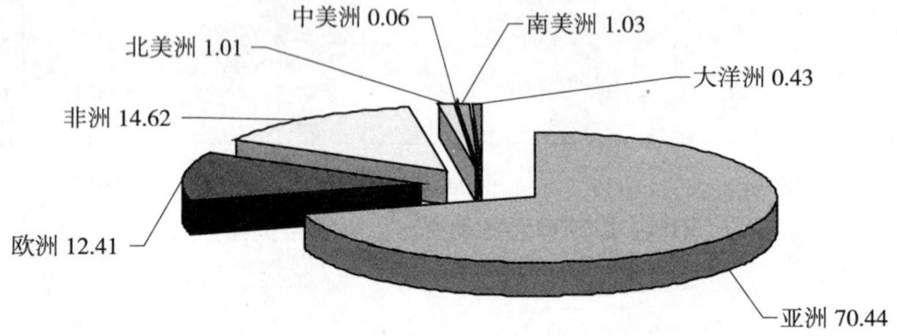

2009 年陶瓷色釉料（出口额）流向各大洲所占比例（%）

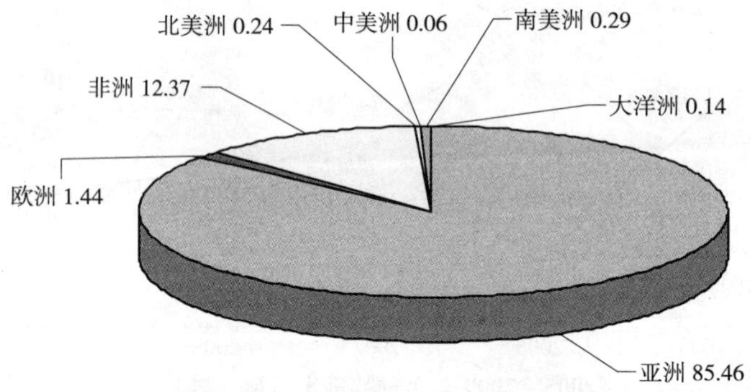

2009 年陶瓷色釉料（出口量）流向各大洲所占比例（%）

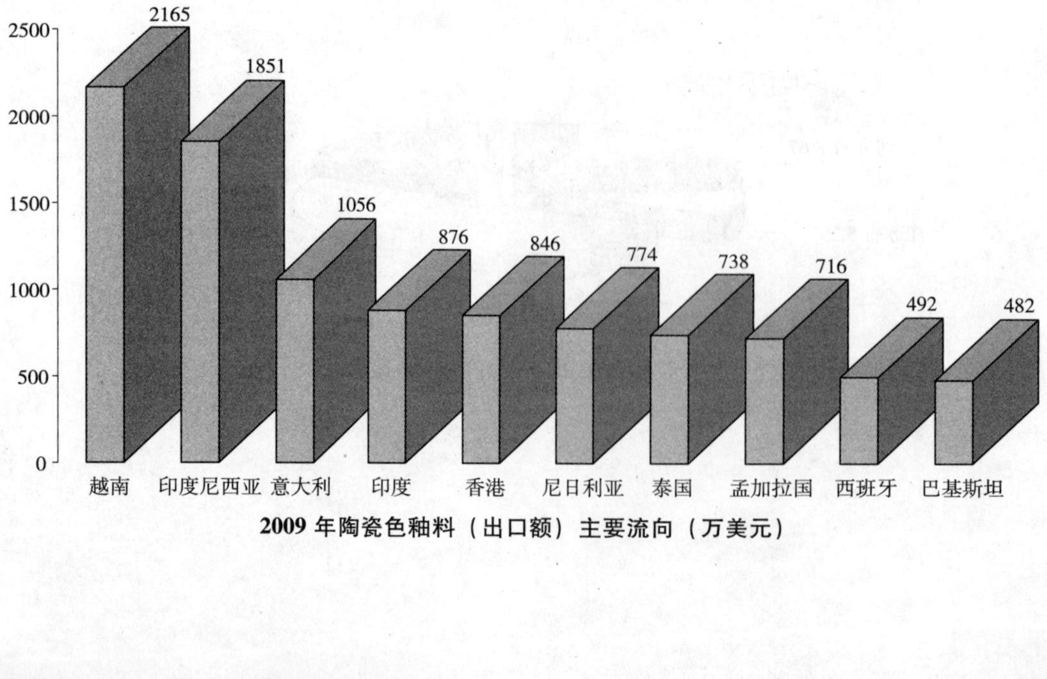

2009 年陶瓷色釉料（出口额）主要流向（万美元）

后　记

《中国建筑卫生陶瓷年鉴（建筑陶瓷·卫生洁具2009）》是继《中国建筑卫生陶瓷年鉴（2008首卷）》之后的建筑卫生陶瓷行业的第二部综合性年鉴。

《中国建筑卫生陶瓷年鉴（建筑陶瓷·卫生洁具2009）》的编纂准备工作得到了各级协会、相关政府部门、编委会成员、各个产区、相关媒体以及众多企业的大力支持，他们提供了大量信息和稿件，使年鉴的资料不断得到补充和完善，提高了年鉴中所收录信息的准确性及权威性，从而使年鉴更贴近行业、贴近企业、贴近实际。

中国建筑卫生陶瓷协会领导高度重视年鉴的编纂出版工作，叶向阳会长、缪斌秘书长多次亲临年鉴编辑部，参加年鉴的编辑会议，关心指导年鉴的编写工作。

《中国建筑卫生陶瓷年鉴（建筑陶瓷·卫生洁具2009）》采用分类编排法，内容包括大事记、标准与法规、技术进步、产品、产区等，并收录了国家有关部委及地方政府部门的一批重要法律法规、政策性文件。全书共分十一章，50万字，全面、系统地记述了过去一年中，中国建筑卫生陶瓷行业发展的新举措、新发展、新成就和新情况，是集资料、数据、情报、文献为一体的多元化信息载体和大型工具书，具有重要的史料价值、实用价值和收藏价值。

《中国建筑卫生陶瓷年鉴（建筑陶瓷·卫生洁具2009）》在总目录的编排上基本延续了《中国建筑卫生陶瓷年鉴（2008）》的目录编排，在个别章节略作调整。第一章2009中国建筑卫生陶瓷发展综述由尹虹负责并撰写；第二章大事记由尹虹负责编写（其中：熊九成协助企业大事记、营销大事记部分工作；陈冰雪协助会展大事记部分工作）；第三章政策、法规与标准刘小明负责第二、三节，尹虹负责第一、四、五、六节，尹虹协助收集相关文件；第四章建筑卫生陶瓷生产制造由尹虹负责，刘小明编写第一节概述，尹虹编写第二节产业布局，第三节机械装备由张柏清、许学锋编写初稿，尹虹综合整理，第四节化工色釉料伍思成编写初稿，尹虹综合整理；尹虹编写第五节产品质量监督，刘小明编写第六节企业社会责任；第五章专利、科研项目、技术进步由尹虹、黄宾负责，其中1、2、3节由鄢春根、余祖发编写；第四、五、六、七节由尹虹、黄宾编写，其中第七节建筑卫生陶瓷新标准王博协助部分工作；第六章建筑卫生陶瓷产品由刘小明负责并编写第一至六节，其中第二节发展趋势及第三节生产方式参考黄惠宁的相关文章，第七节建筑琉璃制品由建筑琉璃分会及徐波提供初稿，尹虹整理。第七章卫浴产品与第八章营销与卖场由刘小明负责编写；第九章建筑陶瓷产区与第十章卫浴产区由刘小明、孙春云负责并编写；第十一章2009年世界陶瓷砖生产消费发展报告由尹虹根据相关资料编译完成。附录由尹虹负责，附录1－8的资料由中国建筑卫生陶瓷协会提供，尹虹整理；《年鉴》中的彩页照片由中国建筑卫生陶瓷协会及相关企业提供，熊九成整理。《年鉴》数据库由刘余搜集整。尹虹负责全篇统稿。

在《中国建筑卫生陶瓷年鉴（2008）》编纂资料收集过程中，具体得到中国陶瓷知识产权信息中心、国家建筑卫生陶瓷质量监督检验中心、全国建筑卫生陶瓷标准化技术委员会、咸阳陶瓷研究设计院、景德镇陶瓷学院、佛山市禅城区科技局、各地陶瓷协会及各产瓷区政府等有关单位的鼎力协助，特别感谢《陶城报》、《陶瓷信息》、《建材周刊》等专业平面媒体及“中国建筑卫生陶瓷网”、“中国陶瓷网”、“华夏陶瓷网”、“一大把”等网站提供的资料记录，编辑部在此衷心感谢为年鉴编纂、出版付出辛勤劳动的各级领导和参编人员，衷心感谢所有关心、支持《中国建筑卫生陶瓷年鉴》编纂、出版的行业人士。

《中国建筑卫生陶瓷年鉴》（2008 首卷）去年出版以来，得到行业大众的普遍支持，现在《中国建筑卫生陶瓷年鉴（建筑陶瓷·卫生洁具 2009）》问世，希望能得到大家一如既往的支持。同时编者由于经验、水平所限，文中数据采集难免挂一漏万，错漏之处在所难免，敬请读者批评、指正。以便《中国建筑卫生陶瓷年鉴》编写工作不断改进提高。

《中国建筑卫生陶瓷年鉴》编辑部

2010 年 9 月 28 日

欢迎订阅《中国建筑卫生陶瓷年鉴》

《中国建筑卫生陶瓷年鉴》（以下简称《年鉴》）是由中国建筑卫生陶瓷协会主办，中国建筑卫生陶瓷年鉴编辑部（中建陶协字［2009］第010号批准成立）组织行业资深专家、资深人士编写的一部行业年度总结性文献。《年鉴》全面、系统、翔实、准确记述每年中国陶瓷行业发展状况，分析预测行业发展趋势。按部类分编，汇集每年行业重大事件、生产制造、市场营销、政策法规、行业标准、技术进步、知识产权、文件著作、统计数据、国外动态、产区发展，以及制造商、供应商、经销商和卖场推荐等重要内容，集资料性、科学性、权威性于一体，是了解中国建筑卫生陶瓷行业必备的大型工具书，也是本行业对外交流的主要文献资料之一。

目前，中国建筑卫生陶瓷协会已将年鉴的编纂列为协会每年主抓的大事之一。

《年鉴》是传世之作，起着披沙拣金、存史资政、辅佐经营的作用。《年鉴》编辑部坚持质量至上，在编纂过程中多渠道广泛收集资料，确保资料的全面性；认真核实资料，确保资料的真实性和准确性。

《年鉴》编辑部还创建了中国建筑卫生陶瓷年鉴网（http：//www. chinayear. org），同时成立中国建筑卫生陶瓷年鉴理事会。

《中国建筑卫生陶瓷年鉴》每期发行量10000册。发行范围：建筑卫生陶瓷行业生产企业、机械装备企业、色釉料及原辅材料企业、营销企业、服务机构、政府部门、行业协会、科研院所，以及装饰公司、房地产公司等。《中国建筑卫生陶瓷年鉴》（英文缩写本）面向国外发行，每期发行5000份。年鉴的阅读群体主要是企业投资人、中高层管理人员、经销商、设计师及产区政府相关部门领导及行业协会人员等。

《中国建筑卫生陶瓷年鉴（建筑陶瓷·卫生洁具2009）》，全部为精装本，定价为380元/本。

《中国建筑卫生陶瓷年鉴（建筑陶瓷·卫生洁具2009）》订书单（回执）

订书单位		邮编	
详细地址		联系人	
电话（手机）		数量（本）	
备注			

联系方式：

北京市海淀区三里河路11号
电话：010—88376468
传真：010—88385990
联系人：高小姐
开户银行：中国工商银行佛山分行

广东省佛山市禅城区和平路101号（编辑部）
电话（收订热线）：0757—82663105
传真：0757—82663105
联系人：熊先生 15338333881
账号：2013021009200110753

《中国建筑卫生陶瓷年鉴》
生产商、供应商及经销商数据库入围申请须知

按照《中国建筑卫生陶瓷年鉴》（下称“年鉴”）统一部署，年鉴编辑部已启动生产商、供应商及经销商数据库的建设工作，以丰富年鉴的数据库资源，在更大范围、更深层次推动生产商与供应商及经销商的合作共赢、共同发展。

请有意加入年鉴生产商、供应商及经销商数据库的公司，按照下列程序完成入围申请的填报：

一、入围申请

登陆中国建筑卫生陶瓷年鉴网 http：//www. chinayear. org，查阅平台相关信息，下载“中国建筑卫生陶瓷年鉴供应商数据库入围申请表”。或直接复印填写本页表格。

申请表提交方式：

1. 登陆中国建筑卫生陶瓷年鉴网，将入围申请表从“投稿”栏中传给年鉴编辑部。
2. 电子版文件发送至年鉴编辑部邮箱：jc5032@163. com　　nianjian88@126. com。
3. 邮寄（传真）纸质文件到年鉴编辑部。

邮寄地址：广东省佛山市禅城区和平路101号712室　　邮编：528000

收件人：中国建筑卫生陶瓷年鉴编辑部　　电话（传真）：0757—82663105

二、数据入库

生产商、供应商填报的各项信息经专业人士审核通过后，首先编入“中国建筑卫生陶瓷供应商数据库”。每年度的《中国建筑卫生陶瓷年鉴》将从供据库中挑选一部分编入年鉴，及在年鉴网站上给予推介。

中国建筑卫生陶瓷年鉴编辑部

2010年10月20日

生产商数据库申请表

<table>
<tr><td>企业名称</td><td colspan="6"></td></tr>
<tr><td>通讯地址</td><td colspan="2"></td><td>邮　编</td><td colspan="3"></td></tr>
<tr><td>E-mail</td><td></td><td>注册资金</td><td>万元</td><td>注册时间</td><td colspan="2"></td></tr>
<tr><td rowspan="2">企业法定
代表人情况</td><td>姓　名</td><td>性　别</td><td colspan="2">出生年月</td><td colspan="2">最高学历</td></tr>
<tr><td></td><td></td><td colspan="2">年　　月</td><td colspan="2"></td></tr>
<tr><td>联　系　人</td><td></td><td>电话</td><td></td><td>传真</td><td colspan="2"></td></tr>
<tr><td>职工总数</td><td>人</td><td>其中大专
以上人员</td><td>人</td><td>其中研究
开发人员</td><td colspan="2">人</td></tr>
<tr><td rowspan="2">经营产品</td><td colspan="3">建筑陶瓷</td><td colspan="3">卫浴</td></tr>
<tr><td colspan="3">1. 抛光砖 □　2. 仿古砖 □
3. 瓷片 □　4. 配饰品 □
5. 外墙砖 □　6. 广场砖 □
7. 配饰 □　8. 艺术瓷砖 □</td><td colspan="3">1. 便器 □　2. 浴缸 □
3. 淋浴房 □　4. 浴室柜 □
5. 五金件 □　6. 其他 □</td></tr>
<tr><td>重点产
品特征</td><td colspan="6"></td></tr>
<tr><td rowspan="5">生产线</td><td>名称</td><td colspan="2">单位（条）</td><td>名称</td><td colspan="2">单位（条）</td></tr>
<tr><td>1. 抛光砖</td><td colspan="2"></td><td>5. 瓷片</td><td colspan="2"></td></tr>
<tr><td>2. 仿古砖</td><td colspan="2"></td><td>6. 西瓦</td><td colspan="2"></td></tr>
<tr><td>3. 外墙砖</td><td colspan="2"></td><td>7. 洁具</td><td colspan="2"></td></tr>
<tr><td>4. 广场砖</td><td colspan="2"></td><td>8. 其他</td><td colspan="2"></td></tr>
<tr><td colspan="2">上年度产品销售总额</td><td>万元</td><td colspan="2">上年度企业纳税总额</td><td colspan="2">万元</td></tr>
<tr><td colspan="2">上年度节能减耗和环保投入</td><td>万元</td><td colspan="2">上年度企业出口总额</td><td colspan="2">万美元</td></tr>
<tr><td colspan="2">上年度社会公益事业投入</td><td>万元</td><td colspan="2">上年度企业技术开发
经费支出额</td><td colspan="2">万元</td></tr>
<tr><td>企　业
特　性</td><td colspan="6">1. 省级高新技术企业 □
2. 国家级高新技术企业 □</td></tr>
<tr><td>主要品牌</td><td colspan="6"></td></tr>
<tr><td rowspan="6">销售区域</td><td rowspan="3">国内市场</td><td>销售额</td><td colspan="4">万元人民币</td></tr>
<tr><td>销售网点</td><td colspan="4">个</td></tr>
<tr><td>主要市场</td><td colspan="4">区域：</td></tr>
<tr><td rowspan="3">国外市场</td><td>销售额</td><td colspan="4">万元人民币</td></tr>
<tr><td>销售网点</td><td colspan="4">个</td></tr>
<tr><td>主要市场</td><td colspan="4">区域：</td></tr>
<tr><td>公司荣誉</td><td colspan="6"></td></tr>
<tr><td>备注</td><td colspan="6"></td></tr>
</table>

温馨提示：1. 以上空格内容请企业如实填写。如不方便填写，可以不填。

2. 方格内请以“√”表示确认。

3.《中国建筑卫生陶瓷年鉴》推荐数据只包括企业名称、主要经营产品、产能、联系方式等。

供应商数据库申请表

<table>
<tr><td colspan="5">中国建筑卫生陶瓷供应商数据库申请表</td></tr>
<tr><td>公司名称</td><td colspan="4"></td></tr>
<tr><td>所在地</td><td>省　市　县/区</td><td>成立时间</td><td colspan="2"></td></tr>
<tr><td>公司人数</td><td></td><td>注册资金</td><td colspan="2">万</td></tr>
<tr><td>经营模式</td><td>生产　贸易</td><td>行业类别</td><td colspan="2"></td></tr>
<tr><td>经营产品</td><td></td><td>产品特征</td><td colspan="2"></td></tr>
<tr><td>公司荣誉</td><td colspan="4"></td></tr>
<tr><td>地址</td><td colspan="4"></td></tr>
<tr><td>联系方式</td><td colspan="4"></td></tr>
<tr><td>传真</td><td colspan="4"></td></tr>
<tr><td>E－mail</td><td colspan="4"></td></tr>
</table>

温馨提示：1. 以上空格内容请企业如实填写。如不方便填写，可以不填。

2. 方格内请以“√”表示确认。

3.《中国建筑卫生陶瓷年鉴》推荐数据只包括企业名称、主要经营产品、产能、联系方式等。

经销商数据库申请表

<table>
<tr><td>企业名称</td><td colspan="8"></td></tr>
<tr><td>通讯地址</td><td colspan="4"></td><td colspan="2">邮　编</td><td colspan="2"></td></tr>
<tr><td>E-mail</td><td colspan="2"></td><td colspan="2">注册资金</td><td>万元</td><td>注册时间</td><td colspan="2"></td></tr>
<tr><td rowspan="2">企业法定
代表人情况</td><td colspan="2">姓　名</td><td colspan="2">性　别</td><td colspan="2">出生年月</td><td colspan="2">最高学历</td></tr>
<tr><td colspan="2"></td><td colspan="2"></td><td colspan="2"></td><td colspan="2"></td></tr>
<tr><td>联　系　人</td><td colspan="2"></td><td colspan="2">电话</td><td></td><td colspan="3">传真</td></tr>
<tr><td>经营模式</td><td colspan="4"></td><td colspan="2">行业类别</td><td colspan="2"></td></tr>
<tr><td rowspan="2">经销产品</td><td colspan="4">建筑陶瓷</td><td colspan="4">卫浴</td></tr>
<tr><td colspan="4">1. 抛光砖 □　2. 仿古砖 □
3. 瓷片 □　4. 配饰品 □
5. 外墙砖 □　6. 广场砖 □
7. 西瓦</td><td colspan="4">1. 便器 □　2. 浴缸 □
3. 淋浴房 □　4. 浴室柜 □
5. 五金件</td></tr>
<tr><td>主要品牌</td><td colspan="8"></td></tr>
<tr><td rowspan="6">销售区域</td><td rowspan="3">国内市场</td><td colspan="2">销售额</td><td colspan="5">万元人民币</td></tr>
<tr><td colspan="2">销售网点</td><td colspan="5">个</td></tr>
<tr><td colspan="2">主要市场</td><td colspan="5">区域：</td></tr>
<tr><td rowspan="3">国外市场</td><td colspan="2">销售额</td><td colspan="5">万元人民币</td></tr>
<tr><td colspan="2">销售网点</td><td colspan="5">个</td></tr>
<tr><td colspan="2">主要市场</td><td colspan="5">区域：</td></tr>
<tr><td>公司荣誉</td><td colspan="8"></td></tr>
</table>

温馨提示：1. 以上空格内容请企业如实填写。如不方便填写，可以不填。

2. 方格内请以"√"表示确认。

3. 《中国建筑卫生陶瓷年鉴》推荐数据只包括企业名称、主要经营产品、产能、联系方式等。

产区综合调查表

<table>
<tr><td>产业名称</td><td colspan="4"></td><td>企业数量</td><td colspan="4"></td></tr>
<tr><td>产区区位</td><td colspan="9"></td></tr>
<tr><td rowspan="5">生产线数量（条）</td><td>年度
类别</td><td>07 年</td><td>08 年</td><td>09 年</td><td rowspan="5">年产量（万平方米）</td><td>年度
类别</td><td>07 年</td><td>08 年</td><td>09 年</td></tr>
<tr><td>抛光砖</td><td></td><td></td><td></td><td>抛光砖</td><td></td><td></td><td></td></tr>
<tr><td>瓷片</td><td></td><td></td><td></td><td>瓷片</td><td></td><td></td><td></td></tr>
<tr><td>瓷质釉面砖</td><td></td><td></td><td></td><td>瓷质釉面砖</td><td></td><td></td><td></td></tr>
<tr><td>其他</td><td></td><td></td><td></td><td>外墙砖</td><td></td><td></td><td></td></tr>
<tr><td colspan="2">2008 年陶瓷产业总产值（亿元）</td><td colspan="3"></td><td colspan="2">2008 年陶瓷产业纳税（万元）</td><td colspan="3"></td></tr>
<tr><td rowspan="2">销售区域</td><td>国内</td><td colspan="8"></td></tr>
<tr><td>内外</td><td colspan="8"></td></tr>
<tr><td colspan="2" rowspan="2">配套企业类别及数量（家）</td><td colspan="2">机械</td><td colspan="2">色釉料</td><td colspan="2">物流</td><td colspan="2">其他</td></tr>
<tr><td colspan="2"></td><td colspan="2"></td><td colspan="2"></td><td colspan="2"></td></tr>
<tr><td rowspan="8">产区内代表性企业</td><td>名称</td><td colspan="2">建立时间</td><td>已投产生产线数</td><td>品牌</td><td colspan="2">主要产品种类</td><td colspan="2">主要销售区域</td></tr>
<tr><td></td><td colspan="2"></td><td></td><td></td><td colspan="2"></td><td colspan="2"></td></tr>
<tr><td></td><td colspan="2"></td><td></td><td></td><td colspan="2"></td><td colspan="2"></td></tr>
<tr><td></td><td colspan="2"></td><td></td><td></td><td colspan="2"></td><td colspan="2"></td></tr>
<tr><td></td><td colspan="2"></td><td></td><td></td><td colspan="2"></td><td colspan="2"></td></tr>
<tr><td></td><td colspan="2"></td><td></td><td></td><td colspan="2"></td><td colspan="2"></td></tr>
<tr><td></td><td colspan="2"></td><td></td><td></td><td colspan="2"></td><td colspan="2"></td></tr>
<tr><td></td><td colspan="2"></td><td></td><td></td><td colspan="2"></td><td colspan="2"></td></tr>
</table>

MODENA, Turn key Project. . .
陶瓷整厂工程

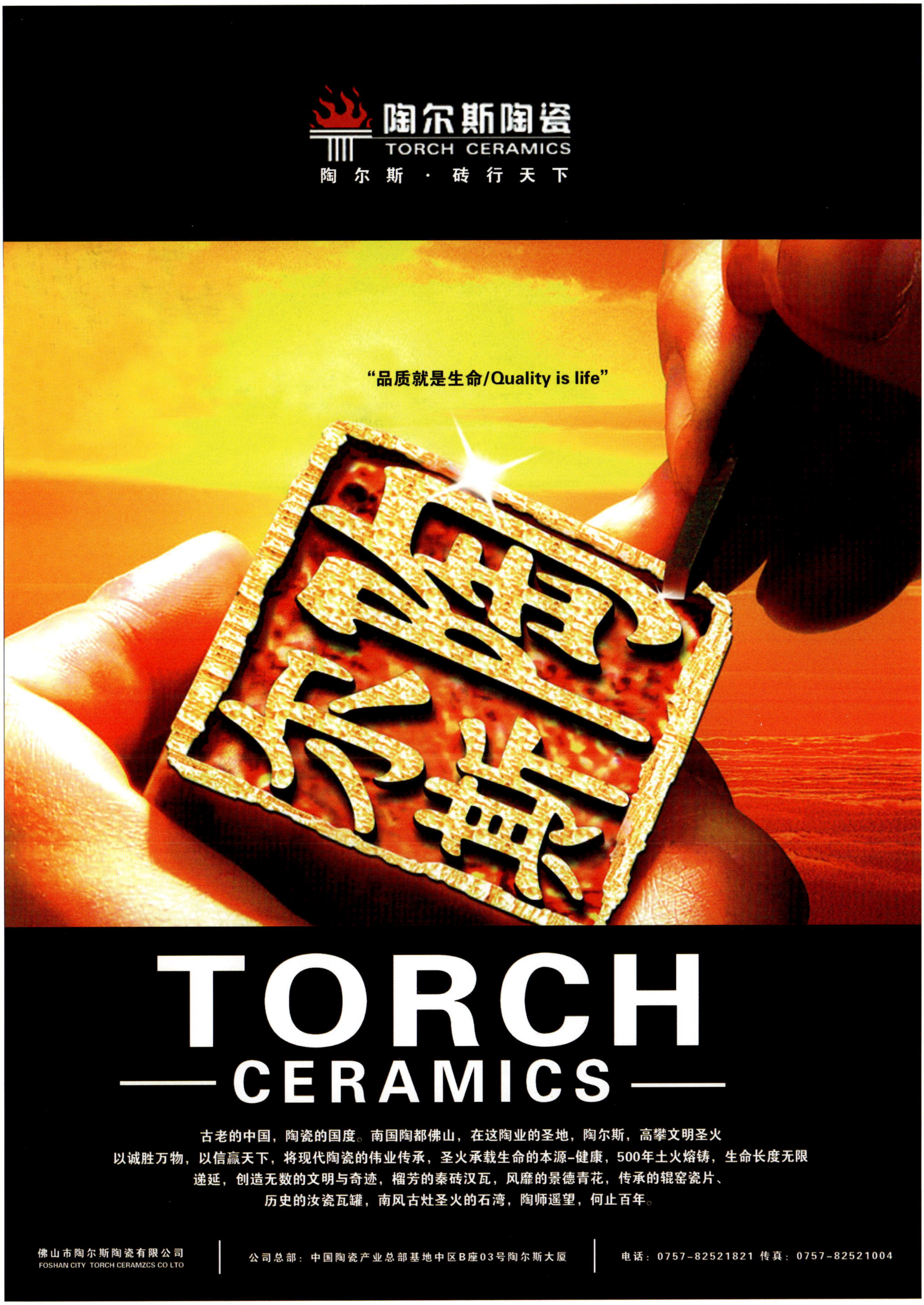
陶尔斯陶瓷
TORCH CERAMICS
陶 尔 斯 · 砖 行 天 下
“品质就是生命/Quality is life”
TORCH
CERAMICS
古老的中国，陶瓷的国度。南国陶都佛山，在这陶业的圣地，陶尔斯，高攀文明圣火
以诚胜万物，以信赢天下，将现代陶瓷的伟业传承，圣火承载生命的本源-健康，500年土火熔铸，生命长度无限
递延，创造无数的文明与奇迹，榴芳的秦砖汉瓦，风靡的景德青花，传承的锟窑瓷片、
历史的汝瓷瓦罐，南风古灶圣火的石湾，陶师遥望，何止百年。
佛山市陶尔斯陶瓷有限公司
FOSHAN CITY TORCH CERAMZCS CO LTO
公司总部：中国陶瓷产业总部基地中区B座03号陶尔斯大厦
电话：0757-82521821 传真：0757-82521004

www.dongpeng.net
DONG PENG 东鹏瓷砖·洁具
东鹏瓷砖·世界之美
冬奥会冠军：申雪 赵宏博
广东东鹏陶瓷股份有限公司
GUANGDONG DONGPENG CERAMIC COMPANY LIMITED.
地址：广东省佛山市禅城区江湾三路8号
电话：86-757-82269921（销售类）82272900（客服类）
传真：86-757-82666833转102511